D1734297

SCHÄFFER
POESCHEL

Stefan Ebenfeld

Grundlagen der Finanzmathematik

Mathematische Methoden, Modellierung von Finanzmärkten und Finanzprodukten

2007
Schäffer-Poeschel Verlag Stuttgart

Bibliografische Information der Deutschen Nationalbibliothek
Die Deutsche Nationalbibliothek verzeichnet diese Publikation
in der Deutschen Nationalbibliografie; detaillierte bibliografische Daten
sind im Internet über http://dnb.d-nb.de abrufbar.

Gedruckt auf säure- und chlorfreiem, alterungsbeständigem Papier.

ISBN: 978-3-7910-2634-3

Dieses Werk einschließlich aller seiner Teile ist urheberrechtlich geschützt. Jede Verwertung außerhalb der engen Grenzen des Urheberrechtsgesetzes ist ohne Zustimmung des Verlages unzulässig und strafbar. Das gilt insbesondere für Vervielfältigungen, Übersetzungen, Mikroverfilmungen und die Einspeicherung und Verarbeitung in elektronischen Systemen.

© 2007 Schäffer-Poeschel Verlag für Wirtschaft · Steuern · Recht GmbH
www.schaeffer-poeschel.de
info@schaeffer-poeschel.de
Einbandgestaltung: Willy Löffelhardt
Bild: Shutterstock, Inc., New York
Druck und Bindung: Ebner & Spiegel, Ulm
Printed in Germany
September 2007

Schäffer-Poeschel Verlag Stuttgart
Ein Tochterunternehmen der Verlagsgruppe Handelsblatt

Für Steffi, Sofie und Stella.

Vorwort

Das vorliegende Lehrbuch ist aus meinen Skripten zum Vorlesungszyklus Finanzmathematik 1 bis 4 entstanden, den ich seit etwa fünf Jahren regelmäßig an der Technischen Universität Darmstadt halte. Die Vorlesung ebenso wie das Lehrbuch richten sich an Studenten der Mathematik und der Physik, die bereits erste Vorkenntnisse der Analysis und der linearen Algebra besitzen, so wie sie typischerweise nach dem Vordiplom vorhanden sind.

Die Lehrtätigkeit an der Technischen Universität Darmstadt übe ich als Privatdozent nebenberuflich aus. Hauptberuflich war ich zunächst als Unternehmensberater für die *d-fine GmbH* im Bereich Risikomanagement tätig und arbeite nun als Quantitative Analyst für die Privatbank *Sal. Oppenheim* im Bereich Risikocontrolling. Dabei habe ich oft mit Kunden und Kollegen zu tun, die im Rahmen ihrer praktischen Tätigkeiten, z.B. als Händler, Financial Engineers oder Risikocontroller, mit Finanzmathematik konfrontiert und deshalb daran interessiert sind, sich die theoretischen Grundlagen im Selbststudium zu erarbeiten oder zu vertiefen. Auch diese Praktiker können das Lehrbuch mit Gewinn nutzen.

Das Lehrbuch vermittelt seinem Titel gemäß die *Grundlagen der Finanzmathematik*, wobei wir unter Finanzmathematik die mathematische Theorie zur Bewertung von Optionen und anderen Finanzprodukten verstehen. Genauer gesagt entwickeln wir eine Rahmentheorie für die Modellierung von Finanzmärkten und Finanzprodukten und behandeln die wichtigsten Beispiele sowohl für Finanzmarktmodelle als auch für spezielle Finanzprodukte. Die dazu benötigten mathematischen Methoden werden von Grund auf entwickelt. Allgemeine mathematische Methoden sind in eigenen Abschnitten zusammengefasst und den jeweiligen Anwendungen vorangestellt. Umfang und Schwierigkeitsgrad der in diesem Lehrbuch enthaltenen Mathematik orientieren sich an den jeweiligen Anwendungen und wurden bewusst minimal gehalten, d.h. die Mathematik wird jeweils nur so weit entwickelt, wie es für die jeweilige Anwendung notwendig ist. Diese nun unbedingt notwendige Mathematik wird dafür vollständig und exakt dargestellt.

Eine erfreuliche und eigentlich sehr überraschende Beobachtung beim Studium der Finanzmathematik ist, dass man den Kern der Theorie, nämlich das *Prinzip der risikoneutralen Bewertung*, in kürzester Zeit und praktisch ohne mathematische Vorkenntnisse verstehen kann. Dieses Verständnis wird dem Leser schon in der Einleitung anhand eines einfachen Beispiels vermittelt. Dass die Finanzmathematik insgesamt dennoch ein höchst anspruchsvolles Gebiet ist, liegt vor allen Dingen daran, dass sie sich der Methoden verschiedener mathematischer Disziplinen bedient. In dieser Vielfalt der verwendeten mathematischen Methoden liegt aber auch einer ihrer besonderen Reize. So werden wir im Verlauf unserer Untersuchungen unter anderem Streifzüge in die Wahrscheinlichkeitstheorie, die konvexe Analysis, die lineare Optimierung sowie die stochastische Analysis, insbesondere die stochastische (Itosche) Integrationstheorie, unternehmen.

Ein weiterer besonderer Reiz der Finanzmathematik ist ihr direkter Praxisbezug. Viele mathematisch interessante Fragestellungen ergeben sich direkt aus praktischen Notwendigkeiten. Dies gilt besonders für die im Zentrum unseres Interesses stehende Bewertung von Optionen und anderen Finanzprodukten, die mittlerweile ein wichtiger Bestandteil des Bankgeschäfts geworden ist. Dadurch sind Vorkenntnisse in Finanzmathematik in vielen Bereichen, speziell in der Finanzwelt, auch ein wichtiges Kriterium für die Einstellung von Mitarbeitern geworden.

Ganz gleich, aus welchen Gründen sich der Leser mit der Finanzmathematik beschäftigen mag, ich wünsche ihm viel Vergnügen mit der Lektüre dieses Lehrbuchs.

Stefan Ebenfeld

Offenbach am Main, im April 2007

Inhaltsverzeichnis

EINFÜHRUNG

1 Einführung und Inhaltsübersicht

1.1 Einführung

Die Finanzmathematik, so wie wir sie in diesem Lehrbuch verstehen wollen, beschäftigt sich mit der Bewertung von Optionen und anderen Finanzprodukten, sogenannten Derivaten. Unter einem Derivat verstehen wir dabei einen Finanzkontrakt, der gewisse Zahlungen zu verschiedenen zukünftigen Zeitpunkten zwischen den Parteien festlegt. Im Fall einer Option könnte dies z.B. bedeuten, dass der Verkäufer der Option zu Beginn der Laufzeit eine Prämienzahlung vom Käufer erhält. Dafür verpflichtet sich der Verkäufer der Option, ein bestimmtes Gut am Ende der Laufzeit zu einem bei Vertragsabschluss festgelegten Strikepreis zu verkaufen, sofern der Käufer seine Option ausübt. Der Käufer wird nun seine Option genau dann ausüben, wenn der Strikepreis unterhalb des zum Laufzeitende gültigen Marktpreises für das Gut liegt, so dass er das Gut vom Verkäufer der Option günstig erwerben und teurer am Markt verkaufen kann, d.h. er erhält letztendlich die Differenz aus Marktpreis und Strikepreis, sofern diese positiv ist, als Auszahlung der Option.

Damit sind wir auch schon beim Grundproblem der Finanzmathematik angelangt. Käufer und Verkäufer der Option müssen sich nämlich schon bei Vertragsabschluss über die Höhe der Prämienzahlung einigen, obwohl die tatsächliche Auszahlung der Option erst bei Laufzeitende feststeht, bei Vertragsabschluss also eine zufällige Größe ist. Dies wird den beiden Parteien nur dann gelingen, wenn die Prämienzahlung, also der Preis der Option, in einem noch zu definierenden, von beiden Parteien akzeptierten Sinne fair ist. Das Grundproblem der Finanzmathematik lautet also im Falle der von uns betrachteten Option:

- *Welches ist der faire Preis für die Option?*

Da die Auszahlung der Option eine zufällige Größe ist, benötigen wir zur Festlegung des fairen Preises ein von beiden Seiten akzeptiertes stochastisches Modell für diejenige Größe, welche die Auszahlung bestimmt, nämlich den Marktpreis des betrachteten Gutes.

Nehmen wir einmal an, wir hätten bereits ein stochastisches Modell für den Marktpreis des betrachteten Gutes festgelegt. Unter Vernachlässigung von Zinseffekten erscheint zunächst eine spieltheoretische Bewertung der Option, bei welcher die Investition in eine Option als eine Art von Glücksspiel betrachtet wird, und welche den Erwartungswert der Auszahlung der Option als fairen Preis der Option definiert, als ein sinnvoller Ansatz. Die sicherlich wichtigste Erkenntnis der modernen Finanzmathematik ist jedoch, dass in einem Finanzmarkt diejenigen Parteien, die diese Art der Bewertung von Optionen verwenden, von den restlichen Parteien zu sicheren Verlusten gezwungen werden können, d.h. es ergeben sich Arbitragemöglichkeiten für die restlichen Parteien. Diese Erkenntnis führt zum *Prinzip der risikoneutralen Bewertung*, welches sich auch als roter Faden durch dieses Lehrbuch zieht. Das Prinzip der risikoneutralen Bewertung ist genau die einzige Art der Bewertung, welche keine Arbitragemöglichkeiten zulässt. Der Übergang der spieltheoretischen Bewertung zur risikoneutralen Bewertung erfolgt durch Verwendung eines äquivalenten Wahrscheinlichkeitsmaßes, des sogenannten *äquivalenten Martingalmaßes*, anstelle des im stochastischen Modell für den Marktpreis verwendeten realen Wahrscheinlichkeitsmaßes.

Das folgende einfache Beispiel dient der Illustration des Prinzips der risikoneutralen Bewertung. Wir betrachten zunächst ein Glücksspiel (Münzwurf) und definieren den spieltheoretischen fairen Preis für die Teilnahme an dem Glücksspiel. Danach betrachten wir eine Option in einem idealisierten Finanzmarktmodell, bei welchem die Auszahlung der Option genau der Auszahlung aus dem vorher betrachteten Glücksspiel entspricht. Wir vergleichen Glücksspiel und Option, definieren den risikoneutralen fairen Preis der Option, untersuchen die Arbitragemöglichkeiten und bestimmen das äquivalente Martingalmaß. Die Untersuchungen in dem Beispiel sind prototypisch für die folgenden allgemeinen Untersuchungen in diesem Lehrbuch.

1.1.1 Glücksspiel

Glücksspiel

Wir betrachten das folgende Glücksspiel. Geworfen werde eine Münze. Falls die Münze *Wappen* zeigt, dann erhält der Spieler zwei Geldeinheiten. Andernfalls, d.h. wenn die Münze *Zahl* zeigt, erhält er nichts.

Problemstellung

Im Zusammenhang mit dem Glücksspiel interessieren wir uns für folgende Frage:

- *Welches ist der faire Preis für die Teilnahme an dem Glücksspiel?*

Stochastisches Modell

Obwohl die Antwort auf unsere Frage naheliegend ist, formulieren wir zunächst ein stochastisches Modell für unser Glücksspiel, das wir in der anschließenden Untersuchung mit einem entsprechenden Finanzmarktmodell vergleichen werden.

- Wir betrachten die folgenden Zeitpunkte:

  $$t \in I := \{0, 1\}.$$

  Dabei bezeichnet $t = 0$ einen Zeitpunkt vor dem Münzwurf und $t = 1$ einen Zeitpunkt nach dem Münzwurf.

- Wir betrachten die folgenden Ereignisse:

  $$\omega \in \Omega := \{A, B\}.$$

  Dabei bezeichnet $\omega = A$ den Ausgang *Wappen* und $\omega = B$ den Ausgang *Zahl* des Münzwurfes.

- Wir betrachten die elementaren Wahrscheinlichkeiten $P(\omega)$ der möglichen Ereignisse. Dabei nehmen wir an, dass die beiden möglichen Ausgänge, *Wappen* und *Zahl*, des Münzwurfes jeweils mit gleicher Wahrscheinlichkeit $\frac{1}{2}$ vorkommen:

  $$P : \Omega \longrightarrow [0, 1] : \omega \longmapsto P(\omega).$$

  $$P(A) := \frac{1}{2}; \qquad P(B) := \frac{1}{2}.$$

- Wir betrachten ferner die Auszahlung $Z(1, \omega)$ des Glücksspiels zur Zeit $t = 1$ an den teilnehmenden Spieler in Abhängigkeit vom Ausgang des Münzwurfes. Nach Voraussetzung gilt:

  $$Z(1) : \Omega \longrightarrow \mathbb{R} : \omega \longmapsto Z(1, \omega).$$

  $$Z(1, A) := 2; \qquad Z(1, B) := 0.$$

- Wir betrachten schließlich den noch zu definierenden fairen Preis $Z(0)$ für die Teilnahme an dem Glücksspiel. Dieser ist zu Beginn des Glücksspiels bekannt. Deshalb gilt:

$$Z(0) \in \mathbb{R}.$$

Fairer Preis

Wir definieren nun den fairen Preis für die Teilnahme an dem Glücksspiel. Unter dem fairen Preis wollen wir den größten Geldbetrag verstehen, den ein Spieler gerade noch als Gebühr für die Teilnahme an dem Glücksspiel akzeptieren würde. Dabei nehmen wir an, dass ein Spieler genau dann an dem Spiel teilnimmt, wenn seine Gewinnerwartung mindestens genau so groß wie sein Einsatz, also die Teilnahmegebühr, ist. Damit gilt:

- *Der faire Preis für die Teilnahme an dem Glücksspiel ist gegeben durch:*

$$Z(0) := E_P[Z(1)] = 2 \cdot \frac{1}{2} + 0 \cdot \frac{1}{2} = 1.$$

Dabei bezeichnet allgemein $E_P[Z]$ den *Erwartungswert* der Zufallsvariablen Z bzgl. P:

$$E_P[Z] := \sum_{\omega \in \Omega} Z(\omega)\, P(\omega).$$

1.1.2 Bewertung von Optionen und anderen Derivaten

Finanzmarktmodell

Wir betrachten einen idealisierten Finanzmarkt, an welchem nur eine einzige Aktie gehandelt wird. Dabei nehmen wir zur weiteren Vereinfachung an, dass der gegenwärtige Preis der Aktie genau zwei Geldeinheiten beträgt, und dass sich zu einem gegebenen zukünftigen Zeitpunkt der Preis der Aktie entweder genau verdoppelt oder genau halbiert haben wird. Wir betrachten ferner eine Option auf diese Aktie, welche ihrem Halter das Recht, aber nicht die Pflicht, einräumt, zu dem betrachteten zukünftigen Zeitpunkt die Aktie zum Strikepreis von zwei Geldeinheiten zu erwerben.

Problemstellung

Im Zusammenhang mit dem Finanzmarktmodell interessieren wir uns für folgende Frage:

- *Welches ist der faire Preis für die Option?*

Stochastisches Modell

Analog zum Glücksspiel formulieren wir ein stochastisches Modell für unseren Finanzmarkt.

- Wir betrachten die folgenden Zeitpunkte:

$$t \in I := \{0, 1\}.$$

Dabei bezeichnet $t = 0$ die Gegenwart und $t = 1$ den zukünftigen Zeitpunkt, zu dem sich der Aktienpreis gemäß unserer Annahme verdoppelt oder halbiert hat.

- Wir betrachten die folgenden Ereignisse:

$$\omega \in \Omega := \{A, B\}.$$

Dabei bezeichnet $\omega = A$ das Ereignis, dass sich der Preis der Aktie zwischen den Zeitpunkten $t = 0$ und $t = 1$ verdoppelt, und $\omega = B$ bezeichnet das Ereignis, dass sich der Preis der Aktie zwischen den Zeitpunkten $t = 0$ und $t = 1$ halbiert.

- Wir betrachten die elementaren Wahrscheinlichkeiten $P(\omega)$ der möglichen Ereignisse. Dabei nehmen wir an, dass die beiden möglichen Fälle, Verdoppelung und Halbierung des Preises der Aktie, jeweils mit gleicher Wahrscheinlichkeit $\frac{1}{2}$ vorkommen:

$$P : \Omega \longrightarrow [0,1] : \omega \longmapsto P(\omega).$$

$$P(A) := \frac{1}{2}; \qquad P(B) := \frac{1}{2}.$$

- Wir betrachten den Preis der Aktie $S(0)$ zur Zeit $t = 0$ sowie den Preis der Aktie $S(1, \omega)$ zur Zeit $t = 1$ in Abhängigkeit von der Preiseinwicklung. Nach Voraussetzung gilt:

$$S(0) := 2.$$

$$S(1) : \Omega \longrightarrow \mathbb{R} : \omega \longmapsto S(1, \omega).$$

$$S(1, A) := 4; \qquad S(1, B) := 1.$$

- Wir betrachten die Auszahlung $Z(1, \omega)$ der Option zur Zeit $t = 1$ an den Halter in Abhängigkeit von der Preiseinwicklung. Nach Voraussetzung wird der Halter seine Option genau dann ausüben, wenn der Marktpreis der Aktie größer als der Strikepreis ist, so dass der Halter die Differenz dieser beiden Preise durch Kauf der Aktie zum Strikepreis und Verkauf der Aktie zum Marktpreis als Auszahlung erhält. Deshalb gilt:

$$Z(1) : \Omega \longrightarrow \mathbb{R} : \omega \longmapsto Z(1, \omega).$$

$$Z(1, \omega) := \max\{S(1, \omega) - 2, 0\}.$$

Insbesondere gilt:

$$Z(1, A) = 2; \qquad Z(1, B) = 0.$$

- Wir betrachten schließlich den noch zu definierenden fairen Preis $Z(0)$ der Option. Dieser ist zum gegenwärtigen Zeitpunkt $t = 0$ bekannt. Deshalb gilt:

$$Z(0) \in \mathbb{R}.$$

Spieletheoretischer fairer Preis (Naiver Bewertungsansatz)

Ein Vergleich der stochastischen Modelle für Glücksspiel und Finanzmarkt zeigt, dass die Auszahlung des Glücksspiels an den teilnehmenden Spieler und die Auszahlung der Option an ihren Halter dieselbe Wahrscheinlichkeitsverteilung besitzen. In einem naiven Bewertungsansatz betrachten wir deshalb die Investition in die Option als eine Art von Teilnahme an einem Glücksspiel. Dies führt zu der folgenden Definition des *spieletheoretischen fairen Preises* der Option:

$$Z(0) := E_P[Z(1)] = 2 \cdot \frac{1}{2} + 0 \cdot \frac{1}{2} = 1.$$

Bemerkung

Ein genauerer Vergleich der stochastischen Modelle für Glücksspiel und Finanzmarkt zeigt, dass diese sich in einem Punkt unterscheiden. Im stochastischen Modell für das Glücksspiel ist die Auszahlung an den teilnehmenden Spieler selbst eine stochastische Größe. Im stochastischen Modell für den Finanzmarkt dagegen ist die stochastische Größe der Preis der zugrunde liegenden Aktie, und die Auszahlung der Option an deren Halter ist eine davon abgeleitete (derivative) Größe.[1] Dieser Unterschied hat eine wichtige Konsequenz für die sich ergebenden Investitionsmöglichkeiten. Der Glücksspieler hat nur zwei Investitionsmöglichkeiten:

- Investition in die Teilnahme am Glücksspiel
- Sparen

Der Investor am Finanzmarkt hat dagegen drei Investitionsmöglichkeiten:

- Investition in die Aktie
- Investition in die Option
- Sparen

Die Möglichkeit des Investors am Finanzmarkt, zusätzlich in die Aktie zu investieren, wird uns im Folgenden zur Definition des *risikoneutralen fairen Preises* der Option führen. Der risikoneutrale faire Preis der Option wiederum wird sich als ein für die gesamte Finanzmathematik tragfähiges Konstrukt erweisen, welches wir als *Prinzip der risikoneutralen Bewertung* bezeichnen.

Prinzip der risikoneutralen Bewertung (1)

Wir wollen nun den risikoneutralen fairen Preis der Option definieren, welcher sich als der einzige Preis erweisen wird, der keine Arbitragemöglichkeiten zulässt. Dazu betrachten wir ein *Portfolio*[2], welches aus H_0 Geldeinheiten sowie H_1 Aktien besteht ($H_0, H_1 \in \mathbb{R}$). Der Wert $V[H](t)$ des Portfolios zum Zeitpunkt t ist gegeben durch:

$$V[H](0) := H_0 + H_1\, S(0).$$

$$V[H](1,\omega) := H_0 + H_1\, S(1,\omega).$$

[1] Deshalb bezeichnet man Optionen auch allgemein als Derivate.

[2] Unter einem Portfolio verstehen wir allgemein die Zusammenfassung verschiedener Finanzgüter.

Die Grundidee des Prinzips der risikoneutralen Bewertung besteht nun darin, zur Zeit $t = 0$ ein Portfolio so zusammenzustellen, dass es zur Zeit $t = 1$ genau denselben Wert besitzt wie die Auszahlung der Option. Ein solches Portfolio bezeichnen wir als *replizierendes Portfolio* für die Option. Dazu bestimmen wir eine *Handelsstrategie* $H \in \mathbb{R}^2$ durch folgenden Ansatz:

$$V[H](1,\omega) \stackrel{!}{=} Z(1,\omega).$$

Die Auswertung dieser Gleichung für $\omega = A$ und $\omega = B$ liefert:

$$H_0 + 4H_1 = 2.$$

$$H_0 + H_1 = 0.$$

Dieses lineare Gleichungssystem besitzt die folgende eindeutig bestimmte Lösung:

$$H_0 = -\frac{2}{3}; \qquad H_1 = \frac{2}{3}.$$

Insbesondere existiert in unserem Finanzmarktmodell genau ein replizierendes Portfolio für die Option.

Risikoneutraler fairer Preis

Das eindeutig bestimmte replizierende Portfolio besitzt zur Zeit $t = 1$ genau denselben Wert wie die Auszahlung der Option. Deshalb definieren wir den *risikoneutralen fairen Preis* der Option als den Wert des replizierenden Portfolios zur Zeit $t = 0$:

$$Z(0) := V[H](0) = -\frac{2}{3} + \frac{2}{3} \cdot 2 = \frac{2}{3}.$$

Vergleich der beiden fairen Preise

Der zuvor definierte spieletheoretische faire Preis der Option und der eben definierte risikoneutrale faire Preis der Option stimmen offensichtlich nicht überein. Wir wollen nun den risikoneutralen fairen Preis der Option als den einzigen Marktpreis der Option charakterisieren, der keine Arbitragemöglichkeiten zulässt. Sei dazu $Z(0)$ der risikoneutrale faire Preis, und sei $Y(0)$ der Marktpreis der Option.

1. Sei zuerst $Y(0) < Z(0)$. In diesem Falle kann ein Investor zur Zeit $t = 0$ die Option zum Preis von $Y(0)$ am Markt erwerben und gleichzeitig das replizierende Portfolio zum Preis von $Z(0)$ am Markt verkaufen. Zur Zeit $t = 1$ hat aber die Option denselben Wert wie das replizierende Portfolio, so dass der Investor die Option ausüben und mit der Auszahlung das replizierende Portfolio am Markt zurückerwerben kann.

2. Sei nun $Y(0) > Z(0)$. In diesem Falle kann ein Investor zur Zeit $t = 0$ die Option zum Preis von $Y(0)$ am Markt verkaufen und gleichzeitig das replizierende Portfolio zum Preis von $Z(0)$ am Markt erwerben. Zur Zeit $t = 1$ hat aber die Option denselben Wert wie das replizierende Portfolio, so dass der Investor das replizierende Portfolio am Markt verkaufen und mit dem Erlös die Auszahlung der Option begleichen kann.

In beiden Fällen ergibt sich also die Situation, dass ein Investor zur Zeit $t = 0$ am Markt eine Transaktion tätigen kann, welche ihm folgenden Gewinn bringt:

$$|Z(0) - Y(0)| > 0.$$

Darüber hinaus kann der Investor zur Zeit $t = 1$ alle Verbindlichkeiten tilgen, ohne Geld investieren zu müssen. Eine solche Form der risikolosen Gewinnmöglichkeit bezeichnen wir als *Arbitragemöglichkeit*. Arbitragemöglichkeiten können aber für reale Finanzmärkte i.d.R. aus folgendem Grund als unrealistisch betrachtet werden:

- Gäbe es nämlich eine solche Arbitragemöglichkeit in einem realen Finanzmarkt, dann würden die Investoren versuchen, diese wie oben beschrieben auszunutzen. Dabei müssten alle Investoren zur gleichen Zeit dieselbe Aktie kaufen bzw. verkaufen. Dies hätte wiederum eine Verschiebung von Angebot und Nachfrage der Aktie zur Folge, welche wiederum die ihren Marktpreis derartig beeinflussen würde, dass die Arbitragemöglichkeit verschwände.

Deshalb betrachten wir den risikoneutralen fairen Preis als den ökonomisch sinnvollen Preis für die Option.

Martingalmaß

Wir hatten gesehen, dass der spieletheoretische faire Preis für die Option gegeben war als Erwartungswert der Auszahlung $Z(1)$ der Option bzgl. des realen Wahrscheinlichkeitsmaßes P auf Ω. Dies legt die Frage nahe, ob es nicht ein weiteres Wahrscheinlichkeitsmaß Q auf Ω gibt, so dass der risikoneutrale faire Preis der Option gegeben ist als Erwartungswert der Auszahlung $Z(1)$ der Option bzgl. dieses *risikoneutralen* Wahrscheinlichkeitsmaßes. Dazu betrachten wir ein beliebiges Wahrscheinlichkeitsmaß Q auf Ω:

$$Q : \Omega \longrightarrow [0,1] : \omega \longmapsto Q(\omega).$$

$$Q(A) + Q(B) = 1.$$

Nach Definition ist Q genau dann risikoneutral, wenn folgende Bedingung erfüllt ist:

$$Z(0) \stackrel{!}{=} E_Q[Z(1)].$$

Dabei ist der risikoneutrale faire Preis der Option genau der Wert des replizierenden Portfolios zur Zeit $t = 0$. Deshalb ist Q genau dann risikoneutral, wenn folgende Bedingung erfüllt ist:

$$V[H](0) \stackrel{!}{=} E_Q[V[H](1)].$$

Dabei gilt:

$$V[H](0) = H_0 + H_1\, S(0).$$

$$\begin{aligned} E_Q[V[H](1)] &= V[H](1, A)\, Q(A) + V[H](1, A)\, Q(B) \\ &= (H_0 + H_1\, S(1, A))\, Q(A) + (H_0 + H_1\, S(1, B))\, Q(B) \\ &= H_0 + H_1\, (S(1, A)\, Q(A) + S(1, B)\, Q(B)). \end{aligned}$$

Also ist Q genau dann risikoneutral, wenn der Preis der Aktie ein *Martingal* bzgl. Q ist, d.h. wenn die folgende Bedingung erfüllt ist:

$$S(0) \stackrel{!}{=} E_Q[S(1)] = S(1, A)\, Q(A) + S(1, B)\, Q(B).$$

In diesem Falle bezeichnen wir Q als *Martingalmaß*. Einsetzen von $S(0)$, $S(1,A)$ und $S(1,B)$ liefert:

$$4\,Q(A) + Q(B) = 2.$$

Damit erhalten wir insgesamt das folgende lineare Gleichungssystem:

$$Q(A) + Q(B) = 1.$$

$$4\,Q(A) + Q(B) = 2.$$

Dieses lineare Gleichungssystem wiederum besitzt die folgende eindeutig bestimmte Lösung:

$$Q(A) = \frac{1}{3}\,; \qquad Q(B) = \frac{2}{3}.$$

Insbesondere existiert in unserem Finanzmarktmodell genau ein Martingalmaß Q auf Ω.

Bemerkung

Betrachten wir noch einmal die obige Untersuchung. Die definierende Bedingung für Q war, dass der risikoneutrale faire Preis der Option genau der Erwartungswert bzgl. Q der Auszahlung der Option ist:

$$Z(0) = E_Q[Z(1)].$$

Diese Bedingung war äquivalent dazu, dass der Preis der Aktie ein Martingal bzgl. Q ist:

$$S(0) = E_Q[S(1)].$$

Überraschenderweise ist die letzte Bedingung unabhängig von der Handelsstrategie H und damit unabhängig von der Option selbst. Hinter dieser überraschenden Erkenntnis steckt ein für die Finanzmathematik fundamentales Prinzip. Das Martingalmaß Q ist eine universelle Größe, d.h. jede andere Option hätte ebenfalls zu derselben Definition für Q geführt. Diesen Sachverhalt werden wir in den folgenden Abschnitten genauer untersuchen.

Prinzip der risikoneutralen Bewertung (2)

Insgesamt lässt sich das Prinzip der risikoneutralen Bewertung für unser Finanzmarktmodell folgendermaßen zusammenfassen.

- Es existiert genau ein replizierendes Portfolio $V[H](t)$, und der risikoneutrale faire Preis der Option ist gegeben durch:

  $$Z(0) = V[H](0).$$

- Es existiert genau ein Martingalmaß Q auf Ω, und der risikoneutrale faire Preis der Option ist gegeben durch:

  $$Z(0) = E_Q[Z(1)].$$

Ausblick

Das Prinzip der risioneutralen Bewertung ist der rote Faden, der sich durch dieses Lehrbuch zieht. Dabei untersuchen wir für verschiedene Optionen und andere Derivate in verschiedenen Finanzmärkten unter anderem folgende Punkte:

- Existenz und Eindeutigkeit des replizierenden Portfolios
- Wohldefiniertheit des risikoneutralen fairen Preises[3]
- Existenz und Eindeutigkeit des Martingalmaßes
- Berechnung des risikoneutralen fairen Preises mit Hilfe des Martingalmaßes

Das Prinzip der risikoneutralen Bewertung bildet gewissermaßen die Rahmentheorie der Finanzmathematik. Diese Rahmentheorie besteht aus einer Reihe von allgemeinen Lehrsätzen, die unter abstrakt formulierten Voraussetzungen für ein allgemeines Finanzmarktmodell gelten. Um jedoch die Finanzmathematik in der Praxis sinnvoll einsetzen zu können, genügt die Kenntnis dieser mathematischen Methoden alleine nicht. Vielmehr muss man sich zusätzlich mit der konkreten Modellierung von Finanzmärkten und Finanzprodukten auseinandersetzen. Das vorliegende Lehrbuch trägt beiden Anforderungen Rechnung. Wir entwickeln zunächst die allgemeine Rahmentheorie am Beispiel der Aktienmarktmodelle, weiten unsere Untersuchungen danach aber auf alle für die Praxis relevanten Aspekte der Modellierung von Finanzmärkten und Finanzprodukten aus. Insbesondere untersuchen wir mathematische Modelle für folgende Risikoarten:

- Preisänderungsrisiken (siehe Aktienmarktmodelle)
- Zinsänderungsrisiken (siehe Bondmarktmodelle)
- Wechselkursrisiken
- Inflationsrisiken
- Kreditrisiken[4]

Die systematische Einführung der jeweils für eine Risikoart typischen Finanzprodukte ist ein wichtiger Teilaspekt dieser Untersuchungen.

1.2 Inhaltsübersicht

Das vorliegende Lehrbuch ist in zwei Hauptteile untergliedert, welche unterschiedlichen Ansätzen zur mathematischen Modellierung von Finanzmärkten entsprechen. Im ersten Hauptteil, *Finanzmathematik in diskreter Zeit*, untersuchen wir Finanzmarktmodelle mit diskreter Zeitskala, d.h. wir betrachten nur endlich viele Zeitpunkte und nehmen zusätzlich an, dass zwischen diesen Zeitpunkten nur endlich viele verschiedene Ereignisse eintreten können. Dieser Teil dient dem allgemeinen Verständnis der Grundprinzipien der Finanzmathematik, wobei wir uns bei der Modellierung auf Aktienmarktmodelle beschränken. Der erste Hauptteil hat einen geringen mathematischen Schwierigkeitsgrad. Es werden nur Grundkenntnisse der Analysis und der linearen Algebra vorausgesetzt, wie sie Studenten der Mathematik oder Physik typischerweise nach dem zweiten oder dritten Semester bereitstehen.

---

[3]In der Praxis kommt es häufig vor, dass für ein Derivat eine ganze Familie von replizierenden Portfolios existiert. Deshalb ist dieser Punkt nicht trivial.

[4]Unter Kreditrisiko versteht man das Risiko, dass ausstehende Verbindlichkeiten von einem zahlungsunfähigen Geschäftspartner nicht erfüllt werden.

Wir nähern uns der Finanzmathematik in diskreter Zeit in mehreren Schritten. Dazu betrachten wir in Abschnitt 3, *Einperioden–Finanzmarktmodelle*, zunächst eine spezielle Klasse von Finanzmarktmodellen, bei welchen die Zeitskala nur aus zwei Zeitpunkten besteht. Ein solches Einperioden–Finanzmarktmodell haben wir in der Einführung bereits kennengelernt. Wir entwickeln eine allgemeine Rahmentheorie für diese Klasse von Finanzmarktmodellen. Dabei greifen wir insbesondere die in der Einführung angesprochenen Punkte auf, d.h. wir charakterisieren die Arbitragefreiheit, wir untersuchen die Existenz und Eindeutigkeit von replizierenden Portfolios für beliebige Derivate, wir untersuchen ferner die Existenz und Eindeutigkeit von äquivalenten Martingalmaßen für die jeweiligen Finanzmarktmodelle und formulieren schließlich das Prinzip der risikoneutralen Bewertung. Die für die Analyse der Einperioden–Finanzmarktmodelle benötigten mathematischen Methoden stellen wir zuvor in Abschnitt 2, *Konvexe Analysis und lineare Optimierung*, bereit. Dabei beweisen wir den Projektionssatz und verschiedene Trennungssätze der konvexen Analysis und entwickeln die Dualitätstheorie der linearen Optimierung.

In Abschnitt 5, *Mehrperioden–Finanzmarktmodelle*, übertragen wir die für die Einperioden–Finanzmarktmodelle entwickelte Rahmentheorie auf Finanzmarktmodelle, bei welchen die Zeitskala aus endlich vielen Zeitpunkten besteht. Zu diesem Zweck zerlegen wir jedes solches Mehrperioden–Finanzmarktmodell in eine Sequenz von Einperioden–Finanzmarktmodellen und wenden auf diese die bereits bewiesenen Sätze aus Abschnitt 3 an. Die für die Analyse der Mehrperioden–Finanzmarktmodelle benötigten mathematischen Methoden stellen wir wiederum zuvor in Abschnitt 4, *Elementare Wahrscheinlichkeitstheorie*, bereit. Neben den klassischen Themen Mengenalgebren[5], Zufallsvariablen, stochastische Prozesse und Unabhängigkeit beschäftigen wir uns mit der Modellierung von Informationsflüssen durch Filtrationen, führen die Begriffe Martingal und Stoppzeit ein, und beweisen schließlich den Satz von Doob über Optional Sampling.

Nachdem die Rahmentheorie für Mehrperioden–Finanzmarktmodelle entwickelt ist, wenden wir uns in Abschnitt 6, *Spezielle Derivate*, der Modellierung von Finanzprodukten in Aktienmärkten zu. Wir betrachten zunächst die wichtigsten Beispiele für Derivate mit europäischem Ausübungsrecht. Das sind solche Derivate, bei denen die Zeitpunkte, zu denen Zahlungen stattfinden, durch den jeweiligen Kontrakt festgelegt sind. Danach erweitern wir das Prinzip der risikoneutralen Bewertung für Derivate mit amerikanischem Ausübungsrecht. Das sind wiederum solche Derivate, bei welchen der jeweilige Halter ein Ausübungsrecht zur Laufzeit besitzt, d.h. zu einem beliebigen Zeitpunkt eine Zahlung auslösen kann. Dabei führt uns die Bestimmung der optimalen Ausübungsstrategie für den Halter eines Derivats mit amerikanischem Ausübungsrecht auf ein Optimal Stopping Problem, für welches wir eine allgemeine Lösungstheorie entwickeln. Schließlich erweitern wir das Prinzip der risikoneutralen Bewertung für Futurekontrakte. Dabei handelt es sich um börsengehandelte Terminkontrakte, bei welchen Wertschwankungen zur Laufzeit durch kontinuierliche Marginzahlungen ausgeglichen werden.

In Abschnitt 7, *Das Binomialmodell (Cox–Ross–Rubinstein Modell)*, wenden wir uns der Modellierung von Finanzmärkten zu und betrachten das wichtigste Aktienmarktmodell. Für das Binomialmodell beweisen wir die Existenz von replizierenden Portfolios für beliebige Derivate. Wir beweisen ferner die Existenz und Eindeutigkeit des äquivalenten Martingalmaßes. Daraus folgt insgesamt die Gültigkeit des Prinzips der risikoneutralen Bewertung für dieses Modell.

[5] Für die in diesem Abschnitt betrachteten endlichen Wahrscheinlichkeitsräume stimmt der Begriff der Mengenalgebra genau mit dem Begriff der σ–Algebra überein.

Im zweiten Hauptteil, *Finanzmathematik in stetiger Zeit*, untersuchen wir Finanzmarktmodelle mit stetiger Zeitskala, d.h. wir betrachten nun Zeitintervalle an Stelle der endlich vielen Zeitpunkte des ersten Hauptteils. Zusätzlich lassen wir die Einschränkung an die Zahl der möglichen Ereignisse fallen. Dieser Teil dient dem Verständnis praxisrelevanter Probelmstellungen, wobei wir die Modellierung zunächst von Aktienmarktmodellen auf Bondmarktmodelle ausdehnen und danach Wechselkursrisiken, Inflationsrisiken und Kreditrisiken betrachten. Der zweite Hauptteil hat einen höheren mathematischen Schwierigkeitsgrad. Neben den schon für den ersten Hauptteil benötigten Grundkenntnissen der Analysis und der linearen Algebra werden zusätzliche Grundkenntnisse der Maß– und Integrationstheorie sowie der Wahrscheinlichkeitstheorie vorausgesetzt, wie sie Studenten der Mathematik oder Physik typischerweise nach dem Vordiplom bereitstehen.

Die Finanzmathematik in stetiger Zeit bedient sich mathematischer Methoden, die nicht zur typischen Grundausbildung der Mathematiker und Physiker gehören. Deshalb werden diese Methoden in Abschnitt 8, *Stochastische Analysis*, separat behandelt. Im Zentrum unseres Interesses steht dabei die Itosche Integrationstheorie und ihre Anwendungen. Nach einem kurzen Abriss der von uns benötigten Wahrscheinlichkeitstheorie wenden wir uns der Konstruktion des Itoschen Integrals zu und entwickeln den zugehörigen Itoschen Kalkül. Als erste Anwendung dieses mächtigen Werkzeugs entwickeln wir eine Lösungstheorie für stochastische Differentialgleichungen. Danach beweisen wir verschiedene Feynman–Kac Formeln für Diffusionsgleichungen und schlagen so die Brücke von den stochastischen Differentialgleichungen zu den partiellen Differentialgleichungen. Schließlich beweisen wir noch den Darstellungssatz für Brownsche Martingale sowie den Satz von Girsanov über den Wechsel des Wahrscheinlichkeitsmaßes. Diese beiden Sätze sind von zentraler Bedeutung für die Finanzmathematik, da sie für die von uns betrachteten Finanzmarktmodelle die Arbitragefreiheit, die Existenz und Eindeutigkeit von replizierenden Portfolios für beliebige Derivate sowie die Existenz und Eindeutigkeit von äquivalenten Martingalmaßen liefern.

Ausgestattet mit dem notwendigen mathematischen Rüstzeug entwickeln wir in Abschnitt 9, *Aktienmärkte*, eine Rahmentheorie für Finanzmarktmodelle mit stetiger Zeitskala, welche analog zu der im ersten Hauptteil entwickelten Rahmentheorie für Finanzmarktmodelle mit diskreter Zeitskala ist. Ebenso analog zum ersten Hauptteil betrachten wir wieder Derivate mit europäischem Ausübungsrecht, Derivate mit amerikanischem Ausübungsrecht[6] sowie Futurekontrakte. Als Beispiele für konkrete Aktienmarktmodelle behandeln wir das bekannte Black–Scholes Modell, Modelle mit lokaler Volatilität sowie Modelle mit stochastischer Volatilität. Schließlich wenden wir die in Abschnitt 8 entwickelten Feynman–Kac Formeln auf unser Finanzmarktmodell an und erhalten so Darstellungsformeln für die fairen Preise von Derivaten mit Hilfe von Lösungen partieller Differentialgleichungen. Diese Darstellungsformeln spielen in der Praxis eine wichtige Rolle, weil für viele dieser partiellen Differentialgleichungen entweder explizite Lösungen bekannt sind oder effiziente numerische Lösungsmethoden bereit stehen. Als Beispiel betrachten wir das Black–Scholes Modell. Insbesondere zeigen wir die Äquivalenz zwischen der zugehörigen Black–Scholes Differentialgleichung und der Wärmeleitungsgleichung.

In Abschnitt 10, *Bondmarktmodelle*, gehen wir von den Aktienmarktmodellen zu einer neuen Klasse von Finanzmarktmodellen, nämlich den Bondmarktmodellen, über. Wir betrachten zunächst die wichtigsten Zinsprodukte und Zinsraten. Danach führen wir eine wichtige

[6] Derivate mit eingeschränktem amerikanischem Ausübungsrecht, sog. Bermuda–Derivate, bei denen der Halter ein Ausübungsrecht zu diskreten Zeitpunkten besitzt, werden ebenfalls behandelt.

Erweiterung unserer allgemeinen Rahmentheorie durch. In unseren Aktienmarktmodellen haben wir bisher immer die Wertentwicklung eines Geldkontos als Numeraire, d.h. als Vergleichsgröße für die Wertentwicklung anderer Finanzgüter, verwendet. Die zur Modellierung von Bondmärkten verwendeten Zinsstrukturmodelle gehen dagegen von verschiedenen anderen Numerairen aus. Ausgestattet mit einer erweiterten Rahmentheorie für beliebige Numeraire untersuchen wir nun die wichtigsten Zinsstrukturmodelle. Wir beginnen mit dem Black '76 Modell, betrachten Short Rate Modelle, Heath–Jarrow–Morton Modelle, LIBOR Modelle für Forward– und Swapraten und enden schließlich mit den Markov–Funktional Modellen.

In Abschnitt 11, *Wechselkursrisiko und Inflationsrisiko*, führen wir mit dem Wechselkurs zwischen zwei Währungen sowie der Inflationsrate zwei neue Risikofaktoren ein. Es zeigt sich überaschenderweise, dass die mathematische Modellierung für beide Risikofaktoren analog ist, so dass die gemeinsame Behandlung in demselben Abschnitt gerechtfertigt ist. Wie auch im vorherigen Abschnitt betrachten wir zunächst wieder die wichtigsten Produkte und Raten. Danach untersuchen wir mit den Volatilitäts- und Driftmodellen spezielle Modelle für den Wechselkurs bzw. die Inflationsrate.

Wir beenden den zweiten Hauptteil dieses Lehrbuches mit Abschnitt 12, *Kreditrisiko*. In diesem Abschnitt erweitern wir unsere allgemeine Rahmentheorie, indem wir Kreditereignisse, d.h. Ausfälle vertraglich vereinbarter Zahlungen, als weitere Risikofaktoren berücksichtigen. Dazu beschäftigen wir uns zunächst mit der Modellierung solcher Kreditereignisse. Danach betrachten wir Kreditereignisse bei klassischen Derivaten sowie echte Kreditderivate. Schließlich untersuchen wir die wichtigsten Kreditrisikomodelle. Dabei betrachten wir sowohl strukturelle Kreditrisikomodelle als auch formreduzierte Kreditrisikomodelle.

Das Lehrbuch endet mit einem kurzen Exkurs über Physik. Der Grund, einen solchen Exkurs in ein Lehrbuch über Finanzmathematik einzufügen, liegt darin, dass es methodisch gesehen eine interessante Querverbindung zwischen diesen ansonsten inhaltlich völlig disjunkten Disziplinen gibt. Diese Querverbindung besteht in der im zweiten Hauptteil behandelten Feynman–Kac Formel. Die Quantenphysik beschreibt nun Elementarteilchen mit Hilfe von Wellenfunktionen[7], welche der Schrödingerschen Differentialgleichung genügen. Die Anwendung der Feynman–Kac Formel auf die Schrödingersche Differentialgleichung liefert einen Zusammenhang zwischen klassischer Physik und Quantenphysik, welcher als Pfadintegralquantisierung bezeichnet wird. Die Pfadintegralquantisierung erlaubt schließlich die Interpretation der klassischen Physik als Grenzfall der Quantenphysik. Die in diesem Exkurs über Physik skizzierten Sachverhalte stehen natürlich nicht im Zentrum unseres Interesses, sondern dienen vielmehr der Unterhaltung des Lesers. Im Rahmen des Vorlesungszyklus über Finanzmathematik, den ich regelmäßig an der Technischen Universität Darmstadt anbiete, fällt dieser Exkurs typischerweise auf die letzte Vorlesung vor Weihnachten.

[7]Dieser Zusammenhang wird in der Physik als Welle–Teilchen–Dualismus bezeichnet.

FINANZMATHEMATIK
IN DISKRETER ZEIT

2 Konvexe Analysis und lineare Optimierung

Für die Finanzmathematik in diskreter Zeit und speziell für die Analyse der im nächsten Abschnitt behandelten Einperioden–Finanzmarktmodelle benötigen wir einige Methoden aus der konvexen Analysis und der linearen Optimierung. Diese Methoden sind in diesem Abschnitt zusammengestellt. Wir beweisen den Projektionssatz sowie verschiedene Versionen des Trennungssatzes der konvexen Analysis und entwickeln die Dualitätstheorie der linearen Optimierung.

2.1 Konvexe Analysis

Definition

Wir versehen den Vektorraum $\mathbb{R}^n$ mit dem *Euklidschen Skalarprodukt* sowie der zugehörigen *Euklidschen Norm.*

$$\langle x \mid y \rangle := \sum_{i=1}^{n} x^i \, y^i \qquad (x, y \in \mathbb{R}^n).$$

$$\|x\| := \Big(\langle x \mid x \rangle \Big)^{\frac{1}{2}} \qquad (x \in \mathbb{R}^n).$$

Definition

Wir verwenden den Begriff *Konvexität* sowohl im Zusammenhang mit Mengen als auch im Zusammenhang mit Abbildungen.

(a) Sei $K \subset \mathbb{R}^n$. K heißt *konvex*, falls folgende Aussage gilt:

$\forall\, x, y \in K \;\forall\, \lambda \in [0, 1]$:

$$\lambda\, x + (1 - \lambda)\, y \in K.$$

(b) Sei $K \subset \mathbb{R}^n$ konvex, und sei f eine Abbildung der folgenden Art:

$$f : K \longrightarrow \mathbb{R} : x \longmapsto f(x).$$

f heißt *konvex*, falls folgende Aussage gilt:

$\forall\, x, y \in K \;\forall\, \lambda \in [0, 1]$:

$$f(\lambda\, x + (1 - \lambda)\, y) \leq \lambda\, f(x) + (1 - \lambda)\, f(y).$$

Bemerkung

Nach der obigen Definition gilt also:

(a) Eine Menge in $\mathbb{R}^n$ ist genau dann konvex, wenn mit zwei Punkten auch schon die gesamte Verbindungsstrecke zwischen den Punkten in der Menge liegt.

(b) Eine reellwertige Funktion ist genau dann konvex, wenn der Funktionsgraf auf jeder Verbindungsstrecke zwischen zwei Punkten niemals oberhalb der Sekante zwischen diesen Punkten liegt.

Bemerkung

(a) Sei $K \subset \mathbb{R}^n$ konvex. Dann gilt:

$$\forall\, x_1, \ldots, x_k \in K \;\forall\, \lambda_1, \ldots, \lambda_k \in [0,1] \text{ mit } \sum_{i=1}^{k} \lambda_i = 1:$$

$$\sum_{i=1}^{k} \lambda_i\, x_i \in K.$$

(b) Sei $K \subset \mathbb{R}^n$ konvex, und sei $f : K \longrightarrow \mathbb{R}$ konvex. Dann gilt:

$$\forall\, x_1, \ldots, x_k \in K \;\forall\, \lambda_1, \ldots, \lambda_k \in [0,1] \text{ mit } \sum_{i=1}^{k} \lambda_i = 1:$$

$$f\Big(\sum_{i=1}^{k} \lambda_i\, x_i\Big) \leq \sum_{i=1}^{k} \lambda_i\, f(x_i).$$

Theorem 2.1 (Projektionssatz)
Sei $\emptyset \neq K \subset \mathbb{R}^n$, sei K abgeschlossen und konvex, und sei $x \in \mathbb{R}^n \backslash K$. Dann gilt:
$\exists_1\; \overline{y} \in K \;\forall\; y \in K$:

$$\|x - \overline{y}\| \leq \|x - y\|\,.$$

Wir schreiben $\overline{y} = P_K(x)$. $P_K(x)$ heißt Projektion *von x auf K.*

Beweis

1. Wir definieren:

$$\rho := \inf_{y \in K} \|x - y\|\,.$$

$$K_\rho := K \cap \overline{B}_{\rho+1}(x).$$

Dabei bezeichnet $\overline{B}_{\rho+1}(x) \subset \mathbb{R}^n$ die abgeschlossene Kugel mit Mittelpunkt x und Radius $\rho + 1$. Nach Konstruktion ist K_ρ nichtleer, abgeschlossen und beschränkt. Insbesondere ist K_ρ kompakt. Wir definieren die von der Euklidschen Norm induzierte Metrik durch:

$$d : K_\rho \longrightarrow \mathbb{R} : d(y) := \|x - y\|\,.$$

Nach Konstruktion ist d stetig. Also nimmt d sein Minimum in einem $\overline{y} \in K_\rho$ an. Damit ist die Existenz von $\overline{y}$ bewiesen.

2. Seien $\overline{y}_1, \overline{y}_2 \in K_\rho$ zwei verschiedene Minima von d. Wir definieren:

$$\overline{y} := \frac{1}{2}\overline{y}_1 + \frac{1}{2}\overline{y}_2.$$

Nach Konstruktion ist K_ρ konvex. Also ist $\overline{y} \in K_\rho$. Nach Konstruktion gilt:

$$\begin{aligned}
d(\overline{y})^2 &= \|x - \overline{y}\|^2 \\
&= \left\| \frac{1}{2}(x - \overline{y}_1) + \frac{1}{2}(x - \overline{y}_2) \right\|^2 \\
&= \frac{1}{4}\|x - \overline{y}_1\|^2 + \frac{1}{4}\|x - \overline{y}_2\|^2 + \frac{1}{2}\langle x - \overline{y}_1 \mid x - \overline{y}_2 \rangle \\
&= \frac{1}{4}\|x - \overline{y}_1\|^2 + \frac{1}{4}\|x - \overline{y}_2\|^2 + \frac{1}{4}\langle x - \overline{y}_1 \mid x - \overline{y}_1 + \overline{y}_1 - \overline{y}_2 \rangle \\
&\quad + \frac{1}{4}\langle x - \overline{y}_2 + \overline{y}_2 - \overline{y}_1 \mid x - \overline{y}_2 \rangle \\
&= \frac{1}{2}\|x - \overline{y}_1\|^2 + \frac{1}{2}\|x - \overline{y}_2\|^2 + \frac{1}{4}\langle x - \overline{y}_1 \mid \overline{y}_1 - \overline{y}_2 \rangle + \frac{1}{4}\langle \overline{y}_2 - \overline{y}_1 \mid x - \overline{y}_2 \rangle \\
&= \frac{1}{2}\|x - \overline{y}_1\|^2 + \frac{1}{2}\|x - \overline{y}_2\|^2 - \frac{1}{4}\|\overline{y}_1 - \overline{y}_2\|^2 \\
&= \frac{1}{2}d(\overline{y}_1)^2 + \frac{1}{2}d(\overline{y}_2)^2 - \frac{1}{4}\|\overline{y}_1 - \overline{y}_2\|^2 .
\end{aligned}$$

Dies ist ein Widerspruch zur Minimalität von $\overline{y}_1, \overline{y}_2$. Damit ist die Eindeutigkeit von $\overline{y}$ bewiesen.

□

Bemerkung

Die Projektion $P_K(x)$ des Punktes $x \in \mathbb{R}^n \backslash K$ auf die abgeschlossne konvexe Menge $K \subset \mathbb{R}^n$ ist per Definition genau derjenige Punkt $\overline{y} \in K$ mit minimalem Abstand zu x bzgl. der von der Euklidschen Norm induzierten Metrik. Der Projektionssatz garantiert die Existenz und Eindeutigkeit von $\overline{y}$.

Bemerkung

Sei $\emptyset \neq U \subset \mathbb{R}^n$, und sei U ein linearer Unterraum. Dann gilt:

(a) U ist abgeschlossen und konvex.

(b) P_U ist genau die Orthogonalprojektion auf U.

Theorem 2.2 (Trennungssatz (I))

Sei $K \subset \mathbb{R}^n$, sei K abgeschlossen und konvex, sei $x \in \mathbb{R}^n \backslash K$, und sei $y \in K$. Dann gilt:

$$\langle x - P_K(x) \mid y \rangle \leq \langle x - P_K(x) \mid P_K(x) \rangle < \langle x - P_K(x) \mid x \rangle .$$

Beweis

1. Nach Voraussetzung gilt:

$$\begin{aligned}
0 < \|x - P_K(x)\|^2 &= \langle x - P_K(x) \mid x - P_K(x) \rangle \\
&= \langle x - P_K(x) \mid x \rangle - \langle x - P_K(x) \mid P_K(x) \rangle .
\end{aligned}$$

Damit ist die rechte Ungleichung bewiesen.

2. Sei $0 < \lambda \leq 1$. Nach Voraussetzung sind $P_K(x), y \in K$, und K ist konvex. Daraus folgt:

$$(1-\lambda)P_K(x) + \lambda y \in K.$$

Nach Konstruktion gilt:

$$\begin{aligned}
&\|x - P_K(x)\|^2 \leq \|x - (1-\lambda)P_K(x) - \lambda y\|^2 \\
&= \|x - P_K(x) - \lambda(y - P_K(x))\|^2 \\
&= \|x - P_K(x)\|^2 - 2\lambda \langle x - P_K(x) \mid y - P_K(x)\rangle + \lambda^2 \|y - P_K(x)\|^2 .
\end{aligned}$$

Daraus folgt:

$$\langle x - P_K(x) \mid y - P_K(x)\rangle \leq \frac{\lambda}{2} \|y - P_K(x)\|^2 .$$

Dabei war $0 < \lambda \leq 1$ beliebig. Daraus folgt für $\lambda \longrightarrow 0$:

$$\langle x - P_K(x) \mid y - P_K(x)\rangle \leq 0.$$

Damit ist die linke Ungleichung bewiesen.

□

Bemerkung

Im Beweis von Trennungssatz (I) wurde gezeigt:

$\forall\, y \in K$:

$$\langle x - P_K(x) \mid y - P_K(x)\rangle \leq 0.$$

Die Menge K und der Punkt x werden also durch die Hyperebene mit Aufpunkt $P_K(x)$ und Richtungsvektor $x - P_K(x)$ getrennt. Dies rechtfertigt den Namen *Trennungssatz*.

Definition

Sei $K \subset \mathbb{R}^n$. K heißt *Kegel*, falls folgende Aussage gilt:

$\forall\, x \in K\ \forall\, \lambda \geq 0$:

$$\lambda x \in K.$$

Bemerkung

Sei $K \subset \mathbb{R}^n$, und sei K ein konvexer Kegel. Dann gilt:

$\forall\, x_1, \ldots, x_k \in K\ \forall\, \lambda_1, \ldots, \lambda_k \geq 0$:

$$\sum_{i=1}^{k} \lambda_i x_i \in K.$$

Theorem 2.3 (Trennungssatz (II))

Sei $K \subset \mathbb{R}^n$, sei K ein abgeschlossener konvexer Kegel, sei $x \in \mathbb{R}^n \backslash K$, und sei $y \in K$. Dann gilt:

$$\langle x - P_K(x) \mid y\rangle \leq 0 < \langle x - P_K(x) \mid x\rangle .$$

Beweis

1. Nach Voraussetzung ist K ein Kegel. Also ist $0 \in K$. Nach Trennungssatz (I) gilt:

   $$0 \leq \langle x - P_K(x) \mid P_K(x) \rangle < \langle x - P_K(x) \mid x \rangle .$$

   Damit ist die rechte Ungleichung bewiesen.

2. Sei $\lambda > 0$. Nach Voraussetzung ist K ein Kegel, und $y \in K$. Daraus folgt:

   $$\lambda y \in K.$$

   Nach Trennungssatz (I) gilt:

   $$\langle x - P_K(x) \mid \lambda y \rangle < \langle x - P_K(x) \mid x \rangle .$$

   Daraus folgt:

   $$\langle x - P_K(x) \mid y \rangle < \frac{1}{\lambda} \langle x - P_K(x) \mid x \rangle .$$

   Dabei war $\lambda > 0$ beliebig. Daraus folgt für $\lambda \longrightarrow \infty$:

   $$\langle x - P_K(x) \mid y \rangle \leq 0.$$

   Damit ist die linke Ungleichung bewiesen.

□

Theorem 2.4 (Trennungssatz (III))
Seien $\emptyset \neq K \subset \mathbb{R}^n$ und $\emptyset \neq U \subset \mathbb{R}^n$, sei K kompakt und konvex, sei U ein linearer Unterraum, sei $K \cap U = \emptyset$, und sei $U^\perp$ der Orthogonalraum zu U in $\mathbb{R}^n$. Dann gilt:
$\exists\, \overline{x} \in U^\perp \; \forall\, y \in K$:

$$\langle \overline{x} \mid y \rangle > 0.$$

Beweis

1. Nach Definition des Orthogonalraums gilt:

   $$U^\perp = \{x \in \mathbb{R}^n \mid \forall\, u \in U: \; \langle x \mid u \rangle = 0\} .$$

   Insbesondere ist $U^\perp$ ein linearer Unterraum. Also ist $P_{U^\perp}$ die Orthogonalprojektion auf $U^\perp$. Insbesondere ist $P_{U^\perp}$ eine stetige lineare Abbildung. Wir definieren:

   $$M := P_{U^\perp}(K) := \{P_{U^\perp}(y) \mid y \in K\} .$$

   Nach Voraussetzung ist K kompakt und konvex. Also ist M kompakt und konvex.

2. *Wir zeigen:* $0 \notin M$.

   Angenommen, die Aussage sei falsch. Dann gilt:

   $\exists\, y \in K$:

   $$P_{U^\perp}(y) = 0.$$

   Nach Punkt 1 ist $P_{U^\perp}$ die Orthogonalprojektion auf $U^\perp$. Also ist $y \in U$. Dies ist ein Widerspruch zu $K \cap U = \emptyset$. Also ist $0 \notin M$.

3. Wir definieren:

   $$\overline{x} := P_M(0).$$

   Nach Trennungssatz (I) gilt:

   $\forall\, y \in M$:

   $$\langle \overline{x} \mid y \rangle \geq \|\overline{x}\|^2 > 0.$$

   Sei nun $y \in K$. Nach Voraussetzung ist $\overline{x} \in M \subset U^\perp$. Daraus folgt:

   $$\langle \overline{x} \mid y \rangle = \langle \overline{x} \mid P_{U^\perp}(y) \rangle .$$

   Nach Voraussetzung ist $P_{U^\perp}(y) \in M$. Daraus folgt:

   $$\langle \overline{x} \mid P_{U^\perp}(y) \rangle > 0.$$

   Daraus folgt insgesamt:

   $$\langle \overline{x} \mid y \rangle = \langle \overline{x} \mid P_{U^\perp}(y) \rangle > 0.$$

   Damit ist die Behauptung bewiesen.

□

2.2 Lineare Optimierung

Problemstellung

Sei $\overline{b} \in \mathbb{R}^J$, sei $\overline{x} \in \mathbb{R}^I$, und sei $\overline{P} \in \mathbb{R}^{I,J}$ eine Matrix. Wir betrachten die folgenden linearen Optimierungsprobleme.

- **Primalproblem**

  Bestimme $a \in \mathbb{R}^I$ mit folgenden Eigenschaften:[8]

  $$\overline{P}^T a \geq \overline{b}.$$

  $$v_P(a) := \langle a \mid \overline{x} \rangle \longrightarrow \text{minimal}.$$

  Wir definieren die Menge der zulässigen Vektoren für das Primalproblem durch:

  $$\Omega_P := \left\{ \alpha \in \mathbb{R}^I \,\middle|\, \overline{P}^T \alpha \geq \overline{b} \right\}.$$

[8]Dabei ist die Ungleichung $\overline{P}^T a \geq \overline{b}$ komponentenweise zu verstehen, d.h. für das Primalproblem sind J Ungleichungen als Nebenbedingungen gegeben.

- **Dualproblem**

  Bestimme $y \in \mathbb{R}^J$ mit folgenden Eigenschaften:[9]

$$\overline{P}y = \overline{x}\,; \qquad\qquad y \geq 0.$$

$$v_D(y) := \langle \overline{b} \,|\, y \rangle \longrightarrow \text{maximal.}$$

  Wir definieren die Menge der zulässigen Vektoren für das Dualproblem durch:

$$\Omega_D := \left\{ \eta \in \mathbb{R}^J \,\middle|\, \overline{P}\eta = \overline{x}\,;\ \eta \geq 0 \right\}.$$

Bemerkung

Wir zeigen, dass sich das Primalproblem äquivalent als ein Dualproblem formulieren lässt. Ferner zeigen wir, dass sich das Dualproblem äquivalent als ein Primalproblem formulieren lässt. Dabei kehren sich bei $\overline{b}$, $\overline{x}$ und $\overline{P}$ die Vorzeichen um. Das neue Primalproblem und das neue Dualproblem stehen in derselben Beziehung zu einander wie das ursprüngliche Primalproblem und das ursprüngliche Dualproblem, d.h. das neue Dualproblem ist tatsächlich das zum neuen Primalproblem duale Problem im Sinne der obigen Problemstellung.

- **Dualproblem**

  Das Primalproblem ist genau dann lösbar, wenn das folgende Dualproblem lösbar ist:[10]

$$(-\overline{P}^T, \overline{P}^T, \mathbb{I}) \begin{pmatrix} a_+ \\ a_- \\ \beta \end{pmatrix} = -\overline{b}\,; \qquad\qquad \begin{pmatrix} a_+ \\ a_- \\ \beta \end{pmatrix} \geq \begin{pmatrix} 0 \\ 0 \\ 0 \end{pmatrix}.$$

$$\hat{v}_D \begin{pmatrix} a_+ \\ a_- \\ \beta \end{pmatrix} := \left\langle \begin{pmatrix} a_+ \\ a_- \\ \beta \end{pmatrix} \,\middle|\, \begin{pmatrix} -\overline{x} \\ \overline{x} \\ 0 \end{pmatrix} \right\rangle \longrightarrow \text{maximal.}$$

  In diesem Falle gilt:

$$v_P(a) = -\hat{v}_D \begin{pmatrix} a_+ \\ a_- \\ \beta \end{pmatrix}\,; \qquad\qquad a = a_+ - a_-.$$

  Die neu eingeführte Variable β, welche die Ungleichung in der Nebenbedingung des Primalproblems in eine Gleichung überführt, heißt *Schlupfvariable*.

- **Primalproblem**

  Das Dualproblem ist genau dann lösbar, wenn das folgende Primalproblem lösbar ist:[11]

$$\begin{pmatrix} -\overline{P} \\ \overline{P} \\ \mathbb{I} \end{pmatrix} y \geq \begin{pmatrix} -\overline{x} \\ \overline{x} \\ 0 \end{pmatrix}.$$

[9] Dabei ist die Ungleichung $y \geq 0$ wiederum komponentenweise zu verstehen, d.h. für das Dualproblem sind ebenfalls J Ungleichungen als Nebenbedingungen gegeben.

[10] Dabei bezeichnet $\mathbb{I}$ die Einheitsmatrix in $\mathbb{R}^J$.

[11] Dabei bezeichnet $\mathbb{I}$ wiederum die Einheitsmatrix in $\mathbb{R}^J$.

$$\hat{v}_P(y) := \left\langle -\bar{b} \,\middle|\, y \right\rangle \longrightarrow \text{minimal.}$$

In diesem Falle gilt:

$$v_D(y) = -\hat{v}_P(y).$$

Theorem 2.5 (Dualitätssatz (I))

Sei $\Omega_P \neq \emptyset$, und sei $\Omega_D \neq \emptyset$. Dann gilt:

(a) *Das Primalproblem sowie das Dualproblem sind lösbar.*

(b) *Die Werte der Zielfunktionen stimmen überein:*

$$v_P(a) = v_D(y).$$

Beweis

1. Sei $\alpha \in \Omega_P$, und sei $\eta \in \Omega_D$. Dann gilt:

$$v_P(\alpha) = \langle \alpha \,|\, \overline{x} \rangle = \left\langle \alpha \,\middle|\, \overline{P}\eta \right\rangle = \left\langle \overline{P}^T \alpha \,\middle|\, \eta \right\rangle \geq \left\langle \bar{b} \,\middle|\, \eta \right\rangle = v_D(\eta).$$

Insbesondere gilt:

$$\overline{v}_P := \inf_{\alpha \in \Omega_P} v_P(\alpha) \geq \sup_{\eta \in \Omega_D} v_D(\eta) =: \overline{v}_D.$$

2. Wir definieren:

$$K := \left\{ \begin{pmatrix} v_D(\eta) \\ \overline{P}\eta \end{pmatrix} \,\middle|\, \eta \in \Omega_D\,;\ v_D(\eta) \in [\overline{v}_D - 1, \overline{v}_D] \right\}.$$

$$M_1 := \left\{ \begin{pmatrix} v_D(\eta) \\ \overline{P}\eta \end{pmatrix} \,\middle|\, \eta \geq 0 \right\}.$$

$$M_2 := \left\{ \begin{pmatrix} z_0 \\ z \end{pmatrix} \,\middle|\, z = \overline{x}\,;\ z_0 \in [\overline{v}_D - 1, \overline{v}_D] \right\}.$$

Nach Konstruktion ist $K \neq \emptyset$, und es gilt:

$$K = M_1 \cap M_2.$$

Nach Konstruktion ist M_1 abgeschlossen, und M_2 ist kompakt. Also ist K kompakt. Wir definieren:

$$f : K \longrightarrow \mathbb{R} : f \begin{pmatrix} z_0 \\ z \end{pmatrix} := z_0.$$

Nach Konstruktion ist f linear. Also ist f stetig. Also nimmt f auf K sein Maximum an. Also nimmt v_D auf Ω_D sein Maximum an. Also ist das Dualproblem lösbar.

3. Nach der obigen Bemerkung lässt sich das Primalproblem äquivalent als ein Dualproblem formulieren. Dabei gilt:

$$\hat{\Omega}_D \neq \emptyset.$$

$$\sup_{\hat{\eta} \in \hat{\Omega}_D} \hat{v}_D(\hat{\eta}) = -\overline{v}_P < \infty.$$

Nach Punkt 2 ist dieses neue Dualproblem lösbar. Also ist das ursprüngliche Primalproblem lösbar.

4. Sei M_1 gemäß Punkt 2 definiert, und sei $\varepsilon > 0$. Nach Punkt 2 ist das Dualproblem lösbar. Daraus folgt:

$$\begin{pmatrix} \overline{v}_D \\ \overline{x} \end{pmatrix} \in M_1 \,; \qquad \begin{pmatrix} \overline{v}_D + \varepsilon \\ \overline{x} \end{pmatrix} \notin M_1.$$

Nach Konstruktion ist M_1 ein abgeschlossener konvexer Kegel. Wir definieren:

$$\begin{pmatrix} u_0 \\ u \end{pmatrix} := \begin{pmatrix} \overline{v}_D + \varepsilon \\ \overline{x} \end{pmatrix} - P_{M_1} \begin{pmatrix} \overline{v}_D + \varepsilon \\ \overline{x} \end{pmatrix}.$$

Nach Trennungssatz (II) gilt:
$\forall \begin{pmatrix} z_0 \\ z \end{pmatrix} \in M_1$:

$$\left\langle \begin{pmatrix} u_0 \\ u \end{pmatrix} \middle| \begin{pmatrix} z_0 \\ z \end{pmatrix} \right\rangle \leq 0 < \left\langle \begin{pmatrix} u_0 \\ u \end{pmatrix} \middle| \begin{pmatrix} \overline{v}_D + \varepsilon \\ \overline{x} \end{pmatrix} \right\rangle.$$

5. Einsetzen von $\begin{pmatrix} z_0 \\ z \end{pmatrix} = \begin{pmatrix} \overline{v}_D \\ \overline{x} \end{pmatrix}$ in die Ungleichung in Punkt 4 liefert:

$$u_0 \, \varepsilon > 0.$$

Daraus folgt:

$$u_0 > 0.$$

6. Mit Hilfe von Punkt 4 und Punkt 5 erhalten wir:
$\forall \begin{pmatrix} z_0 \\ z \end{pmatrix} \in M_1$:

$$z_0 \leq \left\langle -\frac{u}{u_0} \middle| z \right\rangle.$$

$$\left\langle -\frac{u}{u_0} \middle| \overline{x} \right\rangle < \overline{v}_D + \varepsilon.$$

7. Einsetzen von $\begin{pmatrix} z_0 \\ z \end{pmatrix} = \begin{pmatrix} v_D(e_j) \\ \overline{P}e_j \end{pmatrix}$ $(j = 1, \ldots, J)$ in die erste Ungleichung in Punkt 6 liefert:

$$\langle \overline{b} \,|\, e_j \rangle = v_D(e_j) \leq \Big\langle -\frac{u}{u_0} \,\Big|\, \overline{P}e_j \Big\rangle = \Big\langle \overline{P}^T\Big(-\frac{u}{u_0}\Big) \,\Big|\, e_j \Big\rangle.$$

Daraus folgt:

$$-\frac{u}{u_0} \in \Omega_P.$$

Mit Hilfe von Punkt 1 und der zweiten Ungleichung in Punkt 6 erhalten wir:

$$\overline{v}_P \leq v_P\Big(-\frac{u}{u_0}\Big) = \Big\langle -\frac{u}{u_0} \,\Big|\, \overline{x} \Big\rangle < \overline{v}_D + \varepsilon \leq \overline{v}_P + \varepsilon.$$

Dabei war $\varepsilon > 0$ beliebig. Daraus folgt für $\varepsilon \longrightarrow 0$:

$$\overline{v}_P = \overline{v}_D.$$

Damit ist Gleichung in (b) bewiesen.

□

Theorem 2.6 (Dualitätssatz (II))
Folgende Aussagen sind äquivalent:

(a) $\Omega_P \neq \emptyset$, *und das Primalproblem ist lösbar.*

(b) $\Omega_D \neq \emptyset$, *und das Dualproblem ist lösbar.*

Beweis

1. *Wir zeigen:* (b) $\Longrightarrow$ (a).

   Sei $\Omega_D \neq \emptyset$, und sei das Dualproblem lösbar. Mit Hilfe von Punkt 4 des Beweises des Dualitätssatzes (I) erhalten wir:

   $$-\frac{u}{u_0} \in \Omega_P \neq \emptyset.$$

   Also sind die Voraussetzungen von Dualitätssatz (I) erfüllt. Also ist das Primalproblem lösbar.

2. *Wir zeigen:* (a) $\Longrightarrow$ (b).

   Nach der obigen Bemerkung lässt sich das Primalproblem äquivalent als ein Dualproblem formulieren. Nach Voraussetzung ist dieses neue Dualproblem lösbar. Nach Punkt 1 ist das zugehörige neue Primalproblem lösbar. Nach der obigen Bemerkung ist das neue Primalproblem äquivalent zum ursprünglichen Dualproblem. Also ist das ursprüngliche Dualproblem lösbar. Insbesondere ist $\Omega_D \neq \emptyset$.

□

Beispiel 2.1 (Produktionsverfahren)

Wir betrachten zwei einfache Anwendungen der linearen Optimierung aus dem Bereich Prozesssteuerung für Produktionsverfahren. Dieses Beispiel dient einzig der Illustration des Primal– und Dualproblems. Die Theorie der Prozesssteuerung für Produktionsverfahren wird ansonsten in diesem Lehrbuch nicht weiter verfolgt. Eine erste Anwendung der linearen Optimierung auf die Finanzmathematik findet sich im nächsten Beispiel.

Doch betrachten wir zunächst Ressourcen $R_1, \ldots, R_I$ sowie Güter $G_1, \ldots, G_J$. Für die Quantitäten der Ressourcen und Güter verwenden wir folgende Notation:

$$a_i = \text{Quantität}(R_i); \qquad b_j = \text{Quantität}(G_j).$$

Für die Marktpreise der Ressourcen und Güter verwenden wir folgende Notation:

$$x_i = \text{Preis}(R_i) = \frac{\text{Geld}(R_i)}{\text{Quantität}(R_i)}; \qquad y_j = \text{Preis}(G_j) = \frac{\text{Geld}(G_j)}{\text{Quantität}(G_j)}.$$

Wir betrachten die folgenden Produktionsverfahren.

(a) Es sei möglich, mit einer Einheit von R_i genau P_{ij} Einheiten von G_j zu produzieren ($j = 1, \ldots, J$). Diese Situation könnte z.B. dann gegeben sein, wenn eine Firma ihre Güter an verschiedenen Standorten produziert, wobei die Ressourcen die gesamten Produktionskosten für die jeweiligen Standorte bezeichnen. Nach Voraussetzung gilt:

$$P_{ij} = \frac{\text{Quantität}(G_j)}{\text{Quantität}(R_i)}.$$

Falls die Marktpreise der Ressourcen und Güter *fair* sind, dann liefert der Verkauf einer Einheit von R_i genau denselben Erlös wie der Verkauf der produzierten Einheiten von $G_1, \ldots, G_J$, d.h. es gilt:

$$x_i = \sum_{j=1}^{J} P_{ij} y_j \qquad (i = 1, \ldots, I).$$

Seien nun die Quantitäten $\overline{b}_1, \ldots, \overline{b}_J$ der Güter, die Marktpreise $\overline{x}_1, \ldots, \overline{x}_I$ der Ressourcen sowie die Produktionsmatrix $(\overline{P}_{ij})$ gegeben. Wir betrachten die folgenden linearen Optimierungsprobleme.

- **Primalproblem**

  Bestimme die Quantitäten $a_1, \ldots, a_I$ der Ressourcen derart, dass die vorgegebenen Quantitäten der Güter produziert werden können, und dass die Kosten für die benötigten Quantitäten der Ressourcen minimal werden.

  M.a.W. wir betrachten das lineare Optimierungsproblem:

$$\sum_{i=1}^{I} a_i \overline{P}_{ij} \geq \overline{b}_j \qquad (j = 1, \ldots, J).$$

$$v_P(a) := \sum_{i=1}^{I} a_i \overline{x}_i \longrightarrow \text{minimal}.$$

- **Dualproblem**

  Bestimme faire Marktpreise $y_1, \ldots, y_J$ für die Güter derart, dass der durch den Verkauf der vorgegebenen Quantitäten der Güter erzielte Erlös maximal wird.

  M.a.W. wir betrachten das folgende lineare Optimierungsproblem:

$$\sum_{j=1}^{J} \overline{P}_{ij} y_j = \overline{x}_i \qquad (i = 1, \ldots, I); \qquad\qquad y_j \geq 0 \qquad (j = 1, \ldots, J).$$

$$v_D(y) := \sum_{j=1}^{J} \overline{b}_j y_j \longrightarrow \text{maximal.}$$

Falls die Definitionsbereiche Ω_P und Ω_D jeweils nicht leer sind, Dann stimmen die Werte der Zielfunktionen nach Dualitätssatz (I) überein:

$$v_P(a) = v_D(y).$$

(b) Wir nehmen an, dass zur Produktion einer Einheit von G_j genau Q_{ij} Einheiten von R_i verbraucht werden $(i = 1, \ldots, I)$. Diese Situation könnte z.B. dann gegeben sein, wenn zur Produktion eines Gutes verschiedene Komponenten (w.z.B. Rohstoffe, Energie, Mitarbeiter, etc.) benötigt werden, wobei die Ressourcen die Kosten für die jeweiligen Komponenten bezeichnen. Nach Voraussetzung gilt:

$$Q_{ij} = \frac{\text{Quantität}(R_i)}{\text{Quantität}(G_j)}.$$

Falls die Marktpreise der Ressourcen und Güter *fair* sind, dann liefert der Verkauf einer Einheit von G_j genau denselben Erlös wie der Verkauf der zur Produktion benötigten Einheiten von $R_1, \ldots, R_I$, d.h. es gilt:

$$y_j = \sum_{i=1}^{I} x_i Q_{ij} \qquad (j = 1, \ldots, J).$$

Seien nun die Quantitäten $\overline{a}_1, \ldots, \overline{a}_I$ der Ressourcen, die Marktpreise $\overline{y}_1, \ldots, \overline{y}_J$ der Güter sowie die Produktionsmatrix $(\overline{Q}_{ij})$ gegeben. Wir betrachten die folgenden linearen Optimierungsprobleme.

- **Primalproblem**

  Bestimme die Quantitäten $b_1, \ldots, b_J$ der Güter derart, dass die vorgegebenen Quantitäten der Ressourcen zur Produktion der Quantitäten der Güter reichen, und dass der durch den Verkauf der Quantitäten der Güter erzielte Erlös maximal wird.

  M.a.W. wir betrachten das folgende lineare Optimierungsproblem:

$$\sum_{j=1}^{J} \overline{Q}_{ij} b_j \leq \overline{a}_i \qquad (i = 1, \ldots, I).$$

$$v_P(b) := \sum_{j=1}^{J} b_j \overline{y}_j \longrightarrow \text{maximal.}$$

- **Dualproblem**

  Bestimme faire Marktpreise $x_1, \ldots, x_I$ für die Ressourcen derart, dass die Kosten für die vorgegebenen Quantitäten der Ressourcen minimal werden.

  M.a.W. wir betrachten das folgende lineare Optimierungsproblem:

$$\sum_{i=1}^{I} x_i \overline{Q}_{ij} = \overline{y}_j \qquad (j = 1, \ldots, J); \qquad\qquad x_i \geq 0 \qquad (i = 1, \ldots, I).$$

$$v_D(x) := \sum_{i=1}^{I} x_i \overline{a}_i \longrightarrow \text{minimal.}$$

Falls die Definitionsbereiche Ω_P und Ω_D jeweils nicht leer sind, dann stimmen die Werte der Zielfunktionen nach dem Dualitätssatz (I) überein:

$$v_P(b) = v_D(x).$$

Beispiel 2.2 (Investmentstrategie)

Wir betrachten nun eine Anwendung der linearen Optimierung aus dem Bereich Finanzmathematik, welche uns einen Ausblick auf die allgemeine Theorie gibt, wie sie im nächsten Abschnitt entwickelt wird. Dazu betrachten wir Finanzprodukte $S_1, \ldots, S_I$, welche einem Investor als Investitionsmöglichkeiten zur Verfügung stehen. Wir betrachten ferner zwei Zeitpunkte ($t = 0, 1$) sowie endlich viele Ereignisse ($\omega = \omega_1, \ldots, \omega_J$), welche zwischen den beiden Zeitpunkten eintreten können. Für die Marktpreise der Güter verwenden wir folgende Notation:

$$\overline{x}_i = \text{Preis}(S_i)\Big|_{t=0}; \qquad\qquad \overline{P}_{ij} = \text{Preis}(S_i)\Big|_{(t,\omega)=(1,\omega_j)}.$$

Wir nehmen an, dass dem Investor ein zinsloses Geldkonto S_0 als zusätzliche Investitionsmöglichkeit zur Verfügung steht. Für den Wert einer in das Geltkonto investierten Geldeinheit verwenden wir folgende Notation:

$$\overline{x}_0 = \text{Preis}(S_0)\Big|_{t=0} = 1; \qquad\qquad \overline{P}_{0j} = \text{Preis}(S_0)\Big|_{(t,\omega)=(1,\omega_j)} = 1.$$

Wir betrachten die folgenden linearen Optimierungsprobleme.

- **Primalproblem**

  Bestimme die Quantitäten $a_0, \ldots, a_I$ der Finanzprodukte derart, dass der Gesamtwert des Investments zur Zeit $t = 1$ nicht negativ werden kann, und dass die Kosten für das Investment zum Zeitpunkt $t = 0$ minimal werden.

  M.a.W. wir betrachten das folgende lineare Optimierungsproblem:

$$\sum_{i=0}^{I} a_i \overline{P}_{ij} \geq 0 \qquad (j = 1, \ldots, J).$$

$$v_P(a) := \sum_{i=1}^{I} a_i \overline{x}_i \longrightarrow \text{minimal.}$$

- **Dualproblem**

  Bestimme Wahrscheinlichkeiten $y_1, \ldots, y_J$ für die Ereignisse $\omega_1, \ldots, \omega_J$ derart, dass der Erwartungswert des Marktpreises eines Finanzproduktes zum Zeitpunkt $t = 1$ genau seinem Marktpreis zum Zeitpunkt $t = 0$ entspricht.

  M.a.W. wir betrachten das folgende Problem:

$$\sum_{j=1}^{J} y_j = 1; \qquad y_j \geq 0 \qquad (j = 1, \ldots, J).$$

$$\sum_{j=1}^{J} \overline{P}_{ij} y_j = \overline{x}_i \qquad (i = 1, \ldots, I).$$

  Nach Voraussetzung ist dieses Problem äquivalent zu folgendem linearen Optimierungsproblem:

$$\sum_{j=1}^{J} \overline{P}_{ij} y_j = \overline{x}_i \qquad (i = 0, \ldots, I); \qquad y_j \geq 0 \qquad (j = 1, \ldots, J).$$

$$v_D(y) := 0 \longrightarrow \text{maximal}.$$

Offensichtlich ist $0 \in \Omega_P$. Insbesondere ist Ω_P nicht leer. Umgekehrt definiert jedes $y \in \Omega_D$ nach Voraussetzung ein Martingalmaß für unser Finanzmarktmodell. Falls also ein solches Martingalmaß existiert, d.h. falls der Definitionsbereich Ω_D ebenfalls nicht leer ist, dann stimmen die Werte der Zielfunktionen nach Dualitätssatz (I) überein:

$$v_P(a) = v_D(y) = 0.$$

In diesem Fall sind die Kosten für ein Investment zum Zeitpunkt $t = 0$, welches zum Zeitpunkt $t = 1$ nicht negativ werden kann, ebenfalls nicht negativ. Insbesondere gibt es keine Arbitragemöglichkeiten, d.h. keine risikolosen Gewinnmöglichkeiten, für den Investor. Dieser Sachverhalt ist uns bereits in der Einleitung in ähnlicher Form begegnet.[12]

[12] Die Begriffe *Martingalmaß* und *Arbitragefreiheit* wurden ebenfalls in der Einleitung erklärt. Eine systematische Einführung erfolgt im nächsten Abschnitt.

3 Einperioden–Finanzmarktmodelle

Ausgestattet mit dem in Abschnitt 2 entwickelten mathematischen Rüstzeug entwickeln wir in diesem Abschnitt eine allgemeine Rahmentheorie für die einfachste Art von Finanzmarktmodellen, den Einperioden-Finanzmarktmodellen. Ein konkretes Beispiel für ein solches Einperioden–Finanzmarktmodell hatten wir bereits in der Einleitung kennengelernt. Bei der Entwicklung unserer Rahmentheorie beschränken wir uns im gesamten Teil *Finanzmathematik in diskreter Zeit* auf die Modellierung von Aktienmärkten.[13] Wir beginnen diesen Abschnitt mit der Definition unseres allgemeinen Finanzmarktmodells, charakterisieren verschiedene Formen der Arbitrage und definieren den fairen Preis für ein beliebiges Derivat. Schließlich formulieren wir das Prinzip der risikoneutralen Bewertung für unser allgemeines Finanzmarktmodell, wobei wir auch den Fall betrachten, dass der faire Preis eines Derivats nicht eindeutig bestimmt ist.[14]

3.1 Modellierung von Finanzmärkten

In diesem Abschnitt definieren wir unser allgemeines Finanzmarktmodell.

Zeit

Wir betrachten zwei verschiedene Zeitpunkte:

$$I = \{0, 1\}.$$

Dabei bezeichnet $t = 0$ die Gegenwart und $t = 1$ einen zukünftigen Zeitpunkt.

Ereignisraum

Wir betrachten einen endlichen Ereignisraum:

$$\Omega = \{\omega_1, \ldots, \omega_K\}.$$

Dabei bezeichnen die $\omega \in \Omega$ genau die möglichen Elementarereignisse, welche im Zeitraum zwischen $t = 0$ und $t = 1$ eintreten können.

Wahrscheinlichkeitsmaß

Wir betrachten ein positives Wahrscheinlichkeitsmaß auf Ω:[15]

$$P : \Omega \longrightarrow \mathbb{R} : \omega \longmapsto P(\omega).$$

$$0 < P \leq 1\,; \qquad \sum_{\omega \in \Omega} P(\omega) = 1.$$

Dabei bezeichnet $P(\omega)$ die Wahrscheinlichkeit für das Eintreten des Ereignisses $\omega \in \Omega$.

Erwartungswert

Sei Z eine Zufallsvariable:

$$Z : \Omega \longrightarrow \mathbb{R} : \omega \longmapsto Z(\omega)$$

---

[13] Im darauffolgenden Teil, *Finanzmathematik in stetiger Zeit*, wird die Rahmentheorie sukzessive für die Modellierung der wichtigsten anderen Finanzmärkte und Risikofaktoren erweitert.

[14] In diesem Fall bezeichnet man ein Finanzmarktmodell als *unvollständig*.

[15] Genau genommen definiert P ein Wahrscheinlichkeits*punkt*maß auf Ω.

Wir definieren den Erwartungswert von Z bzgl. P durch:

$$E_P[Z] := \sum_{\omega\in\Omega} Z(\omega)P(\omega).$$

Geldkontoprozess

Wir betrachten einen positiven Geldkontoprozess:

$$S_0(0) \in \mathbb{R}\,; \qquad S_0(1) : \Omega \longrightarrow \mathbb{R} : \omega \longmapsto S_0(1,\omega).$$

$$S_0(t) > 0 \qquad (t \in I).$$

Dabei bezeichnet $S_0(t)$ den Wert des Geldkontos zur Zeit $t \in I$. Insbesondere ist $S_0(1)$ eine Zufallsvariable.

Preisprozesse

Wir betrachten Preisprozesse ($n = 1, \ldots, N$):

$$S_n(0) \in \mathbb{R}\,; \qquad S_n(1) : \Omega \longrightarrow \mathbb{R} : \omega \longmapsto S_n(1,\omega).$$

$$S_n(0) > 0\,; \qquad S_n(1) \geq 0.$$

Dabei bezeichnet $S_n(t)$ den Marktpreis eines Assets (z.B. einer Aktie) zur Zeit $t \in I$. Insbesondere ist $S_n(1)$ eine Zufallsvariable.

Wertprozesse

Sei $H \in \mathbb{R}^{N+1}$. Wir betrachten ein *Portfolio*[16], das aus H_0 Anteilen des Geldkontos sowie $H_1, \ldots, H_N$ Anteilen der Assets besteht. Wir definieren den zugehörigen Wertprozess durch:

$$V[H](t) := \sum_{n=0}^{N} H_n\, S_n(t).$$

Dabei bezeichnet $V[H](t)$ den Wert des Portfolios zur Zeit $t \in I$. Insbesondere ist $V[H](1)$ eine Zufallsvariable. H heißt *Handelsstrategie.*

Diskontierte Prozesse

Sei $X(t)$ ein stochastischer Prozess:

$$X(0) \in \mathbb{R}\,; \qquad X(1) : \Omega \longrightarrow \mathbb{R} : \omega \longmapsto X(1,\omega).$$

Wir definieren den zugehörigen diskontierten Prozess durch:

$$X^*(t) := \frac{X(t)}{S_0(t)}.$$

M.a.W. wir verwenden den Geldkontoprozess als *Numeraire*, d.h. als Vergleichsgröße für Wertentwicklungen. Nach Voraussetzung gilt:

$$S_0^*(t) = 1.$$

[16]Unter einem Portfolio verstehen wir allgemein die Zusammenfassung verschiedener Finanzgüter.

$$(V[H])^*(t) = H_0 + \sum_{n=1}^{N} H_n S_n^*(t).$$

3.2 Starke Arbitrage

In diesem Abschnitt geben wir verschiedene Definitionen einer starken Form risikoloser Gewinnmöglichkeiten, der *starken Arbitrage.* Wir charakterisieren die Nichtexistenz starker Arbitragemöglichkeiten durch die Existenz eines Martingalmaßes für unser Finanzmarktmodell. Diese Charakterisierung ist ein Vorläufer des Satzes von Harrison–Pliska, der in Abschnitt 3.3 bewiesen wird.

Theorem 3.1

Folgende Aussagen sind äquivalent:

(a) $\exists\ \overline{H}, \underline{H} \in \mathbb{R}^{N+1}$:

$$V[\overline{H}](0) = V[\underline{H}](0)\,; \qquad V[\overline{H}](1) > V[\underline{H}](1).$$

(b) $\exists\ H \in \mathbb{R}^{N+1}$:

$$V[H](0) = 0\,; \qquad V[H](1) > 0.$$

(c) $\exists\ H \in \mathbb{R}^{N+1}$:

$$(V[H])^*(0) = 0\,; \qquad (V[H])^*(1) > 0.$$

(d) $\exists\ \tilde{H} \in \mathbb{R}^{N+1}$:

$$V[\tilde{H}](0) < 0\,; \qquad V[\tilde{H}](1) \geq 0.$$

(e) $\exists\ \tilde{H} \in \mathbb{R}^{N+1}$:

$$(V[\tilde{H}])^*(0) < 0\,; \qquad (V[\tilde{H}])^*(1) \geq 0.$$

Wir sagen, es gibt eine starke Arbitragemöglichkeit, *falls eine der obigen Aussagen wahr ist.*

Beweis

1. *Wir zeigen:* (a) $\Longrightarrow$ (b).
   Seien $\overline{H}, \underline{H} \in \mathbb{R}^{N+1}$ gemäß (a). Wir definieren:

   $$H := \overline{H} - \underline{H}.$$

   Nach Konstruktion ist $V[H](t)$ linear bzgl. H. Daraus folgt:

   $$V[H](0) = V[\overline{H}](0) - V[\underline{H}](0) = 0.$$

   $$V[H](1) = V[\overline{H}](1) - V[\underline{H}](1) > 0.$$

2. *Wir zeigen:* (b) $\Longrightarrow$ (a).
   Sei $H \in \mathbb{R}^{N+1}$ gemäß (b). Wir definieren:

   $$\overline{H} := H\,; \qquad \underline{H} := 0.$$

   Damit gilt:

   $$V[\overline{H}](0) = V[H](0) = 0 = V[0](0) = V[\underline{H}](0).$$

   $$V[\overline{H}](1) = V[H](1) > 0 = V[0](1) = V[\underline{H}](1).$$

3. *Wir zeigen:* (b) $\Longrightarrow$ (d).
   Sei $H \in \mathbb{R}^{N+1}$ gemäß (b). Wir definieren:

   $$\varepsilon := \min_{\omega \in \Omega} \frac{V[H](1,\omega)}{S_0(1,\omega)}.$$

   $$\tilde{H}_0 := H_0 - \varepsilon\,; \qquad \tilde{H}_n := H_n \quad (n = 1, \ldots, N).$$

   Nach Konstruktion ist $\varepsilon > 0$. Daraus folgt:

   $$V[\tilde{H}](0) = V[H](0) - \varepsilon S_0(0) = -\varepsilon S_0(0) < 0.$$

   $$V[\tilde{H}](1) = V[H](1) - \varepsilon S_0(1) \geq 0.$$

4. *Wir zeigen:* (d) $\Longrightarrow$ (b).
   Sei $\tilde{H} \in \mathbb{R}^{N+1}$ gemäß (d). Wir definieren:

   $$\varepsilon := -\frac{V[\tilde{H}](0)}{S_0(0)}.$$

   $$H_0 := \tilde{H}_0 + \varepsilon\,; \qquad H_n := \tilde{H}_n \quad (n = 1, \ldots, N).$$

   Nach Konstruktion ist $\varepsilon > 0$. Daraus folgt:

   $$V[H](0) = V[\tilde{H}](0) + \varepsilon S_0(0) = 0.$$

   $$V[H](1) = V[\tilde{H}](1) + \varepsilon S_0(1) > 0.$$

5. *Wir zeigen:* (b) $\Longleftrightarrow$ (c) sowie (d) $\Longleftrightarrow$ (e).
   Nach Konstruktion gilt:

   $$(V[H])^*(t) = \frac{V[H](t)}{S_0(t)}\,; \qquad S_0(t) > 0.$$

   Daraus folgt die Behauptung.

□

Bemerkung

Nach Theorem 3.1 lässt sich die Existenz einer starken Arbitragemöglichkeit folgendermaßen äquivalent formulieren.

(a) Es gibt zwei Handelsstrategien, so dass die zugehörigen Wertprozesse zur Zeit $t = 0$ übereinstimmen und der eine Wertprozess den anderen Wertprozess zur Zeit $t = 1$ strikt dominiert.

(b) Es gibt eine Handelsstrategie, so dass der zugehörige Wertprozess zur Zeit $t = 0$ den Wert Null annimmt und zur Zeit $t = 1$ positiv ist.

(c) Es gibt eine Handelsstrategie, so dass der zugehörige diskontierte Wertprozess zur Zeit $t = 0$ den Wert Null annimmt und zur Zeit $t = 1$ positiv ist.

(d) Es gibt eine Handelsstrategie, so dass der zugehörige Wertprozess zur Zeit $t = 0$ negativ ist und zur Zeit $t = 1$ nicht negativ ist.

(e) Es gibt eine Handelsstrategie, so dass der zugehörige diskontierte Wertprozess zur Zeit $t = 0$ negativ ist und zur Zeit $t = 1$ nicht negativ ist.

Theorem 3.2

Folgende Aussagen sind äquivalent:

(a) *Es gibt keine starke Arbitragemöglichkeit.*

(b) *Es gibt ein Wahrscheinlichkeitsmaß $\tilde{Q}$ auf Ω, so dass die diskontierten Marktpreise der Assets Martingale bzgl. $\tilde{Q}$ sind:*

$$\tilde{Q} : \Omega \longrightarrow \mathbb{R} : \omega \longmapsto \tilde{Q}(\omega).$$

$$0 \leq \tilde{Q} \leq 1 ; \qquad \sum_{\omega \in \Omega} \tilde{Q}(\omega) = 1.$$

$$S_n^*(0) = E_{\tilde{Q}}[S_n^*(1)] \qquad (n = 1, \ldots, N).$$

Wir bezeichnen Q als ein Martingalmaß *für unser Finanzmarktmodell.*

Beweis

Wir beweisen Theorem 3.2 mit Hilfe der in Abschnitt 2 entwickelten Dualitätstheorie der linearen Optimierung. Dazu zeigen wir, dass sich die Aussagen (a) und (b) als Primal– und Dualproblem formulieren lassen, und wenden Dualitätssatz (II) an.

1. Wir definieren $\overline{b} \in \mathbb{R}^K$, $\overline{x} \in \mathbb{R}^{N+1}$ sowie $\overline{P} \in \mathbb{R}^{N+1,K}$ durch:

$$\overline{b}_k := 0 \qquad (k = 1, \ldots, K).$$

$$\overline{x}_0 := S_0^*(0) = 1 ; \qquad \overline{x}_n := S_n^*(0) \qquad (n = 1, \ldots, N).$$

$$\overline{P}_{0k} := S_0^*(1, \omega_k) = 1 \qquad (k = 1, \ldots, K) ;$$

$$\overline{P}_{nk} := S_n^*(1, \omega_k) \qquad (n = 1, \ldots, N ; \; k = 1, \ldots, K).$$

Wir betrachten die folgenden linearen Optimierungsprobleme:

- **Primalproblem**

  Bestimme $a \in \mathbb{R}^{N+1}$ mit folgenden Eigenschaften:

  $$\overline{P}^T a \geq 0.$$

  $$v_P(a) := \langle a \,|\, \overline{x} \rangle \longrightarrow \text{minimal.}$$

  Wir definieren:

  $$\Omega_P := \left\{ \alpha \in \mathbb{R}^{N+1} \,\middle|\, \overline{P}^T \alpha \geq 0 \right\}.$$

- **Dualproblem**

  Bestimme $y \in \mathbb{R}^K$ mit folgenden Eigenschaften:

  $$\overline{P}\, y = \overline{x}\,; \qquad y \geq 0.$$

  $$v_D(y) := 0 \longrightarrow \text{maximal.}$$

  Wir definieren:

  $$\Omega_D := \left\{ \eta \in \mathbb{R}^K \,\middle|\, \overline{P}\, \eta = \overline{x}\,;\ \eta \geq 0 \right\}.$$

Nach Dualitätssatz (II) sind folgende Aussagen äquivalent:

(i) $\Omega_P \neq \emptyset$, und das Primalproblem ist lösbar.

(ii) $\Omega_D \neq \emptyset$, und das Dualproblem ist lösbar.

2. Nach Konstruktion ist $0 \in \Omega_P$. Insbesondere gilt:

$$v_P(0) = 0.$$

Nach Konstruktion ist Ω_P ein Kegel. Insbesondere gilt folgende Implikation:

- $a \in \Omega_P$ mit $v_P(a) < 0$.

$\Longrightarrow$

- $\lambda\, a \in \Omega_P \ \forall\ \lambda > 0$, und es gilt:

  $$\lim_{\lambda \longrightarrow \infty} v_P(\lambda\, a) = \lim_{\lambda \longrightarrow \infty} \lambda\, v_P(a) = -\infty.$$

Also sind folgende Aussagen äquivalent:

(i) $\Omega_P \neq \emptyset$, und das Primalproblem ist lösbar.

(ii) $a = 0$ ist eine Lösung des Primalproblems.

(iii) Es gilt folgende Implikation:

$$\overline{P}^T a \geq 0 \qquad \Longrightarrow \qquad v_P(a) \geq 0.$$

3. Nach Konstruktion gilt:

$$(V[a])^*(1,\omega_k) = \sum_{n=0}^{N} a_n\, S_n^*(1,\omega_k) = \sum_{n=0}^{N} a_n\, \overline{P}_{nk}.$$

$$(V[a])^*(0) = \sum_{n=0}^{N} a_n\, S_n^*(0) = \sum_{n=0}^{N} a_n\, \overline{x}_n = v_P(a).$$

   Nach Theorem 3.1 sowie Punkt 2 sind folgende Aussagen äquivalent:

   (i) $\Omega_P \neq \emptyset$, und das Primalproblem ist lösbar.
   (ii) Es gilt folgende Implikation:

$$(V[a])^*(1) \geq 0 \qquad \Longrightarrow \qquad (V[a])^*(0) \geq 0.$$

   (iii) Es gibt keine starke Arbitragemöglichkeit.

4. Nach Konstruktion ist $v_D = 0$. Also sind folgende Aussagen äquivalent:

   (i) y ist eine Lösung des Dualproblems.
   (ii) y genügt den folgenden Bedingungen:

$$\overline{P}\, y = \overline{x}\,; \qquad\qquad y \geq 0.$$

   (iii) y genügt den folgenden Bedingungen:

$$y \geq 0\,; \qquad\qquad \sum_{k=1}^{K} y_k = 1.$$

$$\sum_{k=1}^{K} S_n^*(1,\omega_k)\, y_k = S_n^*(0) \qquad (n = 1,\ldots,N).$$

5. Wir identifizieren Vektoren $y \in \mathbb{R}^K$ und Abbildungen $\tilde{Q} : \Omega \longrightarrow \mathbb{R}$ durch:

$$y_k = \tilde{Q}(\omega_k).$$

   Nach Punkt 4 sind folgende Aussagen äquivalent:

   (i) y ist eine Lösung des Dualproblems.
   (ii) $\tilde{Q}$ ist ein Wahrscheinlichkeitsmaß auf Ω, so dass die diskontierten Marktpreise der Assets Martingale bzgl. $\tilde{Q}$ sind.

6. Mit Hilfe von Punkt 1, Punkt 3 und Punkt 5 erhalten wir die Behauptung.

□

Bemerkung

Das Wahrscheinlichkeitsmaß P ist nach Voraussetzung positiv, d.h. für alle $\omega \in \Omega$ gilt $P(\omega) > 0$. Im Gegensatz dazu ist $\tilde{Q}$ i.a. nicht positiv, d.h. i.a. gibt es $\omega \in \Omega$ mit $\tilde{Q}(\omega) = 0$.

3.3 Arbitrage

In diesem Abschnitt geben wir verschiedene Definitionen einer schwachen Form risikoloser Gewinnmöglichkeiten, der *schwachen Arbitrage* oder einfach *Arbitrage*. Wir charakterisieren die Nichtexistenz schwacher Arbitragemöglichkeiten durch die Existenz eines äquivalenten Martingalmaßes für unser Finanzmarktmodell. Diese Charakterisierung ist genau der Inhalt des Satzes von Harrison–Pliska.

Theorem 3.3

Folgende Aussagen sind äquivalent:

(a) $\exists\ H \in \mathbb{R}^{N+1}$:

$$V[H](0) = 0\,; \qquad V[H](1) \geq 0\,; \qquad E_P[V[H](1)] > 0.$$

(b) $\exists\ H \in \mathbb{R}^{N+1}$:

$$(V[H])^*(0) = 0\,; \qquad (V[H])^*(1) \geq 0\,; \qquad E_P[(V[H])^*(1)] > 0.$$

(c) $\exists\ \tilde{H} \in \mathbb{R}^{N+1}$:

$$(V[\tilde{H}])^*(1) \geq (V[\tilde{H}])^*(0)\,; \qquad E_P[(V[\tilde{H}])^*(1)] > (V[\tilde{H}])^*(0).$$

Wir sagen, es gibt eine Arbitragemöglichkeit, *falls eine der obigen Aussagen wahr ist.*

Beweis

1. *Wir zeigen:* (a) $\Longleftrightarrow$ (b).

   Nach Konstruktion gilt:

   $$(V[H])^*(t) = \frac{V[H](t)}{S_0(t)}\,; \qquad S_0(t) > 0.$$

   Daraus folgt die Behauptung.

2. *Wir zeigen:* (b) $\Longrightarrow$ (c).

   Sei $H \in \mathbb{R}^{N+1}$ gemäß (b). Wir definieren:

   $$\tilde{H} := H.$$

   Damit gilt:

   $$(V[\tilde{H}])^*(1) = (V[H])^*(1) \geq 0 = (V[H])^*(0) = (V[\tilde{H}])^*(0).$$

   $$E_P[(V[\tilde{H}])^*(1)] = E_P[(V[H])^*(1)] > 0 = (V[H])^*(0) = (V[\tilde{H}])^*(0).$$

3. *Wir zeigen:* (c) $\Longrightarrow$ (b).

   Sei $\tilde{H} \in \mathbb{R}^{N+1}$ gemäß (c). Wir definieren:

   $$H_0 := -\sum_{n=1}^{N} \tilde{H}_n S_n^*(0)\,; \qquad H_n := \tilde{H}_n \qquad (n = 1, \ldots, N).$$

Mit Hilfe von $S_0^*(t) = 1$ erhalten wir:

$$(V[H])^*(t) = (V[\tilde{H}])^*(t) - \tilde{H}_0 + H_0 = (V[\tilde{H}])^*(t) - (V[\tilde{H}])^*(0).$$

Daraus folgt:

$$(V[H])^*(0) = 0.$$

$$(V[H])^*(1) = (V[\tilde{H}])^*(1) - (V[\tilde{H}])^*(0) \geq 0.$$

$$E_P[(V[H])^*(1)] = E_P[(V[\tilde{H}])^*(1)] - (V[\tilde{H}])^*(0) > 0.$$

□

Bemerkung

Nach Theorem 3.3 lässt sich die Existenz einer Arbitragemöglichkeit folgendermaßen äquivalent formulieren.

(a) Es gibt eine Handelsstrategie, so dass der zugehörige Wertprozess zur Zeit $t = 0$ den Wert Null annimmt, zur Zeit $t = 1$ nicht–negativ ist und mit positiver Wahrscheinlichkeit sogar positiv ist.

(b) Es gibt eine Handelsstrategie, so dass der zugehörige diskontierte Wertprozess zur Zeit $t = 0$ den Wert Null annimmt, zur Zeit $t = 1$ nicht–negativ ist und mit positiver Wahrscheinlichkeit sogar positiv ist.

(c) Es gibt eine Handelsstrategie, so dass der zugehörige diskontierte Wertprozess zur Zeit $t = 1$ den diskontierten Wertprozess zur Zeit $t = 0$ dominiert und mit positiver Wahrscheinlichkeit sogar strikt dominiert.

Theorem 3.4 (Satz von Harrison–Pliska)

Folgende Aussagen sind äquivalent:

(a) *Es gibt keine Arbitragemöglichkeit.*

(b) *Es gibt ein positives Wahrscheinlichkeitsmaß Q auf Ω, so dass die diskontierten Marktpreise der Assets Martingale bzgl. Q sind:*

$$Q : \Omega \longrightarrow \mathbb{R} : \omega \longmapsto Q(\omega).$$

$$0 < Q \leq 1; \qquad \sum_{\omega \in \Omega} Q(\omega) = 1.$$

$$S_n^*(0) = E_Q[S_n^*(1)] \qquad (n = 1, \ldots, N).$$

Wir bezeichnen Q als ein äquivalentes Martingalmaß *für unser Finanzmarktmodell.*

Beweis

Wir beweisen den Satz von Harrison–Pliska mit Hilfe der in Abschnitt 2 entwickelten konvexen Analysis. Insbesondere beweisen wir die Implikation (a) $\Longrightarrow$ (b) mit Hilfe von Trennungssatz (III).

1. Wir definieren $G \in \mathbb{R}^{N+1,K}$ durch:

$$G_{0k} := S_0^*(1, \omega_k) - S_0^*(0) = 0 \qquad (k = 1, \ldots, K).$$

$$G_{nk} := S_n^*(1, \omega_k) - S_n^*(0) \qquad (n = 1, \ldots, N\,;\; k = 1, \ldots, K).$$

Wir definieren ferner $\emptyset \neq K \subset \mathbb{R}^K$ und $\emptyset \neq U \subset \mathbb{R}^K$ durch:

$$K := \left\{ y \in \mathbb{R}^K \,\middle|\, y \geq 0\,;\; \sum_{k=1}^{K} y_k = 1 \right\}.$$

$$U := \left\{ G^T h \,\middle|\, h \in \mathbb{R}^{N+1} \right\}.$$

Nach Konstruktion gilt:

- K ist kompakt und konvex.
- U ist ein linearer Unterraum.

2. *Wir zeigen:* (a) $\Longrightarrow$ (b).

Wir nehmen an, dass es keine Arbitragemöglichkeit gibt. Mit Hilfe von Theorem 3.3 erhalten wir folgende Implikation:

$\forall\, \tilde{H} \in \mathbb{R}^{N+1}$:

$$(V[\tilde{H}])^*(1) - (V[\tilde{H}])^*(0) \geq 0 \qquad \Longrightarrow \qquad (V[\tilde{H}])^*(1) - (V[\tilde{H}])^*(0) = 0.$$

Mit Hilfe von Punkt 1 lässt sich diese Implikation folgendermaßen äquivalent formulieren:

$\forall\, y \in U$:

$$y \geq 0 \qquad \Longrightarrow \qquad y = 0.$$

Daraus folgt:

$$K \cap U = \emptyset.$$

Nach Trennungssatz (III) gilt:

$\exists\, \overline{x} \in U^{\perp}\; \forall\, y \in K$:

$$\langle \overline{x} \,|\, y \rangle > 0.$$

Nach Konstruktion sind die Einheitsvektoren $\hat{e}_1, \ldots, \hat{e}_K \in K$. Sukzessives Einsetzen von $y = \hat{e}_1, \ldots, \hat{e}_K$ in die obige Ungleichung liefert:

$$\overline{x} > 0.$$

Wir definieren $Q : \Omega \longrightarrow \mathbb{R}$ durch:

$$Q(\omega_k) := \frac{\overline{x}_k}{\sum_{l=1}^{K} \overline{x}_l}.$$

Nach Konstruktion gilt:

$$0 < Q \leq 1\,; \qquad \sum_{k=1}^{K} Q(\omega_k) = 1.$$

Also ist Q ein positives Wahrscheinlichkeitsmaß auf Ω. Nach Konstruktion gilt ferner:

$$\frac{\overline{x}}{\sum_{l=1}^{K} \overline{x}_l} \in U^{\perp}\,; \qquad G^T \hat{e}_n \in U \qquad (n = 1, \ldots, N).$$

Daraus folgt:

$$\begin{aligned} E_Q[S_n^*(1)] - S_n^*(0) &= E_Q[S_n^*(1) - S_n^*(0)] \\ &= \sum_{k=0}^{K} (S_n^*(1, \omega_k) - S_n^*(0)) Q(\omega_k) \\ &= \left\langle G^T \hat{e}_n \,\middle|\, \frac{\overline{x}}{\sum_{l=1}^{K} \overline{x}_l} \right\rangle \\ &= 0. \end{aligned}$$

Also sind die diskontierten Marktpreise der Assets Martingale bzgl. Q.

3. *Wir zeigen:* (b) $\Longrightarrow$ (a).

   Sei Q gemäß (b). Nach Konstruktion gilt:

   $$E_Q[S_0^*(1)] - S_0^*(0) = E_Q[1] - 1 = 0.$$

   Sei nun $\tilde{H} \in \mathbb{R}^{N+1}$ mit folgender Eigenschaft:

   $$(V[\tilde{H}])^*(1) \geq (V[\tilde{H}])^*(0).$$

   Nach Konstruktion gilt:

   $$\begin{aligned} &E_Q[(V[\tilde{H}])^*(1)] - (V[\tilde{H}])^*(0) \\ &= E_Q\Big[\sum_{n=0}^{N} \tilde{H}_n\, S_n(1)^*\Big] - \sum_{n=0}^{N} \tilde{H}_n\, S_n(0)^* \\ &= E_Q\Big[\sum_{n=0}^{N} \tilde{H}_n\, (S_n(1)^* - S_n(0)^*)\Big] \\ &= 0. \end{aligned}$$

   Nach Voraussetzung ist Q positiv. Daraus folgt insgesamt:

   $$(V[\tilde{H}])^*(1) = (V[\tilde{H}])^*(0).$$

   Damit ist folgende Implikation bewiesen:

$\forall\, \tilde{H} \in \mathbb{R}^{N+1}$:

$$(V[\tilde{H}])^*(1) \geq (V[\tilde{H}])^*(0) \qquad \Longrightarrow$$
$$(V[\tilde{H}])^*(1) = (V[\tilde{H}])^*(0) \qquad \Longrightarrow$$
$$E_P[(V[\tilde{H}])^*(1)] = (V[\tilde{H}])^*(0).$$

Nach Theorem 3.3 gibt es keine Arbitragemöglichkeit.

□

Bemerkung

Wir hatten Q als *äquivalentes Martingalmaß* bezeichnet. Diese Bezeichnung wird durch die folgenden beiden Überlegungen gerechtfertigt:

(a) Nach Konstruktion sind P und Q beide positiv, d.h. es gilt:
$\forall\, \omega \in \Omega$:

$$P(\omega) > 0\,; \qquad\qquad Q(\omega) > 0.$$

Insbesondere sind P und Q äquivalente Wahrscheinlichkeitsmaße.[17]

(b) Sei $H \in \mathbb{R}^{N+1}$. Nach Konstruktion gilt:

$$\begin{aligned}(V[H])^*(0) &= \sum_{n=0}^{N} H_n\, S_n(0)^* \\ &= \sum_{n=0}^{N} H_n\, E_Q[S_n(1)^*] \\ &= E_Q\Big[\sum_{n=0}^{N} H_n\, S_n(1)^*\Big] \\ &= E_Q[(V[H])^*(1)].\end{aligned}$$

M.a.W. die diskontierten Wertprozesse sind ebenfalls Martingale bzgl. Q.

3.4 Finanzmarktmodelle

Für realistische Finanzmarktmodelle gelten gewisse einschränkende Bedingungen, die wir in diesem Abschnitt untersuchen. Insbesondere geben wir für ein einfaches Beispiel an, unter welchen Voraussetzungen diese Bedingungen erfüllt sind.

[17] Zwei Wahrscheinlichkeitsmaße heissen *äquivalent*, wenn Sie dieselben Nullmengen definieren.

Bemerkung

(a) Arbitragemöglichkeiten sind unrealistisch, denn sie erlauben risikolose Gewinnmöglichkeiten:

$$\underbrace{V[H](0)=0\,;}_{\text{keine Anfangsinvestition}} \qquad \underbrace{V[H](1)\geq 0\,; \qquad E_P[V[H](1)]>0.}_{\text{risikolose Gewinnmöglichkeit}}$$

Deshalb werden wir i.d.R. Finanzmarktmodelle betrachten, in denen es keine Arbitragemöglichkeiten gibt.

(b) Starke Arbitragemöglichkeiten sind unrealistisch, denn sie erlauben sichere risikolose Gewinne:

$$\underbrace{V[H](0)=0\,;}_{\text{keine Anfangsinvestition}} \qquad \underbrace{V[H](1)>0.}_{\text{sicherer risikoloser Gewinn}}$$

Deshalb werden wir i.d.R. Finanzmarktmodelle betrachten, in denen es keine starken Arbitragemöglichkeiten gibt.

(c) Wir werden im folgenden $V[H](1)$ mit dem vorgegebenen Auszahlungsprofil zur Zeit $t=1$ eines Derivates (z.B. einer Option) sowie $V[H](0)$ mit dem *fairen Preis* zur Zeit $t=0$ des Derivates identifizieren. Deshalb werden wir i.d.R. Finanzmarktmodelle betrachten, in denen zwei Derivate mit identischem Auszahlungsprofil auch identische faire Preise besitzen.

Theorem 3.5

Es gelten folgende Implikationen:

(a) *Es gibt keine Arbitragemöglichkeit.*

$\Longrightarrow$

(b) *Es gibt keine starke Arbitragemöglichkeit.*

$\Longleftrightarrow$

(c) *Es gilt das* Gesetz des einen Preises, *d.h. es gilt folgende Implikation:*
$\forall\ H^{(1)}, H^{(2)} \in \mathbb{R}^{N+1}$:

$$V[H^{(1)}](1) \leq V[H^{(2)}](1) \qquad \Longrightarrow \qquad V[H^{(1)}](0) \leq V[H^{(2)}](0).$$

Beweis

1. *Wir zeigen:* Nicht (b) $\Longrightarrow$ Nicht (a).

   Wir nehmen an, es gibt eine starke Arbitragemöglichkeit. Nach Theorem 3.1 gilt:
   $\exists\ H \in \mathbb{R}^{N+1}$:

   $$V[H](0)=0\,; \qquad V[H](1)>0.$$

   Daraus folgt:

   $$V[H](0)=0\,; \qquad V[H](1)\geq 0; \qquad E_P[V[H](1)]>0.$$

   Also gibt es eine Arbitragemöglichkeit.

2. *Wir zeigen:* (b) $\Longrightarrow$ (c).

   Wir nehmen an, es gibt keine starke Arbitragemöglichkeit. Seien $H^{(1)}, H^{(2)} \in \mathbb{R}^{N+1}$ mit folgender Eigenschaft:

   $$V[H^{(1)}](1) \leq V[H^{(2)}](1).$$

   Wir definieren:

   $$\tilde{H} := H^{(2)} - H^{(1)}.$$

   Damit gilt:

   $$V[\tilde{H}](1) = V[H^{(2)}](1) - V[H^{(1)}](1) \geq 0.$$

   Nach Theorem 3.1 (d) gilt:

   $$V[\tilde{H}](0) \geq 0.$$

   Daraus folgt:

   $$V[H^{(1)}](0) \leq V[H^{(2)}](0).$$

   Dabei waren $H^{(1)}, H^{(2)}$ beliebig. Also gilt das Gesetz des einen Preises.

3. *Wir zeigen:* (c) $\Longrightarrow$ (b).

   Wir nehmen an, es gilt das Gesetz des einen Preises. Sei $\tilde{H} \in \mathbb{R}^{N+1}$ mit folgender Eigenschaft:

   $$V[\tilde{H}](1) \geq 0.$$

   Wir definieren:

   $$H^{(1)} := 0\,; \qquad\qquad H^{(2)} := \tilde{H}.$$

   Damit gilt:

   $$V[H^{(1)}](1) = 0 \leq V[\tilde{H}](1) = V[H^{(2)}](1).$$

   Nach Voraussetzung gilt:

   $$V[H^{(1)}](0) \leq V[H^{(2)}](0).$$

   Daraus folgt:

   $$V[\tilde{H}](0) = V[H^{(2)}](0) - V[H^{(1)}](0) \geq 0.$$

   Dabei war $\tilde{H}$ beliebig. Nach Theorem 3.1 (d) gibt es keine starke Arbitragemöglichkeit.

□

Beispiel 3.1

Wir betrachten den einfachsten nicht–trivialen Fall eines Einperioden–Finanzmarktmodells. Dazu nehmen wir an, dass nur zwei Elementarereignisse eintreten können. Ferner betrachten wir neben dem Geldkontoprozess nur einen weiteren Preisprozess. Sei also $K = 2$, und sei $N = 1$.

- **Bestimmung eines äquivalenten Martingalmaßes**

  Sei zuerst folgende Voraussetzung gegeben:

  $$S_1^*(1,\omega_1) < S_1^*(0) < S_1^*(1,\omega_2).$$

  Wir bestimmen ein äquivalentes Martingalmaß. Dazu machen wir folgenden Ansatz:

  $$1 = \sum_{\omega\in\Omega} Q(\omega)\,; \qquad S_1^*(0) = E_Q[S_1^*(1)].$$

  Die beiden obigen Gleichungen lassen sich folgendermaßen äquivalent formulieren:

  $$\begin{pmatrix} 1 \\ S_1^*(0) \end{pmatrix} = \begin{pmatrix} 1 & 1 \\ S_1^*(1,\omega_1) & S_1^*(1,\omega_2) \end{pmatrix} \begin{pmatrix} Q(\omega_1) \\ Q(\omega_2) \end{pmatrix}.$$

  Dieses lineare Gleichungssystem besitzt folgende eindeutig bestimmte Lösung:

  $$\begin{pmatrix} Q(\omega_1) \\ Q(\omega_2) \end{pmatrix} = \frac{1}{S_1^*(1,\omega_2) - S_1^*(1,\omega_1)} \begin{pmatrix} S_1^*(1,\omega_2) - S_1^*(0) \\ S_1^*(0) - S_1^*(1,\omega_1) \end{pmatrix} > 0.$$

  Nach Konstruktion ist Q ein äquivalentes Martingalmaß auf Ω. Insbesondere ist Q eindeutig bestimmt. Nach dem Satz von Harrison–Pliska gibt es keine Arbitragemöglichkeit.

- **Bestimmung einer Arbitragemöglichkeit**

  Sei nun folgende Voraussetzung gegeben:

  $$S_1^*(0) \le S_1^*(1,\omega_1) < S_1^*(1,\omega_2) \qquad \text{oder} \qquad S_1^*(1,\omega_1) < S_1^*(1,\omega_2) \le S_1^*(0).$$

  Wir bestimmen eine Arbitragemöglichkeit. Dazu machen wir folgenden Ansatz:

  $$(V[H])^*(0) = H_0 + H_1 S_1^*(0) = 0.$$

  $$(V[H])^*(1,\omega_k) = H_0 + H_1 S_1^*(1,\omega_k) \begin{cases} \ge 0 & (k=1,2); \\ > 0 & \text{für ein } k. \end{cases}$$

  Die beiden obigen Gleichungen lassen sich folgendermaßen äquivalent formulieren:

  $$H_0 = -H_1 S_1^*(0).$$

  $$H_1(S_1^*(1,\omega_k) - S_1^*(0)\} \begin{cases} \ge 0 & (k=1,2); \\ > 0 & \text{für ein } k. \end{cases}$$

  Wir wählen:

  $$H_1 \begin{cases} > 0 & \text{falls } S_1^*(0) \le S_1^*(1,\omega_1) < S_1^*(1,\omega_2)\,; \\ < 0 & \text{falls } S_1^*(1,\omega_1) < S_1^*(1,\omega_2) \le S_1^*(0). \end{cases}$$

  $$H_0 = -H_1 S_1^*(0).$$

  Nach Konstruktion ist H eine Arbitragemöglichkeit. Nach dem Satz von Harrison–Pliska gibt es kein äquivalentes Martingalmaß auf Ω.

3.5 Bewertung von Derivaten

Wir wenden uns nun dem zentralen Thema dieses Lehrbuchs zu, der Bewertung von Optionen und anderen Derivaten. Wir definieren den *fairen Preis* eines Derivats als den eindeutig bestimmten Wert eines replizierenden Portfolios zur Zeit $t = 0$. Ferner formulieren wir eine erste Version des *Prinzips der risikoneutralen Bewertung* und wenden dieses auf unser Beispiel 3.1 an.

Derivate

Ein *Derivat* bezeichnet allgemein einen Finanzkontrakt, welcher zukünftige Zahlungen festlegt. In unserem Einperioden–Finanzmarktmodell verstehen wir unter einem Derivat eine Abbildung $Z(1)$ der folgenden Art:

$$Z(1) : \Omega \longrightarrow \mathbb{R} : \omega \longmapsto Z(1, \omega).$$

Dabei bezeichnet $Z(1)$ eine Zahlung zur Zeit $t = 1$, welche durch den Finanzkontrakt festgelegt wird, d.h. wir identifizieren den Finanzkontrakt mit den durch diesen Kontrakt festgelegten Zahlungen. Insbesondere ist $Z(1)$ eine Zufallsvariable.

Problemstellung

Sei $Z(1)$ ein Derivat. Gesucht ist der *faire Preis* $Z(0) \in \mathbb{R}$ des zugehörigen Finanzkontraktes zur Zeit $t = 0$.

Optionen

Wir betrachten nun Call– und Putoptionen als typische Beispiele für Derivate, wie sie an Aktienmärkten gehandelt werden. Sei dazu $N = 1$, und sei $\overline{S} > 0$.

- **Calloptionen**

  Eine Calloption erlaubt ihrem Halter, das Asset S_1 zur Zeit $t = 1$ zum Strikepreis $\overline{S}$ zu kaufen. Sofern der Halter die Option ausübt, kann er zur Zeit $t = 1$ das zum Strikepreis erworbene Asset sofort wieder zum Marktpreis $S_1(1)$ verkaufen. Der Halter der Option erhält zur Zeit $t = 1$ also folgende Zahlung:

  $$Z_C(1) = \max\{S_1(1) - \overline{S}, 0\}.$$

- **Putoptionen**

  Eine Putoption erlaubt ihrem Halter, das Asset S_1 zur Zeit $t = 1$ zum Strikepreis $\overline{S}$ zu verkaufen. Sofern der Halter die Option ausübt, kann er zur Zeit $t = 1$ das zum Strikepreis verkaufte Asset sofort wieder zum Marktpreis $S_1(1)$ erwerben. Der Halter der Option erhält zur Zeit $t = 1$ also folgende Zahlung:

  $$Z_P(1) = \max\{\overline{S} - S_1(1), 0\}.$$

- **Put–Call–Parität**

  Für die Auszahlungen von Call– und Putoption gilt nach Voraussetzung folgende Beziehung:

  $$\begin{aligned} Z_C(1) - Z_P(1) &= \max\{S_1(1) - \overline{S}, 0\} - \max\{\overline{S} - S_1(1), 0\} \\ &= \max\{S_1(1) - \overline{S}, 0\} + \min\{S_1(1) - \overline{S}, 0\} \end{aligned}$$

$$= S_1(1) - \overline{S}.$$

Fairer Preis (I)

Sei $Z(1)$ ein Derivat, und seien folgende Voraussetzungen gegeben:

1. Es gilt das Gesetz des einen Preises.
2. Es gibt eine *replizierende Handelsstrategie* für $Z(1)$, d.h. es gilt:
   $\exists\ H \in \mathbb{R}^{N+1}$:
   $$Z(1) = V[H](1).$$

Dann besitzt das Derivat zur Zeit $t = 0$ genau einen fairen Preis:

$$Z(0) := V[H](0).$$

Nach dem Gesetz des einen Preises gilt folgende Implikation:
$\forall\ \tilde{H} \in \mathbb{R}^{N+1}$:

$$Z(1) = V[\tilde{H}](1) \qquad \Longrightarrow \qquad Z(0) = V[\tilde{H}](0).$$

M.a.W. der faire Preis $Z(0)$ des Derivates ist per Definition der eindeutig bestimmte Wert eines *replizierenden Portfolios* $V[H](t)$ zur Zeit $t = 0$.

Theorem 3.6 (Prinzip der risikoneutralen Bewertung (I))

Sei $Z(1)$ ein Derivat, und seien folgende Voraussetzungen gegeben:

1. *Es gibt keine Arbitragemöglichkeit.*
2. *Es gibt eine replizierende Handelsstrategie für $Z(1)$.*

Dann gilt:

(a) *Das Derivat besitzt zur Zeit $t = 0$ genau einen fairen Preis $Z(0)$.*

(b) *Sei Q ein äquivalentes Martingalmaß auf Ω. Dann gilt:*
$$Z^*(0) = E_Q[Z^*(1)].$$

Beweis

(a) Nach Theorem 3.5 gilt das Gesetz des einen Preises. Also besitzt das Derivat zur Zeit $t = 0$ genau einen fairen Preis.

(b) Sei H eine replizierende Handelsstrategie für Z. Mit Hilfe der Bemerkung zum Satz von Harrison–Pliska erhalten wir:
$$Z^*(0) = (V[H])^*(0) = E_Q[(V[H])^*(1)] = E_Q[Z^*(1)].$$

□

Bemerkung

Wir haben den fairen Preis eines Derivats $Z(1)$ als den eindeutig bestimmten Wert eines replizierenden Portfolios $V[H](t)$ zur Zeit $t = 0$ definiert. Zur Bestimmung eines solchen replizierenden Portfolios benötigen wir eine replizierende Handelsstrategie H. Das Prinzip der risikoneutralen Bewertung erlaubt es nun, den fairen Preis des Derivats ohne explizite Kenntnis der replizierenden Handelsstrategie zu berechnen. Diesen überraschenden Sachverhalt haben wir bereits in der Einleitung für ein einfaches Beispiel kennengelernt.

Beispiel 3.2

Wir führen unser Beispiel 3.1 weiter fort. Sei dazu wieder $K = 2$, sei $N = 1$, und sei folgende Voraussetzung gegeben:

$$S_1^*(1, \omega_1) < S_1^*(0) < S_1^*(1, \omega_2).$$

Sei ferner $Z(1)$ ein Derivat. Nach Beispiel 3.1 gibt es keine Arbitragemöglichkeit, und es gibt genau ein äquivalentes Martingalmaß Q auf Ω. Dieses besitzt folgende Darstellung:

$$\begin{pmatrix} Q(\omega_1) \\ Q(\omega_2) \end{pmatrix} = \frac{1}{S_1^*(1, \omega_2) - S_1^*(1, \omega_1)} \begin{pmatrix} S_1^*(1, \omega_2) - S_1^*(0) \\ S_1^*(0) - S_1^*(1, \omega_1) \end{pmatrix}.$$

- **Bestimmung einer replizierenden Handelsstrategie**

  Wir bestimmen eine replizierende Handelsstrategie $H \in \mathbb{R}^2$ für $Z(1)$. Dazu machen wir folgenden Ansatz:

  $$Z(1) = V[H](1).$$

  Diese Bedingung lässt sich folgendermaßen äquivalent formulieren:

  $$Z^*(1) = (V[H])^*(1).$$

  Diese Bedingung ist wiederum äquivalent zu folgendem linearen Gleichungssystem:

  $$\begin{pmatrix} Z^*(1, \omega_1) \\ Z^*(1, \omega_2) \end{pmatrix} = \begin{pmatrix} 1 & S_1^*(1, \omega_1) \\ 1 & S_1^*(1, \omega_2) \end{pmatrix} \begin{pmatrix} H_0 \\ H_1 \end{pmatrix}.$$

  Dieses lineare Gleichungssystem besitzt folgende eindeutig bestimmte Lösung:

  $$\begin{pmatrix} H_0 \\ H_1 \end{pmatrix} = \frac{1}{S_1^*(1, \omega_2) - S_1^*(1, \omega_1)} \begin{pmatrix} S_1^*(1, \omega_2) Z^*(1, \omega_1) - S_1^*(1, \omega_1) Z^*(1, \omega_2) \\ Z^*(1, \omega_2) - Z^*(1, \omega_1) \end{pmatrix}.$$

  Nach Konstruktion ist H eine replizierende Handelsstrategie für $Z(1)$. Insbesondere ist H eindeutig bestimmt.

- **Prinzip der risikoneutralen Bewertung**

  Nach dem Prinzip der risikoneutralen Bewertung (I) besitzt das Derivat zur Zeit $t = 0$ genau einen fairen Preis $Z(0)$. Nach Konstruktion gilt einerseits:

  $$Z^*(0) = (V[H])^*(0) = H_0 + H_1 S_1^*(0).$$

  Nach dem Prinzip der risikoneutralen Bewertung (I) gilt andererseits:

  $$Z^*(0) = E_Q[Z^*(1)] = Z^*(1, \omega_1) Q(\omega_1) + Z^*(1, \omega_2) Q(\omega_2).$$

3.6 Vollständigkeit

Das Prinzip der risikoneutralen Bewertung liefert den fairen Preises eines Derivats in einem Finanzmarktmodell ohne Arbitragemöglichkeiten unter der Voraussetzung, dass für das Derivat ein replizierendes Portfolio existiert. Dies wirft folgende Fragen auf:

- Unter welchen Voraussetzungen ist ein gegebenes Derivat replizierbar?
- Unter welchen Voraussetzungen ist das Finanzmarktmodell vollständig, d.h. unter welchen Voraussetzungen sind alle Derivate replizierbar?

Diese beiden Fragen werden durch die folgenden beiden Theoreme beantwortet. Im Rest dieses Abschnitts erweitern wir unsere allgemeine Rahmentheorie für unvollständige Finanzmarktmodelle ohne Arbitragemöglichkeiten. Es zeigt sich, dass in diesem Fall obere und untere Schranken für faire Preise existieren, welche mit Hilfe der äquivalenten Martingalmaße berechnet werden können. Wir beenden diesen Abschnitt mit einem einfachen Beispiel für ein unvollständiges Finanzmarktmodell ohne Arbitragemöglichkeiten.

Theorem 3.7 (Vollständigkeit des Finanzmarktmodells (I))

Sei $Z(1)$ ein Derivat, und sei folgende Voraussetzung gegeben:

- *Es gibt keine Arbitragemöglichkeit.*

Dann sind folgende Aussagen äquivalent:

(a) *Es gibt eine replizierende Handelsstrategie für $Z(1)$.*

(b) *Für je zwei äquivalente Martingalmaße, $Q^{(1)}$ und $Q^{(2)}$, auf Ω gilt:*

$$E_{Q^{(1)}}[Z^*(1)] = E_{Q^{(2)}}[Z^*(1)].$$

Beweis

Wir beweisen Theorem 3.7 mit Hilfe der in Abschnitt 2 entwickelten Dualitätstheorie der linearen Optimierung. Dazu zeigen wir, dass sich die Aussagen (a) und (b) als Primal– und Dualproblem formulieren lassen, und wenden Dualitätssatz (II) an.

1. *Wir zeigen:* (a) $\Longrightarrow$ (b).

   Seien $Q^{(1)}$, $Q^{(2)}$ zwei äquivalente Martingalmaße auf Ω. Nach dem Prinzip der risikoneutralen Bewertung (I) gilt:

   $$E_{Q^{(1)}}[Z^*(1)] = Z^*(0) = E_{Q^{(2)}}[Z^*(1)].$$

2. Wir definieren $\overline{b} \in \mathbb{R}^K$ sowie $\overline{P} \in \mathbb{R}^{N+1,K}$ durch:

   $$\overline{b}_k := Z^*(1, \omega_k) \qquad (k = 1, \dots, K).$$

   $$\overline{P}_{0k} := S_0^*(1, \omega_k) = 1 \qquad (k = 1, \dots, K).$$

   $$\overline{P}_{nk} := S_n^*(1, \omega_k) \qquad (n = 1, \dots, N;\ k = 1, \dots, K).$$

   Wir betrachten die folgenden linearen Optimierungsprobleme:

- **Primalproblem**

  Bestimme $H \in \mathbb{R}^{N+1}$ mit folgenden Eigenschaften:

$$\begin{pmatrix} \overline{P}^T \\ -\overline{P}^T \end{pmatrix} H \geq \begin{pmatrix} \overline{b} \\ -\overline{b} \end{pmatrix}.$$

$$\tilde{v}_P(H) := 0 \longrightarrow \text{minimal}.$$

- **Dualproblem**

  Bestimme $(\tilde{Q}_+, \tilde{Q}_-) \in \mathbb{R}^{2K}$ mit folgenden Eigenschaften:

$$(\overline{P}, -\overline{P}) \begin{pmatrix} \tilde{Q}_+ \\ \tilde{Q}_- \end{pmatrix} = 0\,; \qquad \begin{pmatrix} \tilde{Q}_+ \\ \tilde{Q}_- \end{pmatrix} \geq \begin{pmatrix} 0 \\ 0 \end{pmatrix}.$$

$$\tilde{v}_D\left(\tilde{Q}_+, \tilde{Q}_-\right) := \left\langle \begin{pmatrix} \overline{b} \\ -\overline{b} \end{pmatrix} \middle| \begin{pmatrix} \tilde{Q}_+ \\ \tilde{Q}_- \end{pmatrix} \right\rangle \longrightarrow \text{maximal}.$$

3. *Wir zeigen:* Nicht (a) $\Longrightarrow$ Nicht (b).

   Wir nehmen an, es gibt keine replizierende Handelsstrategie für $Z(1)$. Also besitzt das folgende Problem keine Lösung $H \in \mathbb{R}^{N+1}$:

$$Z(1) = V[H](1).$$

Also besitzt das folgende dazu äquivalente Problem keine Lösung $H \in \mathbb{R}^{N+1}$:

$$Z^*(1) = (V[H])^*(1).$$

Also besitzt das folgende dazu äquivalente Problem keine Lösung $H \in \mathbb{R}^{N+1}$:

$$\overline{P}^T H = \overline{b}.$$

Also besitzt das dazu äquivalente Primalproblem keine Lösung $H \in \mathbb{R}^{N+1}$. Nach Dualitätssatz (II) besitzt das Dualproblem keine Lösung $(\tilde{Q}_+, \tilde{Q}_-) \in \mathbb{R}^{2K}$. Wir definieren:

$$\tilde{Q} := \tilde{Q}_+ - \tilde{Q}_-.$$

Nach Konstruktion besitzt das folgende Problem keine Lösung $\tilde{Q} \in \mathbb{R}^K$:

$$\overline{P}\tilde{Q} = 0.$$

$$v_D(\tilde{Q}) := \left\langle \overline{b} \middle| \tilde{Q} \right\rangle \longrightarrow \text{maximal}.$$

Insbesondere ist $\tilde{Q} = 0$ keine Lösung des obigen Problems. Daraus folgt:
$\exists\, \tilde{Q} \in \mathbb{R}^K$:

$$\overline{P}\tilde{Q} = 0\,; \qquad \left\langle \overline{b} \middle| \tilde{Q} \right\rangle > 0.$$

Nach dem Satz von Harrison–Pliska gibt es mindestens ein äquivalentes Martingalmaß $Q^{(1)}$ auf Ω. Sei $\varepsilon > 0$ hinreichend klein. Wir definieren $Q^{(2)}$ durch:

$$Q^{(2)}(\omega_k) := Q^{(1)}(\omega_k) + \varepsilon \tilde{Q}_k.$$

Nach Konstruktion gilt:

$$Q^{(2)} > 0.$$

$$\sum_{k=1}^{K} Q^{(2)}(\omega_k) = \sum_{k=1}^{K} Q^{(1)}(\omega_k) + \varepsilon \sum_{k=1}^{K} \tilde{Q}_k = 1 + \varepsilon \sum_{k=1}^{K} \overline{P}_{0k} \tilde{Q}_k = 1.$$

Insbesondere ist $Q^{(2)} \leq 1$. Also ist $\tilde{Q}^{(2)}$ ein positives Wahrscheinlichkeitsmaß auf Ω. Nach Konstruktion gilt:

$$\begin{aligned} E_{Q^{(2)}}[S_n^*(1)] &= E_{Q^{(1)}}[S_n^*(1)] + \varepsilon \sum_{k=1}^{K} S_n^*(1, \omega_k) \tilde{Q}_k \\ &= S_n^*(0) + \varepsilon \sum_{k=1}^{K} \overline{P}_{nk} \tilde{Q}_k \\ &= S_n^*(0) \qquad (n = 1, \ldots, N). \end{aligned}$$

Also ist $\tilde{Q}^{(2)}$ ein äquivalentes Martingalmaß auf Ω. Nach Konstruktion gilt:

$$E_{Q^{(2)}}[Z^*(1)] - E_{Q^{(1)}}[Z^*(1)] = \varepsilon \sum_{k=1}^{K} Z^*(1, \omega_k) \tilde{Q}_k = \varepsilon \left\langle \overline{b} \,\middle|\, \tilde{Q} \right\rangle > 0.$$

Also ist die Aussage in (b) falsch. Damit ist die gewünschte Implikation bewiesen.

□

Theorem 3.8 (Vollständigkeit des Finanzmarktmodells (II))
Sei folgende Voraussetzung gegeben:

- *Es gibt keine Arbitragemöglichkeit.*

Dann sind folgende Aussagen äquivalent:

(a) *Das Finanzmarktmodell ist* vollständig, *d.h. für jedes Derivat $Z(1)$ gibt es eine replizierende Handelsstrategie.*

(b) *Es gibt genau ein äquivalentes Martingalmaß Q auf Ω.*

(c) *Die Menge $\{S_n(1)\}_{n=0}^{N}$ enthält genau K linear unabhängige Zufallsvariablen.*

Beweis

1. *Wir zeigen:* (a) $\Longrightarrow$ (b).

   Sei die Aussage in (a) wahr. Nach dem Satz von Harrison–Pliska gibt es mindestens ein äquivalentes Martingalmaß Q auf Ω. Seien nun $Q^{(1)}$ und $Q^{(2)}$ zwei äquivalente Martingalmaße auf Ω. Wir definieren:

   $$Z_l(1, \omega_k) := \delta_{lk} S_0(1, \omega_k) \qquad (k, l = 1, \ldots, K).$$

   Mit Hilfe von Theorem 3.7 erhalten wir:

   $$\begin{aligned} Q^{(1)}(\omega_l) &= \sum_{k=1}^{K} \delta_{lk} Q^{(1)}(\omega_k) \\ &= E_{Q^{(1)}}[Z_l^*(1)] = E_{Q^{(2)}}[Z_l^*(1)] \\ &= \sum_{k=1}^{K} \delta_{lk} Q^{(2)}(\omega_k) \\ &= Q^{(2)}(\omega_l) \qquad (l = 1, \ldots, K). \end{aligned}$$

   Also ist Q eindeutig bestimmt.

2. *Wir zeigen:* (b) $\Longrightarrow$ (a).

   Diese Implikation folgt sofort aus Theorem 3.7.

3. *Wir zeigen:* (a) $\Longleftrightarrow$ (c).

   Wir betrachten den Vektorraum aller Zufallsvariablen:

   $$\mathcal{V} := \{Z(1) : \Omega \longrightarrow \mathbb{R}\}.$$

   Offensichtlich bilden die folgenden Zufallsvariablen eine Basis von $\mathcal{V}$:

   $$Z_l(1, \omega_k) := \delta_{lk} \qquad (k, l = 1, \ldots, K).$$

   Insbesondere ist $\dim(\mathcal{V}) = K$. Damit sind (a) sowie (c) äquivalent zu folgender Aussage:

   - Die Menge $\{S_n(1)\}_{n=0}^{N}$ ist ein Erzeugendensystem für $\mathcal{V}$, d.h. es gilt: $\forall\, Z(1) \in \mathcal{V}\ \exists\, H \in \mathbb{R}^{N+1}$:

     $$Z(1) = \sum_{n=0}^{N} H_n S_n(1) = V[H](1).$$

□

Fairer Preis (II)

Sei $Z(1)$ ein Derivat, und sei folgende Voraussetzung gegeben:

- Es gilt das Gesetz des einen Preises.

Wir definieren:

$$\underline{Z}(0) := \sup \left\{ V[H](0) \,\middle|\, H \in \mathbb{R}^{N+1};\ V[H](1) \leq Z(1) \right\}.$$

$$\overline{Z}(0) := \inf \left\{ V[H](0) \,\middle|\, H \in \mathbb{R}^{N+1};\ V[H](1) \geq Z(1) \right\}.$$

Damit gilt für den fairen Preis des Derivates zur Zeit $t = 0$:

$$\underline{Z}(0) \leq Z(0) \leq \overline{Z}(0).$$

Nach dem Gesetz des einen Preises gelten folgende Implikationen:
$\forall\ H \in \mathbb{R}^{N+1}$:

$$V[H](1) \leq Z(1) \quad \Longrightarrow \quad V[H](0) \leq Z(0).$$

$$V[H](1) \geq Z(1) \quad \Longrightarrow \quad V[H](0) \geq Z(0).$$

M.a.W. der faire Preis $Z(0)$ des Derivats liegt per Definition zwischen den Schranken $\underline{Z}(0)$ und $\overline{Z}(0)$. Insbesondere ist $Z(0)$ i.d.R. nicht eindeutig bestimmt. Dabei bezeichnet $\underline{Z}(0)$ das Supremum der Werte aller *subreplizierenden Portfolios* zur Zeit $t = 0$. Ferner bezeichnet $\overline{Z}(0)$ das Infimum der Werte aller *superreplizierenden Portfolios* zur Zeit $t = 0$.

Theorem 3.9 (Prinzip der risikoneutralen Bewertung (IIa))
Sei $Z(1)$ ein Derivat, und sei folgende Voraussetzung gegeben:

- *Es gibt keine starke Arbitragemöglichkeit.*

Dann gilt:

$$\begin{aligned}\underline{Z}^*(0) &= \max \left\{ (V[H])^*(0) \,\middle|\, H \in \mathbb{R}^{N+1};\ (V[H])^*(1) \leq Z^*(1) \right\} \\ &= \min \left\{ E_{\tilde{Q}}[Z^*(1)] \,\middle|\, \tilde{Q} \text{ ist Martingalmaß auf } \Omega \right\}.\end{aligned}$$

$$\begin{aligned}\overline{Z}^*(0) &= \min \left\{ (V[H])^*(0) \,\middle|\, H \in \mathbb{R}^{N+1};\ (V[H])^*(1) \geq Z^*(1) \right\} \\ &= \max \left\{ E_{\tilde{Q}}[Z^*(1)] \,\middle|\, \tilde{Q} \text{ ist Martingalmaß auf } \Omega \right\}.\end{aligned}$$

Beweis

Wir beweisen das Prinzip der risikoneutralen Bewertung (IIa) mit Hilfe der in Abschnitt 2 entwickelten Dualitätstheorie der linearen Optimierung. Dazu zeigen wir, dass sich die Schranken $\underline{Z}^*(0)$ und $\overline{Z}^*(0)$ als Werte der Zielfunktionen geeigneter Primal– und Dualprobleme formulieren lassen, und wenden Dualitätssatz (I) an.

1. Wir definieren $\overline{b} \in \mathbb{R}^K$, $\overline{x} \in \mathbb{R}^{N+1}$ sowie $\overline{P} \in \mathbb{R}^{N+1,K}$ durch:

$$\overline{b}_k := Z^*(1, \omega_k) \qquad (k = 1, \ldots, K).$$

$$\overline{x}_0 := S_0^*(0) = 1; \qquad \overline{x}_n := S_n^*(0) \qquad (n = 1, \ldots, N).$$

$$\overline{P}_{0k} := S_0^*(1,\omega_k) = 1 \qquad (k = 1,\dots,K)\,;$$

$$\overline{P}_{nk} := S_n^*(1,\omega_k) \qquad (n = 1,\dots,N\,;\ k = 1,\dots,K).$$

Wir betrachten die folgenden linearen Optimierungsprobleme:

- **Primalproblem**

  Bestimme $a \in \mathbb{R}^{N+1}$ mit folgenden Eigenschaften:

  $$\overline{P}^T a \geq \bar{b}.$$

  $$v_P(a) := \langle a \mid \overline{x} \rangle \longrightarrow \text{minimal.}$$

  Wir definieren:

  $$\Omega_P := \left\{ \alpha \in \mathbb{R}^{N+1} \,\middle|\, \overline{P}^T \alpha \geq \bar{b} \right\}.$$

- **Dualproblem**

  Bestimme $y \in \mathbb{R}^K$ mit folgenden Eigenschaften:

  $$\overline{P} y = \overline{x}\,; \qquad\qquad y \geq 0.$$

  $$v_D(y) := \langle \bar{b} \,|\, y \rangle \longrightarrow \text{maximal.}$$

  Wir definieren:

  $$\Omega_D := \left\{ \eta \in \mathbb{R}^K \,\middle|\, \overline{P}\eta = \overline{x}\,;\ \eta \geq 0 \right\}.$$

2. Wir definieren $\alpha \in \mathbb{R}^{N+1}$ durch:

   $$\alpha_0 := \max_{k=1,\dots,K} \bar{b}_k\,; \qquad\qquad \alpha_n := 0 \qquad (n = 1,\dots,N).$$

   Nach Konstruktion gilt:

   $$\sum_{n=0}^{N} \overline{P}_{nk}\alpha_n = \alpha_0 \geq \bar{b}_k \qquad (k = 1,\dots,K).$$

   Daraus folgt:

   $$\alpha \in \Omega_P \neq \emptyset.$$

3. Nach Theorem 3.2 gibt es ein Martingalmaß $\tilde{Q}$ auf Ω. Wir definieren $\eta \in \mathbb{R}^K$ durch:

   $$\eta_k := \tilde{Q}(\omega_k) \qquad (k = 1,\dots,K).$$

   Nach Konstruktion gilt:

   $$\eta_k \geq 0 \qquad (k = 1,\dots,K).$$

$$\sum_{k=1}^{K} \overline{P}_{0k}\eta_k = \sum_{k=1}^{K} \tilde{Q}(\omega_k) = 1 = \overline{x}_0.$$

$$\sum_{k=1}^{K} \overline{P}_{nk}\eta_k = \sum_{k=1}^{K} S_n^*(1,\omega_k)\tilde{Q}(\omega_k) = E_{\tilde{Q}}[S_n^*(1)] = S_n^*(0) = \overline{x}_n \qquad (n = 1,\ldots,N).$$

Daraus folgt:

$$\eta \in \Omega_D \neq \emptyset.$$

4. Nach Punkt 2 und Punkt 3 ist $\Omega_P \neq \emptyset$ und $\Omega_D \neq \emptyset$. Nach Dualitätssatz (I) sind das Primalproblem sowie das Dualproblem lösbar, und es gilt:

$$v_P(a) = v_D(y).$$

5. Nach Theorem 3.5 gilt das Gesetz des einen Preises. Nach Konstruktion gilt:

$$\begin{aligned}
\overline{Z}^*(0) &= \min\left\{(V[H])^*(0) \,\middle|\, H \in \mathbb{R}^{N+1};\ (V[H])^*(1) \geq Z^*(1)\right\} \\
&= \min\left\{\langle \alpha \,|\, \overline{x}\rangle \,\middle|\, \alpha \in \mathbb{R}^{N+1};\ \overline{P}^T\alpha \geq \overline{b}\right\} \\
&= v_P(a) = v_D(y) \\
&= \max\left\{\langle \overline{b} \,|\, \eta\rangle \,\middle|\, \overline{P}\eta = \overline{x};\ \eta \geq 0\right\} \\
&= \max\left\{E_{\tilde{Q}}[Z^*(1)] \,\middle|\, \tilde{Q} \text{ ist Martingalmaß auf } \Omega\right\}.
\end{aligned}$$

6. Analog erhalten wir:

$$\begin{aligned}
\underline{Z}^*(0) &= \max\left\{(V[H])^*(0) \,\middle|\, H \in \mathbb{R}^{N+1};\ (V[H])^*(1) \leq Z^*(1)\right\} \\
&= \min\left\{E_{\tilde{Q}}[Z^*(1)] \,\middle|\, \tilde{Q} \text{ ist Martingalmaß auf } \Omega\right\}.
\end{aligned}$$

□

Theorem 3.10 (Prinzip der risikoneutralen Bewertung (IIb))
Sei $Z(1)$ ein Derivat, und sei folgende Voraussetzung gegeben:

- *Es gibt keine Arbitragemöglichkeit.*

Dann gilt:

$$\underline{Z}^*(0) = \inf\left\{E_Q[Z^*(1)] \,|\, Q \text{ ist äquivalentes Martingalmaß auf } \Omega\right\}.$$

$$\overline{Z}^*(0) = \sup\left\{E_Q[Z^*(1)] \,|\, Q \text{ ist äquivalentes Martingalmaß auf } \Omega\right\}.$$

Beweis

Nach dem Prinzip der risikoneutralen Bewertung (IIa) gibt es ein Martingalmaß $\underline{Q}$ auf Ω mit folgender Eigenschaft:

$$\begin{aligned}\underline{Z}^*(0) &= E_{\underline{Q}}[Z^*(1)] \\ &= \min\left\{E_{\tilde{Q}}[Z^*(1)] \,\middle|\, \tilde{Q} \text{ ist Martingalmaß auf } \Omega\right\} \\ &\leq \inf\left\{E_Q[Z^*(1)] \mid Q \text{ ist äquivalentes Martingalmaß auf } \Omega\right\}.\end{aligned}$$

Nach dem Satz von Harrison–Pliska gibt es ein äquivalentes Martingalmaß Q auf Ω. Wir definieren eine Familie $\{\underline{Q}_\varepsilon\}_{0<\varepsilon<1}$ von äquivalenten Martingalmaßen auf Ω durch:

$$\underline{Q}_\varepsilon := (1-\varepsilon)\,\underline{Q} + \varepsilon\, Q.$$

Nach Konstruktion gilt:

$$\lim_{\varepsilon\to 0} E_{\underline{Q}_\varepsilon}[Z^*(1)] = \lim_{\varepsilon\to 0} \sum_{\omega\in\Omega} Z^*(1,\omega)\,\underline{Q}_\varepsilon(\omega) = \sum_{\omega\in\Omega} Z^*(1,\omega)\,\underline{Q}(\omega) = E_{\underline{Q}}[Z^*(1)].$$

Daraus folgt insgesamt:

$$\underline{Z}^*(0) = \inf\left\{E_Q[Z^*(1)] \mid Q \text{ ist äquivalentes Martingalmaß auf } \Omega\right\}.$$

Analog erhalten wir:

$$\overline{Z}^*(0) = \sup\left\{E_Q[Z^*(1)] \mid Q \text{ ist äquivalentes Martingalmaß auf } \Omega\right\}.$$

□

Beispiel 3.3

Wir führen unser Beispiel 3.1 und 3.2 weiter fort. Sei dazu wieder $K = 2$, sei $N = 1$, und sei folgende Voraussetzung gegeben:

$$S_1^*(1,\omega_1) < S_1^*(0) < S_1^*(1,\omega_2).$$

Nach Beispiel 3.1 gibt es keine Arbitragemöglichkeit, und das äquivalente Martingalmaß Q auf Ω ist eindeutig bestimmt. Nach Theorem 3.8 ist das Finanzmarktmodell vollständig.

Beispiel 3.4

Wir betrachten nun ein einfaches Beispiel für ein unvollständiges Finanzmarktmodell ohne Arbitragemöglichkeiten. Dazu nehmen wir an, dass genau drei Elementarereignisse eintreten können. Ferner betrachten wir neben dem Geldkontoprozess nur einen weiteren Preisprozess. Sei also $K = 3$, sei $N = 1$, und seien folgende Voraussetzungen gegeben:

$$S_1^*(1,\omega_1) < S_1^*(1,\omega_2) < S_1^*(1,\omega_3).$$

$$S_1^*(1,\omega_1) < S_1^*(0) < S_1^*(1,\omega_3).$$

- **Bestimmung der äquivalenten Martingalmaße**

  Wir bestimmen die Familie der äquivalenten Martingalmaße auf Ω. Dazu machen wir folgenden Ansatz:

$$1 = \sum_{\omega \in \Omega} Q(\omega).$$

$$S_1^*(0) = E_Q[S_1^*(1)].$$

  Diese beiden Gleichungen lassen sich folgendermaßen äquivalent formulieren:

$$\begin{pmatrix} 1 \\ S_1^*(0) \end{pmatrix} = \begin{pmatrix} 1 & 1 & 1 \\ S_1^*(1,\omega_1) & S_1^*(1,\omega_2) & S_1^*(1,\omega_3) \end{pmatrix} \begin{pmatrix} Q(\omega_1) \\ Q(\omega_2) \\ Q(\omega_3) \end{pmatrix}.$$

  Dieses Gleichungssystem besitzt die folgende Schar von Lösungen:

$$Q_\lambda(\omega_2) = \lambda.$$

$$\begin{pmatrix} Q_\lambda(\omega_1) \\ Q_\lambda(\omega_3) \end{pmatrix} = \frac{1}{S_1^*(1,\omega_3) - S_1^*(1,\omega_1)} * \begin{pmatrix} S_1^*(1,\omega_3) - S_1^*(0) - \lambda(S_1^*(1,\omega_3) - S_1^*(1,\omega_2)) \\ S_1^*(0) - S_1^*(1,\omega_1) - \lambda(S_1^*(1,\omega_2) - S_1^*(1,\omega_1)) \end{pmatrix}.$$

  Wir machen zusätzlich folgenden Ansatz:

$$0 < Q_\lambda \leq 1.$$

  Diese Ungleichung lässt sich folgendermaßen äquivalent formulieren:

$$0 < \lambda < \min\left\{ \frac{S_1^*(1,\omega_3) - S_1^*(0)}{S_1^*(1,\omega_3) - S_1^*(1,\omega_2)}, \frac{S_1^*(0) - S_1^*(1,\omega_1)}{S_1^*(1,\omega_2) - S_1^*(1,\omega_1)} \right\} =: \overline{\lambda}.$$

  Nach Konstruktion ist $\{Q_\lambda\}_{0<\lambda<\overline{\lambda}}$ die Familie der äquivalenten Martingalmaße auf Ω. Insbesondere gibt es mindestens ein äquivalentes Martingalmaß auf Ω. Nach dem Satz von Harrison–Pliska gibt es keine Arbitragemöglichkeit. Nach Theorem 3.8 ist das Finanzmarktmodell unvollständig.

- **Replizierende Handelsstrategien**

  Sei $Z(1)$ ein Derivat. Wir suchen eine replizierende Handelsstrategie für $Z(1)$.

  1. Wir machen folgenden Ansatz:

$$Z(1) = V[H](1).$$

     Diese Gleichung lässt sich folgendermaßen äquivalent formulieren:

$$Z^*(1) = (V[H])^*(1).$$

Diese Gleichung lässt sich wiederum folgendermaßen äquivalent formulieren:

$$\begin{pmatrix} Z^*(1,\omega_1) \\ Z^*(1,\omega_2) \\ Z^*(1,\omega_3) \end{pmatrix} = \begin{pmatrix} 1 & S_1^*(1,\omega_1) \\ 1 & S_1^*(1,\omega_2) \\ 1 & S_1^*(1,\omega_3) \end{pmatrix} \begin{pmatrix} H_0 \\ H_1 \end{pmatrix}.$$

Dieses lineare Gleichungssystem ist genau dann lösbar, wenn die folgende Bedingung erfüllt ist:

$$\det \begin{pmatrix} 1 & S_1^*(1,\omega_1) & Z^*(1,\omega_1) \\ 1 & S_1^*(1,\omega_2) & Z^*(1,\omega_2) \\ 1 & S_1^*(1,\omega_3) & Z^*(1,\omega_3) \end{pmatrix} = 0.$$

2. Nach Konstruktion gilt:

$$E_{Q_\lambda}[Z^*(1)] = E_{Q_0}[Z^*(1)] + \frac{\lambda}{S_1^*(1,\omega_3) - S_1^*(1,\omega_1)}$$
$$* \left\langle \begin{pmatrix} Z^*(1,\omega_1) \\ Z^*(1,\omega_2) \\ Z^*(1,\omega_3) \end{pmatrix} \middle| \begin{pmatrix} -(S_1^*(1,\omega_3) - S_1^*(1,\omega_2)) \\ S_1^*(1,\omega_3) - S_1^*(1,\omega_1) \\ -(S_1^*(1,\omega_2) - S_1^*(1,\omega_1)) \end{pmatrix} \right\rangle.$$

Die rechte Seite dieser Gleichung ist genau dann unabhängig von λ, wenn die folgende Nebenbedingung erfüllt ist:

$$\left\langle \begin{pmatrix} Z^*(1,\omega_1) \\ Z^*(1,\omega_2) \\ Z^*(1,\omega_3) \end{pmatrix} \middle| \begin{pmatrix} -(S_1^*(1,\omega_3) - S_1^*(1,\omega_2)) \\ S_1^*(1,\omega_3) - S_1^*(1,\omega_1) \\ -(S_1^*(1,\omega_2) - S_1^*(1,\omega_1)) \end{pmatrix} \right\rangle = 0.$$

Nach Theorem 3.7 sind folgende Aussagen äquivalent:

(a) Es gibt eine replizierende Handelsstrategie $H \in \mathbb{R}^2$ für $Z(1)$.

(b) $Z^*(1)$ genügt der Bedingung in Punkt 1.

(c) $Z^*(1)$ genügt der Bedingung in Punkt 2.

- **Risikoneutrale Bewertung**

Wir bestimmen die Schranken für den fairen Preis. Nach dem Prinzip der risikoneutralen Bewertung (II) gilt:

$$\underline{Z}^*(0) = \min\{E_{Q_0}[Z^*(1)]\,,\ E_{Q_{\overline{\lambda}}}[Z^*(1)]\}.$$

$$\overline{Z}^*(0) = \max\{E_{Q_0}[Z^*(1)]\,,\ E_{Q_{\overline{\lambda}}}[Z^*(1)]\}.$$

4 Elementare Wahrscheinlichkeitstheorie

Um die Finanzmathematik in diskreter Zeit weiter zu entwickeln, speziell um von den Einperioden–Finanzmarktmodellen des letzten Abschnitts zu den Mehrperioden–Finanzmarktmodellen des folgenden Abschnitts überzugehen, benötigen wir weitere mathematische Methoden aus der Wahrscheinlichkeitstheorie, die in diesem Abschnitt bereit gestellt werden. Wir beginnen diesen Abschnitt mit einer elementaren Untersuchung von Mengenalgebren[18], Zufallsvariablen und bedingten Erwartungswerten. Danach betrachten wir Filtrationen, welche typischerweise zur Modellierung von Informationsflüssen in stochastischen Systemen, w.z.B. den Mehrperioden–Finanzmarktmodellen, verwendet werden, und untersuchen den Zusammenhang zwischen Filtrationen und stochastischen Prozessen, w.z.B. den Preisprozessen in den Mehrperioden–Finanzmarktmodellen. Danach wenden wir uns der allgemeinen Martingaltheorie zu, untersuchen Stoppzeiten und beweisen den Satz von Doob über Optional Sampling, der insbesondere für die Untersuchung von Derivaten mit amerikanischem Ausübungsrecht in Abschnitt 6 benötigt wird. Wir beenden diesen Abschnitt mit einer elementaren Untersuchung der Unabhängigkeit von Mengenalgebren und Zufallsvariablen, und wenden das in diesem Abschnitt Erlernte auf ein einfaches Beispiel, nämlich eine Kette von Münzwürfen, an. Dieses letzte Beispiel wird in Abschnitt 7 bei der Untersuchung des Binomialmodells[19] erneut aufgegriffen.

4.1 Mengenalgebren

In diesem Abschnitt untersuchen wir Mengenalgebren, welche das diskrete Analogon zu den in Abschnitt 8 im Rahmen der Finanzmathematik in stetiger Zeit behandelten σ–Algebren bilden. Insbesondere zeigen wir, dass jede Mengenalgebra von einer Partition des Ereignisraums erzeugt wird. Im Rahmen stochastischer Modelle werden Mengenalgebren bzw. Partitionen verwendet, um die Information, die einem Beobachter durch Messungen über den Zustand des zugrunde liegenden stochastischen Systems zugänglich ist, zu beschreiben.

Ereignisraum

Wir betrachten einen endlichen Ereignisraum:

$$\Omega = \{\omega_1, \ldots, \omega_K\}.$$

Dabei bezeichnen die $\omega \in \Omega$ die möglichen Elementarereignisse.

Definition

(a) Sei $\mathcal{E}$ ein System von Teilmengen von Ω. $\mathcal{E}$ heißt *Partition* von Ω, falls folgende Aussagen gelten:

1. Jede Menge $E \in \mathcal{E}$ ist nichtleer.
2. Je zwei Mengen $E_1, E_2 \in \mathcal{E}$ sind entweder identisch oder disjunkt.
3. $\mathcal{E}$ ist ein Erzeugendensystem:

$$\Omega = \bigcup_{E \in \mathcal{E}} E.$$

[18]Für die in diesem Abschnitt betrachteten endlichen Wahrscheinlichkeitsräume stimmt der Begriff der Mengenalgebra genau mit dem Begriff der σ–Algebra überein.

[19]Das Binomialmodell wird auch als Cox–Ross–Rubinstein Modell bezeichnet.

(b) Sei $\mathcal{F}$ ein System von Teilmengen von Ω. $\mathcal{F}$ heißt *Mengenalgebra* über Ω, falls folgende Aussagen gelten:

1. $\mathcal{F}$ enthält $\emptyset$ und Ω.
2. Für jede Menge $F \in \mathcal{F}$ ist auch das Komplement $\Omega \backslash F$ in $\mathcal{F}$ enthalten.
3. Für je zwei Mengen $F_1, F_2 \in \mathcal{F}$ ist auch die Vereinigung $F_1 \cup F_2$ sowie der Durchschnitt $F_1 \cap F_2$ in $\mathcal{F}$ enthalten.

Definition

(a) Seien $\mathcal{E}_1$ und $\mathcal{E}_2$ zwei Partitionen von Ω. $\mathcal{E}_2$ heißt *Verfeinerung* von $\mathcal{E}_1$, falls jede Menge $E_2 \in \mathcal{E}_2$ Teilmenge einer Menge $E_1 \in \mathcal{E}_1$ ist.

(b) Seien $\mathcal{F}_1$ und $\mathcal{F}_2$ zwei Mengenalgebren über Ω. $\mathcal{F}_2$ heißt *Erweiterung* von $\mathcal{F}_1$, falls $\mathcal{F}_1$ eine Teilmenge von $\mathcal{F}_2$ ist.

Theorem 4.1 (Zerlegungssatz (I))

(a) *Sei $\mathcal{E}$ eine Partition von Ω. Wir definieren:*

$$\mathcal{F} := \left\{ F = \bigcup_{E \in \mathcal{S}} E \;\middle|\; \mathcal{S} \subset \mathcal{E} \right\}.$$

Dann gilt:

- *$\mathcal{F}$ eine Mengenalgebra über Ω.*

$\mathcal{F}$ heißt die von $\mathcal{E}$ erzeugte Mengenalgebra.

(b) *Sei $\mathcal{F}$ eine Mengenalgebra über Ω. Wir definieren:*

$$\mathcal{E} := \left\{ E = \bigcap_{F:\, \omega \in F \in \mathcal{F}} F \;\middle|\; \omega \in \Omega \right\}.$$

Dann gilt:

1. *$\mathcal{E}$ ist eine Partition von Ω.*
2. *$\mathcal{F}$ wird von $\mathcal{E}$ erzeugt.*
3. *$\mathcal{E}$ ist eindeutig bestimmt, d.h. es gibt keine weitere Partition, welche $\mathcal{F}$ erzeugt.*

Beweis

(a) Die Aussage folgt sofort aus der Definition von $\mathcal{F}$.

(b)
1. Die Aussage folgt sofort aus der Definition von $\mathcal{E}$.
2. Wir definieren:

$$E(\omega) := \bigcap_{F:\, \omega \in F \in \mathcal{F}} F \qquad (\omega \in \Omega).$$

(i) Nach Voraussetzung ist $\mathcal{F}$ eine Mengenalgebra über Ω. Daraus folgt:

$$E(\omega) \in \mathcal{F} \qquad (\omega \in \Omega).$$

Daraus folgt weiter:

$$\bigcup_{\omega \in S} E(\omega) \in \mathcal{F} \qquad (S \subset \Omega).$$

Daraus folgt schließlich:

$$\mathcal{F} \supset \left\{ F = \bigcup_{\omega \in S} E(\omega) \,\middle|\, S \subset \Omega \right\}.$$

(ii) Nach Voraussetzung gilt:

$$\omega \in E(\omega) \subset F \qquad (\omega \in F \in \mathcal{F}).$$

Daraus folgt:

$$F = \bigcup_{\omega \in F} E(\omega) \qquad (F \in \mathcal{F}).$$

Daraus folgt schließlich:

$$\mathcal{F} \subset \left\{ F = \bigcup_{\omega \in S} E(\omega) \,\middle|\, S \subset \Omega \right\}.$$

Mit Hilfe von (i) und (ii) erhalten wir:

$$\mathcal{F} = \left\{ F = \bigcup_{\omega \in S} E(\omega) \,\middle|\, S \subset \Omega \right\} = \left\{ F = \bigcup_{E \in \mathcal{S}} E \,\middle|\, \mathcal{S} \subset \mathcal{E} \right\}.$$

Also wird $\mathcal{F}$ von $\mathcal{E}$ erzeugt.

3. Seien $\mathcal{E}_1$ und $\mathcal{E}_2$ zwei Partitionen von Ω, welche jeweils $\mathcal{F}$ erzeugen. Nach Konstruktion ist $\mathcal{E}_1 \subset \mathcal{F}$. Also ist $\mathcal{E}_2$ eine Verfeinerung von $\mathcal{E}_1$. Analog ist $\mathcal{E}_1$ eine Verfeinerung von $\mathcal{E}_2$. Daraus folgt:

$$\mathcal{E}_1 = \mathcal{E}_2.$$

Also ist $\mathcal{E}$ eindeutig bestimmt.

□

Bemerkung

Nach dem Zerlegungssatz (I) existiert also zu jeder Mengenalgebra $\mathcal{F}$ über Ω genau eine Partition $\mathcal{E}$ von Ω, so dass sich jede Menge $F \in \mathcal{F}$ eindeutig schreiben lässt als Vereinigung von disjunkten nichtleeren Mengen $E_1, \ldots, E_n \in \mathcal{E}$.

Theorem 4.2

Seien $\mathcal{F}_1$ sowie $\mathcal{F}_2$ zwei Mengenalgebren über Ω, und seien $\mathcal{E}_1$ sowie $\mathcal{E}_2$ diejenigen Partitionen von Ω, welche $\mathcal{F}_1$ sowie $\mathcal{F}_2$ erzeugen. Dann sind folgende Aussagen äquivalent:

(a) *$\mathcal{E}_2$ ist eine Verfeinerung von $\mathcal{E}_1$.*

(b) *$\mathcal{F}_2$ ist eine Erweiterung von $\mathcal{F}_1$.*

Beweis

Die Aussage ist evident.

□

Bemerkung

Im Rahmen stochastischer Modelle werden Mengenalgebren bzw. Partitionen verwendet, um die Information, die einem Beobachter durch Messungen über den Zustand eines stochastischen Systems zugänglich ist, zu beschreiben. Konkret ist damit Folgendes gemeint:

(a) Die Elementarereignisse $\omega \in \Omega$ beschreiben die möglichen Zustände des zugrunde liegenden stochastischen Systems.

(b) Sei $\mathcal{E}$ eine Partition von Ω. $\mathcal{E}$ beschreibt die *Maximalinformationsstruktur*. D.h. die maximal mögliche Information, die ein Beobachter durch Messungen über den Zustand $\omega \in \Omega$ des zugrunde liegenden stochastischen Systems erhalten kann, ist gegeben durch:

- $\omega \in E$ für ein $E \in \mathcal{E}$.

Der Übergang von einer Partition $\mathcal{E}_1$ zu einer Verfeinerung $\mathcal{E}_2$ beschreibt demnach einen Zuwachs der maximal möglichen Information.

(c) Sei $\mathcal{F}$ die von $\mathcal{E}$ erzeugte Mengenalgebra über Ω. $\mathcal{F}$ beschreibt die *Informationsstruktur*. D.h. die mögliche Information, die ein Beobachter durch Messungen über den Zustand $\omega \in \Omega$ des zugrunde liegenden stochastischen Systems erhalten kann, ist gegeben durch:

- $\omega \in F$ für ein $F \in \mathcal{F}$.

Der Übergang von einer Mengenalgebra $\mathcal{F}_1$ zu einer Erweiterung $\mathcal{F}_2$ beschreibt demnach einen Zuwachs der möglichen Information.

4.2 Zufallsvariablen

Wir stellen nun einen Zusammenhang zwischen Zufallsvariablen und Mengenalgebren her. Dies führt uns auf den Begriff der *Messbarkeit*. Insbesondere zeigen wir, dass jede Zufallsvariable eine Mengenalgebra erzeugt, bzgl. welcher die Zufallsvariable messbar ist. Im Rahmen stochastischer Modelle werden messbare Zufallsvariablen verwendet, um die Messungen, welche von einem Beobachter durchgeführt werden können, zu beschreiben.

Definition

(a) Wir definieren:

$$\mathfrak{Z} := \{Z \mid Z : \Omega \longrightarrow \mathbb{R} : \omega \longmapsto Z(\omega)\}\,.$$

$Z \in \mathfrak{Z}$ heißt *Zufallsvariable* auf Ω.

(b) Sei $A \subset \Omega$. Wir definieren $1_A \in \mathfrak{Z}$ durch:

$$1_A(\omega) := \begin{cases} 1 & \text{falls } \omega \in A; \\ 0 & \text{sonst.} \end{cases}$$

1_A heißt *Indikatorfunktion.*

(c) Sei $\mathcal{A}$ ein System von Teilmengen von Ω. Wir definieren $\mathfrak{U}(\mathcal{A}) \subset \mathfrak{Z}$ durch:

$$\mathfrak{U}(\mathcal{A}) := \operatorname{span}(\{1_A \mid A \in \mathcal{A}\}).$$

Bemerkung

Die folgenden Aussagen folgen sofort aus der obigen Definition.

(a) $\mathfrak{Z}$ ist der Vektorraum aller reellwertigen Abbildungen auf Ω.

(b) Sei $Z \in \mathfrak{Z}$. Dann besitzt Z folgende Darstellung:

$$Z(\omega) = \sum_{\overline{\omega} \in \Omega} Z(\overline{\omega})\, 1_{\{\overline{\omega}\}}(\omega).$$

(c) $\mathfrak{U}(\mathcal{A})$ ist die lineare Hülle der zu $\mathcal{A}$ gehörigen Indikatorfunktionen. Insbesondere ist $\mathfrak{U}(\mathcal{A})$ ein linearer Unterraum von $\mathfrak{Z}$.

(d) Sei $Z \in \mathfrak{U}(\mathcal{A})$. Dann besitzt Z folgende Darstellung:

$$Z(\omega) = \sum_{A \in \mathcal{A}} a_A\, 1_A(\omega) \qquad (a_A \in \mathbb{R}).$$

(e) Sei $\mathcal{E}$ eine Partition von Ω. Dann gilt:

- $\{1_E \mid E \in \mathcal{E}\}$ ist eine Basis von $\mathfrak{U}(\mathcal{E})$.

(f) Sei $\mathcal{F}$ die von $\mathcal{E}$ erzeugte Mengenalgebra. Dann gilt:

$$\mathfrak{U}(\mathcal{E}) = \mathfrak{U}(\mathcal{F}).$$

Theorem 4.3

Sei $\mathcal{F}$ eine Mengenalgebra über Ω, sei $\mathcal{E}$ diejenige Partition von Ω, welche $\mathcal{F}$ erzeugt, und sei $Z \in \mathfrak{Z}$. Dann sind folgende Aussagen äquivalent:

(a) $Z \in \mathfrak{U}(\mathcal{F})$.

(b) $\forall\, x \in \mathbb{R}$:

$$Z^{-1}(x) \in \mathcal{F}.$$

Falls eine der obigen Aussagen wahr ist, dann heißt Z messbar *bzgl. $\mathcal{F}$.*

Beweis

Die Behauptung folgt sofort aus der obigen Bemerkung.

□

Bemerkung

Im Rahmen stochastischer Modelle werden messbare Zufallsvariablen verwendet, um die Messungen, welche von einem Beobachter durchgeführt werden können, zu beschreiben. Konkret ist damit Folgendes gemeint:

(a) Sei $\mathcal{E}$ eine Partition von Ω. Wie in Abschnitt 4.1 beschrieben ist die maximal mögliche Information, die ein Beobachter durch Messungen über den Zustand $\omega \in \Omega$ des zugrunde liegenden stochastischen Systems erhalten kann, gegeben durch:

- $\omega \in E$ für ein $E \in \mathcal{E}$.

(b) Sei Z eine messbare Zufallsvariable. Nach Theorem 4.3 und der vorherigen Bemerkung besitzt Z eine Darstellung der folgenden Form:

$$Z(\omega) = \sum_{E \in \mathcal{E}} a_E \, 1_E(\omega) \qquad (a_E \in \mathbb{R}).$$

D.h. die messbaren Zufallsvariablen sind genau diejenigen reellwertigen Abbildungen auf Ω, deren Werte durch die maximale durch Messung zugängliche Information eindeutig festgelegt sind. Dies rechtfertigt den Begriff *Messbarkeit.*

Theorem 4.4

Sei $\mathcal{F}$ eine Mengenalgebra über Ω, seien $Z_1, \ldots, Z_N \in \mathfrak{Z}$, sei Z_i messbar bzgl. $\mathcal{F}$, sei $R(Z_i)$ der Wertebereich von Z_i, sei f eine reellwertige Funktion, und sei $\prod_{i=1}^N R(Z_i)$ der Definitionsbereich von f. Dann gilt:

- *$f(Z_1, \ldots, Z_N)$ ist messbar bzgl. $\mathcal{F}$.*

Beweis

Sei $x \in \mathbb{R}$. Dann gilt:

$$\begin{aligned}(f(Z_1, \ldots, Z_N))^{-1}(x) &= \bigcup_{(y_1,\ldots,y_N) \in f^{-1}(x)} (Z_1, \ldots, Z_N)^{-1}((y_1, \ldots, y_N)) \\ &= \bigcup_{(y_1,\ldots,y_N) \in f^{-1}(x)} \bigcap_{i=1}^{N} Z_i^{-1}(y_i) \\ &\in \mathcal{F}.\end{aligned}$$

Dabei war $x \in \mathbb{R}$ beliebig. Also ist $f(Z_1, \ldots, Z_N)$ messbar bzgl. $\mathcal{F}$.

□

Theorem 4.5

Sei $Z \in \mathfrak{Z}^N$, und sei $R(Z) \subset \mathbb{R}^N$ der Wertebereich von Z. Wir definieren:

$$\mathcal{E}^Z := \left\{ E = Z^{-1}(x) \,\middle|\, x \in R(Z) \right\}.$$

Dann gilt:

(a) *$\mathcal{E}^Z$ ist eine Partition von Ω.*

(b) *Sei $\mathcal{F}^Z$ die von $\mathcal{E}^Z$ erzeugte Mengenalgebra über Ω. Dann gilt:*

- *$\mathcal{F}^Z$ ist die kleinste Mengenalgebra über Ω, bzgl. welcher die Komponenten $Z_1, \ldots, Z_N$ von Z messbar sind.*

$\mathcal{F}^Z$ heißt die von Z erzeugte kanonische Mengenalgebra *über Ω.*

Beweis

(a) Die Aussage ist evident.

(b) Wir zeigen, dass die Komponenten von Z messbar bzgl. $\mathcal{F}^Z$ sind, und dass jede weitere σ–Algebra mit dieser Eigenschaft eine Erweiterung von $\mathcal{F}^Z$ ist.

1. Sei $R(Z_i) \subset \mathbb{R}$ der Wertebereich von Z_i, und sei $x_i \in R(Z_i)$. Nach Konstruktion gilt:

$$(Z_i)^{-1}(x_i) = \bigcup_{\substack{y \in R(Z) \\ y_i = x_i}} Z^{-1}(y) \in \mathcal{F}.$$

Also ist Z_i messbar bzgl. $\mathcal{F}^Z$.

2. Sei $\mathcal{F}$ eine weitere Mengenalgebra über Ω, sei $\mathcal{E}$ diejenige Partition von Ω, welche $\mathcal{F}$ erzeugt, seien $Z_1, \ldots, Z_N$ messbar bzgl. $\mathcal{F}$, und sei $x \in R(Z)$. Nach Voraussetzung gilt:

$$(Z_i)^{-1}(x_i) \in \mathcal{F}.$$

Daraus folgt:

$$Z^{-1}(x) = \bigcap_{i=1}^{N} (Z_i)^{-1}(x_i) \in \mathcal{F}.$$

Daraus folgt weiter:

$$Z^{-1}(x) = \bigcup_{E \in \mathcal{S}} E \qquad (\mathcal{S} \subset \mathcal{E}).$$

Dabei war $x \in R(Z)$ beliebig. Also ist $\mathcal{E}$ eine Verfeinerung von $\mathcal{E}^Z$. Nach Theorem 4.2 ist $\mathcal{F}$ eine Erweiterung von $\mathcal{F}^Z$.

□

4.3 Bedingte Erwartungswerte

In Abschnitt 4.2 haben wir messbare Zufallsvariablen im Rahmen stochastischer Modelle so aufgefasst, dass diese die Messungen, die ein Beobachter am zugrunde liegenden stochastischen System durchführen kann, beschreiben. Mit Hilfe der bedingten Erwartungswerte, die in diesem Abschnitt behandelt werden, lassen sich auch nichtmessbare Zufallsvariablen in dieses Konzept einordnen. Insbesondere charakterisieren wir den bedingten Erwartungswert als die Orthogonalprojektion einer beliebigen Zufallsvariablen auf den Raum der messbaren Zufallsvariablen. Ferner beweisen wir einige elementare Eigenschaften des bedingten Erwartungswerts sowie die Jensensche Ungleichung.

Wahrscheinlichkeitsmaß

Wir betrachten ein positives Wahrscheinlichkeitsmaß auf Ω:[20]

$$P : \Omega \longrightarrow \mathbb{R} : \omega \longmapsto P(\omega).$$

$$0 < P \leq 1; \qquad\qquad \sum_{\omega \in \Omega} P(\omega) = 1.$$

Dabei bezeichnet $P(\omega)$ die Wahrscheinlichkeit für das Eintreten des Ereignisses $\omega \in \Omega$.

Definition

(a) Sei $A \subset \Omega$. Wir definieren:

$$P(A) := \sum_{\omega \in A} P(\omega).$$

$P(A)$ heißt *elementare Wahrscheinlichkeit* von A bzgl. P.

(b) Seien $A, B \subset \Omega$, und sei $B \neq \emptyset$. Wir definieren:

$$P(A|B) := \frac{P(A \cap B)}{P(B)}.$$

$P(A|B)$ heißt *elementare bedingte Wahrscheinlichkeit* von A unter B bzgl. P.

Definition

Sei $Z \in \mathfrak{Z}$, und sei $R(Z) \subset \mathbb{R}$ der Wertebereich von Z.

(a) Wir definieren:

$$E_P[Z] := \sum_{\omega \in \Omega} Z(\omega) P(\omega) = \sum_{x \in R(Z)} x\, P(Z^{-1}(x)).$$

$E_P[Z]$ heißt *Erwartungswert* von Z bzgl. P.

(b) Sei $A \subset \Omega$, und sei $A \neq \emptyset$. Wir definieren:

$$E_P[Z|A] := \sum_{\omega \in A} Z(\omega) \frac{P(\omega)}{P(A)} = \sum_{x \in R(Z)} x\, P(Z^{-1}(x)|A).$$

$E_P[Z|A]$ heißt *elementarer bedingter Erwartungswert* von Z unter A bzgl. P.

[20]Genau genommen definiert P ein Wahrscheinlichkeits*punkt*maß auf Ω.

(c) Sei $\mathcal{F}$ eine Mengenalgebra über Ω, und sei $\mathcal{E}$ diejenige Partition von Ω, welche $\mathcal{F}$ erzeugt. Wir definieren $E_P[Z|\mathcal{F}] \in \mathfrak{Z}$ durch:

$$E_P[Z|\mathcal{F}](\omega) := \sum_{E \in \mathcal{E}} E_P[Z|E] \, 1_E(\omega).$$

$E_P[Z|\mathcal{F}]$ heißt *bedingter Erwartungswert* von Z unter $\mathcal{F}$ bzgl. P.

Bemerkung

Der bedingte Erwartungswert bildet Zufallsvariablen auf messbare Zufallsvariablen ab. Dies geschieht auf folgende Weise.

(a) Die elementare bedingte Wahrscheinlichkeit $P(\cdot|A)$ definiert ein Wahrscheinlichkeitsmaß auf A, welches durch Einschränkung von P auf A und Normierung entsteht.

(b) Der elementare bedingte Erwartungswert $E_P[Z|A]$ der Zufallsvariablen Z unter A ist genau der Erwartungswert der Einschränkung von Z auf A bzgl. $P(\cdot|A)$.

(c) Der bedingte Erwartungswert $E_P[Z|\mathcal{F}]$ der Zufallsvariablen Z unter $\mathcal{F}$ ist selbst wieder eine Zufallsvariable. $E_P[Z|\mathcal{F}]$ ist auf jeder Menge $E \in \mathcal{E}$ konstant und stimmt dort mit dem elementaren bedingten Erwartungswert $E_P[Z|E]$ von Z unter E überein. Insbesondere ist $E_P[Z|\mathcal{F}]$ messbar bzgl. $\mathcal{F}$.

Definition

(a) Seien $Z_1, Z_2 \in \mathfrak{Z}$. Wir definieren das *Skalarprodukt* von Z_1 und Z_2 bzgl. P durch:

$$\langle Z_1 \mid Z_2 \rangle_P := E_P[Z_1 \, Z_2].$$

(b) Sei $Z \in \mathfrak{Z}$. Wir definieren die *Norm* von Z bzgl. P durch:

$$\|Z\|_P := \Big(\langle Z \mid Z \rangle_P \Big)^{\frac{1}{2}}.$$

Bemerkung

Sei $\mathcal{E}$ eine Partition von Ω, und sei $\mathcal{F}$ die von $\mathcal{E}$ erzeugte Mengenalgebra. Nach Abschnitt 4.2 gilt:

1. $\mathfrak{U}(\mathcal{E}) = \mathfrak{U}(\mathcal{F})$.
2. $\{1_E \mid E \in \mathcal{E}\}$ ist eine Basis von $\mathfrak{U}(\mathcal{F})$.

Aus der obigen Definition folgt sofort:

- $\{1_E \mid E \in \mathcal{E}\}$ ist eine Orthogonalbasis von $\mathfrak{U}(\mathcal{F})$.

Theorem 4.6

Sei $\mathcal{F}$ eine Mengenalgebra über Ω, und sei $Z \in \mathfrak{Z}$. Der bedingte Erwartungswert $E_P[Z|\mathcal{F}]$ besitzt folgende Charakterisierungen:

(a) *$E_P[Z|\mathcal{F}]$ ist die Orthogonalprojektion von Z auf $\mathfrak{U}(\mathcal{F})$.*

(b) *$E_P[Z|\mathcal{F}]$ ist die eindeutig bestimmte Zufallsvariable auf Ω, welche folgende Eigenschaften besitzt:*

1. *$E_P[Z|\mathcal{F}]$ ist messbar bzgl. $\mathcal{F}$.*
2. *$\forall\, F \in \mathcal{F}$:*

$$E_P\Big[1_F\, E_P[Z|\mathcal{F}]\Big] = E_P[1_F\, Z].$$

Beweis

(a) Sei $\mathcal{E}$ die Partition von Ω, welche $\mathcal{F}$ erzeugt, und sei $R(Z) \subset \mathbb{R}$ der Wertebereich von Z. Nach Konstruktion gilt:

$$\begin{aligned}
E_P[Z|\mathcal{F}] &= \sum_{E\in\mathcal{E}} E_P[Z|E]\, 1_E \\
&= \sum_{E\in\mathcal{E}} \sum_{x\in R(Z)} x\, P(Z^{-1}(x)|E)\, 1_E \\
&= \sum_{E\in\mathcal{E}} \sum_{x\in R(Z)} x\, \frac{P(Z^{-1}(x)\cap E)}{P[E]}\, 1_E \\
&= \sum_{E\in\mathcal{E}} \sum_{x\in R(Z)} x\, \frac{E_P[1_{Z^{-1}(x)\cap E}]}{E_P[1_E]}\, 1_E \\
&= \sum_{E\in\mathcal{E}} \sum_{x\in R(Z)} x\, \frac{E_P[1_{Z^{-1}(x)}\, 1_E]}{E_P[1_E^2]}\, 1_E \\
&= \sum_{E\in\mathcal{E}} \frac{E_P[1_E\, Z]}{E_P[1_E^2]}\, 1_E(\omega) \\
&= \sum_{E\in\mathcal{E}} \frac{\langle 1_E \mid Z\rangle_P}{\|1_E\|_P^2}\, 1_E.
\end{aligned}$$

Dies ist genau die Darstellung der Orthogonalprojektion von Z auf $\mathfrak{U}(\mathcal{F})$ bzgl. der Orthogonalbasis $\{1_E \mid E \in \mathcal{E}\}$.

(b) Nach (a) ist $E_P[Z|\mathcal{F}]$ die Orthogonalprojektion von Z auf $\mathfrak{U}(\mathcal{F})$. Also ist $E_P[Z|\mathcal{F}]$ die eindeutig bestimmte Zufallsvariable, welche die folgenden Eigenschaften besitzt:

1. $E_P[Z|\mathcal{F}] \in \mathfrak{U}(\mathcal{F})$.
2. $\forall\, U \in \mathfrak{U}(\mathcal{F})$:

$$\langle U \mid E_P[Z|\mathcal{F}]\rangle_P = \langle U \mid Z\rangle_P\,.$$

Nach Theorem 4.3 ist Eigenschaft 1 äquivalent zu folgender Aussage:

- $E_P[Z|\mathcal{F}]$ ist messbar bzgl. $\mathcal{F}$.

Mit Hilfe der obigen Bemerkung erhalten wir die Äquivalenz von Eigenschaft 2 zu folgender Aussage:

$\forall\, F \in \mathcal{F}$:

$$E_P[1_F\, E_P[Z|\mathcal{F}]] = \langle 1_F \mid E_P[Z|\mathcal{F}]\rangle_P = \langle 1_F \mid Z\rangle_P = E_P[1_F\, Z].$$

Damit ist die Behauptung bewiesen.

□

Theorem 4.7

Der bedingte Erwartungswert besitzt folgende Eigenschaften:

(a) *Sei $\mathcal{F}$ eine Mengenalgebra über Ω, und sei $Z \in \mathfrak{Z}$. Dann gilt:*

$$E_P\Big[E_P[Z|\mathcal{F}]\Big] = E_P[Z].$$

(b) *Seien $\mathcal{F}_1, \mathcal{F}_2$ zwei Mengenalgebren über Ω, sei $\mathcal{F}_2$ eine Erweiterung von $\mathcal{F}_1$, und sei $Z \in \mathfrak{Z}$. Dann gilt:*

$$E_P\Big[E_P[Z|\mathcal{F}_2]\Big|\mathcal{F}_1\Big] = E_P[Z|\mathcal{F}_1].$$

(c) *Sei $\mathcal{F}$ eine Mengenalgebra über Ω, sei $Z \in \mathfrak{Z}$, und sei Z messbar bzgl. $\mathcal{F}$. Dann gilt:*

$$E_P[Z|\mathcal{F}] = Z.$$

(d) *Sei $\mathcal{F}$ eine Mengenalgebra über Ω, seien $Z_1, Z_2 \in \mathfrak{Z}$, und sei Z_1 messbar bzgl. $\mathcal{F}$. Dann gilt:*

$$E_P[Z_1\, Z_2|\mathcal{F}] = Z_1\, E_P[Z_2|\mathcal{F}].$$

Beweis

(a) Mit Hilfe von Theorem 4.6 erhalten wir:

$$E_P\Big[E_P[Z|\mathcal{F}]\Big] = E_P\Big[1_\Omega\, E_P[Z|\mathcal{F}]\Big] = E_P[1_\Omega\, Z] = E_P[Z].$$

(b) Nach Voraussetzung ist $\mathcal{F}_2$ eine Erweiterung von $\mathcal{F}_1$, d.h. es gilt:

$$\mathcal{F}_1 \subset \mathcal{F}_2.$$

Mit Hilfe von Theorem 4.6 erhalten wir folgende Aussagen:

1. $E_P\Big[E_P[Z|\mathcal{F}_2]\Big|\mathcal{F}_1\Big]$ ist messbar bzgl. $\mathcal{F}_1$.
2. $\forall\, F \in \mathcal{F}_1$:

$$E_P\Big[1_F\, E_P\Big[E_P[Z|\mathcal{F}_2]\Big|\mathcal{F}_1\Big]\Big] = E_P\Big[1_F\, E_P[Z|\mathcal{F}_2]\Big] = E_P[1_F\, Z].$$

Mit Hilfe von Theorem 4.6 folgt daraus die Behauptung.

(c) Die Aussage folgt sofort aus Theorem 4.6.

(d) Sei $\mathcal{E}$ diejenige Partition von Ω, welche $\mathcal{F}$ erzeugt. Nach Theorem 4.3 und der vorherigen Bemerkung besitzt Z_1 eine Darstellung der folgenden Art:

$$Z_1 = \sum_{E \in \mathcal{E}} \alpha_E \, 1_E \qquad (\alpha_E \in \mathbb{R}).$$

Nach Voraussetzung sind je zwei Mengen $E, E' \in \mathcal{E}$ entweder identisch oder disjunkt. Daraus folgt:

$$1_E \, 1_{E'} = \delta_{EE'} \, 1_E .$$

Dabei bezeichnet $\delta_{EE'}$ das *Kronecker–Symbol*:

$$\delta_{EE'} := \begin{cases} 1 & \text{falls } E = E'; \\ 0 & \text{sonst.} \end{cases}$$

Sei nun $Z \in \mathfrak{Z}$. Dann gilt:

$$\langle 1_{E'} \mid 1_E \, Z \rangle_P = E_P[1_{E'} \, 1_E \, Z] = \delta_{EE'} \, E_P[1_E \, Z] = \delta_{EE'} \, \langle 1_E \mid Z \rangle_P .$$

Daraus folgt insgesamt:

$$\begin{aligned} E_P[Z_1 \, Z_2 | \mathcal{F}] &= \sum_{E \in \mathcal{E}} \alpha_E \, E_P[1_E \, Z_2 | \mathcal{F}] \\ &= \sum_{E \in \mathcal{E}} \sum_{E' \in \mathcal{E}} \alpha_E \, \frac{\langle 1_{E'} \mid 1_E \, Z_2 \rangle_P}{\|1_{E'}\|_P^2} \, 1_{E'} \\ &= \sum_{E \in \mathcal{E}} \alpha_E \, \frac{\langle 1_E \mid Z_2 \rangle_P}{\|1_E\|_P^2} \, 1_E \\ &= \sum_{E' \in \mathcal{E}} \sum_{E \in \mathcal{E}} \alpha_E \, \frac{\langle 1_{E'} \mid Z_2 \rangle_P}{\|1_{E'}\|_P^2} \, 1_E \, 1_{E'} \\ &= Z_1 \, E_P[Z_2 | \mathcal{F}]. \end{aligned}$$

Damit ist die Behauptung bewiesen.

□

Bemerkung

Sei $\mathcal{F}$ eine Mengenalgebra über Ω, sei $Z \in \mathfrak{Z}$, und sei Z messbar bzgl. $\mathcal{F}$. Nach Theorem 4.7 (c) besitzt Z folgende Darstellung:

$$Z(\omega) = \sum_{E \in \mathcal{E}} E_P[Z|E] \, 1_E(\omega).$$

Theorem 4.8 (Jensensche Ungleichung)

Sei $Z \in \mathfrak{Z}^N$, sei $R(Z) \subset \mathbb{R}^N$ der Wertebereich von Z, sei $R(Z) \subset K \subset \mathbb{R}^N$, sei K konvex, und sei $f : K \longrightarrow \mathbb{R}$ konvex. Dann gilt:

(a) *Es gilt folgende Ungleichung:*

$$f(E_P[Z]) \leq E_P[f(Z)].$$

(b) *Sei $\mathcal{F}$ eine Mengenalgebra über Ω. Dann gilt folgende Ungleichung:*

$$f(E_P[Z|\mathcal{F}]) \leq E_P[f(Z)|\mathcal{F}].$$

Beweis

Wir charakterisieren Aussage (a) als Spezialfall von Aussage (b) und beweisen Aussage (b).

(a) Sei $\mathcal{F} := \{\emptyset, \Omega\}$, und sei $\mathcal{E} := \{\Omega\}$. Nach Konstruktion gilt:

1. $\mathcal{F}$ ist eine Mengenalgebra über Ω.
2. $\mathcal{E}$ ist eine Partition von Ω.
3. $\mathcal{F}$ wird von $\mathcal{E}$ erzeugt.

Sei nun $\tilde{Z} \in \mathfrak{Z}$. Dann gilt:

$$E_P[\tilde{Z}|\mathcal{F}] = E_P[\tilde{Z}|\Omega]\, 1_\Omega = E_P[\tilde{Z}]\, 1_\Omega = E_P[\tilde{Z}].$$

Mit Hilfe von (b) folgt daraus die Behauptung.

(b) Nach Konstruktion gilt:

$$P(Z^{-1}(x)|E)\, 1_E \in [0,1] \qquad (E \in \mathcal{E}; x \in R(Z)).$$

$$\sum_{E\in\mathcal{E}} \sum_{x\in R(Z)} P(Z^{-1}(x)|E)\, 1_E = 1.$$

Nach Voraussetzung ist f konvex. Daraus folgt:

$$\begin{aligned}
f(E_P[Z|\mathcal{F}]) &= f\Big(\sum_{E\in\mathcal{E}} E_P[Z|E]\, 1_E\Big) \\
&= f\Big(\sum_{E\in\mathcal{E}} \sum_{x\in R(Z)} x\, P(Z^{-1}(x)|E)\, 1_E\Big) \\
&\leq \sum_{E\in\mathcal{E}} \sum_{x\in R(Z)} f(x)\, P(Z^{-1}(x)|E)\, 1_E \\
&= \sum_{E\in\mathcal{E}} \sum_{y\in R(f(Z))} y\, P((f(Z))^{-1}(y)|E)\, 1_E \\
&= E_P[f(Z)|\mathcal{F}].
\end{aligned}$$

Damit ist die Behauptung bewiesen.

□

4.4 Filtrationen

In diesem Abschnitt betrachten wir Zeitverläufe von Mengenalgebren und Partitionen, d.h. wir ordnen jedem Zeitpunkt t eine Mengenalgebra $\mathcal{F}(t)$ bzw. eine Partition $\mathcal{E}(t)$ zu. Dies führt uns auf die Begriffe *Filtration* und *Elementarfiltration*[21]. Im Rahmen stochastischer Modelle werden Filtrationen bzw. Elementarfiltrationen verwendet, um die Information, die einem Beobachter durch Messungen bis zum jeweiligen Zeitpunkt t über den Zustand des zugrunde liegenden stochastischen Systems zugänglich ist, zu beschreiben.

Zeit

Wir betrachten $M+1$ verschiedene Zeitpunkte:

$$I = \{0, \ldots, M\}.$$

Dabei bezeichnet $t = 0$ die Gegenwart und $t = 1, \ldots, M$ aufeinander folgende zukünftige Zeitpunkte.

Definition

Wir betrachten spezielle Familien von Teilmengen von Ω.

(a) Sei $\{\mathcal{E}(t)\}_{t\in I}$ eine Familie von Systemen von Teilmengen von Ω. $\{\mathcal{E}(t)\}_{t\in I}$ heißt *Elementarfiltration* auf Ω, falls folgende Aussagen gelten:

1. $\mathcal{E}(t)$ ist eine Partition von Ω.
2. $\mathcal{E}(t+1)$ ist eine Verfeinerung von $\mathcal{E}(t)$.

(b) Sei $\{\mathcal{F}(t)\}_{t\in I}$ eine Familie von Systemen von Teilmengen von Ω. $\{\mathcal{F}(t)\}_{t\in I}$ heißt *Filtration* auf Ω, falls folgende Aussagen gelten:

1. $\mathcal{F}(t)$ ist eine Mengenalgebra über Ω.
2. $\mathcal{F}(t+1)$ ist eine Erweiterung von $\mathcal{F}(t)$.

Definition

(a) Seien $\{\mathcal{E}_1(t)\}_{t\in I}$ und $\{\mathcal{E}_2(t)\}_{t\in I}$ zwei Elementarfiltrationen auf Ω. $\{\mathcal{E}_2(t)\}_{t\in I}$ heißt *Verfeinerung* von $\{\mathcal{E}_1(t)\}_{t\in I}$, falls folgende Aussage gilt:
$\forall\, t \in I$:

- $\mathcal{E}_2(t)$ ist eine Verfeinerung von $\mathcal{E}_1(t)$.

(b) Seien $\{\mathcal{F}_1(t)\}_{t\in I}$ und $\{\mathcal{F}_2(t)\}_{t\in I}$ zwei Filtrationen auf Ω. $\{\mathcal{F}_2(t)\}_{t\in I}$ heißt *Erweiterung* von $\{\mathcal{F}_1(t)\}_{t\in I}$, falls folgende Aussage gilt:
$\forall\, t \in I$:

- $\mathcal{F}_2(t)$ ist eine Erweiterung von $\mathcal{F}_1(t)$.

[21] Anmerkung des Autors:
Es sei an dieser Stelle erwähnt, dass der Begriff Elementarfiltration in der Literatur nicht durchgängig verwendet wird. Eine bessere Bezeichnung ist mir jedoch nicht bekannt.

Theorem 4.9 (Zerlegungssatz (II))

Zerlegungssatz (I) überträgt sich in natürlicher Weise auf Filtrationen und Elementarfiltrationen.

(a) *Sei $\{\mathcal{E}(t)\}_{t\in I}$ eine Elementarfiltration auf Ω. Wir definieren $\{\mathcal{F}(t)\}_{t\in I}$ durch:*

$$\mathcal{F}(t) := \left\{ F = \bigcup_{E\in\mathcal{S}} E \,\middle|\, \mathcal{S} \subset \mathcal{E}(t) \right\}.$$

Dann gilt:

- *$\{\mathcal{F}(t)\}_{t\in I}$ ist eine Filtration auf Ω.*

$\{\mathcal{F}(t)\}_{t\in I}$ heißt die von $\{\mathcal{E}(t)\}_{t\in I}$ erzeugte Filtration.

(b) *Sei $\{\mathcal{F}(t)\}_{t\in I}$ eine Filtration auf Ω. Wir definieren $\{\mathcal{E}(t)\}_{t\in I}$ durch:*

$$\mathcal{E}(t) := \left\{ E = \bigcap_{F:\,\omega\in F\in\mathcal{F}(t)} F \,\middle|\, \omega\in\Omega \right\}.$$

Dann gilt:

1. *$\{\mathcal{E}(t)\}_{t\in I}$ ist eine Elementarfiltration auf Ω.*
2. *$\{\mathcal{F}(t)\}_{t\in I}$ wird von $\{\mathcal{E}(t)\}_{t\in I}$ erzeugt.*
3. *$\{\mathcal{E}(t)\}_{t\in I}$ ist eindeutig bestimmt, d.h. es gibt keine weitere Elementarfiltration, welche $\{\mathcal{F}(t)\}_{t\in I}$ erzeugt.*

Beweis

Die Aussage folgen sofort aus Zerlegungssatz (I) sowie Theorem 4.2.

(a)
1. Nach Voraussetzung ist $\mathcal{E}(t)$ eine Partition von Ω. Nach Theorem 4.1 ist $\mathcal{F}(t)$ die von $\mathcal{E}(t)$ erzeugte Mengenalgebra über Ω.
2. Nach Voraussetzung ist $\mathcal{E}(t+1)$ eine Verfeinerung von $\mathcal{E}(t)$. Nach Theorem 4.2 ist $\mathcal{F}(t+1)$ eine Erweiterung von $\mathcal{F}(t)$.

(b)
1. Nach Voraussetzung ist $\mathcal{F}(t)$ eine Mengenalgebra über Ω. Nach Theorem 4.1 ist $\mathcal{E}(t)$ die eindeutig bestimmte Partition von Ω, welche $\mathcal{F}(t)$ erzeugt.
2. Nach Voraussetzung ist $\mathcal{F}(t+1)$ eine Erweiterung von $\mathcal{F}(t)$. Nach Theorem 4.2 ist $\mathcal{E}(t+1)$ eine Verfeinerung von $\mathcal{E}(t)$.

□

Theorem 4.10

Seien $\{\mathcal{F}_1(t)\}_{t\in I}$ sowie $\{\mathcal{F}_2(t)\}_{t\in I}$ zwei Filtrationen auf Ω, und seien $\{\mathcal{E}_1(t)\}_{t\in I}$ sowie $\{\mathcal{E}_2(t)\}_{t\in I}$ diejenigen Elementarfiltrationen auf Ω, welche $\{\mathcal{F}_1(t)\}_{t\in I}$ sowie $\{\mathcal{F}_2(t)\}_{t\in I}$ erzeugen. Dann sind folgende Aussagen äquivalent:

(a) *$\{\mathcal{E}_2(t)\}_{t\in I}$ ist eine Verfeinerung von $\{\mathcal{E}_1(t)\}_{t\in I}$.*

(b) $\{\mathcal{F}_2(t)\}_{t\in I}$ *ist eine Erweiterung von* $\{\mathcal{F}_1(t)\}_{t\in I}$.

Beweis

Die Aussage folgt sofort aus Theorem 4.2.

□

Bemerkung

Im Rahmen stochastischer Modelle werden Mengenalgebren bzw. Partitionen verwendet, um die Information, die einem Beobachter durch Messungen bis zum jeweiligen Zeitpunkt t über den Zustand eines stochastischen Systems zugänglich ist, zu beschreiben. Konkret ist damit Folgendes gemeint:

(a) Sei $\{\mathcal{E}(t)\}_{t\in I}$ eine Elementarfiltration auf Ω.

1. Nach Voraussetzung ist $\mathcal{E}(t)$ eine Partition von Ω. $\mathcal{E}(t)$ beschreibt die maximal mögliche Information über den Zustand $\omega \in \Omega$ des zugrunde liegenden stochastischen Systems, welche ein Beobachter durch Messungen im Zeitintervall $[0,t]$ erhalten werden kann.
2. Nach Voraussetzung ist $\mathcal{E}(t+1)$ eine Verfeinerung von $\mathcal{E}(t)$. Dadurch wird der *Informationszuwachs* im Zeitintervall $[t,t+1]$ beschrieben.

(b) Sei $\{\mathcal{F}(t)\}_{t\in I}$ die von $\{\mathcal{E}(t)\}_{t\in I}$ erzeugte Filtration auf Ω.

1. Nach Voraussetzung ist $\mathcal{F}(t)$ eine Mengenalgebra über Ω. $\mathcal{F}(t)$ beschreibt die mögliche Information über den Zustand $\omega \in \Omega$ des zugrunde liegenden stochastischen Systems, welche ein Beobachter durch Messungen im Zeitintervall $[0,t]$ erhalten werden kann.
2. Nach Voraussetzung ist $\mathcal{F}(t+1)$ eine Erweiterung von $\mathcal{F}(t)$. Dadurch wird der *Informationszuwachs* im Zeitintervall $[t,t+1]$ beschrieben.

4.5 Stochastische Prozesse

Wir stellen nun einen Zusammenhang zwischen stochastischen Prozessen und Filtrationen her. Dies führt uns auf den Begriff der *Adaptiertheit*. Insbesondere zeigen wir, dass jeder stochastische Prozess eine Filtration erzeugt, bzgl. welcher der stochastische Prozess adaptiert ist. Im Rahmen stochastischer Modelle werden adaptierte stochastische Prozesse verwendet, um die Messungen, welche von einem Beobachter durchgeführt werden können, im Zeitverlauf zu beschreiben.

Definition

Wir betrachten *stochastische Prozesse*.

(a) Wir definieren:

$$\mathfrak{X} := \{X \mid X : I \times \Omega \longrightarrow \mathbb{R} : (t,\omega) \longmapsto X(t,\omega)\}.$$

$X \in \mathfrak{X}$ heißt *stochastischer Prozess*.

(b) Sei $X \in \mathfrak{X}$, und sei $t \in I$. Wir definieren:

$$X_t : \Omega \longrightarrow \mathbb{R} : \omega \longmapsto X_t(\omega) := X(t, \omega).$$

X_t heißt *Snapshot* von X.

(c) Sei $X \in \mathfrak{X}$, und sei $\omega \in \Omega$. Wir definieren:

$$X_\omega : I \longrightarrow \mathbb{R} : t \longmapsto X_\omega(t) := X(t, \omega).$$

X_ω heißt *Pfad* von X.

Definition

Sei $\{\mathcal{F}(t)\}_{t \in I}$ eine Filtration auf Ω, und sei $X \in \mathfrak{X}$.

(a) X heißt *adaptiert* bzgl. $\{\mathcal{F}(t)\}_{t \in I}$, falls folgende Aussage gilt:
$\forall\, t \in I$:

- X_t ist messbar bzgl. $\mathcal{F}(t)$.

(b) X heißt *vorhersehbar* bzgl. $\{\mathcal{F}(t)\}_{t \in I}$, falls folgende Aussagen gelten:

1. X_0 ist messbar bzgl. $\mathcal{F}(0)$.
2. $\forall\, t \in I$ mit $t > 0$:
   - X_t ist messbar bzgl. $\mathcal{F}(t-1)$.

Bemerkung

Im Rahmen stochastischer Modelle werden adaptierte stochastische Prozesse verwendet, um die Messungen, welche von einem Beobachter durchgeführt werden können, im Zeitverlauf zu beschreiben. Konkret ist damit Folgendes gemeint:

(a) Sei $\{\mathcal{E}(t)\}_{t \in I}$ eine Elementarfiltration auf Ω, und sei $t \in I$. Wie in Abschnitt 4.4 beschrieben ist die maximal mögliche Information, die ein Beobachter durch Messungen im Zeitintervall $[0, t]$ über den Zustand $\omega \in \Omega$ des zugrunde liegenden stochastischen Systems erhalten kann, gegeben durch:

- $\omega \in E$ für ein $E \in \mathcal{E}(t)$.

(b) Sei X ein adaptierter stochastischer Prozess, und sei $t \in I$. Nach Theorem 4.7 (c) besitzt X_t folgende Darstellung:

$$X_t(\omega) = \sum_{E \in \mathcal{E}(t)} E_P[X_t \,|\, E]\, 1_E(\omega).$$

D.h. die adaptierten stochastischen Prozesse sind genau diejenigen reellwertigen Abbildungen auf Ω, deren Werte zum Zeitpunkt t durch die maximale durch Messung im Zeitintervall $[0, t]$ zugängliche Information eindeutig festgelegt sind. Dies rechtfertigt den Begriff *Adaptiertheit*.

(c) Sei X ein vorhersehbarer stochastischer Prozess, und sei $0 < t \in I$. Nach Theorem 4.7 (c) besitzt X_t folgende Darstellung:

$$X_t(\omega) = \sum_{E \in \mathcal{E}(t-1)} E_P[X_t \,|\, E]\, 1_E(\omega).$$

D.h. die adaptierten stochastischen Prozesse sind genau diejenigen reellwertigen Abbildungen auf Ω, deren Werte zum Zeitpunkt t durch die maximale durch Messung im Zeitintervall $[0, t-1]$ zugängliche Information eindeutig festgelegt sind. Dies rechtfertigt den Begriff *Vorhersehbarkeit.*

(d) Offensichtlich gilt folgende Implikation:

- X ist vorhersehbar bzgl. $\{\mathcal{F}(t)\}_{t \in I}$.

$\Longrightarrow$

- X ist adaptiert bzgl. $\{\mathcal{F}(t)\}_{t \in I}$.

Theorem 4.11

Sei $X \in \mathfrak{X}^N$, und sei $R(X_s) \subset \mathbb{R}^N$ der Wertebereich von X_s. Wir definieren:

$$\mathcal{E}^X(t) := \left\{E = (X_0, \ldots, X_t)^{-1}(x) \,\middle|\, x \in R(X_0) \times \cdots \times R(X_t)\right\}.$$

Dann gilt:

(a) *$\{\mathcal{E}^X(t)\}_{t \in I}$ ist eine Elementarfiltration auf Ω.*

(b) *Sei $\{\mathcal{F}^X(t)\}_{t \in I}$ ist die von $\{\mathcal{E}^X(t)\}_{t \in I}$ erzeugte Filtration auf Ω. Dann gilt:*

- *$\{\mathcal{F}^X(t)\}_{t \in I}$ ist die kleinste Filtration auf Ω, bzgl. welcher die Komponenten $X_1, \ldots, X_N$ von X adaptiert sind.*

$\{\mathcal{F}^X(t)\}_{t \in I}$ heißt die von X erzeugte kanonische Filtration *auf Ω.*

Beweis

(a) Die Aussage folgt sofort aus der Definition von $\{\mathcal{E}^X(t)\}_{t \in I}$.

(b) Sei $t \in I$. Wir definieren $Z \in \mathfrak{Z}^{N(t+1)}$ durch:

$$Z := (X_0, \ldots, X_t).$$

Nach Theorem 4.5 ist $\mathcal{F}^X(t)$ die kleinste Mengenalgebra, bzgl. welcher die Komponenten $(X_1)_0, \ldots, (X_N)_t$ von Z messbar sind. Dabei war $t \in I$ beliebig. Daraus folgt die Behauptung.

□

Bemerkung

Die Partition $\mathcal{E}^X(t)$ zerlegt den Ereignisraum Ω genau in solche Teilmengen, für welche die Pfade von X bis zum Zeitpunkt t jeweils übereinstimmen.

4.6 Martingale

Im Zusammenhang mit dem Satz von Harrison–Pliska haben wir bereits den Begriff des *Martingals* für die diskontierten Preisprozesse des Einperioden–Finanzmarktmodells definiert. In diesem Abschnitt definieren wir den Begriff des *Martingals* für beliebige stochastische Prozesse und beweisen, dass die Martingaltransformation wieder ein Martingal liefert. Die Martingaltransformation wird uns in Abschnitt 5, *Mehrperioden–Finanzmarktmodelle*, im Zusammenhang mit replizierenden Portfolios wieder begegnen. Die allgemeine Martingaltheorie wird in Abschnitt 4.7, *Stoppzeiten*, fortgeführt.

Definition

Sei $\{\mathcal{F}(t)\}_{t\in I}$ eine Filtration auf Ω, sei $X \in \mathfrak{X}$, und sei X adaptiert bzgl. $\{\mathcal{F}(t)\}_{t\in I}$.

(a) X heißt *Martingal* bzgl. $(\{\mathcal{F}(t)\}_{t\in I}, P)$, falls folgende Aussage gilt:
$\forall\, t_1, t_2 \in I$ mit $t_1 \leq t_2$:

$$X_{t_1} = E_P[X_{t_2}|\mathcal{F}(t_1)].$$

(b) X heißt *Supermartingal* bzgl. $(\{\mathcal{F}(t)\}_{t\in I}, P)$, falls folgende Aussage gilt:
$\forall\, t_1, t_2 \in I$ mit $t_1 \leq t_2$:

$$X_{t_1} \geq E_P[X_{t_2}|\mathcal{F}(t_1)].$$

(c) X heißt *Submartingal* bzgl. $(\{\mathcal{F}(t)\}_{t\in I}, P)$, falls folgende Aussage gilt:
$\forall\, t_1, t_2 \in I$ mit $t_1 \leq t_2$:

$$X_{t_1} \leq E_P[X_{t_2}|\mathcal{F}(t_1)].$$

Bemerkung

Sei X ein Martingal bzgl. $(\{\mathcal{F}(t)\}_{t\in I}, P)$, und sei $t \in I$. Nach Theorem 4.4 gilt:

$$E_P[X_0] = E_P[E_P[X_t|\mathcal{F}(0)]] = E_P[X_t].$$

M.a.W. Martingale sind *treu* bzgl. ihres Erwartungswerts. Die Martingalbedingung ist umgekehrt genau die Verallgemeinerung der Erwartungstreue auf den bedingten Erwartungswert.

Bemerkung

Mit Hilfe von Theorem 4.7 erhalten wir folgende Aussagen:

(a) X ist genau dann ein Martingal bzgl. $(\{\mathcal{F}(t)\}_{t\in I}, P)$, falls folgende Aussage gilt:
$\forall\, t \in I$ mit $t < M$:

$$X_t = E_P[X_{t+1}|\mathcal{F}(t)].$$

(b) X ist genau dann ein Supermartingal bzgl. $(\{\mathcal{F}(t)\}_{t\in I}, P)$, falls folgende Aussage gilt:
$\forall\, t \in I$ mit $t < M$:

$$X_t \geq E_P[X_{t+1}|\mathcal{F}(t)].$$

(c) X ist genau dann ein Submartingal bzgl. $(\{\mathcal{F}(t)\}_{t\in I}, P)$, falls folgende Aussage gilt: $\forall\, t \in I$ mit $t < M$:

$$X_t \leq E_P[X_{t+1}|\mathcal{F}(t)].$$

Theorem 4.12

Sei $\{\mathcal{F}(t)\}_{t\in I}$ eine Filtration auf Ω, und seien $X_1, X_2 \in \mathfrak{X}$ mit folgenden Eigenschaften:

1. *X_1 ist vorhersehbar bzgl. $\{\mathcal{F}(t)\}_{t\in I}$.*
2. *X_2 ist ein Martingal bzgl. $(\{\mathcal{F}(t)\}_{t\in I}, P)$.*

Wir definieren $X \in \mathfrak{X}$ durch:

$$X(t,\omega) := \sum_{s=1}^{t} X_1(s,\omega)\Big(X_2(s,\omega) - X_2(s-1,\omega)\Big).$$

Dann gilt:

- *X ist ein Martingal bzgl. $(\{\mathcal{F}(t)\}_{t\in I}, P)$.*

X heißt Martingaltransformation *von X_1 bzgl. X_2.*

Beweis

Nach Konstruktion sind X_1 sowie X_2 adaptiert bzgl. $\{\mathcal{F}(t)\}_{t\in I}$. Mit Hilfe von Theorem 4.4 erhalten wir:

- X ist adaptiert bzgl. $\{\mathcal{F}(t)\}_{t\in I}$.

Nach Voraussetzung ist X_2 ein Martingal. Mit Hilfe von Theorem 4.7 erhalten wir: $\forall\, t_1, t_2 \in I$ mit $t_1 \leq t_2$:

$$\begin{aligned}
&E_P[X_{t_2}|\mathcal{F}(t_1)] - X_{t_1} = E_P[X_{t_2} - X_{t_1}|\mathcal{F}(t_1)] \\
&= \sum_{s=t_1+1}^{t_2} E_P\Big[(X_1)_s\Big((X_2)_s - (X_2)_{s-1}\Big)\Big|\mathcal{F}(t_1)\Big] \\
&= \sum_{s=t_1+1}^{t_2} E_P\Big[E_P\Big[(X_1)_s\Big((X_2)_s - (X_2)_{s-1}\Big)\Big|\mathcal{F}(s-1)\Big]\Big|\mathcal{F}(t_1)\Big] \\
&= \sum_{s=t_1+1}^{t_2} E_P\Big[(X_1)_s\, E_P[(X_2)_s - (X_2)_{s-1}|\mathcal{F}(s-1)]\Big|\mathcal{F}(t_1)\Big] \\
&= 0.
\end{aligned}$$

Also ist X ein Martingal bzgl. $(\{\mathcal{F}(t)\}_{t\in I}, P)$.

□

4.7 Stoppzeiten

Wir setzen nun die allgemeine Martingaltheorie fort. Dazu definieren wir den Begriff der *Stoppzeit* und beweisen einige elementare Eigenschaften sowie den Satz von Doob über Optional Sampling. Im Rahmen stochastischer Modelle werden Stoppzeiten verwendet, um die Zeitpunkte des Eintretens von zufälligen aber beobachtbaren Ereignissen zu beschreiben. Stoppzeiten werden uns in Abschnitt 5, *Mehrperioden–Finanzmarktmodelle*, im Zusammenhang mit der Bewertung von Derivaten mit amerikanischem Ausübungsrecht wieder begegnen. Die dort betrachteten Stoppzeiten beschreiben genau die Zeitpunkte, zu denen die Derivate ausgeübt werden.

Definition

Sei $\{\mathcal{F}(t)\}_{t\in I}$ eine Filtration auf Ω, und sei τ eine Abbildung der folgenden Art:

$$\tau : \Omega \longrightarrow I \cup \{\infty\} : \omega \longmapsto \tau(\omega).$$

τ heißt *Stoppzeit* bzgl. $\{\mathcal{F}(t)\}_{t\in I}$, falls folgende Aussage gilt:

$\forall\, t \in I$:

$$\tau^{-1}(t) \in \mathcal{F}(t).$$

Bemerkung

Im Rahmen stochastischer Modelle werden Stoppzeiten verwendet, um die Zeitpunkte des Eintretens von zufälligen aber beobachtbaren Ereignissen zu beschreiben. Konkret ist damit Folgendes gemeint:

(a) Sei $\{\mathcal{F}(t)\}_{t\in I}$ eine Filtration auf Ω, und sei $t \in I$. Wie in Abschnitt 4.4 beschrieben ist die mögliche Information, die ein Beobachter durch Messungen im Zeitintervall $[0, t]$ über den Zustand $\omega \in \Omega$ des zugrunde liegenden stochastischen Systems erhalten kann, gegeben durch:

- $\omega \in F$ für ein $F \in \mathcal{F}(t)$.

(b) Sei τ eine Stoppzeit bzgl. $\{\mathcal{F}(t)\}_{t\in I}$, und sei $t \in I$. Nach Definition gilt:

$$\{\omega \in \Omega \mid \tau(\omega) = t\} \in \mathcal{F}(t).$$

D.h. die Information über das Eintreten des Ereignisses $\tau = t$ ist einem Beobachter durch Messungen im Zeitintervall $[0, t]$ zugänglich.

(c) Umgekehrt definiert der Zeitpunkt des Eintretens eines Ereignisses genau dann eine Stoppzeit τ, wenn ein Beobachter für jedes $t \in I$ durch Messungen im Zeitintervall $[0, t]$ entscheiden kann, ob das Ereignis in diesem Zeitintervall eingetreten ist. Dabei bezeichnet $\tau = \infty$ den Fall, dass das Ereignis im Zeitintervall $[0, M]$ nicht eintritt.

Theorem 4.13

Sei $\{\mathcal{F}(t)\}_{t\in I}$ eine Filtration auf Ω.

(a) *Sei $X \in \mathfrak{X}^N$, seien die Komponenten $X_1, \ldots, X_N$ von X adaptiert bzgl. $\{\mathcal{F}(t)\}_{t \in I}$, und sei $A \subset \mathbb{R}^N$. Wir definieren:*

$$\tau^{X,A} : \Omega \longrightarrow I \cup \{\infty\} : \omega \longmapsto \tau^{X,A}(\omega).$$

$$\tau^{X,A}(\omega) := \inf \{t \in I \mid X_t(\omega) \notin A\}.$$

Dabei verwenden wir folgende Konvention:

$$\inf \emptyset := \infty.$$

Dann gilt:

- $\tau^{X,A}$ *ist eine Stoppzeit bzgl.* $\{\mathcal{F}(t)\}_{t \in I}$.

$\tau^{X,A}$ *heißt* erste Austrittszeit.

(b) *Seien τ_1, τ_2 Stoppzeiten bzgl. $\{\mathcal{F}(t)\}_{t \in I}$. Wir definieren:*

$$\tau_1 \wedge \tau_2 : \Omega \longrightarrow I \cup \{\infty\} : \omega \longmapsto (\tau_1 \wedge \tau_2)(\omega).$$

$$(\tau_1 \wedge \tau_2)(\omega) := \min\{\tau_1(\omega), \tau_2(\omega)\}.$$

Dann gilt:

- $\tau_1 \wedge \tau_2$ *ist eine Stoppzeit bzgl.* $\{\mathcal{F}(t)\}_{t \in I}$.

Beweis

(a) Sei $t \in I$. Nach Konstruktion gilt:

$$\begin{aligned}
(\tau^{X,A})^{-1}(t) &= \left\{\omega \in \Omega \,\middle|\, \tau^{X,A}(\omega) = t\right\} \\
&= \{\omega \in \Omega \mid X_0(\omega), \ldots, X_{t-1}(\omega) \in A;\ X_t(\omega) \notin A\} \\
&= \Big(\bigcap_{s=0}^{t-1} (X_s)^{-1}(A)\Big) \cap (X_t)^{-1}(\mathbb{R}^N \backslash A) \\
&\in \mathcal{F}(t).
\end{aligned}$$

Dabei war $t \in I$ beliebig. Also ist $\tau^{X,A}$ eine Stoppzeit bzgl. $\{\mathcal{F}(t)\}_{t \in I}$.

(b) Sei $t \in I$. Nach Konstruktion gilt:

$$\begin{aligned}
&(\tau_1 \wedge \tau_2)^{-1}(t) \\
&= \{\omega \in \Omega \mid (\tau_1 \wedge \tau_2)(\omega) = t\} \\
&= \{\omega \in \Omega \mid \tau_1(\omega) = t;\ \tau_2(\omega) \geq t\} \cup \{\omega \in \Omega \mid \tau_1(\omega) \geq t;\ \tau_2(\omega) = t\} \\
&= (\tau_1^{-1}(t) \cap (\Omega \backslash \tau_2^{-1}(\{0, \ldots, t-1\}))) \cup ((\Omega \backslash \tau_1^{-1}(\{0, \ldots, t-1\})) \cap \tau_2^{-1}(t)) \\
&\in \mathcal{F}(t).
\end{aligned}$$

Dabei war $t \in I$ beliebig. Also ist $\tau_1 \wedge \tau_2$ eine Stoppzeit bzgl. $\{\mathcal{F}(t)\}_{t \in I}$.

□

Theorem 4.14

Sei $\{\mathcal{F}(t)\}_{t\in I}$ eine Filtration auf Ω, und sei τ eine Stoppzeit bzgl. $\{\mathcal{F}(t)\}_{t\in I}$. Wir definieren ein System $\mathcal{F}^{\tau}$ von Teilmengen von Ω durch:

$$\mathcal{F}^{\tau} := \left\{A \subset \Omega \,\middle|\, \forall\, t \in I\colon A \cap \tau^{-1}(t) \in \mathcal{F}(t)\right\}.$$

Dann gilt:

(a) *$\mathcal{F}^{\tau}$ ist eine Mengenalgebra.*

(b) *τ ist messbar bzgl. $\mathcal{F}^{\tau}$.*

(c) *$\mathcal{F}^{\tau} \subset \mathcal{F}$.*

(d) *Sei τ konstant mit $\tau = t \in I$. Dann gilt:*

- *$\mathcal{F}^{\tau} = \mathcal{F}(t)$.*

(e) *Seien τ_1, τ_2 Stoppzeiten mit $\tau_1 \leq \tau_2$. Dann gilt:*

- *$\mathcal{F}^{\tau_2}$ ist eine Erweiterung von $\mathcal{F}^{\tau_1}$.*

$\mathcal{F}^{\tau}$ heißt die durch τ gestoppte Filtration.

Beweis

(a) Die Aussage folgt sofort aus der Definition von $\mathcal{F}^{\tau}$.

(b) Sei $s \in I \cup \{\infty\}$. Nach Konstruktion gilt:
$\forall\, t \in I$:

$$\tau^{-1}(s) \cap \tau^{-1}(t) = \left\{ \begin{array}{ll} \tau^{-1}(t) & \text{falls } s = t \\ \emptyset & \text{sonst} \end{array} \right\} \in \mathcal{F}(t).$$

Also ist $\tau^{-1}(s) \in \mathcal{F}^{\tau}$. Dabei war $s \in I \cup \{\infty\}$ beliebig. Also ist τ messbar bzgl. $\mathcal{F}^{\tau}$.

(c) Die Aussage folgt sofort aus der Definition von $\mathcal{F}^{\tau}$.

(d) Die Aussage folgt sofort aus der Definition von $\mathcal{F}^{\tau}$.

(e) Sei $A \in \mathcal{F}^{\tau_1}$. Nach Konstruktion gilt:
$\forall\, t \in I$:

$$A \cap \tau_2^{-1}(t) = A \cap \Big(\bigcup_{s=0}^{t} \tau_1^{-1}(s)\Big) \cap \tau_2^{-1}(t) = \Big(\bigcup_{s=0}^{t} A \cap \tau_1^{-1}(s)\Big) \cap \tau_2^{-1}(t) \in \mathcal{F}(t).$$

Also ist $A \in \mathcal{F}^{\tau_2}$. Dabei war $A \in \mathcal{F}^{\tau_1}$ beliebig. Also ist $\mathcal{F}^{\tau_1} \subset \mathcal{F}^{\tau_2}$. Damit ist die Behauptung bewiesen.

□

Theorem 4.15
Sei $\{\mathcal{F}(t)\}_{t\in I}$ eine Filtration auf Ω, sei τ eine Stoppzeit bzgl. $\{\mathcal{F}(t)\}_{t\in I}$, sei $X \in \mathfrak{X}$, und sei X adaptiert bzgl. $\{\mathcal{F}(t)\}_{t\in I}$. Wir definieren $X^\tau \in \mathfrak{Z}$ durch:

$$X^\tau(\omega) := \begin{cases} X(\tau(\omega), \omega) & \text{falls } \tau(\omega) \in I; \\ 0 & \text{sonst.} \end{cases}$$

Dann gilt:

- *X^τ ist messbar bzgl. $\mathcal{F}^\tau$.*

X^τ heißt der durch τ gestoppte Prozess.

Beweis
Sei $x \in \mathbb{R}$. Nach Konstruktion gilt:
$\forall\, t \in I$:

$$(X^\tau)^{-1}(x) \cap \tau^{-1}(t) = (X_t)^{-1}(x) \cap \tau^{-1}(t) \in \mathcal{F}(t).$$

Also ist $(X^\tau)^{-1}(x) \in \mathcal{F}^\tau$. Dabei war $x \in \mathbb{R}$ beliebig. Also ist X^τ messbar bzgl. $\mathcal{F}^\tau$.
□

Theorem 4.16 (Satz von Doob über Optional Sampling)
Sei $\{\mathcal{F}(t)\}_{t\in I}$ eine Filtration auf Ω, seien τ_1, τ_2 Stoppzeiten bzgl. $\{\mathcal{F}(t)\}_{t\in I}$, und sei folgende Voraussetzung gegeben:

$$\tau_1 \leq \tau_2 < \infty.$$

Dann gilt:

(a) *Sei X ein Martingal bzgl. $(\{\mathcal{F}(t)\}_{t\in I}, P)$. Dann gilt:*

$$X^{\tau_1} = E_P[X^{\tau_2} | \mathcal{F}^{\tau_1}].$$

(b) *Sei X ein Supermartingal bzgl. $(\{\mathcal{F}(t)\}_{t\in I}, P)$. Dann gilt:*

$$X^{\tau_1} \geq E_P[X^{\tau_2} | \mathcal{F}^{\tau_1}].$$

(c) *Sei X ein Submartingal bzgl. $(\{\mathcal{F}(t)\}_{t\in I}, P)$. Dann gilt:*

$$X^{\tau_1} \leq E_P[X^{\tau_2} | \mathcal{F}^{\tau_1}].$$

Beweis

Wir charakterisieren Aussage (a) als Kombination der Aussagen (b) und (c). Ferner charakterisieren wir Aussage (b) als Spezialfall von Aussage (c) und beweisen schließlich Aussage (c).

(a) Die Aussage folgt sofort aus (b) und (c).

(b) Nach Konstruktion ist $-X$ ein Submartingal bzgl. $(\{\mathcal{F}(t)\}_{t\in I}, P)$. Nach (c) gilt:

$$-X^{\tau_1} \leq -E_P[X^{\tau_2}|\mathcal{F}^{\tau_1}].$$

(c) Wir beweisen die Aussage in (c).

1. Nach Theorem 4.15 ist X^{τ_1} messbar bzgl. $\mathcal{F}^{\tau_1}$. Deshalb genügt es, folgende Aussage zu beweisen:
   $\forall\, A \in \mathcal{F}^{\tau_1}$:
   $$E_P[1_A\, X^{\tau_1}] \leq E_P[1_A\, X^{\tau_2}].$$
2. Nach Theorem 4.14 ist τ_1 messbar bzgl. $\mathcal{F}^{\tau_1}$. Nach Voraussetzung ist $\tau_1 \leq M$. Deshalb genügt es, folgende Aussage zu beweisen:
   $\forall\, A \in \mathcal{F}^{\tau_1}\ \forall\, t \in I$:
   $$E_P[1_{A\cap\tau_1^{-1}(t)}\, X^{\tau_1}] \leq E_P[1_{A\cap\tau_1^{-1}(t)}\, X^{\tau_2}].$$
3. Nach Voraussetzung ist $\tau_1 \leq \tau_2$. Daraus folgt:
   $\forall\, \omega \in A \cap \tau_1^{-1}(t)$:
   $$(t \wedge \tau_2)(\omega) = t.$$
   Daraus folgt weiter:
   $$E_P[1_{A\cap\tau_1^{-1}(t)}\, X^{\tau_1}] = E_P[1_{A\cap\tau_1^{-1}(t)}\, X_t] = E_P[1_{A\cap\tau_1^{-1}(t)}\, X^{t\wedge\tau_2}].$$
   Nach Voraussetzung ist $\tau_2 \leq M$. Daraus folgt:
   $$E_P[1_{A\cap\tau_1^{-1}(t)}\, X^{\tau_2}] = E_P[1_{A\cap\tau_1^{-1}(t)}\, X^{M\wedge\tau_2}].$$
   Deshalb genügt es, folgende Aussage zu beweisen:
   $\forall\, A \in \mathcal{F}^{\tau_1}\ \forall\, t \in I$:
   $$E_P[1_{A\cap\tau_1^{-1}(t)}\, X^{t\wedge\tau_2}] \leq E_P[1_{A\cap\tau_1^{-1}(t)}\, X^{M\wedge\tau_2}].$$
4. Nach Punkt 3 genügt es, folgende Aussage zu beweisen:
   $\forall\, A \in \mathcal{F}^{\tau_1}\ \forall\, s, t \in I$ mit $t \leq s < M$:
   $$E_P[1_{A\cap\tau_1^{-1}(t)}\, X^{s\wedge\tau_2}] \leq E_P[1_{A\cap\tau_1^{-1}(t)}\, X^{s+1\wedge\tau_2}].$$
5. Sei $A \in \mathcal{F}^{\tau_1}$, und seien $s, t \in I$ mit $t \leq s < M$. Nach Konstruktion gilt:
   $$B := A \cap \tau_1^{-1}(t) \in \mathcal{F}(t).$$
   $$B \cap \tau_2^{-1}(\{s+1, \ldots, M\}) = B \cap (\Omega \backslash \tau_2^{-1}(\{0, \ldots, s\})) \in \mathcal{F}(s).$$
   Mit Hilfe der Submartingaleigenschaft von X sowie Theorem 4.6 folgt daraus:
   $$E_P[1_B\, X^{s\wedge\tau_2}]$$

$$
\begin{aligned}
&= E_P[1_{B\cap\tau_2^{-1}(\{0,\ldots,s\})}\, X^{\tau_2}] + E_P[1_{B\cap\tau_2^{-1}(\{s+1,\ldots,M\})}\, X_s] \\
&\leq E_P[1_{B\cap\tau_2^{-1}(\{0,\ldots,s\})}\, X^{\tau_2}] + E_P[1_{B\cap\tau_2^{-1}(\{s+1,\ldots,M\})}\, E_P[X_{s+1}|\mathcal{F}(s)]] \\
&= E_P[1_{B\cap\tau_2^{-1}(\{0,\ldots,s\})}\, X^{\tau_2}] + E_P[1_{B\cap\tau_2^{-1}(\{s+1,\ldots,M\})}\, X_{s+1}] \\
&= E_P[1_B\, X^{s+1\wedge\tau_2}].
\end{aligned}
$$

Damit ist die Aussage in Punkt 4 bewiesen.

□

4.8 Unabhängigkeit

In diesem Abschnitt wenden wir uns einem der zentralen Begriffe der Wahrscheinlichkeitstheorie, der *Unabhängigkeit* von Mengen und Zufallsvariablen, zu. Die in diesem Abschnitt bewiesenen Theoreme benötigen wir für die Analyse des Cox–Ross–Rubinstein Modells in Abschnitt 7.

Definition

Wir definieren den Begriff *Unabhängigkeit* für Mengen und Zufallsvariablen.

(a) Seien $A_1, \ldots, A_N \subset \Omega$. Das System $\{A_1, \ldots, A_N\}$ heißt *unabhängig* bzgl. P, falls folgende Aussage gilt:

$\forall\ 1 \leq i_1 < \ldots < i_n \leq N$:

$$P\Big(\bigcap_{\nu=1}^{n} A_{i_\nu}\Big) = \prod_{\nu=1}^{n} P(A_{i_\nu}).$$

(b) Seien $Z_1, \ldots, Z_N \in \mathfrak{Z}$, und sei $R(Z_i)$ der Wertebereich von Z_i. Das System $\{Z_1, \ldots, Z_N\}$ heißt *unabhängig* bzgl. P, falls folgende Aussage gilt:

$\forall\ x_i \in R(Z_i)$:

$$P\Big(\bigcap_{i=1}^{N} Z_i^{-1}(x_i)\Big) = \prod_{i=1}^{N} P(Z_i^{-1}(x_i)).$$

Theorem 4.17

Seien $Z_1, \ldots, Z_N \in \mathfrak{Z}$, und sei folgende Voraussetzung gegeben:

- *Das System $\{Z_1, \ldots, Z_N\}$ ist unabhängig bzgl. P.*

Dann gilt:

$$E_P[Z_1 \cdot \ldots \cdot Z_N] = \prod_{i=1}^{N} E_P[Z_i].$$

Beweis

Sei $R(Z_i)$ der Wertebereich von Z_i. Nach Voraussetzung ist das System $\{Z_1, \ldots, Z_N\}$ unabhängig bzgl. P. Daraus folgt:

$$
\begin{aligned}
E_P[Z_1 \cdot \ldots \cdot Z_N] &= \sum_{x_1 \in R(Z_1)} \cdots \sum_{x_N \in R(Z_N)} x_1 \cdot \ldots \cdot x_N \, P\Big(\bigcap_{i=1}^{N} Z_i^{-1}(x_i) \Big) \\
&= \sum_{x_1 \in R(Z_1)} \cdots \sum_{x_N \in R(Z_N)} \prod_{i=1}^{N} \Big(x_i \, P(Z_i^{-1}(x_i)) \Big) \\
&= \sum_{x_1 \in R(Z_1)} x_1 \, P(Z_1^{-1}(x_1)) \ldots \sum_{x_N \in R(Z_N)} x_N \, P(Z_N^{-1}(x_N)) \\
&= \prod_{i=1}^{N} E_P[Z_i].
\end{aligned}
$$

□

Theorem 4.18

Seien $Z_1, \ldots, Z_N \in \mathfrak{Z}$, sei $R(Z_i)$ der Wertebereich von Z_i, sei $1 \leq i_m < j_m \leq N$, seien $f_1, \ldots, f_M$ reellwertige Funktionen, sei $\prod_{k=i_m}^{j_m} R(Z_k)$ der Definitionsbereich von f_m, und seien folgende Voraussetzungen gegeben:

1. *Das System $\{Z_1, \ldots, Z_N\}$ ist unabhängig bzgl. P.*
2. *Die Indexmengen $\{i_1, \ldots, j_1\}, \ldots, \{i_M, \ldots, j_M\}$ sind paarweise disjunkt.*

Dann gilt:

- *Das System $\{f_1(Z_{i_1}, \ldots, Z_{j_1}), \ldots, f_M(Z_{i_M}, \ldots, Z_{j_M})\}$ ist unabhängig bzgl. P.*

Beweis

Sei $R(f_m)$ der Wertebereich von f_m, und sei $x_m \in R(f_m)$. Nach Konstruktion gilt:

$$
\begin{aligned}
&\bigcap_{m=1}^{M} \Big(f_m(Z_{i_m}, \ldots, Z_{j_m}) \Big)^{-1} (x_m) \\
&= \Big(f_1(Z_{i_1}, \ldots, Z_{j_1}), \ldots, f_M(Z_{i_M}, \ldots, Z_{j_M}) \Big)^{-1} (x_1, \ldots, x_M) \\
&= \bigcup_{(z_{i_1}, \ldots, z_{j_M}) \in (f_1, \ldots, f_M)^{-1}(x_1, \ldots, x_M)} \Big(Z_{i_1}, \ldots, Z_{j_M} \Big)^{-1} (z_{i_1}, \ldots, z_{j_M}) \\
&= \bigcup_{(z_{i_1}, \ldots, z_{j_M}) \in (f_1, \ldots, f_M)^{-1}(x_1, \ldots, x_M)} \bigcap_{m=1}^{M} \bigcap_{k=i_m}^{j_m} Z_k^{-1}(z_k).
\end{aligned}
$$

Analog erhalten wir:

$$
\Big(f_m(Z_{i_m}, \ldots, Z_{j_m}) \Big)^{-1} (x_m) = \bigcup_{(z_{i_m}, \ldots, z_{j_m}) \in f_m^{-1}(x_m)} \bigcap_{k=i_m}^{j_m} Z_k^{-1}(z_k).
$$

Dabei werden die obigen Vereinigungen über paarweise disjunkte Mengen gebildet. Nach Voraussetzung ist das System $\{Z_1, \ldots, Z_N\}$ unabhängig bzgl. P. Daraus folgt:

$$
\begin{aligned}
& P\Big(\bigcap_{m=1}^{M} \Big(f_m(Z_{i_m}, \ldots, Z_{j_m}) \Big)^{-1} (x_m) \Big) \\
& = P\Big(\bigcup_{(z_{i_1},\ldots,z_{j_M}) \in (f_1,\ldots,f_M)^{-1}(x_1,\ldots,x_M)} \bigcap_{m=1}^{M} \bigcap_{k=i_m}^{j_m} Z_k^{-1}(z_k) \Big) \\
& = \sum_{(z_{i_1},\ldots,z_{j_M}) \in (f_1,\ldots,f_M)^{-1}(x_1,\ldots,x_M)} P\Big(\bigcap_{m=1}^{M} \bigcap_{k=i_m}^{j_m} Z_k^{-1}(z_k) \Big) \\
& = \sum_{(z_{i_1},\ldots,z_{j_1}) \in f_1^{-1}(x_1)} \cdots \sum_{(z_{i_M},\ldots,z_{j_M}) \in f_M^{-1}(x_M)} \prod_{m=1}^{M} P\Big(\bigcap_{k=i_m}^{j_m} Z_k^{-1}(z_k) \Big) \\
& = \sum_{(z_{i_1},\ldots,z_{j_1}) \in f_1^{-1}(x_1)} P\Big(\bigcap_{k=i_1}^{j_1} Z_k^{-1}(z_k) \Big) \cdots \sum_{(z_{i_M},\ldots,z_{j_M}) \in f_M^{-1}(x_M)} P\Big(\bigcap_{k=i_M}^{j_M} Z_k^{-1}(z_k) \Big) \\
& = \prod_{m=1}^{M} \Big(\sum_{(z_{i_m},\ldots,z_{j_m}) \in f_m^{-1}(x_m)} P\Big(\bigcap_{k=i_m}^{j_m} Z_k^{-1}(z_k) \Big) \Big) \\
& = \prod_{m=1}^{M} P\Big(\bigcup_{(z_{i_m},\ldots,z_{j_m}) \in f_m^{-1}(x_m)} \bigcap_{k=i_m}^{j_m} Z_k^{-1}(z_k) \Big) \\
& = \prod_{m=1}^{M} P\Big(\Big(f_m(Z_{i_m}, \ldots, Z_{j_m}) \Big)^{-1} (x_m) \Big).
\end{aligned}
$$

Dabei war $x_m \in R(f_m)$ beliebig. Damit ist das Theorem bewiesen.

□

4.9 Ein einfaches Beispiel: Münzwurf

Wir wenden nun das in Abschnitt 4 Erlernte auf ein einfaches Beispiel, nämlich eine Kette von Münzwürfen, an. In Abschnitt 7, *Das Binomialmodell (Cox–Ross–Rubinstein Modell)*, werden wir dieses Beispiel erneut aufgreifen.

Münzwurf

Wir betrachten das M-malige Werfen einer Münze. Bei jedem Wurf bedeutet 'Kopf' den Gewinn einer Geldeinheit, und 'Zahl' den Verlust einer Geldeinheit.

Ereignisraum

Wir betrachten den folgenden Ereignisraum:

$$\Omega := \{\omega \,|\, \omega : \{1, \ldots, M\} \longrightarrow \{-1, 1\} : t \longmapsto \omega(t)\}.$$

Dabei beschreibt $\omega(t)$ den Ausgang des t-ten Wurfes der Münze, d.h. $\omega(t) = 1$ bedeutet 'Kopf', und $\omega(t) = -1$ bedeutet 'Zahl'.

Wahrscheinlichkeitsmaß

Wir definieren ein positives Wahrscheinlichkeitsmaß P auf Ω durch:

$$P(\omega) := \frac{1}{2^M}.$$

Random Walk

Wir definieren einen stochastischen Prozess W durch:

$$W_t(\omega) := \sum_{s=1}^{t} \omega(s).$$

$W_t(\omega)$ beschreibt den Gewinn und Verlust eines Spielers zur Zeit t, falls sich das zugrunde liegende stochastische System im Zustand ω befindet. Nach Konstruktion gilt:

$$W_0(\omega) = 0.$$

$$W_t(\omega) - W_{t-1}(\omega) = \omega(t) \qquad (1 \leq t \leq M).$$

Kanonische Filtration

Wir bestimmen die von W erzeugte kanonische Filtration. Nach Definition gilt:

$$\begin{aligned}
\mathcal{E}^W(t) &= \left\{ E = \begin{pmatrix} W_0 \\ \dots \\ W_t \end{pmatrix}^{-1} (x) \;\middle|\; x \in R(W_0) \times \ldots \times R(W_t) \right\} \\
&= \left\{ E = \begin{pmatrix} W_0 \\ W_1 - W_0 \\ \dots \\ W_t - W_{t-1} \end{pmatrix}^{-1} (y) \;\middle|\; y \in R(W_0) \times \Big(\prod_{s=1}^{t} R(W_s - W_{s-1}) \Big) \right\} \\
&= \left\{ E = \left\{ \omega \in \Omega \;\middle|\; \begin{pmatrix} \omega(1) \\ \dots \\ \omega(t) \end{pmatrix} = y \right\} \;\middle|\; y \in \{-1, 1\}^t \right\}.
\end{aligned}$$

$$\begin{aligned}
\mathcal{F}^W(t) &= \left\{ F = \bigcup_{E \in \mathcal{S}} E \;\middle|\; \mathcal{S} \subset \mathcal{E}^W(t) \right\} \\
&= \left\{ F = \left\{ \omega \in \Omega \;\middle|\; \begin{pmatrix} \omega(1) \\ \dots \\ \omega(t) \end{pmatrix} \in B \right\} \;\middle|\; B \subset \{-1, 1\}^t \right\}.
\end{aligned}$$

Die Partition $\mathcal{E}^X(t)$ zerlegt den Ereignisraum Ω genau in solche Teilmengen, für welche die Ausgänge der Münzwürfe bis zum Zeitpunkt t jeweils übereinstimmen.

Bedingte Wahrscheinlichkeiten

Wir betrachten Wahrscheinlichkeiten und elementare bedingte Wahrscheinlichkeiten für spezielle Ereignisse.

(a) Seien $t_1, \ldots, t_m \in I$ mit $t_1 < \ldots < t_m$, und sei $y \in \{-1, 1\}^m$. Wir definieren $A \subset \Omega$ durch:

$$A := \left\{ \omega \in \Omega \,\middle|\, \begin{pmatrix} \omega(t_1) \\ \ldots \\ \omega(t_m) \end{pmatrix} = y \right\}.$$

Nach Definition gilt:

$$P(A) = \frac{1}{2^M} \, |A| = \frac{1}{2^m}.$$

(b) Sei $t \in I$, und sei $E \in \mathcal{E}^W(t)$. Nach (a) gilt:

$$P(E) = \frac{1}{2^t}.$$

(c) Seien nun $t_1, t_2 \in I$ mit $t_1 \leq t_2$, und seien $E_{t_i} \in \mathcal{E}^W(t_i)$ mit $E_{t_2} \subset E_{t_1}$. Nach (b) gilt:

$$P(E_{t_2}|E_{t_1}) = \frac{P(E_{t_1} \cap E_{t_2})}{P(E_{t_1})} = \frac{P(E_{t_2})}{P(E_{t_1})} = \frac{1}{2^{t_2 - t_1}}.$$

Martingaleigenschaft

Wir zeigen:

- *Der Random Walk W ist ein Martingal bzgl. $(\{\mathcal{F}^W(t)\}_{t \in I}, P)$.*

Seien dazu $t_1, t_2 \in I$ mit $t_1 \leq t_2$, und sei $E \in \mathcal{E}^W(t_1)$. Nach Konstruktion gilt für den elementaren bedingten Erwartungswert:

$$\begin{aligned} E_P[W_{t_2} - W_{t_1}|E] &= \sum_{\omega \in E} (W_{t_2}(\omega) - W_{t_1}(\omega)) \, \frac{P(\omega)}{P(E)} \\ &= \sum_{\omega \in E} \Big(\sum_{s=t_1+1}^{t_2} \omega(s) \Big) \, \frac{1}{2^{M-t_1}} \\ &= 0. \end{aligned}$$

Dabei war E beliebig. Daraus folgt für den bedingten Erwartungswert:

$$E_P[W_{t_2} - W_{t_1}|\mathcal{F}^W(t_1)] = \sum_{E \in \mathcal{E}^W(t_1)} E_P[W_{t_2} - W_{t_1}|E] \, 1_E = 0.$$

Nach Theorem 4.11 ist W adaptiert bzgl. $(\{\mathcal{F}^W(t)\}_{t \in I}, P)$. Daraus folgt:

$$E_P[W_{t_2}|\mathcal{F}^W(t_1)] = E_P[W_{t_2} - W_{t_1}|\mathcal{F}^W(t_1)] + W_{t_1} = W_{t_1}.$$

Dabei waren t_1, t_2 beliebig. Also ist W ein Martingal bzgl. $(\{\mathcal{F}^W(t)\}_{t \in I}, P)$.

Unabhängigkeit

Wir zeigen:

- *Das System $\{W_1 - W_0, \dots, W_M - W_{M-1}\}$ der Inkremente ist unabhängig bzgl. P.*

Seien dazu $y_1, \dots, y_M \in \{-1, 1\}$. Nach Konstruktion gilt:

$$P\Big(\bigcap_{t=1}^{M} (W_t - W_{t-1})^{-1}(y_t)\Big) = P\left(\left\{\omega \in \Omega \,\middle|\, \begin{pmatrix} \omega(1) \\ \dots \\ \omega(M) \end{pmatrix} = y \right\}\right) = \frac{1}{2^M}.$$

Sei ferner $t \in I$ mit $t > 0$. Nach Konstruktion gilt:

$$P((W_t - W_{t-1})^{-1}(\delta_t)) = P(\{\omega \in \Omega \,|\, \omega(t) = y_t\}) = \frac{1}{2}.$$

Daraus folgt insgesamt:

$$P\Big(\bigcap_{t=1}^{M} (W_t - W_{t-1})^{-1}(y_t)\Big) = \prod_{t=1}^{M} P((W_t - W_{t-1})^{-1}(y_t)).$$

Dabei war y beliebig. Also ist das System $\{W_1 - W_0, \dots, W_M - W_{M-1}\}$ der Inkremente unabhängig bzgl. P.

Verteilung

Wir zeigen:

- *Die Inkremente $W_{t_2} - W_{t_1}$ sind binomialverteilt bzgl. P.*

Seien dazu $t_1, t_2 \in I$ mit $t_1 < t_2$, sei $0 \leq m \leq t_2 - t_1$, und seien $y_{t_1+1}, \dots, y_{t_2} \in \{-1, 1\}$. Nach Konstruktion gilt:

$$\begin{aligned}
&P\Big((W_{t_2} - W_{t_1})^{-1}(2m - (t_2 - t_1))\Big) \\
&= P\left(\left\{\omega \in \Omega \,\middle|\, \sum_{t=t_1+1}^{t_2} \omega(t) = 2m - (t_2 - t_1)\right\}\right) \\
&= P\left(\bigcup_{\substack{y_{t_1+1}, \dots, y_{t_2} \in \{-1,1\} \\ y_t = 1 \text{ für genau } m \text{ Indizes } t}} \left\{\omega \in \Omega \,\middle|\, \begin{pmatrix} \omega(t_1+1) \\ \dots \\ \omega(t_2) \end{pmatrix} = y \right\}\right) \\
&= \sum_{\substack{y_{t_1+1}, \dots, y_{t_2} \in \{-1,1\} \\ y_t = 1 \text{ für genau } m \text{ Indizes } t}} P\left(\left\{\omega \in \Omega \,\middle|\, \begin{pmatrix} \omega(t_1+1) \\ \dots \\ \omega(t_2) \end{pmatrix} = y \right\}\right) \\
&= \frac{1}{2^{t_2 - t_1}} \binom{t_2 - t_1}{m}.
\end{aligned}$$

Dabei war m beliebig. Also ist $W_{t_2} - W_{t_1}$ binomialverteilt bzgl. P.

Erwartungswert und Varianz

Wir berechnen die Erwartungswerte und Varianzen der Inkremente $W_{t_2} - W_{t_1}$.

(a) Seien $t_1, t_2 \in I$ mit $t_1 \leq t_2$. Wie bereits gezeigt ist der Random Walk W ein Martingal bzgl. $(\{\mathcal{F}^W(t)\}_{t\in I}, P)$. Mit Hilfe von Theorem 4.7 erhalten wir:

$$E_P[W_{t_2} - W_{t_1}] = E_P[W_{t_2}] - E_P[W_{t_1}] = E_P[W_{t_2}] - E_P[E_P[W_{t_2}|\mathcal{F}(t_1)]] = 0.$$

(b) Wie bereits gezeigt ist das System $\{W_1 - W_0, \dots, W_M - W_{M-1}\}$ der Inkremente unabhängig bzgl. P. Mit Hilfe von Theorem 4.17 erhalten wir:

$$E_P[(W_{t_2} - W_{t_1})^2] = E_P\Big[\Big(\sum_{t=t_1+1}^{t_2} (W_t - W_{t-1})\Big)^2\Big]$$

$$= \sum_{t=t_1+1}^{t_2} E_P[(W_t - W_{t-1})^2] + 2 \sum_{s=t_1+1}^{t_2-1} \sum_{t=s+1}^{t_2} E_P[(W_s - W_{s-1})(W_t - W_{t-1})]$$

$$= \sum_{t=t_1+1}^{t_2} E_P[1_\Omega] + 2 \sum_{s=t_1+1}^{t_2-1} \sum_{t=s+1}^{t_2} E_P[W_s - W_{s-1}]\, E_P[W_t - W_{t-1}]$$

$$= t_2 - t_1.$$

5 Mehrperioden–Finanzmarktmodelle

Ausgestattet mit der in Abschnitt 4 entwickelten Wahrscheinlichkeitstheorie übertragen wir nun die in Abschnitt 3 entwickelte Rahmentheorie für Einperioden–Finanzmarktmodelle auf Mehrperioden–Finanzmarktmodelle. Dazu zerlegen wir das jeweilige Mehrperioden–Finanzmarktmodell in eine Familie von Einperioden–Finanzmarktmodellen und wenden die Theoreme aus Abschnitt 3 an. Für die Mehrperioden–Finanzmarktmodelle ergeben sich zwei wesentliche neue Aspekte gegenüber den Einperioden–Finanzmarktmodellen:

- In einem Einperioden–Finanzmarktmodell ist die Informationsstruktur trivial, d.h. der gesamte Informationszuwachs findet in einem einzigen Zeitschritt statt. In einem Mehrperioden–Finanzmarktmodell entsteht dagegen ein Informationszuwachs in M Zeitschritten ($M > 1$). Dieser Informationszuwachs wird beschrieben durch eine *Filtration.*

- In einem Einperioden–Finanzmarktmodell sind die Handelsstrategien $H \in \mathbb{R}^{N+1}$ statisch, d.h. die Zusammensetzungen von Portfolios ändern sich im Zeitverlauf nicht. In einem Mehrperioden–Finanzmarktmodell besteht dagegen zu jedem Zeitpunkt t die Möglichkeit, die Zusammensetzungen von Portfolios zu ändern, d.h. die Handelsstrategien H sind *vorhersehbare stochastische Prozesse.* Dabei interessieren uns besonders solche Handelsstrategien, bei denen die Änderungen der Zusammensetzungen der zugehörigen Portfolios nicht zu Wertänderungen der jeweiligen Portfolios führen. Diese Bedingung führt uns auf den Begriff der *selbstfinanzierenden Handelsstrategie.*

5.1 Modellierung von Finanzmärkten

In diesem Abschnitt definieren wir unser allgemeines Finanzmarktmodell.

Zeit

Wir betrachten $M + 1$ verschiedene Zeitpunkte:

$$I = \{0, \ldots, M\}.$$

Dabei bezeichnet $t = 0$ die Gegenwart und $t = 1, \ldots, M$ aufeinander folgende zukünftige Zeitpunkte.

Ereignisraum

Wir betrachten einen endlichen Ereignisraum:

$$\Omega = \{\omega_1, \ldots, \omega_K\}.$$

Dabei bezeichnen die $\omega \in \Omega$ die möglichen Elementarereignisse.

Filtration

Wir beschreiben den Informationszuwachs in Zeitverlauf durch eine Filtration.

(a) Wir betrachten eine Elementarfiltration $\{\mathcal{E}(t)\}_{t \in I}$ auf Ω. $\mathcal{E}(t)$ beschreibt die maximal mögliche Information über den Zustand $\omega \in \Omega$ des zugrunde liegenden stochastischen Systems, welche durch Beobachtungen im Zeitintervall $[0, t]$ erhalten werden kann.

(b) Wir betrachten die von $\{\mathcal{E}(t)\}_{t\in I}$ erzeugte Filtration $\{\mathcal{F}(t)\}_{t\in I}$ auf Ω. $\mathcal{E}(t)$ beschreibt die mögliche Information über den Zustand $\omega \in \Omega$ des zugrunde liegenden stochastischen Systems, welche durch Beobachtungen im Zeitintervall $[0,t]$ erhalten werden kann.

Wir nehmen zusätzlich an, dass die gesamte Information durch Beobachtungen im Zeitintervall $[0,M]$ entsteht:

$$\mathcal{E}(0) = \{\Omega\}; \qquad \mathcal{E}(M) = \{\{\omega\} \mid \omega \in \Omega\}.$$

$$\mathcal{F}(0) = \{\emptyset, \Omega\}; \qquad \mathcal{F}(M) = \{F \mid F \subset \Omega\}.$$

Wahrscheinlichkeitsmaß

Wir betrachten ein positives Wahrscheinlichkeitsmaß auf Ω:

$$P : \Omega \longrightarrow \mathbb{R} : \omega \longmapsto P(\omega).$$

$$0 < P \leq 1; \qquad \sum_{\omega\in\Omega} P(\omega) = 1.$$

Dabei bezeichnet $P(\omega)$ die Wahrscheinlichkeit für das Eintreten des Ereignisses $\omega \in \Omega$.

Geldkontoprozess

Wir betrachten einen positiven Geldkontoprozess:

$$S_0 : I \times \Omega \longrightarrow \mathbb{R} : (t,\omega) \longmapsto S_0(t,\omega).$$

$$S_0 > 0.$$

S_0 ist adaptiert bzgl. $\{\mathcal{F}(t)\}_{t\in I}$.

Dabei bezeichnet $(S_0)_t$ den Wert des Geldkontos zur Zeit $t \in I$.

Preisprozesse

Wir betrachten Preisprozesse $(n = 1, \ldots, N)$:

$$S_n : I \times \Omega \longrightarrow \mathbb{R} : (t,\omega) \longmapsto S_n(t,\omega).$$

$$(S_n)_0 > 0; \qquad (S_n)_t \geq 0 \qquad (0 < t \in I).$$

S_n ist adaptiert bzgl. $\{\mathcal{F}(t)\}_{t\in I}$.

Dabei bezeichnet $(S_n)_t$ den Marktpreis eines Assets (z.B. einer Aktie) zur Zeit $t \in I$.

Wertprozesse

Wir betrachten Wertprozesse von Portfolios.

(a) Sei H eine *Handelsstrategie*, d.h. es gelten folgende Aussagen ($n = 0, \dots, N$):

$$H_n : I \times \Omega \longrightarrow \mathbb{R} : (t, \omega) \longmapsto H_n(t, \omega).$$

H_n ist vorhersehbar bzgl. $\{\mathcal{F}(t)\}_{t \in I}$.

(b) Wir betrachten ein Portfolio, das aus H_0 Anteilen des Geldkontos sowie $H_1, \dots, H_N$ Anteilen der Assets besteht. Wir definieren den zugehörigen Wertprozess durch:

$$(V[H])_t(\omega) := \sum_{n=0}^{N} (H_n)_t(\omega)(S_n)_t(\omega).$$

Dabei bezeichnet $(V[H])_t$ den Wert des Portfolios zur Zeit $t \in I$. Nach Konstruktion gilt:

$V[H]$ ist adaptiert bzgl. $\{\mathcal{F}(t)\}_{t \in I}$.

Diskontierte Prozesse

Sei X ein adaptierter stochastischer Prozess. Wir definieren den zugehörigen diskontierten Prozess durch:

$$X_t^*(\omega) := \frac{X_t(\omega)}{(S_0)_t(\omega)}.$$

M.a.W. wir verwenden den Geldkontoprozess als *Numeraire*, d.h. als Vergleichsgröße für Wertentwicklungen. Nach Konstruktion gilt:

X^* ist adaptiert bzgl. $\{\mathcal{F}(t)\}_{t \in I}$.

Insbesondere gilt:

$$(S_0)_t^*(\omega) = 1.$$

$$(V[H])_t^*(\omega) = (H_0)_t(\omega) + \sum_{n=1}^{N} (H_n)_t(\omega)\,(S_n)_t^*(\omega).$$

Bemerkung

Wir haben angenommen, dass die gesamte Information durch Beobachtungen im Zeitintervall $[0, M]$ entsteht, d.h. wir haben folgende Voraussetzungen an die Filtration gemacht:

$$\mathcal{E}(0) = \{\Omega\}\,; \qquad \mathcal{E}(M) = \{\{\omega\} \mid \omega \in \Omega\}\,.$$

$$\mathcal{F}(0) = \{\emptyset, \Omega\}\,; \qquad \mathcal{F}(M) = \{F \mid F \subset \Omega\}\,.$$

(a) Sei X ein adaptierter stochastischer Prozess, und sei $t \in I$. Nach Abschnitt 4 besitzt X_t folgende Darstellung:

$$X_t(\omega) = \sum_{E \in \mathcal{E}(t)} E_P[X_t \,|\, E]\, 1_E(\omega).$$

Daraus folgt:

1. X_0 ist konstant, d.h. die Messbarkeit von X_0 bzgl. $\mathcal{F}(0)$ liefert die maximal mögliche Einschränkung an X_0.
2. X_M ist eine beliebige Abbildung $\Omega \longrightarrow \mathbb{R}$, d.h. die Messbarkeit von X_M bzgl. $\mathcal{F}(M)$ liefert keine Einschränkung an X_M.

(b) Nach (a) stimmt das obige Mehrperioden–Finanzmarktmodellmodell im Falle $M = 1$ genau mit dem Einperioden–Finanzmarktmodell aus Abschnitt 3 überein.

(c) Die obigen Annahmen über die $\mathcal{E}(0)$ sowie $\mathcal{F}(0)$ bedeuten keine Einschränkung der Allgemeinheit für das Finanzmarktmodell. Sei dazu $\overline{E} \in \mathcal{E}(0)$. Wir definieren einen Ereignisraum $\Omega^{\overline{E}}$, eine Elementarfiltration $\{\mathcal{E}^{\overline{E}}(t)\}_{t\in I}$ auf $\Omega^{\overline{E}}$, eine Filtration $\{\mathcal{F}^{\overline{E}}(t)\}_{t\in I}$ auf $\Omega^{\overline{E}}$ sowie ein positives Wahrscheinlichkeitsmaß $P^{\overline{E}}$ auf $\Omega^{\overline{E}}$ durch:

$$\Omega^{\overline{E}} := \overline{E}.$$

$$\mathcal{E}^{\overline{E}}(t) := \left\{E \in \mathcal{E}(t) \,\middle|\, E \subset \overline{E}\right\}.$$

$$\mathcal{F}^{\overline{E}}(t) := \left\{F \in \mathcal{F}(t) \,\middle|\, F \subset \overline{E}\right\}.$$

$$P^{\overline{E}}(\omega) := P(\{\omega\} \,|\, \overline{E}).$$

Sei ferner Z eine Zufallsvariable auf Ω. Wir definieren eine Zufallsvariable $Z^{\overline{E}}$ auf $\Omega^{\overline{E}}$ durch:

$$Z^{\overline{E}} := Z\Big|_{\overline{E}}.$$

M.a.W. die Einschränkung eines beliebigen Finanzmarktmodells auf $\overline{E} \in \mathcal{E}(0)$ liefert ein neues Finanzmarktmodell, welches den obigen Annahmen genügt.

(d) Die obigen Annahmen über die $\mathcal{E}(M)$ sowie $\mathcal{F}(M)$ bedeuten ebenfalls keine Einschränkung der Allgemeinheit für das Finanzmarktmodell. Sei dazu $\mathcal{E}(M)$ eine beliebige Partition von Ω. Wir definieren einen Ereignisraum $\tilde{\Omega}$, eine Elementarfiltration $\{\tilde{\mathcal{E}}(t)\}_{t\in I}$ auf $\tilde{\Omega}$, eine Filtration $\{\tilde{\mathcal{F}}(t)\}_{t\in I}$ auf $\tilde{\Omega}$ sowie ein positives Wahrscheinlichkeitsmaß $\tilde{P}$ auf $\tilde{\Omega}$ durch:

$$\tilde{\Omega} := \mathcal{E}(M).$$

$$\tilde{\mathcal{E}}(t) := \left\{\left\{\tilde{\omega} \in \tilde{\Omega} \,\middle|\, \tilde{\omega} \subset E_t\right\} \,\middle|\, E_t \in \mathcal{E}(t)\right\}.$$

$$\tilde{\mathcal{F}}(t) := \left\{\left\{\tilde{\omega} \in \tilde{\Omega} \,\middle|\, \tilde{\omega} \subset F_t\right\} \,\middle|\, F_t \in \mathcal{F}(t)\right\}.$$

$$\tilde{P}(\tilde{\omega}) := \sum_{\omega\in\tilde{\omega}} P(\omega).$$

Sei ferner Z eine Zufallsvariable auf Ω, und sei Z messbar bzgl. $\mathcal{F}(M)$. Wir definieren eine Zufallsvariable $\tilde{Z}$ auf $\tilde{\Omega}$ durch:

$$\tilde{Z}(\tilde{\omega}) := E_P[Z \,|\, \tilde{\omega}].$$

M.a.W. Restklassenbildung bzgl. $\mathcal{E}(M)$ für ein beliebiges Finanzmarktmodell liefert ein neues Finanzmarktmodell, welches den obigen Annahmen genügt.

(e) Mit Hilfe von (c) und (d) lassen sich die Aussagen dieses Abschnitts auf Finanzmarktmodelle übertragen, welche nicht den obigen Annahmen über die Filtration genügen. Solche Finanzmarktmodelle sind z.B. jene m–Periodensubmodelle des M–Periodenmodells, welche durch Einschränkung des Zeitbereichs I auf eine Teilmenge $\{t_1, \ldots, t_2\} \subset I$ entstehen.

5.2 Zerlegung des Mehrperioden–Finanzmarktmodells

Wir zerlegen nun unser Mehrperioden–Finanzmarktmodell in eine Familie von Einperioden–Finanzmarktmodellen. Diese Zerlegung werden wir zur Übertragung der in Abschnitt 3 entwickelten Rahmentheorie für Einperioden–Finanzmarktmodelle auf unser Mehrperioden–Finanzmarktmodell verwenden.

Ereignisräume

Wir definieren eine Familie $\{\Omega^{t,E}\}_{t,E}$ von Ereignisräumen durch:

$\forall\, t \in I$ mit $t < M$ $\forall\, E \in \mathcal{E}(t)$:

$$\Omega^{t,E} := \{A \in \mathcal{E}(t+1) \mid A \subset E\}.$$

Wahrscheinlichkeitsmaße

Sei Q ein positives Wahrscheinlichkeitsmaß auf Ω. Wir definieren eine Familie $\{Q^{t,E}\}_{t,E}$ von positiven Wahrscheinlichkeitsmaßen auf $\{\Omega^{t,E}\}_{t,E}$ durch:

$\forall\, t \in I$ mit $t < M$ $\forall\, E \in \mathcal{E}(t)$:

$$Q^{t,E}(A) := Q(A|E).$$

Die zu P gehörige Familie von positiven Wahrscheinlichkeitsmaßen auf $\{\Omega^{t,E}\}_{t,E}$ bezeichnen wir mit $\{P^{t,E}\}_{t,E}$.

Stochastische Prozesse

Sei X ein adaptierter stochastischer Prozess auf Ω. Wir definieren eine Familie $\{X^{t,E}\}_{t,E}$ von stochastischen Prozessen auf $\{\Omega^{t,E}\}_{t,E}$ durch:

$\forall\, t \in I$ mit $t < M$ $\forall\, E \in \mathcal{E}(t)$:

$$X^{t,E}(0) := E_P[X_t|E].$$

$$X^{t,E}(1, A) := E_P[X_{t+1}|A].$$

Bemerkung

Sei X ein adaptierter stochastischer Prozess, und sei $t \in I$. Nach Abschnitt 4 besitzt X_t folgende Darstellung:

$$X_t(\omega) = \sum_{E \in \mathcal{E}(t)} E_P[X_t \,|\, E]\, 1_E(\omega).$$

Sei ferner Q ein positives Wahrscheinlichkeitsmaß auf Ω. Nach Abschnitt 4 besitzt X_t ebenso folgende Darstellung:

$$X_t(\omega) = \sum_{E \in \mathcal{E}(t)} E_Q[X_t \,|\, E]\, 1_E(\omega).$$

Daraus folgt:

$$E_P[X_t \,|\, E] = E_Q[X_t \,|\, E] \qquad (E \in \mathcal{E}(t)).$$

Insbesondere ist die Definition von $X^{t,E}(0)$ und $X^{t,E}(1,A)$ unabhängig von der speziellen Wahl $Q = P$.

Theorem 5.1

Sei Q ein positives Wahrscheinlichkeitsmaß auf Ω, und sei $\{Q^{t,E}\}_{t,E}$ die zughehörige Familie von positiven Wahrscheinlichkeitsmaßen auf $\{\Omega^{t,E}\}_{t,E}$. Dann besitzt Q die folgende Produktzerlegung:

$\forall\, \omega \in \Omega\ \forall\, E_t \in \mathcal{E}(t)$ *mit* $\omega \in E_M \subset \ldots \subset E_0$:

$$Q(\omega) = \prod_{t=0}^{M-1} Q^{t,E_t}(E_{t+1}).$$

Beweis

1. Nach Voraussetzung ist $E_{t+1} \subset E_t$. Daraus folgt:

   $$Q(E_{t+1}|E_t) = \frac{Q(E_{t+1})}{Q(E_t)}.$$

   Daraus folgt weiter:

   $$Q(E_M) = \Big(\prod_{t=0}^{M-1} Q(E_{t+1}|E_t) \Big)\, Q(E_0).$$

2. Nach Voraussetzung gilt:

   $$E_M = \{\omega\}.$$

   $$E_0 = \Omega.$$

   Daraus folgt:

   $$Q(\omega) = Q(\{\omega\}) = Q(E_M).$$

   $$Q(E_0) = Q(\Omega) = 1.$$

3. Nach Voraussetzung gilt:

$$Q(E_{t+1}|E_t) = Q^{t,E_t}(E_{t+1}).$$

4. Aus Punkt 1, Punkt 2 und Punkt 3 folgt die Behauptung.

□

Theorem 5.2

Sei $\{Q^{t,E}\}_{t,E}$ eine Familie von positiven Wahrscheinlichkeitsmaßen auf $\{\Omega^{t,E}\}_{t,E}$. Wir definieren $Q : \Omega \longrightarrow \mathbb{R}$ durch:

$\forall\ \omega \in \Omega\ \forall\ E_t \in \mathcal{E}(t)$ *mit* $\omega \in E_M \subset ... \subset E_0$:

$$Q(\omega) := \prod_{t=0}^{M-1} Q^{t,E_t}(E_{t+1}).$$

Dann gilt:

(a) *Q ist ein positives Wahrscheinlichkeitsmaß auf Ω.*

(b) *Q besitzt die folgende Produktzerlegung:*
$\forall\ \bar{t} \in I$ *mit* $\bar{t} > 0\ \forall\ E_t \in \mathcal{E}(t)$ *mit* $E_{\bar{t}} \subset ... \subset E_0$:

$$Q(E_{\bar{t}}) = \prod_{t=0}^{\bar{t}-1} Q^{t,E_t}(E_{t+1}).$$

(c) $\forall\ t \in I$ *mit* $t < M\ \forall\ E \in \mathcal{E}(t)\ \forall\ A \in \mathcal{E}(t+1)$ *mit* $A \subset E$:

$$Q(A|E) = Q^{t,E}(A).$$

Beweis

(a) 1. Nach Voraussetzung gilt:

$$0 < Q^{t,E_t}(E_{t+1}) \leq 1.$$

Daraus folgt:

$$0 < Q(\omega) \leq 1.$$

2. Nach Voraussetzung gilt:

$$E_M = \{\omega\}.$$

$$E_0 = \Omega.$$

Daraus folgt:

$$\sum_{\omega \in \Omega} Q(\omega) = \sum_{E_M \in \mathcal{E}(M)} Q(E_M)$$

$$
\begin{aligned}
&= \sum_{E_1\in\mathcal{E}(1)} \sum_{\substack{E_2\in\mathcal{E}(2)\\ E_2\subset E_1}} \cdots \sum_{\substack{E_M\in\mathcal{E}(M)\\ E_M\subset E_{M-1}}} Q(E_M)\\
&= \sum_{E_1\in\mathcal{E}(1)} \sum_{\substack{E_2\in\mathcal{E}(2)\\ E_2\subset E_1}} \cdots \sum_{\substack{E_M\in\mathcal{E}(M)\\ E_M\subset E_{M-1}}} \Big(\prod_{t=0}^{M-1} Q^{t,E_t}(E_{t+1})\Big)\\
&= \sum_{E_1\in\mathcal{E}(1)} Q^{0,E_0}(E_1) \sum_{\substack{E_2\in\mathcal{E}(2)\\ E_2\subset E_1}} Q^{1,E_1}(E_2)\ldots \sum_{\substack{E_M\in\mathcal{E}(M)\\ E_M\subset E_{M-1}}} Q^{t,E_{M-1}}(E_M)\\
&= 1.
\end{aligned}
$$

3. Nach Punkt 1 und Punkt 2 ist Q ein positives Wahrscheinlichkeitsmaß auf Ω.

(b) Analog zu (a) erhalten wir:

$$
\begin{aligned}
Q(E_{\bar t}) &= \sum_{\substack{E_{\bar t+1}\in\mathcal{E}(\bar t+1)\\ E_{\bar t+1}\subset E_{\bar t}}} \cdots \sum_{\substack{E_M\in\mathcal{E}(M)\\ E_M\subset E_{M-1}}} Q(E_M)\\
&= \sum_{\substack{E_{\bar t+1}\in\mathcal{E}(\bar t+1)\\ E_{\bar t+1}\subset E_{\bar t}}} \cdots \sum_{\substack{E_M\in\mathcal{E}(M)\\ E_M\subset E_{M-1}}} \Big(\prod_{t=0}^{M-1} Q^{t,E_t}(E_{t+1})\Big)\\
&= \Big(\prod_{t=0}^{\bar t-1} Q^{t,E_t}(E_{t+1})\Big) \sum_{\substack{E_{\bar t+1}\in\mathcal{E}(\bar t+1)\\ E_{\bar t+1}\subset E_{\bar t}}} Q^{\bar t,E_{\bar t}}(E_{\bar t+1})\ldots \sum_{\substack{E_M\in\mathcal{E}(M)\\ E_M\subset E_{M-1}}} Q^{M-1,E_{M-1}}(E_M)\\
&= \prod_{t=0}^{\bar t-1} Q^{t,E_t}(E_{t+1}).
\end{aligned}
$$

(c) Nach Voraussetzung ist $A\subset E$. Mit Hilfe von (b) erhalten wir:

$$
Q(A|E) = \frac{Q(A)}{Q(E)} = Q^{t,E}(A).
$$

□

5.3 Arbitrage

In diesem Abschnitt betrachten wir *selbstfinanzierende Handelsstrategien* und übertragen die in Abschnitt 3.3 für das Einperioden–Finanzmarktmodell eingeführten Begriffe *Arbitragemöglichkeit* und *äquivalentes Martingalmaß* auf das Mehrperioden–Finanzmarktmodell. Insbesondere charakterisieren wir durch den Satz von Harrison–Pliska wiederum die Nichtexistenz von Arbitragemöglichkeiten durch die Existenz eines äquivalenten Martingalmaßes für unser Finanzmarktmodell.

Theorem 5.3

Sei H eine Handelsstrategie. Dann sind folgende Aussagen äquivalent:

(a) $\forall\, t \in I$ *mit* $t > 0$:

$$(V[H])_{t-1} = \sum_{n=0}^{N} (H_n)_t \, (S_n)_{t-1}.$$

(b) $\forall\, t \in I$:

$$(V[H])_t = (V[H])_0 + \sum_{n=0}^{N} \sum_{s=1}^{t} (H_n)_s \Big((S_n)_s - (S_n)_{s-1} \Big).$$

(c) $\forall\, t \in I$:

$$(V[H])_t^* = (V[H])_0^* + \sum_{n=0}^{N} \sum_{s=1}^{t} (H_n)_s \Big((S_n)_s^* - (S_n)_{s-1}^* \Big).$$

H heißt selbstfinanzierend, *falls eine der obigen Aussagen wahr ist.*

Beweis

1. *Wir zeigen:* (a) $\Longleftrightarrow$ (b).

   Nach Konstruktion sind (a) sowie (b) äquivalent zu folgender Aussage:

   $\forall\, t \in I$ mit $t > 0$:

   $$(V[H])_t - (V[H])_{t-1} = \sum_{n=0}^{N} (H_n)_t \Big((S_n)_t - (S_n)_{t-1} \Big).$$

2. *Wir zeigen:* (a) $\Longleftrightarrow$ (c).

   Nach Konstruktion ist (a) äquivalent zu folgender Aussage:

   $\forall\, t \in I$ mit $t > 0$:

   $$(V[H])_{t-1}^* = \sum_{n=0}^{N} (H_n)_t \, (S_n)_{t-1}^*.$$

   Wie in Punkt 1, unter Ersetzung von S_n durch $(S_n)^*$, folgt daraus die Behauptung.

□

Bemerkung

Sei H eine Handelsstrategie. Nach Definition gilt:

$$(V[H])_{t-1} = \sum_{n=0}^{N} (H_n)_{t-1} \, (S_n)_{t-1}.$$

Nach Theorem 5.3 ist H genau dann selbstfinanzierend, wenn folgende Bedingung erfüllt ist:

$$(V[H])_{t-1} = \sum_{n=0}^{N} (H_n)_t \, (S_n)_{t-1}.$$

M.a.A. eine selbstfinanzierende Handelsstrategie beschreibt ein Portfolio, dessen Zusammensetzung auf folgende Weise gesteuert wird.

1. Zum Zeitpunkt $t-1$ sind die Anteile des Geldkontos und der Assets im Portfolio zunächst gegeben durch H_{t-1}.
2. Ebenfalls zum Zeitpunkt $t-1$ wird die Zusammensetzung des Portfolios geändert. Die Anteile des Geldkontos und der Assets in der neuen Zusammensetzung sind gegeben durch H_t.
3. Die Änderung der Zusammensetzung des Portfolios führt nicht zu einer Änderung des Wertes, d.h. es wird weder Geld entnommen noch zugeführt.
4. Zum Zeitpunkt t sind die Anteile des Geldkontos und der Assets im Portfolio zunächst wieder gegeben durch H_t.

Dies rechtfertigt die Bezeichnung *selbstfinanzierende Handelsstrategie.*

Theorem 5.4

Folgende Aussagen sind äquivalent:

(a) *Es gibt eine selbstfinanzierende Handelsstrategie H mit folgenden Eigenschaften:*

$$(V[H])_0 = 0\,; \qquad (V[H])_M \geq 0\,; \qquad E_P[(V[H])_M] > 0.$$

(b) *Es gibt eine selbstfinanzierende Handelsstrategie H mit folgenden Eigenschaften:*

$$(V[H])^*_0 = 0\,; \qquad (V[H])^*_M \geq 0\,; \qquad E_P[(V[H])^*_M] > 0.$$

(c) *Es gibt eine selbstfinanzierende Handelsstrategie $\tilde{H}$ mit folgenden Eigenschaften:*

$$(V[\tilde{H}])^*_M \geq (V[\tilde{H}])^*_0\,; \qquad E_P[(V[\tilde{H}])^*_M] > (V[\tilde{H}])^*_0.$$

Wir sagen, es gibt eine Arbitragemöglichkeit, *falls eine der obigen Aussagen wahr ist.*

Beweis

1. *Wir zeigen:* (a) $\Longleftrightarrow$ (b).

   Die Aussage ist evident.

2. *Wir zeigen:* (b) $\Longrightarrow$ (c).

   Sei H gemäß (b) eine selbstfinanzierende Handelsstrategie. Wir definieren eine weitere selbstfinanzierende Handelsstrategie $\tilde{H}$ durch:

   $$\tilde{H}_t(\omega) := H_t(\omega).$$

   Dann gelten die Aussagen in (c).

3. *Wir zeigen:* (c) $\Longrightarrow$ (b).

   Sei $\tilde{H}$ gemäß (c) eine selbstfinanzierende Handelsstrategie. Nach Konstruktion ist $(V[\tilde{H}])_0^*$ messbar bzgl. $\mathcal{F}(0)$, also konstant. Wir definieren eine weitere selbstfinanzierende Handelsstrategie H durch:

   $$(H_0)_t(\omega) := (\tilde{H}_0)_t(\omega) - (V[\tilde{H}])_0^*.$$

   $$(H_n)_t(\omega) := (\tilde{H}_n)_t(\omega) \qquad (n = 1, \ldots, N).$$

   Mit Hilfe von $S_0^* = 1$ erhalten wir:

   $$(V[H])_t^* = (V[\tilde{H}])_t^* - (V[\tilde{H}])_0^*.$$

   Daraus folgt (b).

□

Bemerkung

Nach Theorem 5.4 lässt sich die Existenz einer Arbitragemöglichkeit folgendermaßen äquivalent formulieren.

(a) Es gibt eine selbstfinanzierende Handelsstrategie, so dass der zugehörige Wertprozess zur Zeit $t = 0$ den Wert Null annimmt, zur Zeit $t = M$ nicht–negativ ist und mit positiver Wahrscheinlichkeit sogar positiv ist.

(b) Es gibt eine selbstfinanzierende Handelsstrategie, so dass der zugehörige diskontierte Wertprozess zur Zeit $t = 0$ den Wert Null annimmt, zur Zeit $t = M$ nicht–negativ ist und mit positiver Wahrscheinlichkeit sogar positiv ist.

(c) Es gibt eine selbstfinanzierende Handelsstrategie, so dass der zugehörige diskontierte Wertprozess zur Zeit $t = M$ den diskontierten Wertprozess zur Zeit $t = 0$ dominiert und mit positiver Wahrscheinlichkeit sogar strikt dominiert.

Theorem 5.5

Folgende Aussagen sind äquivalent:

(a) *Es gibt eine Arbitragemöglichkeit für das Mehrperiodenmodell* (Ω, P, S).

(b) $\exists\, t \in I$ *mit* $t < M$ $\exists\, E \in \mathcal{E}(t)$:

- *Es gibt eine Arbitragemöglichkeit für das Einperiodenmodell* $(\Omega^{t,E}, P^{t,E}, S^{t,E})$.

Beweis

Wir verwenden die Charakterisierung der Arbitragemöglichkeiten für das Einperioden–Finanzmarktmodell aus Abschnitt 3.

1. *Wir zeigen:* (a) $\Longrightarrow$ (b).

   Sei die Aussage in (a) wahr. Dann gibt es eine selbstfinanzierende Handelsstrategie $\tilde{H}$ für das Mehrperiodenmodell (Ω, P, S), so dass die folgenden Ungleichungen erfüllt sind:

   $$(V[\tilde{H}])_M^* \geq (V[\tilde{H}])_0^*.$$

$$E_P[(V[\tilde{H}])^*_M] > (V[\tilde{H}])^*_0.$$

1.1 *Wir zeigen mit Induktion:*

$\exists\ t \in I$ *mit* $t < M\ \exists\ E_t \in \mathcal{E}(t)$*:*

$$\min_{\substack{E_{t+1} \in \mathcal{E}(t+1) \\ E_{t+1} \subset E_t}} E_P[(V[\tilde{H}])^*_{t+1} \,|\, E_{t+1}] \geq E_P[(V[\tilde{H}])^*_t \,|\, E_t].$$

$$\max_{\substack{E_{t+1} \in \mathcal{E}(t+1) \\ E_{t+1} \subset E_t}} E_P[(V[\tilde{H}])^*_{t+1} \,|\, E_{t+1}] > E_P[(V[\tilde{H}])^*_t \,|\, E_t].$$

Nach Konstruktion ist $(V[\tilde{H}])^*$ adaptiert bzgl. $\{\mathcal{F}(t)\}_{t \in I}$. Damit lassen sich die obigen Ungleichungen folgendermaßen äquivalent formulieren (Induktionsanfang):

$$\min_{\substack{E_M \in \mathcal{E}(M) \\ E_M \subset \Omega}} E_P[(V[\tilde{H}])^*_M \,|\, E_M] \geq E_P[(V[\tilde{H}])^*_0 \,|\, \Omega]$$

$$\max_{\substack{E_M \in \mathcal{E}(M) \\ E_M \subset \Omega}} E_P[(V[\tilde{H}])^*_M \,|\, E_M] > E_P[(V[\tilde{H}])^*_0 \,|\, \Omega].$$

Sei nun $t \in I$ mit $t < M-1$, sei $E_t \in \mathcal{E}(t)$, und seien die folgenden Ungleichungen erfüllt (Induktionsannahme):

$$\min_{\substack{E_M \in \mathcal{E}(M) \\ E_M \subset E_t}} E_P[(V[\tilde{H}])^*_M \,|\, E_M] \geq E_P[(V[\tilde{H}])^*_t \,|\, E_t].$$

$$\max_{\substack{E_M \in \mathcal{E}(M) \\ E_M \subset E_t}} E_P[(V[\tilde{H}])^*_M \,|\, E_M] > E_P[(V[\tilde{H}])^*_t \,|\, E_t].$$

Dann sind die folgenden drei Fälle möglich:

(i) $\forall\ E_{t+1} \in \mathcal{E}(t+1)$ mit $E_{t+1} \subset E_t$:

$$E_P[(V[\tilde{H}])^*_{t+1} \,|\, E_{t+1}] \geq E_P[(V[\tilde{H}])^*_t \,|\, E_t].$$

$\exists\ E_{t+1} \in \mathcal{E}(t+1)$ mit $E_{t+1} \subset E_t$:

$$E_P[(V[\tilde{H}])^*_{t+1} \,|\, E_{t+1}] > E_P[(V[\tilde{H}])^*_t \,|\, E_t].$$

In diesem Falle gilt (Endergebnis):

$$\min_{\substack{E_{t+1} \in \mathcal{E}(t+1) \\ E_{t+1} \subset E_t}} E_P[(V[\tilde{H}])^*_{t+1} \,|\, E_{t+1}] \geq E_P[(V[\tilde{H}])^*_t \,|\, E_t].$$

$$\max_{\substack{E_{t+1} \in \mathcal{E}(t+1) \\ E_{t+1} \subset E_t}} E_P[(V[\tilde{H}])^*_{t+1} \,|\, E_{t+1}] > E_P[(V[\tilde{H}])^*_t \,|\, E_t].$$

(ii) $\forall\ E_{t+1} \in \mathcal{E}(t+1)$ mit $E_{t+1} \subset E_t$:

$$E_P[(V[\tilde{H}])^*_{t+1} \mid E_t] = E_P[(V[\tilde{H}])^*_t \mid E_t].$$

In diesem Falle gilt (Induktionsschritt):

$\exists\ E_{t+1} \in \mathcal{E}(t+1)$ mit $E_{t+1} \subset E_t$:

$$\min_{\substack{E_M \in \mathcal{E}(M)\\ E_M \subset E_{t+1}}} E_P[(V[\tilde{H}])^*_M \mid E_M] \geq E_P[(V[\tilde{H}])^*_{t+1} \mid E_{t+1}].$$

$$\max_{\substack{E_M \in \mathcal{E}(M)\\ E_M \subset E_{t+1}}} E_P[(V[\tilde{H}])^*_M \mid E_M] > E_P[(V[\tilde{H}])^*_{t+1} \mid E_{t+1}].$$

(iii) $\exists\ E_{t+1} \in \mathcal{E}(t+1)$ mit $E_{t+1} \subset E_t$:

$$E_P[(V[\tilde{H}])^*_{t+1} \mid E_{t+1}] < E_P[(V[\tilde{H}])^*_t \mid E_t].$$

In diesem Falle gilt (Induktionsschritt):

$\exists\ E_{t+1} \in \mathcal{E}(t+1)$ mit $E_{t+1} \subset E_t$:

$$\min_{\substack{E_M \in \mathcal{E}(M)\\ E_M \subset E_{t+1}}} E_P[(V[\tilde{H}])^*_M \mid E_M] \geq E_P[(V[\tilde{H}])^*_{t+1} \mid E_{t+1}].$$

$$\max_{\substack{E_M \in \mathcal{E}(M)\\ E_M \subset E_{t+1}}} E_P[(V[\tilde{H}])^*_M \mid E_M] > E_P[(V[\tilde{H}])^*_{t+1} \mid E_{t+1}].$$

Mit Induktion folgt daraus die Behauptung.

1.2 Nach Voraussetzung ist $\tilde{H}$ vorhersehbar. Also ist $\tilde{H}_{t+1}$ messbar bzgl. $\mathcal{F}_t$. Also ist $\tilde{H}_{t+1}$ konstant auf den Mengen $E_t \in \mathcal{E}(t)$. Wir definieren eine Handelsstrategie $\tilde{H}^{t,E_t} \in \mathbb{R}^{N+1}$ für das Einperioden–Finanzmarktmodell $(\Omega^{t,E_t}, P^{t,E_t}, S^{t,E_t})$ durch:

$$\tilde{H}^{t,E_t} := E_P[\tilde{H}_{t+1} \mid E_t].$$

Nach Voraussetzung ist $\tilde{H}$ selbstfinanzierend. Damit lassen sich die in Punkt 1.1 bewiesenen Ungleichungen folgendermaßen äquivalent formulieren:

$$\min_{A \in \Omega^{t,E_t}} (V[\tilde{H}^{t,E_t}])^*(1,A) \geq (V[\tilde{H}^{t,E_t}])^*(0).$$

$$\max_{A \in \Omega^{t,E_t}} (V[\tilde{H}^{t,E_t}])^*(1,A) > (V[\tilde{H}^{t,E_t}])^*(0).$$

Daraus folgt:

$$(V[\tilde{H}^{t,E_t}])^*(1) \geq (V[\tilde{H}^{t,E_t}])^*(0).$$

$$E_{P^{t,E_t}}[(V[\tilde{H}^{t,E_t}])^*(1)] > (V[\tilde{H}^{t,E_t}])^*(0).$$

Nach Theorem 3.3 gibt es eine Arbitragemöglichkeit für das Einperioden–Finanzmarktmodell $(\Omega^{t,E_t}, P^{t,E_t}, S^{t,E_t})$.

2. *Wir zeigen:* (b) $\Longrightarrow$ (a).

Sei die Aussage in (b) wahr. Dann gibt es ein $t \in I$ mit $t < M$ und ein $E \in \mathcal{E}(t)$, so dass es eine Arbitragemöglichkeit für das Einperiodenmodell $(\Omega^{t,E}, P^{t,E}, S^{t,E})$ gibt. Nach Theorem 3.3 gibt es eine Handelsstrategie $\tilde{H}^{t,E} \in \mathbb{R}^{N+1}$, so dass die folgenden Ungleichungen erfüllt sind:

$$(V[\tilde{H}^{t,E}])^*(1) \geq (V[\tilde{H}^{t,E}])^*(0).$$

$$E_{P^{t,E}}[(V[\tilde{H}^{t,E}])^*(1)] > (V[\tilde{H}^{t,E}])^*(0).$$

2.1 Wir definieren eine Handelsstrategie H für das Mehrperiodenmodell (Ω, P, S) durch:

$$(H_0)_s(\omega) := -1_{\{t+1\}}(s)\, 1_E(\omega) \sum_{n=1}^{N} \tilde{H}_n^{t,E}\, (S_n^{t,E})^*(0)$$

$$+ 1_{\{t+2,\ldots,M\}}(s) \sum_{A \in \Omega^{t,E}} 1_A(\omega) \sum_{n=1}^{N} \tilde{H}_n^{t,E} \Big((S_n^{t,E})^*(1, A) - (S_n^{t,E})^*(0) \Big).$$

$$(H_n)_s(\omega) := 1_{\{t+1\}}(s)\, 1_E(\omega)\, \tilde{H}_n^{t,E} \qquad (n = 1, \ldots, N).$$

Insbesondere sind $H_0, \ldots, H_N$ vorhersehbare stochastische Prozesse.

2.2 *Wir zeigen:*

- *H ist selbstfinanzierend.*

Sei $s \in I$ mit $s > 0$. Nach Konstruktion gilt:

$$(V[H])^*_{s-1}(\omega) = \sum_{n=0}^{N} (H_n)_{s-1}(\omega)\, (S_n)^*_{s-1}(\omega)$$

$$= (H_0)_{s-1}(\omega) + 1_{\{t+1\}}(s-1)\, 1_E(\omega) \sum_{n=1}^{N} \tilde{H}_n^{t,E}\, (S_n)^*_{t+1}(\omega)$$

$$= (H_0)_{s-1}(\omega) + 1_{\{t+1\}}(s-1) \sum_{A \in \Omega^{t,E}} 1_A(\omega) \sum_{n=1}^{N} \tilde{H}_n^{t,E}\, (S_n^{t,E})^*(1, A)$$

$$= 1_{\{t+1,\ldots,M\}}(s-1) \sum_{A \in \Omega^{t,E}} 1_A(\omega) \sum_{n=1}^{N} \tilde{H}_n^{t,E} \Big((S_n^{t,E})^*(1, A) - (S_n^{t,E})^*(0) \Big)$$

$$= 1_{\{t+2,\ldots,M\}}(s) \sum_{A \in \Omega^{t,E}} 1_A(\omega) \sum_{n=1}^{N} \tilde{H}_n^{t,E} \Big((S_n^{t,E})^*(1, A) - (S_n^{t,E})^*(0) \Big).$$

$$\sum_{n=0}^{N} (H_n)_s(\omega)\, (S_n)^*_{s-1}(\omega)$$

$$= (H_0)_s(\omega) + 1_{\{t+1\}}(s)\, 1_E(\omega) \sum_{n=1}^{N} \tilde{H}_n^{t,E}\, (S_n)_t^*(\omega)$$

$$= (H_0)_s(\omega) + 1_{\{t+1\}}(s)\, 1_E(\omega) \sum_{n=1}^{N} \tilde{H}_n^{t,E}\, (S_n^{t,E})^*(0)$$

$$= 1_{\{t+2,\ldots,M\}}(s) \sum_{A \in \Omega^{t,E}} 1_A(\omega) \sum_{n=1}^{N} \tilde{H}_n^{t,E} \Big((S_n^{t,E})^*(1, A) - (S_n^{t,E})^*(0) \Big).$$

Daraus folgt:

$$(V[H])_{s-1}^*(\omega) = \sum_{n=0}^{N} (H_n)_s(\omega)\, (S_n)_{s-1}^*(\omega).$$

Dabei war s beliebig. Also ist H selbstfinanzierend.

2.3 *Wir zeigen:*

- *H ist eine Arbitragemöglichkeit.*

Mit Hilfe von Punkt 2.2 und $\tilde{S}_0^* = 1$ erhalten wir:

$$(V[H])_s^*(\omega)$$

$$= 1_{\{t+1,\ldots,M\}}(s) \sum_{A \in \Omega^{t,E}} 1_A(\omega) \sum_{n=1}^{N} \tilde{H}_n^{t,E} \Big((S_n^{t,E})^*(1, A) - (S_n^{t,E})^*(0) \Big)$$

$$= 1_{\{t+1,\ldots,M\}}(s) \sum_{A \in \Omega^{t,E}} 1_A(\omega) \Big((V[\tilde{H}^{t,E}])^*(1, A) - (V[\tilde{H}^{t,E}])^*(0) \Big).$$

Nach Voraussetzung gilt:

$\forall\ A \in \Omega^{t,E}$:

$$(V[\tilde{H}^{t,E}])^*(1, A) - (V[\tilde{H}^{t,E}])^*(0) \geq 0.$$

$\exists\ A \in \Omega^{t,E}$:

$$(V[\tilde{H}^{t,E}])^*(1, A) - (V[\tilde{H}^{t,E}])^*(0) > 0.$$

Daraus folgt insgesamt:

$$(V[H])_0^* = 0\,; \qquad (V[H])_M^* \geq 0\,; \qquad E_P[(V[H])_M^*] > 0.$$

Also ist H eine Arbitragemöglichkeit für das Mehrperiodenmodell (Ω, P, S).

□

Theorem 5.6

Sei Q ein positives Wahrscheinlichkeitsmaß auf Ω. Dann sind folgende Aussagen äquivalent:

(a) $\forall\ n = 1, \ldots, N$:

- *S_n^* ist ein Martingal bzgl. $(\{\mathcal{F}(t)\}_{t\in I}, Q)$.*

(b) *Für jede selbstfinanzierende Handelsstrategie H gilt:*

- *$(V[H])^*$ ist ein Martingal bzgl. $(\{\mathcal{F}(t)\}_{t\in I}, Q)$.*

Q heiß äquivalentes Martingalmaß *auf Ω, falls eine der obigen Aussagen wahr ist.*

Beweis

1. *Wir zeigen:* (a) $\Longrightarrow$ (b).

   Sei die Aussage in (a) wahr, und sei H eine selbstfinanzierende Handelsstrategie. Nach Theorem 5.3 gilt:

   $\forall\, t \in I$:

   $$(V[H])_t^* = (V[H])_0^* + \sum_{n=0}^{N}\sum_{s=1}^{t}(H_n)_s\Big((S_n)_s^* - (S_n)_{s-1}^*\Big).$$

   Nach Theorem 4.12 ist $(V[H])^*$ ein Martingal bzgl. $(\{\mathcal{F}(t)\}_{t\in I}, Q)$.

2. *Wir zeigen:* (b) $\Longrightarrow$ (a).

   Sei die Aussage in (b) wahr, und sei $m \in \{1,\ldots,N\}$. Wir definieren eine selbstfinanzierende Handelsstrategie H durch:

   $$H_n(t,\omega) := \delta_{mn}.$$

   Nach Konstruktion gilt:

   $$(V[H])^* = S_m^*.$$

   $$(V[H])^* \text{ ist ein Martingal bzgl. } (\{\mathcal{F}(t)\}_{t\in I}, Q)..$$

   Dabei war $m \in \{1,\ldots,N\}$ beliebig. Daraus folgt die Behauptung.

□

Theorem 5.7

Sei Q ein positives Wahrscheinlichkeitsmaß auf Ω, und sei $\{Q^{t,E}\}_{t,E}$ die zugehörige Familie von positiven Wahrscheinlichkeitsmaßen auf $\{\Omega^{t,E}\}_{t,E}$. Dann sind folgende Aussagen äquivalent:

(a) *Q ist ein äquivalentes Martingalmaß auf Ω.*

(b) *$\forall\, t \in I$ mit $t < M$ $\forall\, E \in \mathcal{E}(t)$:*

- *$Q^{t,E}$ ist ein äquivalentes Martingalmaß auf $\Omega^{t,E}$.*

Beweis

Sei $n \in \{1,\ldots,N\}$, und sei $t \in I$ mit $t < M$. Nach Konstruktion ist $(S_n)^*$ adaptiert bzgl. $\{\mathcal{F}(t)\}_{t\in I}$. Daraus folgt:

$$(S_n)_t^*(\omega) = \sum_{E\in\mathcal{E}(t)} E_Q[(S_n)_t^*|E]\, 1_E(\omega) = \sum_{E\in\mathcal{E}(t)} (S_n^{t,E})^*(0)\, 1_E(\omega).$$

$$(S_n)^*_{t+1}(\omega) = \sum_{A\in\mathcal{E}(t+1)} E_Q[(S_n)^*_{t+1}|A]\,1_A(\omega) = \sum_{A\in\mathcal{E}(t+1)} (S_n^{t,E})^*(1,A)\,1_A(\omega).$$

Daraus folgt:

$$\begin{aligned}
E_Q[(S_n)^*_{t+1}|\mathcal{F}(t)](\omega) &= \sum_{E\in\mathcal{E}(t)} E_Q[(S_n)^*_{t+1}|E]\,1_E(\omega) \\
&= \sum_{E\in\mathcal{E}(t)} \sum_{\substack{A\in\mathcal{E}(t+1)\\ A\subset E}} (S_n^{t,E})^*(1,A)\,E_Q[1_A|E]\,1_E(\omega) \\
&= \sum_{E\in\mathcal{E}(t)} \sum_{\substack{A\in\mathcal{E}(t+1)\\ A\subset E}} (S_n^{t,E})^*(1,A)\,Q(A|E)\,1_E(\omega) \\
&= \sum_{E\in\mathcal{E}(t)} \sum_{\substack{A\in\mathcal{E}(t+1)\\ A\subset E}} (S_n^{t,E})^*(1,A)\,Q^{t,E}(A)\,1_E(\omega) \\
&= \sum_{E\in\mathcal{E}(t)} E_{Q^{t,E}}[(S_n^{t,E})^*(1)]\,1_E(\omega).
\end{aligned}$$

Damit sind (a) sowie (b) äquivalent zu folgender Aussage:
$\forall\, n \in \{1,\ldots,N\}\ \forall\, t \in I$ mit $t < M\ \forall\, E \in \mathcal{E}(t)$:

$$(S_n^{t,E})^*(0) = E_{Q^{t,E}}[(S_n^{t,E})^*(1)].$$

□

Theorem 5.8 (Satz von Harrison–Pliska)

Folgende Aussagen sind äquivalent:

(a) *Es gibt keine Arbitragemöglichkeit.*

(b) *Es gibt ein äquivalentes Martingalmaß Q auf Ω.*

Beweis

1. *Wir zeigen:* (b) $\Longrightarrow$ (a).

   Sei Q ein äquivalentes Martingalmaß auf Ω, und sei H eine selbstfinanzierende Handelsstrategie. Nach Theorem 5.6 gilt:

   - $(V[H])^*$ ist ein Martingal bzgl. $(\{\mathcal{F}(t)\}_{t\in I}, Q)$.

   Nach Abschnitt 4.6 gilt:

   $$E_Q[(V[H])^*_M] = E_Q[(V[H])^*_0] = (V[H])^*_0.$$

   Nach Theorem 5.4 gibt es keine Arbitragemöglichkeit.

2. *Wir zeigen:* (a) $\Longrightarrow$ (b).

   Wir nehmen an, es gibt keine Arbitragemöglichkeit für das Mehrperiodenmodell (Ω, P, S). Nach Theorem 5.5 gilt:

   $\forall\, t \in I$ mit $t < M\ \forall\, E \in \mathcal{E}(t)$:

- Es gibt keine Arbitragemöglichkeit für das Einperiodenmodell $(\Omega^{t,E}, P^{t,E}, S^{t,E})$.

Nach dem Satz von Harrison–Pliska aus Abschnitt 3 gilt:

$\forall\, t \in I$ mit $t < M\ \forall\, E \in \mathcal{E}(t)$:

- Es gibt ein äquivalentes Martingalmaß $Q^{t,E}$ auf $\Omega^{t,E}$.

Wir definieren $Q : \Omega \longrightarrow \mathbb{R}$ durch:

$\forall\, \omega \in \Omega\ \forall\, E_t \in \mathcal{E}(t)$ mit $\omega \in E_M \subset ... \subset E_0$:

$$Q(\omega) := \prod_{t=0}^{M-1} Q^{t,E_t}(E_{t+1}).$$

Nach Theorem 5.7 gilt:

- Q ist ein äquivalentes Martingalmaß auf Ω.

□

Theorem 5.9

Es gilt folgende Implikation:

(a) *Es gibt keine Arbitragemöglichkeit.*

$\Longrightarrow$

(b) *Es gilt das* Gesetz des einen Preises, *d.h. für je zwei selbstfinanzierende Handelsstrategien $H^{(1)}$ und $H^{(2)}$ gilt folgende Implikation:*

$$(V[H^{(1)}])_M \leq (V[H^{(2)}])_M \qquad \Longrightarrow \qquad (V[H^{(1)}])_0 \leq (V[H^{(2)}])_0.$$

Beweis

Wir zeigen: Nicht (b) $\Longrightarrow$ Nicht (a).

Sei die Implikation in (b) falsch. Dann gilt:

$\exists\, H^{(1)}, H^{(2)} \in \mathfrak{X}^{N+1}$:

$H^{(1)}$ und $H^{(2)}$ sind selbstfinanzierende Handelsstrategien.

$$(V[H^{(1)}])_0 > (V[H^{(2)}])_0\,; \qquad (V[H^{(1)}])_M \leq (V[H^{(2)}])_M.$$

Wir definieren:

$$\tilde{H} := H^{(2)} - H^{(1)}.$$

Nach Konstruktion gilt:

$\tilde{H}$ ist eine selbstfinanzierende Handelsstrategie.

$$(V[\tilde{H}])_0^* < 0 \leq (V[\tilde{H}])_M^*.$$

Nach Theorem 5.4 gibt es eine Arbitragemöglichkeit.

□

5.4 Bewertung von Derivaten

In diesem Abschnitt wenden wir uns wiederum dem zentralen Thema dieses Lehrbuchs zu, der Bewertung von Optionen und anderen Derivaten. Dabei gehen wir analog zu Abschnitt 3.5 vor. Wir definieren den *fairen Preis* eines Derivats als den eindeutig bestimmten Wert eines replizierenden Portfolios zur Zeit $t = 0$. Ferner formulieren wir eine erste Version des *Prinzips der risikoneutralen Bewertung.*

Derivate

Ein *Derivat* bezeichnet allgemein einen Finanzkontrakt, welcher zukünftige Zahlungen festlegt. In unserem Mehrperioden–Finanzmarktmodell verstehen wir unter einem Derivat eine Abbildung Z_M der folgenden Art:

$$Z_M : \Omega \longrightarrow \mathbb{R} : \omega \longmapsto Z_M(\omega).$$

Dabei bezeichnet Z_M eine Zahlung zur Zeit $t = M$, welche durch den Finanzkontrakt festgelegt wird, d.h. wir identifizieren den Finanzkontrakt mit den durch diesen Kontrakt festgelegten Zahlungen. Insbesondere ist Z_M eine Zufallsvariable.

Problemstellung

Sei Z_M ein Derivat. Gesucht ist der *faire Preis* $Z_0 \in \mathbb{R}$ des zugehörigen Kontraktes zur Zeit $t = 0$.

Fairer Preis (I)

Sei Z_M ein Derivat, und seien folgende Voraussetzungen gegeben:

1. Es gilt das Gesetz des einen Preises.
2. Es gibt eine *replizierende Handelsstrategie* für Z_M, d.h. es gibt eine selbstfinanzierende Handelsstrategie H mit folgender Eigenschaft:

$$Z_M = (V[H])_M.$$

Dann besitzt das Derivat zur Zeit $t = 0$ genau einen fairen Preis:

$$Z_0 = (V[H])_0.$$

Insbesondere gilt für jede selbstfinanzierende Handelsstrategie $\tilde{H}$ folgende Implikation:

$$Z_M = (V[\tilde{H}])_M \qquad \Longrightarrow \qquad Z_0 = (V[\tilde{H}])_0.$$

M.a.W. der faire Preis Z_0 des Derivates ist der eindeutig bestimmte Wert eines *replizierenden Portfolios* $(V[H])_t$ zur Zeit $t = 0$.

Theorem 5.10 (Prinzip der risikoneutralen Bewertung (I))

Sei Z_M ein Derivat, und seien folgende Voraussetzungen gegeben:

1. *Es gibt keine Arbitragemöglichkeit.*
2. *Es gibt eine replizierende Handelsstrategie für Z_M.*

Dann gilt:

(a) *Das Derivat besitzt zur Zeit $t = 0$ genau einen fairen Preis Z_0.*

(b) *Sei Q ein äquivalentes Martingalmaß auf Ω. Dann gilt:*

$$Z_0^* = E_Q[Z_M^*].$$

Beweis

(a) Nach Theorem 5.9 gilt das Gesetz des einen Preises. Also besitzt das Derivat zur Zeit $t = 0$ genau einen fairen Preis Z_0.

(b) Sei H eine replizierende Handelsstrategie für Z_M. Mit Hilfe Theorem 5.6 sowie dem Satz von Harrison–Pliska erhalten wir:

$$Z_0^* = (V[H])_0^* = E_Q[(V[H])_M^*] = E_Q[Z_M^*].$$

□

Bemerkung (Hedging)
Sei Z_M ein Derivat.

(a) Wir haben den fairen Preis von Z_M als den eindeutig bestimmten Wert eines replizierenden Portfolios $(V[H])_t$ zur Zeit $t = 0$ definiert. Zur Bestimmung eines solchen replizierenden Portfolios benötigen wir eine replizierende Handelsstrategie H. Das Prinzip der risikoneutralen Bewertung erlaubt es nun, den fairen Preis des Derivats ohne explizite Kenntnis der replizierende Handelsstrategie zu berechnen.

(b) In der Praxis besteht jedoch oft die Notwendigkeit, replizierende Handelsstrategien explizit zu bestimmen. Dies ist z.B. dann der Fall, wenn eine Investmentbank eine Option zum fairen Preis (plus einer Marge) verkauft, und das dadurch entstandene Risiko durch Erwerb eines replizierenden Portfolios absichert. Die Absicherung von Derivaten durch replizierende Portfolios bezeichnet man allgemein als *Hedging*. Sofern alle Schritte des folgenden Algorithmus durchführbar sind, liefert dieser eine replizierende Handelsstrategie H für unser Derivat Z_M.

1. Nach Definition ist H eine Handelsstrategie, d.h. ein vorhersehbarer stochastischer Prozess. Deshalb machen wir für H folgenden Ansatz:

$$H_0^{t,E}, \ldots, H_N^{t,E} \in \mathbb{R} \qquad (t \in I;\ E \in \mathcal{E}(t-1)).$$

$$(H_n)_t(\omega) := \sum_{E \in \mathcal{E}(t-1)} H_n^{t,E}\, 1_E(\omega) \qquad (0 < t \in I).$$

$$(H_n)_0(\omega) := (H_n)_1(\omega).$$

Ziel des Algorithmus ist die Bestimmung der Koeffizienten $H_0^{t,E}, \ldots, H_N^{t,E}$.

2. Wir beginnen mit $t = M$. Nach Definition ist H eine replizierende Handelsstrategie. Deshalb machen wir für H_M folgenden Ansatz:

$$\sum_{n=0}^{N} (H_n)_M(\omega)\,(S_n)_M(\omega) = Z_M(\omega).$$

Auflösen dieser Gleichung liefert $H_0^{M,E}, \dots, H_N^{M,E}$.

3. Sei $t \in I$ mit $t > 0$, und sei H_t schon definiert. Nach Definition ist H eine selbstfinanzierende Handelsstrategie. Deshalb machen wir für H_{t-1} folgenden Ansatz:

$$\sum_{n=0}^{N} (H_n)_{t-1}(\omega)\,(S_n)_{t-1}(\omega) = \sum_{n=0}^{N} (H_n)_t(\omega)\,(S_n)_{t-1}(\omega).$$

Auflösen dieser Gleichung liefert $H_0^{t-1,E}, \dots, H_N^{t-1,E}$.

5.5 Vollständigkeit

Genau wie im Falle des Einperioden–Finanzmarktmodells liefert das Prinzip der risikoneutralen Bewertung den fairen Preis eines Derivates in einem Mehrperioden–Finanzmarktmodell ohne Arbitragemöglichkeiten unter der Voraussetzung, dass für das Derivat ein replizierendes Portfolio existiert. Wir übertragen nun die in Abschnitt 3.6 entwickelte Theorie auf unser Mehrperioden–Finanzmarktmodell. Insbesondere beantworten wir wiederum die folgenden Fragen:

- Unter welchen Voraussetzungen ist ein gegebenes Derivat replizierbar?
- Unter welchen Voraussetzungen ist das Finanzmarktmodell vollständig, d.h. unter welchen Voraussetzungen sind alle Derivate replizierbar?
- Wie kann das Konzept des fairen Preises für unvollständige Finanzmarktmodelle ohne Arbitragemöglichkeiten erweitert werden?

Theorem 5.11 (Vollständigkeit des Finanzmarktmodells (I))
Sei Z_M ein Derivat, und sei folgende Voraussetzung gegeben:

- *Es gibt keine Arbitragemöglichkeit.*

Dann sind folgende Aussagen äquivalent:

(a) *Es gibt eine replizierende Handelsstrategie für Z_M.*

(b) *Für je zwei äquivalente Martingalmaße, $Q^{(1)}$ und $Q^{(2)}$, auf Ω gilt:*

$$E_{Q^{(1)}}[Z_M^*] = E_{Q^{(2)}}[Z_M^*].$$

Beweis

1. *Wir zeigen:* (a) $\Longrightarrow$ (b).

   Seien $Q^{(1)}$, $Q^{(2)}$ zwei äquivalente Martingalmaße auf Ω. Nach dem Prinzip der risikoneutralen Bewertung (I) gilt:

   $$E_{Q^{(1)}}[Z_M^*] = Z_0^* = E_{Q^{(2)}}[Z_M^*].$$

2. *Wir zeigen:* (b) $\Longrightarrow$ (a).

   2.1 Sei Q ein äquivalentes Martingalmaß auf Ω, und sei $\{Q^{t,E}\}_{t,E}$ die Familie der zugehörigen äquivalenten Martingalmaße auf $\{\Omega^{t,E}\}_{t,E}$. Wir definieren einen adaptierten stochastischen Prozess $\tilde{Z}$ bzgl. $(\{\mathcal{F}(t)\}_{t\in I}, Q)$ durch:

   $$\tilde{Z}_t^* := E_Q[Z_M^*|\mathcal{F}(t)] = \sum_{E\in\mathcal{E}(t)} E_Q[Z_M^*|E]\,1_E.$$

   Wir betrachten die zugehörige Familie $\{\tilde{Z}^{t,E}\}_{t,E}$ von stochastischen Prozessen auf $\{\Omega^{t,E}\}_{t,E}$:

   $$(\tilde{Z}^{t,E})^*(0) = E_P[\tilde{Z}_t^*|E] = E_Q[Z_M^*|E].$$

   $$(\tilde{Z}^{t,E})^*(1,A) = E_P[\tilde{Z}_{t+1}^*|A] = E_Q[Z_M^*|A].$$

   Dabei fassen wir jedes $\tilde{Z}^{t,E}(1)$ als Derivat auf.

   2.2 *Wir zeigen:*

   - *Jedes Derivat $\tilde{Z}^{t,E}(1)$ ist replizierbar.*

   Sei dazu $\overline{t} \in I$ mit $\overline{t} < M$, sei $\overline{E} \in \mathcal{E}(\overline{t})$, und sei $R^{\overline{t},\overline{E}}$ ein äquivalentes Martingalmaß auf $\Omega^{\overline{t},\overline{E}}$. Wir definieren eine Familie $\{\overline{Q}^{t,E}\}_{t,E}$ von äquivalenten Martingalmaßen auf $\{\Omega^{t,E}\}_{t,E}$ durch:

   $$\overline{Q}^{t,E} := \begin{cases} R^{\overline{t},\overline{E}} & \text{falls } (t,E) = (\overline{t},\overline{E}); \\ Q^{t,E} & \text{sonst.} \end{cases}$$

   Wir definieren ferner ein äquivalentes Martingalmaß $\overline{Q}$ auf Ω durch:

   $\forall\, \omega \in \Omega\ \forall\, E_t \in \mathcal{E}(t)$ mit $\omega \in E_M \subset ... \subset E_0$:

   $$\overline{Q}(\omega) := \prod_{t=0}^{M-1} \overline{Q}^{t,E_t}(E_{t+1}).$$

   Nach Konstruktion gilt:

   (i) $\forall\, \omega \in \overline{E}$:

   $$\begin{aligned} &\overline{Q}(\omega) - Q(\omega) \\ &= \Big(\prod_{t=0}^{\overline{t}-1} Q^{t,E_t}(E_{t+1})\Big)\,\big(R^{\overline{t},\overline{E}}(E_{\overline{t}+1}) - Q^{\overline{t},\overline{E}}(E_{\overline{t}+1})\big)\Big(\prod_{t=\overline{t}+1}^{M-1} Q^{t,E_t}(E_{t+1})\Big) \end{aligned}$$

$$= Q(E_{\bar{t}})\left(R^{\bar{t},\overline{E}}(E_{\bar{t}+1}) - Q^{\bar{t},\overline{E}}(E_{\bar{t}+1})\right)\frac{Q(\omega)}{Q(E_{\bar{t}+1})}$$
$$= Q(\overline{E})\left(R^{\bar{t},\overline{E}}(E_{\bar{t}+1}) - Q^{\bar{t},\overline{E}}(E_{\bar{t}+1})\right)\frac{Q(\omega)}{Q(E_{\bar{t}+1})}.$$

Dabei haben wir im zweiten Schritt Theorem 5.2 verwendet.

(ii) $\forall\, \omega \in \Omega \backslash \overline{E}$:

$$\overline{Q}(\omega) - Q(\omega) = 0.$$

Daraus folgt:

$$
\begin{aligned}
0 &= E_{\overline{Q}}[Z_M^*] - E_Q[Z_M^*] \\
&= \sum_{\omega\in\Omega} Z_M^*(\omega)\,(\overline{Q}(\omega) - Q(\omega)) \\
&= \sum_{\omega\in\overline{E}} Z_M^*(\omega)\,(\overline{Q}(\omega) - Q(\omega)) \\
&= \sum_{\substack{E_{\bar{t}+1}\in\mathcal{E}(\bar{t}+1)\\ E_{\bar{t}+1}\subset\overline{E}}} \sum_{\omega\in E_{\bar{t}+1}} Z_M^*(\omega)\,(\overline{Q}(\omega) - Q(\omega)) \\
&= \sum_{\substack{E_{\bar{t}+1}\in\mathcal{E}(\bar{t}+1)\\ E_{\bar{t}+1}\subset\overline{E}}} \sum_{\omega\in E_{\bar{t}+1}} Z_M^*(\omega)\,Q(\overline{E})\left(R^{\bar{t},\overline{E}}(E_{\bar{t}+1}) - Q^{\bar{t},\overline{E}}(E_{\bar{t}+1})\right)\frac{Q(\omega)}{Q(E_{\bar{t}+1})} \\
&= Q(\overline{E}) \sum_{\substack{E_{\bar{t}+1}\in\mathcal{E}(\bar{t}+1)\\ E_{\bar{t}+1}\subset\overline{E}}} (R^{\bar{t},\overline{E}}(E_{\bar{t}+1}) - Q^{\bar{t},\overline{E}}(E_{\bar{t}+1})) \sum_{\omega\in E_{\bar{t}+1}} Z_M^*(\omega)\,\frac{Q(\omega)}{Q(E_{\bar{t}+1})} \\
&= Q(\overline{E}) \sum_{\substack{E_{\bar{t}+1}\in\mathcal{E}(\bar{t}+1)\\ E_{\bar{t}+1}\subset\overline{E}}} (R^{\bar{t},\overline{E}}(E_{\bar{t}+1}) - Q^{\bar{t},\overline{E}}(E_{\bar{t}+1}))E_Q[Z_M^*|E_{\bar{t}+1}] \\
&= Q(\overline{E}) \sum_{\substack{E_{\bar{t}+1}\in\mathcal{E}(\bar{t}+1)\\ E_{\bar{t}+1}\subset\overline{E}}} (R^{\bar{t},\overline{E}}(E_{\bar{t}+1}) - Q^{\bar{t},\overline{E}}(E_{\bar{t}+1}))(\tilde{Z}^{\bar{t},\overline{E}})^*(1, E_{\bar{t}+1}) \\
&= Q(\overline{E})\Big(E_{R^{\bar{t},\overline{E}}}[(\tilde{Z}^{\bar{t},\overline{E}})^*(1)] - E_{Q^{\bar{t},\overline{E}}}[(\tilde{Z}^{\bar{t},\overline{E}})^*(1)]\Big).
\end{aligned}
$$

Daraus folgt:

$$E_{R^{\bar{t},\overline{E}}}[(\tilde{Z}^{\bar{t},\overline{E}})^*(1)] = E_{Q^{\bar{t},\overline{E}}}[(\tilde{Z}^{\bar{t},\overline{E}})^*(1)].$$

Dabei war $R^{\bar{t},\overline{E}}$ beliebig. Nach Theorem 3.7 ist $\tilde{Z}^{\bar{t},\overline{E}}$ replizierbar. Dabei war $(\bar{t},\overline{E})$ beliebig. Also ist jedes Derivat $\tilde{Z}^{t,E}$ replizierbar.

2.3 *Wir zeigen:*

- *$\tilde{Z}^{t,E}(0)$ ist der faire Preis des Derivates $\tilde{Z}^{t,E}(1)$.*

Nach Konstruktion gilt:

$$\begin{aligned}
E_{Q^{t,E}}[(\tilde{Z}^{t,E})^*(1)] &= \sum_{\substack{A\in\mathcal{E}(t+1)\\ A\subset E}} (\tilde{Z}^{t,E})^*(1,A)\, Q^{t,E}(A) \\
&= \sum_{\substack{A\in\mathcal{E}(t+1)\\ A\subset E}} E_Q[Z_M^*|A]\, Q(A|E) \\
&= \sum_{\substack{A\in\mathcal{E}(t+1)\\ A\subset E}} \sum_{\omega\in A} Z_M^*(\omega)\, \frac{Q(\omega)}{Q(A)}\, \frac{Q(A)}{Q(E)} \\
&= \sum_{\omega\in E} Z_M^*(\omega)\, \frac{Q(\omega)}{Q(E)} \\
&= E_Q[Z_M^*|E] \\
&= (\tilde{Z}^{t,E})^*(0).
\end{aligned}$$

2.4 Sei $H^{t,E} \in \mathbb{R}^{N+1}$ diejenige Handelsstrategie für das Einperioden–Finanzmarktmodell, welche $\tilde{Z}^{t,E}(1)$ repliziert. Wir definieren eine Handelsstrategie H für das Mehrperioden–Finanzmarktmodell durch:

$$H_t(\omega) := \sum_{E\in\mathcal{E}(t-1)} H^{t-1,E}\, 1_E(\omega) \qquad (0 < t \in I).$$

$$H_0(\omega) := H_1(\omega).$$

2.5 *Wir zeigen:*

- *H ist eine replizierende Handelsstrategie für Z_M.*

Seien dazu $\omega \in \Omega$, sei $A \in \mathcal{E}(M)$, sei $E \in \mathcal{E}(M-1)$, und sei $\omega \in A \subset E$. Nach Konstruktion gilt:

$$\begin{aligned}
Z_M(\omega) &= \tilde{Z}^{M-1,E}(1,A) \\
&= \sum_{n=0}^{N} H^{M-1,E}\, S_n^{M-1,E}(1,A) \\
&= \sum_{n=0}^{N} H_M(\omega)\, (S_n)_M(\omega).
\end{aligned}$$

Also ist H eine replizierende Handelsstrategie für Z_M.

2.6 *Wir zeigen:*

- *H ist eine selbstfinanzierende Handelsstrategie.*

Nach Konstruktion gilt:

$$(V[H])_0 = \sum_{n=0}^{N} (H_n)_0 \, (S_n)_0 = \sum_{n=0}^{N} (H_n)_1 \, (S_n)_0.$$

Nach Konstruktion gilt ferner:

$\forall \; t \in I$ mit $t > 0$:

$$\begin{aligned}
(V[H])_t &= \sum_{n=0}^{N} (H_n)_t \, (S_n)_t \\
&= \sum_{E \in \mathcal{E}(t-1)} \sum_{\substack{A \in \mathcal{E}(t) \\ A \subset E}} \sum_{n=0}^{N} H_n^{t-1,E} \, S_n^{t-1,E}(1, A) \, 1_A \\
&= \sum_{E \in \mathcal{E}(t-1)} \sum_{\substack{A \in \mathcal{E}(t) \\ A \subset E}} (V[H^{t-1,E}])(1, A) \, 1_A \\
&= \sum_{E \in \mathcal{E}(t-1)} \sum_{\substack{A \in \mathcal{E}(t) \\ A \subset E}} \tilde{Z}^{t-1,E}(1, A) \, 1_A \\
&= \sum_{A \in \mathcal{E}(t)} E_Q[Z_M | A] \, 1_A.
\end{aligned}$$

Nach Punkt 2.3 ist $\tilde{Z}^{t,A}(0)$ der faire Preis des Derivates $\tilde{Z}^{t,A}(1)$. Daraus folgt:

$\forall \; t \in I$ mit $0 < t < M$:

$$\begin{aligned}
\sum_{A \in \mathcal{E}(t)} E_Q[Z_M | A] \, 1_A &= \sum_{A \in \mathcal{E}(t)} \tilde{Z}^{t,A}(0) \, 1_A \\
&= \sum_{A \in \mathcal{E}(t)} (V[H^{t,A}])(0) \, 1_A \\
&= \sum_{A \in \mathcal{E}(t)} \sum_{n=0}^{N} H_n^{t,A} \, S_n^{t,A}(0) \, 1_A \\
&= \sum_{n=0}^{N} (H_n)_{t+1} \, (S_n)_t.
\end{aligned}$$

Daraus folgt insgesamt:

$\forall \; t \in I$ mit $0 < t < M$:

$$(V[H])_t = \sum_{n=0}^{N} (H_n)_{t+1} \, (S_n)_t.$$

Also ist H selbstfinanzierend.

2.7 Aus Punkt 2.4, Punkt 2.5 und Punkt 2.6 folgt die Behauptung.

□

Theorem 5.12 (Vollständigkeit des Finanzmarktmodells (II))
Sei folgende Voraussetzung gegeben:

- *Es gibt keine Arbitragemöglichkeit.*

Dann sind folgende Aussagen äquivalent:

(a) *Das Finanzmarktmodell ist* vollständig, *d.h. für jedes Derivat Z_M gibt es eine replizierende Handelsstrategie H.*

(b) *Es gibt genau ein äquivalentes Martingalmaß Q auf Ω.*

Beweis

1. *Wir zeigen:* (a) $\Longrightarrow$ (b).

   Sei die Aussage in (a) wahr. Nach dem Satz von Harrison–Pliska gibt es mindestens ein äquivalentes Martingalmaß Q auf Ω. Seien nun $Q^{(1)}$ und $Q^{(2)}$ zwei äquivalente Martingalmaße auf Ω. Wir definieren:

   $$(Z_l)_M(\omega_k) := \delta_{lk}\,(S_0)_M(\omega_k) \qquad (k, l = 1, \ldots, K).$$

   Mit Hilfe von Theorem 5.11 erhalten wir:

   $$\begin{aligned} Q^{(1)}(\omega_l) &= \sum_{k=1}^{K} \delta_{lk} Q^{(1)}(\omega_k) \\ &= E_{Q^{(1)}}[(Z_l)^*_M] \\ &= E_{Q^{(2)}}[(Z_l)^*_M] \\ &= \sum_{k=1}^{K} \delta_{lk} Q^{(2)}(\omega_k) \\ &= Q^{(2)}(\omega_l) \qquad (l = 1, \ldots, K). \end{aligned}$$

   Also ist Q eindeutig bestimmt.

2. *Wir zeigen:* (b) $\Longrightarrow$ (a).

   Diese Implikation folgt sofort aus Theorem 5.11.

□

Fairer Preis (II)

Sei Z_M ein Derivat, und sei folgende Voraussetzung gegeben:

- Es gilt das Gesetz des einen Preises.

Wir definieren:

$$\underline{Z}_0 := \sup\left\{(V[H])_0 \mid H \text{ ist selbstfin. Handelsstrategie};\ (V[H])_M \le Z_M\right\}.$$

$$\overline{Z}_0 := \inf\left\{(V[H])_0 \mid H \text{ ist selbstfin. Handelsstrategie};\ (V[H])_M \ge Z_M\right\}.$$

Damit gilt für den fairen Preis des Derivates zur Zeit $t = 0$:

$$\underline{Z}_0 \leq Z_0 \leq \overline{Z}_0.$$

Insbesondere gelten für jede selbstfinanzierende Handelsstrategie H folgende Implikationen:

$$(V[H])_M \leq Z_M \qquad \Longrightarrow \qquad (V[H])_0 \leq Z_0.$$

$$(V[H])_M \geq Z_M \qquad \Longrightarrow \qquad (V[H])_0 \geq Z_0.$$

M.a.W. der faire Preis Z_0 des Derivats liegt per Definition zwischen den Schranken $\underline{Z}_0$ und $\overline{Z}_0$. Insbesondere ist Z_0 i.d.R. nicht eindeutig bestimmt. Dabei bezeichnet $\underline{Z}_0$ das Supremum der Werte aller *subreplizierenden Portfolios* zur Zeit $t = 0$. Ferner bezeichnet $\overline{Z}_0$ das Infimum der Werte aller *superreplizierenden Portfolios* zur Zeit $t = 0$.

Theorem 5.13 (Prinzip der risikoneutralen Bewertung (II))

Sei Z_M ein Derivat, und sei folgende Voraussetzung gegeben:

- *Es gibt keine Arbitragemöglichkeit.*

Dann gilt:

$$\begin{aligned}\underline{Z}_0^* &= \max\{(V[H])_0^* \mid H \text{ ist selbstfin. Handelsstrategie}\,;\ (V[H])_M^* \leq Z_M^*\} \\ &= \inf\{E_Q[Z_M^*] \mid Q \text{ ist äquivalentes Martingalmaß auf } \Omega\}\,.\end{aligned}$$

$$\begin{aligned}\overline{Z}_0^* &= \min\{(V[H])_0^* \mid H \text{ ist selbstfin. Handelsstrategie}\,;\ (V[H])_M^* \geq Z_M^*\} \\ &= \sup\{E_Q[Z_M^*] \mid Q \text{ ist äquivalentes Martingalmaß auf } \Omega\}\,.\end{aligned}$$

Beweis

Wir beweisen die zweite Aussage. Die erste Aussage folgt analog.

1. Sei H eine selbstfinanzierende Handelsstrategie, und sei Q ein äquivalentes Martingalmaß auf Ω. Dann gilt folgende Implikation:

   $$Z_M^* \leq (V[H])_M^* \qquad \Longrightarrow \qquad E_Q[Z_M^*] \leq E_Q[(V[H])_M^*] = (V[H])_0^*.$$

   Deshalb genügt es, folgende Aussage zu beweisen:

   - Es gibt eine selbstfinanzierende Handelsstrategie $\overline{H}$, und es gibt eine Familie $\{Q_\varepsilon\}_{0<\varepsilon<1}$ von äquivalenten Martingalmaßen auf Ω mit folgenden Eigenschaften:

     $$Z_M^* \leq (V[\overline{H}])_M^*.$$

     $$E_{Q_\varepsilon}[Z_M^*] = (V[\overline{H}])_0^* + O(\varepsilon).$$

2. Wir betrachten die Familie $\{(\Omega^{t,E}, P^{t,E}, S^{t,E})\}_{t,E}$ der Einperioden–Finanzmarktmodelle. Nach Theorem 5.5 gibt es keine Arbitragemöglichkeiten für die Einperioden–Finanzmarktmodelle. Nach dem Satz von Harrison–Pliska sowie Theorem 5.7 gibt es eine Familie $\{Q^{t,E}\}_{t,E}$ von äquivalenten Martingalmaßen auf $\{\Omega^{t,E}\}_{t,E}$.

3. Wir definieren eine Familie $\{Z^{t,E}(1)\}_{t,E}$ von Derivaten sowie eine Familie $\{\tilde{H}^{t,E}\}_{t,E}$ von Handelsstrategien rekursiv für $t = M-1, \ldots, 0$ mit Hilfe des folgenden Algorithmus.

   3.1 Sei $E \in \mathcal{E}(M-1)$. Wir definieren $Z^{M-1,E}(1)$ durch:

   $\forall\, \omega \in E$:

   $$Z^{M-1,E}(1, \{\omega\}) := Z_M(\omega).$$

   3.2 Sei $t \in I$, sei $E \in \mathcal{E}(t)$, und sei $Z^{t,E}(1)$ schon definiert. Nach dem Prinzip der risikoneutralen Bewertung (IIa) für das Einperioden–Finanzmarktmodell gilt:

   $$\min\left\{(V[\tilde{H}^{t,E}])^*(0) \,\middle|\, \tilde{H}^{t,E} \in \mathbb{R}^{N+1};\ (Z^{t,E})^*(1) \leq (V[\tilde{H}^{t,E}])^*(1)\right\}$$
   $$= \max\left\{E_{\tilde{Q}^{t,E}}[(Z^{t,E})^*(1)] \,\middle|\, \tilde{Q}^{t,E} \text{ ist Martingalmaß auf } \Omega^{t,E}\right\}.$$

   Also gibt es eine Handelsstrategie $\tilde{H}^{t,E} \in \mathbb{R}^{N+1}$ sowie ein Martingalmaß $\tilde{Q}^{t,E}$ auf $\Omega^{t,E}$ mit folgenden Eigenschaften:

   $$(Z^{t,E})^*(1, A) \leq (V[\tilde{H}^{t,E}])^*(1, A).$$

   $$E_{\tilde{Q}^{t,E}}[(Z^{t,E})^*(1)] = (V[\tilde{H}^{t,E}])^*(0).$$

   3.3 Sei $t \in I$ mit $t < M-1$, sei $E \in \mathcal{E}(t)$, und sei $\tilde{H}^{t+1,A}$ für $A \in \Omega^{t,E}$ schon definiert. Wir definieren $Z^{t,E}(1)$ durch:

   $$Z^{t,E}(1, A) := V[\tilde{H}^{t+1,A}](0).$$

4. Wir definieren eine Handelsstrategie $\tilde{H}$ für das Mehrperiodenmodell (Ω, P, S) durch:

   $$\tilde{H}_t(\omega) := \sum_{E \in \mathcal{E}(t-1)} \tilde{H}^{t-1,E}\, 1_E(\omega) \qquad (0 < t \in I).$$

   $$\tilde{H}_0(\omega) := \tilde{H}_1(\omega).$$

   Wir definieren ferner eine modifizierte Handelsstrategie $\overline{H}$ für das Mehrperiodenmodell (Ω, P, S) durch:

   $$(\overline{H}_0)_t := (\tilde{H}_0)_t + \sum_{s=1}^{t}\sum_{n=0}^{N}\Big((\tilde{H}_n)_{s-1} - (\tilde{H}_n)_s\Big)(S_n)^*_{s-1}$$
   $$= (\tilde{H}_0)_0 + \sum_{s=1}^{t}\sum_{n=1}^{N}\Big((\tilde{H}_n)_{s-1} - (\tilde{H}_n)_s\Big)(S_n)^*_{s-1}.$$

   $$(\overline{H}_n)_t := (\tilde{H}_n)_t \qquad (n = 1, \ldots, N).$$

5. *Wir zeigen:*

   - *$\overline{H}$ ist eine selbstfinanzierende Handelsstrategie.*

   Nach Definition gilt:

   $\forall\, t \in I$ mit $t > 0$:

$$\begin{aligned}
(V[\overline{H}])^*_{t-1} &= (\tilde{H}_0)_0 + \sum_{s=1}^{t-1}\sum_{n=1}^{N}\Big((\tilde{H}_n)_{s-1} - (\tilde{H}_n)_s\Big)(S_n)^*_{s-1} + \sum_{n=1}^{N}(\tilde{H}_n)_{t-1}\,(S_n)^*_{t-1} \\
&= (\tilde{H}_0)_0 + \sum_{s=1}^{t}\sum_{n=1}^{N}\Big((\tilde{H}_n)_{s-1} - (\tilde{H}_n)_s\Big)(S_n)^*_{s-1} + \sum_{n=1}^{N}(\tilde{H}_n)_t\,(S_n)^*_{t-1} \\
&= \sum_{n=0}^{N}(\overline{H}_n)_t\,(S_n)^*_{t-1}.
\end{aligned}$$

   Also ist $\overline{H}$ eine selbstfinanzierende Handelsstrategie.

6. *Wir beweisen die erste Aussage in Punkt 1.*

   Sei dazu $\omega \in \Omega$, und seien $E_t \in \mathcal{E}(t)$ mit $\omega \in E_M \subset \ldots \subset E_0$.

   6.1 Nach Punkt 3.2 gilt:

$$\begin{aligned}
Z^*_M(\omega) &= (Z^{M-1,E_{M-1}})^*(1, E_M) \\
&\leq (V[\tilde{H}^{M-1,E_{M-1}}])^*(1, E_M) \\
&= \sum_{n=0}^{N} \tilde{H}_n^{M-1,E_{M-1}}\,(S_n^{M-1,E_{M-1}})^*(1, E_M) \\
&= \sum_{n=0}^{N}(\tilde{H}_n)_M(\omega)\,(S_n)^*_M(\omega) \\
&= (V[\tilde{H}])^*_M(\omega).
\end{aligned}$$

   6.2 Nach Punkt 3.2 und Punkt 3.3 gilt:

   $\forall\, t \in I$ mit $t \geq 2$:

$$\begin{aligned}
&\sum_{n=0}^{N}\Big((\tilde{H}_n)_{t-1}(\omega) - (\tilde{H}_n)_t(\omega)\Big)(S_n)^*_{t-1}(\omega) \\
&= \sum_{n=0}^{N} \tilde{H}_n^{t-2,E_{t-2}}\,(S_n^{t-2,E_{t-2}})^*(1, E_{t-1}) - \sum_{n=0}^{N} \tilde{H}_n^{t-1,E_{t-1}}\,(S_n^{t-1,E_{t-1}})^*(0) \\
&= (V[\tilde{H}^{t-2,E_{t-2}}])^*(1, E_{t-1}) - (V[\tilde{H}^{t-1,E_{t-1}}])^*(0) \\
&= (V[\tilde{H}^{t-2,E_{t-2}}])^*(1, E_{t-1}) - (Z^{t-2,E_{t-2}})^*(1, E_{t-1}) \\
&\geq 0.
\end{aligned}$$

Daraus folgt:

$\forall\, t \in I$:

$$(\overline{H}_0)_t \geq (\tilde{H}_0)_t.$$

$$(V[\overline{H}])_t \geq (V[\tilde{H}])_t.$$

6.3 Nach Punkt 6.1 und Punkt 6.2 gilt:

$$Z_M^*(\omega) \leq (V[\overline{H}])_M^*(\omega).$$

Damit ist die erste Aussage in Punkt 1 bewiesen.

7. Sei $t \in I$ mit $t < M$, und sei $E \in \mathcal{E}(t)$. Wir definieren eine Familie $\{Q_\varepsilon^{t,E}\}_{0<\varepsilon<1}$ von äquivalenten Martingalmaßen auf $\Omega^{t,E}$ durch:

$$Q_\varepsilon^{t,E} := (1-\varepsilon)\,\tilde{Q}^{t,E} + \varepsilon\, Q^{t,E}.$$

Wir definieren ferner eine Familie $\{Q_\varepsilon\}_{0<\varepsilon<1}$ von äquivalenten Martingalmaßen auf Ω durch:

$\forall\, \omega \in \Omega\ \forall\, E_t \in \mathcal{E}(t)$ mit $\omega \in E_M \subset ... \subset E_0$:

$$Q_\varepsilon(\omega) := \prod_{t=0}^{M-1} Q_\varepsilon^{t,E_t}(E_{t+1}).$$

8. *Wir beweisen die zweite Aussage in Punkt 1.*

8.1 Nach Konstruktion gilt:

$$E_{Q_\varepsilon}[Z_M^*] = \sum_{\omega\in\Omega} Z_M^*(\omega)\, Q_\varepsilon(\omega)$$

$$= \sum_{E_1\in\mathcal{E}(1)} \sum_{\substack{E_2\in\mathcal{E}(2)\\ E_2\subset E_1}} \cdots \sum_{\substack{E_M\in\mathcal{E}(M)\\ E_M\subset E_{M-1}}} \sum_{\omega\in E_M} Z_M^*(\omega)\, Q_\varepsilon(\omega)$$

$$= \sum_{E_1\in\mathcal{E}(1)} \sum_{\substack{E_2\in\mathcal{E}(2)\\ E_2\subset E_1}} \cdots \sum_{\substack{E_M\in\mathcal{E}(M)\\ E_M\subset E_{M-1}}} (Z^{M-1,E_{M-1}})^*(1,E_M)\,\Big(\prod_{t=0}^{M-1} Q_\varepsilon^{t,E_t}(E_{t+1})\Big)$$

$$= \sum_{E_1\in\mathcal{E}(1)} \sum_{\substack{E_2\in\mathcal{E}(2)\\ E_2\subset E_1}} \cdots \sum_{\substack{E_M\in\mathcal{E}(M)\\ E_M\subset E_{M-1}}} (Z^{M-1,E_{M-1}})^*(1,E_M)\,\Big(\prod_{t=0}^{M-1} \tilde{Q}^{t,E_t}(E_{t+1})\Big)$$

$$+\, O(\varepsilon).$$

Nach Punkt 3.2 gilt:

$$\sum_{\substack{E_M\in\mathcal{E}(M)\\ E_M\subset E_{M-1}}} (Z^{M-1,E_{M-1}})^*(1,E_M)\,\tilde{Q}^{M-1,E_{M-1}}(E_M)$$

$$= E_{\tilde{Q}^{M-1,E_{M-1}}}[(Z^{M-1,E_{M-1}})^*(1)]$$
$$= (V[\tilde{H}^{M-1,E_{M-1}}])^*(0).$$

Daraus folgt:

$$E_{Q_\varepsilon}[Z_M^*]$$
$$= \sum_{E_1 \in \mathcal{E}(1)} \sum_{\substack{E_2 \in \mathcal{E}(2) \\ E_2 \subset E_1}} \cdots \sum_{\substack{E_{M-1} \in \mathcal{E}(M-1) \\ E_{M-1} \subset E_{M-2}}} (V[\tilde{H}^{M-1,E_{M-1}}])^*(0) \Big(\prod_{t=0}^{M-2} \tilde{Q}^{t,E_t}(E_{t+1}) \Big)$$
$$+ O(\varepsilon).$$

8.2 Seien $E_t \in \mathcal{E}(t)$ mit $E_M \subset \ldots \subset E_0$. Nach Punkt 3.2 und Punkt 3.3 gilt: $\forall\, t \in I$ mit $t < M$:

$$\sum_{\substack{E_{t+1} \in \mathcal{E}(t+1) \\ E_{t+1} \subset E_t}} (V[\tilde{H}^{t+1,E_{t+1}}])^*(0)\, \tilde{Q}^{t,E_t}(E_{t+1})$$
$$= \sum_{\substack{E_{t+1} \in \mathcal{E}(t+1) \\ E_{t+1} \subset E_t}} (Z^{t,E_t})^*(1, E_{t+1}) \tilde{Q}^{t,E_t}(E_{t+1})$$
$$= E_{\tilde{Q}^{t,E_t}}[(Z^{t,E_t})^*(1)]$$
$$= (V[\tilde{H}^{t,E_t}])^*(0).$$

8.3 Aus Punkt 8.1 und Punkt 8.2 folgt mit Induktion:

$$E_{Q_\varepsilon}[Z_M^*] = (V[\tilde{H}^{0,E_0}])^*(0) + O(\varepsilon).$$

Nach Definition gilt:

$$(V[\tilde{H}^{0,E_0}])^*(0) = \sum_{n=0}^{N} \tilde{H}_n^{0,E_0}\, (S_n^{0,E_0})^*(0)$$
$$= \sum_{n=0}^{N} (\tilde{H}_n)_0\, (S_n)_0^*$$
$$= (V[\tilde{H}])_0^*.$$

Nach Definition gilt ferner:

$$\tilde{H}_0 = \overline{H}_0.$$

Daraus folgt insgesamt:

$$E_{Q_\varepsilon}[Z_M^*] = (V[\overline{H}])_0^* + O(\varepsilon).$$

Damit ist die zweite Aussage in Punkt 1 bewiesen.

□

6 Spezielle Derivate

In diesem Abschnitt wenden wir uns der Modellierung von Finanzprodukten zu. Dabei beschränken wir uns in den Beispielen auf solche Derivate, welche an Aktienmärkten gehandelt werden. Wir beginnen mit *Derivaten mit europäischem Ausübungsrecht*, bei denen der Zeitpunkt, zu dem eine Zahlung stattfindet, bereits bei Abschluss des Finanzkontraktes festgelegt wird. Wir untersuchen die wichtigsten Beispiele und wenden das Prinzip der risikoneutralen Bewertung an. Danach erweitern wir unsere allgemeine Rahmentheorie für *Derivate mit amerikanischem Ausübungsrecht*, bei denen der Zeitpunkt, zu dem eine Zahlung stattfindet, vom Halter des Derivats zur Laufzeit frei gewählt werden kann. Zur Bewertung dieser Derivate muss die für den Halter optimale Ausübungsstrategie bestimmt werden. Dies führt uns auf ein interessantes stochastisches Optimierungsproblem, das *Optimal Stopping Problem*. Es zeigt sich, dass das Optimal Stopping Problem unter speziellen Voraussetzungen eine triviale Lösung besitzt. Wir behandeln Call– und Putoptionen mit amerikanischem Ausübungsrecht als Beispiele für den trivialen und den nichttrivialen Fall. Wir beenden diesen Abschnitt mit einer Erweiterung der allgemeinen Rahmentheorie für *Futurekontrakte*. Bei Futurekontrakten handelt es sich, analog zu den als Derivate mit europäischem Ausübungsrecht behandelten *Forwardkontrakten*, um Finanztermingeschäfte, bei denen der Kauf oder Verkauf eines Assets, also z.B. einer Aktie, zu einem späteren Zeitpunkt zu einem im Vorhinein festgelegten Preis vereinbart wird. Im Gegensatz zu Forwardkontrakten, die OTC[22] gehandelt werden, werden Futurekontrakte an Börsen gehandelt, wobei die Wertschwankungen des Futurepreises kontinuierlich durch Marginzahlungen ausgeglichen werden. Diese Marginzahlungen müssen bei der Bewertung von Futurekontrakten berücksichtigt werden.

Voraussetzung

Wir betrachten das M–Perioden–Finanzmarktmodell aus Abschnitt 5.

6.1 Derivate mit europäischem Ausübungsrecht

Bemerkung

(a) In unserem M–Perioden–Finanzmarktmodell aus Abschnitt 5 haben wir folgende Voraussetzung an die Filtration $\{\mathcal{F}(t)\}_{t\in I}$ gemacht:

$$\mathcal{F}(M) = \{F \mid F \subset \Omega\}.$$

Nach Konstruktion ist jede Zufallsvariable messbar bzgl. $\mathcal{F}(M)$.

(b) In unserem M–Perioden–Finanzmarktmodell aus Abschnitt 5 haben wir unter einem Derivat eine Abbildung Z_M der folgenden Art verstanden:

$$Z_M : \Omega \longrightarrow \mathbb{R} : \omega \longmapsto Z_M(\omega).$$

Dabei bezeichnet Z_M eine Zahlung zur Zeit $t = M$, welche durch einen Finanzkontrakt festgelegt wird. Aufgrund von (a) haben wir keine weiteren Annahmen über die Messbarkeit von Z_M gemacht. Wir erweitern nun unsere Definition von Derivaten für Zahlungen, welche zu beliebigen Zeitpunkten $\bar{t} \in I$ stattfinden. Dabei müssen wir die Messbarkeit berücksichtigen.

[22] *OTC* steht für *Over The Counter* und bezeichnet Finanzgeschäfte, die bilateral zwischen den beteiligten Parteien, also ohne Zwischenschaltung einer Börse, abgewickelt werden.

Derivate mit europäischem Ausübungsrecht

Ein *Derivat* bezeichnet allgemein einen Finanzkontrakt, welcher zukünftige Zahlungen festlegt. Bei einem *Derivat mit europäischem Ausübungsrecht* werden die Zeitpunkte der zukünftigen Zahlungen bei Abschluss des Finanzkontrakts festgelegt. Sei dazu $\bar{t} \in I$ mit $\bar{t} > 0$. In unserem M–Perioden–Finanzmarktmodell verstehen wir unter einem Derivat mit europäischem Ausübungsrecht eine Abbildung $Z_{\bar{t}}$ der folgenden Art:

$$Z_{\bar{t}} : \Omega \longrightarrow \mathbb{R} : \omega \longmapsto Z_{\bar{t}}(\omega).$$

Wir machen folgende Voraussetzung:

- $Z_{\bar{t}}$ ist messbar bzgl. $\mathcal{F}(\bar{t})$.

Dabei bezeichnet $Z_{\bar{t}}$ eine Zahlung zur Zeit $t = \bar{t}$, welche durch einen Finanzkontrakt festgelegt wird. Insbesondere ist $Z_{\bar{t}}$ eine Zufallsvariable.

Problemstellung

Sei $\bar{t} \in I$ mit $\bar{t} > 0$, und sei $Z_{\bar{t}}$ ein Derivat mit europäischem Ausübungsrecht. Gesucht ist der faire Preis $Z_0 \in \mathbb{R}$ des zugehörigen Finanzkontraktes zur Zeit $t = 0$.

Fairer Preis

Sei $\bar{t} \in I$ mit $\bar{t} > 0$, sei $Z_{\bar{t}}$ ein Derivat mit europäischem Ausübungsrecht, und seien folgende Voraussetzungen für das zugehörige $\bar{t}$–Perioden–Finanzmarktmodell gegeben:

1. Es gilt das Gesetz des einen Preises.
2. Es gibt eine replizierende Handelsstrategie H für $Z_{\bar{t}}$.

Nach Abschnitt 5 besitzt das Derivat zur Zeit $t = 0$ genau einen fairen Preis:

$$Z_0 = (V[H])_0.$$

Theorem 6.1 (Prinzip der risikoneutralen Bewertung für Derivate mit europäischem Ausübungsrecht)

Sei $\bar{t} \in I$ mit $\bar{t} > 0$, sei $Z_{\bar{t}}$ ein Derivat mit europäischem Ausübungsrecht, und seien folgende Voraussetzungen für das zugrunde liegende M–Perioden–Finanzmarktmodell gegeben:

1. *Es gibt keine Arbitragemöglichkeit.*
2. *Das Finanzmarktmodell ist vollständig.*

Dann gilt:

(a) *Das Derivat besitzt zur Zeit $t = 0$ genau einen fairen Preis Z_0.*

(b) *Sei Q das äquivalente Martingalmaß auf Ω. Dann gilt:*

$$Z_0^* = E_Q[Z_{\bar{t}}^*].$$

Beweis

Wir zeigen, dass die Voraussetzungen 1 und 2 auch für das $\bar{t}$–Perioden–Finanzmarktmodell gelten, welches durch Einschränkung des M–Perioden–Finanzmarktmodells entsteht, und wenden das Prinzip der risikoneutralen Bewertung aus Abschnitt 5 an.

1. Wir definieren ein Derivat durch:

$$Z_M := Z_{\bar{t}}^* \, (S_0)_M.$$

Nach Konstruktion gilt:

$$Z_M^* := Z_{\bar{t}}^*.$$

Nach Voraussetzung ist das M–Perioden–Finanzmarktmodell vollständig. Also gibt es eine replizierende Handelsstrategie H für Z_M. Nach Voraussetzung gibt es keine Arbitragemöglichkeit für das M–Perioden–Finanzmarktmodell. Nach Theorem 5.12 gibt es genau ein äquivalentes Martingalmaß Q auf Ω. Nach Voraussetzung ist $Z_{\bar{t}}$ messbar bzgl. $\mathcal{F}(\bar{t})$. Mit Hilfe von Theorem 4.7 sowie Theorem 5.6 erhalten wir:

$$Z_{\bar{t}}^* = E_Q[Z_{\bar{t}}^* | \mathcal{F}(\bar{t})] = E_Q[Z_M^* | \mathcal{F}(\bar{t})] = E_Q[(V[H])_M^* | \mathcal{F}(\bar{t})] = (V[H])_{\bar{t}}^*.$$

Daraus folgt:

- Die Einschränkung von H auf das $\bar{t}$–Perioden–Finanzmarktmodell ist eine replizierende Handelsstrategie für $Z_{\bar{t}}$.

2. Nach Voraussetzung ist Q ein äquivalentes Martingalmaß für das M–Periodenmodell. Also ist Q ein äquivalentes Martingalmaß für das $\bar{t}$–Perioden–Finanzmarktmodell. Nach dem Satz von Harrison–Pliska aus Abschnitt 5 gilt für das $\bar{t}$–Perioden–Finanzmarktmodell:

- Es gibt keine Arbitragemöglichkeit.

Nach Theorem 5.9 gilt für das $\bar{t}$–Perioden–Finanzmarktmodell:

- Es gilt das Gesetz des einen Preises.

3. Nach Punkt 1 und Punkt 2 besitzt $Z_{\bar{t}}$ zur Zeit $t = 0$ genau einen fairen Preis Z_0. Damit ist (a) bewiesen.

4. Nach Punkt 1 und Punkt 2 gilt für das $\bar{t}$–Perioden–Finanzmarktmodell:

- Es gibt keine Arbitragemöglichkeit.
- Es gibt eine replizierende Handelsstrategie H für $Z_{\bar{t}}$.
- Q ist ein äquivalentes Martingalmaß.

Mit Hilfe des Prinzips der risikoneutralen Bewertung (I) aus Abschnitt 5 erhalten wir (b).

□

Beispiel 6.1

Wir betrachten nun die wichtigsten Derivate mit europäischem Ausübungsrecht, welche an Aktienmärkten gehandelt werden. Sei dazu $\bar{t} \in I$ mit $\bar{t} > 0$, sei $N = 1$, und seien folgende Voraussetzungen für das zugrunde liegende M–Periodenmodell gegeben:

1. Es gibt keine Arbitragemöglichkeit.

2. Das Finanzmarktmodell ist vollständig.

Sei ferner Q das eindeutig bestimmte äquivalente Martingalmaß auf Ω.

- **Zerobond**

  Ein Zerobond garantiert seinem Halter eine feste Zahlung $\overline{Z}$ zum Zeitpunkt $t = \overline{t}$.

  Sei dazu $\overline{Z} > 0$. Wir definieren den Zerobond durch folgende Zahlung:

  $$Z_{\overline{t}} = \overline{Z}.$$

  Nach dem Prinzip der risikoneutralen Bewertung gilt für den fairen Preis Z_0 des Zerobonds zur Zeit $t = 0$:

  $$Z_0^* = E_Q[Z_{\overline{t}}^*] = E_Q\Big[\frac{\overline{Z}}{(S_0)_{\overline{t}}}\Big] = \overline{Z}\, E_Q\Big[\frac{1}{(S_0)_{\overline{t}}}\Big].$$

  Daraus folgt:

  $$Z_0 = \overline{Z}\,(S_0)_0\, E_Q\Big[\frac{1}{(S_0)_{\overline{t}}}\Big] = \overline{Z}\, E_Q\Big[\frac{(S_0)_0}{(S_0)_{\overline{t}}}\Big].$$

- **Forwardkontrakt**

  Ein Forwardkontrakt legt fest, dass der Halter das Asset zum Zeitpunkt $t = \overline{t}$ zu einem bei Vertragsabschluss vereinbarten Preis $\overline{S}$ kauft. Wir nehmen zusätzlich an, dass der Halter das Asset sofort wieder zum Marktpreis verkauft.

  Sei dazu $\overline{S} > 0$. Wir definieren den Forwardkontrakt durch folgende Zahlung:

  $$Z_{\overline{t}} = (S_1)_{\overline{t}} - \overline{S}.$$

  Nach dem Prinzip der risikoneutralen Bewertung gilt für den fairen Preis Z_0 des Forwardkontraktes zur Zeit $t = 0$:

  $$Z_0^* = E_Q[Z_{\overline{t}}^*] = E_Q\Big[(S_1)_{\overline{t}}^* - \frac{\overline{S}}{(S_0)_{\overline{t}}}\Big] = (S_1)_0^* - \overline{S}\, E_Q\Big[\frac{1}{(S_0)_{\overline{t}}}\Big].$$

  Daraus folgt:

  $$Z_0 = (S_1)_0 - \overline{S}\,(S_0)_0\, E_Q\Big[\frac{1}{(S_0)_{\overline{t}}}\Big] = (S_1)_0 - \overline{S}\, E_Q\Big[\frac{(S_0)_0}{(S_0)_{\overline{t}}}\Big].$$

- **Fairer Forwardpreis**

  In der Praxis werden Forwardkontrakte häufig so abgeschlossen, dass der faire Preis Z_0 zur Zeit $t = 0$ gerade Null ist. Auflösen der obigen Gleichung liefert:

  $$Z_0 = 0 \qquad \Longleftrightarrow \qquad \overline{S} = \frac{(S_1)_0}{E_Q\Big[\frac{(S_0)_0}{(S_0)_{\overline{t}}}\Big]}.$$

  In diesem Fall ist $\overline{S}$ der *faire Forwardpreis* des Assets S_1 zur Zeit $t = 0$.

- **Europäische Calloption**

  Eine europäische Calloption erlaubt ihrem Halter, das Asset zum Zeitpunkt $t = \bar{t}$ zu einem bei Vertragsabschluss vereinbarten Strikepreis $\overline{S}$ zu kaufen. Wir nehmen zusätzlich an, dass der Halter das Asset bei Ausübung der Option sofort wieder zum Marktpreis verkauft.

  Sei dazu $\overline{S} > 0$. Wir definieren die europäische Calloption durch folgende Zahlung:

  $$Z_{\bar{t}} = \max\{(S_1)_{\bar{t}} - \overline{S}, 0\}.$$

  Nach dem Prinzip der risikoneutralen Bewertung gilt für den fairen Preis Z_0 der europäischen Calloption zur Zeit $t = 0$:

  $$Z_0^* = E_Q[Z_{\bar{t}}^*] = E_Q\Big[\max\{(S_1)_{\bar{t}} - \overline{S}, 0\}\,\frac{1}{(S_0)_{\bar{t}}}\Big] = E_Q\Big[\max\Big\{(S_1)_{\bar{t}}^* - \frac{\overline{S}}{(S_0)_{\bar{t}}}, 0\Big\}\Big].$$

  Daraus folgt:

  $$Z_0 = (S_0)_0\, E_Q\Big[\max\{(S_1)_{\bar{t}} - \overline{S}, 0\}\,\frac{1}{(S_0)_{\bar{t}}}\Big] = E_Q\Big[\max\{(S_1)_{\bar{t}} - \overline{S}, 0\}\,\frac{(S_0)_0}{(S_0)_{\bar{t}}}\Big].$$

- **Europäische Putoption**

  Eine europäische Putoption erlaubt ihrem Halter, das Asset zum Zeitpunkt $t = \bar{t}$ zu einem bei Vertragsabschluss vereinbarten Strikepreis $\overline{S}$ zu verkaufen. Wir nehmen zusätzlich an, dass der Halter das Asset bei Ausübung der Option sofort wieder zum Marktpreis kauft.

  Sei dazu $\overline{S} > 0$. Wir definieren die europäische Putoption durch folgende Zahlung:

  $$Z_{\bar{t}} = \max\{\overline{S} - (S_1)_{\bar{t}}, 0\}.$$

  Nach dem Prinzip der risikoneutralen Bewertung gilt für den fairen Preis Z_0 der europäischen Putoption zur Zeit $t = 0$:

  $$Z_0^* = E_Q[Z_{\bar{t}}^*] = E_Q\Big[\max\{\overline{S} - (S_1)_{\bar{t}}, 0\}\,\frac{1}{(S_0)_{\bar{t}}}\Big] = E_Q\Big[\max\Big\{\frac{\overline{S}}{(S_0)_{\bar{t}}} - (S_1)_{\bar{t}}^*, 0\Big\}\Big].$$

  Daraus folgt:

  $$Z_0 = (S_0)_0\, E_Q\Big[\max\{\overline{S} - (S_1)_{\bar{t}}, 0\}\,\frac{1}{(S_0)_{\bar{t}}}\Big] = E_Q\Big[\max\{\overline{S} - (S_1)_{\bar{t}}, 0\}\,\frac{(S_0)_0}{(S_0)_{\bar{t}}}\Big].$$

- **Put–Call–Parität für europäische Optionen**

  Für die Auszahlungen von Forwardkontrakt sowie europäischer Call– und Putoption gilt nach Definition folgende Beziehung:

  $$\begin{aligned}(Z_C)_{\bar{t}} - (Z_P)_{\bar{t}} &= \max\{(S_1)_{\bar{t}} - \overline{S}, 0\} - \max\{\overline{S} - (S_1)_{\bar{t}}, 0\}\\ &= \max\{(S_1)_{\bar{t}} - \overline{S}, 0\} + \min\{(S_1)_{\bar{t}} - \overline{S}, 0\}\\ &= (S_1)_{\bar{t}} - \overline{S}\end{aligned}$$

$$= (Z_F)_{\bar{t}}.$$

Daraus folgt für die zugehörigen fairen Preise:

$$(Z_C)_0 - (Z_P)_0 = (Z_F)_0.$$

- **Asiatische Option**

  Bei einer asiatischen Option hängt die Auszahlung zur Zeit $t = \bar{t}$ vom Mittelwert $\overline{S}_{\bar{t}}$ der Marktpreise des Assets ab.

  Typische Mittelwertbildungen sind dabei die folgenden:

  $$\overline{S}_{\bar{t}} = \Big(\prod_{t=1}^{\bar{t}} (S_1)_t\Big)^{\frac{1}{\bar{t}}} \qquad \text{(geometrisches Mittel).}$$

  $$\overline{S}_{\bar{t}} = \frac{1}{\bar{t}} \sum_{t=1}^{\bar{t}} (S_1)_t \qquad \text{(arithmetisches Mittel).}$$

  Typische Auszahlungsprofile für asiatische Optionen sind die folgenden:

  $$\overline{Z}_{\bar{t}} = \max\{\overline{S}_{\bar{t}} - \overline{S}, 0\} \qquad \text{(asiatische Calloption).}$$

  $$\overline{Z}_{\bar{t}} = \max\{\overline{S} - \overline{S}_{\bar{t}}, 0\} \qquad \text{(asiatische Putoption).}$$

  $$\overline{Z}_{\bar{t}} = \max\{(S_1)_{\bar{t}} - \overline{S}_{\bar{t}}, 0\} \qquad \text{(asiatische Strikecalloption).}$$

  $$\overline{Z}_{\bar{t}} = \max\{\overline{S}_{\bar{t}} - (S_1)_{\bar{t}}, 0\} \qquad \text{(asiatische Strikeputoption).}$$

- **Barrieroption**

  Eine Barrieroption garantiert ihrem Halter die Zahlung $Z_{\bar{t}}$ zur Zeit $t = \bar{t}$, falls das Asset das Preisintervall (a, b) zur Laufzeit nicht verlässt. Andererseits, falls das Asset das Preisintervall (a, b) zur Zeit t zum ersten Mal verlässt, dann erhält der Halter zur Zeit t die Zahlung x_t, falls dabei die untere Schranke a durchbrochen wird, und y_t, falls dabei die obere Schranke b durchbrochen wird.

  Sei dazu $0 \leq a < b \leq \infty$, sei $a < (S_1)_0 < b$, seien $x_1, \ldots, x_{\bar{t}}, y_1, \ldots, y_{\bar{t}} \in \mathbb{R}$, und sei $Z_{\bar{t}}$ ein Derivat. Wir betrachten die erste Austrittszeit für das Asset aus dem Preisintervall (a, b):

  $$\tau(\omega) := \inf \big\{t \in \{1, \ldots, \bar{t}\} \;\big|\; S_1(t, \omega) \notin (a, b)\big\}.$$

  Wir definieren die Barrieroption durch folgende Zahlungen:

  1. $Z_{\bar{t}}$ zur Zeit $t = \bar{t}$, falls $\tau = \infty$.
  2. x_t zur Zeit t, falls $\tau = t$ und $(S_1)_t \leq a$.
  3. y_t zur Zeit t, falls $\tau = t$ und $(S_1)_t \geq b$.

Nach dem Prinzip der risikoneutralen Bewertung gilt für den fairen Preis Z_0 der Barrieroption zur Zeit $t = 0$:

$$Z_0^* = E_Q[1_{\mathcal{T}^{-1}(\infty)}\, Z_{\bar{t}}^*] + \sum_{t=1}^{\bar{t}} E_Q\left[1_{\mathcal{T}^{-1}(t)\cap(S_1)_t^{-1}([0,a])}\, \frac{x_t}{(S_0)_t}\right]$$

$$+ \sum_{t=1}^{\bar{t}} E_Q\left[1_{\mathcal{T}^{-1}(t)\cap(S_1)_t^{-1}([b,\infty))}\, \frac{y_t}{(S_0)_t}\right].$$

Daraus folgt:

$$Z_0 = E_Q\left[1_{\mathcal{T}^{-1}(\infty)}\, Z_{\bar{t}}\, \frac{(S_0)_0}{(S_0)_{\bar{t}}}\right] + \sum_{t=1}^{\bar{t}} x_t\, E_Q\left[1_{\mathcal{T}^{-1}(t)\cap(S_1)_t^{-1}([0,a])}\, \frac{(S_0)_0}{(S_0)_t}\right]$$

$$+ \sum_{t=1}^{\bar{t}} y_t\, E_Q\left[1_{\mathcal{T}^{-1}(t)\cap(S_1)_t^{-1}([b,\infty))}\, \frac{(S_0)_0}{(S_0)_t}\right].$$

6.2 Derivate mit amerikanischem Ausübungsrecht

In diesem Abschnitt betrachten wir *Derivate mit amerikanischem Ausübungsrecht.* Diese unterscheiden sich von den Derivaten mit europäischem Ausübungsrecht dadurch, dass der Ausübungszeitpunkt, d.h. der Zeitpunkt zu dem eine vertraglich vereinbarte Zahlung stattfindet, vom Halter des Derivats frei gewählt werden kann. Das Prinzip der risikoneutralen Bewertung führt uns auf folgende Frage:

- *Welche Ausübungsstrategie ist für den Halter des Derivats mit amerikanischem Ausübungsrecht optimal?*

Übersetzt in die Sprache der Mathematik handelt es sich dabei um ein stochastisches Optimierungsproblem, das *Optimal Stopping Problem.* Wir lösen das Optimal Stopping Problem durch Konstruktion der *Snellschen Hülle.* Ferner zeigen wir, dass das Optimal Stopping Problem unter speziellen Voraussetzungen eine triviale Lösung besitzt. Wir behandeln Call– und Putoptionen mit amerikanischem Ausübungsrecht als Beispiele für den trivialen und den nichttrivialen Fall.

Derivate mit amerikanischem Ausübungsrecht

Ein *Derivat* bezeichnet allgemein einen Finanzkontrakt, welcher zukünftige Zahlungen festlegt. Bei einem *Derivat mit amerikanischem Ausübungsrecht* kann die Ausübungsstrategie, d.h. die Festlegung der Zeitpunkte, zu denen die Zahlungen erfolgen, vom Halter des Derivates frei gewählt werden. Sei dazu $\bar{t} \in I$, und sei $\bar{t} > 0$. In unserem M–Perioden–Finanzmarktmodell verstehen wir unter einem Derivat mit amerikanischem Ausübungsrecht einen stochastischen Prozess Y. Ferner verstehen wir unter der Ausübungsstrategie des Halters eine Zufallsvariable τ. Dabei machen wir folgende Voraussetzungen:

1. Y ist adaptiert bzgl. $\{\mathcal{F}(t)\}_{t\in\{0,\dots,\bar{t}\}}$.

2. τ ist eine Stoppzeit bzgl. $\{\mathcal{F}(t)\}_{t\in\{0,\dots,\bar{t}\}}$.

3. $\tau \leq \bar{t}$.

Y bezeichnet die folgenden Zahlungen, welche durch den Finanzkontrakt festgelegt werden:

- Y_t zur Zeit t, falls $\tau = t$.

Insbesondere ist Y ein stochastischer Prozess

Problemstellung

Sei Y ein Derivat mit amerikanischem Ausübungsrecht. Gesucht ist der faire Preis $Z_0 \in \mathbb{R}$ des zugehörigen Finanzkontraktes zur Zeit $t = 0$.

Fairer Preis

Sei Y ein Derivat mit amerikanischem Ausübungsrecht, und seien folgende Voraussetzungen gegeben:

1. Es gibt keine Arbitragemöglichkeit.

2. Das Finanzmarktmodell ist vollständig.

Sei τ eine Stoppzeit bzgl. $\{\mathcal{F}(t)\}_{t\in\{0,\ldots,\bar{t}\}}$, sei $\tau \leq \bar{t}$, und sei Q das äquivalente Martingalmaß auf Ω. Nach dem Prinzip der risikoneutralen Bewertung gilt für den fairen Preis $(Z[\tau])_0$ der zugehörigen Zahlungen zur Zeit $t = 0$:

$$(Z[\tau])_0^* = \sum_{t=0}^{\bar{t}} E_Q[1_{\tau^{-1}(t)}\, Y_t^*] = E_Q[(Y^*)^\tau].$$

Nach Voraussetzung kann die Ausübungsstrategie τ vom Halter des Derivats frei gewählt werden. Also gilt für den fairen Preis Z_0 des Derivates zur Zeit $t = 0$:

$$\begin{aligned} Z_0^* &= \max\left\{(Z[\tau])_0^* \,\middle|\, \tau \text{ ist Stoppzeit bzgl. } \{\mathcal{F}(t)\}_{t\in\{0,\ldots,\bar{t}\}};\ \tau \leq \bar{t}\right\} \\ &= \max\left\{E_Q[(Y^*)^\tau] \,\middle|\, \tau \text{ ist Stoppzeit bzgl. } \{\mathcal{F}(t)\}_{t\in\{0,\ldots,\bar{t}\}};\ \tau \leq \bar{t}\right\}. \end{aligned}$$

Theorem 6.2

Sei Y ein Derivat mit amerikanischem Ausübungsrecht, und seien folgende Voraussetzungen gegeben:

1. *Es gibt keine Arbitragemöglichkeit.*

2. *Das Finanzmarktmodell ist vollständig.*

Sei ferner Q das äquivalente Martingalmaß auf Ω. Wir definieren:

$$\overline{Y}_{\bar{t}}^* := Y_{\bar{t}}^*; \qquad \overline{Y}_t^* := \max\{Y_t^*, E_Q[\overline{Y}_{t+1}^*|\mathcal{F}(t)]\} \qquad (t = 0, \ldots, \bar{t}-1).$$

$$\overline{\tau} := \min\left\{t \in \{0, \ldots, \bar{t}\} \,\middle|\, \overline{Y}_t^* = Y_t^*\right\}.$$

Dann gilt:

(a) $\overline{Y}^*$ *ist ein Supermartingal bzgl.* $(Q, \{\mathcal{F}(t)\}_{t\in\{0,\ldots,\bar{t}\}})$, *und es gilt:*

$$\overline{Y}^* \geq Y^*.$$

(b) *Sei* $\tilde{Y}^*$ *ein Supermartingal bzgl.* $(Q, \{\mathcal{F}(t)\}_{t\in\{0,\ldots,\bar{t}\}})$. *Dann gilt folgende Implikation:*

$$\tilde{Y}^* \geq Y^* \qquad \Longrightarrow \qquad \tilde{Y}^* \geq \overline{Y}^*.$$

(c) $\overline{\tau}$ *ist eine Stoppzeit bzgl.* $\{\mathcal{F}(t)\}_{t\in\{0,\ldots,\bar{t}\}}$, *und es gilt:*

$$\overline{\tau} \leq \bar{t}.$$

(d) *Es gilt folgende Aussage:*

$$\overline{Y}^*_0 = E_Q[(\overline{Y}^*)^{\overline{\tau}}].$$

$\overline{Y}^*$ *heißt* Snellsche Hülle *von* Y^*.

Beweis

(a) Nach Voraussetzung sind Y_t^* sowie $E_Q[\overline{Y}^*_{t+1}|\mathcal{F}(t)]$ messbar bzgl. $\mathcal{F}(t)$. Nach Theorem 4.4 ist $\overline{Y}^*_t$ messbar bzgl. $\mathcal{F}(t)$. Also ist $\overline{Y}^*$ adaptiert bzgl. $\{\mathcal{F}(t)\}_{t\in\{0,\ldots,\bar{t}\}}$. Nach Definition gilt:

$$\overline{Y}^*_t \geq Y_t^*\,; \qquad \overline{Y}^*_t \geq E_Q[\overline{Y}^*_{t+1}|\mathcal{F}(t)].$$

Insbesondere ist $\overline{Y}^*$ ein Supermartingal bzgl. $(Q, \{\mathcal{F}(t)\}_{t\in\{0,\ldots,\bar{t}\}})$.

(b) Wir beweisen die Behauptung mit Hilfe von vollständiger Induktion. Sei dazu $\tilde{Y}^*$ ein Supermartingal bzgl. $(Q, \{\mathcal{F}(t)\}_{t\in\{0,\ldots,\bar{t}\}})$, und sei $\tilde{Y}^* \geq Y^*$.

1. *Induktionsstart:*

   Nach Voraussetzung gilt:

   $$\tilde{Y}^*_{\bar{t}} \geq Y^*_{\bar{t}} = \overline{Y}^*_{\bar{t}}.$$

2. *Induktionsannahme:*

   Sei $t \in I$, sei $t < \bar{t}$, und sei $\tilde{Y}^*_{t+1} \geq \overline{Y}^*_{t+1}$.

3. *Induktionsschritt:*

   Nach Konstruktion gilt:

   $$\tilde{Y}^*_t \geq Y^*_t.$$

   $$\tilde{Y}^*_t \geq E_Q[\tilde{Y}^*_{t+1}|\mathcal{F}(t)] \geq E_Q[\overline{Y}^*_{t+1}|\mathcal{F}(t)].$$

   Daraus folgt:

   $$\tilde{Y}^*_t \geq \max\{Y_t, E_Q[\overline{Y}^*_{t+1}|\mathcal{F}(t)]\} = \overline{Y}^*_t.$$

Damit ist die Behauptung bewiesen.

(c) Wir beweisen die Behauptung in (c).

1. Nach Definition ist $\overline{Y}^*_{\overline{t}} = Y^*_{\overline{t}}$. Also ist $\overline{\tau} \leq \overline{t}$. Insbesondere ist $\overline{\tau}$ wohldefiniert.

2. Nach Voraussetzung ist Y^* adaptiert bzgl. $\{\mathcal{F}(t)\}_{t\in\{0,\dots,\overline{t}\}}$. Nach (a) ist $\overline{Y}^*$ adaptiert bzgl. $\{\mathcal{F}(t)\}_{t\in\{0,\dots,\overline{t}\}}$. Mit Hilfe von Theorem 4.4 erhalten wir:

   $\forall\, t \in \{0,\dots,\overline{t}\}$:

$$\overline{\tau}^{-1}(t) = \bigcap_{s=0}^{t-1} (\overline{Y}^*_s - Y^*_s)^{-1}((0,\infty)) \cap (\overline{Y}^*_t - Y^*_t)^{-1}(0) \in \mathcal{F}(t).$$

   Also ist $\overline{\tau}$ eine Stoppzeit bzgl. $\{\mathcal{F}(t)\}_{t\in\{0,\dots,\overline{t}\}}$.

(d) Wir beweisen die Behauptung in (d).

1. Nach Konstruktion gilt:

$$\begin{aligned}
(\overline{Y}^*)^{\overline{\tau}} &= \sum_{t=0}^{\overline{t}} 1_{\overline{\tau}^{-1}(t)}\, \overline{Y}^*_t \\
&= \overline{Y}^*_0 + \sum_{t=1}^{\overline{t}} 1_{\overline{\tau}^{-1}(t)}\, (\overline{Y}^*_t - \overline{Y}^*_0) \\
&= \overline{Y}^*_0 + \sum_{t=1}^{\overline{t}} \sum_{s=1}^{t} 1_{\overline{\tau}^{-1}(t)}\, (\overline{Y}^*_s - \overline{Y}^*_{s-1}) \\
&= \overline{Y}^*_0 + \sum_{s=1}^{\overline{t}} \sum_{t=s}^{\overline{t}} 1_{\overline{\tau}^{-1}(t)}\, (\overline{Y}^*_s - \overline{Y}^*_{s-1}) \\
&= \overline{Y}^*_0 + \sum_{t=1}^{\overline{t}} 1_{\overline{\tau}^{-1}(\{t,\dots,\overline{t}\})}\, (\overline{Y}^*_t - \overline{Y}^*_{t-1}).
\end{aligned}$$

2. Nach Konstruktion gilt:

$$\overline{\tau}^{-1}(\{t,\dots,\overline{t}\}) = \Omega \backslash \overline{\tau}^{-1}(\{0,\dots,t-1\}) \in \mathcal{F}(t-1).$$

$$\begin{aligned}
1_{\overline{\tau}^{-1}(\{t,\dots,\overline{t}\})}\, \overline{Y}^*_{t-1} &= 1_{\overline{\tau}^{-1}(\{t,\dots,\overline{t}\})}\, \max\{Y^*_{t-1}, E_Q[\overline{Y}^*_t|\mathcal{F}(t-1)]\} \\
&= 1_{\overline{\tau}^{-1}(\{t,\dots,\overline{t}\})}\, E_Q[\overline{Y}^*_t|\mathcal{F}(t-1)].
\end{aligned}$$

   Mit Hilfe von Theorem 4.7 folgt daraus:

$$1_{\overline{\tau}^{-1}(\{t,\dots,\overline{t}\})}\, \overline{Y}^*_{t-1} = E_Q[1_{\overline{\tau}^{-1}(\{t,\dots,\overline{t}\})}\, \overline{Y}^*_t|\mathcal{F}(t-1)].$$

   Daraus folgt:

$$E_Q[1_{\overline{\tau}^{-1}(\{t,\dots,\overline{t}\})}\, \overline{Y}^*_{t-1}] = E_Q[1_{\overline{\tau}^{-1}(\{t,\dots,\overline{t}\})}\, \overline{Y}^*_t].$$

3. Mit Hilfe von Punkt 1 und 2 erhalten wir:

$$E_Q[(\overline{Y}^*)^{\overline{\tau}}] = E_Q[\overline{Y}_0^*] + \sum_{t=1}^{\overline{t}} E_Q[1_{\overline{\tau}^{-1}(\{t,\dots,\overline{t}\})} (\overline{Y}_t^* - \overline{Y}_{t-1}^*)] = E_Q[\overline{Y}_0^*].$$

□

Bemerkung

Nach Theorem 6.2 gilt:

(a) Die Snellsche Hülle $\overline{Y}^*$ ist das kleinste Supermartingal, welches den stochastischen Prozess Y^* dominiert.

(b) Die Stoppzeit $\overline{\tau}$ ist der erste Zeitpunkt, zu dem die Snellsche Hülle mit $\overline{Y}^*$ mit dem stochastischen Prozess Y^* übereinstimmt.

Theorem 6.3 (Prinzip der risikoneutralen Bewertung für Derivate mit amerikanischem Ausübungsrecht)

Sei Y ein Derivat mit amerikanischem Ausübungsrecht, und seien folgende Voraussetzungen gegeben:

1. *Es gibt keine Arbitragemöglichkeit.*

2. *Das Finanzmarktmodell ist vollständig.*

Sei Q das äquivalente Martingalmaß auf Ω. Dann gilt:

(a) *Für den fairen Preis Z_0 des Derivates zur Zeit $t = 0$ gilt:*

$$Z_0^* = E_Q[(Y^*)^{\overline{\tau}}].$$

Insbesondere ist $\overline{\tau}$ eine optimale Ausübungsstrategie.

(b) *Sei Y^* ein Submartingal bzgl. $(Q, \{\mathcal{F}(t)\}_{t\in\{0,\dots,\overline{t}\}})$. Dann gilt für den fairen Preis Z_0 des Derivates zur Zeit $t = 0$:*

$$Z_0^* = E_Q[Y_{\overline{t}}^*].$$

Insbesondere ist $\tau = \overline{t}$ eine optimale Ausübungsstrategie.

Beweis

Wir beweisen das Theorem mit Hilfe des Satzes von Doob über Optional Sampling aus Abschnitt 4.7.

(a) Nach Konstruktion gilt:

$$(\overline{Y}^*)^{\overline{\tau}} = \sum_{t=0}^{\overline{t}} 1_{\overline{\tau}^{-1}(t)} \overline{Y}_t^* = \sum_{t=0}^{\overline{t}} 1_{\overline{\tau}^{-1}(t)} Y_t^* = (Y^*)^{\overline{\tau}}.$$

Sei nun τ eine Stoppzeit bzgl. $\{\mathcal{F}(t)\}_{t\in\{0,\ldots,\bar{t}\}}$, und sei $\tau \leq \bar{t}$. Nach Theorem 6.2 ist $\overline{Y}^*$ ein Supermartingal bzgl. $(Q, \{\mathcal{F}(t)\}_{t\in\{0,\ldots,\bar{t}\}})$. Mit Hilfe des Satzes von Doob über Optional Sampling sowie Theorem 6.2 erhalten wir:

$$E_Q[(Y^*)^{\overline{\tau}}] = E_Q[(\overline{Y}^*)^{\overline{\tau}}] = \overline{Y}_0^* \geq E_Q[(\overline{Y}^*)^{\tau}|\mathcal{F}(0)] = E_Q[(\overline{Y}^*)^{\tau}] \geq E_Q[(Y^*)^{\tau}].$$

Dabei war τ beliebig. Daraus folgt:

$$\begin{aligned} E_Q[(Y^*)^{\overline{\tau}}] &= \max\left\{E_Q[(Y^*)^{\tau}] \,\middle|\, \tau \text{ ist Stoppzeit bzgl. } \{\mathcal{F}(t)\}_{t\in\{0,\ldots,\bar{t}\}};\ \tau \leq \bar{t}\right\} \\ &= Z_0^*. \end{aligned}$$

(b) Sei τ eine Stoppzeit bzgl. $\{\mathcal{F}(t)\}_{t\in\{0,\ldots,\bar{t}\}}$, und sei $\tau \leq \bar{t}$. Nach Voraussetzung ist Y^* ein Submartingal bzgl. $(Q, \{\mathcal{F}(t)\}_{t\in\{0,\ldots,\bar{t}\}})$. Mit Hilfe des Satzes von Doob über Optional Sampling sowie Theorem 4.7 erhalten wir:

$$(Y^*)^{\tau} \leq E_Q[Y_{\bar{t}}^*|\mathcal{F}^{\tau}].$$

$$E_Q[(Y^*)^{\tau}] \leq E_Q[E_Q[Y_{\bar{t}}^*|\mathcal{F}^{\tau}]] = E_Q[Y_{\bar{t}}^*].$$

Dabei war τ beliebig. Daraus folgt:

$$\begin{aligned} E_Q[Y_{\bar{t}}^*] &= \max\left\{E_Q[(Y^*)^{\tau}] \,\middle|\, \tau \text{ ist Stoppzeit bzgl. } \{\mathcal{F}(t)\}_{t\in\{0,\ldots,\bar{t}\}};\ \tau \leq \bar{t}\right\} \\ &= Z_0^*. \end{aligned}$$

□

Bemerkung

(a) Nach Theorem 6.3 (a) ist $\overline{\tau}$ eine Lösung des folgenden *Optimal Stopping Problems*:

$$E_Q[(Y^*)^{\overline{\tau}}] = \max\left\{E_Q[(Y^*)^{\tau}] \,\middle|\, \tau \text{ ist Stoppzeit bzgl. } \{\mathcal{F}(t)\}_{t\in\{0,\ldots,\bar{t}\}};\ \tau \leq \bar{t}\right\}.$$

Die Beweise von Theorem 6.2 und Theorem 6.3 zeigen, dass die obige Gleichung für jedes positive Wahrscheinlichkeitsmaß Q auf Ω gilt. Die Voraussetzungen 1 und 2 der obigen Theoreme wurden nur dazu verwendet, um $E_Q[(Y^*)^{\overline{\tau}}]$ mit dem fairen Preis Z_0^* des Derivates zur Zeit $t = 0$ zu identifizieren.

(b) Sei $(Z^A)_0$ der faire Preis des Derivates mit amerikanischem Ausübungsrecht zur Zeit $t = 0$, und sei $(Z^E)_0$ der faire Preis des zugehörigen Derivates mit europäischem Ausübungsrecht zur Zeit $t = 0$. Nach dem Prinzip der risikoneutralen Bewertung und Theorem 6.3 (a) gilt:

$$\begin{aligned} (Z^A)_0^* &= \max\left\{E_Q[(Y^*)^{\tau}] \,\middle|\, \tau \text{ ist Stoppzeit bzgl. } \{\mathcal{F}(t)\}_{t\in\{0,\ldots,\bar{t}\}};\ \tau \leq \bar{t}\right\} \\ &\geq E_Q[Y_{\bar{t}}^*] \\ &= (Z^E)_0^*. \end{aligned}$$

M.a.W. der faire Preis eines Derivates mit amerikanischem Ausübungsrecht ist i.A. höher als der faire Preis des zugehörigen Derivates mit europäischem Ausübungsrecht. Dies ist nicht überraschend, da das Derivat mit amerikanischem Ausübungsrecht seinem Halter die vorzeitige Ausübung als zusätzliches Recht einräumt.

(c) Sei nun Y^* ein Submartingal bzgl. $(Q, \{\mathcal{F}(t)\}_{t\in\{0,\ldots,\bar{t}\}})$. Nach dem Prinzip der risikoneutralen Bewertung und Theorem 6.3 (b) gilt:

$$(Z^A)_0^* = E_Q[Y_{\bar{t}}^*] = (Z^E)_0^*.$$

M.a.W. der faire Preis des Derivates mit amerikanischem Ausübungsrecht und der faire Preis des zugehörigen Derivates mit europäischem Ausübungsrecht stimmen in diesem Fall überein. Insbesondere ist $\tau = \bar{t}$ eine optimale Ausübungsstrategie.

Beispiel 6.2

Wir betrachten nun amerikanische Call– und Putoptionen als Beispiele für Derivate mit amerikanischem Ausübungsrecht. Sei dazu $\bar{t} \in I$ mit $\bar{t} > 0$, sei $N = 1$, und seien folgende Voraussetzungen für das zugrunde liegende M–Periodenmodell gegeben:

1. Es gibt keine Arbitragemöglichkeit.
2. Das Finanzmarktmodell ist vollständig.

Wir betrachten Derivate mit amerikanischem Ausübungsrecht.

- **Amerikanische Calloption**

  Eine amerikanische Calloption erlaubt ihrem Halter, das Asset zu einem beliebigen Zeitpunkt während der Laufzeit zu einem bei Vertragsabschluss vereinbarten Strikepreis $\overline{S}$ zu kaufen. Wir nehmen zusätzlich an, dass der Halter das Asset bei Ausübung der Option sofort wieder zum Marktpreis verkauft.

  Sei dazu $\overline{S} > 0$, und sei $\tau \leq \bar{t}$ die zugehörige Ausübungsstrategie des Halters der Option. Wir definieren die amerikanische Calloption durch folgende Zahlung:

  $$Y_t = \max\{(S_1)_t - \overline{S}, 0\} \text{ zur Zeit } t, \text{ falls } \tau = t.$$

  Wir machen folgende zusätzliche Annahme:

  Der Geldkontoprozess S_0 ist pfadweise monoton wachsend, d.h. es gilt:

  $$(S_0)_0 \leq \ldots \leq (S_0)_M.$$

  M.a.W. die Verzinsung des Geldkontos ist nichtnegativ.

  Mit Hilfe der Jensenschen Ungleichung und Theorem 4.7 erhalten wir:

$$\begin{aligned}
E_Q[Y_{t+1}^*|\mathcal{F}(t)] &= E_Q\Big[\max\Big\{(S_1)_{t+1}^* - \frac{\overline{S}}{(S_0)_{t+1}}, 0\Big\}\Big|\mathcal{F}(t)\Big] \\
&\geq \max\Big\{E_Q\Big[(S_1)_{t+1}^* - \frac{\overline{S}}{(S_0)_{t+1}}\Big|\mathcal{F}(t)\Big], 0\Big\} \\
&\geq \max\Big\{E_Q\Big[(S_1)_{t+1}^* - \frac{\overline{S}}{(S_0)_t}\Big|\mathcal{F}(t)\Big], 0\Big\} \\
&= \max\Big\{(S_1)_t^* - \frac{\overline{S}}{(S_0)_t}, 0\Big\}
\end{aligned}$$

$$= Y_{\bar{t}}^*.$$

Also ist Y^* ein Submartingal bzgl. $(Q, \{\mathcal{F}(t)\}_{t\in\{0,\ldots,\bar{t}\}})$. Nach der obigen Bemerkung stimmen der faire Preis der amerikanischen Calloption zur Zeit $t = 0$ und der faire Preis der europäischen Calloption zur Zeit $t = 0$ überein. Insbesondere gilt:

$$Z_0 = E_Q\Big[\max\{(S_1)_{\bar{t}} - \overline{S}, 0\}\,\frac{(S_0)_0}{(S_0)_{\bar{t}}}\Big].$$

- **Amerikanische Putoption**

  Eine amerikanische Putoption erlaubt ihrem Halter, das Asset zu einem beliebigen Zeitpunkt während der Laufzeit zu einem bei Vertragsabschluss vereinbarten Strikepreis $\overline{S}$ zu verkaufen. Wir nehmen zusätzlich an, dass der Halter das Asset bei Ausübung der Option sofort wieder zum Marktpreis kauft.

  Sei dazu $\overline{S} > 0$, und sei $\tau \leq \bar{t}$ die zugehörige Ausübungsstrategie des Halters der Option. Wir definieren die amerikanische Putoption durch folgende Zahlung:

  $$Y_t = \max\{\overline{S} - (S_1)_t, 0\} \text{ zur Zeit } t, \text{ falls } \tau = t.$$

  Der faire Preis Z_0 der amerikanischen Putoption zur Zeit $t = 0$ kann nun schrittweise berechnet werden.

  1. Bestimmung der Snellschen Hülle $\overline{Y}^*$ von Y^*:

     $$\overline{Y}_{\bar{t}}^* = Y_{\bar{t}}^*; \qquad \overline{Y}_t^* = \max\{Y_t, E_Q[\overline{Y}_{t+1}^*|\mathcal{F}(t)]\} \qquad (t = 0, \ldots, \bar{t} - 1).$$

  2. Bestimmung der optimalen Ausübungsstrategie $\overline{\tau}$:

     $$\overline{\tau} = \min\Big\{t \in \{0, \ldots, \bar{t}\}\,\Big|\,\overline{Y}_t^* = Y_t^*\Big\}.$$

  3. Bestimmung des fairen Preises Z_0 gemäß Theorem 6.3 (a):

     $$Z_0^* = E_Q[(Y^*)^{\overline{\tau}}].$$

     Daraus folgt:

     $$Z_0 = (S_0)_0\, E_Q[(Y^*)^{\overline{\tau}}] = E_Q\Big[\max\{(S_1)_{\overline{\tau}} - \overline{S}, 0\}\,\frac{(S_0)_0}{(S_0)^{\overline{\tau}}}\Big].$$

6.3 Futurekontrakte

Wir wenden uns nun der wichtigsten Form von Börsentermingeschäften zu, den *Futurekontrakten*. Analog zu einem Forwardkontrakt legt ein Futurekontrakt den Kauf oder Verkauf eines Assets, also z.B. einer Aktie, zu einem späteren Zeitpunkt zum bei Vertragsabschluss gültigen Futurepreis fest. Dabei ist der Eintritt in einen Futurekontrakt i.d.R. kostenfrei, so dass der Futurepreis an die Stelle des fairen Forwardpreises tritt. Der wesentliche Unterschied gegenüber dem Forwardkontrakt besteht nun darin, dass die kontinuierlichen Wertschwankungen des Futurepreises kontinuierlich durch Marginzahlungen ausgeglichen werden, so dass ein Futurekontrakt jederzeit ohne weitere Zahlungen geschlossen werden kann. Die

Marginzahlungen müssen bei der Bewertung von Futurekontrakten berücksichtigt werden. Wir formulieren das Prinzip der risikoneutralen Bewertung für Futurekontrakte und zeigen, dass der Futurepreis eines Assets im Fall eines deterministischen Geldkontoprozesses, d.h. im Fall deterministischer Zinsen, genau mit dem fairen Forwardpreis übereinstimmt.

Voraussetzung

Wir machen folgende Voraussetzungen für das zugrunde liegende M–Perioden–Finanzmarktmodell:

1. Es gibt keine Arbitragemöglichkeit.
2. Das Finanzmarktmodell ist vollständig.

Futurepreisprozesse

Sei $\bar{t} \in I$, und sei $\bar{t} > 0$. Wir betrachten die Futurepreisprozesse der Assets S_n $(n = 1, \ldots, N)$:

$$\overline{S}_n : \{0, \ldots, \bar{t}\} \times \Omega \longrightarrow \mathbb{R} : (t, \omega) \longmapsto \overline{S}(t, \omega).$$

$$(\overline{S}_n)_0 > 0\,; \qquad\qquad (\overline{S}_n)_t \geq 0 \qquad (t = 1, \ldots, \bar{t}).$$

$\overline{S}_n$ ist adaptiert bzgl. $\{\mathcal{F}(t)\}_{t \in \{0, \ldots, \bar{t}\}}$.

Dabei bezeichnet $(\overline{S}_n)_t$ den Futurepreis des Assets S_n zur Zeit $t \in \{0, \ldots, \bar{t}\}$, d.h. den Preis des Assets, für welchen der Eintritt zum Zeitpunkt t in einen Futurekontrakt mit Laufzeit $\bar{t}$ kostenfrei ist.

Futurekontrakte

Ein Futurekontrakt legt folgende Punkte fest:

1. *Der Eintritt in den Futurekontrakt ist zu jedem Zeitpunkt $t \in \{0, \ldots, \bar{t}\}$ kostenfrei.*
2. *Der Halter des Finanzkontraktes kauft das Asset S_n zur Zeit $\bar{t}$ zum Futurepreis $(\overline{S}_n)_{\bar{t}}$.*
3. *Die Schwankungen des Futurepreises $\overline{S}_n$ werden kontinuierlich durch Marginzahlungen ausgeglichen.*

Nach Punkt 1 und Punkt 2 müssen $(S_n)_{\bar{t}}$ und $(\overline{S}_n)_{\bar{t}}$ übereinstimmen, d.h. es gilt:

$$(\overline{S}_n)_{\bar{t}} = (S_n)_{\bar{t}}.$$

Nach Punkt 3 erhält der Halter des Futurekontrakts zu den Zeitpunkten $s \in \{1, \ldots, \bar{t}\}$ folgende Marginzahlungen:

$$Y_s = -((\overline{S}_n)_s - (\overline{S}_n)_{s-1}).$$

Nach Punkt 1 und Punkt 3 muss der Wert der zukünftigen Marginzahlungen verschwinden. Nach dem Prinzip der risikoneutralen Bewertung folgt daraus:

$\forall\, t \in \{0, \ldots, \bar{t} - 1\}$:

$$\sum_{s=t+1}^{\bar{t}} E_Q[Y_s^* | \mathcal{F}(t)] = -\sum_{s-t+1}^{\bar{t}} E_Q\Big[\frac{(\overline{S}_n)_s - (\overline{S}_n)_{s-1}}{(S_0)_s}\Big| \mathcal{F}(t)\Big] = 0.$$

Bemerkung

(a) Nach Definition ist der Futurepreis die Lösung des folgenden Rekursionsproblems:

$$(\overline{S}_n)_{\bar{t}} = (S_n)_{\bar{t}}.$$

$$\sum_{s=t+1}^{\bar{t}} E_Q\Big[\frac{(\overline{S}_n)_s - (\overline{S}_n)_{s-1}}{(S_0)_s}\Big|\mathcal{F}(t)\Big] = 0 \qquad (t = 0, \ldots, \bar{t}-1).$$

(b) Insgesamt leistet ein Marktteilnehmer, der zur Zeit $t = 0$ in den Futurekontrakt eintritt, folgende Zahlungen zum Erwerb des Assets S_n:

$$(\overline{S}_n)_{\bar{t}} - \sum_{i=1}^{\bar{t}}((\overline{S}_n)_t - (\overline{S}_n)_{t-1}) = (\overline{S}_n)_0.$$

In diesem Sinne ist $(\overline{S}_n)_0$ der Kaufpreis des Assets S_n unter einem Futurekontrakt.

Problemstellung

Gesucht ist der *Futurepreis* $\overline{S}_n$ des Assets S_n.

Theorem 6.4 (Prinzip der risikoneutralen Bewertung für Futurekontrakte)
Sei $\bar{t} \in I$, sei $\bar{t} > 0$, sei $\overline{S}_n$ der Futurepreis des Assets S_n, und seien die folgenden Voraussetzungen gegeben:

1. *Es gibt keine Arbitragemöglichkeit.*
2. *Das Finanzmarktmodell ist vollständig.*

Dann gilt:

(a) *$\overline{S}_n$ ist die Lösung des folgenden Rekursionsproblems:*

$$(\overline{S}_n)_{\bar{t}} = (S_n)_{\bar{t}}.$$

$$(\overline{S}_n)_{t-1} = \frac{E_Q[(\overline{S}_n)_t^* | \mathcal{F}(t-1)]}{E_Q[\frac{1}{(S_0)_t} | \mathcal{F}(t-1)]} \qquad (t = 0, \ldots, \bar{t}-1).$$

(b) *Sei zusätzlich folgende Voraussetzung gegeben:*

- *S_0 ist vorhersehbar bzgl. $\{\mathcal{F}(t)\}_{t\in I}$.*

Dann gilt:

- *$\overline{S}_n$ ist ein Martingal bzgl. $(Q, \{\mathcal{F}(t)\}_{t\in\{0,\ldots,\bar{t}\}})$.*

Insbesondere gilt:

$$(\overline{S}_n)_0 = E_Q[(S_n)_{\bar{t}}].$$

(c) *Sei zusätzlich folgende Voraussetzung gegeben:*

- S_0 *ist deterministisch.*

Dann gilt:

- *Der Futurepreis und der faire Forwardpreis des Assets* S_n *zur Zeit* $t = 0$ *stimmen überein.*

Insbesondere gilt:

$$(\overline{S}_n)_0 = (S_n)_0 \, \frac{(S_0)_{\overline{t}}}{(S_0)_0}.$$

Beweis

(a) Wir beweisen die Aussage in (a).

1. *Wir zeigen:*

   - *Der Futurepreis des Assets ist die Lösung des Rekursionsproblems in* (a).

   Sei dazu $\overline{S}_n$ der Futurepreis des Assets S_n. Nach Voraussetzung genügt $\overline{S}_n$ der Rekursionsstartbedingung:

$$(\overline{S}_n)_{\overline{t}} = (S_n)_{\overline{t}}.$$

$$\sum_{s=t+1}^{\overline{t}} E_Q\Big[\frac{(\overline{S}_n)_s - (\overline{S}_n)_{s-1}}{(S_0)_s}\Big|\mathcal{F}(t)\Big] = 0.$$

Mit Hilfe von Theorem 4.7 erhalten wir:

$$\sum_{s=t+1}^{\overline{t}} E_Q\Big[\frac{(\overline{S}_n)_s - (\overline{S}_n)_{s-1}}{(S_0)_s}\Big|\mathcal{F}(t-1)\Big]$$

$$= \sum_{s=t+1}^{\overline{t}} E_Q\Big[E_Q\Big[\frac{(\overline{S}_n)_s - (\overline{S}_n)_{s-1}}{(S_0)_s}\Big|\mathcal{F}(t)\Big]\Big|\mathcal{F}(t-1)\Big]$$

$$= E_Q\Big[\sum_{s=t+1}^{\overline{t}} E_Q\Big[\frac{(\overline{S}_n)_s - (\overline{S}_n)_{s-1}}{(S_0)_s}\Big|\mathcal{F}(t)\Big]\Big|\mathcal{F}(t-1)\Big]$$

$$= 0.$$

Daraus folgt insgesamt:

$$E_Q\Big[\frac{(\overline{S}_n)_t - (\overline{S}_n)_{t-1}}{(S_0)_t}\Big|\mathcal{F}(t-1)\Big]$$

$$= E_Q\Big[\frac{(\overline{S}_n)_t - (\overline{S}_n)_{t-1}}{(S_0)_t}\Big|\mathcal{F}(t-1)\Big] + \sum_{s=t+1}^{\overline{t}} E_Q\Big[\frac{(\overline{S}_n)_s - (\overline{S}_n)_{s-1}}{(S_0)_s}\Big|\mathcal{F}(t-1)\Big]$$

$$= \sum_{s=t}^{\bar{t}} E_Q\Big[\frac{(\overline{S}_n)_s - (\overline{S}_n)_{s-1}}{(S_0)_s}\Big|\mathcal{F}(t-1)\Big]$$

$$= 0.$$

Nach Voraussetzung ist $(\overline{S}_n)_{t-1}$ messbar bzgl. $\mathcal{F}(t-1)$. Mit Hilfe von Theorem 4.7 erhalten wir:

$$E_Q[(\overline{S}_n)_t^*|\mathcal{F}(t-1)] - (\overline{S}_n)_{t-1}\, E_Q\Big[\frac{1}{(S_0)_t}\Big|\mathcal{F}(t-1)\Big]$$

$$= E_Q\Big[\frac{(\overline{S}_n)_t - (\overline{S}_n)_{t-1}}{(S_0)_t}\Big|\mathcal{F}(t-1)\Big]$$

$$= 0.$$

Auflösen dieser Gleichung liefert die Rekursionsgleichung. Also ist $\overline{S}_n$ die Lösung des Rekursionsproblems.

2. *Wir zeigen:*
   - *Die Lösung des Rekursionsproblems in* (a) *ist der Futurepreis des Assets.*

   Sei dazu $\overline{S}_n$ die Lösung des Rekursionsproblems. Nach Definition gilt:

   $$(\overline{S}_n)_0 > 0\,; \qquad (\overline{S}_n)_t \geq 0 \qquad (t = 1, \ldots, \bar{t}).$$

   $\overline{S}_n$ ist adaptiert bzgl. $\{\mathcal{F}(t)\}_{t\in\{0,\ldots,\bar{t}\}}$.

   $$(\overline{S}_n)_{\bar{t}} = (S_n)_{\bar{t}}.$$

   Nach Theorem 4.7 gilt:

   $\forall\, t \in \{0, \ldots, \bar{t}-1\}$:

   $$\sum_{s=t+1}^{\bar{t}} E_Q\Big[\frac{(\overline{S}_n)_s - (\overline{S}_n)_{s-1}}{(S_0)_s}\Big|\mathcal{F}(t)\Big]$$

   $$= \sum_{s=t+1}^{\bar{t}} E_Q\Big[E_Q\Big[\frac{(\overline{S}_n)_s - (\overline{S}_n)_{s-1}}{(S_0)_s}\Big|\mathcal{F}(s-1)\Big]\Big|\mathcal{F}(t)\Big]$$

   $$= \sum_{s=t+1}^{\bar{t}} E_Q\Big[E_Q[(\overline{S}_n)_s^*|\mathcal{F}(s-1)] - (\overline{S}_n)_{s-1}E_Q\Big[\frac{1}{(S_0)_s}\Big|\mathcal{F}(s-1)\Big]\Big|\mathcal{F}(t)\Big]$$

   $$= 0.$$

   Also ist $\overline{S}_n$ der Futurepreis des Assets S_n.

(b) Nach Voraussetzung ist S_0 vorhersehbar bzgl. $\{\mathcal{F}(t)\}_{t\in I}$. Nach Theorem 4.4 ist auch $\frac{1}{S_0}$ vorhersehbar bzgl. $\{\mathcal{F}(t)\}_{t\in I}$. Mit Hilfe von Theorem 4.7 erhalten wir:

$$(\overline{S}_n)_{t-1} = \frac{E_Q[\frac{(\overline{S}_n)_t}{(S_0)_t}|\mathcal{F}(t-1)]}{E_Q[\frac{1}{(S_0)_t}|\mathcal{F}(t-1)]} = E_Q[(\overline{S}_n)_t|\mathcal{F}(t-1)].$$

Also ist $\overline{S}_n$ ein Martingal bzgl. $(Q, \{\mathcal{F}(t)\}_{t\in\{0,\ldots,\bar{t}\}})$. Insbesondere gilt:

$$(\overline{S}_n)_0 = E_Q[(\overline{S}_n)_{\bar{t}}] = E_Q[(S_n)_{\bar{t}}].$$

(c) Nach Voraussetzung ist S_0 deterministisch. Mit Hilfe von (b) erhalten wir für den Futurepreis $(\overline{S}_n)_0$ des Assets S_n zur Zeit $t = 0$:

$$(\overline{S}_n)_0 = E_Q[(S_n)_{\bar{t}}] = E_Q[(S_n)^*_{\bar{t}}]\,(S_0)_{\bar{t}} = (S_n)^*_0\,(S_0)_{\bar{t}} = (S_n)_0\,\frac{(S_0)_{\bar{t}}}{(S_0)_0}.$$

Andererseits gilt für den fairen Forwardpreis $\tilde{S}_n$ des Assets S_n zur Zeit $t = 0$:

$$\tilde{S}_n = \frac{(S_n)_0}{E_Q\left[\frac{(S_0)_0}{(S_0)_{\bar{t}}}\right]} = (S_n)_0\,\frac{(S_0)_{\bar{t}}}{(S_0)_0}.$$

Daraus folgt die Behauptung.

□

7 Das Binomialmodell (Cox–Ross–Rubinstein Modell)

In diesem Abschnitt wenden wir uns der Modellierung von Finanzmärkten zu. Dazu betrachten wir das *Binomialmodell*, welches auch als *Cox–Ross–Rubinstein Modell* bezeichnet wird, als typischen Vertreter für ein Aktienmarktmodell. Wir formulieren Modellgleichungen für den Geldkontoprozess und die Preisprozesse der Assets in Analogie zu den in Abschnitt 9 im Rahmen der Finanzmathematik in stetiger Zeit betrachteten Aktienmarktmodellen. Insbesondere lässt sich das Binomialmodell als diskretes Analogon des wohl bekanntesten Aktienmarktmodells, nämlich des ebenfalls in Abschnitt 9 behandelten *Black–Scholes Modells*, auffassen. Für die Analyse des Binomialmodells greifen wir auf die in Abschnitt 4.9 für eine Kette von Münzwürfen bewiesenen Aussagen zurück. Wir bestimmen zunächst die von den Preisprozessen erzeugte kanonische Filtration und untersuchen die Verteilung der Preisprozesse unter dem realen Wahrscheinlichkeitsmaß P. Danach zeigen wir, dass es für das Binomialmodell genau ein äquivalentes Martingalmaß Q gibt, und bestimmen dieses explizit. Damit ist insbesondere gezeigt, dass das Binomialmodell arbitragefrei und vollständig ist. Schließlich untersuchen wir die Verteilung der Preisprozesse unter dem äquivalenten Martingalmaß Q.

Stochastisches Modell

Wir betrachten das M-malige unabhängige Hintereinanderausführen eines *Bernoulliexperimentes*, d.h. eines stochastischen Experimentes mit genau zwei möglichen Ausgängen. Dieses stochastische Modell wurde bereits in Abschnitt 4 zur Beschreibung einer Kette von Münzwürfen verwendet.

Zeit

Wir betrachten wiederum $M + 1$ verschiedene Zeitpunkte:

$$I := \{0, \ldots, M\}.$$

Dabei findet das t-te Bernoulliexperiment im Zeitintervall $(t - 1, t)$ statt.

Ereignisraum

Wir betrachten den folgenden Ereignisraum:

$$\Omega := \{\omega \mid \omega : \{1, \ldots, M\} \longrightarrow \{-1, 1\} : t \longmapsto \omega(t)\}.$$

Dabei beschreibt $\omega(t)$ den Ausgang des t-ten Bernoulliexperimentes.

Wahrscheinlichkeitsmaß

Wir definieren ein positives Wahrscheinlichkeitsmaß P auf Ω durch:

$$P(\omega) := \frac{1}{2^M}.$$

Random Walk

Wir definieren einen stochastischen Prozess W rekursiv durch:

$$W_0(\omega) := 0; \qquad W_t(\omega) - W_{t-1}(\omega) := \omega(t) \qquad (0 < t \in I).$$

Nach Konstruktion gilt:

$$W_t(\omega) = \sum_{s=1}^{t} \omega(s).$$

Dabei beschreibt das Inkrement $W_t - W_{t-1}$ den Ausgang des t-ten Bernoulliexperimentes. W heißt *Random Walk*.

Kanonische Filtration

Nach Abschnitt 4.9 gilt für die von dem Random Walk W erzeugte kanonische Filtration:

$$\mathcal{E}^W(t) = \left\{ E = \left\{ \omega \in \Omega \,\middle|\, \begin{pmatrix} \omega(1) \\ \dots \\ \omega(t) \end{pmatrix} = y \right\} \,\middle|\, y \in \{-1,1\}^t \right\}.$$

$$\mathcal{F}^W(t) = \left\{ F = \left\{ \omega \in \Omega \,\middle|\, \begin{pmatrix} \omega(1) \\ \dots \\ \omega(t) \end{pmatrix} \in B \right\} \,\middle|\, B \subset \{-1,1\}^t \right\}.$$

Geldkontoprozess

Sei $\overline{S}_0 > 0$, und sei $r > 0$. Wir definieren einen Geldkontoprozess S_0 rekursiv durch:

$$(S_0)_0(\omega) := \overline{S}_0\,; \qquad (S_0)_t(\omega) - (S_0)_{t-1}(\omega) := r\,(S_0)_{t-1}(\omega) \qquad (0 < t \in I).$$

Nach Konstruktion gilt:

$$(S_0)_t(\omega) = (1+r)^t\,\overline{S}_0 > 0.$$

Dabei bezeichnet r die Zinsrate. Insbesondere ist S_0 ein deterministischer Prozess.

Preisprozess

Sei $\overline{S}_1 > 0$, sei $\mu > 0$, sei $\sigma > 0$, und sei folgende Bedingung erfüllt:

$$|\mu - r| < \sigma.$$

Wir definieren einen Preisprozess S_1 rekursiv durch:

$$(S_1)_0(\omega) := \overline{S}_1.$$

$$(S_1)_t(\omega) - (S_1)_{t-1}(\omega) := \Big(\mu + \sigma\,(W_t(\omega) - W_{t-1}(\omega))\Big)\,(S_1)_{t-1}(\omega) \qquad (0 < t \in I).$$

Nach Konstruktion gilt:

$$(S_1)_t(\omega) = \left(\prod_{s=1}^{t} \Big(1 + \mu + \sigma\,(W_s(\omega) - W_{s-1}(\omega))\Big) \right) \overline{S}_1 > 0.$$

Dabei bezeichnet μ die Drift und σ die Volatilität. Insbesondere ist S_1 ein adaptierter stochastischer Prozess.

Theorem 7.1

Der Random Walk W besitzt folgende Eigenschaften:

(a) *Das System* $\{W_1 - W_0, \ldots, W_M - W_{M-1}\}$ *der Inkremente ist unabhängig bzgl.* P.

(b) *Die Inkremente sind* binomialverteilt *bzgl.* P, *d.h. es gilt folgende Aussage:*
$\forall\ t_1, t_2 \in I$ *mit* $t_1 \leq t_2\ \forall\ m \in \{0, \ldots, t_2 - t_1\}$*:*

$$P\Big((W_{t_2} - W_{t_1})^{-1}(2m - (t_2 - t_1))\Big) = \frac{1}{2^{t_2 - t_1}} \binom{t_2 - t_1}{m}.$$

Insbesondere gilt:

$$E_P[W_{t_2} - W_{t_1}] = 0.$$

$$E_P[(W_{t_2} - W_{t_1})^2] = t_2 - t_1.$$

(c) W *ist ein Martingal bzgl.* $(\{\mathcal{F}^W(t)\}_{t \in I}, P)$.

Beweis

Die Aussagen wurden bereits in Abschnitt 4.9 bewiesen.

□

Theorem 7.2

Der Preisprozess S_1 *besitzt folgende Eigenschaften:*

(a) *Das System* $\left\{\frac{(S_1)_1}{(S_1)_0}, \ldots, \frac{(S_1)_M}{(S_1)_{M-1}}\right\}$ *der Quotienten ist unabhängig bzgl.* P.

(b) *Die Quotienten besitzen die folgende Verteilung bzgl.* P*:*
$\forall\ t_1, t_2 \in I$ *mit* $t_1 \leq t_2\ \forall\ m \in \{0, \ldots, t_2 - t_1\}$*:*

$$P\left(\left(\frac{(S_1)_{t_2}}{(S_1)_{t_1}}\right)^{-1}\Big((1+\mu+\sigma)^m (1+\mu-\sigma)^{t_2 - t_1 - m}\Big)\right) = \frac{1}{2^{t_2 - t_1}} \binom{t_2 - t_1}{m}.$$

Insbesondere gilt:

$$E_P\left[\frac{(S_1)_{t_2}}{(S_1)_{t_1}}\right] = (1+\mu)^{t_2 - t_1}.$$

$$E_P\left[\left(\frac{(S_1)_{t_2}}{(S_1)_{t_1}}\right)^2\right] = \Big((1+\mu)^2 + \sigma^2\Big)^{t_2 - t_1}.$$

Beweis

Die Aussagen ergeben sich als Korollar zu Theorem 7.1.

(a) Nach Konstruktion gilt:

$$\frac{(S_1)_t}{(S_1)_{t-1}} = \Big(1 + \mu + \sigma\,(W_t - W_{t-1})\Big).$$

Nach Theorem 7.1 ist das System der Inkremente des Random Walks unabhängig bzgl. P. Nach Theorem 4.18 ist das System der Quotienten des Preisprozesses unabhängig bzgl. P.

(b) Mit Hilfe von Theorem 7.1 erhalten wir:

$$\begin{aligned}
&P\Bigg(\bigg(\frac{(S_1)_{t_2}}{(S_1)_{t_1}}\bigg)^{-1}\Big((1+\mu+\sigma)^m(1+\mu-\sigma)^{t_2-t_1-m}\Big)\Bigg) \\
&= P\Big((W_{t_2} - W_{t_1})^{-1}(2m - (t_2 - t_1))\Big) \\
&= \frac{1}{2^{t_2-t_1}}\binom{t_2 - t_1}{m}.
\end{aligned}$$

Nach (a) ist das System der Quotienten der Preisprozesse unabhängig bzgl. P. Mit Hilfe von Theorem 7.1 erhalten wir:

$$\begin{aligned}
E_P\left[\frac{(S_1)_{t_2}}{(S_1)_{t_1}}\right] &= E_P\left[\prod_{t=t_1+1}^{t_2}\frac{(S_1)_t}{(S_1)_{t-1}}\right] \\
&= \prod_{t=t_1+1}^{t_2} E_P\left[\frac{(S_1)_t}{(S_1)_{t-1}}\right] \\
&= \prod_{t=t_1+1}^{t_2}\Big(1 + \mu + \sigma\,E_P[W_t - W_{t-1}]\Big) \\
&= (1+\mu)^{t_2-t_1}.
\end{aligned}$$

$$\begin{aligned}
&E_P\left[\left(\frac{(S_1)_{t_2}}{(S_1)_{t_1}}\right)^2\right] = E_P\left[\left(\prod_{t=t_1+1}^{t_2}\frac{(S_1)_t}{(S_1)_{t-1}}\right)^2\right] \\
&= \prod_{t=t_1+1}^{t_2} E_P\left[\left(\frac{(S_1)_t}{(S_1)_{t-1}}\right)^2\right] \\
&= \prod_{t=t_1+1}^{t_2}\Big((1+\mu)^2 + 2\,(1+\mu)\,\sigma\,E_P[W_t - W_{t-1}] + \sigma^2\,E_P[(W_t - W_{t-1})^2]\Big) \\
&= \Big((1+\mu)^2 + \sigma^2\Big)^{t_2-t_1}.
\end{aligned}$$

□

Theorem 7.3

Das Binomialmodell besitzt folgende Eigenschaften:

(a) *Es gibt genau ein äquivalentes Martingalmaß Q auf Ω. Insbesondere gilt:*

1. *Es gibt keine Arbitragemöglichkeit.*
2. *Das Finanzmarktmodell ist vollständig.*

(b) *Q genügt der folgenden Bedingung:*
$\forall\ \omega \in \Omega$ *mit* $\omega(t) = 1$ *für genau* m *Zeitpunkte* $t \in \{1, \ldots, M\}$*:*

$$Q(\omega) = \frac{1}{2^M}\Big(1 - \frac{\mu - r}{\sigma}\Big)^m \Big(1 + \frac{\mu - r}{\sigma}\Big)^{M-m}.$$

Beweis

(a) Wir führen die Aussage auf die Eigenschaften der zugehörigen Einperioden–Finanzmarktmodelle zurück.

1. Wir betrachten die Familie $\{(\Omega^{t,E}, P^{t,E}, S^{t,E})\}_{t,E}$ der zu unserem Mehrperioden–Finanzmarktmodell gehörigen Einperioden–Finanzmarktmodelle. Nach Theorem 5.1, Theorem 5.2 und Theorem 5.7 genügt es, folgende Aussage zu beweisen:
   $\forall\ t \in I$ mit $t < M$ $\forall\ E \in \mathcal{E}^W(t)$:
   i. Es gibt genau ein äquivalentes Martingalmaß $Q^{t,E}$ auf $\Omega^{t,E}$.
2. *Wir betrachten die Preisprozesse der Einperioden–Finanzmarktmodelle.*
   Sei dazu $t \in I$ mit $t < M$, und sei $E \in \mathcal{E}^W(t)$. Nach Abschnitt 4.9 gibt es ein $y \in \{-1, 1\}^t$ mit folgender Eigenschaft:

$$E = \left\{ \omega \in \Omega \;\middle|\; \begin{pmatrix} \omega(1) \\ \ldots \\ \omega(t) \end{pmatrix} = y \right\}.$$

Wir definieren $A_-, A_+ \in \mathcal{E}^W(t+1)$ durch:

$$A_\pm := \{\omega \in E \,|\, \omega(t+1) = \pm 1\}.$$

Nach Konstruktion gilt:

$$\Omega^{t,E} = \{A_-, A_+\}.$$

Nach Konstruktion ist der Geldkontoprozess S_0 deterministisch. Daraus folgt:

$$S_0^{t,E}(0) = E_P[(S_0)_t | E] = (S_0)_t = (1 + r)^t\, \overline{S}_0.$$

$$S_0^{t,E}(1, A_\pm) = E_P[(S_0)_{t+1} | A_\pm] = (S_0)_{t+1} = (1 + r)^{t+1}\, \overline{S}_0.$$

Insbesondere gilt:

$$S_0^{t,E}(1, A_\pm) = (1 + r)\, S_0^{t,E}(0).$$

Nach Theorem 4.4 ist der Preisprozess S_1 adaptiert bzgl. $(\Omega, \{\mathcal{F}^W(t)\}_{t\in I})$. Daraus folgt:

$$S_1^{t,E}(0) = E_P[(S_1)_t|E] = \Big(\prod_{s=1}^{t}(1+\mu+\sigma\, y_s)\Big)\overline{S}_1.$$

$$S_1^{t,E}(1,A_\pm) = E_P[(S_1)_{t+1}|A_\pm] = (1+\mu\pm\sigma)\Big(\prod_{s=1}^{t}(1+\mu+\sigma\, y_s)\Big)\overline{S}_1.$$

Insbesondere gilt:

$$S_1^{t,E}(1,A_\pm) = (1+\mu\pm\sigma)\, S_1^{t,E}(0).$$

Daraus folgt insgesamt:

$$\begin{aligned}(S_1^{t,E})^*(1,A_\pm) &= \frac{S_1^{t,E}(1,A_\pm)}{S_0^{t,E}(1,A_\pm)}\\ &= \frac{(1+\mu\pm\sigma)\, S_1^{t,E}(0)}{(1+r)\, S_0^{t,E}(0)}\\ &= \frac{1+\mu\pm\sigma}{1+r}\,(S_1^{t,E})^*(0).\end{aligned}$$

3. *Wir beweisen die Aussage in Punkt 1.*

   Sei dazu $R^{t,E}$ ein positives Wahrscheinlichkeitsmaß auf $\Omega^{t,E}$. Dann gibt es ein $p \in \mathbb{R}$ mit $0 < p < 1$, so dass gilt:

   $$R^{t,E}(A_+) = p; \qquad\qquad R^{t,E}(A_-) = 1-p.$$

   $R^{t,E}$ ist genau dann ein äquivalentes Martingalmaß, wenn folgende Bedingung erfüllt ist:

   $$E_{R^{t,E}}[(S_1^{t,E})^*(1)] = (S_1^{t,E})^*(0).$$

   Dabei gilt:

   $$\begin{aligned}E_{R^{t,E}}[(S_1^{t,E})^*(1)] &= (S_1^{t,E})^*(1,A_+)\, R^{t,E}(A_+) + (S_1^{t,E})^*(1,A_-)\, R^{t,E}(A_-)\\ &= \frac{1+\mu+(2p-1)\,\sigma}{1+r}\,(S_1^{t,E})^*(0).\end{aligned}$$

   Einsetzen in die obige Gleichung und Auflösen nach p zeigt, dass $R^{t,E}$ genau dann ein äquivalentes Martingalmaß ist, wenn folgende Aussage wahr ist:

   $$p = \frac{1}{2}\Big(1-\frac{\mu-r}{\sigma}\Big).$$

   Nach Wahl der Parameter r, μ und σ gilt:

   $$0 < \frac{1}{2}\Big(1-\frac{\mu-r}{\sigma}\Big) < 1.$$

   Also gibt es genau ein äquivalentes Martingalmaß $Q^{t,E}$ auf $\Omega^{t,E}$. Dieses stimmt mit $R^{t,E}$ für die obige Wahl von p überein.

(b) Sei $\omega \in \Omega$ mit $\omega(t) = 1$ für genau m Zeitpunkte $t \in \{1, \ldots, M\}$. Nach Theorem 5.1, Theorem 5.2 und Theorem 5.7 gilt:

$\forall\ E_t \in \mathcal{E}^W(t)$ mit $\omega \in E_M \subset \ldots \subset E_0$:

$$Q(\omega) = \prod_{t=0}^{M-1} Q^{t,E_t}(E_{t+1}).$$

Nach (a) gilt:

$$Q^{t,E_t}(E_{t+1}) = \begin{cases} \frac{1}{2}\left(1 - \frac{\mu - r}{\sigma}\right) & \text{falls } \omega(t+1) = 1; \\ \frac{1}{2}\left(1 + \frac{\mu - r}{\sigma}\right) & \text{sonst.} \end{cases}$$

Daraus folgt insgesamt:

$$Q(\omega) = \frac{1}{2^M}\left(1 - \frac{\mu - r}{\sigma}\right)^m \left(1 + \frac{\mu - r}{\sigma}\right)^{M-m}.$$

□

Bemerkung

Nach Theorem 7.3 (b) sind folgende Aussagen äquivalent:

(a) Das äquivalente Martingalmaß Q stimmt mit dem realen Wahrscheinlichkeitsmaß P überein.

(b) Die Drift μ stimmt mit der Zinsrate r überein.

Theorem 7.4

Der Random Walk W besitzt folgende Eigenschaften:

(a) *Das System $\{W_1 - W_0, \ldots, W_M - W_{M-1}\}$ der Inkremente ist unabhängig bzgl. Q.*

(b) *Die Inkremente besitzen folgende Verteilung bzgl. Q:*

$\forall\ t_1, t_2 \in I$ *mit* $t_1 \leq t_2\ \forall\ m \in \{0, \ldots, t_2 - t_1\}$:

$$Q\Big((W_{t_2} - W_{t_1})^{-1}(2m - (t_2 - t_1))\Big)$$
$$= \frac{1}{2^{t_2 - t_1}} \binom{t_2 - t_1}{m} \left(1 - \frac{\mu - r}{\sigma}\right)^m \left(1 + \frac{\mu - r}{\sigma}\right)^{t_2 - t_1 - m}.$$

Insbesondere gilt:

$$E_Q[W_{t_2} - W_{t_1}] = -\frac{\mu - r}{\sigma}(t_2 - t_1).$$

$$E_Q[(W_{t_2} - W_{t_1})^2] = t_2 - t_1 + \left(\frac{\mu - r}{\sigma}\right)^2 (t_2 - t_1)(t_2 - t_1 - 1).$$

Beweis

Wir führen den Beweis dieses Theorems auf den Beweis von Theorem 7.1 zurück.

1. Seien $t_1, \ldots, t_m \in I$ mit $t_1 < \ldots < t_m$, und sei $y \in \{-1, 1\}^m$ mit $y_t = 1$ für genau k Indizes t. Wir definieren $A, A_l \subset \Omega$ durch:

$$A := \left\{ \omega \in \Omega \;\middle|\; \begin{pmatrix} \omega(t_1) \\ \ldots \\ \omega(t_m) \end{pmatrix} = y \right\}.$$

$$A_l := \left\{ \omega \in \Omega \;\middle|\; \begin{pmatrix} \omega(t_1) \\ \ldots \\ \omega(t_m) \end{pmatrix} = y;\; \omega(t) = 1 \text{ für genau } k + l \text{ Indizes } t \right\}.$$

Nach Konstruktion gilt:

$$A = \bigcup_{l=0}^{M-m} A_l.$$

$$|A_l| = \binom{M-m}{l}.$$

Mit Hilfe von Theorem 7.3 erhalten wir:

$$\begin{aligned}
Q(A) &= Q\Big(\bigcup_{l=0}^{M-m} A_l\Big) \\
&= \sum_{l=0}^{M-m} Q(A_l) \\
&= \sum_{l=0}^{M-m} \frac{1}{2^M} \left(1 - \frac{\mu - r}{\sigma}\right)^{k+l} \left(1 + \frac{\mu - r}{\sigma}\right)^{M-k-l} |A_l| \\
&= \sum_{l=0}^{M-m} \frac{1}{2^M} \binom{M-m}{l} \left(1 - \frac{\mu - r}{\sigma}\right)^{k+l} \left(1 + \frac{\mu - r}{\sigma}\right)^{M-k-l} \\
&= \frac{1}{2^m} \left(1 - \frac{\mu - r}{\sigma}\right)^{k} \left(1 + \frac{\mu - r}{\sigma}\right)^{m-k} \\
&\qquad \times \frac{1}{2^{M-m}} \sum_{l=0}^{M-m} \binom{M-m}{l} \left(1 - \frac{\mu - r}{\sigma}\right)^{l} \left(1 + \frac{\mu - r}{\sigma}\right)^{M-m-l}.
\end{aligned}$$

Nach der Binomischen Formel gilt:

$$\frac{1}{2^{M-m}} \sum_{l=0}^{M-m} \binom{M-m}{l} \left(1 - \frac{\mu - r}{\sigma}\right)^{l} \left(1 + \frac{\mu - r}{\sigma}\right)^{M-m-l} = 1.$$

Daraus folgt:

$$Q(A) = \frac{1}{2^m} \left(1 - \frac{\mu - r}{\sigma}\right)^{k} \left(1 + \frac{\mu - r}{\sigma}\right)^{m-k}.$$

2. Der Beweis von Theorem 7.1 wurde bereits in Abschnitt 4.9 durchgeführt. Dazu wurde für die in Punkt 1 definierten Mengen A zunächst folgende Gleichung bewiesen:[23]

$$P(A) = \frac{1}{2^m}.$$

Die Aussagen in Theorem 7.1 ergaben sich als direkte Konsequenzen dieser Gleichung. Die Aussagen in Theorem 7.4 ergeben sich analog als direkte Konsequenzen der in Punkt 1 bewiesenen Gleichung.

□

Theorem 7.5

Der Preisprozess S_1 besitzt folgende Eigenschaften:

(a) *Das System* $\left\{\frac{(S_1)_1}{(S_1)_0}, \ldots, \frac{(S_1)_M}{(S_1)_{M-1}}\right\}$ *der Quotienten ist unabhängig bzgl. Q.*

(b) *Die Quotienten besitzen die folgende Verteilung bzgl. Q:*

$\forall\ t_1, t_2 \in I$ *mit* $t_1 \le t_2\ \forall\ m \in \{0, \ldots, t_2 - t_1\}$*:*

$$Q\left(\left(\frac{(S_1)_{t_2}}{(S_1)_{t_1}}\right)^{-1}\left((1+\mu+\sigma)^m(1+\mu-\sigma)^{t_2-t_1-m}\right)\right)$$
$$= \frac{1}{2^{t_2-t_1}}\binom{t_2-t_1}{m}\left(1-\frac{\mu-r}{\sigma}\right)^m\left(1+\frac{\mu-r}{\sigma}\right)^{t_2-t_1-m}.$$

Insbesondere gilt:

$$E_Q\left[\frac{(S_1)_{t_2}}{(S_1)_{t_1}}\right] = (1+r)^{t_2-t_1}.$$

$$E_Q\left[\left(\frac{(S_1)_{t_2}}{(S_1)_{t_1}}\right)^2\right] = \left((1+r)^2-(\mu-r)^2+\sigma^2\right)^{t_2-t_1}.$$

Beweis

Der Beweis verläuft analog zum Beweis von 7.2.

□

[23] Siehe Abschnitt 4.9, Punkt *Bedingte Wahrscheinlichkeiten*, Teil (a).

FINANZMATHEMATIK

IN STETIGER ZEIT

8 Stochastische Analysis

In Abschnitt 7 haben wir im Rahmen des Binomialmodells die Preisprozesse mit Hilfe des *Random Walk* modelliert. In diesem Teil, *Finanzmathematik in stetiger Zeit*, tritt nun die *Brownsche Bewegung* an die Stelle des Random Walk. Allgemeiner werden wir in den folgenden Abschnitten eine Vielzahl von stochastischen Prozessen, z.B. Preisprozesse, Zinsraten und Wechselkurse, mit Hilfe von *Itoschen Integralen* modellieren. Die dazu benötigten mathematischen Methoden stellen wir in diesem Abschnitt bereit.

Die Entwicklung der *stochastischen Analysis* in diesem Lehrbuch stellt eine Gradwanderung dar. Einerseits benötigen wir für die Finanzmathematik in stetiger Zeit einige tiefe Einsichten in diese Theorie, deren Darstellung allein eigene Lehrbücher füllt.[24] Andererseits wollen wir unser Ziel, nämlich die Finanzmathematik umfassend zu verstehen, dabei nicht aus den Augen verlieren. Deshalb beschränken wir uns bei der Darstellung der stochastischen Analysis in diesem Lehrbuch im Wesentlichen auf das eigentliche Kernthema, nämlich die Entwicklung der *stochastischen Integrationstheorie*, d.h. die Konstruktion des Itoschen Integrals sowie die Entwicklung des zugehörigen Kalküls und dessen Anwendungen. Dabei verzichten wir unter Verweis auf die Literatur auf eine explizite Konstruktion Brownscher Bewegungen und reduzieren die Martingaltheorie auf ein absolutes Minimum. Insbesondere werden der Satz von Doob über Optional Sampling sowie die Doobsche Maximalungleichung wiederum unter Verweis auf die Literatur ohne Beweis zitiert. Alle weiteren Theoreme dieses Abschnitts werden jedoch vollständig bewiesen.

Im Einzelnen entwickeln wir die stochastische Analysis in folgenden Schritten. Zunächst stellen wir einige Grundbegriffe aus der Wahrscheinlichkeitstheorie bereit und definieren die Begriffe *Martingal* sowie *Brownsche Bewegung*. Im nächsten Schritt konstruieren wir das Itosche Integral zunächst für einfache Prozesse, danach mit Hilfe der Itoschen Isometrie für $\mathfrak{L}^2$–Prozesse und schließlich mit Hilfe geeigneter Stoppzeiten für $\mathfrak{L}^2_{loc}$–Prozesse. Für diese Prozesse entwickeln wir den Itoschen Kalkül. Insbesondere beweisen wir die *Itosche Formel* als wichtigstes Werkzeug. Ausgestattet mit dem Itoschen Kalkül entwickeln wir eine Lösungstheorie für *stochastische Differentialgleichungen*. Insbesondere beweisen wir eine Darstellungsformel für lineare stochastische Differentialgleichungen. Solche stochastischen Differentialgleichungen werden wir in den folgenden Abschnitten zur Modellierung stochastischer Prozesse, wie den oben erwähnten Preisprozessen, Zinsraten und Wechselkursen, vewenden. Im nächsten Schritt beweisen wir *Feynman–Kac Formeln für Diffusionsgleichungen*, welche eine Brücke zwischen den stochastischen Differentialgleichungen und den partiellen Differentialgleichungen schlagen. Die Anwendung der Feynman–Kac Formeln in Abschnitt 9 auf das dort betrachtete Aktienmarktmodell liefert insbesondere die bekannten *Black–Scholes Differentialgleichungen*. Als weitere Anwendung des Itoschen Kalküls beweisen wir den *Darstellungssatz für Brownsche Martingale*. Die Anwendung dieses Satzes in Abschnitt 9 liefert die Vollständigkeit des dort betrachteten Aktienmarktmodells. Wir beenden diesen Abschnitt mit dem Beweis des *Satzes von Girsanov*. Die Anwendung dieses Satzes in Abschnitt 9 liefert schließlich die Existenz eines äquivalenten Martingalmaßes, also die Arbitragefreiheit des dort betrachteten Aktienmarktmodells.

---

[24]Siehe z.B. [32], J. Yeh, *Martingales and Stochastic Analysis*.

8.1 Grundbegriffe

In diesem Abschnitt stellen wir einige Grundbegriffe aus der Wahrscheinlichkeitstheorie zusammen. Dabei nehmen wir an, dass der Leser bereits elementare Vorkenntnisse aus den Gebieten *Maß– und Integrationstheorie* sowie *Wahrscheinlichkeitstheorie* besitzt. Die folgenden Literaturhinweise decken die benötigten Vorkenntnisse vollständig ab:

[3] H. Bauer, *Maß– und Integrationstheorie.*

[4] H. Bauer, *Wahrscheinlichkeitstheorie.*

Zeit

Wir betrachten ein Zeitintervall:

- Sei $I = [0, T]$ oder $I = [0, \infty)$.

$t = 0$ bezeichnet die Gegenwart, und $t > 0$ bezeichnet einen zukünftigen Zeitpunkt.

Ereignisraum

Wir betrachten einen Ereignisraum:

- Sei Ω eine beliebige Menge.

Die Teilmengen $A \subset \Omega$ bezeichnen die möglichen Ereignisse.

σ–Algebra

Wir betrachten eine σ–Algebra über Ω:

- Sei $\mathcal{F}$ ein System von Teilmengen von Ω mit folgenden Eigenschaften:
  1. $\mathcal{F}$ enthält Ω.
  2. Für jede Menge $F \in \mathcal{F}$ ist auch das Komplement $\Omega \backslash F$ in $\mathcal{F}$ enthalten.
  3. Für je abzählbar viele Mengen $A_n \in \mathcal{F}$ $(n \in \mathbb{N})$ ist auch die Vereinigung $\bigcup_{n \in \mathbb{N}} A_n$ in $\mathcal{F}$ enthalten.

$\mathcal{F}$ beschreibt die Informationsstruktur.[25]

Definition

Aus der Maß– und Integrationstheorie ist folgende Aussage bekannt:

- *Es gibt eine kleinste σ–Algebra $\mathcal{B}$ über $\mathbb{R}$ bzw. $[-\infty, \infty]$, welche alle offenen Mengen enthält.*

$\mathcal{B}$ heißt *Borelsche σ–Algebra.*

Wahrscheinlichkeitsmaß

Wir betrachten ein Wahrscheinlichkeitsmaß auf Ω:

- Sei $P : \mathcal{F} \longrightarrow [0, 1]$ mit folgenden Eigenschaften:

[25] Die anschauliche Bedeutung dieser Aussage wurde ausführlich in Abschnitt 4 diskutiert.

1. $P(\emptyset) = 0$ und $P(\Omega) = 1$.
2. Für je abzählbar viele paarweise disjunkte Mengen $A_n \in \mathcal{F}$ $(n \in \mathbb{N})$ gilt:

$$P\Big(\bigcup_{n\in\mathbb{N}} A_n\Big) = \sum_{n\in\mathbb{N}} P(A_n).$$

$P(A)$ bezeichnet die Wahrscheinlichkeit für das Eintreten des Ereignisses A.

Vollständigkeit der σ–Algebra

Wir nehmen an, dass $\mathcal{F}$ vollständig bzgl. P ist:

- $\mathcal{F}$ enthält alle P–Nullmengen.

Filtration

Wir betrachten eine Filtration auf Ω:

- Sei $(\mathcal{F}_t)_{t\in I}$ ein Netz von σ–Algebren mit folgender Eigenschaft:
  $\forall\ t_1, t_2 \in I$ mit $t_1 \leq t_2$:

$$\mathcal{F}_{t_1} \subset \mathcal{F}_{t_2} \subset \mathcal{F}.$$

$\mathcal{F}_t$ beschreibt die Informationsstruktur zum Zeitpunkt t.[26]

Stetigkeit der Filtration

Wir nehmen an, dass $(\mathcal{F}_t)_{t\in I}$ stetig ist:
$\forall\ t \in I$:

$$\mathcal{F}_t = \bigcup_{\substack{s\in I\\ s<t}} \mathcal{F}_s = \bigcap_{\substack{s\in I\\ s>t}} \mathcal{F}_s.$$

Augmentiertheit der Filtration

Wir nehmen an, dass $(\mathcal{F}_t)_{t\in I}$ augmentiert ist:

- $\mathcal{F}_0$ ist vollständig.

Definition

Sei $Z : \Omega \longrightarrow \mathbb{R}$.

(a) Z heißt *$\mathcal{F}/\mathcal{B}$–messbar*, falls folgende Aussage gilt:
$\forall\ A \in \mathcal{B}$:

$$Z^{-1}(A) \in \mathcal{F}.$$

(b) Z heißt *Zufallsvariable*, falls Z $\mathcal{F}/\mathcal{B}$–messbar ist.

[26] Die anschauliche Bedeutung dieser Aussage wurde ausführlich in Abschnitt 4 diskutiert.

Definition

Sei $Z : \Omega \longrightarrow \mathbb{R}$. Aus der Maß– und Integrationstheorie ist folgende Aussage bekannt:

- *Es gibt eine kleinste σ–Algebra $\mathcal{F}^Z$, bezüglich welcher Z messbar ist.*

$\mathcal{F}^Z$ heißt die *von Z erzeugte kanonische σ–Algebra.*

Definition

Sei Z integrierbar bzgl. P.

(a) Wir definieren:

$$E_P[Z] := \int_\Omega Z(\omega)\,\mathrm{d}P(\omega).$$

$E_P[Z]$ heißt *Erwartungswert* von Z bzgl. P.

(b) Sei $\mathcal{G} \subset \mathcal{F}$ eine weitere σ–Algebra. Aus der Wahrscheinlichkeitstheorie ist folgende Aussage bekannt:

- *Es gibt genau eine Zufallsvariable $E_P[Z|\mathcal{G}]$ mit folgenden Eigenschaften:*
  1. *$E_P[Z|\mathcal{G}]$ ist $\mathcal{G}/\mathcal{B}$–messbar.*
  2. $\forall\ A \in \mathcal{G}$:

$$\int_A E_P[Z|\mathcal{G}](\omega)\,\mathrm{d}P(\omega) = \int_A Z(\omega)\,\mathrm{d}P(\omega).$$

$E_P[Z|\mathcal{G}]$ heißt *bedingter Erwartungswert* von Z unter $\mathcal{G}$ bzgl. P.

Definition

Sei $X : I \times \Omega \longrightarrow \mathbb{R}$.

(a) X heißt *stochastischer Prozess*, falls folgende Aussage gilt:

- X ist $(\mathcal{B} \times \mathcal{F})/\mathcal{B}$–messbar.

(b) Sei $t \in I$. Wir definieren:

$$X_t : \Omega \longrightarrow \mathbb{R} : \omega \longmapsto X_t(\omega) := X(t, \omega).$$

X_t heißt *Snapshot* von X.

(c) Sei $\omega \in \Omega$. Wir definieren:

$$X_\omega : I \longrightarrow \mathbb{R} : t \longmapsto X_\omega(t) := X(t, \omega).$$

X_ω heißt *Pfad* von X.

Definition

Sei X ein stochastischer Prozess. Wir betrachten folgende Konzepte der *Messbarkeit* von stochastischen Prozessen.

(a) X heißt *adaptiert* bzgl. $\{\mathcal{F}_t\}_{t\in I}$, falls folgende Aussage gilt:

$\forall\, t \in I$:

- $X_t : \Omega \longrightarrow \mathbb{R}$ ist $\mathcal{F}_t/\mathcal{B}$-messbar.

(b) X heißt *progressiv messbar* bzgl. $\{\mathcal{F}_t\}_{t\in I}$, falls folgende Aussage gilt:

$\forall\, t \in I$:

- $X : [0,t] \times \Omega \longrightarrow \mathbb{R}$ ist $(\mathcal{B} \times \mathcal{F}_t)/\mathcal{B}$-messbar.

Definition

Sei X ein stochastischer Prozess. Aus der Maß– und Integrationstheorie ist folgende Aussage bekannt:

- *Es gibt eine kleinste kleinste Filtration $(\mathcal{F}_t^X)_{t\in I} \subset \mathcal{F}$, bezüglich welcher X adaptiert ist.*

$(\mathcal{F}_t^X)_{t\in I}$ *heißt die* von X erzeugte kanonische Filtration.

Theorem 8.1

Sei X ein stochastischer Prozess. Zwischen den verschiedenen Konzepten der Messbarkeit von stochastischen Prozessen bestehen folgende Beziehungen:

(a) *Sei X progressiv messbar bzgl. $\{\mathcal{F}_t\}_{t\in I}$. Dann ist X adaptiert bzgl. $\{\mathcal{F}_t\}_{t\in I}$.*

(b) *Sei X adaptiert bzgl. $\{\mathcal{F}_t\}_{t\in I}$, und habe X stetige Pfade. Dann ist X progressiv messbar bzgl. $\{\mathcal{F}_t\}_{t\in I}$.*

Literaturhinweise

(a) Siehe [3], Lemma 23.5, S. 156.

(b) Siehe [19], Theorem 2.38, S. 32.

Beweis

(a) Die Aussage ist aus der Maß– und Integrationstheorie bekannt.

(b) Wir definieren eine Folge $(\Phi^{(n)})_{n\in\mathbb{N}}$ von Funktionen $\Phi^{(n)} : \mathbb{R} \longrightarrow \mathbb{R}$ durch:

$$\Phi^{(n)}(t) := \sum_{k=0}^{\infty} \frac{k}{2^n}\, 1_{(\frac{k}{2^n}, \frac{k+1}{2^n}]}(t).$$

Wir definieren ferner eine Folge $(X^{(n)})_{n\in\mathbb{N}}$ von progressiv messbaren stochastischen Prozessen durch:

$$X^{(n)}(t,\omega) := X(\Phi^{(n)}(t),\omega).$$

Nach Voraussetzung hat X stetige Pfade. Daraus folgt:

$$X(t,\omega) = \lim_{n\to\infty} X^{(n)}(t,\omega).$$

Aus der Maß– und Integrationstheorie ist folgende Aussage bekannt:

- *Der punktweise Limes einer Folge von messbaren Abbildungen ist messbar.*

  Also ist X progressiv messbar.

□

Definition

Wir definieren den Begriff *Unabhängigkeit* für Mengen und Zufallsvariablen.

(a) Sei J eine beliebige Indexmenge, und sei $(A_j)_{j \in J}$ eine Familie von Teilmengen von Ω. Die Familie $(A_j)_{j \in J}$ heißt *unabhängig* bzgl. P, falls folgende Aussage gilt:

$\forall \{i_1, \ldots, i_n\} \subset J$:

$$P\Big(\bigcap_{\nu=1}^{n} A_{i_\nu}\Big) = \prod_{\nu=1}^{n} P(A_{i_\nu}).$$

(b) Seien $Z_1, \ldots, Z_N$ Zufallsvariablen. Das System $\{Z_1, \ldots, Z_N\}$ heißt *unabhängig* bzgl. P, falls folgende Aussage gilt:

$\forall A_1, \ldots, A_N \in \mathcal{B}$:

$$P\Big(\bigcap_{i=1}^{N} Z_i^{-1}(A_i)\Big) = \prod_{i=1}^{N} P(Z_i^{-1}(A_i)).$$

Bemerkung

In Abschnitt 4 wurde die elementare Wahrscheinlichkeitstheorie unter folgenden speziellen Voraussetzungen entwickelt:

1. Der Ereignisraum ist endlich, d.h. $\Omega = \{\omega_1, \ldots \omega_K\}$.
2. Die Zeitskala ist endlich, d.h. $I = \{t_1, \ldots t_M\}$.

Diese Voraussetzungen sind in diesem Abschnitt nicht gegeben. Wie aus der Maß– und Integrationstheorie sowie der Wahrscheinlichkeitstheorie bekannt, gelten die in Abschnitt 4 bewiesenen Theoreme sinngemäß jedoch auch unter den allgemeineren Voraussetzungen dieses Abschnitts. Dabei sind folgende Punkte zu beachten:

- Die in diesem Abschnitt betrachteten σ–Algebren $\mathcal{F}$ werden i.d.R. nicht durch Partitionen $\mathcal{E}$ von Ω erzeugt. Insbesondere gelten die Zerlegungssätze aus Abschnitt 4 nicht.

- Zur Übertragung der Theoreme aus Abschnitt 4 auf diesem Abschnitt müssen i.d.R. zusätzliche Voraussetzungen gemacht werden:

  1. Unter den Voraussetzungen von Abschnitt 4 ist jede Zufallsvariable integrierbar. Unter den Voraussetzungen dieses Abschnitts ist die Integrierbarkeit eine zusätzliche Voraussetzung.
  2. Unter den Voraussetzungen von Abschnitt 4 hat jeder stochastische Prozess stetige Pfade. Insbesondere stimmen die Begriffe *Adaptiertheit* und *progressive Messbarkeit* überein. Unter den Voraussetzungen dieses Abschnitts ist die Stetigkeit der Pfade eine zusätzliche Voraussetzung. Insbesondere stimmen die Begriffe *Adaptiertheit* und *progressive Messbarkeit* nicht überein, vgl. Theorem 8.1.

3. Unter den Voraussetzungen von Abschnitt 4 ist jede auf dem Wertebereich von Zufallsvariablen definierte reellwertige Funktion borelmessbar, stetig sowie beschränkt. Unter den Voraussetzungen dieses Abschnitts sind Borelmessbarkeit, Stetigkeit bzw. Beschränktheit zusätzliche Voraussetzungen.

Im Folgenden verwenden wir entsprechende Versionen der in Abschnitt 4 bewiesenen Theoreme ohne weiteren Beweis.

8.2 Stoppzeiten und Martingale

In diesem Abschnitt entwickeln wir die allgemeine *Martingaltheorie*, soweit sie für die folgende Entwicklung der *stochastischen Integrationstheorie* benötigt wird. Insbesondere übertragen wir die Definitionen und Theoreme aus Abschnitt 4.6, *Martingale*, und Abschnitt 4.7, *Stoppzeiten*, auf diesen Abschnitt. Dabei zitieren wir den *Satz von Doob über Optional Sampling* sowie die *Doobsche Maximalungleichung* unter Verweis auf die Literatur ohne Beweis.

Definition

Sei τ eine Abbildung der folgenden Art:

$$\tau : \Omega \longrightarrow I \cup \{\infty\} : \omega \longmapsto \tau(\omega).$$

τ heißt *Stoppzeit* bzgl. $\{\mathcal{F}_t\}_{t \in I}$, falls folgende Aussage gilt:

$\forall\, t \in I$:

$$\tau^{-1}([0,t]) \in \mathcal{F}_t.$$

Bemerkung

Sei τ eine Stoppzeit bzgl. $\{\mathcal{F}_t\}_{t \in I}$. Wie aus der Maß– und Integrationstheorie bekannt, folgt aus der Definition von τ:

(a) τ ist $\mathcal{F}/\mathcal{B}$–messbar.

(b) $\forall\, t \in I$:

- $\tau : \tau^{-1}([0,t]) \longrightarrow [0,t]$ ist $\mathcal{F}_t/\mathcal{B}$–messbar.

Theorem 8.2

(a) *Sei $X = (X_1, \ldots, X_N)$ ein $\mathbb{R}^N$–wertiger stochastischer Prozess, sei X adaptiert bzgl. $\{\mathcal{F}_t\}_{t \in I}$ mit stetigen Pfaden, und sei $A \subset \mathbb{R}^N$ abgeschlossen. Wir definieren:*

$$\tau^{X,A} : \Omega \longrightarrow I \cup \{\infty\} : \omega \longmapsto \tau^{X,A}(\omega).$$

$$\tau^{X,A}(\omega) := \inf\{t \in I \mid X_t(\omega) \notin A\}.$$

Dabei verwenden wir folgende Konvention:

$$\inf \emptyset := \infty.$$

Dann gilt:

- $\tau^{X,A}$ *ist eine Stoppzeit bzgl.* $\{\mathcal{F}_t\}_{t\in I}$.

$\tau^{X,A}$ *heißt* erste Austrittszeit.

(b) *Seien* τ_1, τ_2 *Stoppzeiten bzgl.* $\{\mathcal{F}_t\}_{t\in I}$. *Wir definieren:*

$$\tau_1 \wedge \tau_2 : \Omega \longrightarrow I \cup \{\infty\} : \omega \longmapsto (\tau_1 \wedge \tau_2)(\omega).$$

$$(\tau_1 \wedge \tau_2)(\omega) := \min\{\tau_1(\omega), \tau_2(\omega)\}.$$

Dann gilt:

- $\tau_1 \wedge \tau_2$ *ist eine Stoppzeit bzgl.* $\{\mathcal{F}_t\}_{t\in I}$.

Beweis

(a) Sei $t \in I$. Nach Voraussetzung gilt:

- $\mathbb{R}^N \backslash A$ ist offen.
- X hat stetige Pfade.
- $\forall\, s \in [0,t]$:

$$(X_s)^{-1}(\mathbb{R}^N \backslash A) \in \mathcal{F}_s \subset \mathcal{F}_t.$$

Daraus folgt:

$$\begin{aligned}
(\tau^{X,A})^{-1}([0,t]) &= \big\{\omega \in \Omega \,\big|\, \tau^{X,A}(\omega) \in [0,t]\big\} \\
&= \big\{\omega \in \Omega \,\big|\, \inf\big\{s \in I \,\big|\, X_s(\omega) \in \mathbb{R}^N \backslash A\big\} \in [0,t]\big\} \\
&= \big\{\omega \in \Omega \,\big|\, \exists\, s \in [0,t] \cap \mathbb{Q} :\ X_s(\omega) \in \mathbb{R}^N \backslash A\big\} \\
&= \bigcup_{s \in [0,t]\cap\mathbb{Q}} (X_s)^{-1}(\mathbb{R}^N \backslash A) \\
&\in \mathcal{F}_t.
\end{aligned}$$

Dabei war $t \in I$ beliebig. Also ist $\tau^{X,A}$ eine Stoppzeit bzgl. $\{\mathcal{F}_t\}_{t\in I}$.

(b) Sei $t \in I$. Nach Voraussetzung gilt:

$$\begin{aligned}
&(\tau_1 \wedge \tau_2)^{-1}([0,t]) \\
&= \{\omega \in \Omega \mid (\tau_1 \wedge \tau_2)(\omega) \in [0,t]\} \\
&= \{\omega \in \Omega \mid \tau_1(\omega) \in [0,t]\} \cup \{\omega \in \Omega \mid \tau_2(\omega) \in [0,t]\} \\
&= (\tau_1)^{-1}([0,t]) \cup (\tau_2)^{-1}([0,t]) \\
&\in \mathcal{F}_t.
\end{aligned}$$

Dabei war $t \in I$ beliebig. Also ist $\tau_1 \wedge \tau_2$ eine Stoppzeit bzgl. $\{\mathcal{F}_t\}_{t\in I}$.

□

Theorem 8.3

Sei $\{\mathcal{F}_t\}_{t\in I}$ eine Filtration auf Ω, und sei τ eine Stoppzeit bzgl. $\{\mathcal{F}_t\}_{t\in I}$. Wir definieren ein System $\mathcal{F}^\tau$ von Teilmengen von Ω durch:

$$\mathcal{F}^\tau := \left\{A \in \mathcal{F} \,\middle|\, \forall\, t \in I\colon A \cap \tau^{-1}([0,t]) \in \mathcal{F}_t\right\}.$$

Dann gilt:

(a) *$\mathcal{F}^\tau$ ist eine σ–Algebra.*

(b) *τ ist $\mathcal{F}^\tau/\mathcal{B}$–messbar.*

(c) *$\mathcal{F}^\tau \subset \mathcal{F}$.*

(d) *Sei τ konstant mit $\tau = t \in I$. Dann gilt:*

$$\mathcal{F}^\tau = \mathcal{F}_t.$$

(e) *Seien τ_1, τ_2 Stoppzeiten mit $\tau_1 \le \tau_2$. Dann gilt:*

$$\mathcal{F}^{\tau_1} \subset \mathcal{F}^{\tau_2}.$$

$\mathcal{F}^\tau$ heißt die durch τ gestoppte Filtration.

Beweis

(a) Die Aussage folgt sofort aus der Definition von $\mathcal{F}^\tau$.

(b) Sei $s \in I$. Nach Voraussetzung gilt:
$\forall\, t \in I$:

$$\tau^{-1}([0,s]) \cap \tau^{-1}([0,t]) = \tau^{-1}([0, s\wedge t]) \in \mathcal{F}_{s\wedge t} \subset \mathcal{F}_t.$$

Also ist $\tau^{-1}([0,s]) \in \mathcal{F}^\tau$. Dabei war $s \in I$ beliebig. Wie aus der Maß– und Integrationstheorie bekannt, folgt daraus:

- τ ist $\mathcal{F}^\tau/\mathcal{B}$–messbar.

(c) Die Aussage folgt sofort aus der Definition von $\mathcal{F}^\tau$.

(d) Die Aussage folgt sofort aus der Definition von $\mathcal{F}^\tau$.

(e) Sei $A \in \mathcal{F}^{\tau_1}$, und sei $t \in I$. Nach Voraussetzung gilt:

$$\tau_2^{-1}([0,t]) \subset \tau_1^{-1}([0,t]).$$

$$A \cap \tau_1^{-1}([0,t]) \in \mathcal{F}_t.$$

$$\tau_2^{-1}([0,t]) \in \mathcal{F}_t.$$

Daraus folgt:

$$A \cap \tau_2^{-1}([0,t]) = A \cap \tau_1^{-1}([0,t]) \cap \tau_2^{-1}([0,t]) \in \mathcal{F}_t.$$

Dabei war $t \in I$ beliebig. Also ist $A \in \mathcal{F}^{\tau_2}$. Dabei war $A \in \mathcal{F}^{\tau_1}$ beliebig. Also ist $\mathcal{F}^{\tau_1} \subset \mathcal{F}^{\tau_2}$.

□

Theorem 8.4

Sei τ eine Stoppzeit bzgl. $\{\mathcal{F}_t\}_{t\in I}$, sei X ein stochastischer Prozess, und sei X progressiv messbar bzgl. $\{\mathcal{F}_t\}_{t\in I}$. Wir setzen X auf $(I \cup \{\infty\}) \times \Omega$ fort durch:

$$X_\infty(\omega) := 0.$$

Wir definieren $X^\tau : \Omega \longrightarrow \mathbb{R}$ durch:

$$X^\tau(\omega) := X(\tau(\omega), \omega).$$

Dann gilt:

- *X^τ ist $\mathcal{F}^\tau/\mathcal{B}$–messbar.*

X^τ heißt der durch τ gestoppte Prozess.

Beweis

1. Wir definieren $\Phi : \Omega \longrightarrow (I \cup \{\infty\}) \times \Omega$ durch:

   $$\Phi(\omega) := (\tau(\omega), \omega).$$

   Wir untersuchen die Messbarkeit von Φ.

   1.1 Nach der obigen Bemerkung gilt:
   - τ ist $\mathcal{F}/\mathcal{B}$–messbar.

   Wie aus der Maß– und Integrationstheorie bekannt, folgt daraus:
   - Φ ist $\mathcal{F}/(\mathcal{B} \times \mathcal{F})$–messbar.

   1.2 Sei $t \in I$. Nach der obigen Bemerkung gilt:
   - $\tau : \tau^{-1}([0,t]) \longrightarrow [0,t]$ ist $\mathcal{F}_t/\mathcal{B}$–messbar.

   Wie aus der Maß– und Integrationstheorie bekannt, folgt daraus:
   - $\Phi : \tau^{-1}([0,t]) \longrightarrow ([0,t] \times \tau^{-1}([0,t]))$ ist $\mathcal{F}_t/(\mathcal{B} \times \mathcal{F}_t)$–messbar.

2. Wir untersuchen die Messbarkeit von X.

   2.1 Nach Voraussetzung gilt:
   - $X : I \times \Omega \longrightarrow \mathbb{R}$ ist $(\mathcal{B} \times \mathcal{F})/\mathcal{B}$–messbar.

   Wie aus der Maß– und Integrationstheorie bekannt, folgt daraus:
   - $X : (I \cup \{\infty\}) \times \Omega \longrightarrow \mathbb{R}$ ist $(\mathcal{B} \times \mathcal{F})/\mathcal{B}$–messbar.

   2.2 Nach Voraussetzung gilt:
   - $X : [0,t] \times \Omega \longrightarrow \mathbb{R}$ ist $(\mathcal{B} \times \mathcal{F}_t)/\mathcal{B}$–messbar.

3. *Wir zeigen:*

   - *X^τ ist $\mathcal{F}^\tau/\mathcal{B}$–messbar.*

   Sei dazu $t \in I$, und sei $A \in \mathcal{B}$. Nach Konstruktion gilt:

   $$X^\tau(\omega) = X(\Phi(\omega)).$$

3.1 Nach Punkt 1.1 und Punkt 2.1 gilt:

- X^τ ist $\mathcal{F}/\mathcal{B}$–messbar.

Insbesondere gilt:

$$(X^\tau)^{-1}(A) \in \mathcal{F}.$$

3.2 Nach Punkt 1.2 und Punkt 2.2 gilt:

- $X^\tau : \tau^{-1}([0,t]) \longrightarrow \mathbb{R}$ ist $\mathcal{F}_t/\mathcal{B}$–messbar.

Insbesondere gilt:

$$(X^\tau)^{-1}(A) \cap \tau^{-1}([0,t]) \in \mathcal{F}_t.$$

3.3 Aus Punkt 3.1 und Punkt 3.2 folgt die Behauptung.

□

Definition

Sei X ein stochastischer Prozess, sei X adaptiert bzgl. $\{\mathcal{F}_t\}_{t\in I}$, und sei folgende Voraussetzung gegeben:

$\forall\, t \in I$:

$$E_P[|X_t|] < \infty.$$

(a) X heißt *Martingal* bzgl. $(\{\mathcal{F}(t)\}_{t\in I}, P)$, falls gilt:

$\forall\, t_1, t_2 \in I$ mit $t_1 < t_2$:

$$X_{t_1} = E_P[X_{t_2}|\mathcal{F}_{t_1}] \quad \text{(fast sicher)}.$$

(b) X heißt *Submartingal* bzgl. $(\{\mathcal{F}(t)\}_{t\in I}, P)$, falls gilt:

$\forall\, t_1, t_2 \in I$ mit $t_1 < t_2$:

$$X_{t_1} \le E_P[X_{t_2}|\mathcal{F}_{t_1}] \quad \text{(fast sicher)}.$$

(c) X heißt *Supermartingal* bzgl. $(\{\mathcal{F}(t)\}_{t\in I}, P)$, falls gilt:

$\forall\, t_1, t_2 \in I$ mit $t_1 < t_2$:

$$X_{t_1} \ge E_P[X_{t_2}|\mathcal{F}_{t_1}] \quad \text{(fast sicher)}.$$

Theorem 8.5 (Doobsche Maximalungleichung)

Sei X ein Martingal bzgl. $(\{\mathcal{F}(t)\}_{t\in I}, P)$ mit stetigen Pfaden (fast sicher), und sei $T \in I$. Dann gilt:

$$E_P\Big[\sup_{0\le t\le T} |X_t|^2\Big] \le 4\, E_P[|X_T|^2].$$

Literaturhinweis

- Siehe [32], Theorem 6.16, S. 101.

Theorem 8.6 (Satz von Doob über Optional Sampling)
Sei X adaptiert bzgl. $\{\mathcal{F}_t\}_{t\in I}$ mit stetigen Pfaden (fast sicher), seien τ_1, τ_2 Stoppzeiten bzgl. $\{\mathcal{F}(t)\}_{t\in I}$, und sei folgende Voraussetzung gegeben:

$$\tau_1 \leq \tau_2 < \infty.$$

Dann gilt:

(a) *Sei X ein Martingal bzgl. $(\{\mathcal{F}_t\}_{t\in I}, P)$. Dann gilt:*

$$X^{\tau_1} = E_P[X^{\tau_2}|\mathcal{F}^{\tau_1}] \quad \text{(fast sicher)}.$$

(b) *Sei X ein Supermartingal bzgl. $(\{\mathcal{F}(t)\}_{t\in I}, P)$. Dann gilt:*

$$X^{\tau_1} \geq E_P[X^{\tau_2}|\mathcal{F}^{\tau_1}] \quad \text{(fast sicher)}.$$

(c) *Sei X ein Submartingal bzgl. $(\{\mathcal{F}(t)\}_{t\in I}, P)$. Dann gilt:*

$$X^{\tau_1} \leq E_P[X^{\tau_2}|\mathcal{F}^{\tau_1}] \quad \text{(fast sicher)}.$$

Literaturhinweis

- Siehe [32], Theorem 8.10, S. 131.

8.3 Brownsche Bewegungen

In diesem Abschnitt betrachten wir eine spezielle Klasse von stochastischen Prozessen, die *Brownschen Bewegungen*. Die Brownschen Bewegungen bilden die Grundlage für die Definition des Itoschen Integrals und sind somit von zentraler Bedeutung für die stochastische Analysis und deren Anwendungen in der Finanzmathematik. Dabei verzichten wir unter Verweis auf die Literatur auf eine explizite Konstruktion der Brownschen Bewegungen und nehmen deren Existenz als gegeben an.

Definition

Sei $\mathcal{W}$ ein stochastischer Prozess. $\mathcal{W}$ heißt *Brownsche Bewegung*, falls gilt:

1. $\mathcal{W}$ ist adaptiert bzgl. $(\mathcal{F}_t)_{t\in I}$.

2. $\mathcal{W}$ hat stetige Pfade (fast sicher).

3. $\mathcal{W}_0 = 0$ (fast sicher).

4. $\forall\, t_1, t_2 \in I$ mit $t_1 < t_2$:

   - $\mathcal{W}_{t_2} - \mathcal{W}_{t_1}$ ist $(0, t_2 - t_1)$–normalverteilt.

5. $\forall\, t_1, t_2 \in I$ mit $t_1 < t_2$:

   - $\mathcal{W}_{t_2} - \mathcal{W}_{t_1}$ ist unabhängig von $\mathcal{F}_{t_1}$.

Bemerkung

Brownsche Bewegungen spielen in verschiedenen Gebieten der Mathematik eine wichtige Rolle. Dementsprechend gibt es eine Reihe von Ansätzen, die Existenz von Brownschen Bewegungen zu beweisen bzw. Brownsche Bewegungen explizit zu konstruieren. Jeder dieser Ansätze bedarf spezieller Vorbereitungen und würde uns von dem eigentlichen Kernthema dieses Abschnitts, nämlich der Konstruktion des Itoschen Integrals und der Entwicklung des Itoschen Kalküls und dessen Anwendungen, wegführen. Deshalb nehmen wir in diesem Lehrbuch die Existenz von Brownschen Bewegungen als gegeben an und beschränken uns darauf, verschiedene Ansätze zu skizzieren und auf die Literatur zu verweisen. Den hier betrachteten Ansätzen ist folgender Punkt gemeinsam:

- Wir betrachten die kanonische von $\mathcal{W}$ erzeugte Filtration $\mathcal{F}^{\mathcal{W}}$. Damit gilt:

  (i) Punkt 1 der Definition von $\mathcal{W}$ ist erfüllt.

  (ii) Punkt 3, Punkt 4 und Punkt 5 der Definition von $\mathcal{W}$ lassen sich als Annahmen über die Verteilung von $\mathcal{W}$ auffassen.

Wir betrachten verschiedene Ansätze zur Konstruktion von Brownschen Bewegungen, welche aus der Wahrscheinlichkeitstheorie, der Analysis bzw. der Numerik stammen:

(a) In der *Wahrscheinlichkeitstheorie* wird z.B. folgender Ansatz zur Konstruktion von Brownschen Bewegungen verwendet:

   1. Der *Existenzsatz von Kolmogorov* liefert die Existenz eines Wahrscheinlichkeitsraumes $(\Omega, \mathcal{F}, P)$ sowie eines stochastischen Prozesses $\mathcal{W}$, so dass die Verteilung von $\mathcal{W}$ bzgl. P den Annahmen (ii) genügt.

   2. Die Verteilung von $\mathcal{W}$ liefert folgende Abschätzung für die Inkremente von $\mathcal{W}$:

      $\exists\, C > 0\ \forall\, 0 \leq t_1 < t_2 < \infty$:

      $$E_P[|\mathcal{W}_{t_2} - \mathcal{W}_{t_1}|^4] \leq C\, |t_2 - t_1|^2.$$

      Nach dem *Stetigkeitssatz von Kolmogorov* folgt daraus die Stetigkeit der Pfade von $\mathcal{W}$.

(b) In der *Analysis* wird z.B. folgender Ansatz zur Konstruktion von Brownschen Bewegungen verwendet:

   1. Wir betrachten den folgenden Ereignisraum Ω:

      $$\Omega := \prod_{t \in [0,\infty) \cap \mathbb{Q}} [-\infty, \infty].$$

      Mit Hilfe der *stereografischen Projektion* definieren wir zunächst eine Metrik auf $[-\infty, \infty]$. Mit Hilfe dieser Metrik definieren wir ferner eine Metrik auf Ω. Damit wird Ω zu einem kompakten metrischen Raum.

2. Wir definieren einen stochastischen Prozess $\mathcal{W}$ durch:

$$\mathcal{W}_t(\omega) := \omega(t).$$

Es bleibt, eine σ–Algebra $\mathcal{F}$ sowie ein Wahrscheinlichkeitsmaß P so zu konstruieren, dass die Verteilung von $\mathcal{W}$ bzgl. P den Annahmen (ii) genügt.

3. Nach dem *Darstellungssatz von Riesz* genügt es, ein geeignetes positives lineares normiertes Funktional Λ zu konstruieren:

$$\Lambda : C^0(\Omega) \longrightarrow \mathbb{R}.$$

Dann existieren eine σ–Algebra $\mathcal{F}$ sowie ein Wahrscheinlichkeitsmaß P mit folgender Eigenschaft:

$\forall\ \varphi \in C^0(\Omega)$:

$$\Lambda(\varphi) = \int_\Omega \varphi(\omega)\,\mathrm{d}P(\omega).$$

4. Wir betrachten folgende Teilmenge von $C^0(\Omega)$:

$$C^\sharp(\Omega) := \left\{\varphi \in C^0(\Omega)\;\middle|\;\varphi(\omega) = \hat{\varphi}(\omega(t_1), \ldots, \omega(t_n))\right\}.$$

Nach dem *Satz von Stone–Weierstraß* liegt $C^\sharp(\Omega)$ dicht in $C^0(\Omega)$.

5. Sei $P_{\mathcal{W}_{t_1},\ldots,\mathcal{W}_{t_n}}$ die Verteilungsfunktion von $(\mathcal{W}_{t_1}, \ldots, \mathcal{W}_{t_n})$ gemäß Punkt (ii). Wir definieren Λ auf $C^\sharp(\Omega)$ durch:

$\forall\ \phi \in C^\sharp(\Omega)$:

$$\Lambda(\varphi) := \int_{\mathbb{R}^n} \hat{\varphi}(x_1, \ldots, x_n)\,\mathrm{d}P_{\mathcal{W}_{t_1},\ldots,\mathcal{W}_{t_n}}(x_1, \ldots, x_n).$$

Mit Hilfe von Punkt 4 setzen wir Λ eindeutig auf $C^0(\Omega)$ fort. Damit ist Λ konstruiert.

6. Die Stetigkeit der Pfade von $\mathcal{W}$ folgt schließlich aus der Verteilung von $\mathcal{W}$.

(c) In der *Numerik* wird z.B. folgender Ansatz zur Konstruktion von Brownschen Bewegungen verwendet:

1. Sei $(\Omega, \mathcal{F}, P)$ ein Wahrscheinlichkeitsraum, sei $(Z_n)_{n\in\mathbb{N}}$ eine Folge von unabhängigen $(0,1)$–normalverteilten Zufallsvariablen, und sei $(C_n)_{n\in\mathbb{N}}$ eine Folge von Dreiecksfunktionen auf $[0,1]$ mit Höhen $2^{-\frac{k+2}{2}}$ und disjunkten Trägern der Breite 2^k für $2^k \leq n < 2^{k+1}$. Wir definieren einen stochastischen Prozess X durch:

$$X_t(\omega) := \sum_{n=1}^{\infty} C_n(t)\,Z_n(\omega).$$

Damit gilt:

- Die Reihe konvergiert gleichmäßig bzgl. $t \in [0,1]$ mit Wahrscheinlichkeit 1 bzgl. $\omega \in \Omega$.
- X ist eine Brownsche Bewegung für $t \in [0,1]$.

2. Mit Hilfe von Punkt 1 und Induktion erhalten wir eine Folge $(X^{(n)})_{n\in\mathbb{N}}$ von unabhängigen Brownschen Bewegungen für $t \in [0,1]$. Wir definieren eine Brownsche Bewegung $\mathcal{W}$ durch:

   $\forall\, n \in \mathbb{N}_0\ \forall\, 0 \leq s < 1$:

$$\mathcal{W}_{n+s}(\omega) := \Big(\sum_{k=1}^{n} X_1^{(k)}(\omega)\Big) + X_s^{(n+1)}(\omega).$$

Literaturhinweise

(a) Siehe [31].

(b) Siehe [29], Abschnitt 11.1, S. 303 ff.

- Siehe zusätzlich [26], Theorem 2.14, S. 40 (Darstellungssatz von Riesz).
- Siehe zusätzlich [13], Abschnitt 127, S. 593 (Satz von Stone–Weierstraß).

(c) Siehe [28], Abschnitt 3.4, S. 36 ff.

Theorem 8.7

Sei $\mathcal{W}$ eine Brownsche Bewegung.

(a) *Dann gilt:*

- *$\mathcal{W}$ ist ein Martingal bzgl. $(\{\mathcal{F}(t)\}_{t\in I}, P)$.*

(b) *Sei X definiert durch:*

$$X_t := |\mathcal{W}_t|^2 - t.$$

Dann gilt:

- *X ist ein Martingal bzgl. $(\{\mathcal{F}(t)\}_{t\in I}, P)$.*

(c) *Sei $\sigma \in \mathbb{R}$, und sei X definiert durch:*

$$X_t := \exp\Big(\sigma\, \mathcal{W}_t - \frac{\sigma^2}{2}\, t\Big).$$

Dann gilt:

- *X ist ein Martingal bzgl. $(\{\mathcal{F}(t)\}_{t\in I}, P)$.*

Literaturhinweise

1. Siehe [20], Proposition 3.3.3, S. 32.
2. Siehe [28], Theorem 4.4, S. 55.

Beweis

Seien $t_1, t_2 \in I$ mit $t_1 < t_2$.

(a) Wir schreiben:

$$E_P[\mathcal{W}_{t_2}|\mathcal{F}_{t_1}] = E_P[\mathcal{W}_{t_2} - \mathcal{W}_{t_1}|\mathcal{F}_{t_1}] + E_P[\mathcal{W}_{t_1}|\mathcal{F}_{t_1}].$$

Nach Voraussetzung ist $\mathcal{W}$ adaptiert bzgl. $\{\mathcal{F}(t)\}_{t\in I}$. Daraus folgt:

$$E_P[\mathcal{W}_{t_1}|\mathcal{F}_{t_1}] = \mathcal{W}_{t_1}.$$

Nach Voraussetzung ist $\mathcal{W}_{t_2} - \mathcal{W}_{t_1}$ unabhängig von $\mathcal{F}_{t_1}$. Daraus folgt:

$$E_P[\mathcal{W}_{t_2} - \mathcal{W}_{t_1}|\mathcal{F}_{t_1}] = E_P[\mathcal{W}_{t_2} - \mathcal{W}_{t_1}].$$

Nach Voraussetzung ist $\mathcal{W}_{t_2} - \mathcal{W}_{t_1}$ $(0, t_2 - t_1)$–normalverteilt. Daraus folgt:

$$E_P[\mathcal{W}_{t_2} - \mathcal{W}_{t_1}] = 0.$$

Daraus folgt insgesamt:

$$E_P[\mathcal{W}_{t_2}|\mathcal{F}_{t_1}] = \mathcal{W}_{t_1}.$$

(b) Wie in (a) erhalten wir:

$$\begin{aligned}
&E_P[|\mathcal{W}_{t_2}|^2 - t_2|\mathcal{F}_{t_1}] \\
&= E_P[|\mathcal{W}_{t_1}|^2 - t_1|\mathcal{F}_{t_1}] + E_P[|\mathcal{W}_{t_2} - \mathcal{W}_{t_1}|^2 - (t_2 - t_1)|\mathcal{F}_{t_1}] \\
&\qquad - 2\, E_P[\mathcal{W}_{t_1}\,(\mathcal{W}_{t_2} - \mathcal{W}_{t_1})|\mathcal{F}_{t_1}] \\
&= |\mathcal{W}_{t_1}|^2 - t_1 + E_P[|\mathcal{W}_{t_2} - \mathcal{W}_{t_1}|^2] - (t_2 - t_1) - 2\,\mathcal{W}_{t_1}\, E_P[\mathcal{W}_{t_2} - \mathcal{W}_{t_1}|\mathcal{F}_{t_1}] \\
&= |\mathcal{W}_{t_1}|^2 - t_1.
\end{aligned}$$

(c) Ebenfalls wie in (a) erhalten wir:

$$\begin{aligned}
&E_P\Big[\exp\Big(\sigma\,\mathcal{W}_{t_2} - \frac{\sigma^2}{2}\,t_2\Big)\Big|\mathcal{F}_{t_1}\Big] \\
&= E_P\Big[\exp\Big(\sigma\,\mathcal{W}_{t_1} - \frac{\sigma^2}{2}\,t_1\Big)\,\exp\Big(\sigma\,(\mathcal{W}_{t_2} - \mathcal{W}_{t_1}) - \frac{\sigma^2}{2}\,(t_2 - t_1)\Big)\Big|\mathcal{F}_{t_1}\Big] \\
&= \exp\Big(\sigma\,\mathcal{W}_{t_1} - \frac{\sigma^2}{2}\,t_1\Big)\,E_P\Big[\exp\Big(\sigma\,(\mathcal{W}_{t_2} - \mathcal{W}_{t_1}) - \frac{\sigma^2}{2}\,(t_2 - t_1)\Big)\Big|\mathcal{F}_{t_1}\Big] \\
&= \exp\Big(\sigma\,\mathcal{W}_{t_1} - \frac{\sigma^2}{2}\,t_1\Big)\,E_P\Big[\exp\Big(\sigma\,(\mathcal{W}_{t_2} - \mathcal{W}_{t_1}) - \frac{\sigma^2}{2}\,(t_2 - t_1)\Big)\Big].
\end{aligned}$$

Nach Voraussetzung ist $\mathcal{W}_{t_2} - \mathcal{W}_{t_1}$ $(0, t_2 - t_1)$–normalverteilt. Daraus folgt:

$$\begin{aligned}
&E_P\Big[\exp\Big(\sigma\,(\mathcal{W}_{t_2} - \mathcal{W}_{t_1}) - \frac{\sigma^2}{2}\,(t_2 - t_1)\Big)\Big] \\
&= \frac{1}{\sqrt{2\pi\,(t_2 - t_1)}}\int_{\mathbb{R}} \exp\Big(\sigma\,x - \frac{\sigma^2}{2}\,(t_2 - t_1)\Big)\,\exp\Big(-\frac{x^2}{2\,(t_2 - t_1)}\Big)\,\mathrm{d}x \\
&= \frac{1}{\sqrt{2\pi\,(t_2 - t_1)}}\int_{\mathbb{R}} \exp\Big(-\frac{x^2}{2\,(t_2 - t_1)} + \sigma\,x - \frac{\sigma^2}{2}\,(t_2 - t_1)\Big)\,\mathrm{d}x
\end{aligned}$$

$$= \frac{1}{\sqrt{2\pi}} \int_{\mathbb{R}} \exp\Big(-\frac{y^2}{2}\Big)\,dy$$
$$= 1.$$

Daraus folgt insgesamt:

$$E_P\Big[\exp\Big(\sigma\,\mathcal{W}_{t_2} - \frac{\sigma^2}{2}\,t_2\Big)\Big|\mathcal{F}_{t_1}\Big] = \exp\Big(\sigma\,\mathcal{W}_{t_1} - \frac{\sigma^2}{2}\,t_1\Big).$$

□

8.4 Itosche Integrale

In diesem Abschnitt wenden wir uns nun unserem eigentlichen Kernthema zu. Wir konstruieren das Itosche Integral schrittweise für verschiedene Integranden, nämlich zunächst für einfache Prozesse, danach mit Hilfe der Itoschen Isometrie für $\mathfrak{L}^2$–Prozesse und schließlich mit Hilfe geeigneter Stoppzeiten für $\mathfrak{L}^2_{loc}$–Prozesse. Im Falle eines $\mathfrak{L}^2$–Prozesses ist das Itosche Integral ein *pfadstetiges Martingal.* Im Falle eines $\mathfrak{L}^2_{loc}$–Prozesses ist das Itosche Integral dagegen nur ein *lokales Martingal.* Der Itosche Kalkül, welcher im folgenden Abschnitt entwickelt wird, beruht auf dem Begriff des lokalen Martingals.

Voraussetzung

Wir beschränken unsere Untersuchungen auf ein endliches Zeitintervall.

- Sei $I = [0, T]$.

Funktionenräume

Wir betrachten verschiedene Funktionenräume. Sei dazu X ein stochastischer Prozess.

(a) X heißt *einfach*, falls gilt:

1. X besitzt folgende Darstellung:

$$X_t(\omega) = \sum_{i=1}^{n} 1_{(t_{i-1},t_i]}(t)\,\Phi_i(\omega).$$

2. $t_0, \ldots, t_n \in I$ mit $0 = t_0 < t_1 < \ldots < t_n = T$.
3. $\Phi_1, \ldots, \Phi_n$ sind $\mathcal{F}_{t_{i-1}}/\mathcal{B}$–messbare beschränkte Zufallsvariablen.

Die Menge aller einfachen stochastischen Prozesse bezeichnen wir mit $\mathfrak{S}$.

(b) Sei $p \in [1, \infty)$. X heißt *p–integrierbar*, falls gilt:

1. X ist progressiv messbar.
2. X besitzt folgende Eigenschaft:

$$E_P\Big[\int_0^T |X_t|^p\,dt\Big] < \infty.$$

Die Menge aller p–integrierbaren stochastischen Prozesse bezeichnen wir mit $\mathfrak{L}^p$. Wir definieren eine Seminorm auf $\mathfrak{L}^p$ durch:

$$\|X\|_{\mathfrak{L}^p}^p := E_P\Big[\int_0^T |X_t|^p \, \mathrm{d}t\Big].$$

Durch Bildung der zugehörigen Äquivalenzklassen wird $\mathfrak{L}^p$ zu einem normierten Raum.

(c) Sei $p \in [1, \infty)$. X heißt *lokal p–integrierbar*, falls gilt:

1. X ist progressiv messbar.
2. X besitzt folgende Eigenschaft:

$$\int_0^T |X_t|^p \, \mathrm{d}t < \infty \quad \text{(fast sicher)}.$$

Die Menge aller lokal p–integrierbaren stochastischen Prozesse bezeichnen wir mit $\mathfrak{L}^p_{loc}$.

(d) X heißt *pfadstetig*, falls gilt:

1. X hat stetige Pfade (fast sicher).
2. X besitzt folgende Eigenschaft:

$$E_P\Big[\sup_{t \in I} |X_t|^2\Big] < \infty.$$

Die Menge aller pfadstetigen Prozesse bezeichnen wir mit $\mathfrak{C}$. Wir definieren eine Seminorm auf $\mathfrak{C}$ durch:

$$\|X\|_{\mathfrak{C}}^2 := E_P\Big[\sup_{t \in I} |X_t|^2\Big].$$

Durch Bildung der zugehörigen Äquivalenzklassen wird $\mathfrak{C}$ zu einem normierten Raum.

(e) X heißt *lokal pfadstetig*, falls gilt:

1. X hat stetige Pfade (fast sicher).
2. X besitzt folgende Eigenschaft:

$$\sup_{t \in I} |X_t|^2 < \infty \quad \text{(fast sicher)}.$$

Die Menge aller lokal pfadstetigen Prozesse bezeichnen wir mit $\mathfrak{C}_{loc}$.

(f) X heißt *pfadstetiges Martingal*, falls gilt:

1. X ist ein Martingal.
2. X hat stetige Pfade (fast sicher).
3. X besitzt folgende Eigenschaft:

$$E_P[|X_T|^2] < \infty.$$

Die Menge aller pfadstetigen Martingale bezeichnen wir mit $\mathfrak{M}$. Wir definieren eine Seminorm auf $\mathfrak{M}$ durch:

$$\|X\|_{\mathfrak{M}}^2 := E_P[|X_T|^2].$$

Nach der Doobschen Maximalungleichung gilt:

$$\|X\|_{\mathfrak{M}} \leq \|X\|_{\mathfrak{C}} \leq 2\,\|X\|_{\mathfrak{M}}\,.$$

Durch Bildung der zugehörigen Äquivalenzklassen wird $\mathfrak{M}$ zu einem normierten Raum.

Theorem 8.8

(a) $\mathfrak{L}^p$ *ist ein Banachraum.*

(b) $\mathfrak{C}$ *ist ein Banachraum.*

(c) $\mathfrak{M}$ *ist ein Banachraum.*

Beweis

(a) Nach Konstruktion gilt:

1. $\mathfrak{L}^p$ ist ein Unterraum von $L^p(I \times \Omega)$.
2. $\|\cdot\|_{\mathfrak{L}^p}$ und $\|\cdot\|_{L^p(I\times\Omega)}$ sind identische Normen auf $\mathfrak{L}^p$.
3. $X \in L^p(I \times \Omega)$ ist genau dann ein Element von $\mathfrak{L}^p$, wenn X progressiv messbar ist.
4. Aus der Maß– und Integrationstheorie ist folgende Aussage bekannt:
   - *Konvergenz in $L^p(I \times \Omega)$ impliziert punktweise Konvergenz für eine Teilfolge fast überall in $I \times \Omega$.*

   Also ist $\mathfrak{L}^p \subset L^p(I \times \Omega)$ abgeschlossen.

Insgesamt ist $\mathfrak{L}^p$ ein abgeschlossener Unterraum des Banachraumes $L^p(I \times \Omega)$.

(b) Sei $(X^{(n)})_{n\in\mathbb{N}}$ eine Cauchy–Folge in $\mathfrak{C}$.

1. Aus der Wahrscheinlichkeitstheorie ist folgende Aussage bekannt (Chebychev Ungleichung):
   - *Sei Z eine Zufallsvariable mit $Z \geq 0$, und sei $\varepsilon > 0$. Dann gilt:*

   $$P(\{\omega \in \Omega \mid Z \geq \varepsilon\}) \leq \frac{1}{\varepsilon}\,E_P[Z].$$

   Nach eventuellem Übergang zu einer Teilfolge gilt:

   $$E_P\Big[\sup_{t\in I} |X_t^{(n+1)} - X_t^{(n)}|^2\Big] \leq \frac{1}{8^{n+1}}.$$

   Mit Hilfe der Ungleichung von Chebychev folgt daraus:

   $$P\Bigg(\Bigg\{\omega \in \Omega \,\Bigg|\, \sup_{t\in I} |X_t^{(n+1)}(\omega) - X_t^{(n)}(\omega)|^2 \geq \frac{1}{4^{n+1}}\Bigg\}\Bigg)$$

$$\leq 4^{n+1}\, E_P\Big[\sup_{t\in I}|X_t^{(n+1)} - X_t^{(n)}|^2\Big]$$

$$\leq \frac{1}{2^{n+1}}.$$

2. Aus der Wahrscheinlichkeitstheorie ist folgende Aussage bekannt (Lemma von Borel–Cantelli):
   - *Sei $(A_n)_{n\in\mathbb{N}}$ eine Familie von messbaren Teilmengen von Ω mit folgender Eigenschaft:*

     $$\sum_{n\in\mathbb{N}} P(A_n) < \infty.$$

     Dann gilt:

     $$P\Big(\bigcap_{k=1}^{\infty}\bigcup_{n=k}^{\infty} A_n\Big) = 0.$$

   Mit Hilfe von Punkt 1 und dem Lemma von Borel–Cantelli erhalten wir:

   $$0 = P\Big(\bigcap_{k=1}^{\infty}\bigcup_{n=k}^{\infty}\Big\{\omega\in\Omega\,\Big|\,\sup_{t\in I}|X_t^{(n+1)}(\omega) - X_t^{(n)}(\omega)|^2 \geq \frac{1}{4^{n+1}}\Big\}\Big)$$

   $$= P\Big(\bigcap_{k=1}^{\infty}\Big\{\omega\in\Omega\,\Big|\,\exists\, n\geq k:\ \sup_{t\in I}|X_t^{(n+1)}(\omega) - X_t^{(n)}(\omega)|^2 \geq \frac{1}{4^{n+1}}\Big\}\Big)$$

   $$= P\Big(\Big\{\omega\in\Omega\,\Big|\,\forall\, k\in\mathbb{N}\,\exists\, n\geq k:\ \sup_{t\in I}|X_t^{(n+1)}(\omega) - X_t^{(n)}(\omega)|^2 \geq \frac{1}{4^{n+1}}\Big\}\Big)$$

   $$= P\Big(\Big\{\omega\in\Omega\,\Big|\,\forall\, k\in\mathbb{N}\,\exists\, n\geq k:\ \sup_{t\in I}|X_t^{(n+1)}(\omega) - X_t^{(n)}(\omega)| \geq \frac{1}{2^{n+1}}\Big\}\Big).$$

   Daraus folgt:

   $$1 = P\Big(\Big\{\omega\in\Omega\,\Big|\,\exists\, k\in\mathbb{N}\,\forall\, n\geq k:\ \sup_{t\in I}|X_t^{(n+1)}(\omega) - X_t^{(n)}(\omega)| < \frac{1}{2^{n+1}}\Big\}\Big).$$

   Daraus folgt:

   $$1 = P\Big(\Big\{\omega\in\Omega\,\Big|\,\sum_{n=1}^{\infty}\Big(\sup_{t\in I}|X_t^{(n+1)}(\omega) - X_t^{(n)}(\omega)|\Big) < \infty\Big\}\Big).$$

   Daraus folgt:

   $$1 = P\Big(\Big\{\omega\in\Omega\,\Big|\,\text{Die Folge } (X^{(n)}(\omega))_{n\in\mathbb{N}} \text{ konvergiert in } \mathcal{C}(I).\Big\}\Big).$$

   Also gibt es einen stochastischen Prozess X mit stetigen Pfaden und folgender Eigenschaft:

   $$\sup_{t\in I}|X_t^{(n)} - X_t| \xrightarrow{n\to\infty} 0 \quad \text{(fast sicher)}.$$

3. Wir definieren Zufallsvariablen $Z^{(n)}$, Z durch:

$$Z^{(n)}(\omega) := \sup_{t \in I} |X_t^{(n)}(\omega)|\,; \qquad\qquad Z(\omega) := \sup_{t \in I} |X_t(\omega)|.$$

Nach Konstruktion ist $(Z^{(n)})_{n \in \mathbb{N}}$ eine Cauchy–Folge im Banachraum $L^2(\Omega)$. Also konvergiert $(Z^{(n)})_{n \in \mathbb{N}}$ in $L^2(\Omega)$. Nach Punkt 2 gilt:

$$Z^{(n)} \xrightarrow{n \to \infty} Z \quad \text{(fast sicher)}.$$

Also konvergiert $(Z^{(n)})_{n \in \mathbb{N}}$ gegen Z in $L^2(\Omega)$. Insbesondere ist $Z \in L^2(\Omega)$. Also ist $X \in \mathfrak{C}$.

4. Wir definieren Zufallsvariablen $\overline{Z}^{(n)}$ durch:

$$\overline{Z}^{(n)}(\omega) := \sup_{t \in I} |X_t^{(n)}(\omega) - X_t(\omega)|.$$

Nach Konstruktion ist $(X^{(n)} - X)_{n \in \mathbb{N}}$ eine Cauchy–Folge in $\mathfrak{C}$. Also ist $(\overline{Z}^{(n)})_{n \in \mathbb{N}}$ eine Cauchy–Folge in $L^2(\Omega)$. Also konvergiert $(\overline{Z}^{(n)})_{n \in \mathbb{N}}$ in $L^2(\Omega)$. Nach Punkt 2 gilt:

$$\overline{Z}^{(n)} \xrightarrow{n \to \infty} 0 \quad \text{(fast sicher)}.$$

Also konvergiert $(\overline{Z}^{(n)})_{n \in \mathbb{N}}$ gegen 0 in $L^2(\Omega)$. Also konvergiert $(X^{(n)})_{n \in \mathbb{N}}$ gegen X in $\mathfrak{C}$.

Insgesamt konvergiert eine Teilfolge von $(X^{(n)})_{n \in \mathbb{N}}$ gegen X in $\mathfrak{C}$. Nach Voraussetzung ist $(X^{(n)})_{n \in \mathbb{N}}$ eine Cauchy–Folge in $\mathfrak{C}$. Also konvergiert die gesamte Folge $(X^{(n)})_{n \in \mathbb{N}}$ gegen X in $\mathfrak{C}$.

(c) Nach Konstruktion gilt:

1. $\mathfrak{M}$ ist ein Unterraum von $\mathfrak{C}$.
2. $\|\cdot\|_{\mathfrak{M}}$ und $\|\cdot\|_{\mathfrak{C}}$ sind äquivalente Normen auf $\mathfrak{M}$.
3. $X \in \mathfrak{C}$ ist genau dann ein Element von $\mathfrak{M}$, wenn X ein Martingal ist.
4. Aus der Wahrscheinlichkeitstheorie ist folgende Aussage bekannt:
   - *Die bedingte Erwartung ist stetig bzgl. Konvergenz in* $L^2(\Omega)$.

   Also ist $\mathfrak{M} \subset \mathfrak{C}$ abgeschlossen bzgl. $\|\cdot\|_{\mathfrak{C}}$.

Insgesamt ist $\mathfrak{M}$ ein abgeschlossener Unterraum des Banachraumes $\mathfrak{C}$.

□

Konstruktion des Itoschen Integrals auf $\mathfrak{S}$

Sei $X \in \mathfrak{S}$ mit folgender Darstellung:

$$X_t(\omega) = \sum_{i=1}^{n} 1_{(t_{i-1}, t_i]}(t)\, \Phi_i(\omega).$$

Wir definieren einen stochastischen Prozess $I[X]$ durch:

$$(I[X])_t(\omega) := \sum_{i=1}^{n} \Phi_i(\omega) \left(\mathcal{W}_{t_i \wedge t}(\omega) - \mathcal{W}_{t_{i-1} \wedge t}(\omega)\right).$$

$I[X]$ heißt *Itosches Integral.* Wir verwenden folgende Notation:

$$\int_0^t X_s \, \mathrm{d}\mathcal{W}_s := (I[X])_t.$$

$$\int_{t_1}^{t_2} X_s \, \mathrm{d}\mathcal{W}_s := \int_0^{t_2} X_s \, \mathrm{d}\mathcal{W}_s - \int_0^{t_1} X_s \, \mathrm{d}\mathcal{W}_s.$$

Theorem 8.9 (Itosche Isometrie)

(a) *Sei $X \in \mathfrak{S}$, dann gilt:*

$$E_P\Big[\Big|\int_0^t X_s \, \mathrm{d}\mathcal{W}_s\Big|^2\Big] = E_P\Big[\int_0^t |X_s|^2 \, \mathrm{d}s\Big].$$

(b) *Das Itosche Integral ist eine stetige lineare Abbildung:*

$$I : \mathfrak{S} \longrightarrow \mathfrak{M}.$$

Insbesondere gilt:

$$\|I[X]\|_{\mathfrak{M}} = \|X\|_{\mathfrak{L}^2}.$$

Literaturhinweise

1. Siehe [19], Theorem 2.31, S. 29.
2. Siehe [20], Proposition 3.4.2, S. 36.

Beweis

Habe X folgende Darstellung:

$$X_t(\omega) = \sum_{i=1}^{n} 1_{(t_{i-1}, t_i]}(t) \, \Phi_i(\omega).$$

(a) Sei $t \in I$. Nach eventueller Hinzunahme einer weiteren Stützstelle in der Darstellung von X sei ferner o.B.d.A. $t = t_k$. Nach Konstruktion gilt:

$$E_P\Big[\Big|\int_0^t X_s \, \mathrm{d}\mathcal{W}_s\Big|^2\Big]$$

$$= E_P\Big[\Big|\sum_{i=1}^{k} \Phi_i \left(\mathcal{W}_{t_i} - \mathcal{W}_{t_{i-1}}\right)\Big|^2\Big]$$

$$= \sum_{i=1}^{k} E_P[\Phi_i^2 (\mathcal{W}_{t_i} - \mathcal{W}_{t_{i-1}})^2]$$

$$+ 2 \sum_{i=1}^{k-1} \sum_{j=i+1}^{k} E_P[\Phi_i \, \Phi_j \, (\mathcal{W}_{t_i} - \mathcal{W}_{t_{i-1}}) \, (\mathcal{W}_{t_j} - \mathcal{W}_{t_{j-1}})].$$

Nach Konstruktion ist Φ_i messbar bzgl. $\mathcal{F}_{t_{i-1}}$, und $\mathcal{W}_{t_i} - \mathcal{W}_{t_{i-1}}$ ist unabhängig von $\mathcal{F}_{t_{i-1}}$. Daraus folgt:

$$\begin{aligned}
\sum_{i=1}^{k} E_P[\Phi_i^2 (\mathcal{W}_{t_i} - \mathcal{W}_{t_{i-1}})^2] &= \sum_{i=1}^{k} E_P[\Phi_i^2] \, E_P[(\mathcal{W}_{t_i} - \mathcal{W}_{t_{i-1}})^2] \\
&= \sum_{i=1}^{k} E_P[\Phi_i^2] \, (t_i - t_{i-1}) \\
&= E_P\Big[\sum_{i=1}^{k} \Phi_i^2 \, (t_i - t_{i-1}) \Big] \\
&= E_P\Big[\int_0^t |X_s|^2 \, \mathrm{d}s \Big].
\end{aligned}$$

Sei $i < j$. Nach Konstruktion sind Φ_i, Φ_j sowie $\mathcal{W}_{t_i} - \mathcal{W}_{t_{i-1}}$ messbar bzgl. $\mathcal{F}_{t_{j-1}}$, und $\mathcal{W}_{t_j} - \mathcal{W}_{t_{j-1}}$ ist unabhängig von $\mathcal{F}_{t_{j-1}}$. Daraus folgt:

$$\begin{aligned}
&E_P[\Phi_i \, \Phi_j \, (\mathcal{W}_{t_i} - \mathcal{W}_{t_{i-1}}) \, (\mathcal{W}_{t_j} - \mathcal{W}_{t_{j-1}})] \\
&= E_P[\Phi_i \, \Phi_j \, (\mathcal{W}_{t_i} - \mathcal{W}_{t_{i-1}})] \, E_P[\mathcal{W}_{t_j} - \mathcal{W}_{t_{j-1}}] \\
&= 0.
\end{aligned}$$

Daraus folgt insgesamt:

$$E_P\Big[\Big| \int_0^t X_s \, \mathrm{d}\mathcal{W}_s \Big|^2 \Big] = E_P\Big[\int_0^t |X_s|^2 \, \mathrm{d}s \Big].$$

(b) Nach Konstruktion gilt:

1. $I[X]$ hat stetige Pfade.
2. $\forall \, t \in I$:

$$E_P[|(I[X])_t|^2] < \infty.$$

Seien $\bar{t}_1, \bar{t}_2 \in I$ mit $\bar{t}_1 < \bar{t}_2$. Nach eventueller Hinzunahme weiterer Stützstellen in der Darstellung von X sei ferner o.B.d.A. $\bar{t}_1 = t_k$ sowie $\bar{t}_2 = t_l$. Dann gilt:

$$\begin{aligned}
&E_P[(I[X])_{\bar{t}_2} | \mathcal{F}_{\bar{t}_1}] \\
&= E_P\Big[\sum_{i=1}^{l} \Phi_i \, (\mathcal{W}_{t_i} - \mathcal{W}_{t_{i-1}}) \Big| \mathcal{F}_{t_k} \Big]
\end{aligned}$$

$$= \sum_{i=1}^{k} E_P[\Phi_i (\mathcal{W}_{t_i} - \mathcal{W}_{t_{i-1}})|\mathcal{F}_{t_k}] + \sum_{i=k+1}^{l} E_P[\Phi_i (\mathcal{W}_{t_i} - \mathcal{W}_{t_{i-1}})|\mathcal{F}_{t_k}]$$

$$= \sum_{i=1}^{k} \Phi_i (\mathcal{W}_{t_i} - \mathcal{W}_{t_{i-1}}) + \sum_{i=k+1}^{l} E_P[E_P[\Phi_i (\mathcal{W}_{t_i} - \mathcal{W}_{t_{i-1}})|\mathcal{F}_{t_{i-1}}]|\mathcal{F}_{t_k}]$$

$$= (I[X])_{\bar{t}_1} + \sum_{i=k+1}^{l} E_P[\Phi_i \, E_P[\mathcal{W}_{t_i} - \mathcal{W}_{t_{i-1}}]|\mathcal{F}_{t_k}]$$

$$= (I[X])_{\bar{t}_1}.$$

Also ist $I[X]$ ein Martingal.

□

Theorem 8.10

$\mathfrak{S}$ liegt dicht in $\mathfrak{L}^p$.

Literaturhinweis

- Siehe [19], Theorem 2.40, S. 34.

Beweis

1. Sei $X \in \mathfrak{L}^p$. Wir definieren Abschneidefunktionen $\Phi^{(n)} : \mathbb{R} \longrightarrow [-n, n]$ durch:

$$\Phi^{(n)}(x) := \begin{cases} n & \text{falls } x \in [n, \infty); \\ x & \text{falls } x \in (-n, n); \\ -n & \text{falls } x \in (-\infty, -n]. \end{cases}$$

Wir definieren eine Folge $(X^{(n)})_{n \in \mathbb{N}}$ in $\mathfrak{L}^p$ durch:

$$X_t^{(n)}(\omega) := \Phi^{(n)}(X_t(\omega)).$$

Nach Konstruktion gilt:

$$|X_t^{(n)}(\omega)| = \min\{|X_t(\omega)|, n\}.$$

$$X^{(n)} \xrightarrow{n \to \infty} X \quad \text{(fast überall in } I \times \Omega).$$

Nach dem Satz von Lebesgue über dominierende Konvergenz folgt daraus:

$$\lim_{n \to \infty} \left\| X^{(n)} - X \right\|_{\mathfrak{L}^p} = 0.$$

Insbesondere gilt:

- $\{X \in \mathfrak{L}^p \mid X \text{ ist beschränkt}\}$ liegt dicht in $\mathfrak{L}^p$.

2. Sei $X \in \mathfrak{L}^p$ mit $|X| \leq C$. Wir definieren eine Folge $(X^{(n)})_{n\in\mathbb{N}}$ in $L^p(I \times \Omega)$ durch:

$$X_t^{(n)}(\omega) := n \int_{\max\{t-\frac{1}{n},0\}}^{t} X_s(\omega)\,\mathrm{d}s.$$

Nach Konstruktion gilt:

(i) $X^{(n)}$ hat stetige Pfade.

(ii) Nach dem Satz von Fubini ist $X^{(n)}$ adaptiert.

(iii) $|X_t^{(n)}(\omega)| \leq C$.

Nach den Punkten (i) und (ii) ist $X^{(n)}$ progressiv messbar. Also ist $X^{(n)} \in \mathfrak{L}^p$. Nach dem Hauptsatz der Differential– und Integralrechnung gilt:

$$X^{(n)}(\omega) \xrightarrow{n\to\infty} X(\omega) \quad \text{(fast überall in } I\text{)}.$$

Nach Punkt (iii) und dem Satz von Lebesgue über dominierende Konvergenz folgt daraus:

$$\lim_{n\to\infty} \int_0^T |X_t^{(n)}(\omega) - X_t(\omega)|^p \,\mathrm{d}t = 0.$$

Wiederum nach Punkt (iii) und dem Satz von Lebesgue über dominierende Konvergenz folgt daraus:

$$\lim_{n\to\infty} E_P\Big[\int_0^T |X_t^{(n)} - X_t|^p \,\mathrm{d}t\Big] = 0.$$

Insbesondere gilt:

- $\{X \in \mathfrak{L}^p \mid X$ ist beschränkt und hat stetige Pfade$\}$ liegt dicht in $\{X \in \mathfrak{L}^p \mid X$ ist beschränkt$\}$.

3. Sei $X \in \mathfrak{L}^p$ mit $|X| \leq C$, und habe X stetige Pfade. Wir definieren eine Folge $(X^{(n)})_{n\in\mathbb{N}}$ in $\mathfrak{S}$ durch:

$$X_t^{(n)}(\omega) := \sum_{i=1}^{2^n} 1_{(t_{i-1},t_i]}(t)\, X_{t_{i-1}}(\omega).$$

$$t_i := \frac{iT}{2^n}.$$

Nach Konstruktion gilt:

$$|X_t^{(n)}(\omega)| \leq C.$$

$$X_t^{(n)}(\omega) \xrightarrow{n\to\infty} X_t(\omega) \quad \text{(fast überall in } I\text{)}.$$

Nach dem Satz von Lebesgue über dominierende Konvergenz folgt daraus:

$$\lim_{n\to\infty} \Big\| X^{(n)} - X \Big\|_{\mathfrak{L}^p} = 0.$$

Insbesondere gilt:

- $\mathfrak{S}$ liegt dicht in $\{X \in \mathfrak{L}^p \mid X$ ist beschränkt und hat stetige Pfade$\}$.

□

Konstruktion des Itoschen Integrals auf $\mathfrak{L}^2$

Nach Theorem 8.9 und Theorem 8.10 gilt:

1. I ist eine lineare Isometrie:

$$I : \mathfrak{S} \longrightarrow \mathfrak{M}.$$

2. $\mathfrak{S}$ ist ein dichter Teilraum von $\mathfrak{L}^2$.

Also existiert eine eindeutig bestimmte Fortsetzung von I zu einer linearen Isometrie:

$$I : \mathfrak{L}^2 \longrightarrow \mathfrak{M}.$$

Theorem 8.11

Seien $X, Y \in \mathfrak{L}^2$, und sei τ eine Stoppzeit mit folgender Eigenschaft:

$$1_{\{t<\tau\}} X_t = 1_{\{t<\tau\}} Y_t \quad \text{(fast überall in } I \times \Omega).$$

Dann gilt:

$$1_{\{t<\tau\}} \int_0^t X_s \,\mathrm{d}\mathcal{W}_s = 1_{\{t<\tau\}} \int_0^t Y_s \,\mathrm{d}\mathcal{W}_s \quad \text{(fast sicher)}.$$

Literaturhinweis

- Siehe [28], Theorem 6.4, S. 89.

Beweis

1. Wir definieren $Z \in \mathfrak{L}^2$ durch:

$$Z_t(\omega) := X_t(\omega) - Y_t(\omega).$$

Nach Konstruktion gilt:

$$1_{\{t<\tau\}} Z_t = 0 \quad \text{(fast überall in } I \times \Omega).$$

Es genügt, folgende Aussage zu beweisen:

$$1_{\{t<\tau\}} \int_0^t Z_s \,\mathrm{d}\mathcal{W}_s = 0 \quad \text{(fast sicher)}.$$

2. Wir definieren Abschneidefunktionen $\Phi^{(n)} : \mathbb{R} \longrightarrow [-n, n]$ durch:

$$\Phi^{(n)}(x) := \begin{cases} n & \text{falls } x \in [n, \infty); \\ x & \text{falls } x \in (-n, n); \\ -n & \text{falls } x \in (-\infty, -n]. \end{cases}$$

Wir definieren eine Folge $(A^{(n)})_{n\in\mathbb{N}}$ in $\mathfrak{L}^2$ durch:

$$A_t^{(n)}(\omega) := \Phi^{(n)}(Z_t(\omega)).$$

Nach Konstruktion gilt:

$$|A_t^{(n)}(\omega)| = \min\{|Z_t(\omega)|, n\}.$$

$$1_{\{t<\tau\}}\, A_t^{(n)} = 0 \quad \text{(fast überall in } I \times \Omega).$$

Nach dem Satz von Lebesgue über dominierende Konvergenz folgt daraus:

$$\lim_{n\to\infty} \left\| A^{(n)} - Z \right\|_{\mathfrak{L}^2} = 0.$$

3. Wir approximieren $A^{(n)}$.

3.1 Nach dem Beweis von Theorem 8.10 gibt es eine Folge $(B^{(n,k)})_{k\in\mathbb{N}}$ in $\mathfrak{S}$ mit folgenden Eigenschaften:

$$|B_t^{(n,k)}(\omega)| \le n.$$

$$B_t^{(n,k)}(\omega) = \sum_{i=1}^{2^k} 1_{(t_{i-1},t_i]}(t)\, \Phi_i^{(n,k)}(\omega).$$

$$t_i := \frac{i\,T}{2^k}.$$

$$\lim_{k\to\infty} \left\| B^{(n,k)} - A^{(n)} \right\|_{\mathfrak{L}^2} = 0.$$

Insbesondere gilt:

$$\lim_{k\to\infty} \left\| 1_{\{t\ge\tau\}}\, (B^{(n,k)} - A^{(n)}) \right\|_{\mathfrak{L}^2} = 0.$$

3.2 Wir definieren eine weitere Folge $(C^{(n,k)})_{n\in\mathbb{N}}$ in $\mathfrak{S}$ durch:

$$C_t^{(n,k)}(\omega) = \sum_{i=1}^{2^k} 1_{(t_{i-1},t_i]}(t)\, 1_{\{t_{i-1}\ge\tau(\omega)\}}\, \Phi_i^{(n,k)}(\omega).$$

Sei $t \in I$. Nach eventueller Hinzunahme einer weiteren Stützstelle in der Darstellung von $C^{(n,k)}$ sei ferner o.B.d.A. $t = t_l$. Nach Konstruktion gilt:

$$|C_t^{(n,k)}(\omega)| \le n.$$

$$1_{\{t<\tau\}}\, C_t^{(n,k)} = 0.$$

$$1_{\{t<\tau\}} \int_0^t C_s^{(n,k)} \, \mathrm{d}\mathcal{W}_s = \sum_{i=1}^{l} 1_{\{t_l<\tau\}} \, 1_{\{t_{i-1}\geq\tau\}} \, \Phi_i^{(n,k)} \, (\mathcal{W}_{t_i} - \mathcal{W}_{t_{i-1}}) = 0.$$

Insbesondere gilt:

$$\left\| 1_{\{t<\tau\}} \, (C^{(n,k)} - A^{(n)}) \right\|_{\mathfrak{L}^2} = 0.$$

3.3 Nach Konstruktion gilt:

$$\begin{aligned} &\left| 1_{\{t\geq\tau(\omega)\}} \, (C_t^{(n,k)}(\omega) - B_t^{(n,k)}(\omega)) \right| \\ &\leq n \sum_{i=1}^{2^k} 1_{(t_{i-1},t_i]}(t) \, 1_{\{t\geq\tau(\omega)\}} |1_{\{t_{i-1}\geq\tau(\omega)\}} - 1| \\ &\leq n \sum_{i=1}^{2^k} 1_{(t_{i-1},t_i]}(t) \, 1_{\{t_{i-1}<\tau(\omega)\leq t_i\}}. \end{aligned}$$

Daraus folgt:

$$\left\| 1_{\{t\geq\tau\}} \, (C^{(n,k)} - B^{(n,k)}) \right\|_{\mathfrak{L}^2}^2 \leq \frac{n^2 \, T}{2^k}.$$

Insbesondere gilt:

$$\lim_{k\to\infty} \left\| 1_{\{t\geq\tau\}} \, (C^{(n,k)} - B^{(n,k)}) \right\|_{\mathfrak{L}^2} = 0.$$

3.4 Daraus folgt insgesamt:

$$\begin{aligned} &\lim_{k\to\infty} \left\| C^{(n,k)} - A^{(n)} \right\|_{\mathfrak{L}^2} \\ &\leq \lim_{k\to\infty} \left\| 1_{\{t<\tau\}} \, (C^{(n,k)} - A^{(n)}) \right\|_{\mathfrak{L}^2} + \lim_{k\to\infty} \left\| 1_{\{t\geq\tau\}} \, (C^{(n,k)} - A^{(n)}) \right\|_{\mathfrak{L}^2} \\ &\leq \lim_{k\to\infty} \left\| 1_{\{t<\tau\}} \, (C^{(n,k)} - A^{(n)}) \right\|_{\mathfrak{L}^2} + \lim_{k\to\infty} \left\| 1_{\{t\geq\tau\}} \, (C^{(n,k)} - B^{(n,k)}) \right\|_{\mathfrak{L}^2} \\ &\qquad + \lim_{k\to\infty} \left\| 1_{\{t\geq\tau\}} \, (B^{(n,k)} - A^{(n)}) \right\|_{\mathfrak{L}^2} \\ &= 0. \end{aligned}$$

4. Nach den Punkten 2 und 3 gibt es eine Folge $(k_n)_{n\in\mathbb{N}}$ mit folgenden Eigenschaften:

$$Z^{(n)} := C^{(n,k_n)} \in \mathfrak{S}.$$

$$1_{\{t<\tau\}} \, Z_t^{(n)} = 0 \quad \text{(fast überall in } I \times \Omega\text{)}.$$

$$1_{\{t<\tau\}} \int_0^t Z_s^{(n)} \, \mathrm{d}\mathcal{W}_s = 0.$$

$$\lim_{n\to\infty} \left\| Z^{(n)} - Z \right\|_{\mathfrak{L}^2} = 0.$$

Daraus folgt:

$$\lim_{n\to\infty} \left\| I[Z^{(n)} - Z] \right\|_{\mathfrak{M}} = 0.$$

Nach eventuellem Übergang zu einer Teilfolge folgt daraus:

$$\int_0^t Z_s^{(n)} \, \mathrm{d}\mathcal{W}_s \xrightarrow{n\to\infty} \int_0^t Z_s \, \mathrm{d}\mathcal{W}_s \quad \text{(fast sicher)}.$$

$$0 = 1_{\{t<\tau\}} \int_0^t Z_s^{(n)} \, \mathrm{d}\mathcal{W}_s \xrightarrow{n\to\infty} 1_{\{t<\tau\}} \int_0^t Z_s \, \mathrm{d}\mathcal{W}_s \quad \text{(fast sicher)}.$$

Damit ist das Theorem bewiesen.

□

Theorem 8.12

Sei $X \in \mathfrak{L}^2$, und sei τ eine Stoppzeit mit $\tau \leq T$. Dann gilt:

$$\int_0^\tau X_t \, \mathrm{d}\mathcal{W}_t = \int_0^T 1_{\{t<\tau\}} X_t \, \mathrm{d}\mathcal{W}_t \quad \text{(fast sicher)}.$$

Literaturhinweis

- Siehe [20], Proposition 3.4.5, S. 38.

Beweis

1. Sei $\bar{t} \in I$, und sei $A \in \mathcal{F}_{\bar{t}}$.

   1.1 Nach Theorem 8.10 gibt es eine Folge $(X^{(n)})_{n\in\mathbb{N}}$ in $\mathfrak{S}$ mit folgender Eigenschaft:

   $$\lim_{n\to\infty} \left\| X^{(n)} - X \right\|_{\mathfrak{L}^2} = 0.$$

   $$\lim_{n\to\infty} \left\| 1_A \, 1_{\{t\geq\bar{t}\}} \, (X^{(n)} - X) \right\|_{\mathfrak{L}^2} = 0.$$

   Daraus folgt:

   $$\lim_{n\to\infty} \left\| I[X^{(n)} - X] \right\|_{\mathfrak{M}} = 0.$$

   $$\lim_{n\to\infty} \left\| I[1_A \, 1_{\{t\geq\bar{t}\}} \, (X^{(n)} - X)] \right\|_{\mathfrak{M}} = 0.$$

   Nach eventuellem Übergang zu einer Teilfolge folgt daraus:

   $$1_A \int_{\bar{t}}^T X_t^{(n)} \, \mathrm{d}\mathcal{W}_t \xrightarrow{n\to\infty} 1_A \int_{\bar{t}}^T X_t \, \mathrm{d}\mathcal{W}_t \quad \text{(fast sicher)}.$$

   $$\int_0^T 1_A \, 1_{\{t\geq\bar{t}\}} \, X_t^{(n)} \, \mathrm{d}\mathcal{W}_t \xrightarrow{n\to\infty} \int_0^T 1_A \, 1_{\{t\geq\bar{t}\}} \, X_t \, \mathrm{d}\mathcal{W}_t \quad \text{(fast sicher)}.$$

1.2 Habe $X^{(n)}$ folgende Darstellung:

$$X_t^{(n)}(\omega) = \sum_{i=1}^{n} 1_{(t_{i-1},t_i]}(t)\, \Phi_i^{(n)}(\omega).$$

Nach eventueller Hinzunahme einer weiteren Stützstelle in der Darstellung von $X^{(n)}$ sei o.B.d.A. $\bar{t} = t_k$. Nach Konstruktion gilt:

$$\begin{aligned}\int_0^T 1_A\, 1_{\{t\geq\bar{t}\}}\, X_t^{(n)}\, \mathrm{d}\mathcal{W}_t &= \int_0^T 1_A\, 1_{\{t>\bar{t}\}}\, X_t^{(n)}\, \mathrm{d}\mathcal{W}_t \\ &= \sum_{i=k+1}^{n} 1_A\, \Phi_i^{(n)}\, (\mathcal{W}_{t_i} - \mathcal{W}_{t_{i-1}}) \\ &= 1_A \sum_{i=k+1}^{n} \Phi_i^{(n)}\, (\mathcal{W}_{t_i} - \mathcal{W}_{t_{i-1}}) \\ &= 1_A \int_{\bar{t}}^T X_t^{(n)}\, \mathrm{d}\mathcal{W}_t.\end{aligned}$$

1.3 Daraus folgt insgesamt:

$$\int_0^T 1_A\, 1_{\{t\geq\bar{t}\}}\, X_t\, \mathrm{d}\mathcal{W}_t = 1_A \int_{\bar{t}}^T X_t\, \mathrm{d}\mathcal{W}_t \quad \text{(fast sicher)}.$$

2. Wir definieren eine Folge $(\tau^{(n)})_{n\in\mathbb{N}}$ von Stoppzeiten durch:

$$\tau^{(n)}(\omega) := \sum_{i=0}^{n} t_i^{(n)}\, 1_{A_i^{(n)}}(\omega).$$

$$t_i^{(n)} := \frac{iT}{n}.$$

$$A_0^{(n)} := \tau^{-1}(0)\,; \qquad\qquad A_i^{(n)} := \tau^{-1}((t_{i-1}^{(n)}, t_i^{(n)}]) \quad (i = 1, \ldots, n).$$

Nach Konstruktion gilt:

$$(\tau^{(n)})^{-1}(t_i^{(n)}) = A_i^{(n)}.$$

Mit Hilfe von Punkt 1 erhalten wir:

$$\int_0^T 1_{\{t\geq\tau^{(n)}\}}\, X_t\, \mathrm{d}\mathcal{W}_t = \sum_{i=0}^{n} \int_0^T 1_{A_i^{(n)}}\, 1_{\{t\geq t_i^{(n)}\}}\, X_t\, \mathrm{d}\mathcal{W}_t = \sum_{i=0}^{n} 1_{A_i^{(n)}} \int_{t_i^{(n)}}^T X_t\, \mathrm{d}\mathcal{W}_t$$

(fast sicher).

Daraus folgt insgesamt:

$$\int_0^T 1_{\{t<\tau^{(n)}\}}\, X_t\, \mathrm{d}\mathcal{W}_t = \int_0^T X_t\, \mathrm{d}\mathcal{W}_t - \int_0^T 1_{\{t\geq\tau^{(n)}\}}\, X_t\, \mathrm{d}\mathcal{W}_t$$

$$= \sum_{i=0}^{n} 1_{A_i} \int_0^{t_i^{(n)}} X_t \, \mathrm{d}\mathcal{W}_t$$

$$= \int_0^{\tau^{(n)}} X_t \, \mathrm{d}\mathcal{W}_t \quad \text{(fast sicher)}.$$

3. Nach Konstruktion gilt:

$$\tau^{(n)}(\omega) \xrightarrow{n \to \infty} \tau(\omega).$$

Nach Konstruktion hat $I[X]$ stetige Pfade (fast sicher). Daraus folgt:

$$\int_0^{\tau^{(n)}} X_t \, \mathrm{d}\mathcal{W}_t \xrightarrow{n \to \infty} \int_0^{\tau} X_t \, \mathrm{d}\mathcal{W}_t \quad \text{(fast sicher)}.$$

Nach dem Satz von Lebesgue über dominierende Konvergenz gilt:

$$\lim_{n \to \infty} \left\| \left(1_{\{t < \tau^{(n)}\}} - 1_{\{t < \tau\}} \right) X \right\|_{\mathfrak{L}^2} = 0.$$

Nach eventuellem Übergang zu einer Teilfolge folgt daraus:

$$\int_0^T 1_{\{t < \tau^{(n)}\}} X_t \, \mathrm{d}\mathcal{W}_t \xrightarrow{n \to \infty} \int_0^T 1_{\{t < \tau\}} X_t \, \mathrm{d}\mathcal{W}_t \quad \text{(fast sicher)}.$$

4. Aus Punkt 2 und Punkt 3 folgt insgesamt:

$$\int_0^{\tau} X_t \, \mathrm{d}\mathcal{W}_t = \int_0^T 1_{\{t < \tau\}} X_t \, \mathrm{d}\mathcal{W}_t \quad \text{(fast sicher)}.$$

Damit ist das Theorem bewiesen.

□

Konstruktion des Itoschen Integrals auf $\mathfrak{L}^2_{loc}$

Sei $X \in \mathfrak{L}^2_{loc}$.

1. Wir definieren eine monoton wachsende Folge $(\tau^{(n)})_{n \in \mathbb{N}}$ von Stoppzeiten durch:

$$\tau^{(n)}(\omega) := T \wedge \inf \left\{ t \in [0, T] \,\middle|\, \int_0^t |X_s(\omega)|^2 \, \mathrm{d}s \geq n \right\}.$$

Nach Konstruktion gilt:

$$P\Big(\left\{ \omega \in \Omega \,\middle|\, \exists n \in \mathbb{N} : \tau^{(n)}(\omega) = T \right\} \Big) = 1.$$

Insbesondere konvergiert die Folge $(\tau^{(n)})_{n \in \mathbb{N}}$ fast sicher in endlich vielen Schritten gegen T.

2. Wir definieren eine Folge $(X^{(n)})_{n\in\mathbb{N}}$ in $\mathfrak{L}^2$ durch:

$$X_t^{(n)}(\omega) := 1_{\{t<\tau^{(n)}(\omega)\}}\, X_t(\omega).$$

Nach Konstruktion gilt:

$$1_{\{t<\tau^{(n)}\}}\, X_t^{(n+1)} = 1_{\{t<\tau^{(n)}\}}\, X_t^{(n)}.$$

Nach Theorem 8.11 folgt daraus:

$$1_{\{t<\tau^{(n)}\}}\, (I[X^{(n+1)}])_t = 1_{\{t<\tau^{(n)}\}}\, (I[X^{(n)}])_t \quad \text{(fast sicher)}.$$

Nach Punkt 1 konvergiert die Folge $(I[X^{(n)}])_{n\in\mathbb{N}}$ fast sicher pfadweise nach endlich vielen Schritten.

3. Mit Hilfe von Punkt 1 und Punkt 2 definieren wir $I[X] \in \mathfrak{C}_{loc}$ durch:

$$1_{\{t<\tau^{(n)}\}}\, (I[X])_t(\omega) := 1_{\{t<\tau^{(n)}\}}\, (I[X^{(n)}])_t(\omega).$$

Nach Konstruktion stimmt $I[X]$ fast sicher pfadweise mit jeweils einem $I[X^{(n)}]$ überein.

Nach Konstruktion ist I eine lineare Abbildung:

$$I : \mathfrak{L}^2_{loc} \longrightarrow \mathfrak{C}_{loc}.$$

Theorem 8.13

Sei $X \in \mathfrak{L}^2_{loc}$, sei $(\tau^{(n)})_{n\in\mathbb{N}}$ die oben definierte Folge von Stoppzeiten, und sei $(X^{(n)})_{n\in\mathbb{N}}$ die oben definierte Folge in $\mathfrak{L}^2$. Dann gilt:

$$\int_0^{\tau^{(n)}\wedge t} X_s\, \mathrm{d}\mathcal{W}_s = \int_0^t X_s^{(n)}\, \mathrm{d}\mathcal{W}_s \quad \text{(fast sicher)}.$$

Insbesondere ist $I[X]$ ein lokales Martingal.

Beweis

1. Nach Konstruktion gilt:

$$\begin{aligned}
&\int_0^t X_s\, \mathrm{d}\mathcal{W}_s \\
&= 1_{\{t<\tau^{(n)}\}} \int_0^t X_s\, \mathrm{d}\mathcal{W}_s + \sum_{k=1}^{\infty} 1_{\{\tau^{(n+k-1)}\le t<\tau^{(n+k)}\}} \int_0^t X_s\, \mathrm{d}\mathcal{W}_s \\
&= 1_{\{t<\tau^{(n)}\}} \int_0^t X_s^{(n)}\, \mathrm{d}\mathcal{W}_s + \sum_{k=1}^{\infty} 1_{\{\tau^{(n+k-1)}\le t<\tau^{(n+k)}\}} \int_0^t X_s^{(n+k)}\, \mathrm{d}\mathcal{W}_s.
\end{aligned}$$

Daraus folgt:

$$\begin{aligned}
&\int_0^{\tau^{(n)}\wedge t} X_s\, \mathrm{d}\mathcal{W}_s \\
&= 1_{\{t<\tau^{(n)}\}} \int_0^t X_s^{(n)}\, \mathrm{d}\mathcal{W}_s + \sum_{k=1}^{\infty} 1_{\{\tau^{(n+k-1)}\le t<\tau^{(n+k)}\}} \int_0^{\tau^{(n)}} X_s^{(n+k)}\, \mathrm{d}\mathcal{W}_s.
\end{aligned}$$

2. Nach Theorem 8.12 gilt:

$$\int_0^{\tau^{(n)}} X_s^{(n+k)}\, \mathrm{d}\mathcal{W}_s = \int_0^T 1_{\{s<\tau^{(n)}\}}\, X_s^{(n+k)}\, \mathrm{d}\mathcal{W}_s$$
$$= \int_0^T 1_{\{s<\tau^{(n)}\}}\, X_s^{(n)}\, \mathrm{d}\mathcal{W}_s$$
$$= \int_0^{\tau^{(n)}} X_s^{(n)}\, \mathrm{d}\mathcal{W}_s.$$

Nach Punkt 1 folgt daraus:

$$\int_0^{\tau^{(n)}\wedge t} X_s\, \mathrm{d}\mathcal{W}_s = \int_0^{\tau^{(n)}\wedge t} X_s^{(n)}\, \mathrm{d}\mathcal{W}_s.$$

3. Nach Theorem 8.12 gilt ferner:

$$\int_0^{\tau^{(n)}\wedge t} X_s^{(n)}\, \mathrm{d}\mathcal{W}_s = \int_0^t 1_{\{s<\tau^{(n)}\wedge t\}}\, X_s^{(n)}\, \mathrm{d}\mathcal{W}_s$$
$$= \int_0^t 1_{\{s<t\}}\, 1_{\{s<\tau^{(n)}\}}\, X_s^{(n)}\, \mathrm{d}\mathcal{W}_s$$
$$= \int_0^t X_s^{(n)}\, \mathrm{d}\mathcal{W}_s.$$

Nach Punkt 2 folgt daraus:

$$\int_0^{\tau^{(n)}\wedge t} X_s\, \mathrm{d}\mathcal{W}_s = \int_0^t X_s^{(n)}\, \mathrm{d}\mathcal{W}_s.$$

□

8.5 Itoscher Kalkül

In diesem Abschnitt entwickeln wir den Itoschen Kalkül für Itosche Integrale. Wir beweisen die Ortogonalitätsrelationen für Itosche Integrale, die Eindeutigkeit der Itoschen Zerlegung für Itosche Prozesse und schließlich die Itosche Formel. Die Itosche Formel lässt sich als Hauptsatz der Differential– und Integralrechnung für Itosche Integrale auffassen und ist das zentrale Werkzeug der stochastischen Analysis. Zum Beweis der Eindeutigkeit der Itoschen Zerlegung sowie der Itoschen Formel ist eine ganze Reihe von Überlegungen notwendig. Um die benötigten Vorkenntnisse aus der Maß– und Integrationstheorie sowie der Wahrscheinlichkeitstheorie möglichst gering zu halten, sind diese Überlegungen in aller Ausführlichkeit dargestellt.

Voraussetzung

Wir betrachten nun p Brownsche Bewegungen.

- Seien $\mathcal{W}^{(1)}, \ldots, \mathcal{W}^{(p)}$ unabhängige Brownsche Bewegungen.

Funktionenraum

Sei $X \in \mathfrak{C}_{loc}$. X heißt *Itoscher Prozess* oder *Semimartingal*, falls gilt:

1. X besitzt folgende Darstellung:

$$X_t = Z + \int_0^t A_s \, \mathrm{d}s + \sum_{i=1}^{p} \int_0^t B_s^{(i)} \, \mathrm{d}\mathcal{W}_s^{(i)} \quad \text{(fast sicher).}$$

2. Es gelten folgende Regularitätsbedingungen:

   - Z ist eine $\mathcal{F}_0/\mathcal{B}$–messbare Zufallsvariable.
   - $A \in \mathfrak{L}^1_{loc}$.
   - $B^{(1)}, \ldots, B^{(p)} \in \mathfrak{L}^2_{loc}$.

Die Menge aller Itoschen Prozesse bezeichnen wir mit $\mathfrak{I}$.

Theorem 8.14 (Ortogonalitätsrelationen)
Sei $i \neq j$, und seien $B^{(i)}, B^{(j)} \in \mathfrak{L}^2$. Dann gilt:

$$E_P\Big[\Big(\int_0^t B_s^{(i)} \, \mathrm{d}\mathcal{W}_s^{(i)}\Big)\Big(\int_0^t B_s^{(j)} \, \mathrm{d}\mathcal{W}_s^{(j)}\Big)\Big] = 0.$$

Beweis

1. Nach Theorem 8.10 gibt es Folgen $(B^{(n,i)})_{n \in \mathbb{N}}$, $(B^{(n,j)})_{n \in \mathbb{N}}$ in $\mathfrak{S}$ mit folgender Eigenschaft:

$$\lim_{n \to \infty} \Big\| B^{(n,k)} - B^{(k)} \Big\|_{\mathfrak{L}^2} = 0.$$

Daraus folgt:

$$\lim_{n \to \infty} \Big\| I[B^{(n,k)} - B^{(k)}] \Big\|_{\mathfrak{M}} = 0.$$

Insbesondere gilt:

$$\lim_{n \to \infty} E_P\Big[\Big|\int_0^t (B_s^{(n,k)} - B_s^{(k)}) \, \mathrm{d}\mathcal{W}_s^{(k)}\Big|^2\Big] = 0.$$

Nach der Cauchy–Schwarz Ungleichung folgt daraus:

$$E_P\Big[\Big(\int_0^t B_s^{(i)} \, \mathrm{d}\mathcal{W}_s^{(i)}\Big)\Big(\int_0^t B_s^{(j)} \, \mathrm{d}\mathcal{W}_s^{(j)}\Big)\Big]$$

$$= \lim_{n \to \infty} E_P\Big[\Big(\int_0^t B_s^{(n,i)} \, \mathrm{d}\mathcal{W}_s^{(i)}\Big)\Big(\int_0^t B_s^{(n,j)} \, \mathrm{d}\mathcal{W}_s^{(j)}\Big)\Big].$$

2. Habe $B^{(n,k)}$ folgende Darstellung:

$$B_t^{(n,k)}(\omega) = \sum_{l=1}^{n} 1_{(t_{l-1},t_l]}(t)\, \Phi_l^{(n,k)}(\omega).$$

Nach eventueller Hinzunahme einer weiteren Stützstelle in der Darstellung von $B^{(n,k)}$ sei o.B.d.A. $t = t_\lambda$. Nach Konstruktion gilt:

$$\int_0^t B_s^{(n,k)}\, \mathrm{d}\mathcal{W}_s^{(k)} = \sum_{l=1}^{\lambda} \Phi_l^{(n,k)}\, (\mathcal{W}_{t_l}^{(k)} - \mathcal{W}_{t_{l-1}}^{(k)}).$$

Daraus folgt:

$$\begin{aligned}
&E_P\Big[\Big(\int_0^t B_s^{(n,i)}\, \mathrm{d}\mathcal{W}_s^{(i)}\Big)\Big(\int_0^t B_s^{(n,j)}\, \mathrm{d}\mathcal{W}_s^{(j)}\Big)\Big] \\
&= \sum_{l=1}^{\lambda}\sum_{m=1}^{\lambda} E_P[\Phi_l^{(n,i)}\, \Phi_m^{(n,j)}\, (\mathcal{W}_{t_l}^{(i)} - \mathcal{W}_{t_{l-1}}^{(i)})\, (\mathcal{W}_{t_m}^{(j)} - \mathcal{W}_{t_{m-1}}^{(j)})]
\end{aligned}$$

Für $l < m$ gilt:

$$\begin{aligned}
&E_P[\Phi_l^{(n,i)}\, \Phi_m^{(n,j)}\, (\mathcal{W}_{t_l}^{(i)} - \mathcal{W}_{t_{l-1}}^{(i)})\, (\mathcal{W}_{t_m}^{(j)} - \mathcal{W}_{t_{m-1}}^{(j)})] \\
&= E_P[E_P[\Phi_l^{(n,i)}\, \Phi_m^{(n,j)}\, (\mathcal{W}_{t_l}^{(i)} - \mathcal{W}_{t_{l-1}}^{(i)})\, (\mathcal{W}_{t_m}^{(j)} - \mathcal{W}_{t_{m-1}}^{(j)})|\mathcal{F}_{t_{m-1}}]] \\
&= E_P[\Phi_l^{(n,i)}\, \Phi_m^{(n,j)}\, (\mathcal{W}_{t_l}^{(i)} - \mathcal{W}_{t_{l-1}}^{(i)})\, E_P[(\mathcal{W}_{t_m}^{(j)} - \mathcal{W}_{t_{m-1}}^{(j)})|\mathcal{F}_{t_{m-1}}]] \\
&= E_P[\Phi_l^{(n,i)}\, \Phi_m^{(n,j)}\, (\mathcal{W}_{t_l}^{(i)} - \mathcal{W}_{t_{l-1}}^{(i)})\, E_P[(\mathcal{W}_{t_m}^{(j)} - \mathcal{W}_{t_{m-1}}^{(j)})]] \\
&= 0.
\end{aligned}$$

Für $l > m$ gilt analog:

$$E_P[\Phi_l^{(n,i)}\, \Phi_m^{(n,j)}\, (\mathcal{W}_{t_l}^{(i)} - \mathcal{W}_{t_{l-1}}^{(i)})\, (\mathcal{W}_{t_m}^{(j)} - \mathcal{W}_{t_{m-1}}^{(j)})] = 0.$$

Nach Voraussetzung sind $\mathcal{W}^{(i)}$ und $\mathcal{W}^{(j)}$ unabhängig. Daraus folgt für $l = m$:

$$\begin{aligned}
&E_P[\Phi_l^{(n,i)}\, \Phi_l^{(n,j)}\, (\mathcal{W}_{t_l}^{(i)} - \mathcal{W}_{t_{l-1}}^{(i)})\, (\mathcal{W}_{t_l}^{(j)} - \mathcal{W}_{t_{l-1}}^{(j)})] \\
&= E_P[E_P[\Phi_l^{(n,i)}\, \Phi_l^{(n,j)}\, (\mathcal{W}_{t_l}^{(i)} - \mathcal{W}_{t_{l-1}}^{(i)})\, (\mathcal{W}_{t_l}^{(j)} - \mathcal{W}_{t_{l-1}}^{(j)})|\mathcal{F}_{t_{l-1}}]] \\
&= E_P[\Phi_l^{(n,i)}\, \Phi_l^{(n,j)}\, E_P[(\mathcal{W}_{t_l}^{(i)} - \mathcal{W}_{t_{l-1}}^{(i)})\, (\mathcal{W}_{t_l}^{(j)} - \mathcal{W}_{t_{l-1}}^{(j)})|\mathcal{F}_{t_{l-1}}]] \\
&= E_P[\Phi_l^{(n,i)}\, \Phi_l^{(n,j)}\, E_P[(\mathcal{W}_{t_l}^{(i)} - \mathcal{W}_{t_{l-1}}^{(i)})|\mathcal{F}_{t_{l-1}}]\, E_P[(\mathcal{W}_{t_l}^{(j)} - \mathcal{W}_{t_{l-1}}^{(j)})|\mathcal{F}_{t_{l-1}}]] \\
&= E_P[\Phi_l^{(n,i)}\, \Phi_l^{(n,j)}\, E_P[(\mathcal{W}_{t_l}^{(i)} - \mathcal{W}_{t_{l-1}}^{(i)})]\, E_P[(\mathcal{W}_{t_l}^{(j)} - \mathcal{W}_{t_{l-1}}^{(j)})]] \\
&= 0.
\end{aligned}$$

Daraus folgt insgesamt:

$$E_P\Big[\Big(\int_0^t B_s^{(n,i)}\, \mathrm{d}\mathcal{W}_s^{(i)}\Big)\Big(\int_0^t B_s^{(n,j)}\, \mathrm{d}\mathcal{W}_s^{(j)}\Big)\Big] = 0.$$

3. Nach Punkt 1 und Punkt 2 gilt:

$$E_P\Big[\Big(\int_0^t B_s^{(i)}\,\mathrm{d}\mathcal{W}_s^{(i)}\Big)\Big(\int_0^t B_s^{(j)}\,\mathrm{d}\mathcal{W}_s^{(j)}\Big)\Big] = 0.$$

□

Theorem 8.15 (Eindeutigkeit der Itoschen Zerlegung)
Sei $X \in \mathfrak{I}$ mit folgenden Darstellungen ($k = 1, 2$):

$$X_t = Z^{(k)} + \int_0^t A_s^{(k)}\,\mathrm{d}s + \sum_{i=1}^{p} \int_0^t B_s^{(k,i)}\,\mathrm{d}\mathcal{W}_s^{(i)} \quad \text{(fast sicher).}$$

Dann gilt:

$$Z^{(1)} = Z^{(2)} \quad \text{(fast sicher).}$$

$$A^{(1)} = A^{(2)} \quad \text{(fast überall in } I \times \Omega\text{).}$$

$$B^{(1,i)} = B^{(2,i)} \quad \text{(fast überall in } I \times \Omega\text{).}$$

Literaturhinweis

- Siehe [19], Exercise (5), S. 77.

Beweis

Es genügt, die Eindeutigkeit der Itoschen Zerlegung für das Nullelement in $\mathfrak{I}$ zu beweisen. Sei dazu $N \in \mathfrak{I}$ mit folgender Darstellung:

$$N_t = Z + \int_0^t A_s\,\mathrm{d}s + \sum_{i=1}^{p} \int_0^t B_s^{(i)}\,\mathrm{d}\mathcal{W}_s^{(i)} = 0 \quad \text{(fast sicher).}$$

Es genügt also, folgende Aussagen zu beweisen:

$$Z = 0 \quad \text{(fast sicher).}$$

$$A = 0 \quad \text{(fast überall in } I \times \Omega\text{).}$$

$$B^{(i)} = 0 \quad \text{(fast überall in } I \times \Omega\text{).}$$

1. Nach Konstruktion gilt:

$$Z = N_0 = 0 \quad \text{(fast sicher).}$$

2. Wir definieren eine Folge $(\tau^{(n)})_{n\in\mathbb{N}}$ von Stoppzeiten durch:

$$\tau_A^{(n)}(\omega) := T \wedge \inf\left\{t \in [0,T] \,\middle|\, \int_0^t |A_s(\omega)|\,\mathrm{d}s \geq n\right\}.$$

$$\tau_B^{(n,i)}(\omega) := T \wedge \inf\left\{t \in [0,T] \,\middle|\, \int_0^t |B_s^{(i)}(\omega)|^2\,\mathrm{d}s \geq n\right\}.$$

$$\tau^{(n)}(\omega) := \tau_A^{(n)}(\omega) \wedge \tau_B^{(n,1)}(\omega) \wedge \ldots \wedge \tau_B^{(n,p)}(\omega).$$

Nach Konstruktion gilt:

$$\tau^{(n)} \xrightarrow{n\to\infty} T \quad \text{(fast sicher)}.$$

3. Wir approximieren N mit Hilfe der in Punkt 2 definierten Stoppzeiten.

3.1 Wir definieren $M \in \mathfrak{C}_{loc}$ durch:

$$M_t := \sum_{i=1}^{p} \int_0^t B_s^{(i)}\,\mathrm{d}\mathcal{W}_s^{(i)}.$$

Nach Konstruktion gilt:

$$M_t = -\int_0^t A_s\,\mathrm{d}s.$$

3.2 Wir definieren eine Folge $(M^{(n)})_{n\in\mathbb{N}}$ von stochastischen Prozessen durch:

$$M_t^{(n)} := M^{\tau^{(n)}\wedge t}.$$

Nach Konstruktion gilt:

$$M_t^{(n)} \xrightarrow{n\to\infty} M_t \quad \text{(fast sicher)}.$$

3.3 Wir definieren Folgen $(A^{(n)})_{n\in\mathbb{N}}$ in $\mathfrak{L}^1$ sowie $(B^{(n,1)})_{n\in\mathbb{N}}, \ldots, (B^{(n,p)})_{n\in\mathbb{N}}$ in $\mathfrak{L}^2$ durch:

$$A_t^{(n)} := 1_{\{t<\tau^{(n)}\}}\, A_t.$$

$$B_t^{(n,i)} := 1_{\{t<\tau^{(n)}\}}\, B_t^{(i)}.$$

Nach Konstruktion gilt:

$$A^{(n)} \xrightarrow{n\to\infty} A \quad \text{(fast überall in } I \times \Omega).$$

$$B^{(n,i)} \xrightarrow{n\to\infty} B^{(i)} \quad \text{(fast überall in } I \times \Omega).$$

4. Nach Theorem 8.12 und Theorem 8.13 gilt:

$$\begin{aligned}
M_t^{(n)} &= \sum_{i=1}^{p} \int_0^{\tau^{(n)}\wedge t} B_s^{(i)}\,\mathrm{d}\mathcal{W}_s^{(i)} \\
&= \sum_{i=1}^{p} \int_0^{\tau_A^{(n)}\wedge\tau_B^{(n,1)}\wedge\ldots\wedge\tau_B^{(n,p)}\wedge t} B_s^{(i)}\,\mathrm{d}\mathcal{W}_s^{(i)} \\
&= \int_0^{\tau_A^{(n)}\wedge\tau_B^{(n,2)}\wedge\ldots\wedge\tau_B^{(n,p)}\wedge t} 1_{\{s<\tau_B^{(n,1)}\}}\, B_s^{(1)}\,\mathrm{d}\mathcal{W}_s^{(1)} + \ldots \\
&\qquad \ldots + \int_0^{\tau_A^{(n)}\wedge\tau_B^{(n,1)}\wedge\ldots\wedge\tau_B^{(n,p-1)}\wedge t} 1_{\{s<\tau_B^{(n,p)}\}}\, B_s^{(p)}\,\mathrm{d}\mathcal{W}_s^{(p)} \\
&= \sum_{i=1}^{p} \int_0^t 1_{\{s<\tau^{(n)}\}}\, B_s^{(i)}\,\mathrm{d}\mathcal{W}_s^{(i)} \\
&= \sum_{i=1}^{p} \int_0^t B_s^{(n,i)}\,\mathrm{d}\mathcal{W}_s^{(i)}.
\end{aligned}$$

Insbesondere ist $M^{(n)} \in \mathfrak{M}$. Nach Konstruktion gilt ferner:

$$M_t^{(n)} = -\int_0^{\tau^{(n)}\wedge t} A_s\,\mathrm{d}s = -\int_0^t 1_{\{s<\tau^{(n)}\}}\, A_s\,\mathrm{d}s = -\int_0^t A_s^{(n)}\,\mathrm{d}s.$$

5. Wir definieren $t_0^{(k)}, \ldots, t_k^{(k)} \in I$ durch:

$$t_j^{(k)} := \frac{jT}{k}.$$

5.1 Nach Konstruktion gilt:

$$\begin{aligned}
&E_P\Big[\sum_{j=1}^{k} \Big| M_{t_j^{(k)}}^{(n)} - M_{t_{j-1}^{(k)}}^{(n)} \Big|^2\Big] \\
&= \sum_{j=1}^{k} \Big(E_P\Big[\Big| M_{t_j^{(k)}}^{(n)} \Big|^2\Big] + E_P\Big[\Big| M_{t_{j-1}^{(k)}}^{(n)} \Big|^2\Big] - 2\,E_P\Big[M_{t_j^{(k)}}^{(n)}\, M_{t_{j-1}^{(k)}}^{(n)}\Big]\Big).
\end{aligned}$$

Nach Punkt 4 ist $M^{(n)}$ ein Martingal. Daraus folgt:

$$\begin{aligned}
E_P\Big[M_{t_j^{(k)}}^{(n)}\, M_{t_{j-1}^{(k)}}^{(n)}\Big] &= E_P\Big[E_P\Big[M_{t_j^{(k)}}^{(n)}\, M_{t_{j-1}^{(k)}}^{(n)} \Big| \mathcal{F}_{t_{j-1}^{(k)}}\Big]\Big] \\
&= E_P\Big[M_{t_{j-1}^{(k)}}^{(n)}\, E_P\Big[M_{t_j^{(k)}}^{(n)} \Big| \mathcal{F}_{t_{j-1}^{(k)}}\Big]\Big] \\
&= E_P\Big[\Big| M_{t_{j-1}^{(k)}}^{(n)} \Big|^2\Big].
\end{aligned}$$

Daraus folgt insgesamt:

$$E_P\Big[\sum_{j=1}^{k}\Big|M^{(n)}_{t_j^{(k)}}-M^{(n)}_{t_{j-1}^{(k)}}\Big|^2\Big]=\sum_{j=1}^{k}\Big(E_P\Big[\Big|M^{(n)}_{t_j^{(k)}}\Big|^2\Big]-E_P\Big[\Big|M^{(n)}_{t_{j-1}^{(k)}}\Big|^2\Big]\Big)$$
$$=E_P\Big[\Big|M^{(n)}_T\Big|^2\Big]-E_P\Big[\Big|M^{(n)}_0\Big|^2\Big]$$
$$=E_P\Big[\Big|M^{(n)}_T\Big|^2\Big]$$
$$=\Big\|M^{(n)}\Big\|^2_{\mathfrak{M}}.$$

5.2 Nach Punkt 4 gilt:

$$E_P\Big[\sum_{j=1}^{k}\Big|M^{(n)}_{t_j^{(k)}}-M^{(n)}_{t_{j-1}^{(k)}}\Big|^2\Big]=E_P\Big[\sum_{j=1}^{k}\Big|\int_{t_{j-1}^{(k)}}^{t_j^{(k)}}A^{(n)}_s\,\mathrm{d}s\Big|^2\Big]$$
$$\leq E_P\Big[\Big(\max_{j=1,\ldots,k}\int_{t_{j-1}^{(k)}}^{t_j^{(k)}}|A^{(n)}_s|\,\mathrm{d}s\Big)\Big(\int_0^T|A^{(n)}_s|\,\mathrm{d}s\Big)\Big]$$
$$\leq n\,E_P\Big[\max_{j=1,\ldots,k}\int_{t_{j-1}^{(k)}}^{t_j^{(k)}}|A^{(n)}_s|\,\mathrm{d}s\Big].$$

Nach dem Satz von Lebesgue über dominierende Konvergenz gilt:

$$\limsup_{k\to\infty}E_P\Big[\max_{j=1,\ldots,k}\int_{t_{j-1}^{(k)}}^{t_j^{(k)}}|A^{(n)}_s|\,\mathrm{d}s\Big]=0.$$

Daraus folgt insgesamt:

$$\limsup_{k\to\infty}E_P\Big[\sum_{j=1}^{k}\Big|M^{(n)}_{t_j^{(k)}}-M^{(n)}_{t_{j-1}^{(k)}}\Big|^2\Big]=0.$$

5.3 Nach den Punkten 5.1 und 5.2 gilt:

$$\Big\|M^{(n)}\Big\|^2_{\mathfrak{M}}=\limsup_{k\to\infty}E_P\Big[\sum_{j=1}^{k}\Big|M^{(n)}_{t_j^{(k)}}-M^{(n)}_{t_{j-1}^{(k)}}\Big|^2\Big]=0.$$

6. Nach Punkt 4 und Punkt 5 gilt für fast alle $\omega\in\Omega$:

$$0=M^{(n)}_t(\omega)=-\int_0^t A^{(n)}_s(\omega)\,\mathrm{d}s.$$

Nach Konstruktion ist $A(\omega)\in L^1(I)$. Nach dem Hauptsatz der Differential- und Integralrechnung folgt daraus:

$$A^{(n)}(\omega)=0\quad(\text{fast überall in } I).$$

Daraus folgt:

$$\int_0^T |A_t^{(n)}(\omega)| \, \mathrm{d}t = 0.$$

Daraus folgt:

$$E_P\Big[\int_0^T |A_t^{(n)}| \, \mathrm{d}t\Big] = 0.$$

Daraus folgt:

$$A^{(n)} = 0 \quad (\text{fast überall in } I \times \Omega).$$

Nach Punkt 3 folgt daraus:

$$A = 0 \quad (\text{fast überall in } I \times \Omega).$$

7. Nach Punkt 4 und Punkt 5 gilt:

$$\begin{aligned} 0 &= \Big\| M^{(n)} \Big\|_{\mathfrak{M}}^2 \\ &= E_P\Big[\Big|\sum_{i=1}^p \int_0^T B_t^{(n,i)} \, \mathrm{d}\mathcal{W}_t^{(i)}\Big|^2\Big] \\ &= \sum_{i=1}^p E_P\Big[\Big|\int_0^T B_t^{(n,i)} \, \mathrm{d}\mathcal{W}_t^{(i)}\Big|^2\Big] \\ &\quad + 2\sum_{j=2}^p \sum_{i=1}^{j-1} E_P\Big[\Big(\int_0^T B_t^{(n,i)} \, \mathrm{d}\mathcal{W}_t^{(i)}\Big)\Big(\int_0^T B_t^{(n,j)} \, \mathrm{d}\mathcal{W}_t^{(j)}\Big)\Big]. \end{aligned}$$

Nach der Itoschen Isometrie gilt:

$$E_P\Big[\Big|\int_0^T B_t^{(n,i)} \, \mathrm{d}\mathcal{W}_t^{(i)}\Big|^2\Big] = E_P\Big[\int_0^T |B_t^{(n,i)}|^2 \, \mathrm{d}t\Big].$$

Nach den Ortogonalitätsrelationen gilt für $i \neq j$:

$$E_P\Big[\Big(\int_0^T B_t^{(n,i)} \, \mathrm{d}\mathcal{W}_t^{(i)}\Big)\Big(\int_0^T B_t^{(n,j)} \, \mathrm{d}\mathcal{W}_t^{(j)}\Big)\Big] = 0.$$

Daraus folgt insgesamt:

$$\sum_{i=1}^p E_P\Big[\int_0^T |B_t^{(n,i)}|^2 \, \mathrm{d}t\Big] = 0.$$

Daraus folgt:

$$B^{(n,i)} = 0 \quad (\text{fast überall in } I \times \Omega).$$

Nach Punkt 3 folgt daraus:

$$B^{(i)} = 0 \quad (\text{fast überall in } I \times \Omega).$$

Damit ist das Theorem bewiesen.

□

Notation

1. Seien $x^1, \ldots, x^n \in \mathbb{R}$. Wir schreiben:

$$\overline{x} := (x^1, \ldots, x^n).$$

2. Seien $Z^{(1)}, \ldots, Z^{(n)}$ Zufallsvariablen. Wir schreiben:

$$\overline{Z} := (Z^{(1)}, \ldots, Z^{(n)}).$$

3. Seien $X^{(1)}, \ldots, X^{(n)}$ stochastische Prozesse. Wir schreiben:

$$\overline{X}_t := (X_t^{(1)}, \ldots, X_t^{(n)}).$$

Theorem 8.16 (Itosche Formel)
Sei $f \in \mathcal{C}^{1,2}(I \times \mathbb{R}^n, \mathbb{R})$, seien $X^{(1)}, \ldots, X^{(n)} \in \mathfrak{I}$, und habe $X^{(k)}$ folgende Darstellung:

$$X_t^{(k)} = Z^{(k)} + \int_0^t A_s^{(k)} \, \mathrm{d}s + \sum_{i=1}^{p} \int_0^t B_s^{(k,i)} \, \mathrm{d}\mathcal{W}_s^{(i)} \quad \text{(fast sicher)}.$$

Dann gilt:

$$\begin{aligned} f(t, \overline{X}_t) = f(0, \overline{X}_0) &+ \int_0^t \frac{\partial f}{\partial t}(s, \overline{X}_s) \, \mathrm{d}s + \sum_{k=1}^{n} \int_0^t \frac{\partial f}{\partial x^k}(s, \overline{X}_s) \, A_s^{(k)} \, \mathrm{d}s \\ &+ \sum_{k=1}^{n} \sum_{i=1}^{p} \int_0^t \frac{\partial f}{\partial x^k}(s, \overline{X}_s) \, B_s^{(k,i)} \, \mathrm{d}\mathcal{W}_s^{(i)} \\ &+ \frac{1}{2} \sum_{k,l=1}^{n} \sum_{i=1}^{p} \int_0^t \frac{\partial^2 f}{\partial x^k \, \partial x^l}(s, \overline{X}_s) \, B_s^{(k,i)} \, B_s^{(l,i)} \, \mathrm{d}s \end{aligned}$$

(fast sicher).

Literaturhinweise

1. Siehe [19], Theorem 2.52, S. 51.
2. Siehe [21], Theorem 3.a, S. 157.
3. Siehe [28], Theorem 8.5, S. 127.

Beweis

1. Wir definieren Zeitpunkte $t_0^{(m)}, \ldots, t_m^{(m)} \in I$ durch:

$$t_\mu^{(m)} := \frac{\mu \, t}{m}.$$

Wir definieren ferner Zufallsvariablen $\alpha_0^{(m,1)}, \ldots, \alpha_m^{(m,n)}$ durch:

$$\alpha_\mu^{(m,k)} := \int_{t_{\mu-1}^{(m)}}^{t_\mu^{(m)}} A_s^{(k)} \, \mathrm{d}s.$$

Wir definieren schließlich Zufallsvariablen $\beta_0^{(m,1)}, \ldots, \beta_m^{(m,n)}$ durch:

$$\beta_\mu^{(m,k)} := \sum_{i=1}^{p} \int_{t_{\mu-1}^{(m)}}^{t_\mu^{(m)}} B_s^{(k,i)} \, \mathrm{d}\mathcal{W}_s^{(i)}.$$

Nach Konstruktion gilt:

$$X_t^{(k)} = Z^{(k)} + \sum_{\mu=1}^{m} \alpha_\mu^{(m,k)} + \sum_{\mu=1}^{m} \beta_\mu^{(m,k)}.$$

Daraus folgt:

$$\begin{aligned}
& f(t, \overline{X}_t) - f(0, \overline{X}_0) \\
&= \sum_{\mu=1}^{m} \Big(f\Big(t_\mu^{(m)}, \overline{X}_{t_\mu^{(m)}}\Big) - f\Big(t_{\mu-1}^{(m)}, \overline{X}_{t_{\mu-1}^{(m)}}\Big)\Big) \\
&= \sum_{\mu=1}^{m} \Big(f\Big(t_\mu^{(m)}, \overline{X}_{t_\mu^{(m)}}\Big) - f\Big(t_{\mu-1}^{(m)}, \overline{X}_{t_\mu^{(m)}}\Big)\Big) \\
&\quad + \sum_{\mu=1}^{m} \Big(f\Big(t_{\mu-1}^{(m)}, \overline{X}_{t_\mu^{(m)}}\Big) - f\Big(t_{\mu-1}^{(m)}, \overline{X}_{t_\mu^{(m)}} - \overline{\alpha}_\mu^{(m)}\Big)\Big) \\
&\quad + \sum_{\mu=1}^{m} \Big(f\Big(t_{\mu-1}^{(m)}, \overline{X}_{t_{\mu-1}^{(m)}} + \overline{\beta}_\mu^{(m)}\Big) - f\Big(t_{\mu-1}^{(m)}, \overline{X}_{t_{\mu-1}^{(m)}}\Big)\Big).
\end{aligned}$$

2. Nach Konstruktion ist $X^{(k)} \in \mathfrak{C}_{loc}$ und $A^{(k)} \in \mathfrak{L}_{loc}^1$. Daraus folgt:

$$\begin{aligned}
& \sum_{\mu=1}^{m} \Big(f\Big(t_\mu^{(m)}, \overline{X}_{t_\mu^{(m)}}\Big) - f\Big(t_{\mu-1}^{(m)}, \overline{X}_{t_\mu^{(m)}}\Big)\Big) \\
& \xrightarrow{m\to\infty} \int_0^t \frac{\partial f}{\partial t}(s, \overline{X}_s) \, \mathrm{d}s \quad \text{(fast sicher)}.
\end{aligned}$$

$$\begin{aligned}
& \sum_{\mu=1}^{m} \Big(f\Big(t_{\mu-1}^{(m)}, \overline{X}_{t_\mu^{(m)}}\Big) - f\Big(t_{\mu-1}^{(m)}, \overline{X}_{t_\mu^{(m)}} - \overline{\alpha}_\mu^{(m)}\Big)\Big) \\
& \xrightarrow{m\to\infty} \sum_{k=1}^{n} \int_0^t \frac{\partial f}{\partial x^k}(s, \overline{X}_s) \, A_s^{(k)} \, \mathrm{d}s \quad \text{(fast sicher)}.
\end{aligned}$$

Deshalb genügt es, folgende Aussage zu beweisen:

$$\sum_{\mu=1}^{m} \left(f\left(t_{\mu-1}^{(m)}, \overline{X}_{t_{\mu-1}^{(m)}} + \overline{\beta}_{\mu}^{(m)}\right) - f\left(t_{\mu-1}^{(m)}, \overline{X}_{t_{\mu-1}^{(m)}}\right)\right)$$

$$\xrightarrow{m\to\infty} \sum_{k=1}^{n}\sum_{i=1}^{p} \int_0^t \frac{\partial f}{\partial x^k}(s, \overline{X}_s)\, B_s^{(k,i)}\, \mathrm{d}\mathcal{W}_s^{(i)}$$

$$+ \frac{1}{2} \sum_{k,l=1}^{n}\sum_{i=1}^{p} \int_0^t \frac{\partial^2 f}{\partial x^k\, \partial x^l}(s, \overline{X}_s)\, B_s^{(k,i)}\, B_s^{(l,i)}\, \mathrm{d}s$$

(fast sicher).

3. Nach dem Restgliedsatz von Lagrange gilt:

$$g(x+y) - g(x)$$

$$= \sum_{k=1}^{n} \frac{\partial g}{\partial x^k}(x)\, y^k + \frac{1}{2} \sum_{k,l=1}^{n} \frac{\partial^2 g}{\partial x^k\, \partial x^l}(x)\, y^k\, y^l + \sum_{k,l=1}^{n} r_{kl}(x,y)\, y^k\, y^l.$$

$$r_{kl}(x,y) := \int_0^1 \left(\frac{\partial^2 g}{\partial x^k \partial x^l}(x + \lambda\, y) - \frac{\partial^2 g}{\partial x^k\, \partial x^l}(x)\right)(1-\lambda)\, \mathrm{d}\lambda.$$

Daraus folgt:

$$f\left(t_{\mu-1}^{(m)}, \overline{X}_{t_{\mu-1}^{(m)}} + \overline{\beta}_{\mu}^{(m)}\right) - f\left(t_{\mu-1}^{(m)}, \overline{X}_{t_{\mu-1}^{(m)}}\right)$$

$$= \sum_{k=1}^{n} \frac{\partial f}{\partial x^k}\left(t_{\mu-1}^{(m)}, \overline{X}_{t_{\mu-1}^{(m)}}\right) \beta_{\mu}^{(m,k)}$$

$$+ \frac{1}{2} \sum_{k,l=1}^{n} \frac{\partial^2 f}{\partial x^k\, \partial x^l}\left(t_{\mu-1}^{(m)}, \overline{X}_{t_{\mu-1}^{(m)}}\right) \beta_{\mu}^{(m,k)}\, \beta_{\mu}^{(m,l)}$$

$$+ \sum_{k,l=1}^{n} R_{kl}\left(t_{\mu-1}^{(m)}, \overline{X}_{t_{\mu-1}^{(m)}}, \overline{\beta}_{\mu}^{(m)}\right) \beta_{\mu}^{(m,k)}\, \beta_{\mu}^{(m,l)}.$$

$$R_{kl}(t,x,y) := \int_0^1 \left(\frac{\partial^2 f}{\partial x^k \partial x^l}(t, x + \lambda\, y) - \frac{\partial^2 f}{\partial x^k\, \partial x^l}(t,x)\right)(1-\lambda)\, \mathrm{d}\lambda.$$

Deshalb genügt es, folgende Aussagen zu beweisen:

$$\sum_{\mu=1}^{m}\sum_{k=1}^{n} \frac{\partial f}{\partial x^k}\left(t_{\mu-1}^{(m)}, \overline{X}_{t_{\mu-1}^{(m)}}\right) \beta_{\mu}^{(m,k)}$$

$$\xrightarrow{m\to\infty} \sum_{k=1}^{n}\sum_{i=1}^{p} \int_0^t \frac{\partial f}{\partial x^k}(s, \overline{X}_s)\, B_s^{(k,i)}\, \mathrm{d}\mathcal{W}_s^{(i)} \quad \text{(fast sicher).}$$

$$\sum_{\mu=1}^{m} \sum_{k,l=1}^{n} \frac{\partial^2 f}{\partial x^k \, \partial x^l} \left(t_{\mu-1}^{(m)}, \overline{X}_{t_{\mu-1}^{(m)}} \right) \beta_{\mu}^{(m,k)} \, \beta_{\mu}^{(m,l)}$$

$$\xrightarrow{m \to \infty} \sum_{k,l=1}^{n} \sum_{i=1}^{p} \int_0^t \frac{\partial^2 f}{\partial x^k \, \partial x^l} (s, \overline{X}_s) \, B_s^{(k,i)} \, B_s^{(l,i)} \, \mathrm{d}s \quad \text{(fast sicher)}.$$

$$\sum_{\mu=1}^{m} \sum_{k,l=1}^{n} R_{kl} \left(t_{\mu-1}^{(m)}, \overline{X}_{t_{\mu-1}^{(m)}}, \overline{\beta}_{\mu}^{(m)} \right) \beta_{\mu}^{(m,k)} \, \beta_{\mu}^{(m,l)}$$

$$\xrightarrow{m \to \infty} 0 \quad \text{(fast sicher)}.$$

4. Wir definieren eine Folge $(\tau^{(\nu)})_{\nu \in \mathbb{N}}$ von Stoppzeiten durch:

$$\tau_Z^{(\nu,k)}(\omega) := \begin{cases} 0 & \text{falls } Z^{(k)}(\omega) \geq \nu; \\ T & \text{sonst.} \end{cases}$$

$$\tau_A^{(\nu,k)}(\omega) := T \wedge \inf \left\{ t \in I \;\middle|\; \int_0^t |A_s^{(k)}(\omega)| \, \mathrm{d}s \geq \nu \right\}.$$

$$\tau_B^{(\nu,k,i)}(\omega) := T \wedge \inf \left\{ t \in I \;\middle|\; \int_0^t |B_s^{(k,i)}|^2(\omega) \, \mathrm{d}s \geq \nu \right\}.$$

$$\tau_C^{(\nu,k,i)}(\omega) := T \wedge \inf \left\{ t \in I \;\middle|\; \left| (I[B^{(k,i)}])_t(\omega) \right| \geq \nu \right\}.$$

$$\tau^{(\nu)}(\omega) := \tau_Z^{(\nu,1)}(\omega) \wedge \ldots \wedge \tau_Z^{(\nu,n)}(\omega) \wedge \tau_A^{(\nu,1)}(\omega) \wedge \ldots \wedge \tau_A^{(\nu,n)}(\omega) \wedge$$
$$\tau_B^{(\nu,1,1)}(\omega) \wedge \ldots \wedge \tau_B^{(\nu,n,p)}(\omega) \wedge \tau_C^{(\nu,1,1)}(\omega) \wedge \ldots \wedge \tau_C^{(\nu,n,p)}(\omega).$$

Nach Konstruktion gilt:

- $A^{(k)} \in \mathfrak{L}_{loc}^1$.
- $B^{(k,i)} \in \mathfrak{L}_{loc}^2$.
- $I[B^{(k,i)}] \in \mathfrak{C}_{loc}$.

Daraus folgt:

$$\tau^{(\nu)} \xrightarrow{n \to \infty} T \quad \text{(fast sicher)}.$$

Deshalb genügt es, folgende Aussagen zu beweisen:

$$\sum_{\mu=1}^{m} \sum_{k=1}^{n} 1_{\{t < \tau^{(\nu)}\}} \frac{\partial f}{\partial x^k} \left(t_{\mu-1}^{(m)}, \overline{X}_{t_{\mu-1}^{(m)}} \right) \beta_{\mu}^{(m,k)}$$

$$\xrightarrow{m\to\infty} \sum_{k=1}^{n}\sum_{i=1}^{p} 1_{\{t<\tau^{(\nu)}\}} \int_0^t \frac{\partial f}{\partial x^k}(s,\overline{X}_s)\, B_s^{(k,i)}\, \mathrm{d}\mathcal{W}_s^{(i)} \quad \text{(fast sicher)}.$$

$$\sum_{\mu=1}^{m}\sum_{k,l=1}^{n} 1_{\{t<\tau^{(\nu)}\}} \frac{\partial^2 f}{\partial x^k\,\partial x^l}\Big(t_{\mu-1}^{(m)}, \overline{X}_{t_{\mu-1}^{(m)}}\Big)\, \beta_\mu^{(m,k)}\, \beta_\mu^{(m,l)}$$

$$\xrightarrow{m\to\infty} \sum_{k,l=1}^{n}\sum_{i=1}^{p} 1_{\{t<\tau^{(\nu)}\}} \int_0^t \frac{\partial^2 f}{\partial x^k\,\partial x^l}(s,\overline{X}_s)\, B_s^{(k,i)}\, B_s^{(l,i)}\, \mathrm{d}s \quad \text{(fast sicher)}.$$

$$\sum_{\mu=1}^{m}\sum_{k,l=1}^{n} 1_{\{t<\tau^{(\nu)}\}} R_{kl}\Big(t_{\mu-1}^{(m)}, \overline{X}_{t_{\mu-1}^{(m)}}, \overline{\beta}_\mu^{(m)}\Big)\, \beta_\mu^{(m,k)}\, \beta_\mu^{(m,l)}$$

$$\xrightarrow{m\to\infty} 0 \quad \text{(fast sicher)}.$$

5. Wir setzen nun die Definition der $\beta_\mu^{(m,k)}$ in die Aussagen in Punkt 4 ein.

 5.1 Sei $g \in \mathcal{C}^0(I \times \mathbb{R}^n, \mathbb{R})$. Nach Konstruktion des Itoschen Integrals auf $\mathfrak{L}^2_{loc}$ und Theorem 8.11 gilt:

$$1_{\{t<\tau^{(\nu)}\}} \int_{t_{\mu-1}^{(m)}}^{t_\mu^{(m)}} g(s,\overline{X}_s)\, B_s^{(k,i)}\, \mathrm{d}\mathcal{W}_s^{(i)}$$

$$= 1_{\{t<\tau^{(\nu)}\}} \int_{t_{\mu-1}^{(m)}}^{t_\mu^{(m)}} 1_{\{s<\tau^{(\nu)}\}}\, g(s,\overline{X}_s)\, B_s^{(k,i)}\, \mathrm{d}\mathcal{W}_s^{(i)}.$$

 5.2 Sei ferner $h \in \mathcal{C}^0(I \times \mathbb{R}^n, \mathbb{R})$. Nach Konstruktion gilt:

 - $1_{\{t<\tau^{(\nu)}\}}\, B^{(k,i)} \in \mathfrak{L}^2$.
 - $1_{\{t_{\mu-1}^{(m)}<\tau^{(\nu)}\}}\, h\Big(t_{\mu-1}^{(m)}, \overline{X}_{t_{\mu-1}^{(m)}}\Big)$ ist $\mathcal{F}_{t_{\mu-1}^{(m)}}/\mathcal{B}$–messbar und beschränkt.

 Nach Theorem 8.10 liegt $\mathfrak{S}$ dicht in $\mathfrak{L}^2$. Mit Hilfe eines Approximationsargumentes folgt daraus:

$$1_{\{t<\tau^{(\nu)}\}}\, h\Big(t_{\mu-1}^{(m)}, \overline{X}_{t_{\mu-1}^{(m)}}\Big) \int_{t_{\mu-1}^{(m)}}^{t_\mu^{(m)}} 1_{\{s<\tau^{(\nu)}\}}\, B_s^{(k,i)}\, \mathrm{d}\mathcal{W}_s^{(i)}$$

$$= 1_{\{t<\tau^{(\nu)}\}} \int_{t_{\mu-1}^{(m)}}^{t_\mu^{(m)}} 1_{\{s<\tau^{(\nu)}\}}\, h\Big(t_{\mu-1}^{(m)}, \overline{X}_{t_{\mu-1}^{(m)}}\Big)\, B_s^{(k,i)}\, \mathrm{d}\mathcal{W}_s^{(i)}.$$

 5.3 Nach Punkt 5.1, Punkt 5.2 und den Definitionen der $\beta_\mu^{(m,k)}$ genügt es, folgende Aussagen zu beweisen:

$$\sum_{\mu=1}^{m} \int_{t_{\mu-1}^{(m)}}^{t_\mu^{(m)}} 1_{\{s<\tau^{(\nu)}\}} \frac{\partial f}{\partial x^k}\Big(t_{\mu-1}^{(m)}, \overline{X}_{t_{\mu-1}^{(m)}}\Big)\, B_s^{(k,i)}\, \mathrm{d}\mathcal{W}_s^{(i)}$$

$$\xrightarrow{m\to\infty} \int_0^t 1_{\{s<\tau^{(\nu)}\}} \frac{\partial f}{\partial x^k}(s, \overline{X}_s)\, B_s^{(k,i)}\, \mathrm{d}\mathcal{W}_s^{(i)} \quad \text{(fast sicher).}$$

$$\sum_{\mu=1}^{m} \Bigl(\int_{t_{\mu-1}^{(m)}}^{t_\mu^{(m)}} 1_{\{s<\tau^{(\nu)}\}} \frac{\partial^2 f}{\partial x^k\, \partial x^l} \Bigl(t_{\mu-1}^{(m)}, \overline{X}_{t_{\mu-1}^{(m)}}\Bigr)\, B_s^{(k,i)}\, \mathrm{d}\mathcal{W}_s^{(i)} \Bigr)$$

$$\times \Bigl(\int_{t_{\mu-1}^{(m)}}^{t_\mu^{(m)}} 1_{\{s<\tau^{(\nu)}\}}\, B_s^{(l,j)}\, \mathrm{d}\mathcal{W}_s^{(j)} \Bigr)$$

$$\xrightarrow{m\to\infty} \delta_{ij} \int_0^t 1_{\{s<\tau^{(\nu)}\}} \frac{\partial^2 f}{\partial x^k\, \partial x^l}(s, \overline{X}_s)\, B_s^{(k,i)}\, B_s^{(l,i)}\, \mathrm{d}s \quad \text{(fast sicher).}$$

$$\sum_{\mu=1}^{m} R_{kl}\Bigl(t_{\mu-1}^{(m)}, \overline{X}_{t_{\mu-1}^{(m)}}, \overline{\beta}_\mu^{(m)}\Bigr)$$

$$\times \Bigl(\int_{t_{\mu-1}^{(m)}}^{t_\mu^{(m)}} 1_{\{s<\tau^{(\nu)}\}}\, B_s^{(k,i)}\, \mathrm{d}\mathcal{W}_s^{(i)} \Bigr) \Bigl(\int_{t_{\mu-1}^{(m)}}^{t_\mu^{(m)}} 1_{\{s<\tau^{(\nu)}\}}\, B_s^{(l,j)}\, \mathrm{d}\mathcal{W}_s^{(j)} \Bigr)$$

$$\xrightarrow{m\to\infty} 0 \quad \text{(fast sicher).}$$

Dabei bezeichnet δ_{ij} das *Kronecker–Symbol*:

$$\delta_{ij} := \begin{cases} 1 & \text{falls } i = j; \\ 0 & \text{sonst.} \end{cases}$$

6. Wir beweisen die erste Aussage in Punkt 5.3. Dazu definieren wir $Y^{(m,k,i)}, Y^{(k,i)} \in \mathfrak{L}^2$ durch:

$$Y_t^{(k,i)} := 1_{\{t<\tau^{(\nu)}\}} \frac{\partial f}{\partial x^k}(t, \overline{X}_t)\, B_t^{(k,i)}.$$

$$Y_t^{(m,k,i)} := \sum_{\mu=1}^{m} 1_{(t_{\mu-1}^{(m)}, t_\mu^{(m)}]}(t)\, 1_{\{t<\tau^{(\nu)}\}} \frac{\partial f}{\partial x^k}\Bigl(t_{\mu-1}^{(m)}, \overline{X}_{t_{\mu-1}^{(m)}}\Bigr)\, B_t^{(k,i)}.$$

Nach dem Satz von Lebesgue über dominierende Konvergenz gilt:

$$\lim_{m\to\infty} \Bigl\| Y^{(m,k,i)} - Y^{(k,i)} \Bigr\|_{\mathfrak{L}^2} = 0.$$

Daraus folgt:

$$\lim_{m\to\infty} \Bigl\| I[Y^{(m,k,i)}] - I[Y^{(k,i)}] \Bigr\|_{\mathfrak{C}} = 0.$$

Insbesondere gilt:

$$\lim_{m\to\infty} \Bigl\| (I[Y^{(m,k,i)}])_t - (I[Y^{(k,i)}])_t \Bigr\|_{L^2(\Omega)} = 0.$$

Nach eventuellem Übergang zu einer Teilfolge folgt daraus die erste Aussage in Punkt 5.3.

7. Wir beweisen die zweite Aussage in Punkt 5.3.

   7.1 Wir definieren $Y^{(m,k,l,i)}, Y^{(k,l,i)}, Z^{(m,l,j)}, Z^{(l,j)} \in \mathfrak{L}^2$ durch:

$$Y_t^{(m,k,l,i)} := \sum_{\mu=1}^{m} 1_{(t_{\mu-1}^{(m)}, t_\mu^{(m)}]}(t)\, 1_{\{t<\tau^{(\nu)}\}} \frac{\partial^2 f}{\partial x^k\, \partial x^l}\left(t_{\mu-1}^{(m)}, \overline{X}_{t_{\mu-1}^{(m)}}\right) B_t^{(k,i)}.$$

$$Y_t^{(k,l,i)} := 1_{\{t<\tau^{(\nu)}\}} \frac{\partial^2 f}{\partial x^k\, \partial x^l}(t, \overline{X}_t)\, B_t^{(k,i)}.$$

$$Z_t^{(m,l,j)} := \sum_{\mu=1}^{m} 1_{(t_{\mu-1}^{(m)}, t_\mu^{(m)}]}(t)\, 1_{\{t<\tau^{(\nu)}\}}\, B_t^{(l,j)}.$$

$$Z_t^{(l,j)} := 1_{\{t<\tau^{(\nu)}\}}\, B_t^{(l,j)}.$$

Nach dem Satz von Lebesgue über dominierende Konvergenz gilt:

$$\lim_{m\to\infty} \left\| Y^{(m,k,l,i)} - Y^{(k,l,i)} \right\|_{\mathfrak{L}^2} = 0.$$

$$\lim_{m\to\infty} \left\| Z^{(m,l,j)} - Z^{(l,j)} \right\|_{\mathfrak{L}^2} = 0.$$

Nach Theorem 8.10 gibt es Folgen $(\tilde{Y}^{(m,k,l,i)})_{m\in\mathbb{N}}$, $(\tilde{Z}^{(m,l,j)})_{m\in\mathbb{N}}$ in $\mathfrak{S}$ mit folgender Eigenschaft:

$$\lim_{m\to\infty} \left\| \tilde{Y}^{(m,k,l,i)} - Y^{(k,l,i)} \right\|_{\mathfrak{L}^2} = 0.$$

$$\lim_{m\to\infty} \left\| \tilde{Z}^{(m,l,j)} - Z^{(l,j)} \right\|_{\mathfrak{L}^2} = 0.$$

Wir nehmen o.B.d.A. zusätzlich an, dass die $\tilde{Y}^{(m,k,l,i)}$ und $\tilde{Z}^{(m,l,j)}$ folgende Darstellungen besitzen:

$$\tilde{Y}^{(m,k,l,i)} = \sum_{\mu=1}^{m} 1_{(t_{\mu-1}^{(m)}, t_\mu^{(m)}]}(t)\, \Phi_\mu^{(m,k,l,i)}.$$

$$\tilde{Z}^{(m,l,j)} = \sum_{\mu=1}^{m} 1_{(t_{\mu-1}^{(m)}, t_\mu^{(m)}]}(t)\, \Psi_\mu^{(m,l,j)}.$$

Wir nehmen ferner o.B.d.A. zusätzlich an, dass die $\tilde{Y}^{(m,k,l,i)}$ und $\tilde{Z}^{(m,l,j)}$ den folgenden Wachstumsbedingungen bzgl. m genügen:

$$\left| \tilde{Y}^{(m,k,l,i)} \right| \leq m^{\frac{1}{8}}.$$

$$\left|\tilde{Z}^{(m,l,j)}\right| \leq m^{\frac{1}{8}}.$$

Wir verwenden schließlich folgende Notation:

$$\Delta \mathcal{W}_\mu^{(m,i)} := \mathcal{W}^{(i)}_{t_\mu^{(m)}} - \mathcal{W}^{(i)}_{t_{\mu-1}^{(m)}}.$$

$$\Delta t_\mu^{(m)} := t_\mu^{(m)} - t_{\mu-1}^{(m)} = \frac{t}{m}.$$

7.2 Nach Konstruktion gilt:

$$\lim_{m\to\infty} \left\| Y^{(m,k,l,i)} - \tilde{Y}^{(m,k,l,i)} \right\|_{\mathfrak{L}^2} = 0.$$

$$\lim_{m\to\infty} \left\| Z^{(m,l,j)} - \tilde{Z}^{(m,l,j)} \right\|_{\mathfrak{L}^2} = 0.$$

Daraus folgt:

$$\lim_{m\to\infty} \left\| I[Y^{(m,k,l,i)}] - I[\tilde{Y}^{(m,k,l,i)}] \right\|_{\mathfrak{C}} = 0.$$

$$\lim_{m\to\infty} \left\| I[Z^{(m,l,j)}] - I[\tilde{Z}^{(m,l,j)}] \right\|_{\mathfrak{C}} = 0.$$

Insbesondere gilt:

$$\lim_{m\to\infty} \left\| (I[Y^{(m,k,l,i)}])_t - (I[\tilde{Y}^{(m,k,l,i)}])_t \right\|_{L^2(\Omega)} = 0.$$

$$\lim_{m\to\infty} \left\| (I[Z^{(m,l,j)}])_t - (I[\tilde{Z}^{(m,l,j)}])_t \right\|_{L^2(\Omega)} = 0.$$

Nach eventuellem Übergang zu einer Teilfolge folgt daraus:

$$\sum_{\mu=1}^{m} \Big(\int_{t_{\mu-1}^{(m)}}^{t_\mu^{(m)}} Y_s^{(m,k,l,i)} \, \mathrm{d}\mathcal{W}_s^{(i)} \Big) \Big(\int_{t_{\mu-1}^{(m)}}^{t_\mu^{(m)}} Z_s^{(m,l,j)} \, \mathrm{d}\mathcal{W}_s^{(j)} \Big)$$
$$- \sum_{\mu=1}^{m} \Big(\int_{t_{\mu-1}^{(m)}}^{t_\mu^{(m)}} \tilde{Y}_s^{(m,k,l,i)} \, \mathrm{d}\mathcal{W}_s^{(i)} \Big) \Big(\int_{t_{\mu-1}^{(m)}}^{t_\mu^{(m)}} \tilde{Z}_s^{(m,l,j)} \, \mathrm{d}\mathcal{W}_s^{(j)} \Big)$$
$$\xrightarrow{m\to\infty} 0 \quad \text{(fast sicher)}.$$

7.3 Nach Konstruktion gilt:

$$\lim_{m\to\infty} \left\| \tilde{Y}^{(m,k,l,i)} - Y^{(k,l,i)} \right\|_{\mathfrak{L}^2} = 0.$$

$$\lim_{m\to\infty} \left\| \tilde{Z}^{(m,l,j)} - Z^{(l,j)} \right\|_{\mathfrak{L}^2} = 0.$$

Nach eventuellem Übergang zu einer Teilfolge folgt daraus:

$$\int_0^t \tilde{Y}_s^{(m,k,l,i)} \, \tilde{Z}_s^{(m,l,j)} \, \mathrm{d}s \xrightarrow{m\to\infty} \int_0^t Y_s^{(k,l,i)} \, Z_s^{(l,j)} \, \mathrm{d}s \quad \text{(fast sicher)}.$$

7.4 Nach Punkt 7.2 und Punkt 7.3 genügt es, folgende Aussage zu beweisen:

$$\sum_{\mu=1}^{m} \Big(\int_{t_{\mu-1}^{(m)}}^{t_\mu^{(m)}} \tilde{Y}_s^{(m,k,l,i)} \, \mathrm{d}\mathcal{W}_s^{(i)} \Big) \Big(\int_{t_{\mu-1}^{(m)}}^{t_\mu^{(m)}} \tilde{Z}_s^{(m,l,j)} \, \mathrm{d}\mathcal{W}_s^{(j)} \Big)$$

$$- \, \delta_{ij} \int_0^t \tilde{Y}_s^{(m,k,l,i)} \, \tilde{Z}_s^{(m,l,j)} \, \mathrm{d}s$$

$$\xrightarrow{m \to \infty} 0 \quad \text{(fast sicher)}.$$

7.5 Nach Konstruktion gilt:

$$\sum_{\mu=1}^{m} \Big(\int_{t_{\mu-1}^{(m)}}^{t_\mu^{(m)}} \tilde{Y}_s^{(m,k,l,i)} \, \mathrm{d}\mathcal{W}_s^{(i)} \Big) \Big(\int_{t_{\mu-1}^{(m)}}^{t_\mu^{(m)}} \tilde{Z}_s^{(m,l,j)} \, \mathrm{d}\mathcal{W}_s^{(j)} \Big)$$

$$= \sum_{\mu=1}^{m} \Phi_\mu^{(m,k,l,i)} \, \Psi_\mu^{(m,l,j)} \, \Delta\mathcal{W}_\mu^{(m,i)} \, \Delta\mathcal{W}_\mu^{(m,j)}.$$

$$\int_0^t \tilde{Y}_s^{(m,k,l,i)} \, \tilde{Z}_s^{(m,l,j)} \, \mathrm{d}s = \sum_{\mu=1}^{m} \Phi_\mu^{(m,k,l,i)} \, \Psi_\mu^{(m,l,j)} \, \Delta t_\mu^{(m)}.$$

Deshalb genügt es, folgende Aussage zu beweisen:

$$\sum_{\mu=1}^{m} \Phi_\mu^{(m,k,l,i)} \, \Psi_\mu^{(m,l,j)} \Big(\Delta\mathcal{W}_\mu^{(m,i)} \, \Delta\mathcal{W}_\mu^{(m,j)} - \delta_{ij} \, \Delta t_\mu^{(m)} \Big)$$

$$\xrightarrow{m \to \infty} 0 \quad \text{(fast sicher)}.$$

7.6 Wir beweisen nun die Aussage in Punkt 7.5. Nach Konstruktion gilt:

$$E_P\Big[\Big| \sum_{\mu=1}^{m} \Phi_\mu^{(m,k,l,i)} \, \Psi_\mu^{(m,l,j)} \Big(\Delta\mathcal{W}_\mu^{(m,i)} \, \Delta\mathcal{W}_\mu^{(m,j)} - \delta_{ij} \, \Delta t_\mu^{(m)} \Big) \Big|^2 \Big]$$

$$= \sum_{\mu=1}^{m} E_P\Big[\Big| \Phi_\mu^{(m,k,l,i)} \Big|^2 \, \Big| \Psi_\mu^{(m,l,j)} \Big|^2 \, \Big| \Delta\mathcal{W}_\mu^{(m,i)} \, \Delta\mathcal{W}_\mu^{(m,j)} - \delta_{ij} \, \Delta t_\mu^{(m)} \Big|^2 \Big]$$

$$+ \, 2 \sum_{\mu=1}^{m-1} \sum_{\lambda=\mu+1}^{m} E_P\Big[\Phi_\mu^{(m,k,l,i)} \, \Psi_\mu^{(m,l,j)} \, \Phi_\lambda^{(m,k,l,i)} \, \Psi_\lambda^{(m,l,j)}$$

$$\times \Big(\Delta\mathcal{W}_\mu^{(m,i)} \, \Delta\mathcal{W}_\mu^{(m,j)} - \delta_{ij} \, \Delta t_\mu^{(m)} \Big)$$

$$\times \Big(\Delta\mathcal{W}_\lambda^{(m,i)} \, \Delta\mathcal{W}_\lambda^{(m,j)} - \delta_{ij} \, \Delta t_\lambda^{(m)} \Big) \Big].$$

Nach Voraussetzung sind $\mathcal{W}^{(1)}, \ldots, \mathcal{W}^{(p)}$ unabhängige Brownsche Bewegungen. Daraus folgt:

$$E_P\Big[\Delta\mathcal{W}_\mu^{(m,i)} \Big] = 0.$$

$$E_P\Big[\Delta\mathcal{W}_\mu^{(m,i)}\,\Delta\mathcal{W}_\mu^{(m,j)}\Big] = \delta_{ij}\,\Delta t_\mu^{(m)} = \delta_{ij}\,\frac{t}{m}.$$

$$E_P\Big[\Big|\Delta\mathcal{W}_\mu^{(m,i)}\,\Delta\mathcal{W}_\mu^{(m,j)}\Big|^2\Big] = (1+2\,\delta_{ij})\,(\Delta t_\mu^{(m)})^2 = (1+2\,\delta_{ij})\,\frac{t^2}{m^2}.$$

Mit Hilfe der Voraussetzungen an die $\tilde{Y}^{(m,k,l,i)}$ und $\tilde{Z}^{(m,l,j)}$ folgt daraus:

$$\begin{aligned}
&E_P\Big[\Big|\Phi_\mu^{(m,k,l,i)}\Big|^2\,\Big|\Psi_\mu^{(m,l,j)}\Big|^2\,\Big|\Delta\mathcal{W}_\mu^{(m,i)}\,\Delta\mathcal{W}_\mu^{(m,j)} - \delta_{ij}\,\Delta t_\mu^{(m)}\Big|^2\Big]\\
&\leq m^{\frac{1}{2}}\,E_P\Big[\Big|\Delta\mathcal{W}_\mu^{(m,i)}\,\Delta\mathcal{W}_\mu^{(m,j)} - \delta_{ij}\,\Delta t_\mu^{(m)}\Big|^2\Big]\\
&= m^{\frac{1}{2}}\Big(E_P\Big[\Big|\Delta\mathcal{W}_\mu^{(m,i)}\,\Delta\mathcal{W}_\mu^{(m,j)}\Big|^2\Big]\\
&\qquad - 2\,\delta_{ij}\,\Delta t_\mu^{(m)}\,E_P\Big[\Delta\mathcal{W}_\mu^{(m,i)}\,\Delta\mathcal{W}_\mu^{(m,j)}\Big] + \delta_{ij}\,(\Delta t_\mu^{(m)})^2\Big)\\
&= (1+\delta_{ij})\,\frac{t^2}{m^{\frac{3}{2}}}.
\end{aligned}$$

Für $\mu < \lambda$ erhalten wir ferner:

$$\begin{aligned}
&E_P\Big[\Phi_\mu^{(m,k,l,i)}\,\Psi_\mu^{(m,l,j)}\,\Phi_\lambda^{(m,k,l,i)}\,\Psi_\lambda^{(m,l,j)}\\
&\qquad\times\Big(\Delta\mathcal{W}_\mu^{(m,i)}\,\Delta\mathcal{W}_\mu^{(m,j)} - \delta_{ij}\,\Delta t_\mu^{(m)}\Big)\\
&\qquad\times\Big(\Delta\mathcal{W}_\lambda^{(m,i)}\,\Delta\mathcal{W}_\lambda^{(m,j)} - \delta_{ij}\,\Delta t_\lambda^{(m)}\Big)\Big]\\
&= E_P\Big[E_P\Big[\Phi_\mu^{(m,k,l,i)}\,\Psi_\mu^{(m,l,j)}\,\Phi_\lambda^{(m,k,l,i)}\,\Psi_\lambda^{(m,l,j)}\\
&\qquad\times\Big(\Delta\mathcal{W}_\mu^{(m,i)}\,\Delta\mathcal{W}_\mu^{(m,j)} - \delta_{ij}\,\Delta t_\mu^{(m)}\Big)\\
&\qquad\times\Big(\Delta\mathcal{W}_\lambda^{(m,i)}\,\Delta\mathcal{W}_\lambda^{(m,j)} - \delta_{ij}\,\Delta t_\lambda^{(m)}\Big)\Big|\mathcal{F}_{t_{\lambda-1}^{(m)}}\Big]\Big]\\
&= E_P\Big[\Phi_\mu^{(m,k,l,i)}\,\Psi_\mu^{(m,l,j)}\,\Phi_\lambda^{(m,k,l,i)}\,\Psi_\lambda^{(m,l,j)}\\
&\qquad\times\Big(\Delta\mathcal{W}_\mu^{(m,i)}\,\Delta\mathcal{W}_\mu^{(m,j)} - \delta_{ij}\,\Delta t_\mu^{(m)}\Big)\Big]\\
&\qquad\times\Big(E_P\Big[\Delta\mathcal{W}_\lambda^{(m,i)}\,\Delta\mathcal{W}_\lambda^{(m,j)}\Big] - \delta_{ij}\,\Delta t_\lambda^{(m)}\Big)\\
&= 0.
\end{aligned}$$

Daraus folgt insgesamt:

$$\begin{aligned}
&E_P\Big[\Big|\sum_{\mu=1}^{m}\Phi_\mu^{(m,k,l,i)}\,\Psi_\mu^{(m,l,j)}\,\Big(\Delta\mathcal{W}_\mu^{(m,i)}\,\Delta\mathcal{W}_\mu^{(m,j)} - \delta_{ij}\,\Delta t_\mu^{(m)}\Big)\Big|^2\Big]\\
&\xrightarrow{m\to\infty} 0.
\end{aligned}$$

Daraus folgt die Aussage in Punkt 7.5. Damit ist die zweite Aussage in Punkt 5.3 bewiesen.

8. Wir beweisen die dritte Aussage in Punkt 5.3.

8.1 Mit Hilfe der Cauchy–Schwarz–Ungleichung erhalten wir:

$$\begin{aligned}
&\Bigg| \sum_{\mu=1}^{m} R_{kl}\Big(t_{\mu-1}^{(m)}, \overline{X}_{t_{\mu-1}^{(m)}}, \overline{\beta}_{\mu}^{(m)}\Big) \\
&\qquad \times \Big(\int_{t_{\mu-1}^{(m)}}^{t_{\mu}^{(m)}} 1_{\{s<\tau^{(\nu)}\}}\, B_s^{(k,i)}\, \mathrm{d}\mathcal{W}_s^{(i)}\Big)\Big(\int_{t_{\mu-1}^{(m)}}^{t_{\mu}^{(m)}} 1_{\{s<\tau^{(\nu)}\}}\, B_s^{(l,j)}\, \mathrm{d}\mathcal{W}_s^{(j)}\Big)\Bigg| \\
&\le \sum_{\mu=1}^{m} \Big| R_{kl}\Big(t_{\mu-1}^{(m)}, \overline{X}_{t_{\mu-1}^{(m)}}, \overline{\beta}_{\mu}^{(m)}\Big)\Big| \\
&\qquad \times \Big|\int_{t_{\mu-1}^{(m)}}^{t_{\mu}^{(m)}} 1_{\{s<\tau^{(\nu)}\}}\, B_s^{(k,i)}\, \mathrm{d}\mathcal{W}_s^{(i)}\Big|\,\Big|\int_{t_{\mu-1}^{(m)}}^{t_{\mu}^{(m)}} 1_{\{s<\tau^{(\nu)}\}}\, B_s^{(l,j)}\, \mathrm{d}\mathcal{W}_s^{(j)}\Big| \\
&\le \frac{1}{2}\Big(\max_{\lambda=1,\ldots,m} \Big|R_{kl}\Big(t_{\lambda-1}^{(m)}, \overline{X}_{t_{\lambda-1}^{(m)}}, \overline{\beta}_{\lambda}^{(m)}\Big)\Big|\Big) \\
&\qquad \times \sum_{\mu=1}^{m}\Bigg(\Big|\int_{t_{\mu-1}^{(m)}}^{t_{\mu}^{(m)}} 1_{\{s<\tau^{(\nu)}\}}\, B_s^{(k,i)}\, \mathrm{d}\mathcal{W}_s^{(i)}\Big|^2 + \Big|\int_{t_{\mu-1}^{(m)}}^{t_{\mu}^{(m)}} 1_{\{s<\tau^{(\nu)}\}}\, B_s^{(l,j)}\, \mathrm{d}\mathcal{W}_s^{(j)}\Big|^2\Bigg).
\end{aligned}$$

8.2 Nach Konstruktion des Itoschen Integrals auf $\mathfrak{L}_{loc}^2$ ist $I[B^{(k,i)}]$ fast sicher pfadweise stetig auf dem kompakten Intervall I, also gleichmäßig stetig. Daraus folgt:

$$\max_{\lambda=1,\ldots,m} \Big|\beta_{\lambda}^{(m,k)}\Big| \xrightarrow{m\to\infty} 0 \quad \text{(fast sicher)}.$$

Daraus folgt:

$$\max_{\lambda=1,\ldots,m} \Big|R_{kl}\Big(t_{\lambda-1}^{(m)}, \overline{X}_{t_{\lambda-1}^{(m)}}, \overline{\beta}_{\lambda}^{(m)}\Big)\Big| \xrightarrow{m\to\infty} 0 \quad \text{(fast sicher)}.$$

8.3 Wir betrachten den folgenden Spezialfall:

$$f(t, \overline{x}) := \frac{1}{2}\,(x^k)^2.$$

Nach Konstruktion gilt:

$$\frac{\partial^2 f}{\partial x^k\, \partial x^k}(t, \overline{x}) = 1.$$

Nach der bereits bewiesenen zweiten Aussage in Punkt 5.3 gilt für den Spezialfall:

$$\begin{aligned}
&\sum_{\mu=1}^{m}\Big|\int_{t_{\mu-1}^{(m)}}^{t_{\mu}^{(m)}} 1_{\{s<\tau^{(\nu)}\}}\, B_s^{(k,i)}\, \mathrm{d}\mathcal{W}_s^{(i)}\Big|^2 \\
&\xrightarrow{m\to\infty} \int_0^t 1_{\{s<\tau^{(\nu)}\}}\, \Big|B_s^{(k,i)}\Big|^2\, \mathrm{d}s \quad \text{(fast sicher)}.
\end{aligned}$$

8.4 Nach Punkt 8.2 und Punkt 8.3 gilt:

$$\sum_{\mu=1}^{m} R_{kl}\Big(t_{\mu-1}^{(m)}, \overline{X}_{t_{\mu-1}^{(m)}}, \overline{\beta}_{\mu}^{(m)}\Big)$$
$$\times \Big(\int_{t_{\mu-1}^{(m)}}^{t_{\mu}^{(m)}} 1_{\{s<\tau^{(\nu)}\}}\, B_s^{(k,i)}\, \mathrm{d}\mathcal{W}_s^{(i)}\Big)\Big(\int_{t_{\mu-1}^{(m)}}^{t_{\mu}^{(m)}} 1_{\{s<\tau^{(\nu)}\}}\, B_s^{(l,j)}\, \mathrm{d}\mathcal{W}_s^{(j)}\Big)$$
$$\xrightarrow{m\to\infty} 0 \quad \text{(fast sicher)}.$$

Damit ist die dritte Aussage in Punkt 5.3 bewiesen. Damit ist das Theorem bewiesen.

□

Definition

Sei $X \in \mathfrak{I}$ mit folgender Darstellung:

$$X_t = Z + \int_0^t A_s\,\mathrm{d}s + \sum_{i=1}^{p} \int_0^t B_s^{(i)}\,\mathrm{d}\mathcal{W}_s^{(i)} \quad \text{(fast sicher)}.$$

(a) Wir verwenden folgende Kurzschreibweise für die obige Darstellung von X:

$$\mathrm{d}X_t = A_t\,\mathrm{d}t + \sum_{i=1}^{p} B_t^{(i)}\,\mathrm{d}\mathcal{W}_t^{(i)}.$$

(b) Sei $Y \in \mathfrak{C}_{loc}$. Wir verwenden ferner folgende Kurzschreibweise:

$$Y_t\,\mathrm{d}X_t = Y_t\,A_t\,\mathrm{d}t + \sum_{i=1}^{p} Y_t\,B_t^{(i)}\,\mathrm{d}\mathcal{W}_t^{(i)}.$$

Bemerkung

Mit Hilfe der obigen Kurzschreibweise lässt sich die Itosche Formel folgendermaßen äquivalent formulieren:

$$\mathrm{d}f(t,\overline{X}_t) = \frac{\partial f}{\partial t}(t,\overline{X}_t)\,\mathrm{d}t + \sum_{k=1}^{n} \frac{\partial f}{\partial x^k}(t,\overline{X}_t)\,A^{(k)}\,\mathrm{d}t$$
$$+ \sum_{k=1}^{n}\sum_{i=1}^{p} \frac{\partial f}{\partial x^k}(t,\overline{X}_t)\,B^{(k,i)}\,\mathrm{d}\mathcal{W}_t^{(i)}$$
$$+ \frac{1}{2}\sum_{k,l=1}^{n}\sum_{i=1}^{p} \frac{\partial^2 f}{\partial x^k \partial x^l}(t,\overline{X}_t)\,B_t^{(k,i)}\,B_t^{(l,i)}\,\mathrm{d}t.$$

Definition

Seien $X^{(1)}, X^{(2)} \in \mathfrak{I}$ mit folgenden Darstellungen:

$$X_t^{(k)} = Z^{(k)} + \int_0^t A_s^{(k)}\,\mathrm{d}s + \sum_{i=1}^{p} \int_0^t B_s^{(k,i)}\,\mathrm{d}\mathcal{W}_s^{(i)} \quad \text{(fast sicher)}.$$

Wir definieren $\langle X^{(1)} \mid X^{(2)} \rangle \in \mathfrak{I}$ durch:

$$\left\langle X^{(1)} \,\middle|\, X^{(2)} \right\rangle_t := \sum_{i=1}^{p} \int_0^t B_s^{(1,i)} \, B_s^{(2,i)} \, \mathrm{d}s \quad \text{(fast sicher)}.$$

$\langle X^{(1)} \mid X^{(2)} \rangle$ heißt *quadratische Variation* von $X^{(1)}$ und $X^{(2)}$.

Bemerkung

(a) Mit Hilfe der quadratischen Variation lässt sich die Itosche Formel folgendermaßen äquivalent formulieren:

$$\begin{aligned} \mathrm{d}f(t, \overline{X}_t) &= \frac{\partial f}{\partial t}(t, \overline{X}_t) \, \mathrm{d}t + \sum_{k=1}^{n} \frac{\partial f}{\partial x^k}(t, \overline{X}_t) \, \mathrm{d}X_t^{(k)} \\ &\quad + \frac{1}{2} \sum_{k,l=1}^{n} \frac{\partial^2 f}{\partial x^2}(t, \overline{X}_t) \, \mathrm{d} \left\langle X^{(k)} \,\middle|\, X^{(l)} \right\rangle_t . \end{aligned}$$

(b) Wir betrachten den folgenden Spezialfall:

$$f(t, \overline{x}) := x^1 \, x^2.$$

Nach Konstruktion gilt:

$$\frac{\partial^2 f}{\partial x^1 \, \partial x^2}(t, \overline{x}) = 1.$$

Nach der zweiten Aussage in Punkt 3 des Beweises der Itoschen Formel gilt für den Spezialfall:

$$\begin{aligned} &\sum_{\mu=1}^{m} \Big(\sum_{i=1}^{p} \int_{t_{\mu-1}^{(m)}}^{t_\mu^{(m)}} B_s^{(1,i)} \, \mathrm{d}\mathcal{W}_s^{(i)} \Big) \Big(\sum_{j=1}^{p} \int_{t_{\mu-1}^{(m)}}^{t_\mu^{(m)}} B_s^{(2,j)} \, \mathrm{d}\mathcal{W}_s^{(j)} \Big) \\ &\xrightarrow{m \to \infty} \sum_{i=1}^{p} \int_0^t B_s^{(1,i)} \, B_s^{(2,i)} \, \mathrm{d}s \quad \text{(fast sicher)}. \end{aligned}$$

Dies rechtfertigt die Bezeichnung *quadratische Variation.*

8.6 Stochastische Differentialgleichungen

In diesem Abschnitt untersuchen wir stochastische Differentialgleichungen mit Hilfe des im letzten Abschnitt entwickelten Itoschen Kalküls. Insbesondere beweisen wir die Existenz und Eindeutigkeit von Lösungen des Anfangswertproblems. Dabei gehen wir analog zum Beweis des Existenz– und Eindeutigkeitssatzes von Picard–Lindelöf für gewöhnliche Differentialgleichungen vor, d.h. wir definieren ein Picardsches Iterationsschema und verwenden den Banachschen Fixpunktsatz. Stochastische Differentialgleichungen werden in der Finanzmathematik zur Modellierung einer Vielzahl von stochastischen Prozessen, w.z.B. den bereits in der Einleitung zu Abschnitt 4 erwähnten Preisprozessen, Zinsraten und Wechselkursen, vewendet.

Voraussetzungen

1. Seien $Z^{(1)}, \ldots, Z^{(n)}$ $\mathcal{F}_0/\mathcal{B}$–messbare Zufallsvariablen.
2. Seien $a^{(1)}, \ldots, a^{(n)} : I \times \mathbb{R}^n \longrightarrow \mathbb{R}$.
3. Seien $b^{(1,1)}, \ldots, b^{(n,p)} : I \times \mathbb{R}^n \longrightarrow \mathbb{R}$.

Anfangswertproblem

Wir betrachten das folgende Anfangswertproblem:

$$X_t^{(k)} = Z^{(k)} + \int_0^t a^{(k)}(s, \overline{X}_s)\,\mathrm{d}s + \sum_{i=1}^{p} \int_0^t b^{(k,i)}(s, \overline{X}_s)\,\mathrm{d}\mathcal{W}_s^{(i)}.$$

Bemerkung

Mit Hilfe der in Abschnitt 8.5 eingeführten Kurzschreibweise lässt sich das Anfangswertproblem folgendermaßen äquivalent formulieren:

$$\mathrm{d}X_t^{(k)} = a^{(k)}(t, \overline{X}_t)\,\mathrm{d}t + \sum_{i=1}^{p} b^{(k,i)}(t, \overline{X}_t)\,\mathrm{d}\mathcal{W}_t^{(i)}.$$

$$X_0^{(k)} = Z^{(k)}.$$

Definition

Seien $X^{(1)}, \ldots, X^{(n)} \in \mathfrak{I}$. $\overline{X}$ heißt *Lösung* des obigen Anfangswertproblems, falls gilt:

1. $a^{(k)}(t, \overline{X}_t) \in \mathfrak{L}^1_{loc}$.
2. $b^{(k,i)}(t, \overline{X}_t) \in \mathfrak{L}^2_{loc}$.
3. $X^{(k)}$ besitzt folgende Darstellung:

$$X_t^{(k)} = Z^{(k)} + \int_0^t a^{(k)}(s, \overline{X}_s)\,\mathrm{d}s + \sum_{i=1}^{p} \int_0^t b^{(k,i)}(s, \overline{X}_s)\,\mathrm{d}\mathcal{W}_s^{(i)} \quad \text{(fast sicher)}.$$

Theorem 8.17 (Existenz und Eindeutigkeit von Lösungen)

Seien folgende Voraussetzungen gegeben:

1. $Z^{(1)}, \ldots, Z^{(n)}$ *genügen den folgenden Integrabilitätsbedingungen:*

$$E_P[|Z^{(k)}|^2] < \infty.$$

2. $a^{(1)}, \ldots, a^{(n)}$ *haben folgende Eigenschaften:*

   2.1 $a^{(k)}$ *ist stetig.*

2.2 $a^{(k)}$ *genügt der folgenden Wachstumsbedingung:*

$$\left|a^{(k)}(t,\overline{x})\right| \leq C\,(1+|x^1|+\ldots+|x^n|).$$

2.3 $a^{(k)}$ *genügt der folgenden Lipschitzbedingung:*

$$\left|a^{(k)}(t,\overline{x})-a^{(k)}(t,\overline{y})\right| \leq C\,(|x^1-y^1|+\ldots+|x^n-y^n|).$$

3. $b^{(1,1)},\ldots,b^{(n,p)}$ *haben folgende Eigenschaften:*

3.1 $b^{(k,i)}$ *ist stetig.*

3.2 $b^{(k,i)}$ *genügt der folgenden Wachstumsbedingung:*

$$\left|b^{(k,i)}(t,\overline{x})\right| \leq C\,(1+|x^1|+\ldots+|x^n|).$$

3.3 $b^{(k,i)}$ *genügt der folgenden Lipschitzbedingung:*

$$\left|b^{(k,i)}(t,\overline{x})-b^{(k,i)}(t,\overline{y})\right| \leq C\,(|x^1-y^1|+\ldots+|x^n-y^n|).$$

Dann gilt:

(a) *Das obige Anfangswertproblem besitzt genau eine Lösung* $\overline{X}$.

(b) *Die Lösung* $\overline{X}$ *besitzt folgende Regularität:*

$$X^{(k)} \in \mathfrak{C}.$$

Literaturhinweise

1. Siehe [20], Theorem 3.5.5, S. 53.
2. Siehe [2], Satz 6.2.2, S. 118.
3. Siehe [19], Theorem 3.22, S. 112.

Beweis

1. Wir definieren ein Funktional $\overline{\Phi}:\mathfrak{C}^n \longrightarrow \mathfrak{C}^n$ durch:

$$(\Phi^{(k)}[\overline{X}])_t := Z^{(k)} + \int_0^t a^{(k)}(s,\overline{X}_s)\,\mathrm{d}s + \sum_{i=1}^{p}\int_0^t b^{(k,i)}(s,\overline{X}_s)\,\mathrm{d}\mathcal{W}_s^{(i)}.$$

Offensichtlich ist $\overline{X}\in\mathfrak{C}^n$ genau dann eine Lösung des Anfangswertproblems, wenn $\overline{X}$ ein Fixpunkt von $\overline{\Phi}$ ist. Wir wollen zunächst mit Hilfe des Banachschen Fixpunktsatzes zeigen, dass $\overline{\Phi}$ genau einen Fixpunkt besitzt. Dazu verwenden wir folgende Norm in $\mathfrak{C}^n$:

$$\|\overline{X}\|^2_{\mathfrak{C}^n} := \sum_{k=1}^{n}\left\|X^{(k)}\right\|^2_{\mathfrak{C}}.$$

2. Wir prüfen die Voraussetzungen des Banachschen Fixpunktsatzes.

   2.1 Wir zeigen, dass $\overline{\Phi}$ tatsächlich eine Selbstabbildung auf $\mathfrak{C}^n$ ist. Sei dazu $\overline{X} \in \mathfrak{C}^n$. Mit Hilfe der Cauchy–Schwarz Ungleichung erhalten wir:

$$\|\overline{\Phi}[\overline{X}]\|_{\mathfrak{C}^n}^2 \leq (p+2)\Big(\sum_{k=1}^{n} E_P[|Z^{(k)}|^2] + \sum_{k=1}^{n} E_P\Big[\Big|\int_0^T a^{(k)}(s,\overline{X}_s)\,\mathrm{d}s\Big|^2\Big] + \sum_{k=1}^{n}\sum_{i=1}^{p} E_P\Big[\sup_{t\in I}\Big|\int_0^t b^{(k,i)}(s,\overline{X}_s)\,\mathrm{d}\mathcal{W}_s^{(i)}\Big|^2\Big]\Big).$$

   Nach Konstruktion gilt:

$$E_P[|Z^{(k)}|^2] < \infty.$$

   Mit Hilfe der Wachstumsbedingungen für $a^{(k)}$ erhalten wir für eine geeignete Konstante $K > 0$:

$$\begin{aligned} E_P\Big[\Big|\int_0^T a^{(k)}(s,\overline{X}_s)\,\mathrm{d}s\Big|^2\Big] &\leq T^2\, E_P\Big[\sup_{t\in I}\Big|a^{(k)}(t,\overline{X}_t)\Big|^2\Big] \\ &\leq K\,T^2(1+\|\overline{X}\|_{\mathfrak{C}^n}^2) \\ &< \infty. \end{aligned}$$

   Mit Hilfe der Doobschen Maximalungleichung, der Itoschen Isometrie sowie der Wachstumsbedingungen für $b^{(k,i)}$ erhalten wir für eine geeignete Konstante $K > 0$:

$$\begin{aligned} E_P\Big[\sup_{t\in I}\Big|\int_0^t b^{(k,i)}(s,\overline{X}_s)\,\mathrm{d}\mathcal{W}_s^{(i)}\Big|^2\Big] &\leq 4\,E_P\Big[\int_0^T \Big|b^{(k,i)}(s,\overline{X}_s)\Big|^2\,\mathrm{d}s\Big] \\ &\leq 4\,T\,E_P\Big[\sup_{t\in I}\Big|b^{(k,i)}(t,\overline{X}_t)\Big|^2\Big] \\ &\leq K\,T(1+\|\overline{X}\|_{\mathfrak{C}^n}^2) \\ &< \infty. \end{aligned}$$

   Also ist $\overline{\Phi}[\overline{X}] \in \mathfrak{C}^n$.

   2.2 Sei $\Theta \in I$ mit $\Theta \leq T$. Wir betrachten nun Θ an Stelle von T. Wir zeigen, dass $\overline{\Phi}$ für hinreichend kleine Θ eine Kontraktion auf $\mathfrak{C}^n$ ist. Seien dazu $\overline{X}, \overline{Y} \in \mathfrak{C}^n$. Mit Hilfe der Cauchy–Schwarz Ungleichung in $L^2(\Omega)$ erhalten wir:

$$\begin{aligned} &\|\overline{\Phi}[\overline{X}] - \overline{\Phi}[\overline{Y}]\|_{\mathfrak{C}^n}^2 \\ &\leq (p+1)\Big(\sum_{k=1}^{n} E_P\Big[\Big|\int_0^\Theta a^{(k)}(s,\overline{X}_s) - a^{(k)}(s,\overline{Y}_s)\,\mathrm{d}s\Big|^2\Big] \\ &\qquad + \sum_{k=1}^{n}\sum_{i=1}^{p} E_P\Big[\sup_{0\leq t\leq\Theta}\Big|\int_0^t (b^{(k,i)}(s,\overline{X}_s) - b^{(k,i)}(s,\overline{Y}_s))\,\mathrm{d}\mathcal{W}_s^{(i)}\Big|^2\Big]\Big). \end{aligned}$$

Mit Hilfe der Lipschitz–Bedingungen für $a^{(k)}$ erhalten wir für eine geeignete Konstante $K > 0$:

$$\begin{aligned}
&E_P\left[\left|\int_0^\Theta a^{(k)}(s,\overline{X}_s) - a^{(k)}(s,\overline{Y}_s)\,\mathrm{d}s\right|^2\right] \\
&\leq \Theta^2\, E_P\left[\sup_{0\leq t\leq\Theta}\left|a^{(k)}(t,\overline{X}_t) - a^{(k)}(s,\overline{Y}_s)\right|^2\right] \\
&\leq K\,\Theta^2\,\left\|\overline{X}-\overline{Y}\right\|_{\mathfrak{C}^n}^2 .
\end{aligned}$$

Mit Hilfe der Doobschen Maximalungleichung, der Itoschen Isometrie sowie der Lipschitz–Bedingungen für $b^{(k,i)}$ erhalten wir für eine geeignete Konstante $K > 0$:

$$\begin{aligned}
&E_P\left[\sup_{0\leq t\leq\Theta}\left|\int_0^t (b^{(k,i)}(s,\overline{X}_s) - b^{(k,i)}(s,\overline{Y}_s))\,\mathrm{d}\mathcal{W}_s^{(i)}\right|^2\right] \\
&\leq 4\,E_P\left[\int_0^\Theta \left|b^{(k,i)}(s,\overline{X}_s)\right|^2\,\mathrm{d}s\right] \\
&\leq 4\,\Theta\,E_P\left[\sup_{0\leq t\leq\Theta}\left|b^{(k,i)}(t,\overline{X}_t) - b^{(k,i)}(t,\overline{Y}_t)\right|^2\right] \\
&\leq K\,\Theta\,\left\|\overline{X}-\overline{Y}\right\|_{\mathfrak{C}^n}^2 .
\end{aligned}$$

Insgesamt erhalten wir für eine geeignete Konstante $K > 0$:

$$\left\|\overline{\Phi}[\overline{X}] - \overline{\Phi}[\overline{Y}]\right\|_{\mathfrak{C}^n}^2 \leq K\,\Theta\,(\Theta+1)\,\left\|\overline{X}-\overline{Y}\right\|_{\mathfrak{C}^n}^2 .$$

Dabei hängt K nicht von der speziellen Wahl von Θ ab. Insbesondere gilt für hinreichend kleine Θ:

$$\left\|\overline{\Phi}[\overline{X}] - \overline{\Phi}[\overline{Y}]\right\|_{\mathfrak{C}^n} \leq \frac{1}{2}\,\left\|\overline{X}-\overline{Y}\right\|_{\mathfrak{C}^n} .$$

Also ist $\overline{\Phi}$ eine Kontraktion auf $\mathfrak{C}^n$.

3. Wir zeigen die Existenz von Lösungen des Anfangswertproblems.

   3.1 Wir betrachten wieder Θ an Stelle von T. Nach Punkt 2 ist $\overline{\Phi}$ eine Kontraktion auf $\mathfrak{C}^n$. Nach dem Banachschen Fixpunktsatz besitzt $\overline{\Phi}$ genau einen Fixpunkt $\overline{X} \in \mathfrak{C}^n$. Nach Punkt 1 ist $\overline{X}$ die eindeutig bestimmte Lösung des Anfangswertproblems im Zeitintervall $[0, \Theta]$.

   3.2 Sei $\nu \in \mathbb{N}$ mit $\nu\,\Theta < T$. Wir betrachten das folgende Anfangswertproblem:

$$X_t^{(k)} = X_{\nu\,\Theta}^{(k)} + \int_{\nu\,\Theta}^t a^{(k)}(s,\overline{X}_s)\,\mathrm{d}s + \sum_{i=1}^p \int_{\nu\,\Theta}^t b^{(k,i)}(s,\overline{X}_s)\,\mathrm{d}\mathcal{W}_s^{(i)}.$$

   Wie oben erhalten wir die Existenz und Eindeutigkeit einer Lösung $\overline{X} \in \mathfrak{C}^n$ des Anfangswertproblems im Zeitintervall $[\nu\,\Theta, \min\{(\nu+1)\,\Theta, T\}]$.

3.3 Nach den Punkten 3.1 und 3.2 besitzt das ursprüngliche Anfangswertproblem genau eine Lösung $\overline{X} \in \mathfrak{C}^n$ im Zeitintervall $I = [0, T]$.

4. Wir zeigen die Eindeutigkeit von Lösungen des Anfangswertproblems.

4.1 Sei dazu $\overline{Y} \in \mathfrak{I}$ eine weitere Lösung des Anfangswertproblems. Wir beweisen folgende Aussage:

$$\overline{X}_t = \overline{Y}_t \quad \text{(fast sicher)}.$$

Nach Punkt 3 genügt es, folgende Aussage zu beweisen:

$$\overline{Y} \in \mathfrak{C}^n.$$

4.2 Wir definieren eine Folge $(\tau^{(\nu)})_{\nu \in \mathbb{N}}$ von Stoppzeiten durch:

$$\tau_Y^{(\nu,k)}(\omega) := T \wedge \inf\left\{ t \in I \,\middle|\, |Y_t^{(k)}(\omega)| \geq \nu \right\}.$$

$$\tau_B^{(\nu,k,i)}(\omega) := T \wedge \inf\left\{ t \in I \,\middle|\, \int_0^t |b^{(k,i)}(s, \overline{Y}_s(\omega))|^2 \, \mathrm{d}s \geq \nu \right\}.$$

$$\tau^{(\nu)}(\omega) := \tau_Y^{(\nu,1)}(\omega) \wedge \ldots \wedge \tau_Y^{(\nu,n)}(\omega) \wedge \tau_B^{(\nu,1,1)}(\omega) \wedge \ldots \wedge \tau_B^{(\nu,n,p)}(\omega).$$

Nach Konstruktion gilt:

$$\tau^{(\nu)} \xrightarrow{\nu \to \infty} T \quad \text{(fast sicher)}.$$

4.3 Mit Hilfe des Anfangswertproblems für $\overline{Y}$ sowie der Cauchy–Schwarz–Ungleichung erhalten wir:

$$\begin{aligned} &E_P\Big[\sup_{0 \leq s \leq \tau^{(\nu)} \wedge t} |Y_s^{(k)}|^2\Big] \\ &\leq (p+2)\Big(E_P[|Z^{(k)}|^2] + E_P\Big[\Big(\int_0^{\tau^{(\nu)} \wedge t} \Big|a^{(k)}(s, \overline{Y}_s)\Big| \, \mathrm{d}s\Big)^2\Big] \\ &\qquad + \sum_{i=1}^p E_P\Big[\sup_{0 \leq s \leq \tau^{(\nu)} \wedge t} \Big|\int_0^s b^{(k,i)}(r, \overline{Y}_r) \, \mathrm{d}\mathcal{W}_r^{(i)}\Big|^2\Big]\Big). \end{aligned}$$

Nach Konstruktion gilt:

$$E_P[|Z^{(k)}|^2] < \infty.$$

Mit Hilfe der Wachstumsbedingungen für $a^{(k)}$ erhalten wir für eine geeignete Konstante $K > 0$:

$$E_P\Big[\Big(\int_0^{\tau^{(\nu)} \wedge t} \Big|a^{(k)}(s, \overline{Y}_s)\Big| \, \mathrm{d}s\Big)^2\Big]$$

$$\leq T\, E_P\Big[\int_0^{\tau^{(\nu)}\wedge t} \Big|a^{(k)}(s,\overline{Y}_s)\Big|^2\,\mathrm{d}s\Big]$$

$$\leq K\,T\,\Big(T+\sum_{k=1}^n E_P\Big[\int_0^{\tau^{(\nu)}\wedge t} |Y_s^{(k)}|^2\,\mathrm{d}s\Big]\Big)$$

$$\leq K\,T\,\Big(T+\sum_{k=1}^n \int_0^t E_P\Big[\sup_{0\leq r\leq \tau^{(\nu)}\wedge s} |Y_r^{(k)}|^2\Big]\,\mathrm{d}s\Big).$$

Mit Hilfe von Theorem 8.11, Theorem 8.12 und Theorem 8.13, der Itoschen Isometrie sowie der Wachstumsbedingungen für $b^{(k,i)}$ erhalten wir für eine geeignete Konstante $K>0$:

$$E_P\Big[\sup_{0\leq s\leq \tau^{(\nu)}\wedge t}\Big|\int_0^s b^{(k,i)}(r,\overline{Y}_r)\,\mathrm{d}\mathcal{W}_r^{(i)}\Big|^2\Big]$$

$$= E_P\Big[\sup_{0\leq s\leq t}\Big|1_{\{s\leq \tau^{(\nu)}\wedge t\}}\int_0^s b^{(k,i)}(r,\overline{Y}_r)\,\mathrm{d}\mathcal{W}_r^{(i)}\Big|^2\Big]$$

$$= E_P\Big[\sup_{0\leq s\leq t}\Big|1_{\{s\leq \tau^{(\nu)}\wedge t\}}\int_0^s 1_{\{r\leq \tau^{(\nu)}\wedge t\}}\, b^{(k,i)}(r,\overline{Y}_r)\,\mathrm{d}\mathcal{W}_r^{(i)}\Big|^2\Big]$$

$$\leq E_P\Big[\sup_{0\leq s\leq t}\Big|\int_0^s 1_{\{r\leq \tau^{(\nu)}\wedge t\}}\, b^{(k,i)}(r,\overline{Y}_r)\,\mathrm{d}\mathcal{W}_r^{(i)}\Big|^2\Big]$$

$$\leq E_P\Big[\int_0^t 1_{\{r\leq \tau^{(\nu)}\wedge t\}}\,\Big|b^{(k,i)}(r,\overline{Y}_r)\Big|^2\,\mathrm{d}r\Big]$$

$$= E_P\Big[\int_0^{\tau^{(\nu)}\wedge t}\Big|b^{(k,i)}(r,\overline{Y}_r)\Big|^2\,\mathrm{d}r\Big]$$

$$\leq K\,\Big(T+\sum_{k=1}^n E_P\Big[\int_0^{\tau^{(\nu)}\wedge t} |Y_s^{(k)}|^2\,\mathrm{d}s\Big]\Big)$$

$$\leq K\,\Big(T+\sum_{k=1}^n \int_0^t E_P\Big[\sup_{0\leq r\leq \tau^{(\nu)}\wedge s} |Y_r^{(k)}|^2\Big]\,\mathrm{d}s\Big).$$

Insgesamt erhalten wir für eine geeignete Konstante $K>0$:

$$E_P\Big[\sup_{0\leq s\leq \tau^{(\nu)}\wedge t} |Y_s^{(k)}|^2\Big]$$

$$\leq K\,\Big(1+T^2+\sum_{k=1}^n \int_0^t E_P\Big[\sup_{0\leq r\leq \tau^{(\nu)}\wedge s} |Y_r^{(k)}|^2\Big]\,\mathrm{d}s\Big).$$

4.4 Wir definieren stetige Funktionen $u^{(\nu)}: I \longrightarrow [0,\infty)$ durch:

$$u^{(\nu)}(t) := \sum_{k=1}^n E_P\Big[\sup_{0\leq s\leq \tau^{(\nu)}\wedge t} |Y_s^{(k)}|^2\Big].$$

Nach Punkt 4.3 gilt:

$$u^{(\nu)}(t) \leq K \left(1 + T^2 + \int_0^t u^{(\nu)}(s)\,\mathrm{d}s\right)$$

Nach dem Lemma von Gronwall gilt:

$$u^{(\nu)}(T) \leq K\,(1 + T^2)\,(1 + \exp(K\,T)).$$

4.5 Nach dem Lemma von Fatou und Punkt 4.4 gilt:

$$\begin{aligned}
\|\overline{Y}\|^2_{\mathfrak{C}^n} &= \sum_{k=1}^{n} E_P\Big[\sup_{t\in I} |Y_t^{(k)}|^2\Big] \\
&= \sum_{k=1}^{n} E_P\Big[\lim_{\nu\to\infty} \sup_{0\leq t\leq \tau^{(\nu)}} |Y_t^{(k)}|^2\Big] \\
&\leq \liminf_{\nu\to\infty} \sum_{k=1}^{n} E_P\Big[\sup_{0\leq t\leq \tau^{(\nu)}} |Y_t^{(k)}|^2\Big] \\
&= \liminf_{\nu\to\infty} u^{(\nu)}(T) \\
&\leq K\,(1 + T^2)\,(1 + \exp(K\,T)).
\end{aligned}$$

Also ist $\overline{Y} \in \mathfrak{C}^n$. Damit ist das Theorem bewiesen.

□

8.7 Lineare stochastische Differentialgleichungen

In diesem Abschnitt betrachten wir eindimensionale lineare stochastische Differentialgleichungen als Spezialfall der in Abschnitt 8.6 entwickelten allgemeinen Theorie. Mit Hilfe des Itoschen Kalküls konstruieren wir explizite Darstellungsformeln für die zugehörigen Lösungen. Aufgrund dieser expliziten Darstellungsformeln und der einfachen Handhabung werden lineare stochastische Differentialgleichungen besonders häufig zur Modellierung der in der Finanzmathematik vorkommenden stochastischen Prozesse verwendet.

Voraussetzungen

Wir beschränken uns auf den eindimensionalen Fall $n = 1$.

1. Sei die folgende Integrabilitätsbedingung erfüllt:

   $$E_P[|Z|^2] < \infty.$$

2. Sei $f : I \longrightarrow \mathbb{R}$ stetig.
3. Seien $\phi : I \longrightarrow \mathbb{R}$ stetig.
4. Seien $g^{(1)}, \ldots, g^{(p)} : I \longrightarrow \mathbb{R}$ stetig.
5. Seien $\psi^{(1)}, \ldots, \psi^{(p)} : I \longrightarrow \mathbb{R}$ stetig.

Homogenes lineares Anfangswertproblem

Wir betrachten das folgende homogene lineare Anfangswertproblem:

$$\Phi_t = 1 + \int_0^t \phi(s)\,\Phi_s\,\mathrm{d}s + \sum_{i=1}^p \int_0^t \psi^{(i)}(s)\,\Phi_s\,\mathrm{d}\mathcal{W}_s^{(i)}.$$

Bemerkung

Wir konstruieren eine explizite Darstellungsformel für die Lösung des homogenen linearen Anfangswertproblems.

1. Nach Theorem 8.17 besitzt das homogene lineare Anfangswertproblem genau eine Lösung Φ.

2. Wir machen folgenden Ansatz für Φ:

$$\Phi_t = \exp\Big(\int_0^t A_s\,\mathrm{d}s + \sum_{i=1}^p \int_0^t B_s^{(i)}\,\mathrm{d}\mathcal{W}_s^{(i)}\Big).$$

   Nach der Itoschen Formel gilt:

$$\Phi_t = 1 + \int_0^t \Big(A_s + \frac{1}{2}\sum_{i=1}^p |B_s^{(i)}|^2\Big)\,\Phi_s\,\mathrm{d}s + \sum_{i=1}^p \int_0^t B_s^{(i)}\,\Phi_s\,\mathrm{d}\mathcal{W}_s^{(i)}.$$

   Wir definieren A und $B^{(i)}$ durch:

$$A_t := \phi(t) - \frac{1}{2}\sum_{i=1}^p |\psi^{(i)}(t)|^2.$$

$$B_t^{(i)} := \psi^{(i)}(t).$$

3. Nach Punkt 2 besitzt die Lösung des homogenen linearen Anfangswertproblems folgende Darstellung:

$$\Phi_t := \exp\Big(\int_0^t \Big(\phi(s) - \frac{1}{2}\sum_{i=1}^p |\psi^{(i)}(s)|^2\Big)\,\mathrm{d}s + \sum_{i=1}^p \int_0^t \psi^{(i)}(s)\,\mathrm{d}\mathcal{W}_s^{(i)}\Big).$$

Inhomogenes lineares Anfangswertproblem

Wir betrachten das folgende inhomogene lineare Anfangswertproblem:

$$X_t = Z + \int_0^t \Big(f(s) + \phi(s)\,X_s\Big)\,\mathrm{d}s + \sum_{i=1}^p \int_0^t \Big(g^{(i)}(s) + \psi^{(i)}(s)\,X_s\Big)\,\mathrm{d}\mathcal{W}_s^{(i)}.$$

Bemerkung

Wir konstruieren eine explizite Darstellungsformel für die Lösung des inhomogenen linearen Anfangswertproblems.

1. Nach Theorem 8.17 besitzt das homogene lineare Anfangswertproblem genau eine Lösung X.

2. Wir machen folgenden Ansatz für X (Variation der Konstanten):

$$X_t = \Phi_t \Big(Z + \int_0^t A_s \, \mathrm{d}s + \sum_{i=1}^p \int_0^t B_s^{(i)} \, \mathrm{d}\mathcal{W}_s^{(i)} \Big).$$

Nach der Itoschen Formel gilt:

$$X_t = Z + \int_0^t \phi(s) \, X_s \, \mathrm{d}s + \sum_{i=1}^p \int_0^t \psi^{(i)}(s) \, X_s \, \mathrm{d}\mathcal{W}_s^{(i)}$$

$$+ \int_0^t \Big(A_s + \sum_{i=1}^p B_s^{(i)} \, \psi_s^{(i)} \Big) \, \Phi_s \, \mathrm{d}s + \sum_{i=1}^p \int_0^t B_s^{(i)} \, \Phi_s \, \mathrm{d}\mathcal{W}_s^{(i)}$$

Wir definieren A und $B^{(i)}$ durch:

$$A_t := \frac{1}{\Phi_t} \Big(f(t) - \sum_{i=1}^p g^{(i)}(t) \, \psi^{(i)}(t) \Big).$$

$$B_t^{(i)} := \frac{g^{(i)}(t)}{\Phi_t}.$$

3. Nach Punkt 2 besitzt die Lösung des inhomogenen linearen Anfangswertproblems folgende Darstellung:

$$X_t = \Phi_t \Big(Z + \int_0^t \frac{1}{\Phi_s} \Big(f(s) - \sum_{i=1}^p g^{(i)}(s) \, \psi^{(i)}(s) \Big) \, \mathrm{d}s + \sum_{i=1}^p \int_0^t \frac{g^{(i)}(s)}{\Phi_s} \, \mathrm{d}\mathcal{W}_s^{(i)} \Big).$$

8.8 Feynman–Kac Formeln für Diffusionsgleichungen

In diesem Abschnitt beweisen wir die Feynman–Kac Formeln für das Cauchysche Problem, das Dirichletsche Problem sowie das Stefansche Problem und schlagen so die Brücke zwischen den stochastischen Differentialgleichungen und den partiellen Differentialgleichungen. Insbesondere erlauben die Feynman–Kac Formeln die Anwendung von numerischen und analytischen Methoden aus dem Bereich der partiellen Differentialgleichungen auf Probleme aus dem Bereich der stochastischen Differentialgleichungen. In der Finanzmathematik kommt die Feynman–Kac Formel für das Cauchysche Problem bei der Untersuchung von Derivaten mit europäischem Ausübungsrecht ohne Barrier zum Einsatz. Insbesondere liefert sie die bekannte Black–Scholes Differentialgleichung. Die Feynman–Kac Formeln für das Dirichletsche Problem sowie das Stefansche Problem kommen bei der Untersuchung von Derivaten mit europäischem Ausübungsrecht mit Barrier sowie von Derivaten mit amerikanischem Ausübungsrecht zum Einsatz.

Voraussetzungen (I)

Wir formulieren zuerst die Voraussetzungen für die zugrunde liegende stochastische Differentialgleichung.

1. Seien $z^1, \ldots, z^n \in \mathbb{R}$.
2. Seien $a^{(1)}, \ldots, a^{(n)} : I \times \mathbb{R}^n \longrightarrow \mathbb{R}$ mit folgenden Eigenschaften:
   2.1 $a^{(k)}$ ist stetig.
   2.2 $a^{(k)}$ genügt der folgenden Wachstumsbedingung:
   $$\left|a^{(k)}(t, \overline{x})\right| \leq C\,(1 + |x^1| + \ldots + |x^n|).$$
   2.3 $a^{(k)}$ genügt der folgenden Lipschitzbedingung:
   $$\left|a^{(k)}(t, \overline{x}) - a^{(k)}(t, \overline{y})\right| \leq C\,(|x^1 - y^1| + \ldots + |x^n - y^n|).$$
3. Seien $b^{(1,1)}, \ldots, b^{(n,p)} : I \times \mathbb{R}^n \longrightarrow \mathbb{R}$ mit folgenden Eigenschaften:
   3.1 $b^{(k,i)}$ ist stetig.
   3.2 $b^{(k,i)}$ genügt der folgenden Wachstumsbedingung:
   $$\left|b^{(k,i)}(t, \overline{x})\right| \leq C\,(1 + |x^1| + \ldots + |x^n|).$$
   3.3 $b^{(k,i)}$ genügt der folgenden Lipschitzbedingung:
   $$\left|b^{(k,i)}(t, \overline{x}) - b^{(k,i)}(t, \overline{y})\right| \leq C\,(|x^1 - y^1| + \ldots + |x^n - y^n|).$$

Anfangswertproblem

Wir betrachten das folgende Anfangswertproblem (stochastische Differentialgleichung):

$$X_t^{(k)} = z^k + \int_0^t a^{(k)}(s, \overline{X}_s)\,\mathrm{d}s + \sum_{i=1}^{p} \int_0^t b^{(k,i)}(s, \overline{X}_s)\,\mathrm{d}\mathcal{W}_s^{(i)}.$$

Nach Theorem 8.17 besitzt das Anfangswertproblem genau eine Lösung $\overline{X}$.

Voraussetzungen (II)

Wir formulieren nun die zusätzlichen Voraussetzungen für die zugrunde liegende partielle Differentialgleichung.

1. Sei $\lambda : I \times \mathbb{R}^n \longrightarrow \mathbb{R}$ mit folgenden Eigenschaften:
   1.1 λ ist stetig.
   1.2 λ genügt der folgenden Beschränktheitsbedingung:
   $$\lambda(t, \overline{x}) \geq -C.$$
2. Sei $f : I \times \mathbb{R}^n \longrightarrow \mathbb{R}$ mit folgenden Eigenschaften:
   2.1 f ist stetig.

2.2 f genügt der folgenden Wachstumsbedingung:

$$|f(t,\overline{x})| \leq C\,(1+|x^1|+\ldots+|x^n|).$$

3. Sei $g : I \times \mathbb{R}^n \longrightarrow \mathbb{R}$ mit folgenden Eigenschaften:

   3.1 g ist stetig.

   3.2 $g \in \mathcal{C}^{0,1}(I \times \mathbb{R}^n, \mathbb{R})$.

   3.3 g genügt den folgenden Wachstumsbedingungen:

$$|g(t,\overline{x})| \leq C\,(1+|x^1|+\ldots+|x^n|).$$

$$\left|\frac{\partial g}{\partial x^k}(t,\overline{x})\right| \leq C.$$

4. Sei $v : \mathbb{R}^n \longrightarrow \mathbb{R}$ mit folgenden Eigenschaften:

   4.1 v ist stetig.

   4.2 v genügt der folgenden Wachstumsbedingung:

$$|v(\overline{x})| \leq C\,(1+|x^1|+\ldots+|x^n|).$$

5. Sei $u : I \times \mathbb{R}^n \longrightarrow \mathbb{R}$ mit folgenden Eigenschaften:

   5.1 u ist stetig.

   5.2 $u \in \mathcal{C}^{1,2}([0,T) \times \mathbb{R}^n, \mathbb{R})$.

   5.3 u genügt den folgenden Wachstumsbedingungen:

$$|u(t,\overline{x})| \leq C\,(1+|x^1|+\ldots+|x^n|).$$

$$\left|\frac{\partial u}{\partial x^k}(t,\overline{x})\right| \leq C.$$

Cauchysches Problem

Wir betrachten das folgende Cauchysche Problem:

$$-\frac{\partial u}{\partial t}(t,\overline{x}) = \frac{1}{2}\sum_{k,l=1}^{n}\Big(\sum_{i=1}^{p} b^{(k,i)}(t,\overline{x})\,b^{(l,i)}(t,\overline{x})\Big)\frac{\partial^2 u}{\partial x^k\,\partial x^l}(t,\overline{x})$$
$$+\sum_{k=1}^{n} a^{(k)}(t,\overline{x})\,\frac{\partial u}{\partial x^k}(t,\overline{x}) - \lambda(t,\overline{x})\,u(t,\overline{x}) + f(t,\overline{x}).$$

$$u(T,\overline{x}) = v(\overline{x}).$$

Definition

u heißt *Lösung* des Cauchyschen Problems, falls gilt:

1. u genügt der partiellen Differentialgleichung ($(t, x) \in [0, T) \times \mathbb{R}^n$).
2. u genügt der Endbedingung ($x \in \mathbb{R}^n$).

Dirichletsches Problem

Sei $G \subset \mathbb{R}^n$ offen, sei $\overline{z} \in G$, und sei $\Gamma \subset \mathbb{R}^n$ der Rand von G. Wir betrachten das folgende Dirichletsche Problem:

$$-\frac{\partial u}{\partial t}(t, \overline{x}) = \frac{1}{2} \sum_{k,l=1}^{n} \Big(\sum_{i=1}^{p} b^{(k,i)}(t, \overline{x})\, b^{(l,i)}(t, \overline{x}) \Big) \frac{\partial^2 u}{\partial x^k\, \partial x^l}(t, \overline{x}) + \sum_{k=1}^{n} a^{(k)}(t, \overline{x})\, \frac{\partial u}{\partial x^k}(t, \overline{x}) - \lambda(t, \overline{x})\, u(t, \overline{x}) + f(t, \overline{x}).$$

$$u(T, \overline{x}) = v(\overline{x}).$$

$$u(t, \overline{x})\Big|_{\overline{x} \in \Gamma} = g(t, \overline{x}).$$

Definition

(a) u heißt *Lösung* des Dirichletschen Problems, falls gilt:

1. u genügt der partiellen Differentialgleichung ($(t, \overline{x}) \in [0, T) \times G$).
2. u genügt der Endbedingung ($\overline{x} \in G$).
3. u genügt der Randbedingung ($(t, \overline{x}) \in I \times \Gamma$).

(b) Wir definieren eine Stoppzeit $\tau^{\overline{X}, G}$ durch:

$$\tau^{\overline{X}, G} := \inf \left\{ t \in I \,\middle|\, \overline{X}_t \in \Gamma \right\}.$$

Stefansches Problem

Wir betrachten das folgende Stefansche Problem:

$$-\frac{\partial u}{\partial t}(t, \overline{x}) \geq \frac{1}{2} \sum_{k,l=1}^{n} \Big(\sum_{i=1}^{p} b^{(k,i)}(t, \overline{x})\, b^{(l,i)}(t, \overline{x}) \Big) \frac{\partial^2 u}{\partial x^k\, \partial x^l}(t, \overline{x}) + \sum_{k=1}^{n} a^{(k)}(t, \overline{x})\, \frac{\partial u}{\partial x^k}(t, \overline{x}) - \lambda(t, \overline{x})\, u(t, \overline{x}) + f(t, \overline{x}).$$

$$u(t, \overline{x}) \geq v(\overline{x}).$$

$$u(T, \overline{x}) = v(\overline{x}).$$

Definition

(a) u heißt *Lösung* des Stefanschen Problems, falls gilt:

1. u genügt den beiden Inklusionen $((t,x) \in [0,T) \times \mathbb{R}^n)$.
2. Für jeweils mindestens eine der beiden Inklusionen gilt Gleichheit $((t,x) \in [0,T) \times \mathbb{R}^n)$.
3. u genügt der Endbedingung $(x \in \mathbb{R}^n)$.

(b) Wir definieren eine Stoppzeit $\overline{\tau}$ mit $\overline{\tau} \in I$ durch:

$$\overline{\tau} := \inf \left\{ t \in I \,\middle|\, u(t, \overline{X}_t) = v(\overline{X}_t) \right\}.$$

Theorem 8.18 (Feynman–Kac Formel)

(a) *Sei u eine Lösung des Cauchyschen Problems. Dann gilt:*

$$\begin{aligned} u(0,\overline{z}) = E_P\Big[\exp\Big(-\int_0^T \lambda(t,\overline{X}_t)\,\mathrm{d}t\Big)\, v(\overline{X}_T)\Big] \\ + E_P\Big[\int_0^T \exp\Big(-\int_0^t \lambda(s,\overline{X}_s)\,\mathrm{d}s\Big)\, f(t,\overline{X}_t)\,\mathrm{d}t\Big]. \end{aligned}$$

(b) *Sei u eine Lösung des Dirichletschen Problems. Dann gilt:*

$$\begin{aligned} u(0,\overline{z}) = E_P\Big[1_{\{\tau^{\overline{X},G}=\infty\}} \exp\Big(-\int_0^T \lambda(t,\overline{X}_t)\,\mathrm{d}t\Big)\, v(\overline{X}_T)\Big] \\ + E_P\Big[\int_0^{\tau^{\overline{X},G}\wedge T} \exp\Big(-\int_0^t \lambda(s,\overline{X}_s)\,\mathrm{d}s\Big)\, f(t,\overline{X}_t)\,\mathrm{d}t\Big] \\ + E_P\Big[1_{\{\tau^{\overline{X},G}\in I\}} \exp\Big(-\int_0^{\tau^{\overline{X},G}} \lambda(s,\overline{X}_s)\,\mathrm{d}s\Big)\, g(\tau^{\overline{X},G}, \overline{X}_{\tau^{\overline{X},G}})\Big]. \end{aligned}$$

(c) *Sei u eine Lösung des Stefanschen Problems. Dann gilt:*

$$\begin{aligned} u(0,\overline{z}) = E_P\Big[\exp\Big(-\int_0^{\overline{\tau}} \lambda(t,\overline{X}_t)\,\mathrm{d}t\Big)\, v(\overline{X}_{\overline{\tau}})\Big] \\ + E_P\Big[\int_0^{\overline{\tau}} \exp\Big(-\int_0^t \lambda(s,\overline{X}_s)\,\mathrm{d}s\Big)\, f(t,\overline{X}_t)\,\mathrm{d}t\Big]. \end{aligned}$$

Insbesondere gilt:

$$\begin{aligned} u(0,\overline{z}) = \sup\Big\{E_P\Big[\exp\Big(-\int_0^{\tau} \lambda(t,\overline{X}_t)\,\mathrm{d}t\Big)\, v(\overline{X}_{\tau})\Big] \\ + E_P\Big[\int_0^{\tau} \exp\Big(-\int_0^t \lambda(s,\overline{X}_s)\,\mathrm{d}s\Big)\, f(t,\overline{X}_t)\,\mathrm{d}t\Big] \\ \Big|\, \tau \text{ ist Stoppzeit mit } \tau \in I\Big\}. \end{aligned}$$

Literaturhinweise

1. Siehe [20], folgende Referenzen:
   - Theorem 5.1.7, S. 99.
   - Theorem 5.1.9, S. 102.
   - Theorem 5.3.2, S. 111.
2. Siehe [19], Theorem 3.26, S. 119.

Beweis

Wir definieren Itosche Prozesse Λ, Φ, Ψ, U durch:

$$\Lambda_t := \exp\Big(-\int_0^t \lambda(s, \overline{X}_s)\,\mathrm{d}s\Big).$$

$$\Phi_t := \int_0^t \Lambda_s\, f(s, \overline{X}_s)\,\mathrm{d}s.$$

$$\Psi_t := u(t, \overline{X}_t).$$

$$U_t := \Lambda_t\,\Psi_t + \Phi_t.$$

Nach der Itoschen Formel gilt:

$$\Lambda_t = 1 - \int_0^t \lambda(s, \overline{X}_s)\,\Lambda_s\,\mathrm{d}s.$$

$$\begin{aligned}
\Psi_t = u(0, \overline{z}) &+ \int_0^t \frac{\partial u}{\partial t}(s, \overline{X}_s)\,\mathrm{d}s + \sum_{k=1}^n \int_0^t \frac{\partial u}{\partial x^k}(s, \overline{X}_s)\,a^{(k)}(s, \overline{X}_s)\,\mathrm{d}s \\
&+ \sum_{k=1}^n \sum_{i=1}^p \int_0^t \frac{\partial u}{\partial x^k}(s, \overline{X}_s)\,b^{(k,i)}(s, \overline{X}_s)\,\mathrm{d}\mathcal{W}_s^{(i)} \\
&+ \frac{1}{2} \sum_{k,l=1}^n \sum_{i=1}^p \int_0^t \frac{\partial^2 u}{\partial x^k\,\partial x^l}(s, \overline{X}_s)\,b^{(k,i)}(s, \overline{X}_s)\,b^{(l,i)}(s, \overline{X}_s)\,\mathrm{d}t.
\end{aligned}$$

$$\begin{aligned}
U_t &= u(0, \overline{z}) + \int_0^t \mathrm{d}(\Lambda_s\,\Psi_s) + \int_0^t \Lambda_s\, f(s, \overline{X}_s)\,\mathrm{d}s \\
&= u(0, \overline{z}) + \int_0^t \Psi_s\,\mathrm{d}\Lambda_s + \int_0^t \Lambda_s\,\mathrm{d}\Psi_s + \int_0^t \Lambda_s\, f(s, \overline{X}_s)\,\mathrm{d}s \\
&= u(0, \overline{z}) - \int_0^t \lambda(s, \overline{X}_s)\,\Lambda_s\,u(s, \overline{X}_s)\,\mathrm{d}s + \int_0^t \Lambda_s\,\mathrm{d}\Psi_s + \int_0^t \Lambda_s\, f(s, \overline{X}_s)\,\mathrm{d}s
\end{aligned}$$

$$= u(0,\overline{z}) + \int_0^t \Lambda_s \Big\{ \frac{\partial u}{\partial t}(s,\overline{X}_s)$$

$$+ \frac{1}{2} \sum_{k,l=1}^n \Big(\sum_{i=1}^p b^{(k,i)}(s,\overline{X}_s)\, b^{(l,i)}(s,\overline{X}_s) \Big) \frac{\partial^2 u}{\partial x^k\, \partial x^l}(s,\overline{X}_s)$$

$$+ \sum_{k=1}^n a^{(k)}(s,\overline{X}_s)\, \frac{\partial u}{\partial x^k}(s,\overline{X}_s) - \lambda(s,\overline{X}_s)\, u(s,\overline{X}_s) + f(s,\overline{X}_s) \Big\} \,\mathrm{d}s$$

$$+ \int_0^t \Lambda_s \Big\{ \sum_{k=1}^n \sum_{i=1}^p b^{(k,i)}(s,\overline{X}_s)\, \frac{\partial u}{\partial x^k}(s,\overline{X}_s) \Big\} \,\mathrm{d}\mathcal{W}_s^{(i)}.$$

Wir definieren Itosche Prozesse $A, B^{(1)}, \ldots, B^{(p)}$ durch:

$$A_t := \Lambda_t \Big\{ \frac{\partial u}{\partial t}(t,\overline{X}_t) + \frac{1}{2} \sum_{k,l=1}^n \Big(\sum_{i=1}^p b^{(k,i)}(t,\overline{X}_t)\, b^{(l,i)}(t,\overline{X}_t) \Big) \frac{\partial^2 u}{\partial x^k\, \partial x^l}(t,\overline{X}_t)$$

$$+ \sum_{k=1}^n a^{(k)}(t,\overline{X}_t)\, \frac{\partial u}{\partial x^k}(t,\overline{X}_t) - \lambda(t,\overline{X}_t)\, u(t,\overline{X}_t) + f(t,\overline{X}_t) \Big\}.$$

$$B_t^{(i)} := \Lambda_t \Big\{ \sum_{k=1}^n b^{(k,i)}(t,\overline{X}_t)\, \frac{\partial u}{\partial x^k}(t,\overline{X}_t) \Big\}.$$

Nach Konstruktion gilt:

$$U_t = u(0,\overline{z}) + \int_0^t A_s \,\mathrm{d}s + \sum_{i=1}^p \int_0^t B_s^{(i)} \,\mathrm{d}\mathcal{W}_s^{(i)}.$$

Wir definieren einen Itoschen Prozess V durch:

$$V_t := U_t - \int_0^t A_s \,\mathrm{d}s = u(0,\overline{z}) + \sum_{i=1}^p \int_0^t B_s^{(i)} \,\mathrm{d}\mathcal{W}_s^{(i)}.$$

Nach Konstruktion ist $u(0,\overline{z}) \in \mathbb{R}$ und $B^{(i)} \in \mathfrak{L}^2$. Nach der Itoschen Isometrie ist $V \in \mathfrak{M}$. Insbesondere ist V ein Martingal.

(a) Wir beweisen die Darstellungsformel für die Lösung des Cauchyschen Problems. Nach der partiellen Differentialgleichung für u gilt:

$$A_t = 0.$$

Also ist $U = V \in \mathfrak{M}$. Insbesondere ist U ein Martingal. Daraus folgt:

$$E_P[U_0] = E_P[U_T].$$

Nach Konstruktion gilt:

$$U_0 = u(0,\overline{X}_0) = u(0,\overline{z}).$$

$$U_T = \Lambda_T\, u(T,\overline{X}_T) + \Phi_T = \Lambda_T\, v(\overline{X}_T) + \Phi_T.$$

Daraus folgt die Behauptung.

(b) Wir beweisen die Darstellungsformel für die Lösung des Dirichletschen Problems. Nach der partiellen Differentialgleichung für u gilt:

$\forall\, 0 \leq t < \tau^{\overline{X},G} \wedge T$:

$$A_t = 0.$$

Daraus folgt:

$$V^{\tau^{\overline{X},G} \wedge T} = U^{\tau^{\overline{X},G} \wedge T} - \int_0^{\tau^{\overline{X},G} \wedge T} A_s \,\mathrm{d}s = U^{\tau^{\overline{X},G} \wedge T}.$$

Mit Hilfe des Satzes von Doob über Optional Sampling erhalten wir:

$$\begin{aligned} E_P[U_0] &= E_P[V_0] \\ &= E_P[V^{\tau^{\overline{X},G} \wedge T}] \\ &= E_P[U^{\tau^{\overline{X},G} \wedge T}] \\ &= E_P[1_{\{\tau^{\overline{X},G} = \infty\}}\, U_T] + E_P[1_{\{\tau^{\overline{X},G} \in I\}}\, U^{\tau^{\overline{X},G}}]. \end{aligned}$$

Nach Konstruktion gilt:

$$U_0 = u(0, \overline{X}_0) = u(0, \overline{z}).$$

$$U_T = \Lambda_T\, u(T, \overline{X}_T) + \Phi_T = \Lambda_T\, v(\overline{X}_T) + \Phi_T.$$

$$\begin{aligned} 1_{\{\tau^{\overline{X},G} \in I\}}\, U_{\tau^{\overline{X},G}} &= 1_{\{\tau^{\overline{X},G} \in I\}}\, (\Lambda_{\tau^{\overline{X},G}}\, u(\tau^{\overline{X},G}, \overline{X}_{\tau^{\overline{X},G}}) + \Phi_{\tau^{\overline{X},G}}) \\ &= 1_{\{\tau^{\overline{X},G} \in I\}}\, \Lambda_{\tau^{\overline{X},G}}\, g(\tau^{\overline{X},G}, \overline{X}_{\tau^{\overline{X},G}}) + 1_{\{\tau^{\overline{X},G} \in I\}}\, \Phi_{\tau^{\overline{X},G}}. \end{aligned}$$

Daraus folgt die Behauptung.

(c) Wir beweisen die beiden Darstellungsformeln für die Lösung des Stefanschen Problems.

1. Nach Konstruktion gilt:

$$U^{\overline{\tau}} = \Lambda^{\overline{\tau}}\, u(\overline{\tau}, \overline{X}^{\overline{\tau}}) + \Phi^{\overline{\tau}} = \Lambda^{\overline{\tau}}\, v(\overline{X}^{\overline{\tau}}) + \Phi^{\overline{\tau}}.$$

Nach den beiden Inklusionen für u gilt:

$\forall\, 0 \leq t < \overline{\tau}$:

$$u(t, \overline{X}_t) > v(\overline{X}_t) \qquad \Longrightarrow \qquad A_t = 0$$

Daraus folgt:

$$V^{\overline{\tau}} = U^{\overline{\tau}} - \int_0^{\overline{\tau}} A_s \,\mathrm{d}s = U^{\overline{\tau}}.$$

Mit Hilfe des Satzes von Doob über Optional Sampling erhalten wir:

$$E_P[U_0] = E_P[V_0] = E_P[V^{\overline{\tau}}] = E_P[U^{\overline{\tau}}] = E_P[\Lambda^{\overline{\tau}}\, v(\overline{X}^{\overline{\tau}}) + \Phi^{\overline{\tau}}].$$

2. Sei τ eine Stoppzeit mit $\tau \in I$.

   2.1 Nach der ersten Inklusion für u gilt:

   $$A_t \leq 0.$$

   Daraus folgt:

   $$V_t = U_t - \int_0^t A_s \, \mathrm{d}s \geq U_t.$$

   Mit Hilfe des Satzes von Doob über Optional Sampling erhalten wir:

   $$E_P[U_0] = E_P[V_0] = E_P[V_\tau] \geq E_P[U_\tau].$$

   2.2 Nach der zweiten Inklusion für u gilt:

   $$U_t = \Lambda_t \, u(t, \overline{X}_t) + \Phi_t \geq \Lambda_t \, v(\overline{X}_t) + \Phi_t.$$

   Nach Punkt 2.1 folgt daraus:

   $$E_P[U_0] \geq E_P[U_\tau] \geq E_Q[\Lambda_\tau \, v(\overline{X}_\tau) + \Phi_\tau].$$

   Dabei war τ beliebig. Nach Punkt 1 folgt daraus:

   $$E_P[U_0] = \sup \left\{ E_Q[\Lambda_\tau \, v(\overline{X}_\tau) + \Phi_\tau] \,\middle|\, \tau \text{ ist Stoppzeit mit } \tau \in I \right\}.$$

3. Nach Punkt 1 und Punkt 2 gilt:

   $$E_P[U_0] = E_P[\Lambda^{\overline{\tau}} \, v(\overline{X}^{\overline{\tau}}) + \Phi^{\overline{\tau}}].$$

   $$E_P[U_0] = \sup \left\{ E_Q[\Lambda_\tau \, v(\overline{X}_\tau) + \Phi_\tau] \,\middle|\, \tau \text{ ist Stoppzeit mit } \tau \in I \right\}.$$

   Nach Konstruktion gilt:

   $$U_0 = u(0, \overline{X}_0) = u(0, \overline{z}).$$

   Daraus folgt die Behauptung.

□

8.9 Brownsche Martingale

In diesem Abschnitt betrachten wir die von den Brownschen Bewegungen erzeugte kanonische Filtration und beweisen den Darstellungssatz für Brownsche Martingale. Dabei setzen wir den Satz über monotone Klassen unter Verweis auf die Literatur als aus der Maß– und Integrationstheorie bekannt voraus. In der Finanzmathematik wird der Darstellungssatz für Brownsche Martingale verwendet, um die Vollständigkeit von Finanzmarktmodellen zu beweisen.

Voraussetzung

Wir betrachten die von den Brownschen Bewegungen erzeugte kanonische Filtration.

- Sei $(\mathcal{F}_t)_{t\in I}$ die von $\mathcal{W}^{(1)}, \ldots, \mathcal{W}^{(p)}$ erzeugte Brownsche Filtration.

Theorem 8.19 (Satz über monotone Klassen)

Sei $\mathcal{A}$ ein System von Teilmengen von Ω, sei $\mathfrak{U}$ eine Menge von Funktionen $Z : \Omega \longrightarrow \mathbb{R}$, und seien zusätzlich folgende Voraussetzungen gegeben:

1. *$\mathcal{A}$ enthält Ω.*
2. *Für je zwei Mengen $A, B \in \mathcal{A}$ ist auch der Durchschnitt $A \cap B$ in $\mathcal{A}$ enthalten.*
3. *$\mathfrak{U}$ ist ein Vektorraum.*
4. *$\mathfrak{U}$ enthält alle Indikatorfunktionen 1_A $(A \in \mathcal{A})$.*
5. *Es gilt folgende Aussage:*
   - *Sei $(Z_n)_{n\in\mathbb{N}}$ eine monoton wachsende Folge in $\mathfrak{U}$, welche punktweise gegen eine beschränkte Funktion $Z : \Omega \longrightarrow \mathbb{R}$ konvergiert. Dann ist $Z \in \mathfrak{U}$.*

Dann gilt:

- *$\mathfrak{U}$ enthält alle beschränkten $\sigma(\mathcal{A})/\mathfrak{B}$–messbaren Funktionen $Z : \Omega \longrightarrow \mathbb{R}$.*

Literaturhinweise

1. Siehe [28], Theorem 12.8, S. 209.
2. Siehe [32], Theorem 3.14, S. 37.

Notation

1. Seien $x^1, \ldots, x^p \in \mathbb{R}$. Wir schreiben:

   $$\tilde{x} := (x^1, \ldots, x^p).$$

2. Seien $Z^{(1)}, \ldots, Z^{(p)}$ Zufallsvariablen. Wir schreiben:

   $$\tilde{Z} := (Z^{(1)}, \ldots, Z^{(p)}).$$

3. Seien $X^{(1)}, \ldots, X^{(p)}$ stochastische Prozesse. Wir schreiben:

   $$\tilde{X}_t := (X_t^{(1)}, \ldots, X_t^{(p)}).$$

Theorem 8.20

Sei $\mathfrak{U}$ die Menge von Funktionen $Z : \Omega \longrightarrow \mathbb{C}$ mit folgender Darstellung:

$\exists\ 0 = t_0 < \ldots < t_n \in I\ \exists\ \lambda^{(1,1)}, \ldots, \lambda^{(n,p)} \in \mathbb{R}$:

$$Z(\omega) = \exp\Big(i \sum_{k=1}^{n} \sum_{j=1}^{p} \lambda^{(k,j)} \left(\mathcal{W}_{t_k}^{(j)}(\omega) - \mathcal{W}_{t_{k-1}}^{(j)}(\omega)\right)\Big).$$

Dann gilt:

- span($\mathfrak{U}$) *liegt dicht in* $L^2(\Omega, \mathcal{F}_T, P)$.

Literaturhinweis

- Siehe [28], Lemma 12.1, S. 201.

Beweis

1. Sei $\mathcal{A}$ das System von Teilmengen von $A \subset \Omega$ mit folgender Darstellung:
   $\exists\ 0 < t_1 < \ldots < t_n \in I\ \exists\ x^{(0,1)}, \ldots, x^{(n,p)} \in \mathbb{R}$:

   $$A = \bigcap_{k=1}^{n} \bigcap_{j=1}^{p} (\mathcal{W}_{t_k}^{(j)})^{-1}((-\infty, x^{(k,j)})).$$

   Nach Konstruktion gilt:

   (i) $\mathcal{A}$ enthält Ω.

   (ii) Für je zwei Mengen $A, B \in \mathcal{A}$ ist auch der Durchschnitt $A \cap B$ in $\mathcal{A}$ enthalten.

2. Nach Konstruktion gilt:

   - $\mathcal{F}_T$ ist die Vervollständigung von $\sigma(\mathcal{A})$.

   Ferner gilt für jede σ-Algebra $\mathcal{G} \subset \mathcal{F}$:

   - Die Menge der Treppenfunktionen liegt dicht in $L^2(\Omega, \mathcal{G}, P)$.

   Deshalb genügt es, folgende Aussage zu beweisen:

   - span($\mathfrak{U}$) liegt dicht in $L^2(\Omega, \sigma(\mathcal{A}), P)$.

3. Sei $\mathfrak{V}$ die Menge von Funktionen $Z : \Omega \longrightarrow \mathbb{C}$ mit folgender Darstellung:
   $\exists\ 0 < t_1 < \ldots < t_n \in I\ \exists$ beschränktes borelmessbares $v : \mathbb{R}^{n \times p} \longrightarrow \mathbb{C}$:

   $$Z(\omega) = v(\tilde{\mathcal{W}}_{t_1}(\omega), \ldots, \tilde{\mathcal{W}}_{t_n}(\omega)).$$

   Sei ferner $\mathfrak{W}_0$ die Menge von Funktionen $Z : \Omega \longrightarrow \mathbb{C}$ mit folgender Eigenschaft:

   - Z ist beschränkt, und es gibt eine monoton wachsende Folge $(Z_n)_{n \in \mathbb{N}}$ in $\mathfrak{V}$, welche punktweise gegen Z konvergiert.

   Sei schließlich $\mathfrak{W} := \text{span}(\mathfrak{W}_0)$. Nach Konstruktion gilt:

   (iii) $\mathfrak{W}$ ist ein Vektorraum.

   (iv) $\mathfrak{W}$ enthält alle Indikatorfunktionen 1_A $(A \in \mathcal{A})$.

   (v) Es gilt folgende Aussage:

   - Sei $(Z_n)_{n \in \mathbb{N}}$ eine monoton wachsende Folge in $\mathfrak{W}$, welche punktweise gegen eine beschränkte Funktionen $Z : \Omega \longrightarrow \mathbb{R}$ konvergiert. Dann ist $Z \in \mathfrak{W}$.

   Nach dem Satz über monotone Klassen gilt:

   - $\mathfrak{W}$ enthält alle beschränkten $\sigma(\mathcal{A})/\mathfrak{B}$–messbaren Funktionen $Z : \Omega \longrightarrow \mathbb{R}$.

Daraus folgt:

- $\mathfrak{W}$ liegt dicht in $L^2(\Omega, \sigma(\mathcal{A}), P)$.

Nach dem Satz von Lebesgue über monotone Konvergenz gilt:

- $\mathfrak{V}$ liegt dicht in $\mathfrak{W}$.

Deshalb genügt es, folgende Aussage zu beweisen:

- $\text{span}(\mathfrak{U})$ liegt dicht in $\mathfrak{V}$.

4. Wir verwenden folgende Notation:

$$\Theta := \{\theta = (t_1, \ldots, t_n) \,|\, 0 < t_1 < \ldots < t_n \in I\}.$$

Seien $\mathfrak{U}_\theta \subset \mathfrak{U}$ und $\mathfrak{V}_\theta \subset \mathfrak{V}$ die Teilmengen, welche genau jene Funktionen Z enthalten, deren Darstellung bzgl. θ gegeben ist. Nach Konstruktion gilt:

$$\text{span}(\mathfrak{U}) = \bigcup_{\theta \in \Theta} \text{span}(\mathfrak{U}_\theta).$$

$$\mathfrak{V} = \bigcup_{\theta \in \Theta} \mathfrak{V}_\theta.$$

Deshalb genügt es, folgende Aussage zu beweisen:

- $\text{span}(\mathfrak{U}_\theta)$ liegt dicht in $\mathfrak{V}_\theta$.

5. Nach Punkt 4 genügt es, folgende Aussage zu beweisen:

$$\mathfrak{V}_\theta \cap (\text{span}(\mathfrak{U}_\theta))^\perp = \{0\}.$$

Sei dazu $Z \in \mathfrak{V}_\theta \cap (\text{span}(\mathfrak{U}_\theta))^\perp$. Nach Konstruktion gibt es eine borelmessbare beschränkte Funktion $v : \mathbb{R}^{n \times p} \longrightarrow \mathbb{C}$ mit folgender Eigenschaft:

$$Z(\omega) = v(\tilde{\mathcal{W}}_{t_1}(\omega), \ldots, \tilde{\mathcal{W}}_{t_n}(\omega)).$$

Wir definieren $f : \mathbb{R}^{n \times p} \longrightarrow \mathbb{C}$ durch:

$$v(\tilde{x}^{(1)}, \ldots, \tilde{x}^{(n)}) = f(\tilde{x}^{(1)} - 0, \tilde{x}^{(2)} - \tilde{x}^{(1)}, \ldots, \tilde{x}^{(n)} - \tilde{x}^{(n-1)}).$$

Bezeichne $\rho > 0$ die Dichte der Verteilung von $(\tilde{\mathcal{W}}_{t_1} - \tilde{\mathcal{W}}_{t_0}, \ldots, \tilde{\mathcal{W}}_{t_n} - \tilde{\mathcal{W}}_{t_{n-1}})$. Nach Konstruktion gilt:

$\forall\ \lambda^{(1,1)}, \ldots, \lambda^{(n,p)} \in \mathbb{R}$:

$$0 = E_P\Big[Z \exp\Big(i \sum_{k=1}^{n} \sum_{j=1}^{p} \lambda^{(k,j)}\, (\mathcal{W}_{t_k}^{(j)} - \mathcal{W}_{t_{k-1}}^{(j)})\Big)\Big]$$

$$= \int_{\mathbb{R}^{n \times p}} f(x) \exp\Big(i \sum_{k=1}^{n} \sum_{j=1}^{p} \lambda^{(k,j)}\, x^{(k,j)}\Big)\, \rho(x)\, dx.$$

Nach der Theorie der Fourier–Transformation folgt daraus:

$$f = 0 \quad \text{(fast überall in } \mathbb{R}^{n \times p}).$$

Also ist $Z = 0$. Damit ist das Theorem bewiesen.

□

Theorem 8.21 (Darstellungssatz für Brownsche Martingale)

(a) *Sei $Z \in L^2(\Omega, \mathcal{F}_T, P)$. Dann besitzt Z folgende Darstellung:*

$$Z = E_P[Z] + \sum_{j=1}^{p} \int_0^T B_s^{(j)} \, \mathrm{d}\mathcal{W}_s^{(j)} \quad \text{(fast sicher).}$$

Dabei sind $B^{(1)}, \ldots, B^{(p)} \in \mathfrak{L}^2$ eindeutig bestimmt.

(b) *Sei $X \in \mathfrak{M}$. Dann besitzt X folgende Darstellung:*

$$X_t = X_0 + \sum_{j=1}^{p} \int_0^t B_s^{(j)} \, \mathrm{d}\mathcal{W}_s^{(j)} \quad \text{(fast sicher).}$$

Dabei sind $B^{(1)}, \ldots, B^{(p)} \in \mathfrak{L}^2$ eindeutig bestimmt.

Literaturhinweise

1. Siehe [28], Theorem 12.3, S. 197.
2. Siehe [19], Theorem 2.68, S. 71.

Beweis

(a) Wir zeigen Existenz und Eindeutigkeit der Darstellung.

1. *Eindeutigkeit*

   Seien dazu $B^{(1,1)}, \ldots, B^{(1,p)}, B^{(2,1)}, \ldots, B^{(2,p)} \in \mathfrak{L}^2$ mit folgender Eigenschaft:

$$\sum_{j=1}^{p} \int_0^T B_s^{(1,j)} \, \mathrm{d}\mathcal{W}_s^{(j)} = \sum_{j=1}^{p} \int_0^T B_s^{(2,j)} \, \mathrm{d}\mathcal{W}_s^{(j)} \quad \text{(fast sicher).}$$

   Nach den Ortogonalitätsrelationen und der Itoschen Isometrie gilt:

$$\begin{aligned} 0 &= E_P\Big[\Big|\sum_{j=1}^{p} \int_0^T (B_s^{(2,j)} - B_s^{(1,j)}) \, \mathrm{d}\mathcal{W}_s^{(j)}\Big|^2\Big] \\ &= \sum_{j=1}^{p} E_P\Big[\Big|\int_0^T (B_s^{(2,j)} - B_s^{(1,j)}) \, \mathrm{d}\mathcal{W}_s^{(j)}\Big|^2\Big] \\ &= \sum_{j=1}^{p} E_P\Big[\int_0^T |B_s^{(2,j)} - B_s^{(1,j)}|^2 \, \mathrm{d}s\Big]. \end{aligned}$$

   Daraus folgt:

$$B^{(1,j)} = B^{(2,j)} \quad \text{(fast sicher).}$$

   Damit ist die Eindeutigkeit der Darstellung bewiesen.

2. *Existenz*

2.1 Nach Voraussetzung ist $Z \in L^2(\Omega, \mathcal{F}_T, P)$. Nach Theorem 8.20 gibt es eine Folge $(Z^{(\nu)})_{\nu\in\mathbb{N}}$ in $\operatorname{span}(\mathfrak{U})$ mit folgender Eigenschaft:

$$\lim_{\nu\to\infty} \left\| Z^{(\nu)} - Z \right\|_{L^2(\Omega)} = 0.$$

2.2 Sei $U \in \mathfrak{U}$ mit folgender Darstellung:

$$U(\omega) = \exp\Big(i \sum_{k=1}^{n} \sum_{j=1}^{p} \lambda^{(k,j)} \left(\mathcal{W}_{t_k}^{(j)}(\omega) - \mathcal{W}_{t_{k-1}}^{(j)}(\omega)\right)\Big).$$

Wir definieren $\Lambda^{(1)}, \ldots, \Lambda^{(p)} \in \mathfrak{S}$ durch:

$$\Lambda_t^{(j)}(\omega) = \sum_{k=1}^{n} 1_{(t_{k-1},t_k]}(t)\, \lambda^{(k,j)}.$$

Nach Konstruktion gilt:

$$U = \exp\Big(i \sum_{j=1}^{p} \int_0^T \Lambda_t^{(j)} \,\mathrm{d}\mathcal{W}_t^{(j)} \Big).$$

Nach der Itoschen Formel gilt:

$$\begin{aligned} U = 1 + i \sum_{j=1}^{p} \int_0^T \Lambda_t^{(j)} \exp\Big(i \sum_{j=1}^{p} \int_0^t \Lambda_s^{(j)} \,\mathrm{d}\mathcal{W}_s^{(j)} \Big) \,\mathrm{d}\mathcal{W}_t^{(j)} \\ - \frac{1}{2} \sum_{j=1}^{p} \int_0^T |\Lambda_t^{(j)}|^2 \exp\Big(i \sum_{j=1}^{p} \int_0^t \Lambda_s^{(j)} \,\mathrm{d}\mathcal{W}_s^{(j)} \Big) \,\mathrm{d}t \end{aligned}$$

(fast sicher).

Daraus folgt:

$$U = E_P[U] + i \sum_{j=1}^{p} \int_0^T \Lambda_t^{(j)} \exp\Big(i \sum_{j=1}^{p} \int_0^t \Lambda_s^{(j)} \,\mathrm{d}\mathcal{W}_s^{(j)} \Big) \,\mathrm{d}\mathcal{W}_t^{(j)}$$

(fast sicher).

Dabei war $U \in \mathfrak{U}$ beliebig. Daraus folgt:
$\exists\ B^{(\nu,1)}, \ldots, B^{(\nu,p)} \in \mathfrak{L}^2$:

$$Z^{(\nu)} = E_P[Z^{(\nu)}] + \sum_{j=1}^{p} \int_0^T B_t^{(\nu,j)} \,\mathrm{d}\mathcal{W}_t^{(j)} \quad \text{(fast sicher)}.$$

2.3 Nach Punkt 2.1 und eventuellem Übergang zu einer Teilfolge von $(Z^{(\nu)})_{\nu\in\mathbb{N}}$ gilt:

$$Z^{(\nu)} \xrightarrow{\nu\to\infty} Z \quad \text{(fast sicher)}.$$

$$E_P[Z^{(\nu)}] \xrightarrow{\nu\to\infty} E_P[Z].$$

Ebenfalls nach Punkt 2.1 ist $(Z^{(\nu)} - E_P[Z^{(\nu)}])_{\nu\in\mathbb{N}}$ eine Cauchy-Folge in $L^2(\Omega)$. Nach Punkt 2.2 sowie den Ortogonalitätsrelationen und der Itoschen Isometrie ist $(B^{(\nu,j)})_{\nu\in\mathbb{N}}$ eine Cauchy-Folge in $\mathfrak{L}^2$. Also konvergiert $(B^{(\nu,j)})_{\nu\in\mathbb{N}}$ in $\mathfrak{L}^2$ gegen ein $B^{(j)}$:

$$\lim_{\nu\to\infty} \left\| B^{(\nu,j)} - B^{(j)} \right\|_{\mathfrak{L}^2} = 0.$$

Daraus folgt:

$$\lim_{\nu\to\infty} \left\| I[B^{(\nu,j)}] - I[B^{(j)}] \right\|_{\mathfrak{M}} = 0.$$

Daraus folgt insgesamt:

$$\begin{aligned} Z &= \lim_{\nu\to\infty} Z^{(\nu)} \\ &= \lim_{\nu\to\infty} \Big(E_P[Z^{(\nu)}] + \sum_{j=1}^{p} \int_0^T B_t^{(\nu,j)}\, \mathrm{d}\mathcal{W}_t^{(\nu,j)} \Big) \\ &= E_P[Z] + \sum_{j=1}^{p} \int_0^T B_t^{(j)}\, \mathrm{d}\mathcal{W}_t^{(\nu,j)} \end{aligned}$$

(fast sicher).

Damit ist die Existenz der Darstellung bewiesen.

(b) Nach Konstruktion ist $X_T \in L^2(\Omega, \mathcal{F}_T, P)$. Nach (a) besitzt X_T folgende Darstellung:

$$X_T = E_P[X_T] + \sum_{j=1}^{p} \int_0^T B_s^{(j)}\, \mathrm{d}\mathcal{W}_s^{(j)} \quad \text{(fast sicher)}.$$

Dabei sind $B^{(1)}, \ldots, B^{(p)} \in \mathfrak{L}^2$ eindeutig bestimmt. Nach Voraussetzung ist $X \in \mathfrak{M}$. Daraus folgt:

$$\begin{aligned} X_t &= E_P[X_T | \mathfrak{F}_t] \\ &= E_P[X_T] + \sum_{j=1}^{p} E_P\Big[\int_0^T B_s^{(j)}\, \mathrm{d}\mathcal{W}_s^{(j)} \Big| \mathfrak{F}_t \Big] \\ &= X_0 + \sum_{j=1}^{p} \int_0^t B_s^{(j)}\, \mathrm{d}\mathcal{W}_s^{(j)} \end{aligned}$$

(fast sicher).

□

8.10 Wechsel des Wahrscheinlichkeitsmaßes

In diesem Abschnitt betrachten wir die von den Brownschen Bewegungen erzeugte kanonische Filtration und untersuchen die Darstellung von Itoschen Prozessen bei einem Wechsel des Wahrscheinlichkeitsmaßes. Insbesondere beweisen wir den Satz von Girsanov. Dabei setzen wir den Satz über die Eindeutigkeit der charakteristischen Funktion unter Verweis auf die Literatur als aus der Maß– und Integrationstheorie bekannt voraus. In der Finanzmathematik wird der Satz von Girsanov verwendet, um die Existenz von äquivalenten Martingalmaßen, also die Arbitragefreiheit von Finanzmarktmodellen, zu beweisen.

Voraussetzung

Wir betrachten die von den Brownschen Bewegungen erzeugte kanonische Filtration.

- Sei $(\mathcal{F}_t)_{t\in I}$ die von $\mathcal{W}^{(1)}, \ldots, \mathcal{W}^{(p)}$ erzeugte Brownsche Filtration.

Definition

Seien $Z^{(1)}, \ldots, Z^{(n)}$ Zufallsvariablen.

(a) Wir definieren ein Wahrscheinlichkeitsmaß $P_{\overline{Z}} : \mathcal{B}^n \longrightarrow [0,1]$ durch:

$$P_{\overline{Z}}(A) := P(\overline{Z}^{-1}(A)).$$

$P_{\overline{Z}}$ heißt das von $\overline{Z}$ erzeugte Wahrscheinlichkeitsmaß.

(b) Wir definieren eine Funktion $\varphi_{\overline{Z}} : \mathbb{R}^n \longrightarrow \mathbb{C}$ durch:

$$\varphi_{\overline{Z}}(\overline{\lambda}) := E_P\Big[\exp\Big(i \sum_{k=1}^{n} \lambda^k \, Z^{(k)}\Big)\Big].$$

$\varphi_{\overline{Z}}$ heißt *charakteristische Funktion* von $\overline{Z}$.

Bemerkung

Seien $Z^{(1)}, \ldots, Z^{(n)}$ Zufallsvariablen. Nach Konstruktion gilt:

$$\varphi_{\overline{Z}}(\overline{\lambda}) = \int_{\mathbb{R}^n} \exp\Big(i \sum_{k=1}^{n} \lambda^k \, x^k\Big) \, \mathrm{d}P_{\overline{Z}}(\overline{x}).$$

Theorem 8.22 (Eindeutigkeit der Charakteristischen Funktion)

Seien $Z^{(1,1)}, \ldots, Z^{(1,n)}$ sowie $Z^{(2,1)}, \ldots, Z^{(2,n)}$ Zufallsvariablen mit folgender Eigenschaft:

$$\varphi_{\overline{Z}^{(1)}} = \varphi_{\overline{Z}^{(2)}}.$$

Dann gilt:

$$P_{\overline{Z}^{(1)}} = P_{\overline{Z}^{(2)}}.$$

Literaturhinweis

- Siehe [4], Theorem 23.4, S. 199.

Theorem 8.23 (Satz von Girsanov)
Seien $B^{(1)}, \ldots, B^{(p)} \in \mathfrak{L}^2$ beschränkt.

(a) *Wir definieren einen stochastischen Prozess Φ durch:*

$$\Phi_t := \exp\Big(-\frac{1}{2} \sum_{j=1}^{p} \int_0^t |B_s^{(j)}|^2 \, \mathrm{d}s - \sum_{j=1}^{p} \int_0^t B_s^{(j)} \, \mathrm{d}\mathcal{W}_s^{(j)} \Big).$$

Damit gilt:

- $\Phi \in \mathfrak{M}$.

(b) *Wir definieren eine Abbildung $Q : \mathcal{F} \longrightarrow \mathbb{R}$ durch:*

$$Q(A) := E_P[1_A \, \Phi_T].$$

Damit gilt:

- *Q ist ein äquivalentes Wahrscheinlichkeitsmaß.*

(c) *Wir definieren stochastische Prozesse $W^{(1)}, \ldots, W^{(p)}$ durch:*

$$W_t^{(j)} := \int_0^t B_s^{(j)} \, \mathrm{d}s + \mathcal{W}_t^{(j)}.$$

Damit gilt:

- *$W^{(1)}, \ldots, W^{(p)}$ sind unabhängige Brownsche Bewegungen bzgl. Q.*

(d) *Sei X ein Itoscher Prozess bzgl. P mit folgender Darstellung:*

$$X_t = Z + \int_0^t \alpha_s \, \mathrm{d}s + \sum_{i=1}^{p} \int_0^t \beta_s^{(i)} \, B_s^{(i)} \, \mathrm{d}s + \sum_{i=1}^{p} \int_0^t \beta_s^{(i)} \, \mathrm{d}\mathcal{W}_s^{(i)} \quad \text{(fast sicher)}.$$

Dann gilt:

- *X ist ein Itoscher Prozess bzgl. Q mit folgender Darstellung:*

$$X_t = Z + \int_0^t \alpha_s \, \mathrm{d}s + \sum_{i=1}^{p} \int_0^t \beta_s^{(i)} \, \mathrm{d}W_s^{(i)} \quad \text{(fast sicher)}.$$

Literaturhinweise

1. Siehe [28], Theorem 13.2, S. 222.
2. Siehe [19], Theorem 3.11, S. 94.

Beweis

(a) Nach der Itoschen Formel gilt:

$$\Phi_t = 1 - \sum_{j=1}^{p} \int_0^t \Phi_s \, B_s^{(j)} \, \mathrm{d}\mathcal{W}_s^{(j)} \quad \text{(fast sicher)}.$$

Wir definieren eine Folge von Stoppzeiten $(\tau^{(\nu)})_{\nu \in \mathbb{N}}$ durch:

$$\tau^{(\nu,j)} := T \wedge \inf \left\{ t \in I \,\middle|\, \int_0^t |\Phi_s|^2 \, |B_s^{(j)}|^2 \, \mathrm{d}s \geq \nu \right\}.$$

$$\tau^{(\nu)} := \tau^{(\nu,1)} \wedge \ldots \wedge \tau^{(\nu,p)}.$$

Nach Konstruktion gilt:

$$\tau^{(\nu)} \xrightarrow{\nu \to \infty} T \quad \text{(fast sicher)}.$$

Mit Hilfe von Theorem 8.11, Theorem 8.12 und Theorem 8.13 erhalten wir:

$$1_{\{t<\tau^{(\nu)}\}} \, \Phi_t = 1_{\{t<\tau^{(\nu)}\}} \left(1 - \sum_{j=1}^{p} \int_0^t 1_{\{s<\tau^{(\nu)}\}} \, \Phi_s \, B_s^{(j)} \, \mathrm{d}\mathcal{W}_s^{(j)} \right) \quad \text{(fast sicher)}.$$

Mit Hilfe der Itoschen Isometrie, der Beschränktheit der $B^{(j)}$ sowie des Satzes von Fubini erhalten wir für eine geeignete Konstante $K > 0$:

$$\begin{aligned}
&E_P[|1_{\{t<\tau^{(\nu)}\}} \, \Phi_t|^2] \\
&\leq (p+1) \left(1 + \sum_{j=1}^{p} E_P\left[\left| \int_0^t 1_{\{s<\tau^{(\nu)}\}} \, \Phi_s \, B_s^{(j)} \, \mathrm{d}\mathcal{W}_s^{(j)} \right|^2 \right] \right) \\
&= (p+1) \left(1 + \sum_{j=1}^{p} E_P\left[\int_0^t |1_{\{s<\tau^{(\nu)}\}} \, \Phi_s|^2 \, |B_s^{(j)}|^2 \, \mathrm{d}s \right] \right) \\
&\leq K \left(1 + \int_0^t E_P[|1_{\{s<\tau^{(\nu)}\}} \, \Phi_s|^2] \, \mathrm{d}s \right).
\end{aligned}$$

Nach dem Lemma von Gronwall folgt daraus:

$$E_P[|1_{\{t<\tau^{(\nu)}\}} \, \Phi_t|^2] \leq K \, \exp(K\,t).$$

Nach Lemma von Fatou folgt daraus:

$$E_P[|\Phi_t|^2] = E_P\left[\lim_{\nu \to \infty} |1_{\{t<\tau^{(\nu)}\}} \, \Phi_t|^2 \right] \leq \lim_{\nu \to \infty} E_P[|1_{\{t<\tau^{(\nu)}\}} \, \Phi_t|^2] \leq K \, \exp(K\,t).$$

Insbesondere ist $\Phi \in \mathfrak{L}^2$. Also ist $\Phi \, B^{(j)} \in \mathfrak{L}^2$. Nach der obigen Darstellungsformel ist $\Phi \in \mathfrak{M}$.

(b) Nach Konstruktion ist Q ein äquivalentes Maß auf Ω. Nach (a) ist Φ ein Martingal. Daraus folgt:

$$Q(\Omega) = E_P[\Phi_T] = E_P[\Phi_0] = 1.$$

Also ist Q ein Wahrscheinlichkeitsmaß.

(c) Nach Konstruktion gilt:

1. $W^{(j)}$ ist adaptiert bzgl. $(\mathcal{F}_t)_{t\in I}$.
2. $W^{(j)}$ hat stetige Pfade (fast sicher).
3. $W_0^{(j)} = 0$ (fast sicher).

Deshalb genügt es, folgende Aussagen zu beweisen:

4. $\forall\, t_1, t_2 \in I$ mit $t_1 < t_2$:
   - $W_{t_2}^{(j)} - W_{t_1}^{(j)}$ ist $(0, t_2 - t_1)$–normalverteilt.
5. $\forall\, t_1, t_2 \in I$ mit $t_1 < t_2$:
   - $W_{t_2}^{(j)} - W_{t_1}^{(j)}$ ist unabhängig von $\mathcal{F}_{t_1}$ bzgl. Q.
6. $W^{(1)}, \ldots, W^{(p)}$ sind unabhängige stochastische Prozesse bzgl. Q.

Nach Konstruktion gilt:

- $(\mathcal{F}_t)_{t\in I}$ ist genau die von $W^{(1)}, \ldots, W^{(p)}$ erzeugte kanonische Filtration.

Deshalb genügt es, folgende Aussage zu beweisen:

$\forall\, t_0, \ldots, t_n \in I$ mit $0 = t_0 < \ldots < t_n = T$:

$$Q_{(W_{t_1}^{(1)} - W_{t_0}^{(1)}, \ldots, W_{t_n}^{(p)} - W_{t_{n-1}}^{(p)})} = P_{(\mathcal{W}_{t_1}^{(1)} - \mathcal{W}_{t_0}^{(1)}, \ldots, \mathcal{W}_{t_n}^{(p)} - \mathcal{W}_{t_{n-1}}^{(p)})}.$$

Seien dazu $t_0, \ldots, t_n \in I$ mit $0 = t_0 < \ldots < t_n = T$, und seien $\lambda^{(1,1)}, \ldots, \lambda^{(n,p)} \in \mathbb{R}$. Wir definieren deterministische beschränkte Prozesse $\Lambda^{(1)}, \ldots, \Lambda^{(p)} \in \mathfrak{L}^2$ durch:

$$\Lambda_t^{(j)} := \sum_{k=1}^{n} \lambda^{(k,j)}\, 1_{(t_{k-1}, t_k]}(t).$$

Wir definieren ferner einen stochastischen Prozess Ψ durch:

$$\Psi_t := \exp\Big(-\frac{1}{2} \sum_{j=1}^{p} \int_0^T (B_t^{(j)} - i\,\Lambda_t^{(j)})^2\, \mathrm{d}t - \sum_{j=1}^{p} \int_0^T (B_t^{(j)} - i\,\Lambda_t^{(j)})\, \mathrm{d}\mathcal{W}_t^{(j)} \Big).$$

Nach Konstruktion gilt:

$$\varphi^Q_{(W_{t_1}^{(1)} - W_{t_0}^{(1)}, \ldots, W_{t_n}^{(p)} - W_{t_{n-1}}^{(p)})}(\lambda^{(1,1)}, \ldots, \lambda^{(n,p)})$$

$$= E_Q\Big[\exp\Big(i \sum_{k=1}^{n} \sum_{j=1}^{p} \lambda^{(k,j)}\, (W_{t_k}^{(j)} - W_{t_{k-1}}^{(j)}) \Big) \Big]$$

$$= E_P\Big[\exp\Big(i\sum_{k=1}^{n}\sum_{j=1}^{p}\lambda^{(k,j)}\int_{t_{k-1}}^{t_k} B_t^{(j)}\,\mathrm{d}t$$

$$+\,i\sum_{k=1}^{n}\sum_{j=1}^{p}\lambda^{(k,j)}\,(\mathcal{W}_{t_k}^{(j)}-\mathcal{W}_{t_{k-1}}^{(j)})\Big)\,\Phi_T\Big]$$

$$= E_P\Big[\exp\Big(i\sum_{j=1}^{p}\int_0^T \Lambda_t^{(j)}\,B_t^{(j)}\,\mathrm{d}t + i\sum_{j=1}^{p}\int_0^T \Lambda_t^{(j)}\,\mathrm{d}\mathcal{W}_t^{(j)}\Big)\,\Phi_T\Big]$$

$$= E_P\Big[\exp\Big(-\frac{1}{2}\sum_{j=1}^{p}\int_0^T (|B_t^{(j)}|^2 - 2i\,\Lambda_t^{(j)}\,B_t^{(j)})\,\mathrm{d}t$$

$$-\sum_{j=1}^{p}\int_0^T (B_t^{(j)} - i\,\Lambda_t^{(j)})\,\mathrm{d}\mathcal{W}_t^{(j)}\Big)\Big]$$

$$= \exp\Big(-\frac{1}{2}\sum_{j=1}^{p}\int_0^T |\Lambda_t^{(j)}|^2\,\mathrm{d}t\Big)\,E_P[\Psi_T]$$

$$= \exp\Big(-\frac{1}{2}\sum_{k=1}^{n}\sum_{j=1}^{p}|\lambda^{(k,j)}|^2\,(t_k - t_{k-1})\Big)\,E_P[\Psi_T].$$

Wie in (a) und (b) erhalten wir:

$$E_P[\Psi_T] = E_P[\Psi_0] = 1.$$

Daraus folgt:

$$\varphi^Q_{(W_{t_1}^{(1)}-W_{t_0}^{(1)},\ldots,W_{t_n}^{(p)}-W_{t_{n-1}}^{(p)})}(\lambda^{(1,1)},\ldots,\lambda^{(n,p)})$$

$$= \exp\Big(-\frac{1}{2}\sum_{k=1}^{n}\sum_{j=1}^{p}|\lambda^{(k,j)}|^2\,(t_k - t_{k-1})\Big).$$

Für $B^{(1)} = \ldots = B^{(p)} = 0$ erhalten wir insbesondere:

$$\varphi^P_{(\mathcal{W}_{t_1}^{(1)}-\mathcal{W}_{t_0}^{(1)},\ldots,\mathcal{W}_{t_n}^{(p)}-\mathcal{W}_{t_{n-1}}^{(p)})}(\lambda^{(1,1)},\ldots,\lambda^{(n,p)})$$

$$= \exp\Big(-\frac{1}{2}\sum_{k=1}^{n}\sum_{j=1}^{p}|\lambda^{(k,j)}|^2\,(t_k - t_{k-1})\Big).$$

Dabei waren $\lambda^{(1,1)},\ldots,\lambda^{(n,p)} \in \mathbb{R}$ beliebig. Nach Theorem 8.22 folgt daraus:

$$Q_{(W_{t_1}^{(1)}-W_{t_0}^{(1)},\ldots,W_{t_n}^{(p)}-W_{t_{n-1}}^{(p)})} = P_{(\mathcal{W}_{t_1}^{(1)}-\mathcal{W}_{t_0}^{(1)},\ldots,\mathcal{W}_{t_n}^{(p)}-\mathcal{W}_{t_{n-1}}^{(p)})}.$$

Damit ist die Behauptung bewiesen.

(d) Wir definieren eine Folge $(\tau^{(n)})_{n\in\mathbb{N}}$ von Stoppzeiten durch:

$$\tau^{(n,i)}(\omega) := T \wedge \inf\Big\{t\in[0,T]\ \Big|\ \int_0^t |\beta_s^{(i)}(\omega)|^2\,\mathrm{d}s \geq n\Big\}.$$

$$\tau^{(n)}(\omega) := \tau^{(n,1)}(\omega) \wedge \tau^{(n,p)}(\omega).$$

Nach Konstruktion gilt:

$$\tau^{(n)} \xrightarrow{n\to\infty} T \quad \text{(fast sicher)}.$$

Mit Hilfe von Theorem 8.11, Theorem 8.12 und Theorem 8.13 erhalten wir:

$$\begin{aligned}
&1_{\{t<\tau^{(n)}\}}\, X^{t\wedge\tau^{(n)}} \\
&= 1_{\{t<\tau^{(n)}\}}\, Z + \int_0^{t\wedge\tau^{(n)}} 1_{\{s<\tau^{(n)}\}}\, \alpha_s \,\mathrm{d}s + \sum_{i=1}^{p} \int_0^{t\wedge\tau^{(n)}} 1_{\{s<\tau^{(n)}\}}\, \beta_s^{(i)}\, B_s^{(i)} \,\mathrm{d}s \\
&\quad + \sum_{i=1}^{p} \int_0^{t\wedge\tau^{(n)}} 1_{\{s<\tau^{(n)}\}}\, \beta_s^{(i)} \,\mathrm{d}\mathcal{W}_s^{(i)} \quad \text{(fast sicher)}.
\end{aligned}$$

Dabei sind die Itoschen Integrale bzgl. P definiert. Wir definieren stochastische Prozesse $\gamma^{(1)}, \ldots, \gamma^{(p)} \in \mathfrak{L}^2(P) \cap \mathfrak{L}^2(Q)$ durch:

$$\gamma_t^{(i)} := 1_{\{t<\tau^{(n)}\}}\, \beta_t^{(i)}.$$

Nach Theorem 8.10 gibt es Folgen $(\gamma^{(1,\nu)})_{\nu\in\mathbb{N}}$, $\ldots$, $(\gamma^{(p,\nu)})_{\nu\in\mathbb{N}}$ in $\mathfrak{S}$ mit folgenden Eigenschaften:

$$\lim_{\nu\to\infty} \left\| \gamma^{(i,\nu)} - \gamma^{(i)} \right\|_{\mathfrak{L}^2(P)} = 0.$$

$$\lim_{\nu\to\infty} \left\| \gamma^{(i,\nu)} - \gamma^{(i)} \right\|_{\mathfrak{L}^2(Q)} = 0.$$

Nach der Itoschen Isometrie gilt nach eventuellem Übergang zu einer Teilfolge:

$$\begin{aligned}
&1_{\{t<\tau^{(n)}\}}\, X^{t\wedge\tau^{(n)}} \\
&= 1_{\{t<\tau^{(n)}\}}\, Z + \int_0^{t\wedge\tau^{(n)}} 1_{\{s<\tau^{(n)}\}}\, \alpha_s \,\mathrm{d}s \\
&\quad + \sum_{i=1}^{p} \int_0^{t\wedge\tau^{(n)}} \gamma_s^{(i)}\, B_s^{(i)} \,\mathrm{d}s + \sum_{i=1}^{p} \int_0^{t\wedge\tau^{(n)}} \gamma_s^{(i)} \,\mathrm{d}\mathcal{W}_s^{(i)} \\
&= 1_{\{t<\tau^{(n)}\}}\, Z + \int_0^{t\wedge\tau^{(n)}} 1_{\{s<\tau^{(n)}\}}\, \alpha_s \,\mathrm{d}s \\
&\quad + \lim_{\nu\to\infty} \Big(\sum_{i=1}^{p} \int_0^{t\wedge\tau^{(n)}} \gamma_s^{(i,\nu)}\, B_s^{(i)} \,\mathrm{d}s + \sum_{i=1}^{p} \int_0^{t\wedge\tau^{(n)}} \gamma_s^{(i,\nu)} \,\mathrm{d}\mathcal{W}_s^{(i)} \Big)
\end{aligned}$$

(fast sicher).

Dabei sind die Itoschen Integrale bzgl. P definiert. Nach Konstruktion gilt:

$$\sum_{i=1}^{p} \int_0^{t\wedge\tau^{(n)}} \gamma_s^{(i,\nu)}\, B_s^{(i)} \,\mathrm{d}s + \sum_{i=1}^{p} \int_0^{t\wedge\tau^{(n)}} \gamma_s^{(i,\nu)} \,\mathrm{d}\mathcal{W}_s^{(i)} = \sum_{i=1}^{p} \int_0^{t\wedge\tau^{(n)}} \gamma_s^{(i,\nu)} \,\mathrm{d}W_s^{(i)}.$$

Dabei sind die Itoschen Integrale bzgl. P und Q gleichermaßen definiert. Nach der Itoschen Isometrie gilt nach eventuellem Übergang zu einer weiteren Teilfolge:

$$\lim_{\nu\to\infty} \sum_{i=1}^{p} \int_0^{t\wedge\tau^{(n)}} \gamma_s^{(i,\nu)} \, \mathrm{d}W_s^{(i)} = \sum_{i=1}^{p} \int_0^{t\wedge\tau^{(n)}} \gamma_s^{(i)} \, \mathrm{d}W_s^{(i)} \quad \text{(fast sicher)}.$$

Dabei sind die Itoschen Integrale bzgl. Q definiert. Daraus folgt insgesamt:

$$\begin{aligned}
&1_{\{t<\tau^{(n)}\}} X^{t\wedge\tau^{(n)}} \\
&= 1_{\{t<\tau^{(n)}\}} Z + \int_0^{t\wedge\tau^{(n)}} 1_{\{s<\tau^{(n)}\}} \alpha_s \, \mathrm{d}s + \sum_{i=1}^{p} \int_0^{t\wedge\tau^{(n)}} \gamma_s^{(i)} \, \mathrm{d}W_s^{(i)} \\
&= 1_{\{t<\tau^{(n)}\}} Z + \int_0^{t\wedge\tau^{(n)}} 1_{\{s<\tau^{(n)}\}} \alpha_s \, \mathrm{d}s + \sum_{i=1}^{p} \int_0^{t\wedge\tau^{(n)}} 1_{\{s<\tau^{(n)}\}} \beta_s^{(i)} \, \mathrm{d}W_s^{(i)} \\
&\text{(fast sicher)}.
\end{aligned}$$

Dabei sind die Itoschen Integrale bzgl. Q definiert. Daraus folgt schließlich:

$$X_t = Z + \int_0^t \alpha_s \, \mathrm{d}s + \sum_{i=1}^{p} \int_0^t \beta_s^{(i)} \, \mathrm{d}W_s^{(i)} \quad \text{(fast sicher)}.$$

Dabei sind die Itoschen Integrale bzgl. Q definiert. Damit ist die Behauptung bewiesen.

□

9 Aktienmärkte

Ausgestattet mit dem in Abschnitt 8 entwickelten mathematischen Rüstzeug formulieren wir in diesem Abschnitt eine Rahmentheorie für Finanzmarktmodelle mit stetiger Zeitskala in Analogie zu der im ersten Hauptteil entwickelten Rahmentheorie für Finanzmarktmodelle mit diskreter Zeitskala. Dazu betrachten wir einen Geldkontoprozess, den wir als Numeraire verwenden, sowie die Preisprozesse der zugrunde liegenden Assets, die wir mit Hilfe von Itoschen Integralen modellieren. Die spezielle von uns gewählte Form der Itoschen Integrale für die Preisprozesse ist typisch für die Modellierung von Aktien, kommt aber z.B. auch bei der Modellierung von Rohstoffen zum Einsatz. Durch Anwendung des Satzes von Girsanov erhalten wir die Existenz eines äquivalenten Martingalmaßes, also die Arbitragefreiheit unseres Finanzmarktmodells. Mit Hilfe des Darstellungssatzes für Brownsche Martingale erhalten wir ferner die Vollständigkeit unseres Finanzmarktmodells in Form des allgemeinen Prinzips der risikoneutralen Bewertung. Im Gegensatz zu der im ersten Hauptteil untersuchten Rahmentheorie für Finanzmarktmodelle mit diskreter Zeitskala sind die Arbitragefreiheit und die Vollständigkeit also keine zusätzlichen Forderungen, sondern direkte Eigenschaften der in diesem Abschnitt entwickelten Rahmentheorie. In diesem Sinne ist die in diesem Abschnitt entwickelte Rahmentheorie also weniger allgemein als die des ersten Hauptteils.

Durch Anwendung des Prinzips der risikoneutralen Bewertung erhalten wir faire Preise für Derivate mit europäischem Ausübungsrecht, Derivate mit amerikanischem Ausübungsrecht und Futurekontrakte.[27] Als Beispiele für konkrete Aktienmarktmodelle behandeln wir das bekannte Black–Scholes Modell, Modelle mit lokaler Volatilität sowie Modelle mit stochastischer Volatilität. Schließlich wenden wir die in Abschnitt 8 entwickelten Feynman–Kac Formeln auf unser Finanzmarktmodell an und erhalten so Darstellungsformeln für die fairen Preise von Derivaten mit Hilfe von Lösungen partieller Differentialgleichungen. Diese Darstellungsformeln spielen in der Praxis eine wichtige Rolle, weil für viele dieser partiellen Differentialgleichungen entweder explizite Lösungen bekannt sind oder effiziente numerische Lösungsmethoden bereit stehen. Als Beispiel betrachten wir das Black–Scholes Modell. Insbesondere zeigen wir die Äquivalenz zwischen der zugehörigen Black–Scholes Differentialgleichung und der Wärmeleitungsgleichung.

9.1 Modellierung von Aktienmärkten

In diesem Abschnitt formulieren wir unser allgemeines Finanzmarktmodell.

Zeit

Wir betrachten das folgende Zeitintervall:

$$I := [0, T].$$

Dabei bezeichnet $t = 0$ die Gegenwart, und $t > 0$ bezeichnet zukünftige Zeitpunkte.

Ereignisraum

Wir betrachten den folgenden Ereignisraum mit Wahrscheinlichkeitsstruktur:

1. Sei Ω eine beliebige Menge.

[27] Derivate mit eingeschränktem amerikanischem Ausübungsrecht, sog. Bermuda–Derivate, bei denen der Halter ein Ausübungsrecht zu diskreten Zeitpunkten besitzt, werden ebenfalls behandelt.

2. Sei $\mathcal{F}$ eine σ–Algebra über Ω.

3. Sei $P : \mathcal{F} \longrightarrow [0,1]$ ein Wahrscheinlichkeitsmaß.

4. Sei $(\mathcal{F}_t)_{t \in I}$ eine Filtration mit $\mathcal{F}_t \subset \mathcal{F}$.

Brownsche Bewegungen

Wir betrachten die folgenden Brownschen Bewegungen:

1. Seien $\mathcal{W}^{(1)}, \ldots, \mathcal{W}^{(p)}$ unabhängige Brownsche Bewegungen.

2. Sei $(\mathcal{F}_t)_{t \in I}$ die von $\mathcal{W}^{(1)}, \ldots, \mathcal{W}^{(p)}$ erzeugte Brownsche Filtration.

Bemerkung

Nach Konstruktion gilt:

$$\mathcal{F}_0 = \{\emptyset, \Omega\}.$$

Insbesondere gilt:

(a) Jede $\mathcal{F}_0/\mathcal{B}$–messbare Zufallsvariable ist fast sicher konstant.

(b) Sei Z eine integrierbare Zufallsvariable. Dann gilt:

$$E_P[Z|\mathcal{F}_0] = E_P[Z] \quad \text{(fast sicher)}.$$

Notation

1. Seien $x^1, \ldots, x^p \in \mathbb{R}$. Wir schreiben:

$$\tilde{x} := (x^1, \ldots, x^p).$$

2. Seien $Z^{(1)}, \ldots, Z^{(p)}$ Zufallsvariablen. Wir schreiben:

$$\tilde{Z} := (Z^{(1)}, \ldots, Z^{(p)}).$$

3. Seien $X^{(1)}, \ldots, X^{(p)}$ stochastische Prozesse. Wir schreiben:

$$\tilde{X}_t := (X_t^{(1)}, \ldots, X_t^{(p)}).$$

Geldkontoprozess

Wir betrachten einen positiven Geldkontoprozess $S^{(0)}$. $S^{(0)}$ beschreibt die Wertentwicklung einer Geldeinheit, welche zur Zeit $t = 0$ in ein Geldkonto investiert wird. Sei dazu folgende Voraussetzung gegeben:

- $r \in \mathfrak{C}$ ist beschränkt.

Wir nehmen an, dass $S^{(0)}$ folgende Darstellung besitzt:

$$S_t^{(0)} = 1 + \int_0^t r_s\, S_s^{(0)}\, \mathrm{d}s.$$

Dabei bezeichnet r die *Zinsrate*. Nach der Itoschen Formel gilt:

$$S_t^{(0)} = \exp\Big(\int_0^t r_s\, \mathrm{d}s \Big).$$

Insbesondere gilt:

- $S^{(0)} \in \mathfrak{C}$ ist beschränkt.

Assetpreisprozesse

Wir betrachten Assetpreisprozesse $S^{(1)}, \ldots, S^{(p)}$. $S^{(i)}$ beschreibt die Wertentwicklung einer Geldeinheit, welche zur Zeit $t = 0$ in ein Asset (z.B. eine Aktie) investiert wird. Seien dazu folgende Voraussetzungen gegeben:

1. $\mu^{(1)}, \ldots, \mu^{(p)} \in \mathfrak{C}$ sind beschränkt.
2. $\sigma^{(1,1)}, \ldots, \sigma^{(p,p)} \in \mathfrak{C}$ sind beschränkt.

Wir nehmen an, dass $S^{(i)}$ folgende Darstellung besitzt:

$$S_t^{(i)} = 1 + \int_0^t \mu_s^{(i)}\, S_s^{(i)}\, \mathrm{d}s + \sum_{j=1}^{p} \int_0^t \sigma_s^{(i,j)}\, S_s^{(i)}\, \mathrm{d}\mathcal{W}_s^{(j)}.$$

Dabei bezeichnet μ die *Drift* und σ die *Volatilität*. Nach der Itoschen Formel gilt:

$$S_t^{(i)} = \exp\Big(\int_0^t \mu_s^{(i)}\, \mathrm{d}s - \frac{1}{2} \sum_{j=1}^{p} \int_0^t |\sigma_s^{(i,j)}|^2\, \mathrm{d}s + \sum_{j=1}^{p} \int_0^t \sigma_s^{(i,j)}\, \mathrm{d}\mathcal{W}_s^{(j)} \Big).$$

Nach dem Satz von Girsanov gilt:

- $S^{(i)} \in \mathfrak{C}(P)$.

Dividenden

Seien $S^{(1)}, \ldots, S^{(p)}$ die Preisprozesse von Aktien. Wir betrachten Dividendenprozesse $D^{(1)}$, $\ldots, D^{(p)}$. $D^{(i)}$ beschreibt die Wertentwicklung der Dividendenzahlungen, welche man durch Investition einer Geldeinheit zur Zeit $t = 0$ in die Aktie $S^{(i)}$ erhält. Seien dazu folgende Voraussetzungen gegeben:

- $\delta^{(1)}, \ldots, \delta^{(p)} \in \mathfrak{C}$ sind beschränkt.

Wir nehmen an, dass $D^{(i)}$ folgende Darstellung besitzt:

$$D_t^{(i)} = \int_0^t \delta_s^{(i)}\, S_s^{(i)}\, \mathrm{d}s.$$

Dabei bezeichnet $\delta^{(i)}$ die *Dividendenrate*. Wir nehmen an, dass die Dividendenzahlungen die Aktienpreise reduzieren, d.h. wir nehmen nun an, dass $S^{(i)}$ folgende Darstellung besitzt:

$$S_t^{(i)} = 1 + \int_0^t (\mu_s^{(i)} - \delta_s^{(i)})\, S_s^{(i)}\, \mathrm{d}s + \sum_{j=1}^p \int_0^t \sigma_s^{(i,j)}\, S_s^{(i)}\, \mathrm{d}\mathcal{W}_s^{(j)}.$$

Wir definieren stochastische Prozesse $\hat{S}^{(1)}, \ldots, \hat{S}^{(p)}$ durch:

$$\hat{S}_t^{(i)} := \exp\Big(\int_0^t \delta_s^{(i)}\, \mathrm{d}s\Big)\, S_t^{(i)}.$$

Nach der Itoschen Formel besitzt $\hat{S}^{(i)}$ folgende Darstellung:

$$\hat{S}_t^{(i)} = 1 + \int_0^t \mu_s^{(i)}\, \hat{S}_s^{(i)}\, \mathrm{d}s + \sum_{j=1}^p \int_0^t \sigma_s^{(i,j)}\, \hat{S}_s^{(i)}\, \mathrm{d}\mathcal{W}_s^{(j)}.$$

$\hat{S}^{(i)}$ ist genau der Preisprozess einer Aktie ohne Dividendenzahlungen. Deshalb beschränken wir uns im Folgenden o.B.d.A. auf den Fall $\delta = 0$.

Wertprozesse

Wir betrachten Wertprozesse von Portfolios.

(a) Sei $(H^{(0)}, \tilde{H})$ eine *Handelsstrategie*, d.h. es gilt folgende Aussage:

- $H^{(0)}, \ldots, H^{(p)}$ sind progressiv messbar.

(b) Wir betrachten ein Portfolio, das aus $H^{(0)}$ Anteilen des Geldkontos sowie $H^{(0)}, \ldots,$ $H^{(p)}$ Anteilen der Assets besteht. Wir definieren den zugehörigen Wertprozess durch:

$$(U[H^{(0)}, \tilde{H}])_t = \sum_{i=0}^p H_t^{(i)}\, S_t^{(i)}.$$

Dabei bezeichnet $(U[H^{(0)}, \tilde{H}])_t$ den Wert des Portfolios zur Zeit $t \in I$. Nach Konstruktion gilt:

- $U[H^{(0)}, \tilde{H}]$ ist progressiv messbar.

Diskontierte Prozesse

Sei X ein stochastischer Prozess. Wir definieren den zugehörigen diskontierten Prozess durch:

$$X_t^* := \frac{X_t}{S_t^{(0)}} = \exp\Big(-\int_0^t r_s\, \mathrm{d}s\Big)\, X_t.$$

M.a.W. wir verwenden den Geldkontoprozess als *Numeraire*, d.h. als Vergleichsgröße für Wertentwicklungen.

Bemerkung

Mit Hilfe der Itoschen Formel erhalten wir:

$$(S^{(0)})^* = 1.$$

$$(S^{(i)})^*_t = 1 + \int_0^t (\mu^{(i)}_s - r_s)\,(S^{(i)})^*_s\,\mathrm{d}s + \sum_{j=1}^{p} \int_0^t \sigma^{(i,j)}_s\,(S^{(i)})^*_s\,\mathrm{d}\mathcal{W}^{(j)}_s.$$

$$(U[H^{(0)}, \tilde{H}])^*_t = H^{(0)}_t + \sum_{i=1}^{p} H^{(i)}_t\,(S^{(i)})^*_t.$$

Marktpreis des Risikos

Wir nehmen im Folgenden an, dass die Volatilitätsmatrix σ invertierbar ist. Seien dazu folgende Voraussetzungen gegeben:

1. $\overline{\sigma}^{(1,1)}, \ldots, \overline{\sigma}^{(p,p)} \in \mathfrak{C}$ sind beschränkt.

2. Es gilt:

$$\sum_{j=1}^{p} \sigma^{(i,j)}_t\,\overline{\sigma}^{(j,k)}_t = \delta_{ik}.$$

   Dabei bezeichnet δ_{ik} das Kronecker–Symbol.

Wir definieren beschränkte Prozesse $\rho^{(1)}, \ldots, \rho^{(p)} \in \mathfrak{C}$ durch:

$$\rho^{(j)}_t := \sum_{k=1}^{p} \overline{\sigma}^{(j,k)}_t\,(\mu^{(k)}_t - r_t).$$

$\rho^{(j)}$ heißt *Marktpreis des Risikos*. Nach Konstruktion gilt für die Assetpreisprozesse:

$$S^{(i)}_t = 1 + \int_0^t r_s\,S^{(i)}_s\,\mathrm{d}s + \sum_{j=1}^{p} \int_0^t \sigma^{(i,j)}_s\,S^{(i)}_s\,\rho^{(j)}_s\,\mathrm{d}s + \sum_{j=1}^{p} \int_0^t \sigma^{(i,j)}_s\,S^{(i)}_s\,\mathrm{d}\mathcal{W}^{(j)}_s.$$

$$(S^{(i)})^*_t = 1 + \sum_{j=1}^{p} \int_0^t \sigma^{(i,j)}_s\,(S^{(i)})^*_s\,\rho^{(j)}_s\,\mathrm{d}s + \sum_{j=1}^{p} \int_0^t \sigma^{(i,j)}_s\,(S^{(i)})^*_s\,\mathrm{d}\mathcal{W}^{(j)}_s.$$

Äquivalentes Martingalmaß

Wir wenden nun den Satz von Girsanov auf unser Finanzmarktmodell an.

1. Wir definieren einen stochastischen Prozess $\Phi \in \mathfrak{M}(P)$ durch:

$$\Phi_t := \exp\Big(-\frac{1}{2} \sum_{j=1}^{p} \int_0^t |\rho^{(j)}_s|^2\,\mathrm{d}s - \sum_{j=1}^{p} \int_0^t \rho^{(j)}_s\,\mathrm{d}\mathcal{W}^{(j)}_s \Big).$$

2. Wir definieren ein äquivalentes Wahrscheinlichkeitsmaß $Q : \mathcal{F} \longrightarrow [0,1]$ durch:

$$Q(A) := E_P[1_A\,\Phi_T].$$

3. Wir definieren unabhängige Brownsche Bewegungen $W^{(1)}, \ldots, W^{(p)}$ bzgl. Q durch:

$$W_t^{(j)} := \int_0^t \rho_s^{(j)} \, \mathrm{d}s + \mathcal{W}_t^{(j)}.$$

4. Die Preisprozesse $S^{(1)}, \ldots, S^{(p)}$ der Assets besitzen folgende Darstellung bzgl. Q:

$$S_t^{(i)} = 1 + \int_0^t r_s \, S_s^{(i)} \, \mathrm{d}s + \sum_{j=1}^p \int_0^t \sigma_s^{(i,j)} \, S_s^{(i)} \, \mathrm{d}W_s^{(j)}.$$

$$(S^{(i)})_t^* = 1 + \sum_{j=1}^p \int_0^t \sigma_s^{(i,j)} \, (S^{(i)})_s^* \, \mathrm{d}W_s^{(j)}.$$

Nach der Itoschen Formel gilt:

$$S_t^{(i)} = \exp\Big(\int_0^t r_s \, \mathrm{d}s - \frac{1}{2} \sum_{j=1}^p \int_0^t |\sigma_s^{(i,j)}|^2 \, \mathrm{d}s + \sum_{j=1}^p \int_0^t \sigma_s^{(i,j)} \, \mathrm{d}W_s^{(j)} \Big).$$

$$(S^{(i)})_t^* = \exp\Big(-\frac{1}{2} \sum_{j=1}^p \int_0^t |\sigma_s^{(i,j)}|^2 \, \mathrm{d}s + \sum_{j=1}^p \int_0^t \sigma_s^{(i,j)} \, \mathrm{d}W_s^{(j)} \Big).$$

Insbesondere gilt:

$$S^{(i)} \in \mathfrak{C}(Q).$$

$$(S^{(i)})^* \in \mathfrak{M}(Q).$$

D.h. die diskontierten Assetpreisprozesse sind Martingale bzgl. Q.

Bemerkung

Nach dem Satz von Girsanov ist die Existenz eines äquivalenten Martingalmaßes für das M–Perioden–Finanzmarktmodell des ersten Hauptteils äquivalent zu dessen Arbitragefreiheit und ist somit eine zusätzliche Annahme. Im Gegensatz dazu existiert nach dem Satz von Girsanov für das in diesem Abschnitt betrachtete Finanzmarktmodell immer ein äquivalentes Martingalmaß. Der Grund für diesen Unterschied liegt darin, dass wir im Rahmen des M–Perioden–Finanzmarktmodells des ersten Hauptteils beliebige nichtnegative adaptierte stochastische Prozesse als Geldkontoprozess und als Assetpreisprozesse zugelassen haben, während wir für das in diesem Abschnitt betrachtete Finanzmarktmodell spezielle Annahmen über die Darstellung des Geldkontoprozesses und der Assetpreisprozesse als Itosche Integrale getroffen haben. Insbesondere haben wir angenommen, dass die Drifts der Assetpreisprozesse die Anwendung des Satzes von Girsanov zulassen.

9.2 Handelsstrategien und Wertprozesse

In diesem Abschnitt charakterisieren wir selbstfinanzierende Handelsstrategien. Insbesondere zeigen wir, dass der Wertprozess zu einer selbstfinanzierenden Handelsstrategie ein Martingal bzgl. des äquivalenten Martingalmaßes Q ist.

Theorem 9.1

Sei $(H^{(0)}, \tilde{H})$ eine Handelsstrategie. Dann sind folgende Aussagen äquivalent:

(a) $U[H^{(0)}, \tilde{H}] \in \mathfrak{I}$ *mit folgender Darstellung:*

$$(U[H^{(0)}, \tilde{H}])_t = (U[H^{(0)}, \tilde{H}])_0 + \sum_{i=0}^{p} \int_0^t H_s^{(i)} \,\mathrm{d}S_s^{(i)}.$$

(b) $(U[H^{(0)}, \tilde{H}])^* \in \mathfrak{I}$ *mit folgender Darstellung:*

$$(U[H^{(0)}, \tilde{H}])_t^* = (U[H^{(0)}, \tilde{H}])_0^* + \sum_{i=1}^{p} \int_0^t H_s^{(i)} \,\mathrm{d}(S^{(i)})_s^*.$$

$(H^{(0)}, \tilde{H})$ *heißt* selbstfinanzierend, *falls eine der obigen Aussagen wahr ist.*

Literaturhinweis

- Siehe [20], Proposition 4.1.2, S. 65.

Beweis

1. Sei X ein stochastischer Prozess. Nach Konstruktion gilt:

$$X_t^* = \exp\Big(-\int_0^t r_s \,\mathrm{d}s\Big) X_t.$$

$$X_t = \exp\Big(\int_0^t r_s \,\mathrm{d}s\Big) X_t^*.$$

2. Seien $X, X^* \in \mathfrak{I}$. Nach Punkt 1 und der Itoschen Formel gilt:

$$\begin{aligned} X_t^* &= X_0^* + \int_0^t \exp\Big(-\int_0^s r_\theta \,\mathrm{d}\theta\Big) \mathrm{d}X_s - \int_0^t r_s \exp\Big(-\int_0^s r_\theta \,\mathrm{d}\theta\Big) X_s \,\mathrm{d}s \\ &= X_0^* + \int_0^t \exp\Big(-\int_0^s r_\theta \,\mathrm{d}\theta\Big) \mathrm{d}X_s - \int_0^t r_s X_s^* \,\mathrm{d}s. \end{aligned}$$

$$\begin{aligned} X_t &= X_0 + \int_0^t \exp\Big(\int_0^s r_\theta \,\mathrm{d}\theta\Big) \mathrm{d}X_s^* + \int_0^t r_s \exp\Big(\int_0^s r_\theta \,\mathrm{d}\theta\Big) X_s^* \,\mathrm{d}s \\ &= X_0 + \int_0^t \exp\Big(\int_0^s r_\theta \,\mathrm{d}\theta\Big) \mathrm{d}X_s^* + \int_0^t r_s X_s \,\mathrm{d}s. \end{aligned}$$

3. Nach Konstruktion gilt:

$$(U[H^{(0)}, \tilde{H}])_t = \sum_{i=0}^{p} H_t^{(i)}\, S_t^{(i)}.$$

$$(U[H^{(0)}, \tilde{H}])_t^* = \sum_{i=0}^{p} H_t^{(i)}\, (S^{(i)})_t^*.$$

4. Nach Konstruktion gilt:

$$(S^{(0)})_t^* = 1.$$

Daraus folgt:

$$\int_0^t H_s^{(0)}\, \mathrm{d}(S^{(0)})_s^* = 0.$$

5. *Wir zeigen:* (a) $\Longrightarrow$ (b).
Sei dazu $U[H^{(0)}, \tilde{H}] \in \mathfrak{I}$ mit folgender Darstellung:

$$(U[H^{(0)}, \tilde{H}])_t = (U[H^{(0)}, \tilde{H}])_0 + \sum_{i=0}^{p} \int_0^t H_s^{(i)}\, \mathrm{d}S_s^{(i)}.$$

Nach Punkt 2 sowie der Itoschen Formel gilt:

$$\int_0^t H_s^{(i)}\, \mathrm{d}(S^{(i)})_s^* = \int_0^t \exp\Big(-\int_0^s r_\theta\, \mathrm{d}\theta\Big)\, H_s^{(i)}\, \mathrm{d}S_s^{(i)} - \int_0^t r_s\, H_s^{(i)}\, (S^{(i)})_s^*\, \mathrm{d}s.$$

Nach Punkt 2, Punkt 3, Punkt 4 sowie der Itoschen Formel folgt daraus:

$$\begin{aligned}
(U[H^{(0)}, \tilde{H}])_t^* &= (U[H^{(0)}, \tilde{H}])_0^* + \int_0^t \exp\Big(-\int_0^s r_\theta\, \mathrm{d}\theta\Big)\, \mathrm{d}(U[H^{(0)}, \tilde{H}])_s \\
&\quad - \int_0^t r_s\, (U[H^{(0)}, \tilde{H}])_s^*\, \mathrm{d}s \\
&= (U[H^{(0)}, \tilde{H}])_0^* + \sum_{i=0}^{p} \int_0^t \exp\Big(-\int_0^s r_\theta\, \mathrm{d}\theta\Big)\, H_s^{(i)}\, \mathrm{d}S_s^{(i)} \\
&\quad - \sum_{i=0}^{p} \int_0^t r_s\, H_s^{(i)}\, (S^{(i)})_s^*\, \mathrm{d}s \\
&= (U[H^{(0)}, \tilde{H}])_0^* + \sum_{i=0}^{p} \int_0^t H_s^{(i)}\, \mathrm{d}(S^{(i)})_s^* \\
&= (U[H^{(0)}, \tilde{H}])_0^* + \sum_{i=1}^{p} \int_0^t H_s^{(i)}\, \mathrm{d}(S^{(i)})_s^*.
\end{aligned}$$

6. *Wir zeigen:* (b) $\Longrightarrow$ (a).

   Der Beweis folgt analog zu Punkt 5.

□

Theorem 9.2

Sei $(H^{(0)}, \tilde{H})$ eine Handelsstrategie mit folgenden Eigenschaften:

1. *$(H^{(0)}, \tilde{H})$ ist selbstfinanzierend.*
2. *$\forall\, i = 1, \ldots, p$:*
$$H^{(i)}\,(S^{(i)})^* \in \mathfrak{L}^2(Q).$$

Dann gilt:

$$(U[H^{(0)}, \tilde{H}])^* \in \mathfrak{M}(Q).$$

Insbesondere ist der diskontierte Wertprozess $(U[H^{(0)}, \tilde{H}])^*$ ein Martingal bzgl. Q.

Beweis

Nach Theorem 9.1 und dem Satz von Girsanov besitzt $(U[H^{(0)}, \tilde{H}])^*$ folgende Darstellung bzgl. Q:

$$\begin{aligned}(U[H^{(0)}, \tilde{H}])^*_t &= (U[H^{(0)}, \tilde{H}])^*_0 + \sum_{i=1}^{p} \int_0^t H^{(i)}_s \,\mathrm{d}(S^{(i)})^*_s \\ &= (U[H^{(0)}, \tilde{H}])^*_0 + \sum_{i=1}^{p} \sum_{j=1}^{p} \int_0^t \sigma^{(i,j)}_s\, H^{(i)}_s\, (S^{(i)})^*_s \,\mathrm{d}W^{(j)}_s .\end{aligned}$$

Nach Voraussetzung ist $\sigma^{(i,j)} \in \mathfrak{C}$ beschränkt. Also ist $\sigma^{(i,j)}\, H^{(i)}\, (S^{(i)})^* \in \mathfrak{L}^2(Q)$. Also ist $(U[H^{(0)}, \tilde{H}])^* \in \mathfrak{M}(Q)$.

□

9.3 Bewertung von Derivaten

In diesem Abschnitt wenden wir uns wiederum dem zentralen Thema dieses Lehrbuchs zu, der Bewertung von Optionen und anderen Derivaten. Dabei gehen wir analog zum ersten Hauptteil vor. Wir definieren den *fairen Preis* eines Derivats als den eindeutig bestimmten Wert eines replizierenden Portfolios zur Zeit $t = 0$. Ferner beweisen wir das *Prinzip der risikoneutralen Bewertung* mit Hilfe des Darstellungssatzes für Brownsche Martingale.

Derivate

Ein *Derivat* bezeichnet allgemein einen Finanzkontrakt, welcher zukünftige Zahlungen festlegt. In unserem Finanzmarktmodell verstehen wir unter einem Derivat eine Zufallsvariable Z_T der folgenden Art:

$$Z_T^* \in L^2(\Omega, \mathcal{F}_T, Q).$$

Dabei bezeichnet Z_T eine Zahlung zur Zeit $t = T$, welche durch den Finanzkontrakt festgelegt wird, d.h. wir identifizieren den Finanzkontrakt mit den durch diesen Kontrakt festgelegten Zahlungen.

Problemstellung

Sei Z_T ein Derivat. Gesucht ist der *faire Preis* $Z_0 \in \mathbb{R}$ des zugehörigen Kontraktes zur Zeit $t = 0$.

Fairer Preis

Sei Z_T ein Derivat, sei $(H^{(0)}, \tilde{H})$ eine Handelsstrategie, und seien folgende Voraussetzungen gegeben:

1. $(H^{(0)}, \tilde{H})$ ist selbstfinanzierend.

2. $\forall\, i = 1, \ldots, p$:

$$H^{(i)}\,(S^{(i)})^* \in \mathfrak{L}^2(Q).$$

3. $(H^{(0)}, \tilde{H})$ ist eine *replizierende Handelsstrategie* für Z_T:

$$Z_T = (U[H^{(0)}, \tilde{H}])_T.$$

Wir definieren den fairen Preis Z_0 des Derivates Z_T zur Zeit $t = 0$ durch:

$$Z_0 := (U[H^{(0)}, \tilde{H}])_0.$$

M.a.W. der faire Preis Z_0 des Derivates Z_T ist der eindeutig bestimmte Wert eines *replizierenden Portfolios* $U[H^{(0)}, \tilde{H}]$ zur Zeit $t = 0$.

Bemerkung

Die folgenden Überlegungen sichern die Wohldefiniertheit des fairen Preises.

(a) Nach Konstruktion ist $(U[H^{(0)}, \tilde{H}])_0$ eine $\mathcal{F}_0/\mathcal{B}$–messbare Zufallsvariable, also konstant. Also ist tatsächlich $Z_0 \in \mathbb{R}$.

(b) Sei $(K^{(0)}, \tilde{K})$ eine weitere Handelsstrategie, welche den Voraussetzungen 1, 2 und 3 in der Definition des fairen Preises genügt. Nach Theorem 9.2 gilt:

$$(U[H^{(0)}, \tilde{H}])^* \in \mathfrak{M}(Q).$$

$$(U[K^{(0)}, \tilde{K}])^* \in \mathfrak{M}(Q).$$

Nach Voraussetzung 3 in der Definition des fairen Preises und der Definition der Norm $\|\cdot\|_{\mathfrak{M}(Q)}$ gilt:

$$\left\| (U[H^{(0)}, \tilde{H}])^* - (U[K^{(0)}, \tilde{K}])^* \right\|_{\mathfrak{M}(Q)} = 0.$$

Also ist der Wert des replizierenden Portfolios $U[H^{(0)}, \tilde{H}]$ unabhängig von der speziellen Wahl der Handelsstrategie $(H^{(0)}, \tilde{H})$. Insbesondere ist die Definition des fairen Preises Z_0 für das Derivat Z_T unabhängig von der speziellen Wahl der Handelsstrategie $(H^{(0)}, \tilde{H})$.

Theorem 9.3 (Prinzip der risikoneutralen Bewertung)

Sei Z_T ein Derivat. Dann gilt:

(a) *Es gibt eine Handelsstrategie $(H^{(0)}, \tilde{H})$ mit folgenden Eigenschaften:*

1. *$(H^{(0)}, \tilde{H})$ ist selbstfinanzierend.*
2. *$\forall\, i = 1, \ldots, p$:*

$$H^{(i)}\,(S^{(i)})^* \in \mathfrak{L}^2(Q).$$

3. *$(H^{(0)}, \tilde{H})$ ist eine replizierende Handelsstrategie für Z_T.*

(b) *Das replizierende Portfolio $U[H^{(0)}, \tilde{H}]$ besitzt folgende Darstellung:*

$$(U[H^{(0)}, \tilde{H}])^*_t = E_Q[Z^*_T|\mathcal{F}_t] = E_Q\Big[\exp\Big(-\int_0^T r_t\,\mathrm{d}t\Big)\,Z_T\Big|\mathcal{F}_t\Big].$$

(c) *Der faire Preis Z_0 des Derivates Z_T besitzt folgende Darstellung:*

$$Z_0 = E_Q[Z^*_T] = E_Q\Big[\exp\Big(-\int_0^T r_t\,\mathrm{d}t\Big)\,Z_T\Big].$$

Literaturhinweis

- Siehe [20], Theorem 4.3.2, S. 68.

Beweis

(a) Nach Konstruktion gilt:

$$Z^*_T \in L^2(\Omega, \mathcal{F}_T, Q).$$

Nach dem Darstellungssatz für Brownsche Martingale gibt es eindeutig bestimmte Prozesse $B^{(1)}, \ldots, B^{(p)} \in \mathfrak{L}^2(Q)$ mit folgender Eigenschaft:

$$Z^*_T = E_Q[Z^*_T] + \sum_{j=1}^{p} \int_0^T B^{(j)}_s\,\mathrm{d}W^{(j)}_s \quad \text{(fast sicher)}.$$

Wir definieren Prozesse $H^{(1)}, \ldots, H^{(p)} \in \mathfrak{L}^2_{loc}(Q)$ durch:

$$H^{(i)}_t := \frac{1}{(S^{(i)})^*_t} \sum_{j=1}^{p} B^{(j)}_t\,\overline{\sigma}^{(j,i)}_t.$$

Wir definieren ferner einen Prozess $H^{(0)} \in \mathfrak{L}^2_{loc}(Q)$ durch:

$$H^{(0)}_t := E_Q[Z^*_T|\mathcal{F}_t] - \sum_{i=1}^{p} H^{(i)}_t\,(S^{(i)})^*_t.$$

Damit ist eine Handelsstrategie $(H^{(0)}, \tilde{H})$ definiert. Für den zugehörigen Wertprozess $U[H^{(0)}, \tilde{H}]$ gilt:

$$(U[H^{(0)}, \tilde{H}])_t^* = E_Q[Z_T^* | \mathcal{F}_t] = E_Q[Z_T^*] + \sum_{j=1}^{p} \int_0^t B_s^{(j)} \, \mathrm{d}W_s^{(j)}.$$

Die Handelsstrategie $(H^{(0)}, \tilde{H})$ besitzt folgende Eigenschaften:

1. Nach Konstruktion gilt:

$$(U[H^{(0)}, \tilde{H}])_0^* = E_Q[Z_T^* | \mathcal{F}_0] = E_Q[Z_T^*].$$

$$\begin{aligned}\sum_{j=1}^{p} \int_0^t B_s^{(j)} \, \mathrm{d}W_s^{(j)} &= \sum_{i=1}^{p} \sum_{j=1}^{p} \int_0^t \sigma_s^{(i,j)} \, H_s^{(i)} \, (S^{(i)})_s^* \, \mathrm{d}W_s^{(j)} \\ &= \sum_{i=1}^{p} \int_0^t H_s^{(i)} \, \mathrm{d}(S^{(i)})_s^*.\end{aligned}$$

Daraus folgt:

$$\begin{aligned}(U[H^{(0)}, \tilde{H}])_t^* &= E_Q[Z_T^*] + \sum_{j=1}^{p} \int_0^t B_s^{(j)} \, \mathrm{d}W_s^{(j)} \\ &= (U[H^{(0)}, \tilde{H}])_0^* + \sum_{i=1}^{p} \int_0^t H_s^{(i)} \, \mathrm{d}(S^{(i)})_s^*.\end{aligned}$$

Also ist $(H^{(0)}, \tilde{H})$ selbstfinanzierend.

2. Nach Voraussetzung ist $\overline{\sigma} \in \mathfrak{C}$ beschränkt. Daraus folgt:

$$H^{(i)} \, (S^{(i)})^* \in \mathfrak{L}^2(Q).$$

3. Nach Konstruktion gilt:

$$(U[H^{(0)}, \tilde{H}])_T^* = E_Q[Z_T^* | \mathcal{F}_T] = Z_T^*.$$

Also ist $(H^{(0)}, \tilde{H})$ eine replizierende Handelsstrategie für Z_T.

(b) Nach Theorem 9.2 ist $(U[H^{(0)}, \tilde{H}])^*$ ein Martingal bzgl. Q. Daraus folgt:

$$(U[H^{(0)}, \tilde{H}])_t^* = E_Q[(U[H^{(0)}, \tilde{H}])_T^* | \mathcal{F}_t] = E_Q[Z_T^* | \mathcal{F}_t].$$

(c) Nach Konstruktion ist $S_0^{(0)} = 1$. Daraus folgt:

$$Z_0 = Z_0^*.$$

Nach Konstruktion ist Z_0^* eine $\mathcal{F}_0/\mathcal{B}$–messbare Zufallsvariable, also konstant. Damit folgt aus (b):

$$Z_0^* = E_Q[Z_0^*] = E_Q[(U[H^{(0)}, \tilde{H}])_0^*] = E_Q[E_Q[Z_T^* | \mathcal{F}_0]] = E_Q[Z_T^*].$$

Daraus folgt die Behauptung.

□

Bemerkung

Nach der im ersten Hauptteil entwickelten Theorie ist die Vollständigkeit des M–Perioden–Finanzmarktmodells äquivalent zur Eindeutigkeit des äquivalenten Martingalmaßes und ist somit eine zusätzliche Annahme. Im Gegensatz dazu ist das in diesem Abschnitt betrachtete Finanzmarktmodell nach Theorem 9.3 immer vollständig. Der Grund für diesen Unterschied liegt wiederum darin, dass wir im Rahmen des M–Perioden–Finanzmarktmodells des ersten Hauptteils beliebige nichtnegative adaptierte stochastische Prozesse als Geldkontoprozess und als Assetpreisprozesse zugelassen haben, während wir für das in diesem Abschnitt betrachtete Finanzmarktmodell spezielle Annahmen über die Darstellung des Geldkontoprozesses und der Assetpreisprozesse als Itosche Integrale getroffen haben. Insbesondere haben wir angenommen, dass die Volatilitäten der Assetpreisprozesse die Anwendung des Darstellungssatzes für Brownsche Martingale zulassen.

9.4 Spezielle Derivate

In diesem Abschnitt wenden wir uns der Modellierung von Finanzprodukten, welche an Aktienmärkten gehandelt werden, zu. Wir beginnen mit *Derivaten mit europäischem Ausübungsrecht*, bei denen der Zeitpunkt, zu dem eine Zahlung stattfindet, bereits bei Abschluss des Finanzkontraktes festgelegt wird. Wir untersuchen die wichtigsten Beispiele und wenden das Prinzip der risikoneutralen Bewertung an. Danach erweitern wir unsere allgemeine Rahmentheorie für *Bermuda–Derivate* und *Derivate mit amerikanischem Ausübungsrecht*, bei denen der Zeitpunkt, zu dem eine Zahlung stattfindet, vom Halter des Derivats zur Laufzeit frei gewählt werden kann. Zur Bewertung dieser Derivate muss die für den Halter optimale Ausübungsstrategie bestimmt werden. Dies führt uns auf ein interessantes stochastisches Optimierungsproblem, das *Optimal Stopping Problem*. Es zeigt sich, dass das Optimal Stopping Problem unter speziellen Voraussetzungen eine triviale Lösung besitzt. Wir behandeln Call– und Putoptionen mit amerikanischem Ausübungsrecht als Beispiele für den trivialen und den nichttrivialen Fall. Wir beenden diesen Abschnitt mit einer Erweiterung der allgemeinen Rahmentheorie für *Futurekontrakte*. Bei Futurekontrakten handelt es sich, analog zu den als Derivate mit europäischem Ausübungsrecht behandelten *Forwardkontrakten*, um Finanztermingeschäfte, bei denen der Kauf oder Verkauf eines Assets, also z.B. einer Aktie, zu einem späteren Zeitpunkt zu einem im Vorhinein festgelegten Preis vereinbart wird. Im Gegensatz zu Forwardkontrakten, die OTC[28] gehandelt werden, werden Futurekontrakte an Börsen gehandelt, wobei die Wertschwankungen des Futurepreises kontinuierlich durch Marginzahlungen ausgeglichen werden. Diese Marginzahlungen müssen bei der Bewertung von Futurekontrakten berücksichtigt werden.

9.4.1 Derivate mit europäischem Ausübungsrecht

Derivate mit europäischem Ausübungsrecht

Bei einem Derivat mit europäischem Ausübungsrecht werden die Zeitpunkte der zukünftigen Zahlungen bei Abschluss des Finanzkontrakts festgelegt.

[28] *OTC* steht für *Over The Counter* und bezeichnet Finanzgeschäfte, die bilateral zwischen den beteiligten Parteien, also ohne Zwischenschaltung einer Börse, abgewickelt werden.

Sei dazu $\overline{t} \in I$ mit $\overline{t} > 0$. In unserem Finanzmarktmodell verstehen wir unter einem Derivat mit europäischem Ausübungsrecht eine Zufallsvariable $Z_{\overline{t}}$ der folgenden Art:

$$Z_{\overline{t}}^* \in L^2(\Omega, \mathcal{F}_{\overline{t}}, Q).$$

Dabei bezeichnet $Z_{\overline{t}}$ eine Zahlung zur Zeit $t = \overline{t}$, welche durch den Finanzkontrakt festgelegt wird, d.h. wir identifizieren den Finanzkontrakt mit den durch diesen Kontrakt festgelegten Zahlungen.

Problemstellung

Sei $\overline{t} \in I$ mit $\overline{t} > 0$, und sei $Z_{\overline{t}}$ ein Derivat mit europäischem Ausübungsrecht. Gesucht ist der faire Preis $Z_0 \in \mathbb{R}$ des zugehörigen Finanzkontraktes zur Zeit $t = 0$.

Fairer Preis

Sei $\overline{t} \in I$ mit $\overline{t} > 0$, sei $Z_{\overline{t}}$ ein Derivat mit europäischem Ausübungsrecht, sei $(H^{(0)}, \tilde{H})$ eine Handelsstrategie, und seien folgende Voraussetzungen gegeben:

1. $(H^{(0)}, \tilde{H})$ ist selbstfinanzierend.

2. $\forall\ i = 1, \ldots, p$:

$$H^{(i)}\,(S^{(i)})^* \in \mathfrak{L}^2(Q).$$

3. $(H^{(0)}, \tilde{H})$ ist eine *replizierende Handelsstrategie* für $Z_{\overline{t}}$:

$$Z_{\overline{t}} = (U[H^{(0)}, \tilde{H}])_{\overline{t}}.$$

Wir definieren den fairen Preis Z_0 des Derivates $Z_{\overline{t}}$ zur Zeit $t = 0$ durch:

$$Z_0 := (U[H^{(0)}, \tilde{H}])_0.$$

M.a.W. der faire Preis Z_0 des Derivates $Z_{\overline{t}}$ ist der eindeutig bestimmte Wert eines *replizierenden Portfolios* $U[H^{(0)}, \tilde{H}]$ zur Zeit $t = 0$.

Theorem 9.4 (Prinzip der risikoneutralen Bewertung für Derivate mit europäischem Ausübungsrecht)

Sei $\overline{t} \in I$ mit $\overline{t} > 0$, und sei $Z_{\overline{t}}$ ein Derivat mit europäischem Ausübungsrecht. Dann gilt:

(a) *Es gibt eine Handelsstrategie $(H^{(0)}, \tilde{H})$ mit folgenden Eigenschaften:*

1. *$(H^{(0)}, \tilde{H})$ ist selbstfinanzierend.*
2. *$\forall\ i = 1, \ldots, p$:*

$$H^{(i)}\,(S^{(i)})^* \in \mathfrak{L}^2(Q).$$

3. *$(H^{(0)}, \tilde{H})$ ist eine replizierende Handelsstrategie für $Z_{\overline{t}}$.*

(b) *Das replizierende Portfolio $U[H^{(0)}, \tilde{H}]$ besitzt folgende Darstellung:*

$$(U[H^{(0)}, \tilde{H}])_t^* = E_Q[Z_{\overline{t}}^* | \mathcal{F}_t] = E_Q\Big[\exp\Big(-\int_0^{\overline{t}} r_t\,\mathrm{d}t\Big)\,Z_{\overline{t}}\Big|\mathcal{F}_t\Big].$$

(c) *Der faire Preis Z_0 des Derivates $Z_{\bar{t}}$ besitzt folgende Darstellung:*

$$Z_0 = E_Q[Z_{\bar{t}}^*] = E_Q\Big[\exp\Big(-\int_0^{\bar{t}} r_t \,\mathrm{d}t\Big)\, Z_{\bar{t}}\Big].$$

Beweis

Wir nehmen an, dass die Auszahlung zur Zeit $t = \bar{t}$ in das Geldkonto investiert und dort bis zur Zeit $t = T$ verzinst wird. Dazu definieren wir ein Derivat Z_T mit Auszahlung zur Zeit $t = T$ durch:

$$Z_T := \frac{S_T^{(0)}}{S_{\bar{t}}^{(0)}}\, Z_{\bar{t}} = \exp\Big(\int_{\bar{t}}^{T} r_s \,\mathrm{d}s\Big)\, Z_{\bar{t}}.$$

Nach Konstruktion gilt:

$$Z_T^* = Z_{\bar{t}}^*.$$

(a) Nach dem Prinzip der risikoneutralen Bewertung gibt es eine replizierende Handelsstrategie $(H^{(0)}, \tilde{H})$ für Z_T. Wir betrachten den zugehörigen Wertprozess $U[H^{(0)}, \tilde{H}]$. Nach dem Prinzip der risikoneutralen Bewertung gilt:

$$(U[H^{(0)}, \tilde{H}])_{\bar{t}}^* = E_Q[Z_T^* | \mathcal{F}_{\bar{t}}] = E_Q[Z_{\bar{t}}^* | \mathcal{F}_{\bar{t}}] = Z_{\bar{t}}^*.$$

Also ist $(H^{(0)}, \tilde{H})$ eine replizierende Handelsstrategie für $Z_{\bar{t}}$.

(b) Nach Konstruktion ist $U[H^{(0)}, \tilde{H}] \in \mathfrak{M}(Q)$. Insbesondere ist $U[H^{(0)}, \tilde{H}]$ ein Martingal. Mit Hilfe von (a) folgt daraus:

$$(U[H^{(0)}, \tilde{H}])_t^* = E_Q[(U[H^{(0)}, \tilde{H}])_{\bar{t}}^* | \mathcal{F}_t] = E_Q[Z_{\bar{t}}^* | \mathcal{F}_t].$$

(c) Nach dem Prinzip der risikoneutralen Bewertung gilt:

$$Z_0 = E_Q[Z_T^*] = E_Q[Z_{\bar{t}}^*].$$

□

Zerobond

Ein Zerobond garantiert seinem Halter eine feste Zahlung $\overline{Z}$ zum Zeitpunkt $t = \bar{t}$.

Sei dazu $\overline{Z} > 0$. Wir definieren den Zerobond durch folgende Zahlung:

$$Z_{\bar{t}} = \overline{Z}.$$

Nach dem Prinzip der risikoneutralen Bewertung gilt für den fairen Preis Z_0 des Zerobonds zur Zeit $t = 0$:

$$Z_0 = E_Q[Z_{\bar{t}}^*] = \overline{Z}\, E_Q\Big[\exp\Big(-\int_0^{\bar{t}} r_s \,\mathrm{d}s\Big)\Big].$$

Forwardkontrakt

Ein Forwardkontrakt legt fest, dass der Halter das Asset $S^{(i)}$ zum Zeitpunkt $t = \bar{t}$ zu einem *bei Vertragsabschluss vereinbarten Preis $\overline{S}$ kauft. Wir nehmen zusätzlich an, dass der Halter das Asset sofort wieder zum Marktpreis verkauft.*

Sei dazu $\overline{S} > 0$. Wir definieren den Forwardkontrakt durch folgende Zahlung:

$$Z_{\overline{t}} = (S^{(i)})_{\overline{t}} - \overline{S}.$$

Nach dem Prinzip der risikoneutralen Bewertung gilt für den fairen Preis Z_0 des Forwardkontraktes zur Zeit $t = 0$:

$$Z_0 = E_Q[Z^*_{\overline{t}}] = 1 - \overline{S}\, E_Q\Big[\exp\Big(-\int_0^{\overline{t}} r_s\,\mathrm{d}s\Big)\Big].$$

Fairer Forwardpreis

In der Praxis werden Forwardkontrakte häufig so abgeschlossen, dass der faire Preis Z_0 zur Zeit $t = 0$ gerade Null ist. Auflösen der obigen Gleichung liefert:

$$Z_0 = 0 \qquad \Longleftrightarrow \qquad \overline{S} = \frac{1}{E_Q\Big[\exp\Big(-\int_0^{\overline{t}} r_s\,\mathrm{d}s\Big)\Big]}.$$

In diesem Fall ist $\overline{S}$ der *faire Forwardpreis* des Assets $S^{(i)}$.

Europäische Calloption

Eine europäische Calloption erlaubt ihrem Halter, das Asset $S^{(i)}$ zum Zeitpunkt $t = \overline{t}$ zu einem bei Vertragsabschluss vereinbarten Strikepreis $\overline{S}$ zu kaufen. Wir nehmen zusätzlich an, dass der Halter das Asset bei Ausübung der Option sofort wieder zum Marktpreis verkauft.

Sei dazu $\overline{S} > 0$. Wir definieren die europäische Calloption durch folgende Zahlung:

$$Z_{\overline{t}} = \max\{(S^{(i)})_{\overline{t}} - \overline{S}, 0\}.$$

Nach dem Prinzip der risikoneutralen Bewertung gilt für den fairen Preis Z_0 der europäischen Calloption zur Zeit $t = 0$:

$$Z_0 = E_Q[Z^*_{\overline{t}}] = E_Q\Big[\exp\Big(-\int_0^{\overline{t}} r_s\,\mathrm{d}s\Big)\max\{S^{(i)}_{\overline{t}} - \overline{S}, 0\}\Big].$$

Europäische Putoption

Eine europäische Putoption erlaubt ihrem Halter, das Asset $S^{(i)}$ zum Zeitpunkt $t = \overline{t}$ zu einem bei Vertragsabschluss vereinbarten Strikepreis $\overline{S}$ zu verkaufen. Wir nehmen zusätzlich an, dass der Halter das Asset bei Ausübung der Option sofort wieder zum Marktpreis kauft.

Sei dazu $\overline{S} > 0$. Wir definieren die europäische Putoption durch folgende Zahlung:

$$Z_{\overline{t}} = \max\{\overline{S} - S^{(i)}_{\overline{t}}, 0\}.$$

Nach dem Prinzip der risikoneutralen Bewertung gilt für den fairen Preis Z_0 der europäischen Putoption zur Zeit $t = 0$:

$$Z_0 = E_Q[Z^*_{\overline{t}}] = E_Q\Big[\exp\Big(-\int_0^{\overline{t}} r_s\,\mathrm{d}s\Big)\max\{\overline{S} - S^{(i)}_{\overline{t}}, 0\}\Big].$$

Put–Call–Parität für europäische Optionen

Für die Auszahlungen von Forwardkontrakt sowie europäischer Call- und Putoption gilt nach Definition folgende Beziehung:

$$\begin{aligned}(Z^C)_{\bar{t}} - (Z^P)_{\bar{t}} &= \max\{S^{(i)}_{\bar{t}} - \overline{S}, 0\} - \max\{\overline{S} - S^{(i)}_{\bar{t}}, 0\} \\ &= \max\{S^{(i)}_{\bar{t}} - \overline{S}, 0\} + \min\{S^{(i)}_{\bar{t}} - \overline{S}, 0\} \\ &= S^{(i)}_{\bar{t}} - \overline{S} \\ &= (Z^F)_{\bar{t}}.\end{aligned}$$

Daraus folgt für die zugehörigen fairen Preise:

$$(Z^C)_0 - (Z^P)_0 = (Z^F)_0.$$

Asiatische Option

Bei einer asiatischen Option hängt die Auszahlung zur Zeit $t = \bar{t}$ vom Mittelwert $\overline{S}_{\bar{t}}$ der Marktpreise des Assets $S^{(i)}$ ab.

Dazu definieren wir:

$$\overline{S}_{\bar{t}} := \frac{1}{\bar{t}} \int_0^{\bar{t}} S^{(i)}_t \, \mathrm{d}t.$$

Typische Auszahlungsprofile für asiatische Optionen sind die folgenden:

$$Z_{\bar{t}} = \max\{\overline{S}_{\bar{t}} - \overline{S}, 0\} \qquad \text{(asiatische Calloption).}$$

$$Z_{\bar{t}} = \max\{\overline{S} - \overline{S}_{\bar{t}}, 0\} \qquad \text{(asiatische Putoption).}$$

$$Z_{\bar{t}} = \max\{S^{(i)}_{\bar{t}} - \overline{S}_{\bar{t}}, 0\} \qquad \text{(asiatische Strikecalloption).}$$

$$Z_{\bar{t}} = \max\{\overline{S}_{\bar{t}} - S^{(i)}_{\bar{t}}, 0\} \qquad \text{(asiatische Strikeputoption).}$$

Barrieroption

Eine Barrieroption garaniert ihrem Halter die Zahlung $Z_{\bar{t}}$ zur Zeit $t = \bar{t}$, falls das Asset $S^{(i)}$ das Preisintervall (a, b) zur Laufzeit nicht verlässt.

Sei dazu $0 \leq a < 1 < b \leq \infty$, und sei $Z_{\bar{t}}$ ein Derivat mit europäischem Ausübungsrecht. Wir betrachten die erste Austrittszeit für das Asset $S^{(i)}$ aus dem Intervall (a, b):

$$\tau(\omega) := \inf \left\{ t \in [0, \bar{t}] \,\middle|\, S^{(i)}(t, \omega) \notin (a, b) \right\}.$$

Nach Konstruktion erhält der Halter der Barrieroption zur Zeit $t = \bar{t}$ folgende Zahlung:

$$1_{\{\tau = \infty\}} \, Z_{\bar{t}}.$$

Nach dem Prinzip der risikoneutralen Bewertung gilt für den fairen Preis Z_0 der Barrieroption zur Zeit $t = 0$:

$$Z_0 = E_Q[1_{\{\tau=\infty\}} Z^*_{\bar{t}}] = E_Q\Big[1_{\{\tau=\infty\}} \exp\Big(-\int_0^{\bar{t}} r_t \,\mathrm{d}t\Big) Z_{\bar{t}}\Big].$$

Rebate

Eine Rebate Y garantiert dem Halter einer Barrieroption eine zusätzliche Zahlung, falls das Asset $S^{(i)}$ das Intervall (a, b) im Zeitintervall $[0, \bar{t}]$ verlässt.

Sei dazu $Y^* \in \mathfrak{C}(Q)$. Wir betrachten zwei Ausprägungen der Rebate:

- **Diskrete Auszahlung**

  Sei $n \in \mathbb{N}$. Wir definieren eine Stoppzeit $\tau^{(n)}$ durch:

$$\tau^{(n)}(\omega) := \begin{cases} \sum_{k=1}^{2^n} t_k^{(n)} 1_{A_k^{(n)}}(\omega) & \text{falls } \tau(\omega) \in [0, \bar{t}], \\ \infty & \text{sonst.} \end{cases}$$

$$t_k^{(n)} := \frac{k\,\bar{t}}{2^n}.$$

$$A_k^{(n)} := \Big\{\omega \in \Omega \,\Big|\, t_{k-1}^{(n)} < \tau(\omega) \leq t_k^{(n)}\Big\}.$$

  Nach Konstruktion besitzt $\tau^{(n)}$ folgenden reellen Wertebereich:

$$I^{(n)} := \Big\{t_k^{(n)} \,\Big|\, k = 0, \ldots, 2^n\Big\}.$$

  Der Halter der Barrieroption erhält zu den Zeitpunkten $t \in I^{(n)}$ folgende Zahlungen:

$$Y_t^{(n)} := 1_{\{\tau^{(n)}=t\}} Y_t.$$

  Nach dem Prinzip der risikoneutralen Bewertung gilt für den fairen Preis $Z_0^{(n)} \in \mathbb{R}$ dieser Zahlungen zur Zeit $t = 0$:

$$\begin{aligned} Z_0^{(n)} &= \sum_{k=1}^{2^n} E_Q[(Y^{(n)})^*_{t_k^{(n)}}] \\ &= E_Q[1_{\{\tau\leq\bar{t}\}} (Y^*)^{\tau^{(n)}}] \\ &= E_Q\Big[1_{\{\tau\leq\bar{t}\}} \exp\Big(-\int_0^{\tau^{(n)}} r_t \,\mathrm{d}t\Big) Y^{\tau^{(n)}}\Big]. \end{aligned}$$

- **Kontinuierliche Auszahlung**

  Der Halter der Barrieroption erhält zu den Zeitpunkten $t \in [0, \bar{t}]$ folgende Zahlungen:

$$Y_t^{(\infty)} := 1_{\{\tau=t\}} Y_t.$$

Nach dem Satz von Lebesgue über dominierende Konvergenz gilt:

$$\tau^{(n)} \xrightarrow[\text{punktweise}]{n\to\infty} \tau.$$

$$Z_0^{(n)} \xrightarrow{n\to\infty} E_Q[1_{\{\tau\leq\bar{t}\}}\,(Y^*)^\tau].$$

Deshalb definieren wir den fairen Preis $Z_0^{(\infty)} \in \mathbb{R}$ dieser Zahlungen zur Zeit $t = 0$ durch:

$$Z_0^{(\infty)} := E_Q[1_{\{\tau\leq\bar{t}\}}\,(Y^*)^\tau] = E_Q\Big[1_{\{\tau\leq\bar{t}\}}\,\exp\Big(-\int_0^\tau r_t\,\mathrm{d}t\Big)\,Y^\tau\Big].$$

Rainbowoption

Bei einer Rainbowoption hängt die Auszahlung zur Zeit $t = \bar{t}$ von mehreren Assets $S^{(i_1)}$, ..., $S^{(i_k)}$ ab.

Sei dazu $\overline{S} > 0$. Typische Auszahlungsprofile für Rainbowoptionen sind die folgenden:

$Z_{\bar{t}} = \max\{S_{\bar{t}}^{(i_1)}, S_{\bar{t}}^{(i_2)}\}$ (Best–Of–Two Rainbowoption).

$Z_{\bar{t}} = \max\{S_{\bar{t}}^{(i_1)}, S_{\bar{t}}^{(i_2)}, \overline{S}\}$ (Best–Of–Two–Or–Cash Rainbowoption).

$Z_{\bar{t}} = \min\{S_{\bar{t}}^{(i_1)}, S_{\bar{t}}^{(i_2)}\}$ (Worst–Of–Two Rainbowoption).

$Z_{\bar{t}} = \max\{\min\{S_{\bar{t}}^{(i_1)}, S_{\bar{t}}^{(i_2)}\}, \overline{S}\}$ (Worst–Of–Two–Or–Cash Rainbowoption).

Forward–Start–Option

Bei einer Forward–Start–Option hängt der Strikepreis $\overline{S}$ vom Marktpreis des Assets $S^{(i)}$ zur Zeit $\underline{t}$ ab.

Sei dazu $\underline{t} \in I$ mit $\underline{t} < \bar{t}$, und sei $\alpha > 0$. Typische Auszahlungsprofile für Forward–Start–Optionen sind die folgenden:

$Z_{\bar{t}} = \max\{S_{\bar{t}}^{(i)} - \alpha\, S_{\underline{t}}^{(i)}, 0\}$ (Forward–Start–Calloption).

$Z_{\bar{t}} = \max\{\alpha\, S_{\underline{t}}^{(i)} - S_{\bar{t}}^{(i)}, 0\}$ (Forward–Start–Putoption).

9.4.2 Derivate mit amerikanischem Ausübungsrecht

In diesem Abschnitt betrachten wir *Derivate mit amerikanischem Ausübungsrecht*. Diese unterscheiden sich von den Derivaten mit europäischem Ausübungsrecht dadurch, dass der Ausübungszeitpunkt, d.h. der Zeitpunkt zu dem eine vertraglich vereinbarte Zahlung stattfindet, vom Halter des Derivats frei gewählt werden kann. Das Prinzip der risikoneutralen Bewertung führt uns auf folgende Frage:

- *Welche Ausübungsstrategie ist für den Halter des Derivats mit amerikanischem Ausübungsrecht optimal?*

Übersetzt in die Sprache der Mathematik handelt es sich dabei um ein stochastisches Optimierungsproblem, das *Optimal Stopping Problem*. Wir lösen das Optimal Stopping Problem durch Konstruktion der *Snellschen Hülle*. Ferner zeigen wir, dass das Optimal Stopping Problem unter speziellen Voraussetzungen eine triviale Lösung besitzt. Wir behandeln Call– und Putoptionen mit amerikanischem Ausübungsrecht als Beispiele für den trivialen und den nichttrivialen Fall.

Derivate mit amerikanischem Ausübungsrecht

Bei einem Derivat mit amerikanischem Ausübungsrecht kann die Ausübungsstrategie, d.h. die Festlegung der Zeitpunkte, zu denen die Zahlungen erfolgen, vom Halter des Derivates frei gewählt werden.

Sei dazu $\bar{t} \in I$, und sei $\bar{t} > 0$. In unserem Finanzmarktmodell verstehen wir unter einem Derivat mit amerikanischem Ausübungsrecht einen stochastischen Prozess Y. Ferner verstehen wir unter der Ausübungsstrategie des Halters eine Zufallsvariable τ. Dabei machen wir folgende Voraussetzungen:

1. $Y^* \in \mathfrak{C}(Q)$.

2. τ ist eine Stoppzeit bzgl. $\{\mathcal{F}(t)\}_{t \in [0,\bar{t}]}$.

3. $\tau \leq \bar{t}$.

Y bezeichnet die folgenden Zahlungen, welche durch den Finanzkontrakt festgelegt werden:

- Y_t zur Zeit t, falls $\tau = t$.

Wir betrachten zwei Ausprägungen des amerikanischen Ausübungsrechtes:

- **Eingeschränktes amerikanisches Ausübungsrecht**

  Wir nehmen an, dass das Derivat zu endlich vielen Zeitpunkten ausgeübt werden kann. In diesem Fall besitzt die Ausübungsstrategie τ folgenden Wertebereich:

$$\tau \in I^{(n)} := \left\{ t_k^{(n)} = \frac{k\,\bar{t}}{2^n} \,\middle|\, k = 0, \ldots, 2^n \right\}.$$

- **Uneingeschränktes amerikanisches Ausübungsrecht**

  Wir nehmen an, dass das Derivat zu beliebigen Zeitpunkten ausgeübt werden kann. In diesem Fall besitzt die Ausübungsstrategie τ folgenden Wertebereich:

$$\tau \in [0, \bar{t}].$$

Problemstellung

Sei Y ein Derivat mit amerikanischem Ausübungsrecht. Gesucht ist der *faire Preis* des zugehörigen Kontraktes zur Zeit $t = 0$.

Fairer Preis

Sei Y ein Derivat mit amerikanischem Ausübungsrecht.

- **Eingeschränktes amerikanisches Ausübungsrecht**

  Sei $\tau^{(n)}$ eine Stoppzeit mit Wertebereich $I^{(n)}$. Wir nehmen an, dass der Halter des Derivates die Ausübungsstrategie $\tau^{(n)}$ wählt. Dann erhält dieser zu den Zeitpunkten $t \in I^{(n)}$ folgende Zahlungen:

  $$Y_t^{(n)} := 1_{\{\tau^{(n)}=t\}} Y_t.$$

  Nach dem Prinzip der risikoneutralen Bewertung gilt für den fairen Preis $(Z[\tau^{(n)}])_0$ dieser Zahlungen zur Zeit $t = 0$:

  $$(Z[\tau^{(n)}])_0 = \sum_{t \in I^{(n)}} E_Q[1_{\{\tau^{(n)}=t\}} (Y^{(n)})_t^*] = E_Q[(Y^*)^{\tau^{(n)}}].$$

  Nach Voraussetzung kann die Ausübungsstrategie $\tau^{(n)}$ vom Halter des Derivates frei gewählt werden. Deshalb definieren wir den fairen Preis $Z_0^{(n)} \in \mathbb{R}$ des Derivates zur Zeit $t = 0$ durch:

  $$\begin{aligned} Z_0^{(n)} &:= \sup\left\{ (Z[\tau^{(n)}])_0 \,\middle|\, \tau^{(n)} \text{ ist Stoppzeit mit } \tau^{(n)} \in I^{(n)} \right\} \\ &= \sup\left\{ E_Q[(Y^*)^{\tau^{(n)}}] \,\middle|\, \tau^{(n)} \text{ ist Stoppzeit mit } \tau^{(n)} \in I^{(n)} \right\}. \end{aligned}$$

- **Uneingeschränktes amerikanisches Ausübungsrecht**

  Nach Konstruktion konvergiert die Feinheit der Zerlegungen $I^{(n)}$ gegen Null. Deshalb definieren wir den fairen Preis $Z_0 \in \mathbb{R}$ des Derivates zur Zeit $t = 0$ durch:

  $$Z_0 := \sup\left\{ E_Q[(Y^*)^{\tau}] \mid \tau \text{ ist Stoppzeit mit } \tau \in I \right\}.$$

Bemerkung

Derivate mit eingeschränktem amerikanischen Ausübungsrecht bezeichnet man auch als *Bermuda–Derivate*. Die Bezeichnung Bermuda–Derivat bedeutet nicht, dass dieses Finanzprodukt für die Bermuda Inseln besonders typisch wäre. Vielmehr wurde die Bezeichnung gewählt, weil die Bermuda Inseln im Atlantik zwischen Europa und Amerika liegen, so wie die Bermuda–Derivate eine Zwischenstellung zwischen den Derivaten mit europäischem und (uneingeschränktem) amerikanischem Ausübungsrecht einnehmen.

Definition

Sei Y ein Derivat mit eingeschränktem amerikanischem Ausübungsrecht.

(a) Wir definieren einen diskreten stochastischen Prozess $\overline{Y}^{(n)}$ durch:

$$(\overline{Y}^{(n)})_{\bar{t}}^* := Y_{\bar{t}}^*.$$

$$(\overline{Y}^{(n)})_{t_k^{(n)}}^* := \max\left\{ Y_{t_k^{(n)}}^*, E_Q\left[(\overline{Y}^{(n)})_{t_{k+1}^{(n)}}^* \,\middle|\, \mathcal{F}_{t_k^{(n)}} \right] \right\} \quad (k = 2^n - 1, \ldots, 0).$$

$(\overline{Y}^{(n)})^*$ heißt *Snellsche Hülle* von Y^*.

(b) Wir definieren eine Stoppzeit $\overline{\tau}^{(n)}$ mit $\overline{\tau}^{(n)} \in I^{(n)}$ durch:

$$\overline{\tau}^{(n)} := \min\Big\{t \in I^{(n)} \,\Big|\, (\overline{Y}^{(n)})^*_t = Y^*_t\Big\}.$$

Theorem 9.5 (Prinzip der risikoneutralen Bewertung für Bermuda–Derivate)

Sei Y ein Derivat mit eingeschränktem amerikanischem Ausübungsrecht.

(a) *Für den fairen Preis $Z_0^{(n)}$ des Derivates zur Zeit $t = 0$ gilt:*

$$Z_0^{(n)} = E_Q[(Y^*)^{\overline{\tau}^{(n)}}] = E_Q\Big[\exp\Big(-\int_0^{\tau^{(n)}} r_t \,\mathrm{d}t\Big) Y^{\tau^{(n)}}\Big].$$

Insbesondere ist $\overline{\tau}^{(n)}$ eine optimale Ausübungsstrategie.

(b) *Sei Y^* ein Submartingal bzgl Q. Dann gilt für den fairen Preis $Z_0^{(n)}$ des Derivates zur Zeit $t = 0$:*

$$Z_0^{(n)} = E_Q[Y^*_{\overline{t}}] = E_Q\Big[\exp\Big(-\int_0^{\overline{t}} r_t \,\mathrm{d}t\Big) Y_{\overline{t}}\Big].$$

Insbesondere ist $\tau^{(n)} = \overline{t}$ eine optimale Ausübungsstrategie.

Beweis

(a) Wir beweisen die Aussage mit Hilfe des Satzes von Doob über Optional Sampling.

1. Nach Konstruktion gilt:

$$(Y^*)^{\overline{\tau}^{(n)}} = \sum_{t \in I^{(n)}} 1_{\{\overline{\tau}^{(n)}=t\}}\, Y^*_t = \sum_{t \in I^{(n)}} 1_{\{\overline{\tau}^{(n)}=t\}}\, (\overline{Y}^{(n)})^*_t = ((\overline{Y}^{(n)})^*)^{\overline{\tau}^{(n)}}.$$

   Daraus folgt:

$$E_Q[(Y^*)^{\overline{\tau}^{(n)}}] = E_Q[((\overline{Y}^{(n)})^*)^{\overline{\tau}^{(n)}}].$$

2. Nach Konstruktion gilt:

$$\begin{aligned}
((\overline{Y}^{(n)})^*)^{\overline{\tau}^{(n)}} &= \sum_{k=0}^{2^n} 1_{\{\overline{\tau}^{(n)}=t_k^{(n)}\}}\, (\overline{Y}^{(n)})^*_{t_k^{(n)}} \\
&= (\overline{Y}^{(n)})^*_0 + \sum_{k=1}^{2^n} 1_{\{\overline{\tau}^{(n)}=t_k^{(n)}\}} \Big((\overline{Y}^{(n)})^*_{t_k^{(n)}} - (\overline{Y}^{(n)})^*_0\Big) \\
&= (\overline{Y}^{(n)})^*_0 + \sum_{k=1}^{2^n}\sum_{l=1}^{k} 1_{\{\overline{\tau}^{(n)}=t_k^{(n)}\}} \Big((\overline{Y}^{(n)})^*_{t_l^{(n)}} - (\overline{Y}^{(n)})^*_{t_{l-1}^{(n)}}\Big) \\
&= (\overline{Y}^{(n)})^*_0 + \sum_{l=1}^{2^n}\sum_{k=l}^{2^n} 1_{\{\overline{\tau}^{(n)}=t_k^{(n)}\}} \Big((\overline{Y}^{(n)})^*_{t_l^{(n)}} - (\overline{Y}^{(n)})^*_{t_{l-1}^{(n)}}\Big)
\end{aligned}$$

$$= (\overline{Y}^{(n)})^*_0 + \sum_{l=1}^{2^n} 1_{\{\overline{\tau}^{(n)} > t^{(n)}_{l-1}\}} \left((\overline{Y}^{(n)})^*_{t^{(n)}_l} - (\overline{Y}^{(n)})^*_{t^{(n)}_{l-1}} \right)$$

$$= (\overline{Y}^{(n)})^*_0 + \sum_{l=1}^{2^n} 1_{\{\overline{\tau}^{(n)} > t^{(n)}_{l-1}\}} \left((\overline{Y}^{(n)})^*_{t^{(n)}_l} - E_Q\left[(\overline{Y}^{(n)})^*_{t^{(n)}_l} \middle| \mathcal{F}_{t^{(n)}_{l-1}} \right] \right).$$

Dabei gilt:

$$E_Q\left[1_{\{\overline{\tau}^{(n)} > t^{(n)}_{l-1}\}} \left((\overline{Y}^{(n)})^*_{t^{(n)}_l} - E_Q\left[(\overline{Y}^{(n)})^*_{t^{(n)}_l} \middle| \mathcal{F}_{t^{(n)}_{l-1}} \right] \right) \right]$$

$$= E_Q\left[E_Q\left[1_{\{\overline{\tau}^{(n)} > t^{(n)}_{l-1}\}} \left((\overline{Y}^{(n)})^*_{t^{(n)}_l} - E_Q\left[(\overline{Y}^{(n)})^*_{t^{(n)}_l} \middle| \mathcal{F}_{t^{(n)}_{l-1}} \right] \right) \middle| \mathcal{F}_{t^{(n)}_{l-1}} \right] \right]$$

$$= E_Q\left[1_{\{\overline{\tau}^{(n)} > t^{(n)}_{l-1}\}} E_Q\left[(\overline{Y}^{(n)})^*_{t^{(n)}_l} - E_Q\left[(\overline{Y}^{(n)})^*_{t^{(n)}_l} \middle| \mathcal{F}_{t^{(n)}_{l-1}} \right] \middle| \mathcal{F}_{t^{(n)}_{l-1}} \right] \right]$$

$$= 0.$$

Daraus folgt insgesamt:

$$E_Q[((\overline{Y}^{(n)})^*)^{\overline{\tau}^{(n)}}] = (\overline{Y}^{(n)})^*_0.$$

3. Nach Konstruktion gilt:

   3.1 $\overline{\tau}^{(n)}$ ist eine Stoppzeit mit $\overline{\tau}^{(n)} \in I^{(n)}$.

   3.2 $(\overline{Y}^{(n)})^*$ ist ein Supermartingal bzgl. $(Q, \{\mathcal{F}_t\}_{t \in I^{(n)}})$.

   Sei $\tau^{(n)}$ eine Stoppzeit mit $\tau^{(n)} \in I^{(n)}$. Mit Hilfe des Satzes von Doob über Optional Sampling erhalten wir:

$$(\overline{Y}^{(n)})^*_0 \geq E_Q[((\overline{Y}^{(n)})^*)^{\tau^{(n)}}].$$

4. Nach Konstruktion gilt:

$$(\overline{Y}^{(n)})^*_t \geq Y^*_t.$$

   Daraus folgt:

$$E_Q[((\overline{Y}^{(n)})^*)^{\tau^{(n)}}] \geq E_Q[(Y^*)^{\tau^{(n)}}].$$

5. Nach Punkt 1, Punkt 2, Punkt 3 und Punkt 4 gilt:

$$E_Q[(Y^*)^{\overline{\tau}^{(n)}}] \geq E_Q[(Y^*)^{\tau^{(n)}}].$$

   Dabei war $\tau^{(n)}$ beliebig. Daraus folgt:

$$E_Q[(Y^*)^{\overline{\tau}^{(n)}}] = \max\left\{ E_Q[(Y^*)^{\tau^{(n)}}] \,\middle|\, \tau^{(n)} \text{ ist Stoppzeit mit } \tau^{(n)} \in I^{(n)} \right\}.$$

   Damit ist die Behauptung bewiesen.

(b) Sei $\tau^{(n)}$ eine Stoppzeit mit $\tau^{(n)} \in I^{(n)}$. Nach Voraussetzung ist Y^* ein Submartingal bzgl. Q. Mit Hilfe des Satzes von Doob über Optional Sampling erhalten wir:

$$(Y^*)^{\tau^{(n)}} \leq E_Q[Y^*_{\overline{t}} | \mathcal{F}^{\tau^{(n)}}].$$

Daraus folgt:

$$E_Q[(Y^*)^{\tau^{(n)}}] \leq E_Q[Y^*_{\overline{t}}].$$

Dabei war $\tau^{(n)}$ beliebig. Daraus folgt:

$$E_Q[Y^*_{\overline{t}}] = \max\left\{ E_Q[(Y^*)^{\tau^{(n)}}] \,\middle|\, \tau^{(n)} \text{ ist Stoppzeit mit } \tau^{(n)} \in I^{(n)} \right\}.$$

Damit ist die Behauptung bewiesen.

□

Theorem 9.6 (Prinzip der risikoneutralen Bewertung für Derivate mit amerikanischem Ausübungsrecht (I))

Sei Y ein Derivat mit uneingeschränktem amerikanischem Ausübungsrecht. Dann gilt für den fairen Preis Z_0 des Derivates zur Zeit $t = 0$:

$$Z_0 = \lim_{n\to\infty} E_Q[(Y^*)^{\overline{\tau}^{(n)}}] = \lim_{n\to\infty} E_Q\Big[\exp\Big(-\int_0^{\tau^{(n)}} r_t \,\mathrm{d}t\Big) Y^{\tau^{(n)}}\Big].$$

Beweis

1. Nach dem Prinzip der risikoneutralen Bewertung für Bermuda–Derivate gilt:

$$Z_0^{(n)} = E_Q[(Y^*)^{\overline{\tau}^{(n)}}].$$

Deshalb genügt es, folgende Aussage zu beweisen:

$$Z_0 = \lim_{n\to\infty} Z_0^{(n)}.$$

2. Wir beweisen die Aussage in Punkt 1.

2.1 Nach Voraussetzung ist $(I^{(n)})_{n\in\mathbb{N}}$ eine aufsteigende Kette von Zerlegungen von I. Also ist $(Z^{(n)})_{n\in\mathbb{N}}$ eine monoton wachsende Folge. Nach Konstruktion ist $(Z^{(n)})_{n\in\mathbb{N}}$ durch $\|Y^*\|_{\mathfrak{C}(Q)}$ beschränkt. Also ist $(Z^{(n)})_{n\in\mathbb{N}}$ konvergent. Wir definieren:

$$\overline{Z}_0 := \lim_{n\to\infty} Z_0^{(n)}.$$

Nach Konstruktion gilt:

$$\overline{Z}_0 \leq Z_0.$$

2.2 Sei $\varepsilon > 0$. Nach Konstruktion gibt es eine Stoppzeit τ mit $\tau \in [0, \bar{t}]$ und folgender Eigenschaft:

$$Z_0 \leq E_Q[(Y^*)^\tau] + \varepsilon.$$

Wir definieren eine Folge $(\tau^{(n)})_{n \in \mathbb{N}}$ von Stoppzeiten mit $\tau^{(n)} \in I^{(n)}$ durch:

$$\tau^{(n)}(\omega) := \sum_{i=0}^{2^n} t_i^{(n)} \, 1_{A_i^{(n)}}(\omega).$$

$$A_0^{(n)} := \tau^{-1}(0)\,; \qquad A_i^{(n)} := \tau^{-1}((t_{i-1}^{(n)}, t_i^{(n)}]) \quad (i = 1, \ldots, 2^n).$$

Nach Konstruktion gilt:

$$\tau^{(n)} \xrightarrow{n \to \infty} \tau.$$

Nach Voraussetzung ist $Y^* \in \mathfrak{C}(Q)$. Mit Hilfe des Satzes von Lebesgue über dominierende Konvergenz erhalten wir:

$$E_Q[(Y^*)^\tau] = \lim_{n \to \infty} E_Q[(Y^*)^{\tau^{(n)}}] \leq \overline{Z}_0.$$

Daraus folgt:

$$Z_0 \leq \overline{Z}_0 + \varepsilon.$$

2.2 Nach Punkt 2.1 und Punkt 2.2 gilt:

$$\overline{Z}_0 \leq Z_0 \leq \overline{Z}_0 + \varepsilon.$$

Dabei war $\varepsilon > 0$ beliebig. Daraus folgt die Behauptung.

□

Bemerkung

Sei Y ein Derivat mit uneingeschränktem amerikanischem Ausübungsrecht. Nach dem Prinzip der risikoneutralen Bewertung für Derivate mit amerikanischem Ausübungsrecht (I) kann der faire Preis des Derivates durch Bestimmung der optimalen Ausübungsstrategie für eine Diskretisierung $I^{(n)}$ von $[0, \bar{t}]$ approximativ berechnet werden. Andererseits kann der faire Preis des Derivates aber auch direkt durch Bestimmung einer optimalen Ausübungsstrategie berechnet werden. Die dazu benötigten mathematischen Methoden gehen jedoch über den Rahmen dieses Lehrbuches hinaus. Deshalb wird die direkte Bestimmung einer optimalen Ausübungsstrategie im Folgenden unter Verweis auf die Literatur nur skizziert.

Definition

Sei Y ein Derivat mit uneingeschränktem amerikanischem Ausübungsrecht, und sei Y nach unten beschränkt. Wir definieren:

$$\overline{Y}_t^* := \operatorname{ess\,sup} \left\{ E_Q[(Y^*)^\tau | \mathcal{F}_t] \,\middle|\, \tau \text{ ist Stoppzeit mit } \tau \in [t, \bar{t}] \right\}.$$

$$\bar{\tau} := \lim_{\lambda \to 1+} \inf \left\{ t \in [0, \bar{t}] \,\middle|\, \lambda \overline{Y}_t^* \leq Y_t^* \right\}.$$

Nach Konstruktion gilt:

- $\overline{Y}^*$ ein RCLL–Supermartingal[29] bzgl. Q.

$\overline{Y}^*$ heißt *Snellsche Hülle* von Y^*.

Theorem 9.7 (Prinzip der risikoneutralen Bewertung für Derivate mit amerikanischem Ausübungsrecht (II))

Sei Y ein Derivat mit uneingeschränktem amerikanischem Ausübungsrecht.

(a) *Für den fairen Preis Z_0 des Derivates zur Zeit $t = 0$ gilt:*

$$Z_0 = E_Q[(Y^*)^{\overline{\tau}}] = E_Q\Big[\exp\Big(-\int_0^{\tau} r_t \,\mathrm{d}t\Big)\, Y^{\tau}\Big].$$

Insbesondere ist $\overline{\tau}$ eine optimale Ausübungsstrategie.

(b) *Sei Y^* ein Submartingal bzgl Q. Dann gilt für den fairen Preis Z_0 des Derivates zur Zeit $t = 0$:*

$$Z_0 = E_Q[Y^*_{\overline{t}}] = E_Q\Big[\exp\Big(-\int_0^{\overline{t}} r_t \,\mathrm{d}t\Big)\, Y_{\overline{t}}\Big].$$

Insbesondere ist $\tau = \overline{t}$ eine optimale Ausübungsstrategie.

Literaturhinweis

- Siehe [18], Theorem D.12, S. 358.

Beweis

(a) Siehe Literaturhinweis.

(b) Die Behauptung folgt sofort aus Theorem 9.6 und Theorem 9.5 (b).

□

Bemerkung

Sei Y ein Derivat mit amerikanischem Ausübungsrecht, sei $J \subset I$ die Menge der Ausübungszeitpunkte, und sei $Z_0^{(A)}$ der faire Preis. Sei ferner $Y_{\overline{t}}$ das zugehörige Derivat mit europäischem Ausübungsrecht, und sei $Z_0^{(E)}$ der faire Preis.

(a) Nach dem Prinzip der risikoneutralen Bewertung gilt:

$$Z_0^{(A)} = \sup\{E_Q[(Y^*)^{\tau}] \mid \tau \text{ ist Stoppzeit mit } \tau \in J\} \geq E_Q[Y^*_{\overline{t}}] = Z_0^{(E)}.$$

M.a.W. der faire Preis eines Derivates mit amerikanischem Ausübungsrecht ist i.a. höher als der faire Preis des zugehörigen Derivates mit europäischem Ausübungsrecht. Dies ist nicht überraschend, da das Derivat mit amerikanischem Ausübungsrecht seinem Halter die vorzeitige Ausübung als zusätzliches Recht einräumt.

[29] *RCLL* steht für engl. *Right Continuous Left Limit* und bezeichnet stochastische Prozess mit rechtsstetigen Pfaden mit linksseitigem Limes. Ebenfalls gebräuchlich ist die Bezeichnung *CADLAG* für frz. *Continue A Droite Limite A Gauche.*

(b) Sei nun Y^* ein Submartingal bzgl. Q. Nach dem Prinzip der risikoneutralen Bewertung gilt:

$$Z_0^{(A)} = E_Q[Y_{\overline{t}}^*] = Z_0^{(E)}.$$

M.a.W. der faire Preis des Derivates mit amerikanischem Ausübungsrecht und der faire Preis des zugehörigen Derivates mit europäischem Ausübungsrecht stimmen in diesem Fall überein. Insbesondere ist $\tau = \overline{t}$ eine optimale Ausübungsstrategie.

Amerikanische Calloption

Eine amerikanische Calloption erlaubt ihrem Halter, das Asset $S^{(i)}$ zu einem beliebigen Zeitpunkt während der Laufzeit zu einem bei Vertragsabschluss vereinbarten Strikepreis $\overline{S}$ zu kaufen. Wir nehmen zusätzlich an, dass der Halter das Asset bei Ausübung der Option sofort wieder zum Marktpreis verkauft.

Sei dazu $\overline{S} > 0$. Wir definieren die amerikanische Calloption durch:

$$Y_t := \max\{S_t^{(i)} - \overline{S}, 0\}.$$

Wir machen folgende zusätzliche Annahme:

$$r_t \geq 0.$$

M.a.W. die Verzinsung des Geldkontos ist nichtnegativ. Mit Hilfe der Jensenschen Ungleichung erhalten wir:

$$\begin{aligned}
E_Q[Y_{t+h}^*|\mathcal{F}_t] &= E_Q\Big[\max\Big\{(S^{(i)})_{t+h}^* - \exp\Big(-\int_0^{t+h} r_s \,\mathrm{d}s\Big)\overline{S}, 0\Big\}\Big|\mathcal{F}_t\Big] \\
&\geq \max\Big\{E_Q\Big[(S^{(i)})_{t+h}^* - \exp\Big(-\int_0^{t+h} r_s \,\mathrm{d}s\Big)\overline{S}\Big|\mathcal{F}_t\Big], 0\Big\} \\
&\geq \max\Big\{E_Q\Big[(S^{(i)})_{t+h}^* - \exp\Big(-\int_0^{t} r_s \,\mathrm{d}s\Big)\overline{S}\Big|\mathcal{F}_t\Big], 0\Big\} \\
&= \max\Big\{(S^{(i)})_t^* - \exp\Big(-\int_0^{t} r_s \,\mathrm{d}s\Big)\overline{S}, 0\Big\} \\
&= Y_t^*.
\end{aligned}$$

Also ist Y^* ein Submartingal bzgl. Q. Nach der obigen Bemerkung stimmen der faire Preis der amerikanischen Calloption zur Zeit $t = 0$ und der faire Preis der europäischen Calloption zur Zeit $t = 0$ überein. Insbesondere gilt:

$$Z_0 = E_Q\Big[\exp\Big(-\int_0^{\overline{t}} r_s \,\mathrm{d}s\Big) \max\{S_{\overline{t}}^{(i)} - \overline{S}, 0\}\Big].$$

Amerikanische Putoption

Eine amerikanische Putoption erlaubt ihrem Halter, das Asset $S^{(i)}$ zu einem beliebigen Zeitpunkt während der Laufzeit zu einem bei Vertragsabschluss vereinbarten Strikepreis $\overline{S}$ zu *verkaufen. Wir nehmen zusätzlich an, dass der Halter das Asset bei Ausübung der Option sofort wieder zum Marktpreis kauft.*

Sei dazu $\overline{S} > 0$. Wir definieren die amerikanische Putoption durch:

$$Y_t := \max\{\overline{S} - S_t^{(i)}, 0\}.$$

Der faire Preis $Z_0^{(n)}$ der amerikanischen Putoption zur Zeit $t = 0$ kann nun schrittweise berechnet werden.

1. Bestimmung der Snellschen Hülle $(\overline{Y}^{(n)})^*$ von Y^*:

$$(\overline{Y}^{(n)})^*_{\overline{t}} := Y^*_{\overline{t}}.$$

$$(\overline{Y}^{(n)})^*_{t_k^{(n)}} := \max\Big\{Y^*_{t_k^{(n)}}, E_Q\Big[(\overline{Y}^{(n)})^*_{t_{k+1}^{(n)}}\Big|\mathcal{F}_{t_k^{(n)}}\Big]\Big\} \quad (k = 2^n - 1, \ldots, 0).$$

2. Bestimmung der optimalen Ausübungsstrategie $\overline{\tau}^{(n)}$:

$$\overline{\tau}^{(n)} := \min\Big\{t \in I^{(n)} \,\Big|\, (\overline{Y}^{(n)})^*_t = Y^*_t\Big\}.$$

3. Bestimmung des fairen Preises $Z_0^{(n)}$ der amerikanischen Putoption mit eingeschränktem Ausübungsrecht:

$$Z_0^{(n)} = E_Q[(Y^*)^{\overline{\tau}^{(n)}}].$$

4. Bestimmung des fairen Preises Z_0 der amerikanischen Putoption mit uneingeschränktem Ausübungsrecht:

$$Z_0 = \lim_{n\to\infty} Z_0^{(n)}.$$

Bemerkung

Sei $S^{(i)}$ der Preisprozess einer Aktie mit Dividendenzahlungen. Nach Abschnitt 9.1 besitzt $S^{(i)}$ folgende Darstellung:

$$S_t^{(i)} = \exp\Big(-\int_0^t \delta_s^{(i)}\,\mathrm{d}s\Big)\,\hat{S}_t^{(i)}.$$

Dabei ist $(\hat{S}^{(i)})^*$ ein Martingal bzgl. Q. Nach Konstruktion gilt für die zugehörige amerikanische Calloption:

$$Y_t = \max\Big\{\exp\Big(-\int_0^t \delta_s^{(i)}\,\mathrm{d}s\Big)\,\hat{S}_t^{(i)} - \overline{S}, 0\Big\}.$$

In diesem Fall ist Y^* kein Submartingal bzgl. Q. Insbesondere ist $\tau = \overline{t}$ keine optimale Ausübungsstrategie, d.h. der faire Preis muss analog zur amerikanischen Putoption schrittweise berechnet werden.

9.4.3 Futurekontrakte

Wir wenden uns nun der wichtigsten Form von Börsentermingeschäften zu, den *Futurekontrakten.* Analog zu einem Forwardkontrakt legt ein Futurekontrakt den Kauf oder Verkauf eines Assets, also z.B. einer Aktie, zu einem späteren Zeitpunkt zum bei Vertragsabschluss gültigen Futurepreis fest. Dabei ist der Eintritt in einen Futurekontrakt i.d.R. kostenfrei, so dass der Futurepreis an die Stelle des fairen Forwardpreises tritt. Der wesentliche Unterschied gegenüber dem Forwardkontrakt besteht nun darin, dass die kontinuierlichen Wertschwankungen des Futurepreises kontinuierlich durch Marginzahlungen ausgeglichen werden, so dass ein Futurekontrakt jederzeit ohne weitere Zahlungen geschlossen werden kann. Die Marginzahlungen müssen bei der Bewertung von Futurekontrakten berücksichtigt werden.

Futurekontrakte

Sei $Z_{\bar{t}}$ ein Derivat mit europäischem Ausübungsrecht, und sei X der Futurepreis des Derivates. Ein Futurekontrakt legt folgende Punkte fest.

1. *Der Eintritt in den Futurekontrakt ist zu jedem Zeitpunkt $t \in [0, \bar{t}]$ kostenfrei.*
2. *Der Halter des Kontraktes kauft das Derivat $Z_{\bar{t}}$ zur Zeit $\bar{t}$ zum Futurepreis $X_{\bar{t}}$.*
3. *Die Schwankungen des Futurepreises X werden kontinuierlich durch Marginzahlungen ausgeglichen.*

Nach Konstruktion fallen im Zeitintervall $[t_1, t_2]$ folgende Marginzahlungen an:

$$\int_{t_1}^{t_2} \mathrm{d}X_s = X_{t_2} - X_{t_1}.$$

Insbesondere leistet ein Marktteilnehmer, der zur Zeit t in einen Futurekontrakt eintritt, insgesamt folgende Zahlungen zum Erwerb des Derivates $Z_{\bar{t}}$:

$$X_{\bar{t}} - \int_t^{\bar{t}} \mathrm{d}X_s = X_t.$$

In diesem Sinne ist X_t der Kaufpreis des Derivates $Z_{\bar{t}}$ unter einem Futurekontrakt, der zur Zeit t abgeschlossen wird.

Modellierung

Wir postulieren das folgende mathematische Modell für den Futurepreis X des Derivates $Z_{\bar{t}}$.

1. Seien $A \in \mathfrak{L}^1(Q)$ und $B^{(1)}, \ldots, B^{(p)} \in \mathfrak{L}^2(Q)$. Wir nehmen an, dass X folgende Darstellung bzgl. Q besitzt:

$$X_t = X_0 + \int_0^t A_s \,\mathrm{d}s + \sum_{i=1}^{p} \int_0^t B_s^{(i)} \,\mathrm{d}W_s^{(i)}.$$

   Insbesondere ist $X \in \mathfrak{C}(Q)$.

2. Wir nehmen an, dass X der folgenden Endbedingung genügt:

$$X_{\bar{t}} = Z_{\bar{t}}.$$

Diese Bedingung folgt daraus, dass der Eintritt zum Zeitpunkt $\bar{t}$ in den Futurekontrakt den Kauf des Derivates $Z_{\bar{t}}$ zum Preis $X_{\bar{t}}$ festlegt, ohne dass zusätzliche Ausgleichszahlungen anfallen.

3. Wir nehmen an, dass X der folgenden Nebenbedingung genügt:

$$E_Q\Big[\int_t^{\bar{t}} \exp\Big(-\int_0^s r_\vartheta \,\mathrm{d}\vartheta\Big)\,\mathrm{d}X_s\Big|\mathcal{F}_t\Big] = 0.$$

Diese Bedingung entspricht der Annahme, dass für jeden Zeitpunkt t der Wert der zukünftigen Ausgleichszahlungen verschwinden muss, da der Eintritt in den Futurekontrakt zum Zeitpunkt t kostenfrei ist und der Kauf des Derivates zur Zeit $\bar{t}$ zum Marktpreis $Z_{\bar{t}}$ erfolgt. Dabei haben wir zur Bewertung der zukünftigen Ausgleichszahlungen das Prinzip der risikoneutralen Bewertung auf die infinitesimalen Zahlungen $\mathrm{d}X_s$ angewandt.

Die Bedingungen 2 und 3 entsprechen der Annahme, dass durch Kauf oder Verkauf von Futurekontrakten keine Arbitragemöglichkeiten entstehen.

Problemstellung

Gesucht ist der Futurepreis X des Derivates $Z_{\bar{t}}$.

Theorem 9.8 (Prinzip der risikoneutralen Bewertung für Futurekontrakte)
Sei $Z_{\bar{t}}$ ein Derivat mit europäischem Ausübungsrecht. Dann gilt:

(a) *Das Derivat besitzt genau einen Futurepreis X.*

(b) *X besitzt folgende Regularität:*

$$X \in \mathfrak{M}(Q).$$

Insbesondere ist X ein Martingal bzgl. Q, und es gilt:

$$X_t = E_Q[Z_{\bar{t}}|\mathcal{F}_t].$$

$$X_0 = E_Q[Z_{\bar{t}}].$$

Beweis

1. Wir zeigen, dass $Z_{\bar{t}}$ einen Futurepreis X besitzt. Dazu definieren wir $X \in \mathfrak{M}(Q)$ durch:

$$X_t := E_Q[Z_{\bar{t}}|\mathcal{F}_t].$$

Wir zeigen, dass X den Modellannahmen 1, 2, 3 genügt.

1.1 Nach dem Darstellungssatz für Brownsche Martingale existieren stochastische Prozesse $B^{(1)}, \ldots, B^{(p)} \in \mathfrak{L}^2(Q)$ mit folgender Eigenschaft:

$$X_t = X_0 + \sum_{i=1}^{p} \int_0^t B_s^{(i)} \,\mathrm{d}W_s^{(i)}.$$

Damit ist die erste Modellannahme bewiesen.

1.2 Nach Konstruktion gilt:

$$X_{\bar{t}} = Z_{\bar{t}}.$$

Damit ist die zweite Modellannahme bewiesen.

1.3 Nach Punkt 1.1 und der Itoschen Formel gilt:

$$\int_t^{\bar{t}} \exp\Big(-\int_0^s r_\vartheta \,\mathrm{d}\vartheta\Big)\,\mathrm{d}X_s = \sum_{i=1}^p \int_t^{\bar{t}} \exp\Big(-\int_0^s r_\vartheta \,\mathrm{d}\vartheta\Big)\, B_s^{(i)}\,\mathrm{d}W_s^{(i)}.$$

Nach Konstruktion besitzt der Integrand des Itoschen Integrals folgende Regularität:

$$\exp\Big(-\int_0^t r_\vartheta \,\mathrm{d}\vartheta\Big)\, B_t^{(i)} \in \mathfrak{L}^2(Q).$$

Also ist das Itosche Integral ein Martingal. Insbesondere gilt:

$$E_Q\Big[\int_t^{\bar{t}} \exp\Big(-\int_0^s r_\vartheta \,\mathrm{d}\vartheta\Big)\,\mathrm{d}X_s\Big|\mathcal{F}_t\Big] = 0.$$

Damit ist die dritte Modellannahme bewiesen.

2. Wir zeigen, dass der Futurepreis für $Z_{\bar{t}}$ eindeutig bestimmt ist.

2.1 Sei dazu X ein Futurepreis für $Z_{\bar{t}}$. Nach Punkt 1 genügt es zu zeigen, dass X folgende Darstellung besitzt:

$$X_t = E_Q[X_{\bar{t}}|\mathcal{F}_t] = E_Q[Z_{\bar{t}}|\mathcal{F}_t].$$

Dazu genügt es zu zeigen, dass X folgende Regularität besitzt:

$$X \in \mathfrak{M}(Q).$$

2.2 Wir definieren $Y \in \mathfrak{C}(Q)$ durch:

$$\begin{aligned} Y_t &:= \int_0^t \exp\Big(-\int_0^s r_\vartheta \,\mathrm{d}\vartheta\Big)\,\mathrm{d}X_s \\ &= \int_0^t \exp\Big(-\int_0^s r_\vartheta \,\mathrm{d}\vartheta\Big)\,A_s\,\mathrm{d}s \\ &\quad + \sum_{i=1}^p \int_0^t \exp\Big(-\int_0^s r_\vartheta \,\mathrm{d}\vartheta\Big)\, B_s^{(i)}\,\mathrm{d}W_s^{(i)}. \end{aligned}$$

Nach Voraussetzung ist X ein Futurepreis für $Z_{\bar{t}}$. Daraus folgt:

$$\begin{aligned} E_Q[Y_{\bar{t}}|\mathcal{F}_t] &= E_Q\Big[\int_0^{\bar{t}} \exp\Big(-\int_0^s r_\vartheta \,\mathrm{d}\vartheta\Big)\,\mathrm{d}X_s\Big|\mathcal{F}_t\Big] \\ &= Y_t + E_Q\Big[\int_t^{\bar{t}} \exp\Big(-\int_0^s r_\vartheta \,\mathrm{d}\vartheta\Big)\,\mathrm{d}X_s\Big|\mathcal{F}_t\Big] \end{aligned}$$

$$= Y_t.$$

Also ist Y ein Martingal bzgl. Q. Also ist $Y \in \mathfrak{M}(Q)$. Nach dem Darstellungssatz für Brownsche Martingale und der Eindeutigkeit der Itoschen Zerlegung folgt daraus:

$$\exp\Big(-\int_0^s r_\vartheta \,\mathrm{d}\vartheta\Big) A_s = 0.$$

Daraus folgt:

$$A = 0.$$

Daraus folgt:

$$X_t = X_0 + \sum_{i=1}^{p} \int_0^t B_s^{(i)} \,\mathrm{d}W_s^{(i)}.$$

Also ist $X \in \mathfrak{M}(Q)$.

□

Beispiel 9.1

Wir betrachten Beispiele für Futurekontrakte, die an Aktienbörsen gehandelt werden.

(a) Sei $Z_{\bar{t}} = S_{\bar{t}}^{(i)}$. Dann ist X der Futurepreis des Assets $S^{(i)}$.

(b) Sei Z_T ein Derivat mit europäischem Ausübungsrecht, und sei $Z_{\bar{t}}$ der Wert des replizierenden Portfolios zur Zeit $t = \bar{t}$. Dann ist X der Futurepreis des Derivates mit Fixing zur Zeit $t = \bar{t}$.

9.5 Aktienmodelle

In diesem Abschnitt wenden wir uns der konkreten Modellierung von Finanzmärkten zu, d.h. wir beschäftigen uns mit *konstitutiven Gesetzen* für die Preisprozesse der Assets. Dabei verstehen wir unter einem konstitutiven Gesetz die Vorgabe der Zinsrate sowie der Drifts und Volatilitäten der Preisprozesse der Assets. Die Modellierung der Zinsrate bildet eine in sich abgeschlossene Theorie und wird in Abschnitt 10 ausführlich behandelt. Deshalb nehmen wir die Zinsrate in diesem Abschnitt als konstant an. Nach dem Prinzip der risikoneutralen Bewertung sind ferner die fairen Preise von Derivaten unabhängig von den Drifts der Preisprozesse der Assets, da diese beim Übergang zum äquivalenten Martingalmaß durch die Zinsrate ersetzt werden. Deshalb beschränken wir uns auf die Modellierung der Volatilitäten bzgl. des äquivalenten Martingalmaßes. Wir beginnen mit dem Fall konstanter Volatilitäten, dem bekannten *Black–Scholes Modell*. Danach untersuchen wir die zwei wichtigsten Klassen von Modellen, nämlich Modelle mit *lokaler Volatilität* und Modelle mit *stochastischer Volatilität*.

Geldkontoprozess

Sei $\bar{r} \in \mathbb{R}$. Wir nehmen an, dass die Zinsrate konstant ist:

$$r_t = \bar{r}.$$

Nach Konstruktion besitzt der Geldkontoprozess folgende Darstellung:

$$S_t^{(0)} = 1 + \overline{r} \int_0^t S_s^{(0)} \, \mathrm{d}s.$$

Nach der Itoschen Formel gilt:

$$S_t^{(0)} = \exp(\overline{r}\, t).$$

9.5.1 Das Black–Scholes Modell

Das Black–Scholes Modell ist das bekannteste und in der Praxis am häufigsten verwendete Aktienmodell.

Konstitutives Gesetz

Seien $\overline{\sigma}^{(1,1)}, \ldots, \overline{\sigma}^{(p,p)} \in \mathbb{R}$. Wir nehmen an, dass die Volatilitäten konstant sind:

$$\sigma_t^{(i,j)} = \overline{\sigma}^{(i,j)}.$$

Assetpreisprozesse

Nach Konstruktion besitzen die Preisprozesse der Assets folgende Darstellungen bzgl. Q:

$$S_t^{(i)} = 1 + \overline{r} \int_0^t S_s^{(i)} \, \mathrm{d}s + \sum_{j=1}^{p} \overline{\sigma}^{(i,j)} \int_0^t S_s^{(i)} \, \mathrm{d}W_s^{(j)}.$$

$$(S^{(i)})_t^* = 1 + \sum_{j=1}^{p} \overline{\sigma}^{(i,j)} \int_0^t (S^{(i)})_s^* \, \mathrm{d}W_s^{(j)}.$$

Nach der Itoschen Formel gilt:

$$S_t^{(i)} = \exp\Big(\overline{r}\, t - \frac{1}{2} \sum_{j=1}^{p} |\overline{\sigma}^{(i,j)}|^2 \, t + \sum_{j=1}^{p} \overline{\sigma}^{(i,j)} \, W_t^{(j)} \Big).$$

$$(S^{(i)})_t^* = \exp\Big(- \frac{1}{2} \sum_{j=1}^{p} |\overline{\sigma}^{(i,j)}|^2 \, t + \sum_{j=1}^{p} \overline{\sigma}^{(i,j)} \, W_t^{(j)} \Big).$$

Notation

Sei im Folgenden $p = 1$. Zur Vereinfachung der Notation lassen wir die Indizierungen bzgl. p weg, d.h. wir schreiben X an Stelle von $X^{(1)}$ bzw. $X^{(1,1)}$.

Implizite Volatilität

Wir betrachten europäische Calloptionen im Black–Scholes Modell. Sei dazu $\overline{r}$ der Marktzins zur Zeit $t = 0$, und sei $(Z[\overline{t}, \overline{S}])_0^M$ der Marktpreis der Calloption mit Laufzeit $\overline{t}$ und Strikepreis

$\overline{S}$ auf das Asset S zur Zeit $t = 0$. Nach dem Prinzip der risikoneutralen Bewertung gilt für den fairen Preis $(Z[\overline{t}, \overline{S}, \overline{\sigma}])_0$ der Calloption im Black–Scholes Modell bei gegebener Volatilität $\overline{\sigma}$ zur Zeit $t = 0$:

$$(Z[\overline{t}, \overline{S}, \overline{\sigma}])_0 = E_Q[\exp(-\overline{r}\,\overline{t}) \max\{S_{\overline{t}} - \overline{S}, 0\}]$$
$$= E_Q\Big[\max\Big\{\exp\Big(-\frac{1}{2}|\overline{\sigma}|^2\,\overline{t} + \overline{\sigma}\,W_{\overline{t}}\Big) - \exp(-\overline{r}\,\overline{t})\,\overline{S}, 0\Big\}\Big].$$

Wir definieren die *implizite Volatilität* $\overline{\sigma}[\overline{t}, \overline{S}]$ implizit als Lösung $\overline{\sigma}$ der folgenden Gleichung:

$$(Z[\overline{t}, \overline{S}, \overline{\sigma}])_0 = (Z[\overline{t}, \overline{S}])_0^M.$$

M.a.W. die implizite Volatilität $\overline{\sigma}[\overline{t}, \overline{S}]$ ist genau diejenige Volatilität $\overline{\sigma}$, für welche der im Black–Scholes Modell berechnete faire Preis der europäischen Calloption mit dem Marktpreis übereinstimmt. Die Abbildung $(\overline{t}, \overline{S}) \longmapsto \overline{\sigma}[\overline{t}, \overline{S}]$ heißt *implizite Volatilitätsfläche.*

9.5.2 Modelle mit lokaler Volatilität

In diesem Abschnitt untersuchen wir die Klasse der Modelle mit lokaler Volatilität. Dabei nehmen wir an, dass die Volatilität eine gegebene Funktion der Zeit und der Assetpreise ist. Diese Art der Modellierung werden wir auch für die Formulierung der Feynman–Kac Formeln in Abschnitt 9.6 verwenden. Das in der Praxis am häufigsten verwendete Modell mit lokaler Volatilität ist das *Dupire Modell*, bei welchem die Volatilitätsfunktion mit Hilfe der gegebenen Marktpreise für europäische Calloptionen bestimmt wird.

Konstitutives Gesetz

Seien folgende Voraussetzungen gegeben:

1. $\hat{\sigma}^{(1,1)}, \ldots, \hat{\sigma}^{(p,p)} : I \times \mathbb{R}^p \longrightarrow \mathbb{R}$ sind stetig und beschränkt.
2. $\hat{\sigma}^{(i,j)}$ genügt der folgenden Lipschitzbedingung:

$$\Big|\hat{\sigma}^{(i,j)}(t, \tilde{x}) - \hat{\sigma}^{(i,j)}(t, \tilde{y})\Big| \leq C\,(|x^1 - y^1| + \ldots + |x^p - y^p|).$$

Wir postulieren für die Volatilitäten $\sigma^{(1,1)}, \ldots, \sigma^{(p,p)}$ folgende Darstellungen:

$$\sigma_t^{(i,j)} = \hat{\sigma}^{(i,j)}(t, \tilde{S}_t).$$

Assetpreisprozesse

Nach Konstruktion besitzen die Preisprozesse der Assets folgende Darstellungen bzgl. Q:

$$S_t^{(i)} = 1 + \int_0^t \overline{r}\,S_s^{(i)}\,\mathrm{d}s + \sum_{j=1}^p \int_0^t \hat{\sigma}^{(i,j)}(s, \tilde{S}_s)\,S_s^{(i)}\,\mathrm{d}W_s^{(j)}.$$

$$(S^{(i)})_t^* = 1 + \sum_{j=1}^p \int_0^t \hat{\sigma}^{(i,j)}(s, \tilde{S}_s)\,S_s^{(i)}\,\mathrm{d}W_s^{(j)}.$$

In diesem Fall erhalten wir $S^{(1)}, \ldots, S^{(p)}$ als Lösungen entsprechender stochastischer Differentialgleichungen. Dabei wird die Existenz und Eindeutigkeit solcher Lösungen durch Theorem 8.17 garantiert.

Notation

Sei im Folgenden $p = 1$. Zur Vereinfachung der Notation lassen wir die Indizierungen bzgl. p weg, d.h. wir schreiben X an Stelle von $X^{(1)}$ bzw. $X^{(1,1)}$.

Theorem 9.9 (Dupire Gleichung)

Wir definieren $u : I \times \mathbb{R} \longrightarrow \mathbb{R}$ durch:

$$u(t,x) = E_Q[\exp(-\overline{r}\,t)\,\max\{S_t - x, 0\}].$$

Dann ist u eine Lösung des folgenden Cauchyschen Problems:

$$\frac{\partial u}{\partial t}(t,x) = \frac{1}{2}\,|\hat{\sigma}(t,x)|^2\,x^2\,\frac{\partial^2 u}{\partial x^2}(t,x) - \overline{r}\,x\,\frac{\partial u}{\partial x}(t,x).$$

$$u(0,x) = \max\{1 - x, 0\}.$$

Nach dem Prinzip der risikoneutralen Bewertung ist $u(\overline{t}, \overline{S})$ der faire Preis der europäischen Calloption mit Laufzeit $\overline{t}$ und Strikepreis $\overline{S}$ auf das Asset S zur Zeit $t = 0$.

Beweis

1. Nach Konstruktion gilt:

$$S_0^* = 1.$$

Daraus folgt:

$$u(0,x) = E_Q[\max\{S_0^* - x, 0\}] = \max\{1 - x, 0\}.$$

2. Wir zeigen, dass u der Differentialgleichung im Distributionssinn genügt. Sei dazu $v : \mathbb{R} \longrightarrow \mathbb{R}$ mit folgenden Eigenschaften:

   (i) v ist beliebig oft differenzierbar.

   (ii) v hat einen kompakten Träger, d.h. v ist höchstens auf einer kompakten Menge verschieden von Null.

   Wir beweisen folgende Aussage:

$$\frac{\mathrm{d}}{\mathrm{d}t}\int_{\mathbb{R}} u(t,x)\,v(x)\,\mathrm{d}x$$
$$= \frac{1}{2}\int_{\mathbb{R}} u(t,x)\,\frac{\partial^2}{\partial x^2}\Big(|\hat{\sigma}(t,x)|^2\,x^2\,v(x)\Big)\,\mathrm{d}x + \overline{r}\int_{\mathbb{R}} u(t,x)\,\frac{\partial}{\partial x}\Big(x\,v(x)\Big)\,\mathrm{d}x.$$

3. Mit Hilfe des Satzes von Fubini und partieller Integration erhalten wir:

$$\int_{\mathbb{R}} u(t,x)\,v(x)\,\mathrm{d}x$$

$$= \exp(-\overline{r}\,t)\, E_Q\Big[\int_{\mathbb{R}} \max\{S_t - x, 0\}\, v(x)\,\mathrm{d}x\Big]$$

$$= \exp(-\overline{r}\,t)\, E_Q\Big[\int_{-\infty}^{S_t} (S_t - x)\, v(x)\,\mathrm{d}x\Big].$$

$$\frac{\mathrm{d}}{\mathrm{d}t}\int_{\mathbb{R}} u(t,x)\, v(x)\,\mathrm{d}x$$

$$= -\overline{r}\,\exp(-\overline{r}\,t)\, E_Q\Big[\int_{-\infty}^{S_t} (S_t - x)\, v(x)\,\mathrm{d}x\Big]$$

$$+ \exp(-\overline{r}\,t)\,\frac{\mathrm{d}}{\mathrm{d}t} E_Q\Big[\int_{-\infty}^{S_t} (S_t - x)\, v(x)\,\mathrm{d}x\Big].$$

$$\int_{\mathbb{R}} u(t,x)\,\frac{\partial}{\partial x}\Big(x\, v(x)\Big)\,\mathrm{d}x$$

$$= \exp(-\overline{r}\,t)\, E_Q\Big[\int_{\mathbb{R}} \max\{S_t - x, 0\}\,\frac{\partial}{\partial x}\Big(x\, v(x)\Big)\,\mathrm{d}x\Big]$$

$$= \exp(-\overline{r}\,t)\, E_Q\Big[\int_{-\infty}^{S_t} (S_t - x)\,\frac{\partial}{\partial x}\Big(x\, v(x)\Big)\,\mathrm{d}x\Big]$$

$$= -\exp(-\overline{r}\,t)\, E_Q\Big[\int_{-\infty}^{S_t} \frac{\partial}{\partial x}\Big(S_t - x\Big)\, x\, v(x)\,\mathrm{d}x\Big]$$

$$= \exp(-\overline{r}\,t)\, E_Q\Big[\int_{-\infty}^{S_t} x\, v(x)\,\mathrm{d}x\Big].$$

$$\int_{\mathbb{R}} u(t,x)\,\frac{\partial^2}{\partial x^2}\Big(|\hat{\sigma}(t,x)|^2\, x^2\, v(x)\Big)\,\mathrm{d}x$$

$$= \exp(-\overline{r}\,t)\, E_Q\Big[\int_{\mathbb{R}} \max\{S_t - x, 0\}\,\frac{\partial^2}{\partial x^2}\Big(|\hat{\sigma}(t,x)|^2\, x^2\, v(x)\Big)\,\mathrm{d}x\Big]$$

$$= \exp(-\overline{r}\,t)\, E_Q\Big[\int_{-\infty}^{S_t} (S_t - x)\,\frac{\partial^2}{\partial x^2}\Big(|\hat{\sigma}(t,x)|^2\, x^2\, v(x)\Big)\,\mathrm{d}x\Big]$$

$$= -\exp(-\overline{r}\,t)\, E_Q\Big[\int_{-\infty}^{S_t} \frac{\partial}{\partial x}\Big(S_t - x\Big)\,\frac{\partial}{\partial x}\Big(|\hat{\sigma}(t,x)|^2\, x^2\, v(x)\Big)\,\mathrm{d}x\Big]$$

$$= \exp(-\overline{r}\,t)\, E_Q\Big[\int_{-\infty}^{S_t} \frac{\partial}{\partial x}\Big(|\hat{\sigma}(t,x)|^2\, x^2\, v(x)\Big)\,\mathrm{d}x\Big]$$

$$= \exp(-\overline{r}\,t)\, E_Q\Big[|\hat{\sigma}(t,S_t)|^2\, |S_t|^2\, v(S_t)\Big].$$

4. Wir definieren $f : \mathbb{R} \longrightarrow \mathbb{R}$ durch:

$$f(y) := \int_{-\infty}^{y} (y - x)\, v(x)\,\mathrm{d}x.$$

4.1 Nach Konstruktion gilt:

$$E_Q[f(S_t)] = E_Q\Big[\int_{-\infty}^{S_t} (S_t - x)\, v(x)\, \mathrm{d}x\Big].$$

4.2 Nach Konstruktion besitzt der Preisprozess des Assets folgende Darstellung:

$$S_t = 1 + \int_0^t \overline{r}\, S_s\, \mathrm{d}s + \int_0^t \hat{\sigma}(s, S_s)\, S_s\, \mathrm{d}W_s.$$

Nach der Itoschen Formel gilt:

$$f(S_t) = f(1) + \overline{r} \int_0^t \frac{\mathrm{d}f}{\mathrm{d}y}(S_s)\, S_s\, \mathrm{d}s + \int_0^t \frac{\mathrm{d}f}{\mathrm{d}y}(S_s)\, \hat{\sigma}(s, S_s)\, S_s\, \mathrm{d}W_s$$
$$+ \frac{1}{2} \int_0^t \frac{\mathrm{d}^2 f}{\mathrm{d}y^2}(S_s)\, |\hat{\sigma}(s, S_s)|^2\, |S_s|^2\, \mathrm{d}s.$$

Nach dem Satz von Fubini folgt daraus:

$$E_Q[f(S_t)] = f(1) + \overline{r} \int_0^t E_Q\Big[\frac{\mathrm{d}f}{\mathrm{d}y}(S_s)\, S_s\Big]\, \mathrm{d}s$$
$$+ \frac{1}{2} \int_0^t E_Q\Big[\frac{\mathrm{d}^2 f}{\mathrm{d}y^2}(S_s)\, |\hat{\sigma}(s, S_s)|^2\, |S_s|^2\Big]\, \mathrm{d}s.$$

Daraus folgt:

$$\frac{\mathrm{d}}{\mathrm{d}t} E_Q[f(S_t)] = \overline{r}\, E_Q\Big[\frac{\mathrm{d}f}{\mathrm{d}y}(S_t)\, S_t\Big] + \frac{1}{2}\, E_Q\Big[\frac{\mathrm{d}^2 f}{\mathrm{d}y^2}(S_t)\, |\hat{\sigma}(t, S_t)|^2\, |S_t|^2\Big].$$

4.3 Nach Konstruktion gilt:

$$\frac{\mathrm{d}f}{\mathrm{d}y}(y) = \int_{-\infty}^{y} v(x)\, \mathrm{d}x.$$

$$\frac{\mathrm{d}^2 f}{\mathrm{d}y^2}(y) = v(y).$$

Nach Punkt 4.2 folgt daraus:

$$\frac{\mathrm{d}}{\mathrm{d}t} E_Q[f(S_t)] = \overline{r}\, E_Q\Big[\int_{-\infty}^{S_t} S_t\, v(x)\, \mathrm{d}x\Big] + \frac{1}{2}\, E_Q\Big[\, |\hat{\sigma}(t, S_t)|^2\, |S_t|^2\, v(S_t)\Big].$$

5. Nach Punkt 3 und Punkt 4 gilt:

$$\frac{\mathrm{d}}{\mathrm{d}t} \int_{\mathbb{R}} u(t, x)\, v(x)\, \mathrm{d}x$$

$$= -\overline{r}\, \exp(-\overline{r}\, t)\, E_Q[f(S_t)] + \exp(-\overline{r}\, t)\, \frac{\mathrm{d}}{\mathrm{d}t} E_Q[f(S_t)]$$

$$= \frac{1}{2}\, \exp(-\overline{r}\, t)\, E_Q\Big[\, |\hat{\sigma}(t, S_t)|^2\, |S_t|^2\, v(S_t)\Big]$$

$$+\,\overline{r}\,\exp(-\overline{r}\,t)\,E_Q\Big[\int_{-\infty}^{S_t} x\,v(x)\,\mathrm{d}x\Big]$$

$$=\frac{1}{2}\int_{\mathbb{R}} u(t,x)\,\frac{\partial^2}{\partial x^2}\Big(|\hat{\sigma}(t,x)|^2\,x^2\,v(x)\Big)\,\mathrm{d}x+\overline{r}\int_{\mathbb{R}} u(t,x)\,\frac{\partial}{\partial x}\Big(x\,v(x)\Big)\,\mathrm{d}x.$$

Damit ist die Aussage in Punkt 2 bewiesen.

□

Beispiel 9.2

Wir betrachten konstitutive Gesetze für die Volatilität σ.

- **Dupire Modell**

  Wir verwenden die Differentialgleichung in Theorem 9.9 zur Bestimmung der Volatilität. Sei dazu $u^M(\overline{t},\overline{S})$ der Marktpreis der europäischen Calloption mit Laufzeit $\overline{t}$ und Strikepreis $\overline{S}$ auf das Asset S zur Zeit $t=0$. Wir definieren:

  $$\hat{\sigma}^M(t,x):=\sqrt{\frac{2\,(\frac{\partial u^M}{\partial t}(t,x)+\overline{r}\,x\,\frac{\partial u^M}{\partial x}(t,x))}{x^2\,\frac{\partial^2 u^M}{\partial x^2}(t,x)}}.$$

  Wir postulieren für die Volatilität σ folgende Darstellung:

  $$\sigma_t=\hat{\sigma}^M(t,S_t).$$

  Das Dupire Modell setzt voraus, dass die Marktpreise $u^M(\overline{t},\overline{S})$ der europäischen Calloptionen für alle Laufzeiten $\overline{t}$ und alle Strikepreise $\overline{S}$ bekannt sind. In der Praxis sind Marktpreise von europäischen Calloptionen natürlich nur für endlich viele Laufzeiten und Strikepreise verfügbar. Deshalb werden typischerweise die zugehörigen impliziten Volatilitäten des Black–Scholes Modells interpoliert und die fehlenden Preise von europäischen Calloptionen mit Hilfe der interpolierten impliziten Volatilitäten im Black–Scholes Modell berechnet. Das so *kalibrierte* Dupire Modell wird dann zur theoretischen Bewertung anderer Derivate verwendet.

- **Dumas–Flemming–Whaley Modell**

  Sei $\overline{t}\in I$ mit $\overline{t}>0$, sei $\overline{S}>0$, und seien $\alpha,\beta_1,\beta_2,\gamma_1,\gamma_2\in\mathbb{R}$. Wir definieren:

  $$\hat{\sigma}[\overline{t},y](t,x):=\alpha+\beta_1\,\frac{x}{y}+\beta_2\left(\frac{x}{y}\right)^2+\gamma_1\,(\overline{t}-t)+\gamma_2\,(\overline{t}-t)\,\frac{x}{y}.$$

  Wir postulieren für die Volatilität σ folgende Darstellung:

  $$\sigma_t=\hat{\sigma}[\overline{t},\overline{S}](t,S_t).$$

  In der Praxis werden die Koeffizienten α, β_1, β_2, γ_1, γ_2 an den Marktpreisen der Calloptionen *kalibriert*, d.h. die Koeffizienten α, β_1, β_2, γ_1, γ_2 werden so bestimmt, dass die im Dumas–Flemming–Whaley Modell berechneten fairen Preise von europäischen Calloptionen für geeignete Laufzeiten $\overline{t}$ und geeignete Strikepreise $\overline{S}$ mit den Marktpreisen übereinstimmen. Wir stellen fest, dass die Funktion $\hat{\sigma}[\overline{t},y](t,x)$ unbeschränkt bzgl. x ist. Insbesondere sind die Voraussetzungen von Theorem 8.17 nicht erfüllt. Eine strenge mathematische Analyse des Dumas–Flemming–Whaley Modells geht über den Rahmen dieses Lehrbuches hinaus.

9.5.3 Modelle mit stochastischer Volatilität

In diesem Abschnitt untersuchen wir die Klasse der Modelle mit stochastischer Volatilität. Dabei formulieren wir für die Volatilität eine separate stochastische Differentialgleichung.

Konstitutives Gesetz

Sei folgende Voraussetzung gegeben:

1. $\sigma_0^{(1,1)}, \ldots, \sigma_0^{(p,p)} \in \mathbb{R}$.
2. $a^{(1,1)}, \ldots, a^{(p,p)} : I \times \mathbb{R}^p \times \mathbb{R}^{p \times p} \longrightarrow \mathbb{R}$ sind stetig.
3. $b^{(1,1,1)}, \ldots, b^{(p,p,p)} : I \times \mathbb{R}^p \times \mathbb{R}^{p \times p} \longrightarrow \mathbb{R}$ sind stetig.

Wir postulieren für die Volatilitäten $\sigma^{(1,1)}, \ldots, \sigma^{(p,p)}$ folgende Darstellungen:

$$\sigma_t^{(i,j)} = \sigma_0^{(i,j)} + \int_0^t a^{(i,j)}(s, \tilde{S}_s, \tilde{\tilde{\sigma}}_s)\,\mathrm{d}s + \sum_{k=1}^p \int_0^t b^{(i,j,k)}(s, \tilde{S}_s, \tilde{\tilde{\sigma}}_s)\,\mathrm{d}W_s^{(k)}.$$

Assetpreisprozesse

Nach Konstruktion besitzen die Preisprozesse der Assets folgende Darstellungen bzgl. Q:

$$S_t^{(i)} = 1 + \int_0^t \overline{r}\, S_s^{(i)}\,\mathrm{d}s + \sum_{j=1}^p \int_0^t \sigma_s^{(i,j)}\, S_s^{(i)}\,\mathrm{d}W_s^{(j)}.$$

$$(S^{(i)})_t^* = 1 + \sum_{j=1}^p \int_0^t \sigma_s^{(i,j)}\, S_s^{(i)}\,\mathrm{d}W_s^{(j)}.$$

In diesem Fall erhalten wir $S^{(1)}, \ldots, S^{(p)}$ sowie $\sigma^{(1,1)}, \ldots, \sigma^{(p,p)}$ als Lösungen entsprechender stochastischer Differentialgleichungen. Wir stellen fest, dass die Darstellung für $S^{(i)}$ das Produkt $\sigma^{(i,j)}\, S^{(i)}$ enthält. Insbesondere sind die Voraussetzungen von Theorem 8.17 nicht erfüllt. Eine strenge mathematische Analyse der Modelle mit stochastischer Volatilität geht über den Rahmen dieses Lehrbuches hinaus.

Beispiel 9.3

Wir betrachten den Fall $p = 1$ des Aktienmodells in Verbindung mit dem Fall $p = 2$ des konstitutiven Gesetzes. Zur Vereinfachung der Notation schreiben wir S, σ an Stelle von $S^{(1)}$, $\sigma^{(1,1)}$ sowie a, $b^{(1)}$, $b^{(2)}$ an Stelle von $a^{(1)}$, $b^{(1,1,1)}$, $b^{(1,1,2)}$. Nach Konstruktion gilt:

$$S_t = 1 + \int_0^t \overline{r}\, S_s\,\mathrm{d}s + \int_0^t \sigma_s\, S_s\,\mathrm{d}W_s^{(1)}.$$

$$\sigma_t = \sigma_0 + \int_0^t a(s, S_s, \sigma_s)\,\mathrm{d}s + \int_0^t b^{(1)}(s, S_s, \sigma_s)\,\mathrm{d}W_s^{(1)} + \int_0^t b^{(2)}(s, S_s, \sigma_s)\,\mathrm{d}W_s^{(2)}.$$

Wir betrachten konstitutive Gesetze für die Volatilität σ.

- **Hull–White Modell**
  Seien $\bar{a}, \bar{b}^{(1)}, \bar{b}^{(2)} \in \mathbb{R}$. Wir postulieren für σ folgende Darstellung:

$$\sigma_t = \sigma_0 + \int_0^t \bar{a}\,\sigma_s\,\mathrm{d}s + \int_0^t \bar{b}^{(1)}\,\sigma_s\,\mathrm{d}W_s^{(1)} + \int_0^t \bar{b}^{(2)}\,\sigma_s\,\mathrm{d}W_s^{(2)}.$$

  Dies ist eine lineare stochastische Differentialgleichung zur Bestimmung von σ. Nach Abschnitt 8.7 besitzt σ folgende Darstellung:

$$\sigma_t = \exp\left(\left(\bar{a} - \frac{|\bar{b}^{(1)}|^2}{2} - \frac{|\bar{b}^{(2)}|^2}{2}\right) t + \bar{b}^{(1)}\,W_t^{(1)} + \bar{b}^{(2)}\,W_t^{(2)}\right) \sigma_0.$$

- **Heston Modell**
  Seien $\overline{X}, \bar{a}, \bar{b}^{(1)}, \bar{b}^{(2)} \in \mathbb{R}$. Wir postulieren für σ folgende Darstellung:

$$\sigma_t = \sqrt{|X_t|}.$$

$$X_t = |\sigma_0|^2 + \int_0^t \bar{a}\,(\overline{X} - X_s)\,\mathrm{d}s + \int_0^t \bar{b}^{(1)}\,\sqrt{|X_s|}\,\mathrm{d}W_s^{(1)} + \int_0^t \bar{b}^{(2)}\,\sqrt{|X_s|}\,\mathrm{d}W_s^{(2)}.$$

  Dies ist eine nichtlineare stochastische Differentialgleichung zur Bestimmung von X und σ. Wir stellen fest, dass die Darstellung für X den Term $\sqrt{|X|}$ enthält. Insbesondere sind die Voraussetzungen von Theorem 8.17 nicht erfüllt. Eine strenge mathematische Analyse des Heston Modells geht über den Rahmen dieses Lehrbuches hinaus.

9.6 Feynman–Kac Formeln für Derivate

Wir wenden nun die in Abschnitt 8.8 entwickelten Feynman–Kac Formeln auf die in Abschnitt 9.4 betrachteten Derivate an. Dadurch erhalten wir Darstellungsformeln für Derivate mit europäischem Ausübungsrecht, Derivate mit amerikanischem Ausübungsrecht sowie Futurekontrakte mit Hilfe von Lösungen partieller Differentialgleichungen. Diese Darstellungsformeln spielen in der Praxis eine wichtige Rolle, weil für viele dieser partiellen Differentialgleichungen entweder explizite Lösungen bekannt sind oder effiziente numerische Lösungsmethoden bereit stehen. Als Beispiel betrachten wir das Black–Scholes Modell. Insbesondere zeigen wir die Äquivalenz zwischen der zugehörigen Black–Scholes Differentialgleichung und der Wärmeleitungsgleichung.

Voraussetzungen

1. Sei $\hat{r} : I \times \mathbb{R}^{p+1} \longrightarrow \mathbb{R}$ mit folgenden Eigenschaften:

   1.1 $\hat{r}$ ist stetig.

   1.2 $\hat{r}$ genügt der folgenden Beschränktheitsbedingung:

$$0 \leq \hat{r}(t, x^0, \tilde{x}) \leq C.$$

1.2 $\hat{r}$ genügt der folgenden Lipschitzbedingung:

$$\left|\hat{r}(t, x^0, \tilde{x}) - \hat{r}(t, y^0, \tilde{y})\right| \leq C\,(|x^0 - y^0| + \ldots + |x^p - y^p|).$$

2. Seien $\hat{\sigma}^{(1,1)}, \ldots, \hat{\sigma}^{(p,p)} : I \times \mathbb{R}^{p+1} \longrightarrow \mathbb{R}$ mit folgenden Eigenschaften:

   2.1 $\hat{\sigma}^{(i,j)}$ ist stetig und beschränkt.

   2.2 $\hat{\sigma}^{(i,j)}$ genügt der folgenden Lipschitzbedingung:

$$\left|\hat{\sigma}^{(i,j)}(t, x^0, \tilde{x}) - \hat{\sigma}^{(i,j)}(t, y^0, \tilde{y})\right| \leq C\,(|x^0 - y^0| + \ldots + |x^p - y^p|).$$

3. Sei $\hat{Z} : \mathbb{R}^{p+1} \longrightarrow \mathbb{R}$ mit folgenden Eigenschaften:

   3.1 $\hat{Z}$ ist stetig.

   3.2 $\hat{Z}$ genügt der folgenden Wachstumsbedingung:

$$|\hat{Z}(x^0, \tilde{x})| \leq C\,(1 + |x^0| + \ldots + |x^p|).$$

4. Sei $\hat{Y} : I \times \mathbb{R}^{p+1} \longrightarrow \mathbb{R}$ mit folgenden Eigenschaften:

   4.1 $\hat{Y} \in \mathcal{C}^{0,1}(I \times \mathbb{R}^{p+1}, \mathbb{R})$.

   4.2 $\hat{Y}$ genügt den folgenden Wachstumsbedingungen:

$$|\hat{Y}(t, x^0, \tilde{x})| \leq C\,(1 + |x^0| + \ldots + |x^p|).$$

$$\left|\frac{\partial \hat{Y}}{\partial x^k}(t, x^0, \tilde{x})\right| \leq C.$$

5. Sei $u : I \times \mathbb{R}^{p+1} \longrightarrow \mathbb{R}$ mit folgenden Eigenschaften:

   5.1 $u \in \mathcal{C}^0(I \times \mathbb{R}^{p+1}, \mathbb{R}) \cap \mathcal{C}^{1,2}([0, T) \times \mathbb{R}^{p+1}, \mathbb{R})$.

   5.2 u genügt den folgenden Wachstumsbedingungen:

$$|u(t, x^0, \tilde{x})| \leq C\,(1 + |x^0| + \ldots + |x^p|).$$

$$\left|\frac{\partial u}{\partial x^k}(t, x^0, \tilde{x})\right| \leq C.$$

Konstitutive Gesetze

Wir nehmen an, dass die Prozesse r und σ durch konstitutive Gesetze der folgenden Form gegeben sind:

$$r_t = \hat{r}(t, S_t^{(0)}, \tilde{S}_t).$$

$$\sigma_t^{(i,j)} = \hat{\sigma}^{(i,j)}(t, S_t^{(0)}, \tilde{S}_t).$$

Bemerkung

Nach Konstruktion besitzen der Geldkontoprozess $S^{(0)}$ sowie die Assetpreisprozesse $\tilde{S}$ folgende Darstellungen bzgl. des äquivalenten Martingalmaßes Q:

$$S_t^{(0)} = 1 + \int_0^t \hat{r}(s, S_s^{(0)}, \tilde{S}_s)\, S_s^{(0)}\, \mathrm{d}s.$$

$$S_t^{(i)} = 1 + \int_0^t \hat{r}(s, S_s^{(0)}, \tilde{S}_s)\, S_s^{(i)}\, \mathrm{d}s + \sum_{j=1}^{p} \int_0^t \hat{\sigma}^{(i,j)}(s, S_s^{(0)}, \tilde{S}_s)\, S_s^{(i)}\, \mathrm{d}W_s^{(j)}.$$

Nach der Itoschen Formel gilt:

$$S_t^{(0)} = \exp\Big(\int_0^t \hat{r}(s, S_s^{(0)}, \tilde{S}_s)\, \mathrm{d}s\Big).$$

$$S_t^{(i)} = \exp\Big(\int_0^t \hat{r}(s, S_s^{(0)}, \tilde{S}_s)\, \mathrm{d}s - \frac{1}{2}\sum_{j=1}^{p} \int_0^t |\hat{\sigma}^{(i,j)}(s, S_s^{(0)}, \tilde{S}_s)|^2\, \mathrm{d}s$$

$$+ \sum_{j=1}^{p} \int_0^t \hat{\sigma}^{(i,j)}(s, S_s^{(0)}, \tilde{S}_s)\, \mathrm{d}W_s^{(j)}\Big).$$

Insbesondere sind $S^{(0)}$ und $S^{(i)}$ positiv. Wir wenden im Folgenden die Feynman–Kac Formeln auf unser Aktienmarktmodell an. Dabei beziehen sich die partiellen Differentialgleichungen auf das Gebiet $(0, \infty)^{p+1}$ an Stelle von $\mathbb{R}^{p+1}$. Typischerweise lassen sich die Lösungen durch Null auf $\mathbb{R}^{p+1}$ fortsetzen.

Derivate mit europäischem Ausübungsrecht

Wir betrachten ein Derivat $Z_{\bar{t}}$ mit europäischem Ausübungsrecht. Wir nehmen an, dass die Auszahlung zur Zeit $t = \bar{t}$ durch ein konstitutives Gesetz der folgenden Form gegeben ist:

$$Z_{\bar{t}} = \hat{Z}(S_{\bar{t}}^{(0)}, \tilde{S}_{\bar{t}}).$$

Nach dem Prinzip der risikoneutralen Bewertung gilt für den fairen Preis Z_0 des Derivates zur Zeit $t = 0$:

$$Z_0 = E_Q\Big[\exp\Big(-\int_0^{\bar{t}} \hat{r}(t, S_t^{(0)}, \tilde{S}_t)\, \mathrm{d}t\Big)\, \hat{Z}(S_{\bar{t}}^{(0)}, \tilde{S}_{\bar{t}})\Big].$$

Sei u eine Lösung des folgenden Cauchyschen Problems:

$$-\frac{\partial u}{\partial t}(t, x^0, \tilde{x}) = \frac{1}{2}\sum_{k,l=1}^{p} \Big(\sum_{i=1}^{p} \hat{\sigma}^{(k,i)}(t, x^0, \tilde{x})\, \hat{\sigma}^{(l,i)}(t, x^0, \tilde{x})\, x^k\, x^l\Big) \frac{\partial^2 u}{\partial x^k\, \partial x^l}(t, x^0, \tilde{x})$$

$$+ \sum_{k=0}^{p} \hat{r}(t, x^0, \tilde{x})\, x^k\, \frac{\partial u}{\partial x^k}(t, x^0, \tilde{x}) - \hat{r}(t, x^0, \tilde{x})\, u(t, x^0, \tilde{x}).$$

$$u(\bar{t}, x^0, \tilde{x}) = \hat{Z}(x^0, \tilde{x}).$$

Nach den Feynman–Kac Formeln gilt:

$$Z_0 = u(0, 1, \tilde{1}).$$

Derivate mit europäischem Ausübungsrecht und Barrier

Sei $G \subset \mathbb{R}^{p+1}$ offen, sei $(1, \tilde{1}) \in G$, und sei $\Gamma \subset \mathbb{R}^n$ der Rand von G. Wir betrachten ein Derivat $Z_{\bar{t}}$ mit europäischem Ausübungsrecht und Barrier, d.h. eine Auszahlung findet nur dann statt, wenn der Prozess $(S^{(0)}, \tilde{S})$ das Gebiet G im Zeitintervall I nicht verlässt. Wir definieren eine Stoppzeit τ durch:

$$\tau := \inf \Big\{ t \in I \,\Big|\, (S^{(0)}, \tilde{S}) \in \Gamma \Big\}.$$

Wir nehmen an, dass die Auszahlung zur Zeit $t = \bar{t}$ durch ein konstitutives Gesetz der folgenden Form gegeben ist:

$$Z_{\bar{t}} = 1_{\{\tau=\infty\}}\, \hat{Z}(S^{(0)}_{\bar{t}}, \tilde{S}_{\bar{t}}).$$

Wir betrachten eine zusätzliche Rebate Y, d.h. eine zusätzliche Zahlung im Fall, dass der Prozess $(S^{(0)}, \tilde{S})$ das Gebiet G im Zeitintervall I verlässt. Wir nehmen an, dass die Auszahlung zur Zeit $t \in I$ durch ein konstitutives Gesetz der folgenden Form gegeben ist:

$$Y_t = 1_{\{\tau=t\}}\, \hat{Y}(t, S^{(0)}_t, \tilde{S}_t).$$

Nach dem Prinzip der risikoneutralen Bewertung gilt für den fairen Preis Z_0 des Derivates zur Zeit $t = 0$:

$$\begin{aligned} Z_0 = {} & E_Q\Big[1_{\{\tau=\infty\}} \exp\Big(- \int_0^{\bar{t}} \hat{r}(t, S^{(0)}_t, \tilde{S}_t)\,\mathrm{d}t\Big)\, \hat{Z}(S^{(0)}_{\bar{t}}, \tilde{S}_{\bar{t}})\Big] \\ & + E_Q\Big[1_{\{\tau\in I\}} \exp\Big(- \int_0^{\tau} \hat{r}(t, S^{(0)}_t, \tilde{S}_t)\,\mathrm{d}t\Big)\, \hat{Y}(\tau, (S^{(0)})^\tau, (\tilde{S})^\tau)\Big]. \end{aligned}$$

Sei u eine Lösung des folgenden Dirichletschen Problems:

$$\begin{aligned} -\frac{\partial u}{\partial t}(t, x^0, \tilde{x}) = {} & \frac{1}{2} \sum_{k,l=1}^{p} \Big(\sum_{i=1}^{p} \hat{\sigma}^{(k,i)}(t, x^0, \tilde{x})\, \hat{\sigma}^{(l,i)}(t, x^0, \tilde{x})\, x^k\, x^l \Big) \frac{\partial^2 u}{\partial x^k\, \partial x^l}(t, x^0, \tilde{x}) \\ & + \sum_{k=0}^{p} \hat{r}(t, x^0, \tilde{x})\, x^k\, \frac{\partial u}{\partial x^k}(t, x^0, \tilde{x}) - \hat{r}(t, x^0, \tilde{x})\, u(t, x^0, \tilde{x}). \end{aligned}$$

$$u(\bar{t}, x^0, \tilde{x}) = \hat{Z}(x^0, \tilde{x}).$$

$$u(t, x^0, \tilde{x})\Big|_{(x^0, \tilde{x})\in\Gamma} = \hat{Y}(t, x^0, \tilde{x}).$$

Nach den Feynman–Kac Formeln gilt:

$$Z_0 = u(0, 1, \tilde{1}).$$

Derivate mit amerikanischem Ausübungsrecht

Wir betrachten ein Derivat Y mit amerikanischem Ausübungsrecht. Wir nehmen an, dass die Auszahlung zur Zeit $t \in I$ durch ein konstitutives Gesetz der folgenden Form gegeben ist:

$$Y_t = \hat{Z}(S_t^{(0)}, \tilde{S}_t).$$

Nach dem Prinzip der risikoneutralen Bewertung gilt für den fairen Preis Z_0 des Derivates zur Zeit $t = 0$:

$$Z_0 = \sup\left\{E_Q\left[\exp\left(-\int_0^\tau \hat{r}(t, S_t^{(0)}, \tilde{S}_t)\,\mathrm{d}t\right)\hat{Z}((S^{(0)})^\tau, \tilde{S}^\tau)\right]\,\middle|\,\tau \text{ ist Stoppzeit mit } \tau \in I\right\}.$$

Sei u eine Lösung des folgenden Stefanschen Problems:

$$-\frac{\partial u}{\partial t}(t, x^0, \tilde{x}) \geq \frac{1}{2}\sum_{k,l=1}^{p}\left(\sum_{i=1}^{p}\hat{\sigma}^{(k,i)}(t, x^0, \tilde{x})\,\hat{\sigma}^{(l,i)}(t, x^0, \tilde{x})\,x^k\,x^l\right)\frac{\partial^2 u}{\partial x^k\,\partial x^l}(t, x^0, \tilde{x})$$
$$+\sum_{k=0}^{p}\hat{r}(t, x^0, \tilde{x})\,x^k\,\frac{\partial u}{\partial x^k}(t, x^0, \tilde{x}) - \hat{r}(t, x^0, \tilde{x})\,u(t, x^0, \tilde{x}).$$

$$u(t, x^0, \tilde{x}) \geq \hat{Z}(x^0, \tilde{x}).$$

$$u(\bar{t}, x^0, \tilde{x}) = \hat{Z}(x^0, \tilde{x}).$$

Wir definieren eine Stoppzeit $\overline{\tau}$ mit $\overline{\tau} \in I$ durch:

$$\overline{\tau} := \inf\left\{t \in I\,\middle|\,u(t, S_t^{(0)}, \tilde{S}_t) = \hat{Z}(S_t^{(0)}, \tilde{S}_t)\right\}.$$

Nach den Feynman–Kac Formeln gilt:

$$Z_0 = u(0, 1, \tilde{1}) = E_Q\left[\exp\left(-\int_0^{\overline{\tau}} \hat{r}(t, S_t^{(0)}, \tilde{S}_t)\,\mathrm{d}t\right)\hat{Z}((S^{(0)})^{\overline{\tau}}, \tilde{S}^{\overline{\tau}})\right].$$

Futurekontrakte

Wir betrachten ein Derivat $Z_{\bar{t}}$ mit europäischem Ausübungsrecht. Wir nehmen an, dass die Auszahlung zur Zeit $t = \bar{t}$ durch ein konstitutives Gesetz der folgenden Form gegeben ist:

$$Z_{\bar{t}} = \hat{Z}(S_{\bar{t}}^{(0)}, \tilde{S}_{\bar{t}}).$$

Nach dem Prinzip der risikoneutralen Bewertung gilt für den Futurepreis X_0 des Derivates zur Zeit $t = 0$:

$$X_0 = E_Q[\hat{Z}(S_{\bar{t}}^{(0)}, \tilde{S}_{\bar{t}})].$$

Sei u eine Lösung des folgenden Cauchyschen Problems:

$$-\frac{\partial u}{\partial t}(t,x^0,\tilde{x}) = \frac{1}{2}\sum_{k,l=1}^{p}\Big(\sum_{i=1}^{p}\hat{\sigma}^{(k,i)}(t,x^0,\tilde{x})\,\hat{\sigma}^{(l,i)}(t,x^0,\tilde{x})\,x^k\,x^l\Big)\frac{\partial^2 u}{\partial x^k\,\partial x^l}(t,x^0,\tilde{x})$$

$$+\sum_{k=0}^{p}\hat{r}(t,x^0,\tilde{x})\,x^k\,\frac{\partial u}{\partial x^k}(t,x^0,\tilde{x}).$$

$$u(\bar{t},x^0,\tilde{x}) = \hat{Z}(x^0,\tilde{x}).$$

Nach den Feynman–Kac Formeln gilt:

$$X_0 = u(0,1,\tilde{1}).$$

Beispiel 9.4 (Black–Scholes Modell)

Sei $p = 1$. Zur Vereinfachung der Notation lassen wir die Indizierungen bzgl. p weg, d.h. wir schreiben X an Stelle von $X^{(1)}$ bzw. $X^{(1,1)}$. Wir betrachten Derivate mit europäischem Ausübungsrecht im Black–Scholes Modell. Seien dazu $\overline{r},\overline{\sigma} \in (0,\infty)$, und sei $\hat{Z} : \mathbb{R} \longrightarrow \mathbb{R}$ stetig und höchstens linear wachsend. Nach Konstruktion besitzt der Assetpreisprozess S folgende Darstellung bzgl. Q:

$$S_t = 1 + \int_0^t \overline{r}\,S_s\,\mathrm{d}s + \int_0^t \overline{\sigma}\,S_s\,\mathrm{d}W_s.$$

Wir betrachten ein Derivat $Z_{\bar{t}}$ mit europäischem Ausübungsrecht. Wir nehmen an, dass die Auszahlung zur Zeit $t = \bar{t}$ durch ein konstitutives Gesetz der folgenden Form gegeben ist:

$$Z_{\bar{t}} = \hat{Z}(S_{\bar{t}}).$$

Nach dem Prinzip der risikoneutralen Bewertung gilt für den fairen Preis Z_0 des Derivates zur Zeit $t = 0$:

$$Z_0 = \exp(-\overline{r}\,\bar{t})\,E_Q[\hat{Z}(S_{\bar{t}})].$$

Sei $u : I \times (0,\infty) \longrightarrow \mathbb{R}$ eine Lösung des folgenden Cauchyschen Problems:

$$-\frac{\partial u}{\partial t}(t,x) = \frac{1}{2}\,\overline{\sigma}^2\,x^2\,\frac{\partial^2 u}{\partial x^2}(t,x) + \overline{r}\,x\,\frac{\partial u}{\partial x}(t,x) - \overline{r}\,u(t,x).$$

$$u(\bar{t},x) = \hat{Z}(x).$$

Nach den Feynman–Kac Formeln gilt:

$$Z_0 = u(0,1).$$

Wir normalisieren nun das obige Cauchysche Problem. Dazu gehen wir in mehreren Schritten vor.

1. Wir definieren $u^{(1)} : I \times (0,\infty) \longrightarrow \mathbb{R}$ durch:

$$u^{(1)}(t,x) := u(\overline{t}-t,x).$$

Damit ist das Cauchysche Problem für u äquivalent zu folgendem Cauchyschen Problem für $u^{(1)}$:

$$\frac{\partial u^{(1)}}{\partial t}(t,x) = \frac{1}{2}\,\overline{\sigma}^2\,x^2\,\frac{\partial^2 u^{(1)}}{\partial x^2}(t,x) + \overline{r}\,x\,\frac{\partial u^{(1)}}{\partial x}(t,x) - \overline{r}\,u^{(1)}(t,x).$$

$$u^{(1)}(0,x) = \hat{Z}(x).$$

2. Wir definieren $u^{(2)} : I \times \mathbb{R} \longrightarrow \mathbb{R}$ durch:

$$u^{(2)}(t,x) := u^{(1)}(t,\exp(x)).$$

Damit ist das Cauchysche Problem für $u^{(1)}$ äquivalent zu folgendem Cauchyschen Problem für $u^{(2)}$:

$$\frac{\partial u^{(2)}}{\partial t}(t,x) = \frac{1}{2}\,\overline{\sigma}^2\,\frac{\partial^2 u^{(2)}}{\partial x^2}(t,x) + \left(\overline{r} - \frac{1}{2}\,\overline{\sigma}^2\right)\frac{\partial u^{(2)}}{\partial x}(t,x) - \overline{r}\,u^{(2)}(t,x).$$

$$u^{(2)}(0,x) = \hat{Z}(\exp(x)).$$

3. Wir definieren $u^{(3)} : I \times \mathbb{R} \longrightarrow \mathbb{R}$ durch:

$$u^{(3)}(t,x) := \exp\left(\left(\frac{\overline{r}}{\overline{\sigma}^2} - \frac{1}{2}\right)x\right)u^{(2)}(t,x).$$

Damit ist das Cauchysche Problem für $u^{(2)}$ äquivalent zu folgendem Cauchyschen Problem für $u^{(3)}$:

$$\frac{\partial u^{(3)}}{\partial t}(t,x) = \frac{1}{2}\,\overline{\sigma}^2\,\frac{\partial^2 u^{(3)}}{\partial x^2}(t,x) - \left(\overline{r} + \frac{1}{2}\,\overline{\sigma}^2\left(\frac{\overline{r}}{\overline{\sigma}^2} - \frac{1}{2}\right)^2\right)u^{(3)}(t,x).$$

$$u^{(3)}(0,x) = \exp\left(\left(\frac{\overline{r}}{\overline{\sigma}^2} - \frac{1}{2}\right)x\right)\hat{Z}(\exp(x)).$$

4. Wir definieren $u^{(4)} : I \times \mathbb{R} \longrightarrow \mathbb{R}$ durch:

$$u^{(4)}(t,x) := \exp\left(\left(\overline{r} + \frac{1}{2}\,\overline{\sigma}^2\left(\frac{\overline{r}}{\overline{\sigma}^2} - \frac{1}{2}\right)^2\right)t\right)u^{(3)}(t,x).$$

Damit ist das Cauchysche Problem für $u^{(3)}$ äquivalent zu folgendem Cauchyschen Problem für $u^{(4)}$:

$$\frac{\partial u^{(4)}}{\partial t}(t,x) = \frac{1}{2}\,\overline{\sigma}^2\,\frac{\partial^2 u^{(4)}}{\partial x^2}(t,x).$$

$$u^{(4)}(0,x) = \exp\left(\left(\frac{\overline{r}}{\overline{\sigma}^2} - \frac{1}{2}\right)x\right)\hat{Z}(\exp(x)).$$

5. Wir definieren $u^{(5)} : I \times \mathbb{R} \longrightarrow \mathbb{R}$ durch:

$$u^{(5)}(t,x) := u^{(4)}(t, \overline{\sigma}\, x).$$

Damit ist das Cauchysche Problem für $u^{(4)}$ äquivalent zu folgendem Cauchyschen Problem für $u^{(5)}$:

$$\frac{\partial u^{(5)}}{\partial t}(t,x) = \frac{1}{2}\,\frac{\partial^2 u^{(5)}}{\partial x^2}(t,x).$$

$$u^{(5)}(0,x) = \exp\left(\left(\frac{\overline{r}}{\overline{\sigma}^2} - \frac{1}{2}\right)\overline{\sigma}\, x\right)\hat{Z}(\exp(\overline{\sigma}\, x)).$$

Insbesondere ist die Black–Scholes Differentialgleichung für u äquivalent zur *Wärmeleitungsgleichung* für $u^{(5)}$.

10 Bondmärkte

Wir gehen nun von den Aktienmarktmodellen zu einer neuen Klasse von Finanzmarktmodellen, nämlich den Bondmarktmodellen, über. Wir beginnen unsere Untersuchungen mit einer Konsistenzüberlegung. Dazu betrachten wir unser Aktienmarktmodell für den Fall eines einzelnen Assets. Nach dem Prinzip der risikoneutralen Berwertung ist der Wertprozess eines Derivats eine Linearkombination aus Geldkontoprozess und Preisprozess des Assets. Wir zeigen, dass sich der Wertprozess eines Derivats analog als Linearkombination aus Geldkontoprozess und Preisprozess des Zerobonds schreiben lässt, d.h. der Zerobond kann an Stelle des Assets als Basisgut aufgefasst werden. Nach dieser Konsistenzüberlegung betrachten wir im Folgenden Bondmarktmodelle, ohne Bezug auf ein zugrunde liegendes Aktienmarktmodell zu nehmen. Dabei nehmen wir den Standpunkt des Praktikers ein, d.h. wir nehmen das äquivalente Martingalmaß als gegeben an und verwenden das Prinzip der risikoneutralen Bewertung zur *Definition* des fairen Preises eines Derivats.[30]

Ausgestattet mit dem Prinzip der risikoneutralen Bewertung betrachten wir zunächst die wichtigsten Zinsprodukte und Zinsraten. Danach führen wir eine wichtige Erweiterung unserer allgemeinen Rahmentheorie durch. In unseren Aktienmarktmodellen haben wir bisher immer die Wertentwicklung eines Geldkontos als Numeraire, d.h. als Vergleichsgröße für die Wertentwicklung anderer Finanzgüter, verwendet. Die im Rahmen der Bondmarktmodelle zur stochastischen Modellierung von Zinsprodukten und Zinsraten verwendeten Zinsstrukturmodelle gehen dagegen von verschiedenen anderen Numerairen aus. Nachdem wir also unsere allgemeine Rahmentheorie für beliebige Numeraire erweitert haben, untersuchen wir die wichtigsten Zinsstrukturmodelle. Wir beginnen mit dem Black '76 Modell, betrachten Shortrate Modelle, Heath–Jarrow–Morton Modelle, LIBOR Modelle für Forward– und Swapraten und enden schließlich mit dem Markov–Funktional Modell.

10.1 Konsistenzüberlegung

In diesem Abschnitt führen wir die oben erwähnte Konsistenzüberlegung durch, d.h. wir zeigen, dass sich der Wertprozess eines Derivats im Bondmarktmodell analog zu den Aktienmarktmodellen als Linearkombination aus Geldkontoprozess und Preisprozess des Zerobonds schreiben lässt, so dass der Zerobond an Stelle des Assets als Basisgut aufgefasst werden kann.

Aktienmarktmodell

Wir betrachten unser Aktienmarktmodell für den Fall $p = 1$. Für Prozesse $X^{(i)}$ bzw. $X^{(i,j)}$ mit $i, j = 1, \ldots, p$ verwenden wir in diesem Abschnitt keine Indizes, d.h. wir schreiben X anstelle von $X^{(1)}$ bzw. $X^{(1,1)}$. Nach Voraussetzung gilt:

- Die instantane Zinsrate (Shortrate) $r \in \mathfrak{C}$ ist beschränkt.
- Die Volatilität $\sigma \in \mathfrak{C}$ ist beschränkt.

[30] Im Gegensatz dazu wäre der Standpunkt des Theoretikers, den fairen Preis eines Derivats wie in den vorangegangenen Abschnitten dieses Lehrbuches als Wert eines replizierenden Portfolios zu definieren und das Prinzip der risikoneutralen Bewertung auf Basis dieser Definition zu beweisen. Im Gegensatz zu den Aktienmarktmodellen sind die in der Praxis verwendeten stochastischen Modelle für Zinsprodukte und Zinsraten jedoch außerordentlich vielfältig, so dass die dann notwendigen Untersuchungen zur Arbitragefreiheit (d.h. zur Existenz eines äquivalenten Martingalmaßes) und zur Vollständigkeit (d.h. zur Eindeutigkeit des äquivalenten Martingalmaßes) den Rahmen dieses Lehrbuches sprengen würden.

Geldkontoprozess

Nach Konstruktion ist $S^{(0)} \in \mathfrak{C}$ beschränkt und besitzt folgende Darstellung:

$$S_t^{(0)} = 1 + \int_0^t r_s \, S_s^{(0)} \, \mathrm{d}s.$$

Nach der Itoschen Formel gilt:

$$S_t^{(0)} = \exp\Big(\int_0^t r_s \, \mathrm{d}s \Big).$$

Wir verwenden folgende Notation:

$$B_t^{(0)} := S_t^{(0)}.$$

Assetpreisprozess

Nach Konstruktion ist $S^{(1)} \in \mathfrak{C}(P) \cap \mathfrak{C}(Q)$ und besitzt folgende Darstellungen bzgl. Q:

$$S_t^{(1)} = 1 + \int_0^t r_s \, S_s^{(1)} \, \mathrm{d}s + \int_0^t \sigma_s \, S_s^{(1)} \, \mathrm{d}W_s.$$

$$(S^{(1)})_t^* = 1 + \int_0^t \sigma_s \, (S^{(1)})_s^* \, \mathrm{d}W_s.$$

Nach dem Itoschen Formel gilt:

$$S_t^{(1)} = \exp\Big(\int_0^t r_s \, \mathrm{d}s - \frac{1}{2} \int_0^t |\sigma_s|^2 \, \mathrm{d}s + \int_0^t \sigma_s \, \mathrm{d}W_s \Big).$$

$$(S^{(1)})_t^* = \exp\Big(- \frac{1}{2} \int_0^t |\sigma_s|^2 \, \mathrm{d}s + \int_0^t \sigma_s \, \mathrm{d}W_s \Big).$$

Zerobond

Wir betrachten einen Zerobond Z_T, welcher seinem Halter die Zahlung einer Geldeinheit zur Zeit $t = T$ garantiert:

$$Z_T = 1.$$

Nach dem Prinzip der risikoneutralen Bewertung gibt es eine Handelsstrategie $(H^{(0)}, H^{(1)})$ mit folgenden Eigenschaften:

1. $(H^{(0)}, H^{(1)})$ ist selbstfinanzierend, d.h. der zugehörige Wertprozess $U[H^{(0)}, H^{(1)}]$ besitzt folgende Darstellung bzgl. Q:

$$\begin{aligned}(U[H^{(0)}, H^{(1)}])_t^* &= (U[H^{(0)}, H^{(1)}])_0^* + \int_0^t H_s^{(1)} \, \mathrm{d}(S^{(1)})_s^* \\ &= (U[H^{(0)}, H^{(1)}])_0^* + \int_0^t \sigma_s \, H_s^{(1)} \, (S_s^{(1)})^* \, \mathrm{d}W_s.\end{aligned}$$

2. $H^{(1)}\,(S^{(1)})^*$ besitzt folgende Regularität:

$$H^{(1)}\,(S^{(1)})^* \in \mathfrak{L}^2(Q).$$

Insbesondere ist $(U[H^{(0)}, H^{(1)}])^* \in \mathfrak{M}(Q)$.

3. $(H^{(0)}, H^{(1)})$ ist eine replizierende Handelsstrategie für Z_T, d.h. es gilt:

$$Z_T = (U[H^{(0)}, H^{(1)}])_T.$$

4. $U[H^{(0)}, H^{(1)}]$ besitzt folgende Darstellung bzgl. Q:

$$(U[H^{(0)}, H^{(1)}])_t^* = E_Q[Z_T^*|\mathcal{F}_t] = E_Q\Big[\exp\Big(-\int_0^T r_t\,\mathrm{d}t\Big)\Big|\mathcal{F}_t\Big].$$

5. Der faire Preis Z_0 des Zerobonds im Aktienmarktmodell ist gegeben durch:

$$Z_0 = (U[H^{(0)}, H^{(1)}])_0 = E_Q[Z_T^*] = E_Q\Big[\exp\Big(-\int_0^T r_t\,\mathrm{d}t\Big)\Big].$$

Bondpreisprozess

Wir betrachten den Bondpreisprozess $B^{(1)}$. $B^{(1)}$ beschreibt die Wertentwicklung einer Geldeinheit, welche zur Zeit $t = 0$ in den Zerobond investiert wird. Nach Konstruktion gilt:

$$B_t^{(1)} = \frac{1}{\overline{U}}\,(U[H^{(0)}, H^{(1)}])_t.$$

$$\overline{U} := (U[H^{(0)}, H^{(1)}])_0 = E_Q\Big[\exp\Big(-\int_0^T r_t\,\mathrm{d}t\Big)\Big].$$

Nach Konstruktion ist $(B^{(1)})^* \in \mathfrak{M}(Q)$ und besitzt folgende Darstellungen bzgl. Q:

$$(B^{(1)})_t^* = 1 + \int_0^t (\beta^{(1)})_s^*\,\mathrm{d}W_s.$$

$$(B^{(1)})_t^* = \frac{1}{\overline{U}}\,E_Q\Big[\exp\Big(-\int_0^T r_s\,\mathrm{d}s\Big)\,\Big|\,\mathcal{F}_t\Big].$$

$$(\beta^{(1)})_t^* := \frac{\sigma_t\,H_t^{(1)}\,(S_t^{(1)})^*}{\overline{U}}.$$

Insbesondere gilt:

$$B_t^{(1)} = \exp\Big(\int_0^t r_s\,\mathrm{d}s\Big)\,(B^{(1)})_t^*.$$

$$B_t^{(1)} = \frac{1}{\overline{U}}\,E_Q\Big[\exp\Big(-\int_t^T r_s\,\mathrm{d}s\Big)\,\Big|\,\mathcal{F}_t\Big].$$

Bemerkung

In der Praxis sind das durch den Assetpreisprozess beschriebene Asset und der durch den Bondpreisprozess beschriebene Bond typischerweise ökonomisch mit einander verknüpft.

- Im Falle einer Unternehmensanleihe (*Corporate Bond*) beschreibt der Assetpreisprozess die Wertentwicklung einer Aktie des entsprechenden Unternehmens.
- Im Falle einer Staatsanleihe (*Government Bond*) beschreibt der Assetpreisprozess die Wertentwicklung eines *Aktienindex* (z.B. *DAX*, *Euro Stoxx*, *Dow Jones* oder *MSCI*), der die entsprechende Volkswirtschaft repräsentiert.

Wertprozesse im Bondmarktmodell

Wir betrachten Wertprozesse von Portfolios im Bondmarktmodell.

(a) Sei $(H^{(B,0)}, H^{(B,1)})$ eine *Handelsstrategie* im Bondmarktmodell, d.h. es gilt folgende Aussage:

- $H^{(B,0)}, H^{(B,1)}$ sind progressiv messbar.

(b) Wir betrachten ein Portfolio $U^{(B)}$, das aus $H^{(B,0)}$ Anteilen des Geldkontos sowie $H^{(B,1)}$ Anteilen des Bonds besteht. Wir definieren den zugehörigen Wertprozess im Bondmarktmodell durch:

$$(U^{(B)}[H^{(B,0)}, H^{(B,1)}])_t = H_t^{(B,0)}\, B_t^{(0)} + H_t^{(B,1)}\, B_t^{(1)}.$$

Dabei bezeichnet $(U^{(B)}[H^{(B,0)}, H^{(B,1)}])_t$ den Wert des Portfolios zur Zeit $t \in I$. Nach Konstruktion gilt:

- $U^{(B)}[H^{(B,0)}, H^{(B,1)}]$ ist progressiv messbar.

Theorem 10.1

Sei $(H^{(B,0)}, H^{(B,1)})$ eine Handelsstrategie. Dann sind folgende Aussagen äquivalent:

(a) $U^{(B)}[H^{(B,0)}, H^{(B,1)}] \in \mathfrak{I}$ *mit folgender Darstellung:*

$$(U^{(B)}[H^{(B,0)}, H^{(B,1)}])_t = (U^{(B)}[H^{(B,0)}, H^{(B,1)}])_0 + \sum_{i=0}^{1} \int_0^t H_s^{(B,i)}\, \mathrm{d}B_s^{(i)}.$$

(b) $(U^{(B)}[H^{(B,0)}, H^{(B,1)}])^* \in \mathfrak{I}$ *mit folgender Darstellung:*

$$(U^{(B)}[H^{(B,0)}, H^{(B,1)}])_t^* = (U^{(B)}[H^{(B,0)}, H^{(B,1)}])_0^* + \int_0^t H_s^{(B,1)}\, \mathrm{d}(B^{(1)})_s^*.$$

$(H^{(B,0)}, H^{(B,1)})$ *heißt* selbstfinanzierend, *falls eine der obigen Aussagen wahr ist.*

Beweis

Der Beweis verläuft analog zum Beweis von Theorem 9.1.

□

Theorem 10.2

Sei $(H^{(B,0)}, H^{(B,1)})$ eine Handelsstrategie mit folgenden Eigenschaften:

1. $(H^{(B,0)}, H^{(B,1)})$ *ist selbstfinanzierend.*

2. $H^{(B,1)}\,(\beta^{(1)})^* \in \mathfrak{L}^2(Q)$.

Dann gilt:

$$(U^{(B)}[H^{(B,0)}, H^{(B,1)}])^* \in \mathfrak{M}(Q).$$

Insbesondere ist der diskontierte Wertprozess $(U^{(B)}[H^{(B,0)}, H^{(B,1)}])^*$ ein Martingal bzgl. Q.

Beweis

Nach Theorem 10.1 besitzt $(U^{(B)}[H^{(B,0)}, H^{(B,1)}])^*$ folgende Darstellung bzgl. Q:

$$\begin{aligned}(U^{(B)}[H^{(B,0)}, H^{(B,1)}])^*_t &= (U^{(B)}[H^{(B,0)}, H^{(B,1)}])^*_0 + \int_0^t H_s^{(B,1)}\,\mathrm{d}(B^{(1)})^*_s \\ &= (U^{(B)}[H^{(B,0)}, H^{(B,1)}])^*_0 + \int_0^t H_s^{(B,1)}\,(\beta^{(1)})^*_s\,\mathrm{d}W_s.\end{aligned}$$

Daraus folgt die Behauptung.

□

Derivate mit europäischem Ausübungsrecht

Sei $\bar{t} \in I$ mit $\bar{t} > 0$. Wir betrachten ein Derivat $Z_{\bar{t}}$ mit europäischem Ausübungsrecht. $Z_{\bar{t}}$ beschreibt eine Zahlung zur Zeit $t = \bar{t}$, welche durch einen Kontrakt festgelegt wird. Wir nehmen an, dass $Z_{\bar{t}}$ folgende Regularität besitzt:

$$Z^*_{\bar{t}} \in L^2(\Omega, \mathcal{F}_{\bar{t}}, Q).$$

Fairer Preis im Bondmarktmodell

Sei $Z_{\bar{t}}$ ein Derivat mit europäischem Ausübungsrecht, sei $(H^{(B,0)}, H^{(B,1)})$ eine Handelsstrategie, und seien folgende Voraussetzungen gegeben:

1. $(H^{(B,0)}, H^{(B,1)})$ ist selbstfinanzierend.
2. $H^{(B,1)}\,(\beta^{(1)})^* \in \mathfrak{L}^2(Q)$.
3. $(H^{(B,0)}, H^{(B,1)})$ ist eine *replizierende Handelsstrategie* für $Z_{\bar{t}}$:

$$Z_{\bar{t}} = (U[H^{(B,0)}, H^{(B,1)}])_{\bar{t}}.$$

Wir definieren den fairen Preis Z_0 des Derivates $Z_{\bar{t}}$ im Bondmarktmodell zur Zeit $t = 0$ durch:

$$Z_0 := (U^{(B)}[H^{(B,0)}, H^{(B,1)}])_0.$$

M.a.W. der faire Preis Z_0 des Derivates $Z_{\bar{t}}$ im Bondmarktmodell ist der Wert eines *replizierenden Portfolios* $U^{(B)}[H^{(B,0)}, H^{(B,1)}]$, welches aus Geldkonto und Bond besteht, zur Zeit $t = 0$.

Theorem 10.3 (Prinzip der risikoneutralen Bewertung im Bondmarktmodell)

Sei $Z_{\bar{t}}$ ein Derivat mit europäischem Ausübungsrecht, und sei folgende Voraussetzung gegeben:

$$(\beta^{(1)})^* \neq 0 \quad \textit{fast überall in } I \times \Omega.$$

Dann gilt:

(a) *Es gibt eine Handelsstrategie* $(H^{(B,0)}, H^{(B,1)})$ *mit folgenden Eigenschaften:*

1. $(H^{(B,0)}, H^{(B,1)})$ *ist selbstfinanzierend.*
2. $H^{(B,1)}\,(\beta^{(1)})^* \in \mathfrak{L}^2(Q)$.
3. $(H^{(B,0)}, H^{(B,1)})$ *ist eine replizierende Handelsstrategie für* $Z_{\bar{t}}$.

(b) *Das replizierende Portfolio* $U^{(B)}[H^{(B,0)}, H^{(B,1)}]$ *besitzt folgende Darstellung:*

$$(U^{(B)}[H^{(B,0)}, H^{(B,1)}])_t^* = E_Q[Z_{\bar{t}}^* | \mathcal{F}_t]$$
$$= E_Q\Big[\exp\Big(-\int_0^{\bar{t}} r_s\,\mathrm{d}s\Big)\,Z_{\bar{t}}\Big|\mathcal{F}_t\Big].$$

Insbesondere gilt:

$$(U^{(B)}[H^{(B,0)}, H^{(B,1)}])_t = \exp\Big(\int_0^t r_s\,\mathrm{d}s\Big)\,(U^{(B)}[H^{(B,0)}, H^{(B,1)}])_t^*$$
$$= E_Q\Big[\exp\Big(-\int_t^{\bar{t}} r_s\,\mathrm{d}s\Big)\,Z_{\bar{t}}\Big|\mathcal{F}_t\Big].$$

(c) *Der faire Preis* Z_0 *des Derivates* $Z_{\bar{t}}$ *besitzt folgende Darstellung:*

$$Z_0 = E_Q[Z_{\bar{t}}^*] = E_Q\Big[\exp\Big(-\int_0^{\bar{t}} r_t\,\mathrm{d}t\Big)\,Z_{\bar{t}}\Big].$$

Beweis

Der Beweis verläuft analog zum Beweis des Prinzips der risikoneutralen Bewertung im Aktienmarktmodell, Theorem 9.3.

□

Bemerkung

Nach der obigen Konsistenzüberlegung lässt sich die Bewertung von Derivaten im Bondmarktmodell folgendermaßen zusammenfassen.

(a) Die betrachteten Portfolios bestehen aus Geldkonto und Bond. Handelsstrategien und Wertprozesse sind analog zum Aktienmarktmodell definiert, wobei das Asset $S^{(1)}$ durch den Bond $B^{(1)}$ ersetzt wird.

(b) Der faire Preis Z_0 eines Derivates $Z_{\bar{t}}$ im Bondmarktmodell ist analog zum Aktienmarktmodell als Wert eines replizierenden Portfolios zur Zeit $t = 0$ definiert, wobei das replizierende Portfolio gemäß (a) aus Geldkonto und Bond besteht.

(c) Das Prinzip der risikoneutralen Bewertung im Bondmarktmodell folgt aus dem Prinzip der risikoneutralen Bewertung im Aktienmarktmodell, sofern folgende zusätzliche Bedingung erfüllt ist:

$$(\beta^{(1)})^* \neq 0 \quad \text{fast überall in } I \times \Omega.$$

Dabei gilt:

$$(B^{(1)})_t^* = 1 + \int_0^t (\beta^{(1)})_s^* \, \mathrm{d}W_s.$$

M.a.W. die Zusatzbedingung besagt, dass der Beitrag der Brownschen Bewegung V zum Bondpreisprozess nirgends verschwindet.

(d) Im Aktienmarktmodell gilt:

$$\sigma\,(S^{(1)})^* \neq 0 \quad \text{fast überall in } I \times \Omega.$$

$$(S^{(1)})_t^* = 1 + \int_0^t \sigma_s\,(S^{(1)})_s^* \, \mathrm{d}W_s.$$

Insbesondere verschwindet der Beitrag der Brownschen Bewegung V zum Assetpreisprozess nirgends, d.h. Punkt (c) ist für das Aktienmarktmodell immer erfüllt.

10.2 Modellierung von Bondmärkten

In diesem Abschnitt formulieren wir unser allgemeines Bondmarktmodell, ohne Bezug auf ein zugrunde liegendes Aktienmarktmodell zu nehmen. Im Gegensatz zu den Aktienmarktmodellen, bei denen der Geldkontoprozess und die Assetpreisprozesse einen feste Menge von Basisgütern definieren und alle anderen Finanzprodukte als Derivate aufgefasst werden, ist eine Unterscheidung zwischen Basisgütern und Derivaten für Bondmarktmodelle nicht eindeutig definiert. Vielmehr hängt die Unterscheidung zwischen Basisgütern und Derivaten vom jeweiligen Zinsstrukturmodell ab. Beispielsweise wird bei den Shortrate Modellen der Geldkontoprozess als Basisgut aufgefasst, während bei den LIBOR Modellen die verschiedenen Forward Rate Agreements bzw. Zinsswaps diese Rolle übernehmen. Darüber hinaus werden typischerweise nicht die einzelnen Zinsprodukte selbst sondern aus diesen Produkten abgeleitete Zinsraten stochastisch modelliert. Eine vollständige mathematische Analyse eines gegebenen Zinsstrukturmodells würde also folgende Schritte umfassen:

1. Formulierung des stochastischen Modells bzgl. des realen Wahrscheinlichkeitsmaßes P.
2. Beweis der Existenz eines äquivalenten Martingalmaßes Q, d.h. eines äquivalenten Wahrscheinlichkeitsmaßes, bzgl. dessen die jeweiligen Basisgüter Martingale sind.
3. Definition des fairen Preises eines Derivats als Wert eines replizierenden Portfolios, welches aus den jeweiligen Basisgütern besteht.
4. Beweis des Prinzips der risikoneutralen Bewertung.

Aufgrund der Vielfalt der in der Praxis verwendeten Zinsstrukturmodelle geht eine solche Betrachtung über den Rahmen dieses Lehrbuches hinaus. Deshalb nehmen wir den folgenden in der Praxis üblichen Standpunkt ein:

i. Wir nehmen ein äquivalentes Martingalmaß Q als vorgegeben an und formulieren unser stochastischs Modells bzgl. Q.

ii. Wir verwenden das Prinzip der risikoneutralen Bewertung zur Definition des fairen Preises eines Derivats.

Dieser Standpunkt wird durch die Konsistenzüberlegung in Abschnitt 10.1 plausibel gemacht.

Wir formulieren nun unser allgemeines Bondmarktmodell.

Zeit

Wir betrachten das folgende Zeitintervall:

$$I := [0, T].$$

Dabei bezeichnet $t = 0$ die Gegenwart, und $t > 0$ bezeichnet zukünftige Zeitpunkte.

Ereignisraum

Wir betrachten den folgenden Ereignisraum mit Wahrscheinlichkeitsstruktur:

1. Sei Ω eine beliebige Menge.
2. Sei $\mathcal{F}$ eine σ–Algebra über Ω.
3. Sei $Q : \mathcal{F} \longrightarrow [0,1]$ ein Wahrscheinlichkeitsmaß.
4. Sei $(\mathcal{F}_t)_{t \in I}$ eine Filtration mit $\mathcal{F}_t \subset \mathcal{F}$.

Brownsche Bewegungen

Wir betrachten die folgenden Brownschen Bewegungen:

1. Seien $W^{(1)}, \ldots, W^{(p)}$ unabhängige Brownsche Bewegungen.
2. Sei $(\mathcal{F}_t)_{t \in I}$ die von $W^{(1)}, \ldots, W^{(p)}$ erzeugte Brownsche Filtration.

Bemerkung

Nach Konstruktion gilt:

$$\mathcal{F}_0 = \{\emptyset, \Omega\}.$$

Insbesondere gilt:

(a) Jede $\mathcal{F}_0/\mathcal{B}$–messbare Zufallsvariable ist fast sicher konstant.

(b) Sei Z eine integrierbare Zufallsvariable. Dann gilt:

$$E_Q[Z|\mathcal{F}_0] = E_Q[Z] \quad \text{(fast sicher)}.$$

Geldkontoprozess

Wir betrachten einen positiven Geldkontoprozess B. B beschreibt die Wertentwicklung einer Geldeinheit, welche zur Zeit $t = 0$ in ein Geldkonto investiert wird. Sei dazu folgende Voraussetzung gegeben:

- $r \in \mathfrak{C}$ ist beschränkt.

Wir nehmen an, dass B folgende Darstellung besitzt:

$$B_t = 1 + \int_0^t r_s\, B_s\, \mathrm{d}s.$$

Dabei bezeichnet r die *instantane Zinsrate* (*Shortrate*). Nach der Itoschen Formel gilt:

$$B_t = \exp\Big(\int_0^t r_s\, \mathrm{d}s\Big).$$

Insbesondere gilt:

- $B \in \mathfrak{C}$ ist beschränkt.

Diskontierte Prozesse

Sei X ein stochastischer Prozess. Wir definieren den zugehörigen diskontierten Prozess durch:

$$X_t^* := \frac{X_t}{B_t^{(0)}} = \exp\Big(-\int_0^t r_s\, \mathrm{d}s\Big)\, X_t.$$

M.a.W. wir verwenden den Geldkontoprozess als *Numeraire*, d.h. als Vergleichsgröße für Wertentwicklungen.

Derivate mit europäischem Ausübungsrecht

Sei $\bar{t} \in I$ mit $\bar{t} > 0$. Wir betrachten ein Derivat $Z_{\bar{t}}$ mit europäischem Ausübungsrecht. $Z_{\bar{t}}$ beschreibt eine Zahlung zur Zeit $t = \bar{t}$, welche durch einen Kontrakt festgelegt wird. Wir nehmen an, dass $Z_{\bar{t}}$ folgende Regularität besitzt:

$$Z_{\bar{t}}^* \in L^2(\Omega, \mathcal{F}_{\bar{t}}, Q).$$

Prinzip der risikoneutralen Bewertung

Sei $Z_{\bar{t}}$ ein Derivat mit europäischem Ausübungsrecht.

(a) Wir definieren den *Wertprozess* U des Derivates $Z_{\bar{t}}$ durch:

$$U_t^* := E_Q[Z_{\bar{t}}^* | \mathcal{F}_t] = E_Q\Big[\exp\Big(-\int_0^{\bar{t}} r_s\, \mathrm{d}s\Big)\, Z_{\bar{t}}\Big| \mathcal{F}_t\Big].$$

Insbesondere gilt:

$$U_t = E_Q\Big[\exp\Big(-\int_t^{\bar{t}} r_s\, \mathrm{d}s\Big)\, Z_{\bar{t}}\Big| \mathcal{F}_t\Big].$$

(b) Wir definieren den *fairen Preis* Z_0 des Derivates $Z_{\bar{t}}$ zur Zeit $t = 0$ durch:

$$Z_0 := E_Q[Z_{\bar{t}}^*] = E_Q\Big[\exp\Big(-\int_0^{\bar{t}} r_t\, \mathrm{d}t\Big)\, Z_{\bar{t}}\Big].$$

Bemerkung

Sei $Z_{\bar{t}}$ ein Derivat mit europäischem Ausübungsrecht.

(a) Nach dem Darstellungssatz für Brownsche Martingale gilt:

- $U^* \in \mathfrak{M}(Q)$.
- $U \in \mathfrak{C}(Q)$.

(b) Sei zusätzlich $Z_{\bar{t}}$ beschränkt. Dann gilt:

- $U^* \in \mathfrak{M}$ ist beschränkt.
- $U \in \mathfrak{C}$ ist beschränkt.

10.3 Zinsprodukte und Zinsraten

In diesem Abschnitt wenden wir uns der Modellierung von Zinsprodukten, welche an Bondmärkten gehandelt werden, sowie der zugehörigen Zinsraten zu.

Zerobond

Ein Zerobond garantiert seinem Halter die Zahlung einer Geldeinheit zum Laufzeitende.

Sei dazu $\bar{t} \in I$ mit $\bar{t} > 0$. Wir definieren den Zerobond durch folgende Zahlung zur Zeit $t = \bar{t}$:

$$(Z_{\mathrm{ZB}}[\bar{t}])_{\bar{t}} = 1.$$

Nach dem Prinzip der risikoneutralen Bewertung gilt für den Wertprozess $U = \mathrm{ZB}[\bar{t}]$ des Zerobonds:

$$(\mathrm{ZB}[\bar{t}])_t = E_Q\Big[\exp\Big(-\int_t^{\bar{t}} r_s\,\mathrm{d}s\Big)\Big|\mathcal{F}_t\Big].$$

Insbesondere gilt für den fairen Preis $Z_0 = (\mathrm{ZB}[\bar{t}])_0$ des Zerobonds zur Zeit $t = 0$:

$$(\mathrm{ZB}[\bar{t}])_0 = E_Q\Big[\exp\Big(-\int_0^{\bar{t}} r_t\,\mathrm{d}t\Big)\Big].$$

Bemerkung

Nach dem Satz von Lebesgue über dominierende Konvergenz ist $\mathrm{ZB}[\bar{t}]$ differenzierbar bzgl. $\bar{t}$, und es gilt:

$$\frac{\partial(\mathrm{ZB}[\bar{t}])_t}{\partial\bar{t}} = -E_Q\Big[r_{\bar{t}}\exp\Big(-\int_t^{\bar{t}} r_s\,\mathrm{d}s\Big)\Big|\mathcal{F}_t\Big].$$

Nach der obigen Bemerkung gilt ferner:

- $\dfrac{\partial\,\mathrm{ZB}[\bar{t}]}{\partial\bar{t}} \in \mathfrak{C}$ ist beschränkt.

Zerorate (LIBOR Rate)

Wir definieren die zu $\mathrm{ZB}[\bar{t}]$ gehörige Zinsrate $L[\bar{t}]$ (einfache Verzinsung) implizit durch:

$$(\mathrm{ZB}[\bar{t}])_t = \frac{1}{1 + (\bar{t} - t)\,(L[\bar{t}])_t}.$$

Daraus folgt:

$$(L[\bar{t}])_t = \frac{1 - (\mathrm{ZB}[\bar{t}])_t}{(\bar{t} - t)\,(\mathrm{ZB}[\bar{t}])_t}.$$

Bemerkung

(a) Nach der obigen Bemerkung gilt:

- $L[\bar{t}] \in \mathfrak{C}$ ist beschränkt.

(b) Der folgende Limes existiert:

$$(L[t])_t := \lim_{\bar{t} \to t+} (L[\bar{t}])_t = -\frac{\partial(\mathrm{ZB}[\bar{t}])_t}{\partial \bar{t}}\bigg|_{\bar{t}=t} = r_t.$$

Zinsforwardkontrakt (Forward Rate Agreement)

Ein Zinsforwardkontrakt legt den Tausch einer festen Zinszahlung gegen eine variable Zinszahlung für eine Geldeinheit für eine Zinsperiode fest. Dabei wird die variable Zinsrate zu Beginn der Zinsperiode fixiert.

Sei dazu $\overline{L} > 0$, und seien $\bar{t}_0, \bar{t}_1 \in I$ mit $\bar{t}_0 < \bar{t}_1$. Wir definieren den Zinsforwardkontrakt durch folgende Zahlung zur Zeit $t = \bar{t}_1$:

$$(Z_{\mathrm{FRA}}[\bar{t}_0, \bar{t}_1])_{\bar{t}_1} = (\bar{t}_1 - \bar{t}_0)\,((L[\bar{t}_1])_{\bar{t}_0} - \overline{L}).$$

Die beiden Seiten des Zinsforwardkontraktes werden folgendermaßen bezeichnet:

(a) Der *Payer* erhält den Betrag $(Z_{\mathrm{FRA}}[\bar{t}_0, \bar{t}_1])_{\bar{t}_1}$.

(b) Der *Receiver* erhält den Betrag $-(Z_{\mathrm{FRA}}[\bar{t}_0, \bar{t}_1])_{\bar{t}_1}$.

Nach Konstruktion gilt:

$$(Z_{\mathrm{FRA}}[\bar{t}_0, \bar{t}_1])_{\bar{t}_1} = \frac{1}{(\mathrm{ZB}[\bar{t}_1])_{\bar{t}_0}} - 1 - (\bar{t}_1 - \bar{t}_0)\,\overline{L}.$$

Nach dem Prinzip der risikoneutralen Bewertung gilt für den Wertprozess $U = \mathrm{FRA}[\bar{t}_0, \bar{t}_1]$ des Zinsforwardkontraktes:

$$\begin{aligned}(\mathrm{FRA}[\bar{t}_0, \bar{t}_1])_t &= E_Q\Big[\exp\Big(-\int_t^{\bar{t}_1} r_s\,\mathrm{d}s\Big)\Big(\frac{1}{(\mathrm{ZB}[\bar{t}_1])_{\bar{t}_0}} - 1 - (\bar{t}_1 - \bar{t}_0)\,\overline{L}\Big)\Big|\mathcal{F}_t\Big] \\ &= E_Q\Big[E_Q\Big[\exp\Big(-\int_t^{\bar{t}_0} r_s\,\mathrm{d}s\Big)\exp\Big(-\int_{\bar{t}_0}^{\bar{t}_1} r_s\,\mathrm{d}s\Big)\frac{1}{(\mathrm{ZB}[\bar{t}_1])_{\bar{t}_0}}\Big|\mathcal{F}_{\bar{t}_0}\Big]\Big|\mathcal{F}_t\Big]\end{aligned}$$

$$
\begin{aligned}
&- (1 + (\bar{t}_1 - \bar{t}_0)\,\overline{L})\, E_Q\Big[\exp\Big(-\int_t^{\bar{t}_1} r_s\,\mathrm{d}s\Big)\Big|\mathcal{F}_t\Big] \\
&= E_Q\Big[\exp\Big(-\int_t^{\bar{t}_0} r_t\,\mathrm{d}t\Big)\frac{1}{(\mathrm{ZB}[\bar{t}_1])_{\bar{t}_0}}\, E_Q\Big[\exp\Big(-\int_{\bar{t}_0}^{\bar{t}_1} r_t\,\mathrm{d}t\Big)\Big|\mathcal{F}_{\bar{t}_0}\Big]\Big|\mathcal{F}_t\Big] \\
&\quad - (1 + (\bar{t}_1 - \bar{t}_0)\,\overline{L})\,(\mathrm{ZB}[\bar{t}_1])_t \\
&= E_Q\Big[\exp\Big(-\int_t^{\bar{t}_0} r_t\,\mathrm{d}t\Big)\Big|\mathcal{F}_t\Big] - (1 + (\bar{t}_1 - \bar{t}_0)\,\overline{L})\,(\mathrm{ZB}[\bar{t}_1])_t \\
&= (\mathrm{ZB}[\bar{t}_0])_t - (1 + (\bar{t}_1 - \bar{t}_0)\,\overline{L})\,(\mathrm{ZB}[\bar{t}_1])_t.
\end{aligned}
$$

Insbesondere gilt für den fairen Preis $Z_0 = (\mathrm{FRA}[\bar{t}_0, \bar{t}_1])_0$ des Zinsforwardkontraktes zur Zeit $t = 0$:

$$
(\mathrm{FRA}[\bar{t}_0, \bar{t}_1])_0 = (\mathrm{ZB}[\bar{t}_0])_0 - (1 + (\bar{t}_1 - \bar{t}_0)\,\overline{L})\,(\mathrm{ZB}[\bar{t}_1])_0.
$$

Forwardrate (LIBOR Forwardrate)

Wir definieren die zu $\mathrm{FRA}[\bar{t}_0, \bar{t}_1]$ gehörige Zinsrate $F[\bar{t}_0, \bar{t}_1]$ implizit als Lösung $\overline{L}$ der folgenden Gleichung:

$$
(\mathrm{FRA}[\bar{t}_0, \bar{t}_1])_t = 0.
$$

Daraus folgt:

$$
(F[\bar{t}_0, \bar{t}_1])_t = \frac{(\mathrm{ZB}[\bar{t}_0])_t - (\mathrm{ZB}[\bar{t}_1])_t}{(\bar{t}_1 - \bar{t}_0)\,(\mathrm{ZB}[\bar{t}_1])_t}.
$$

Bemerkung

(a) Nach der obigen Bemerkung gilt:

- $F[\bar{t}_0, \bar{t}_1] \in \mathfrak{C}$ ist beschränkt.

(b) Nach Konstruktion gilt:

$$
(F[t, \bar{t}])_t = (L[\bar{t}])_t.
$$

(c) Der folgende Limes existiert:

$$
(F[\bar{t}_0, \bar{t}_0])_t := \lim_{\bar{t}_1 \to \bar{t}_0+} (F[\bar{t}_0, \bar{t}_1])_t = -\frac{1}{(\mathrm{ZB}[\bar{t}_0])_t}\,\frac{\partial (\mathrm{ZB}[\bar{t}])_t}{\partial \bar{t}}\Big|_{\bar{t}=\bar{t}_0}.
$$

(d) $\mathrm{FRA}[\bar{t}_0, \bar{t}_1]$ besitzt folgende Darstellung:

$$
(\mathrm{FRA}[\bar{t}_0, \bar{t}_1])_t = (\bar{t}_1 - \bar{t}_0)\,((F[\bar{t}_0, \bar{t}_1])_t - \overline{L})\,(\mathrm{ZB}[\bar{t}_1])_t.
$$

(e) $\mathrm{ZB}[\bar{t}]$ besitzt folgende Darstellung:

$$
\frac{(\mathrm{ZB}[\bar{t}_0])_t}{(\mathrm{ZB}[\bar{t}_1])_t} = 1 + (\bar{t}_1 - \bar{t}_0)\,(F[\bar{t}_0, \bar{t}_1])_t.
$$

Instantane Forwardrate

Wir definieren die instantane Forwardrate $f[\bar{t}]$ durch:

$$(f[\bar{t}])_t := (F[\bar{t}, \bar{t}])_t.$$

Bemerkung

(a) Nach der obigen Bemerkung gilt:

- $f[\bar{t}] \in \mathfrak{C}$ ist beschränkt.

(b) $f[\bar{t}]$ besitzt folgende Darstellungen:

$$(f[\bar{t}])_t = \frac{E_Q\Big[r_{\bar{t}} \exp\Big(- \int_t^{\bar{t}} r_s \,\mathrm{d}s\Big)\Big|\mathcal{F}_t\Big]}{E_Q\Big[\exp\Big(- \int_t^{\bar{t}} r_s \,\mathrm{d}s\Big)\Big|\mathcal{F}_t\Big]}.$$

$$(f[\bar{t}])_t = -\frac{\partial \ln((\mathrm{ZB}[\bar{t}])_t)}{\partial \bar{t}}.$$

(c) r besitzt folgende Darstellung:

$$r_t = (f[t])_t.$$

(d) $\mathrm{ZB}[\bar{t}]$ besitzt folgende Darstellung:

$$(\mathrm{ZB}[\bar{t}])_t = \exp\Big(- \int_t^{\bar{t}} (f[s])_t \,\mathrm{d}s\Big).$$

Zinsswapkontrakt (Swap)

Ein Zinsswapkontrakt legt den Tausch fester Zinszahlungen gegen variable Zinszahlungen für eine Geldeinheit für mehrere Zinsperioden fest. Dabei wird die variable Zinsrate jeweils zu Beginn der jeweiligen Zinsperiode fixiert.

Sei dazu $\overline{L} > 0$, und seien $\bar{t}_0, \ldots, \bar{t}_n \in I$ mit $\bar{t}_0 < \ldots < \bar{t}_n$. Wir definieren den Zinsswapkontrakt durch folgende Zahlungen zu den Zeiten $t = \bar{t}_i$ $(i = 1, \ldots, n)$:

$$(Z_{\mathrm{IRS}}[\bar{t}_0, \ldots, \bar{t}_n])_{\bar{t}_i} = (\bar{t}_i - \bar{t}_{i-1})\,((L[\bar{t}_i])_{\bar{t}_{i-1}} - \overline{L}).$$

Die beiden Seiten des Zinsswapkontraktes werden folgendermaßen bezeichnet:

(a) Der *Payer* erhält jeweils den Betrag $(Z_{\mathrm{IRS}}[\bar{t}_0, \ldots, \bar{t}_n])_{\bar{t}_i}$.

(b) Der *Receiver* erhält jeweils den Betrag $-(Z_{\mathrm{IRS}}[\bar{t}_0, \ldots, \bar{t}_n])_{\bar{t}_i}$.

Nach Konstruktion gilt:

$$(Z_{\mathrm{IRS}}[\bar{t}_0, \ldots, \bar{t}_n])_{\bar{t}_i} = (Z_{\mathrm{FRA}}[\bar{t}_{i-1}, \bar{t}_i])_{\bar{t}_i}.$$

Nach dem Prinzip der risikoneutralen Bewertung gilt für den Wertprozess $U = \mathrm{IRS}[\bar{t}_0, \ldots, \bar{t}_n]$ des Zinsswapkontraktes:

$$(\mathrm{IRS}[\bar{t}_0, \ldots, \bar{t}_n])_t = \sum_{i=1}^{n} (\mathrm{FRA}[\bar{t}_{i-1}, \bar{t}_i])_t$$

$$= (\mathrm{ZB}[\bar{t}_0])_t - (\mathrm{ZB}[\bar{t}_n])_t - \sum_{i=1}^{n} (\bar{t}_i - \bar{t}_{i-1})\, \overline{L}\, (\mathrm{ZB}[\bar{t}_i])_t.$$

Insbesondere gilt für den fairen Preis $Z_0 = (\mathrm{IRS}[\bar{t}_0, \ldots, \bar{t}_n])_0$ des Zinsswapkontraktes zur Zeit $t = 0$:

$$(\mathrm{IRS}[\bar{t}_0, \ldots, \bar{t}_n])_0 = (\mathrm{ZB}[\bar{t}_0])_0 - (\mathrm{ZB}[\bar{t}_n])_0 - \sum_{i=1}^{n} (\bar{t}_i - \bar{t}_{i-1})\, \overline{L}\, (\mathrm{ZB}[\bar{t}_i])_0.$$

Swaprate

Wir definieren die zu $\mathrm{IRS}[\bar{t}_0, \ldots, \bar{t}_n]$ gehörige Zinsrate $S[\bar{t}_0, \ldots, \bar{t}_n]$ implizit als Lösung $\overline{L}$ der folgenden Gleichung:

$$(\mathrm{IRS}[\bar{t}_0, \ldots, \bar{t}_n])_t = 0.$$

Daraus folgt:

$$(S[\bar{t}_0, \ldots, \bar{t}_n])_t = \frac{(\mathrm{ZB}[\bar{t}_0])_t - (\mathrm{ZB}[\bar{t}_n])_t}{\sum_{i=1}^{n} (\bar{t}_i - \bar{t}_{i-1})\, (\mathrm{ZB}[\bar{t}_i])_t}.$$

Bemerkung

(a) Nach der obigen Bemerkung gilt:

- $S[\bar{t}_0, \ldots, \bar{t}_n] \in \mathfrak{C}$ ist beschränkt.

(b) $\mathrm{IRS}[\bar{t}_0, \ldots, \bar{t}_n]$ besitzt folgende Darstellung:

$$(\mathrm{IRS}[\bar{t}_0, \ldots, \bar{t}_n])_t = \sum_{i=1}^{n} (\bar{t}_i - \bar{t}_{i-1})\, ((S[\bar{t}_0, \ldots, \bar{t}_n])_t - \overline{L})\, (\mathrm{ZB}[\bar{t}_i])_t.$$

(c) $S[\bar{t}_0, \ldots, \bar{t}_n]$ besitzt folgende Darstellung:

$$(S[\bar{t}_0, \ldots, \bar{t}_n])_t = \frac{1 - \frac{(\mathrm{ZB}[\bar{t}_n])_t}{(\mathrm{ZB}[\bar{t}_0])_t}}{\sum_{i=1}^{n} (\bar{t}_i - \bar{t}_{i-1})\, \frac{(\mathrm{ZB}[\bar{t}_i])_t}{(\mathrm{ZB}[\bar{t}_0])_t}}$$

$$= \frac{1 - \prod_{i=1}^{n} \frac{(\mathrm{ZB}[\bar{t}_i])_t}{(\mathrm{ZB}[\bar{t}_{i-1}])_t}}{\sum_{i=1}^{n} (\bar{t}_i - \bar{t}_{i-1})\, \prod_{j=1}^{i} \frac{(\mathrm{ZB}[\bar{t}_j])_t}{(\mathrm{ZB}[\bar{t}_{j-1}])_t}}$$

$$= \frac{1 - \prod_{i=1}^{n} \frac{1}{1 + (F[\bar{t}_{i-1}, \bar{t}_i])_t\, (t_i - t_{i-1})}}{\sum_{i=1}^{n} (\bar{t}_i - \bar{t}_{i-1})\, \prod_{j=1}^{i} \frac{1}{1 + (F[\bar{t}_{j-1}, \bar{t}_j])_t\, (t_j - t_{j-1})}}.$$

(d) $\mathrm{ZB}[\bar{t}]$ besitzt folgende Darstellung:

$$\frac{(\mathrm{ZB}[\bar{t}_i])_t}{(\mathrm{ZB}[\bar{t}_n])_t} = 1 + (S[\bar{t}_i, \ldots, \bar{t}_n])_t \Big(\sum_{j=i+1}^{n} (\bar{t}_j - \bar{t}_{j-1}) \frac{(\mathrm{ZB}[\bar{t}_j])_t}{(\mathrm{ZB}[\bar{t}_n])_t} \Big).$$

Daraus folgt:

$$\sum_{i=k}^{n} (\bar{t}_i - \bar{t}_{i-1}) \frac{(\mathrm{ZB}[\bar{t}_i])_t}{(\mathrm{ZB}[\bar{t}_n])_t}$$

$$= \bar{t}_n - \bar{t}_{k-1} + \sum_{i=k}^{n-1} (\bar{t}_i - \bar{t}_{i-1}) (S[\bar{t}_i, \ldots, \bar{t}_n])_t \Big(\sum_{j=i+1}^{n} (\bar{t}_j - \bar{t}_{j-1}) \frac{(\mathrm{ZB}[\bar{t}_j])_t}{(\mathrm{ZB}[\bar{t}_n])_t} \Big).$$

Daraus folgt mit Induktion:

$$\sum_{i=k}^{n} (\bar{t}_i - \bar{t}_{i-1}) \frac{(\mathrm{ZB}[\bar{t}_i])_t}{(\mathrm{ZB}[\bar{t}_n])_t}$$

$$= \bar{t}_n - \bar{t}_{k-1} + \sum_{i=k+1}^{n} (\bar{t}_n - \bar{t}_{i-1}) \Big(\prod_{j=i}^{n} (1 - \delta_{ij} + (\bar{t}_{j-1} - \bar{t}_{j-2}) (S[\bar{t}_{j-1}, \ldots, \bar{t}_n])_t) \Big).$$

Dabei bezeichnet δ_{ij} das Kronecker–Symbol.

Couponbond

Ein Couponbond garantiert seinem Halter feste Zinszahlungen für eine Geldeinheit für mehrere Zinsperioden sowie die Zahlung einer Geldeinheit am Ende der Laufzeit.

Sei dazu $\bar{L} > 0$, und seien $\bar{t}_0, \ldots, \bar{t}_n \in I$ mit $\bar{t}_0 < \ldots < \bar{t}_n$. Wir definieren den Couponbond durch folgende Zahlungen zu den Zeiten $t = \bar{t}_i$ $(i = 1, \ldots, n)$:

$$(Z_{\mathrm{CB}}[\bar{t}_0, \ldots, \bar{t}_n])_{\bar{t}_i} = \delta_{in} + (\bar{t}_i - \bar{t}_{i-1}) \bar{L}.$$

Dabei bezeichnet δ_{in} das Kronecker–Symbol. Nach dem Prinzip der risikoneutralen Bewertung gilt für den Wertprozess $U = \mathrm{CB}[\bar{t}_0, \ldots, \bar{t}_n]$ des Couponbonds:

$$(\mathrm{CB}[\bar{t}_0, \ldots, \bar{t}_n])_t = (\mathrm{ZB}[\bar{t}_n])_t + \sum_{i=1}^{n} (\bar{t}_i - \bar{t}_{i-1}) \bar{L} (\mathrm{ZB}[\bar{t}_i])_t.$$

Insbesondere gilt für den fairen Preis $Z_0 = (\mathrm{CB}[\bar{t}_0, \ldots, \bar{t}_n])_0$ des Couponbonds zur Zeit $t = 0$:

$$(\mathrm{CB}[\bar{t}_0, \ldots, \bar{t}_n])_0 = (\mathrm{ZB}[\bar{t}_n])_0 + \sum_{i=1}^{n} (\bar{t}_i - \bar{t}_{i-1}) \bar{L} (\mathrm{ZB}[\bar{t}_i])_0.$$

Floater (Floating Rate Note)

Ein Floater garantiert seinem Halter variable Zinszahlungen für eine Geldeinheit für mehrere Zinsperioden sowie die Zahlung einer Geldeinheit am Ende der Laufzeit. Dabei wird die variable Zinsrate jeweils zu Beginn der jeweiligen Zinsperiode fixiert.

Seien dazu $\bar{t}_0, \ldots, \bar{t}_n \in I$ mit $\bar{t}_0 < \ldots < \bar{t}_n$. Wir definieren den Floater durch folgende Zahlungen zu den Zeiten $t = \bar{t}_i$ $(i = 1, \ldots, n)$:

$$(Z_{\mathrm{FRN}}[\bar{t}_0, \ldots, \bar{t}_n])_{\bar{t}_i} = \delta_{in} + (\bar{t}_i - \bar{t}_{i-1})\,(L[\bar{t}_i])_{\bar{t}_{i-1}}.$$

Dabei bezeichnet δ_{in} das Kronecker–Symbol. Nach Konstruktion gilt:

$$(Z_{\mathrm{FRN}}[\bar{t}_0, \ldots, \bar{t}_n])_{\bar{t}_i} = (Z_{\mathrm{CB}}[\bar{t}_0, \ldots, \bar{t}_n])_{\bar{t}_i} + (Z_{\mathrm{IRS}}[\bar{t}_0, \ldots, \bar{t}_n])_{\bar{t}_i}.$$

Nach dem Prinzip der risikoneutralen Bewertung gilt für den Wertprozess $U = \mathrm{FRN}[\bar{t}_0, \ldots, \bar{t}_n]$ des Floaters:

$$(\mathrm{FRN}[\bar{t}_0, \ldots, \bar{t}_n])_t = \mathrm{CB}[\bar{t}_0, \ldots, \bar{t}_n] + \mathrm{IRS}[\bar{t}_0, \ldots, \bar{t}_n] = (\mathrm{ZB}[\bar{t}_0])_t.$$

Insbesondere gilt für den fairen Preis des $Z_0 = (\mathrm{FRN}[\bar{t}_0, \ldots, \bar{t}_n])_0$ Floaters zur Zeit $t = 0$:

$$(\mathrm{FRN}[\bar{t}_0, \ldots, \bar{t}_n])_0 = (\mathrm{ZB}[\bar{t}_0])_0.$$

Caplet und Floorlet

(a) *Ein Caplet erlaubt seinem Halter den Tausch einer festen Zinszahlung gegen eine variable Zinszahlung für eine Geldeinheit für eine Zinsperiode. Dabei wird die variable Zinsrate zu Beginn der Zinsperiode fixiert.*

Sei dazu $\bar{L} > 0$, und seien $\bar{t}_0, \bar{t}_1 \in I$ mit $\bar{t}_0 < \bar{t}_1$. Wir definieren das Caplet durch folgende Zahlung zur Zeit $t = \bar{t}_1$:

$$(Z_{\mathrm{Caplet}}[\bar{t}_0, \bar{t}_1])_{\bar{t}_1} = \max\{(\bar{t}_1 - \bar{t}_0)\,((L[\bar{t}_1])_{\bar{t}_0} - \bar{L}), 0\}.$$

Nach Konstruktion gilt:

$$(Z_{\mathrm{Caplet}}[\bar{t}_0, \bar{t}_1])_{\bar{t}_1} = \max\{(Z_{\mathrm{FRA}}[\bar{t}_0, \bar{t}_1])_{\bar{t}_1}, 0\}.$$

Den Wertprozess des Caplets bezeichnen wir mit $\mathrm{Caplet}[\bar{t}_0, \bar{t}_1]$.

(b) *Ein Floorlet erlaubt seinem Halter den Tausch einer variablen Zinszahlung gegen eine feste Zinszahlung für eine Geldeinheit für eine Zinsperiode. Dabei wird die variable Zinsrate zu Beginn der Zinsperiode fixiert.*

Sei dazu $\bar{L} > 0$, und seien $\bar{t}_0, \bar{t}_1 \in I$ mit $\bar{t}_0 < \bar{t}_1$. Wir definieren das Floorlet durch folgende Zahlung zur Zeit $t = \bar{t}_1$:

$$(Z_{\mathrm{Floorlet}}[\bar{t}_0, \bar{t}_1])_{\bar{t}_1} = \max\{(\bar{t}_1 - \bar{t}_0)\,(\bar{L} - (L[\bar{t}_1])_{\bar{t}_0}), 0\}.$$

Nach Konstruktion gilt:

$$(Z_{\mathrm{Floorlet}}[\bar{t}_0, \bar{t}_1])_{\bar{t}_1} = \max\{-(Z_{\mathrm{FRA}}[\bar{t}_0, \bar{t}_1])_{\bar{t}_1}, 0\}.$$

Den Wertprozess des Floorlets bezeichnen wir mit $\mathrm{Floorlet}[\bar{t}_0, \bar{t}_1]$.

Cap und Floor

(a) *Ein Cap erlaubt seinem Halter den Tausch fester Zinszahlungen gegen variable Zinszahlungen für eine Geldeinheit für mehrere Zinsperioden. Dabei gilt das Optionsrecht separat für jede einzelne Zinsperiode. Ferner wird die variable Zinsrate jeweils zu Beginn der jeweiligen Zinsperiode fixiert.*

Sei dazu $\overline{L} > 0$, und seien $\bar{t}_0, \ldots, \bar{t}_n \in I$ mit $\bar{t}_0 < \ldots < \bar{t}_n$. Wir definieren den Cap durch folgende Zahlungen zu den Zeiten $t = \bar{t}_i$ $(i = 1, \ldots, n)$:

$$(Z_{\text{Cap}}[\bar{t}_0, \ldots, \bar{t}_n])_{\bar{t}_i} = \max\{(\bar{t}_i - \bar{t}_{i-1})\,((L[\bar{t}_i])_{\bar{t}_{i-1}} - \overline{L}), 0\}.$$

Nach Konstruktion gilt:

$$(Z_{\text{Cap}}[\bar{t}_0, \ldots, \bar{t}_n])_{\bar{t}_i} = \max\{(Z_{\text{Caplet}}[\bar{t}_{i-1}, \bar{t}_i])_{\bar{t}_i}, 0\}.$$

Den Wertprozess des Caps bezeichnen wir mit $\text{Cap}[\bar{t}_0, \ldots, \bar{t}_n]$.

(b) *Ein Floor erlaubt seinem Halter den Tausch variabler Zinszahlungen gegen feste Zinszahlungen für eine Geldeinheit für mehrere Zinsperioden. Dabei gilt das Optionsrecht separat für jede einzelne Zinsperiode. Ferner wird die variable Zinsrate jeweils zu Beginn der jeweiligen Zinsperiode fixiert.*

Sei dazu $\overline{L} > 0$, und seien $\bar{t}_0, \ldots, \bar{t}_n \in I$ mit $\bar{t}_0 < \ldots < \bar{t}_n$. Wir definieren den Floor durch folgende Zahlungen zu den Zeiten $t = \bar{t}_i$ $(i = 1, \ldots, n)$:

$$(Z_{\text{Floor}}[\bar{t}_0, \ldots, \bar{t}_n])_{\bar{t}_i} = \max\{(\bar{t}_i - \bar{t}_{i-1})\,(\overline{L} - (L[\bar{t}_i])_{\bar{t}_{i-1}}), 0\}.$$

Nach Konstruktion gilt:

$$(Z_{\text{Floor}}[\bar{t}_0, \ldots, \bar{t}_n])_{\bar{t}_i} = \max\{(Z_{\text{Floorlet}}[\bar{t}_{i-1}, \bar{t}_i])_{\bar{t}_i}, 0\}.$$

Den Wertprozess des Floors bezeichnen wir mit $\text{Floor}[\bar{t}_0, \ldots, \bar{t}_n]$.

Zinsswaption (Swap Option)

(a) *Eine Payer–Zinsswaption erlaubt ihrem Halter den Tausch fester Zinszahlungen gegen variable Zinszahlungen für eine Geldeinheit für mehrere Zinsperioden. Dabei gilt das Optionsrecht einmalig zu Beginn der Laufzeit. Ferner wird die variable Zinsrate jeweils zu Beginn der jeweiligen Zinsperiode fixiert. M.a.W. eine Payer–Zinsswaption erlaubt ihrem Halter, zu Beginn der Laufzeit als Payer in einen Zinsswapkontrakt einzutreten.*

Sei dazu $\overline{L} > 0$, und seien $\bar{t}, \bar{t}_0, \ldots, \bar{t}_n \in I$ mit $\bar{t} \leq \bar{t}_0 < \ldots < \bar{t}_n$. Wir definieren die Payer–Zinsswaption durch folgende Zahlung zur Zeit $t = \bar{t}$:

$$(Z_{\text{PSO}}[\bar{t}, \bar{t}_0, \ldots, \bar{t}_n])_{\bar{t}} = \max\{(\text{IRS}[\bar{t}_0, \ldots, \bar{t}_n])_{\bar{t}}, 0\}.$$

Nach Konstruktion gilt:

$$\begin{aligned}(Z_{\text{PSO}}[\bar{t}, \bar{t}_0, \ldots, \bar{t}_n])_{\bar{t}} &= \max\left\{\sum_{i=1}^{n}(\bar{t}_i - \bar{t}_{i-1})\,((S[\bar{t}_0, \ldots, \bar{t}_n])_{\bar{t}} - \overline{L})\,(\text{ZB}[\bar{t}_i])_{\bar{t}}, 0\right\}\\ &= \max\{(S[\bar{t}_0, \ldots, \bar{t}_n])_{\bar{t}} - \overline{L}, 0\} \sum_{i=1}^{n}(\bar{t}_i - \bar{t}_{i-1})\,(\text{ZB}[\bar{t}_i])_{\bar{t}}.\end{aligned}$$

Den Wertprozess der Payer–Zinsswaption bezeichnen wir mit $\text{PSO}[\bar{t}, \bar{t}_0, \ldots, \bar{t}_n]$.

(b) *Eine Receiver–Zinsswaption erlaubt ihrem Halter den Tausch variabler Zinszahlungen gegen feste Zinszahlungen für eine Geldeinheit für mehrere Zinsperioden. Dabei gilt das Optionsrecht einmalig zu Beginn der Laufzeit. Ferner wird die variable Zinsrate jeweils zu Beginn der jeweiligen Zinsperiode fixiert. M.a.W. eine Receiver–Zinsswaption erlaubt ihrem Halter, zu Beginn der Laufzeit als Receiver in einen Zinsswapkontrakt einzutreten.*

Sei dazu $\overline{L} > 0$, und seien $\overline{t}, \overline{t}_0, \ldots, \overline{t}_n \in I$ mit $\overline{t} \leq \overline{t}_0 < \ldots < \overline{t}_n$. Wir definieren die Receiver–Zinsswaption durch folgende Zahlung zur Zeit $t = \overline{t}$:

$$(Z_{\mathrm{RSO}}[\overline{t}, \overline{t}_0, \ldots, \overline{t}_n])_{\overline{t}} = \max\{-(\mathrm{IRS}[\overline{t}_0, \ldots, \overline{t}_n])_{\overline{t}}, 0\}.$$

Nach Konstruktion gilt:

$$\begin{aligned}(Z_{\mathrm{RSO}}[\overline{t}, \overline{t}_0, \ldots, \overline{t}_n])_{\overline{t}} &= \max\left\{\sum_{i=1}^{n}(\overline{t}_i - \overline{t}_{i-1})\,(\overline{L} - (S[\overline{t}_0, \ldots, \overline{t}_n])_{\overline{t}})\,(\mathrm{ZB}[\overline{t}_i])_{\overline{t}}, 0\right\}\\ &= \max\{\overline{L} - (S[\overline{t}_0, \ldots, \overline{t}_n])_{\overline{t}}, 0\}\sum_{i=1}^{n}(\overline{t}_i - \overline{t}_{i-1})\,(\mathrm{ZB}[\overline{t}_i])_{\overline{t}}.\end{aligned}$$

Den Wertprozess der Receiver–Zinsswaption bezeichnen wir mit $\mathrm{RSO}[\overline{t}, \overline{t}_0, \ldots, \overline{t}_n]$.

Bondoption

(a) *Eine Bondcalloption erlaubt ihrem Halter, den Couponbond* $\mathrm{CB}[\overline{t}_0, \ldots, \overline{t}_n]$ *am Ende der Laufzeit zu einem bei Vertragsabschluss vereinbarten Strikepreis zu kaufen.*

Sei dazu $\overline{B} > 0$, und seien $\overline{t}, \overline{t}_0, \ldots, \overline{t}_n \in I$ mit $\overline{t} \leq \overline{t}_0 < \ldots < \overline{t}_n$. Wir definieren die Bondcalloption durch folgende Zahlung zur Zeit $t = \overline{t}$:

$$(Z_{\mathrm{BCO}}[\overline{t}, \overline{t}_0, \ldots, \overline{t}_n])_{\overline{t}} = \max\{(\mathrm{CB}[\overline{t}_0, \ldots, \overline{t}_n])_{\overline{t}} - \overline{B}, 0\}.$$

Den Wertprozess der Bondcalloption bezeichnen wir mit $\mathrm{BCO}[\overline{t}, \overline{t}_0, \ldots, \overline{t}_n]$.

(b) *Eine Bondputoption erlaubt ihrem Halter, den Couponbond* $\mathrm{CB}[\overline{t}_0, \ldots, \overline{t}_n]$ *am Ende der Laufzeit zu einem bei Vertragsabschluss vereinbarten Strikepreis zu verkaufen.*

Sei dazu $\overline{B} > 0$, und seien $\overline{t}, \overline{t}_0, \ldots, \overline{t}_n \in I$ mit $\overline{t} \leq \overline{t}_0 < \ldots < \overline{t}_n$. Wir definieren die Bondputoption durch folgende Zahlung zur Zeit $t = \overline{t}$:

$$(Z_{\mathrm{BPO}}[\overline{t}, \overline{t}_0, \ldots, \overline{t}_n])_{\overline{t}} = \max\{\overline{B} - (\mathrm{CB}[\overline{t}_0, \ldots, \overline{t}_n])_{\overline{t}}, 0\}.$$

Den Wertprozess der Bondputoption bezeichnen wir mit $\mathrm{BPO}[\overline{t}, \overline{t}_0, \ldots, \overline{t}_n]$.

Bemerkung

Für die oben betrachteten Zinsprodukte haben wir Darstellungen der jeweiligen Auszahlungen Z_{t_i} sowie der Wertprozesse U mit Hilfe von Zerobonds erhalten. Die Komplexitäten dieser Darstellungen lassen sich in folgende Kategorien unterteilen.

(a) Für die Darstellungen von Zinsswaps, Couponbonds und Floatern gilt:

1. Die Auszahlungen besitzen folgende Struktur:

$$Z_{t_i} = \hat{Z}_i((\mathrm{ZB}[\bar{t}_i])_{\bar{t}_{i-1}}).$$

Dabei bezeichnet $\hat{Z}_i$ eine reellwertige Funktion.

2. Der Wertprozess besitzt folgende Struktur:

$$U_t = \Psi((\mathrm{ZB}[\bar{t}_0])_t, \ldots, (\mathrm{ZB}[\bar{t}_n])_t).$$

Dabei bezeichnet Ψ eine reellwertige Funktion.

(b) Für die Darstellungen von Caps und Floors gilt:

1. Die Auszahlungen besitzen folgende Struktur:

$$Z_{t_i} = \hat{Z}_i((\mathrm{ZB}[\bar{t}_i])_{\bar{t}_{i-1}}).$$

Dabei bezeichnet $\hat{Z}_i$ eine reellwertige Funktion.

2. Der Wertprozess besitzt folgende Struktur:

$$U_t = \sum_{i=1}^{n} E_Q\Big[\exp\Big(-\int_t^{\bar{t}_i} r_s \,\mathrm{d}s\Big)\, \hat{Z}_i((\mathrm{ZB}[\bar{t}_i])_{\bar{t}_{i-1}})\Big|\mathcal{F}_t\Big].$$

(c) Für die Darstellungen von Zinsswaptions und Bondoptionen gilt:

1. Die Auszahlung besitzt folgende Struktur:

$$Z_{\bar{t}} = \hat{Z}((\mathrm{ZB}[\bar{t}_0])_{\bar{t}}, \ldots, (\mathrm{ZB}[\bar{t}_n])_{\bar{t}}).$$

Dabei bezeichnet $\hat{Z}$ eine reellwertige Funktion.

2. Der Wertprozess besitzt folgende Struktur:

$$U_t = E_Q\Big[\exp\Big(-\int_t^{\bar{t}} r_s \,\mathrm{d}s\Big)\, \hat{Z}((\mathrm{ZB}[\bar{t}_0])_{\bar{t}}, \ldots, (\mathrm{ZB}[\bar{t}_n])_{\bar{t}})\Big|\mathcal{F}_t\Big].$$

Theorem 10.4 (Put–Call–Parität)

(a) $\mathrm{FRA}[\bar{t}_0, \bar{t}_1]$ *besitzt folgende Darstellung:*

$$(\mathrm{FRA}[\bar{t}_0, \bar{t}_1])_t = (\mathrm{Caplet}[\bar{t}_0, \bar{t}_1])_t - (\mathrm{Floorlet}[\bar{t}_0, \bar{t}_1])_t.$$

(b) $\mathrm{IRS}[\bar{t}_0, \ldots, \bar{t}_n]$ *besitzt folgende Darstellungen:*

$$(\mathrm{IRS}[\bar{t}_0, \ldots, \bar{t}_n])_t = (\mathrm{FRN}[\bar{t}_0, \ldots, \bar{t}_n])_t - (\mathrm{CB}[\bar{t}_0, \ldots, \bar{t}_n])_t.$$

$$(\mathrm{IRS}[\bar{t}_0, \ldots, \bar{t}_n])_t = (\mathrm{Cap}[\bar{t}_0, \ldots, \bar{t}_n])_t - (\mathrm{Floor}[\bar{t}_0, \ldots, \bar{t}_n])_t.$$

$$(\mathrm{IRS}[\bar{t}_0, \ldots, \bar{t}_n])_t = (\mathrm{PSO}[\bar{t}, \bar{t}_0, \ldots, \bar{t}_n])_t - (\mathrm{RSO}[\bar{t}, \bar{t}_0, \ldots, \bar{t}_n])_t.$$

(c) $\mathrm{CB}[\bar{t}_0,\ldots,\bar{t}_n]$ *besitzt folgende Darstellung:*

$$(\mathrm{CB}[\bar{t}_0,\ldots,\bar{t}_n])_t - \overline{B}\,(\mathrm{ZB}[\bar{t}])_t = (\mathrm{BCO}[\bar{t},\bar{t}_0,\ldots,\bar{t}_n])_t - (\mathrm{BPO}[\bar{t},\bar{t}_0,\ldots,\bar{t}_n])_t.$$

Beweis

Für alle $x \in \mathbb{R}$ gilt folgende Identität (*Put–Call–Parität*):

$$x = \max\{x,0\} - \max\{-x,0\}.$$

Wir betrachten nun die obigen Zinsprodukte.

(a) Nach der Put-Call-Parität gilt:

$$(Z_{\mathrm{FRA}}[\bar{t}_0,\bar{t}_1])_{\bar{t}_1} = (Z_{\mathrm{Caplet}}[\bar{t}_0,\bar{t}_1])_{\bar{t}_1} - (Z_{\mathrm{Floorlet}}[\bar{t}_0,\bar{t}_1])_{\bar{t}_1}.$$

Daraus folgt die Behauptung.

(b)
1. Die erste Behauptung ist evident.
2. Die zweite Behauptung folgt aus (a).
3. Es bleibt, die dritte Behauptung zu beweisen. Mit Hilfe der Put–Call–Parität erhalten wir:

$$\begin{aligned}
&(\mathrm{IRS}[\bar{t}_0,\ldots,\bar{t}_n])^*_t = E_Q[(\mathrm{IRS}[\bar{t}_0,\ldots,\bar{t}_n])^*_{\bar{t}}|\mathcal{F}_t]\\
&= E_Q\Big[\exp\Big(-\int_0^{\bar{t}} r_s\,\mathrm{d}s\Big)\,(\mathrm{IRS}[\bar{t}_0,\ldots,\bar{t}_n])_{\bar{t}}\Big|\mathcal{F}_t\Big]\\
&= E_Q\Big[\exp\Big(-\int_0^{\bar{t}} r_s\,\mathrm{d}s\Big)\,((Z_{\mathrm{PSO}}[\bar{t},\bar{t}_0,\ldots,\bar{t}_n])_{\bar{t}} - (Z_{\mathrm{RSO}}[\bar{t},\bar{t}_0,\ldots,\bar{t}_n])_{\bar{t}})\Big|\mathcal{F}_t\Big]\\
&= (\mathrm{PSO}[\bar{t},\bar{t}_0,\ldots,\bar{t}_n])^*_t - (\mathrm{RSO}[\bar{t},\bar{t}_0,\ldots,\bar{t}_n])^*_t.
\end{aligned}$$

Damit ist die dritte Behauptung bewiesen.

(c) Mit Hilfe der Put–Call–Parität erhalten wir:

$$\begin{aligned}
&(\mathrm{CB}[\bar{t}_0,\ldots,\bar{t}_n])^*_t - \overline{B}\,(\mathrm{ZB}[\bar{t}])^*_t = E_Q[(\mathrm{CB}[\bar{t}_0,\ldots,\bar{t}_n])^*_{\bar{t}} - \overline{B}\,(\mathrm{ZB}[\bar{t}])^*_{\bar{t}}|\mathcal{F}_t]\\
&= E_Q\Big[\exp\Big(-\int_0^{\bar{t}} r_s\,\mathrm{d}s\Big)\,((\mathrm{CB}[\bar{t}_0,\ldots,\bar{t}_n])_{\bar{t}} - \overline{B})\Big|\mathcal{F}_t\Big]\\
&= E_Q\Big[\exp\Big(-\int_0^{\bar{t}} r_s\,\mathrm{d}s\Big)\,((Z_{\mathrm{BCO}}[\bar{t},\bar{t}_0,\ldots,\bar{t}_n])_{\bar{t}} - (Z_{\mathrm{BPO}}[\bar{t},\bar{t}_0,\ldots,\bar{t}_n])_{\bar{t}})\Big|\mathcal{F}_t\Big]\\
&= (\mathrm{BCO}[\bar{t},\bar{t}_0,\ldots,\bar{t}_n])^*_t - (\mathrm{BPO}[\bar{t},\bar{t}_0,\ldots,\bar{t}_n])^*_t.
\end{aligned}$$

Damit ist die Behauptung bewiesen.

□

Theorem 10.5

Folgende Aussagen sind äquivalent:

(a) $\overline{L}$ *ist die* faire Swaprate, *d.h. es gilt:*

$$\overline{L} = (S[\bar{t}_0, \ldots, \bar{t}_n])_0.$$

(b) *Der Zinsswapkontrakt ist wertneutral, d.h. es gilt:*

$$(\mathrm{IRS}[\bar{t}_0, \ldots, \bar{t}_n])_0 = 0.$$

(c) *Die fairen Preise der Payer-Zinsswaption und der Receiver-Zinsswaption stimmen überein, d.h. es gilt:*

$$(\mathrm{PSO}[\bar{t}, \bar{t}_0, \ldots, \bar{t}_n])_0 = (\mathrm{RSO}[\bar{t}, \bar{t}_0, \ldots, \bar{t}_n])_0.$$

Beweis

Die Äquivalenz von (a) und (b) ist evident. Die Äquivalenz von (b) und (c) folgt aus Theorem 10.4 (b).

□

10.4 Wechsel des Numeraires

Bisher haben wir immer den Geldkontoprozess B als Numeraire, d.h. als Vergleichsgröße für Wertentwicklungen, verwendet. In diesem Abschnitt wollen wir nun unsere Rahmentheorie erweitern und zu einem allgemeineren Numeraire und damit zu einem allgemeineren äquivalenten Martingalmaß übergehen. Insbesondere betrachten wir die im Zusammenhang mit Bondmarktmodellen wichtigsten Beispiele für allgemeinere äquivalente Martingalmaße, nämlich das *Forward Measure* und das *Swap Measure*. In Abschnitt 10.5 werden wir uns diese Erweiterung der Rahmentheorie zu nutze machen und die dort betrachteten Zinsstrukturmodelle jeweils direkt bzgl. eines geeigneten äquivalenten Martingalmaßes formulieren.

Numeraireprozess

Seien $0 < \underline{K} \leq 1 \leq \overline{K}$, und sei N ein stochastischer Prozess mit folgenden Eigenschaften:

1. N genügt der folgenden Regularitätsbedingung:

   $$N^* \in \mathfrak{M}(Q).$$

   Insbesondere gilt:

   $$N \in \mathfrak{C}(Q).$$

2. N genügt der folgenden Beschränktheitsbedingung:

   $$\underline{K} \leq N_t \leq \overline{K}.$$

3. N genügt der folgenden Normierungsbedingung:

   $$N_0 = 1.$$

Diskontierte Prozesse

Sei X ein stochastischer Prozess. Wir definieren den zugehörigen diskontierten Prozess durch:

$$X_t^N := \frac{X_t}{N_t}.$$

Nach Konstruktion gilt:

$$X_t^* = X_t^N \, N_t^*.$$

M.a.W. wir verwenden nun N als *Numeraire*, d.h. als Vergleichsgröße für Wertentwicklungen.

Äquivalentes Wahrscheinlichkeitsmaß

Wir definieren ein äquivalentes Wahrscheinlichkeitsmaß Q_N auf Ω durch:
$\forall\, A \in \mathcal{F}$:

$$Q_N(A) := E_Q[1_A \, N_T^*].$$

Theorem 10.6 (Äquivalentes Martingalmaß bei Wechsel des Numeraires)
Sei $X \in \mathfrak{L}^1(Q)$.

(a) *Sei $t \in I$. Dann gilt:*

$$E_{Q_N}[X_t] = E_Q[X_t \, N_t^*].$$

$$E_{Q_N}[X_t^N] = E_Q[X_t^*].$$

(b) *Seien $s, t \in I$ mit $s \leq t$. Dann gilt:*

$$N_s^* \, E_{Q_N}[X_t^N | \mathcal{F}_s] = E_Q[X_t^* | \mathcal{F}_s].$$

(c) *Folgende Aussagen sind äquivalent:*

1. *X^* ist ein Martingal bzgl. Q.*
2. *X^N ist ein Martingal bzgl. Q_N.*

Beweis

(a) Nach Voraussetzung ist $N^* \in \mathfrak{M}$ beschränkt. Daraus folgt:

$$\begin{aligned} E_{Q_N}[X_t] &= E_Q[X_t \, N_T^*] \\ &= E_Q[E_Q[X_t \, N_T^* | \mathcal{F}_t]] \\ &= E_Q[X_t \, E_Q[N_T^* | \mathcal{F}_t]] \\ &= E_Q[X_t \, N_t^*]. \end{aligned}$$

Damit ist die erste Behauptung bewiesen. Die zweite Behauptung folgt aus der ersten mit X_t^N an Stelle von X_t.

(b) Nach Konstruktion ist $N_s^* \, E_{Q_N}[X_t^N|\mathcal{F}_s]$ messbar bzgl. $\mathcal{F}_s$. Deshalb genügt es, folgende Behauptung zu beweisen:

$\forall \; A \in \mathcal{F}_s$:

$$E_Q[1_A \, N_s^* \, E_{Q_N}[X_t^N|\mathcal{F}_s]] \stackrel{!}{=} E_Q[1_A \, X_t^*].$$

Sei nun $A \in \mathcal{F}_s$. Mit Hilfe von (a) erhalten wir:

$$\begin{aligned} E_Q[1_A \, N_s^* \, E_{Q_N}[X_t^N|\mathcal{F}_s]] &= E_{Q_N}[1_A \, E_{Q_N}[X_t^N|\mathcal{F}_s]] \\ &= E_{Q_N}[E_{Q_N}[1_A \, X_t^N|\mathcal{F}_s]] \\ &= E_{Q_N}[1_A \, X_t^N] \\ &= E_Q[1_A \, X_t^*]. \end{aligned}$$

Damit ist die Behauptung bewiesen.

(c) Nach (b) sind folgende Aussagen äquivalent:

$$X_s^* = E_Q[X_t^*|\mathcal{F}_s].$$

$$\frac{X_s^*}{N_s^*} = E_{Q_N}[X_t^N|\mathcal{F}_s].$$

Nach Konstruktion gilt:

$$\frac{X_s^*}{N_s^*} = X_s^N.$$

Daraus folgt die Behauptung.

□

Theorem 10.7 (Prinzip der risikoneutralen Bewertung bei Wechsel des Numeraires)

Sei $\bar{t} \in I$, und sei $Z_{\bar{t}}$ ein Derivat mit europäischem Ausübungsrecht. Dann gilt:

(a) *Das Wertprozess U des Derivates $Z_{\bar{t}}$ besitzt folgende Darstellung:*

$$U_t^N = E_{Q_N}[Z_{\bar{t}}^N|\mathcal{F}_t].$$

Insbesondere gilt:

$$U_t = E_{Q_N}\left[\frac{N_t}{N_{\bar{t}}} \, Z_{\bar{t}} \middle| \mathcal{F}_t\right].$$

(b) *Der faire Preis Z_0 des Derivates $Z_{\bar{t}}$ besitzt folgende Darstellung:*

$$Z_0 = E_{Q_N}[Z_{\bar{t}}^N].$$

Beweis

(a) Mit Hilfe von Theorem 10.6 (b) erhalten wir:

$$\begin{aligned} U_t^N &= \frac{1}{N_t} E_Q\Big[\exp\Big(-\int_t^{\bar{t}} r_s \,\mathrm{d}s\Big) Z_{\bar{t}}\Big|\mathcal{F}_t\Big] \\ &= \frac{1}{N_t^*} E_Q\Big[\exp\Big(-\int_0^{\bar{t}} r_s \,\mathrm{d}s\Big) Z_{\bar{t}}\Big|\mathcal{F}_t\Big] \\ &= \frac{1}{N_t^*} E_Q[Z_{\bar{t}}^*|\mathcal{F}_t] \\ &= E_{Q_N}[Z_{\bar{t}}^N|\mathcal{F}_t]. \end{aligned}$$

(b) Nach (a) gilt:

$$Z_0 = U_0 = U_0^N = E_{Q_N}[Z_{\bar{t}}^N].$$

□

Beispiel 10.1

- **Forward Measure**

  Sei $\bar{t} \in I$ mit $\bar{t} > 0$. Wir betrachten den folgenden Spezialfall:

  $$N_t = (N[\bar{t}])_t := \frac{(\mathrm{ZB}[\bar{t}])_t}{(\mathrm{ZB}[T])_0}.$$

  Das zugehörige äquivalente Wahrscheinlichkeitsmaß $Q_N = Q_{\mathrm{ZB}[\bar{t}]}$ heißt *Forward Measure*.

  (a) Seien $\bar{t}, \bar{t}_0, \ldots, \bar{t}_n \in I$ mit $\bar{t} \leq \bar{t}_0 < \ldots < \bar{t}_n$, und sei $\hat{Z}$ eine stetige reellwertige Funktion. Wir betrachten das folgende Derivat:

  $$Z_{\bar{t}} = \hat{Z}((\mathrm{ZB}[\bar{t}_0])_{\bar{t}}, \ldots, (\mathrm{ZB}[\bar{t}_n])_{\bar{t}}).$$

  Nach dem Prinzip der risikoneutralen Bewertung gilt für den fairen Preis des Derivates:

  $$Z_0 = E_{Q_{\mathrm{ZB}[\bar{t}_n]}}\Big[\frac{(\mathrm{ZB}[\bar{t}_n])_0}{(\mathrm{ZB}[\bar{t}_n])_{\bar{t}}} \hat{Z}((\mathrm{ZB}[\bar{t}_0])_{\bar{t}}, \ldots, (\mathrm{ZB}[\bar{t}_n])_{\bar{t}})\Big].$$

  Sei ferner $\Psi_{\mathrm{ZB}[\bar{t}_n]}(\bar{t}, x_0, \ldots, x_n)$ die gemeinsame Verteilungsfunktion der Zerobonds $(\mathrm{ZB}[\bar{t}_0])_{\bar{t}}, \ldots, (\mathrm{ZB}[\bar{t}_n])_{\bar{t}}$ unter $Q_{\mathrm{ZB}[\bar{t}_n]}$. Nach Konstruktion gilt:

  $$Z_0 = (\mathrm{ZB}[\bar{t}_n])_0 \int \frac{1}{x_n} \hat{Z}(x_0, \ldots, x_n) \,\mathrm{d}\Psi_{\mathrm{ZB}[\bar{t}_n]}(\bar{t}, x_0, \ldots, x_n).$$

  Insbesondere ist der faire Preis des Derivates durch die gemeinsame Verteilung der Zerobonds unter dem Forward Measure eindeutig bestimmt.

(b) Sei $Z_{\bar{t}}$ ein Derivat. Nach Konstruktion gilt:

$$(\mathrm{ZB}[\bar{t}])_{\bar{t}} = 1.$$

Nach dem Prinzip der risikoneutralen Bewertung gilt für den Wertprozess U des Derivates:

$$U_t = (\mathrm{ZB}[\bar{t}])_t \, E_{Q_{\mathrm{ZB}[\bar{t}]}}[Z_{\bar{t}}|\mathcal{F}_t].$$

Ferner gilt für den fairen Preis Z_0 des Derivates:

$$Z_0 = (\mathrm{ZB}[\bar{t}])_0 \, E_{Q_{\mathrm{ZB}[\bar{t}]}}[Z_{\bar{t}}].$$

Insbesondere ist der faire Preis des Derivates durch den nicht–diskontierten Erwartungswert der Auszahlung unter dem Forward Measure eindeutig bestimmt.

(c) Nach Konstruktion gilt für die Forwardrate:

$$(F[\bar{t}_0, \bar{t}_1])_t = \frac{(\mathrm{ZB}[\bar{t}_0])_t - (\mathrm{ZB}[\bar{t}_1])_t}{(\bar{t}_1 - \bar{t}_0)\,(\mathrm{ZB}[\bar{t}_1])_t} = \frac{1}{\bar{t}_1 - \bar{t}_0}\Big(\frac{(\mathrm{ZB}[\bar{t}_0])_t^{N[\bar{t}_1]}}{(\mathrm{ZB}[\bar{t}_1])_0} - 1\Big).$$

Nach Konstruktion ist $(\mathrm{ZB}[\bar{t}_0])^*$ ein Martingal bzgl. Q. Nach Theorem 10.6 (c) ist $(\mathrm{ZB}[\bar{t}_0])^{N[\bar{t}_1]}$ ein Martingal bzgl. $Q_{\mathrm{ZB}[\bar{t}_1]}$. Daraus folgt:

- *Die Forwardrate $F[\bar{t}_0, \bar{t}_1]$ ist ein Martingal bzgl. $Q_{\mathrm{ZB}[\bar{t}_1]}$.*

(d) Nach Konstruktion gilt für die instantane Forwardrate:

$$(f[\bar{t}])_t = (F[\bar{t}, \bar{t}])_t.$$

$$(f[\bar{t}])_{\bar{t}} = r_{\bar{t}}.$$

Nach (c) ist $f[\bar{t}]$ ein Martingal bzgl. $Q_{\mathrm{ZB}[\bar{t}]}$. Insbesondere besitzt $f[\bar{t}]$ folgende Darstellung:

$$(f[\bar{t}])_t = E_{Q_{\mathrm{ZB}[\bar{t}]}}[r_{\bar{t}}|\mathcal{F}_t].$$

(e) Seien $\bar{t}_0, \bar{t}_1 \in I$ mit $\bar{t}_0 < \bar{t}_1$, und sei $A \in \mathcal{F}_{\bar{t}_0}$. Mit Hilfe von Theorem 10.6 (a) erhalten wir folgende Darstellung für den Wechsel des Forward Measures:

$$\begin{aligned}
Q_{\mathrm{ZB}[\bar{t}_0]}(A) &= E_{Q_{\mathrm{ZB}[\bar{t}_0]}}[1_A] \\
&= E_Q[1_A\,(N[\bar{t}_0])^*_{\bar{t}_0}] \\
&= E_Q\Big[1_A\,\frac{(N[\bar{t}_0])_{\bar{t}_0}}{(N[\bar{t}_1])_{\bar{t}_0}}\,(N[\bar{t}_1])^*_{\bar{t}_0}\Big] \\
&= E_{Q_{\mathrm{ZB}[\bar{t}_1]}}\Big[1_A\,\frac{(N[\bar{t}_0])_{\bar{t}_0}}{(N[\bar{t}_1])_{\bar{t}_0}}\Big] \\
&= E_{Q_{\mathrm{ZB}[\bar{t}_1]}}\Big[1_A\,\frac{(\mathrm{ZB}[\bar{t}_0])_{\bar{t}_0}}{(\mathrm{ZB}[\bar{t}_1])_{\bar{t}_0}}\,\frac{(\mathrm{ZB}[\bar{t}_1])_0}{(\mathrm{ZB}[\bar{t}_0])_0}\Big]
\end{aligned}$$

$$= E_{Q_{\mathrm{ZB}[\bar{t}_1]}}\Big[1_A \, \frac{\Psi_{\bar{t}_0}}{\Psi_0}\Big].$$

$$\Psi_t := \frac{(\mathrm{ZB}[\bar{t}_0])_t}{(\mathrm{ZB}[\bar{t}_1])_t}.$$

Nach Abschnitt 10.3 gilt:

$$\Psi_t = 1 + (\bar{t}_1 - \bar{t}_0)\,(F[\bar{t}_0, \bar{t}_1])_t.$$

Nach (c) gilt:

- *Die Übergangsdichte Ψ ist ein Martingal bzgl. $Q_{\mathrm{ZB}[\bar{t}_1]}$.*

- **Swap Measure**

  Seien $\bar{t}, \bar{t}_0, \ldots, \bar{t}_n \in I$ mit $\bar{t} \le \bar{t}_0 < \ldots < \bar{t}_n$. Wir betrachten den folgenden Spezialfall:

$$N_t = (N[\bar{t}_0, \ldots, \bar{t}_n])_t := \frac{\sum_{i=1}^n (\bar{t}_i - \bar{t}_{i-1})\,(\mathrm{ZB}[\bar{t}_i])_t}{\sum_{i=1}^n (\bar{t}_i - \bar{t}_{i-1})\,(\mathrm{ZB}[\bar{t}_i])_0}.$$

  Das zugehörige äquivalente Wahrscheinlichkeitsmaß $Q_N = Q_{\mathrm{ZB}[\bar{t}_0,\ldots,\bar{t}_n]}$ heißt *Swap Measure*.

  (a) Wir betrachten Zinsswaptions. Nach Abschnitt 10.3 gilt:

$$(Z_{\mathrm{PSO}}[\bar{t}, \bar{t}_0, \ldots, \bar{t}_n])_{\bar{t}} = \max\{(S[\bar{t}_0, \ldots, \bar{t}_n])_{\bar{t}} - \overline{L}, 0\} \sum_{i=1}^n (\bar{t}_i - \bar{t}_{i-1})\,(\mathrm{ZB}[\bar{t}_i])_{\bar{t}}.$$

$$(Z_{\mathrm{RSO}}[\bar{t}, \bar{t}_0, \ldots, \bar{t}_n])_{\bar{t}} = \max\{\overline{L} - (S[\bar{t}_0, \ldots, \bar{t}_n])_{\bar{t}}, 0\} \sum_{i=1}^n (\bar{t}_i - \bar{t}_{i-1})\,(\mathrm{ZB}[\bar{t}_i])_{\bar{t}}.$$

  Nach dem Prinzip der risikoneutralen Bewertung gilt für die fairen Preise der Zinsswaptions:

$$(\mathrm{PSO}[\bar{t}, \bar{t}_0, \ldots, \bar{t}_n])_0$$
$$= \Big(\sum_{i=1}^n (\bar{t}_i - \bar{t}_{i-1})\,(\mathrm{ZB}[\bar{t}_i])_0\Big)\, E_{Q_{\mathrm{ZB}[\bar{t}_0,\ldots,\bar{t}_n]}}[\max\{(S[\bar{t}_0, \ldots, \bar{t}_n])_{\bar{t}} - \overline{L}, 0\}].$$

$$(\mathrm{RSO}[\bar{t}, \bar{t}_0, \ldots, \bar{t}_n])_0$$
$$= \Big(\sum_{i=1}^n (\bar{t}_i - \bar{t}_{i-1})\,(\mathrm{ZB}[\bar{t}_i])_0\Big)\, E_{Q_{\mathrm{ZB}[\bar{t}_0,\ldots,\bar{t}_n]}}[\max\{\overline{L} - (S[\bar{t}_0, \ldots, \bar{t}_n])_{\bar{t}}, 0\}].$$

  Insbesondere sind die fairen Preise der Zinsswaptions durch die Verteilung der Swaprate unter dem Swap Measure eindeutig bestimmt.

  (b) Nach Konstruktion gilt für die Swaprate:

$$(S[\bar{t}_0, \ldots, \bar{t}_n])_t = \frac{(\mathrm{ZB}[\bar{t}_0])_t - (\mathrm{ZB}[\bar{t}_n])_t}{\sum_{i=1}^n (\bar{t}_i - \bar{t}_{i-1})\,(\mathrm{ZB}[\bar{t}_i])_t} = \frac{(\mathrm{ZB}[\bar{t}_0])_t^N - (\mathrm{ZB}[\bar{t}_n])_t^N}{\sum_{i=1}^n (\bar{t}_i - \bar{t}_{i-1})\,(\mathrm{ZB}[\bar{t}_i])_0}.$$

  Nach Konstruktion ist $(\mathrm{ZB}[\bar{t}_i])^*$ ein Martingal bzgl. Q. Nach Theorem 10.6 (c) ist $(\mathrm{ZB}[\bar{t}_i])^N$ ein Martingal bzgl. $Q_{\mathrm{ZB}[\bar{t}_0,\ldots,\bar{t}_n]}$. Daraus folgt:

- *Die Swaprate $S[\bar{t}_0, \ldots, \bar{t}_n]$ ist ein Martingal bzgl. $Q_{\mathrm{ZB}[\bar{t}_0,\ldots,\bar{t}_n]}$.*

(c) Sei $A \in \mathcal{F}_{\bar{t}_0}$. Mit Hilfe von Theorem 10.6 (a) erhalten wir folgende Darstellung für den Wechsel der Swaprate:

$$\begin{aligned}
Q_{\mathrm{ZB}[\bar{t}_{k-1},\ldots,\bar{t}_n]}(A) &= E_{Q_{\mathrm{ZB}[\bar{t}_{k-1},\ldots,\bar{t}_n]}}[1_A] \\
&= E_Q[1_A\,(N[\bar{t}_{k-1},\ldots,\bar{t}_n])^*_{\bar{t}_0}] \\
&= E_Q\Big[1_A\,\frac{(N[\bar{t}_{k-1},\ldots,\bar{t}_n])_{\bar{t}_0}}{(N[\bar{t}_{n-1},\bar{t}_n])_{\bar{t}_0}}\,(N[\bar{t}_{n-1},\bar{t}_n])^*_{\bar{t}_0}\Big] \\
&= E_{Q_{\mathrm{ZB}[\bar{t}_{n-1},\bar{t}_n]}}\Big[1_A\,\frac{(N[\bar{t}_{k-1},\ldots,\bar{t}_n])_{\bar{t}_0}}{(N[\bar{t}_{n-1},\bar{t}_n])_{\bar{t}_0}}\Big] \\
&= E_{Q_{\mathrm{ZB}[\bar{t}_{n-1},\bar{t}_n]}}\left[1_A\,\frac{\sum_{i=k}^n(\bar{t}_i-\bar{t}_{i-1})\,\frac{(\mathrm{ZB}[\bar{t}_i])_{\bar{t}_0}}{(\mathrm{ZB}[\bar{t}_n])_{\bar{t}_0}}}{\sum_{i=k}^n(\bar{t}_i-\bar{t}_{i-1})\,\frac{(\mathrm{ZB}[\bar{t}_i])_0}{(\mathrm{ZB}[\bar{t}_n])_0}}\right] \\
&= E_{Q_{\mathrm{ZB}[\bar{t}_{n-1},\bar{t}_n]}}\Big[1_A\,\frac{\Psi^{(k)}_{\bar{t}_0}}{\Psi^{(k)}_0}\Big].
\end{aligned}$$

$$\Psi^{(k)}_t := \sum_{i=k}^n(\bar{t}_i-\bar{t}_{i-1})\,\frac{(\mathrm{ZB}[\bar{t}_i])_t}{(\mathrm{ZB}[\bar{t}_n])_t}.$$

Nach Abschnitt 10.3 gilt:

$$\begin{aligned}
\Psi^{(k)}_t &= \bar{t}_n - \bar{t}_{k-1} \\
&\quad + \sum_{i=k+1}^n(\bar{t}_n-\bar{t}_{i-1})\Big(\prod_{j=i}^n(1-\delta_{ij}+(\bar{t}_{j-1}-\bar{t}_{j-2})\,(S[\bar{t}_{j-1},\ldots,\bar{t}_n])_t)\Big).
\end{aligned}$$

Dabei bezeichnet δ_{ij} das Kronecker–Symbol. Nach Konstruktion gilt:

$$\Psi^{(k)}_t = (\bar{t}_n-\bar{t}_{n-1})\sum_{i=k}^n(\bar{t}_i-\bar{t}_{i-1})\,(\mathrm{ZB}[\bar{t}_i])^{N[\bar{t}_{n-1},\bar{t}_n]}_t.$$

Nach Konstruktion ist $(\mathrm{ZB}[\bar{t}_i])^*$ ein Martingal bzgl. Q. Nach Theorem 10.6 (c) ist $(\mathrm{ZB}[\bar{t}_i])^{N[\bar{t}_{n-1},\bar{t}_n]}$ ein Martingal bzgl. $Q_{\mathrm{ZB}[\bar{t}_{n-1},\bar{t}_n]}$. Daraus folgt:

- *Die Übergangsdichte $\Psi^{(k)}$ ist ein Martingal bzgl. $Q_{\mathrm{ZB}[\bar{t}_{n-1},\bar{t}_n]}$.*

10.5 Zinsstrukturmodelle

In diesem Abschnitt wenden wir uns der konkreten Modellierung von Bondmärkten zu, d.h. wir beschäftigen uns mit den als Zinsstrukturmodellen bezeichneten stochastischen Modellen für die in Abschnitt 10.3 behandelten Zinsprodukte und Zinsraten. Dabei verwenden wir die in Abschnitt 10.4 entwickelte erweiterte Rahmentheorie, indem wir die verschiedenen Zinsstrukturmodelle jeweils direkt bzgl. eines geeigneten äquivalenten Martingalmaßes formulieren. Wir beginnen unsere Untersuchungen mit dem *Black '76 Modell*, welches als eine Modifikation des im Rahmen der Modellierung von Aktienmärkten verwendeten *Black–Scholes Modells* angesehen werden kann. Im Gegensatz zu den restlichen in diesem Abschnitt betrachteten Zinsstrukturmodellen bezieht sich das Black '76 Modell weder auf ein bestimmtes Basisgut noch auf ein bestimmtes äquivalentes Martingalmaß. Vielmehr hängt es von der speziellen Anwendung ab, welches Zinsprodukt oder welche Zinsrate im Rahmen des Black '76 Modells bzgl. welches äquivalenten Martingalmaßes stochastisch modelliert wird. Wir setzen unsere Untersuchungen mit der Klasse der *Shortrate Modelle* fort, bei denen die instantane Zinsrate (Shortrate) bzgl. des ursprünglichen äquivalenten Martingalmaßes stochastisch modelliert wird. Danach betrachten wir die Klasse der *Heath–Jarrow–Morton Modelle*, bei denen die instantane Forwardrate wiederum bzgl. des ursprünglichen äquivalenten Martingalmaßes stochastisch modelliert wird. Anschließend betrachten wir die *LIBOR Modelle* für Forwardraten und Swapraten. Dabei werden im LIBOR Forwardrate Modell die Forwardraten bzgl. des Forward Measures und im LIBOR Swaprate Modell die Swapraten bzgl. des Swap Measures stochastisch modelliert. Wir beenden die Untersuchungen dieses Abschnitts mit der Klasse der *Markov–Funktional Modelle*, bei welcher schließlich die Zerobonds bzgl. des Forward Measures stochastisch modelliert werden.

Bemerkung

Bisher haben wir für die instantane Zinsrate (Shortrate) r folgende Voraussetzung gemacht:

- $r \in \mathfrak{C}$ ist beschränkt.

Wir haben zunächst den Geldkontoprozess, der mit Hilfe von r definiert wurde, als Numeraire verwendet und sind dann zu einem allgemeineren Numeraire übergegangen. In jedem Fall haben wir für den Numeraireprozess N folgende Voraussetzung gemacht:

- $N \in \mathfrak{C}$ genügt der folgenden Beschränktheitsbedingung:

$$0 < \underline{K} \leq N_t \leq \overline{K}.$$

Die obige Voraussetzung war eine wesentliche Grundlage für die hier entwickelte mathematische Theorie. Die in der Praxis verwendeten Zinsstrukturmodelle erfüllen diese Voraussetzung i.d.R. jedoch nicht. Die strenge mathematische Analyse solcher Modelle ist Gegenstand aktueller Forschung und geht über den Rahmen dieses Lehrbuches hinaus.

10.5.1 Das Black '76 Modell

Das Black '76 Modell ist das bekannteste und in der Praxis am häufigsten verwendete Zinsstrukturmodell.

Modellierung

1. Seien $\overline{\theta}_0, \overline{\theta}_1 \in I$ mit $\overline{\theta}_0 \leq \overline{\theta}_1$, und sei N ein Numeraire für das Zeitintervall $[0, \overline{\theta}_1]$.

2. Seien $\overline{\mu}, \overline{\sigma} > 0$. Wir betrachten ein Zinsprodukt oder eine Zinsrate X. Wir nehmen an, dass X der folgenden stochastischen Differentialgleichung bzgl. Q_N genügt:

$$X_t = X_0 + \int_0^t \overline{\mu}\, X_s \,\mathrm{d}s + \int_0^t \overline{\sigma}\, X_s \,\mathrm{d}W_s.$$

Nach Abschnitt 8.7 besitzt X folgende Darstellung:

$$X_t = \Phi_t \exp(\overline{\mu}\, t)\, X_0.$$

$$\Phi_t := \exp\Big(-\frac{1}{2}\,\overline{\sigma}^2\, t + \overline{\sigma}\, W_t \Big).$$

Nach Theorem 8.7 ist Φ ein Martingal bzgl. Q_N. Daraus folgt:

$$E_{Q_N}[X_t] = \exp(\overline{\mu}\, t)\, X_0.$$

Daraus folgt insgesamt:

$$X_t = \Phi_t\, E_{Q_N}[X_t].$$

Insbesondere gilt:

$$X_{\overline{\theta}_0} = \Phi_{\overline{\theta}_0}\, \overline{X}_{\overline{\theta}_0}.$$

$$\overline{X}_{\overline{\theta}_0} = E_{Q_N}[X_{\overline{\theta}_0}] = \exp(\overline{\mu}\, \overline{\theta}_0)\, X_0.$$

Wir verwenden $\overline{X}_{\overline{\theta}_0}$ an Stelle von X_0 als Modellparameter. Dadurch müssen wir keine Annahme über die Drift $\overline{\mu}$ von X bzgl. Q_N machen.

3. Sei $\hat{Z} : \mathbb{R} \longrightarrow \mathbb{R}$ mit folgenden Eigenschaften:

   3.1 $\hat{Z}$ ist stetig.

   3.2 $\hat{Z}$ genügt der folgenden Wachstumsbedingung:

   $$|\hat{Z}(x)| \leq C\,(1 + |x|).$$

   Wir betrachten das folgende Derivat:

   $$Z_{\overline{\theta}_1} = N_{\overline{\theta}_1}\, \hat{Z}(X_{\overline{\theta}_0}).$$

   Nach dem Prinzip der risikoneutralen Bewertung gilt für den fairen Preis:

   $$Z_0 = E_{Q_N}[\hat{Z}(\Phi_{\overline{\theta}_0}\, \overline{X}_{\overline{\theta}_0})].$$

4. Sei nun X speziell ein Zinsprodukt oder eine Zinsrate aus Abschnitt 10.3. Nach Konstruktion besitzt $X_{\overline{\theta}_0}$ eine Darstellung der folgenden Form:

   $$X_{\overline{\theta}_0} = \hat{X}((\mathrm{ZB}[\overline{t}_0])_{\overline{\theta}_0}, \ldots, (\mathrm{ZB}[\overline{t}_n])_{\overline{\theta}_0}).$$

   Im Falle einer deterministischen instantanen Zinsrate r gilt:

   $$(\mathrm{ZB}[\overline{t}_i])_{\overline{\theta}_0} = \exp\Big(-\int_{\overline{\theta}_0}^{\overline{t}_i} r(t)\,\mathrm{d}t \Big) = \frac{\exp\Big(-\int_0^{\overline{t}_i} r(t)\,\mathrm{d}t \Big)}{\exp\Big(-\int_0^{\overline{\theta}_0} r(t)\,\mathrm{d}t \Big)} = \frac{(\mathrm{ZB}[\overline{t}_i])_0}{(\mathrm{ZB}[\overline{\theta}_0])_0}.$$

   Wir nehmen an, dass $\overline{X}_{\overline{\theta}_0}$ genau der Wert von $X_{\overline{\theta}_0}$ im Falle einer deterministischen instantanen Zinsrate r ist, d.h. wir nehmen an, dass $\overline{X}_{\overline{\theta}_0}$ folgende Darstellung besitzt:

   $$\overline{X}_{\overline{\theta}_0} = \hat{X}\Big(\frac{(\mathrm{ZB}[\overline{t}_0])_0}{(\mathrm{ZB}[\overline{\theta}_0])_0}, \ldots, \frac{(\mathrm{ZB}[\overline{t}_n])_0}{(\mathrm{ZB}[\overline{\theta}_0])_0} \Big).$$

   Insbesondere ist $\overline{X}_{\overline{\theta}_0}$ durch die Preise der Zerobonds zum Zeitpunkt $t = 0$ eindeutig bestimmt.

Beispiel 10.2

Wir betrachten verschiedene Zinsderivate im Black '76 Modell.

- **Bondoptionen**

  Seien $\bar{t}, \bar{t}_1, \ldots, \bar{t}_n \in I$ mit $\bar{t} \leq \bar{t}_1 < \ldots < \bar{t}_n$, und sei X ein Couponbond. Wir betrachten das Forward Measure $Q_{\mathrm{ZB}[\bar{t}]}$, d.h. wir verwenden das folgende Numeraire:

$$N_t = \frac{(\mathrm{ZB}[\bar{t}])_t}{(\mathrm{ZB}[\bar{t}])_0}.$$

  Nach Abschnitt 10.3 gilt:

$$X_{\bar{t}} = (\mathrm{CB}[\bar{t}_0, \ldots, \bar{t}_n])_{\bar{t}} = (\mathrm{ZB}[\bar{t}_n])_{\bar{t}} + \sum_{i=1}^{n} \overline{L}\,(\bar{t}_i - \bar{t}_{i-1})\,(\mathrm{ZB}[\bar{t}_i])_{\bar{t}}.$$

  Daraus folgt:

$$\overline{X}_{\bar{t}} = \frac{(\mathrm{ZB}[\bar{t}_n])_0}{(\mathrm{ZB}[\bar{t}])_0} + \sum_{i=1}^{n} \overline{L}\,(\bar{t}_i - \bar{t}_{i-1})\,\frac{(\mathrm{ZB}[\bar{t}_i])_0}{(\mathrm{ZB}[\bar{t}])_0}.$$

  Mit Hilfe von Abschnitt 10.3 erhalten wir:

$$\overline{X}_{\bar{t}} = \frac{(\mathrm{CB}[\bar{t}_0, \ldots, \bar{t}_n])_0}{(\mathrm{ZB}[\bar{t}])_0}.$$

  Für die Auszahlungen der Bondcalloption und Bondputoption zur Zeit $t = \bar{t}$ gilt:

$$(Z_{\mathrm{BCO}}[\bar{t}, \bar{t}_0, \ldots, \bar{t}_n])_{\bar{t}} = \max\{X_{\bar{t}} - \overline{B}, 0\}.$$

$$(Z_{\mathrm{BPO}}[\bar{t}, \bar{t}_0, \ldots, \bar{t}_n])_{\bar{t}} = \max\{\overline{B} - X_{\bar{t}}, 0\}.$$

  Daraus folgt:

$$(Z_{\mathrm{BCO}})_{\bar{t}} = N_{\bar{t}}\, \hat{Z}_{\mathrm{BCO}}(X_{\bar{t}}).$$

$$(Z_{\mathrm{BPO}})_{\bar{t}} = N_{\bar{t}}\, \hat{Z}_{\mathrm{BPO}}(X_{\bar{t}}).$$

$$N_{\bar{t}} = \frac{1}{(\mathrm{ZB}[\bar{t}])_0}.$$

$$\hat{Z}_{\mathrm{BCO}}(x) = (\mathrm{ZB}[\bar{t}])_0 \max\{x - \overline{B}, 0\}.$$

$$\hat{Z}_{\mathrm{BPO}}(x) = (\mathrm{ZB}[\bar{t}])_0 \max\{\overline{B} - x, 0\}.$$

  Daraus folgt für die fairen Preise:

$$\begin{aligned}(\mathrm{BCO}[\bar{t}, \bar{t}_0, \ldots, \bar{t}_n])_0 &= E_{Q_{\mathrm{ZB}[\bar{t}]}}[\hat{Z}_{\mathrm{BCO}}(\Phi_{\bar{t}}\overline{X}_{\bar{t}})] \\ &= (\mathrm{ZB}[\bar{t}])_0\, E_{Q_{\mathrm{ZB}[\bar{t}]}}[\max\{\Phi_{\bar{t}}\overline{X}_{\bar{t}} - \overline{B}, 0\}].\end{aligned}$$

$$\begin{aligned}(\mathrm{BPO}[\bar{t}, \bar{t}_0, \ldots, \bar{t}_n])_0 &= E_{Q_{\mathrm{ZB}[\bar{t}]}}[\hat{Z}_{\mathrm{BPO}}(\Phi_{\bar{t}}\overline{X}_{\bar{t}})] \\ &= (\mathrm{ZB}[\bar{t}])_0\, E_{Q_{\mathrm{ZB}[\bar{t}]}}[\max\{\overline{B} - \Phi_{\bar{t}}\overline{X}_{\bar{t}}, 0\}].\end{aligned}$$

- **Caps und Floors**

Seien $\bar{t}_0, \bar{t}_1 \in I$ mit $\bar{t}_0 < \bar{t}_1$, und sei X die Zerorate. Wir betrachten das Forward Measure $Q_{\mathrm{ZB}[\bar{t}_1]}$, d.h. wir verwenden das folgende Numeraire:

$$N_t = \frac{(\mathrm{ZB}[\bar{t}_1])_t}{(\mathrm{ZB}[\bar{t}_1])_0}.$$

Nach Abschnitt 10.3 gilt:

$$X_{\bar{t}_0} = (L[\bar{t}_1])_{\bar{t}_0} = \frac{1 - (\mathrm{ZB}[\bar{t}_1])_{\bar{t}_0}}{(\bar{t}_1 - \bar{t}_0)\,(\mathrm{ZB}[\bar{t}_1])_{\bar{t}_0}}.$$

Daraus folgt:

$$\overline{X}_{\bar{t}_0} = \frac{(\mathrm{ZB}[\bar{t}_0])_0 - (\mathrm{ZB}[\bar{t}_1])_0}{(\bar{t}_1 - \bar{t}_0)\,(\mathrm{ZB}[\bar{t}_1])_0}.$$

Mit Hilfe von Abschnitt 10.3 erhalten wir:

$$\overline{X}_{\bar{t}_0} = (F[\bar{t}_0, \bar{t}_1])_0.$$

Für die Auszahlungen des Caplets und Floorlets zur Zeit $t = \bar{t}_1$ gilt:

$$(Z_{\mathrm{Caplet}})_{\bar{t}_1} = \max\{(\bar{t}_1 - \bar{t}_0)\,(X_{\bar{t}_1} - \overline{L}), 0\}.$$

$$(Z_{\mathrm{Floorlet}})_{\bar{t}_1} = \max\{(\bar{t}_1 - \bar{t}_0)\,(\overline{L} - X_{\bar{t}_1}), 0\}.$$

Daraus folgt:

$$(Z_{\mathrm{Caplet}})_{\bar{t}_1} = N_{\bar{t}_1}\,\hat{Z}_{\mathrm{Caplet}}(X_{\bar{t}_1}).$$

$$(Z_{\mathrm{Floorlet}})_{\bar{t}_1} = N_{\bar{t}_1}\,\hat{Z}_{\mathrm{Floorlet}}(X_{\bar{t}_1}).$$

$$N_{\bar{t}_1} = \frac{1}{(\mathrm{ZB}[\bar{t}_1])_0}.$$

$$\hat{Z}_{\mathrm{Caplet}}(x) = (\mathrm{ZB}[\bar{t}_1])_0 \max\{(\bar{t}_1 - \bar{t}_0)\,(x - \overline{L}), 0\}.$$

$$\hat{Z}_{\mathrm{Floorlet}}(x) = (\mathrm{ZB}[\bar{t}_1])_0 \max\{(\bar{t}_1 - \bar{t}_0)\,(\overline{L} - x), 0\}.$$

Dabei wird die Zerorate zur Zeit $t = \bar{t}_0$ fixiert. Daraus folgt für die fairen Preise:

$$\begin{aligned}(\mathrm{Caplet}[\bar{t}_0, \bar{t}_1])_0 &= E_{Q_{\mathrm{ZB}[\bar{t}_1]}}[\hat{Z}_{\mathrm{Caplet}}(\Phi_{\bar{t}_0}\,\overline{X}_{\bar{t}_0})] \\ &= (\mathrm{ZB}[\bar{t}_1])_0\, E_{Q_{\mathrm{ZB}[\bar{t}_1]}}[\max\{(\bar{t}_1 - \bar{t}_0)\,(\Phi_{\bar{t}_0}\,\overline{X}_{\bar{t}_0} - \overline{L}), 0\}].\end{aligned}$$

$$\begin{aligned}(\mathrm{Floorlet}[\bar{t}_0, \bar{t}_1])_0 &= E_{Q_{\mathrm{ZB}[\bar{t}_1]}}[\hat{Z}_{\mathrm{Floorlet}}(\Phi_{\bar{t}_0}\,\overline{X}_{\bar{t}_0})] \\ &= (\mathrm{ZB}[\bar{t}_1])_0\, E_{Q_{\mathrm{ZB}[\bar{t}_1]}}[\max\{(\bar{t}_1 - \bar{t}_0)\,(\overline{L} - \Phi_{\bar{t}_0}\,\overline{X}_{\bar{t}_0}), 0\}].\end{aligned}$$

Die fairen Preise für Caps und Floors ergeben sich durch Summation der fairen Preise der zugehörigen Caplets bzw. Floorlets.

- **Zinsswaptions**

  Seien $\bar{t}, \bar{t}_0, \ldots, \bar{t}_n \in I$ mit $\bar{t} \leq \bar{t}_0 < \ldots < \bar{t}_n$, und sei X die Swaprate. Wir betrachten das Swap Measure $Q_{\text{ZB}[\bar{t}_0,\ldots,\bar{t}_n]}$, d.h. wir verwenden das folgende Numeraire:

$$N_t = \frac{\sum_{i=1}^n (\bar{t}_i - \bar{t}_{i-1})\,(\text{ZB}[\bar{t}_i])_t}{\sum_{i=1}^n (\bar{t}_i - \bar{t}_{i-1})\,(\text{ZB}[\bar{t}_i])_0}.$$

  Nach Abschnitt 10.3 gilt:

$$X_{\bar{t}} = (S[\bar{t}_0, \ldots, \bar{t}_n])_{\bar{t}} = \frac{(\text{ZB}[\bar{t}_0])_{\bar{t}} - (\text{ZB}[\bar{t}_n])_{\bar{t}}}{\sum_{i=1}^n (\bar{t}_i - \bar{t}_{i-1})\,(\text{ZB}[\bar{t}_i])_{\bar{t}}}.$$

  Daraus folgt:

$$\overline{X_{\bar{t}}} = \frac{(\text{ZB}[\bar{t}_0])_0 - (\text{ZB}[\bar{t}_n])_0}{\sum_{i=1}^n (\bar{t}_i - \bar{t}_{i-1})\,(\text{ZB}[\bar{t}_i])_0}.$$

  Mit Hilfe von Abschnitt 10.3 erhalten wir:

$$\overline{X_{\bar{t}}} = (S[\bar{t}_0, \ldots, \bar{t}_n])_0.$$

  Für die Auszahlungen der Payer– und Receiver–Swaption zur Zeit $t = \bar{t}$ gilt:

$$(Z_{\text{PSO}}[\bar{t}, \bar{t}_0, \ldots, \bar{t}_n])_{\bar{t}} = \max\{X_{\bar{t}} - \overline{L}, 0\} \sum_{i=1}^n (\bar{t}_i - \bar{t}_{i-1})\,(\text{ZB}[\bar{t}_i])_{\bar{t}}.$$

$$(Z_{\text{RSO}}[\bar{t}, \bar{t}_0, \ldots, \bar{t}_n])_{\bar{t}} = \max\{\overline{L} - X_{\bar{t}}, 0\} \sum_{i=1}^n (\bar{t}_i - \bar{t}_{i-1})\,(\text{ZB}[\bar{t}_i])_{\bar{t}}.$$

  Daraus folgt:

$$(Z_{\text{PSO}})_{\bar{t}} = N_{\bar{t}}\, \hat{Z}_{\text{PSO}}(X_{\bar{t}}).$$

$$(Z_{\text{RSO}})_{\bar{t}} = N_{\bar{t}}\, \hat{Z}_{\text{RSO}}(X_{\bar{t}}).$$

$$N_{\bar{t}} = \frac{\sum_{i=1}^n (\bar{t}_i - \bar{t}_{i-1})\,(\text{ZB}[\bar{t}_i])_{\bar{t}}}{\sum_{i=1}^n (\bar{t}_i - \bar{t}_{i-1})\,(\text{ZB}[\bar{t}_i])_0}.$$

$$\hat{Z}_{\text{PSO}}(x) = \max\{x - \overline{L}, 0\} \sum_{i=1}^n (\bar{t}_i - \bar{t}_{i-1})\,(\text{ZB}[\bar{t}_i])_0.$$

$$\hat{Z}_{\text{RSO}}(x) = \max\{\overline{L} - x, 0\} \sum_{i=1}^n (\bar{t}_i - \bar{t}_{i-1})\,(\text{ZB}[\bar{t}_i])_0.$$

  Daraus folgt für die fairen Preise:

$$(\text{PSO}[\bar{t}, \bar{t}_0, \ldots, \bar{t}_n])_0$$

$$= E_{Q_{\mathrm{ZB}[\bar{t}_0,\dots,\bar{t}_n]}}[\hat{Z}_{\mathrm{PSO}}(\Phi_{\bar{t}}\overline{X}_{\bar{t}})]$$

$$= E_{Q_{\mathrm{ZB}[\bar{t}_0,\dots,\bar{t}_n]}}[\max\{\Phi_{\bar{t}}\overline{X}_{\bar{t}} - \overline{L}, 0\}] \sum_{i=1}^{n} (\bar{t}_i - \bar{t}_{i-1})\,(\mathrm{ZB}[\bar{t}_i])_0.$$

$$(\mathrm{RSO}[\bar{t}, \bar{t}_0, \dots, \bar{t}_n])_0$$

$$= E_{Q_{\mathrm{ZB}[\bar{t}_0,\dots,\bar{t}_n]}}[\hat{Z}_{\mathrm{RSO}}(\Phi_{\bar{t}}\overline{X}_{\bar{t}})]$$

$$= E_{Q_{\mathrm{ZB}[\bar{t}_0,\dots,\bar{t}_n]}}[\max\{\overline{L} - \Phi_{\bar{t}}\overline{X}_{\bar{t}}, 0\}] \sum_{i=1}^{n} (\bar{t}_i - \bar{t}_{i-1})\,(\mathrm{ZB}[\bar{t}_i])_0.$$

Implizite Volatilität

Sei X ein Zinsprodukt oder eine Zinsrate aus Beispiel 10.2. Wir betrachten die zugehörige Calloption im Black '76 Modell:

- Sei X ein Zerobond. Dann betrachten wir die zugehörige Bondcalloption.
- Sei X eine Zerorate. Dann betrachten wir das zugehörige Caplet.
- Sei X eine Swaprate. Dann betrachten wir die zugehörige Swaption.

Sei dazu $(Z[\overline{\theta}_0, \overline{X}])_0^M$ der Marktpreis der Calloption mit Laufzeit $\overline{\theta}_0$ und Strikepreis $\overline{X}$ zur Zeit $t = 0$. Nach Beispiel 10.2 besitzt der faire Preis $(Z[\overline{\theta}_0, \overline{X}, \overline{\sigma}])_0$ der Calloption im Black '76 Modell bei gegebener Volatilität $\overline{\sigma}$ zur Zeit $t = 0$ eine Darstellung der folgenden Form:

$$(Z[\overline{\theta}_0, \overline{X}, \overline{\sigma}])_0 = C\, E_{Q_N}[\max\{X_{\overline{\theta}_0} - \overline{X}, 0\}]$$

$$= C\, E_{Q_N}\Big[\max\Big\{\exp\Big(-\frac{1}{2}|\overline{\sigma}|^2\,\overline{\theta}_0 + \overline{\sigma}\, W_{\overline{\theta}_0}\Big)\,\overline{X}_{\overline{\theta}_0} - \overline{X}, 0\Big\}\Big].$$

Wir definieren die *implizite Volatilität* $\overline{\sigma}[\overline{\theta}_0, \overline{X}]$ implizit als Lösung $\overline{\sigma}$ der folgenden Gleichung:

$$(Z[\overline{\theta}_0, \overline{X}, \overline{\sigma}])_0 = (Z[\overline{\theta}_0, \overline{X}])_0^M.$$

M.a.W. die implizite Volatilität $\overline{\sigma}[\overline{\theta}_0, \overline{X}]$ ist genau diejenige Volatilität $\overline{\sigma}$, für welche der im Black '76 Modell berechnete faire Preis der Calloption mit dem Marktpreis übereinstimmt. Die Abbildung $(\overline{\theta}_0, \overline{X}) \longmapsto \overline{\sigma}[\overline{\theta}_0, \overline{X}]$ heißt *implizite Volatilitätsfläche.*

Bemerkung

Das Black '76 Modell bildet in vielen Bereichen den Marktstandard für die Bewertung von Zinsderivaten, obwohl es konzeptionelle Schwächen besitzt. Je nach Anwendung machen wir spezielle Annahmen über die statistischen Verteilungen von Zufallsgrößen:

- Im Falle von Bondoptionen nehmen wir eine lognormale Verteilung der Bondpreise bzgl. des Forward Measures $Q_{\mathrm{ZB}[\bar{t}]}$ an.
- Im Falle von Caps und Floors nehmen wir eine lognormale Verteilung der Zeroraten bzgl. des Forward Measures $Q_{\mathrm{ZB}[\bar{t}_1]}$ an.

- Im Falle von Swaptions nehmen wir eine lognormale Verteilung der Swaprate bzgl. des Swap Measures $Q_{\mathrm{ZB}[\bar{t}_0,\ldots,\bar{t}_n]}$ an.

Diese Annahmen sind nicht kompatibel, d.h. die verschiedenen Anwendungen des Black '76 Modells sind nicht konsistent zu einander.

10.5.2 Shortrate Modelle

In diesem Abschnitt untersuchen wir die Klasse der Shortrate Modelle. Bei diesen Zinsstrukturmodellen wird die instantane Zinsrate (Shortrate) bzgl. des ursprünglichen Martingalmaßes stochastisch modelliert. Insbesondere verwenden wir den Geldkontoprozess als Numeraire.

Voraussetzungen

Seien folgende Voraussetzungen gegeben.

1. $r_0 \in \mathbb{R}$.
2. $a, b : I \times \mathbb{R} \longrightarrow \mathbb{R}$ sind stetig .
3. a und b genügen den folgenden Wachstumsbedingungen:

$$|a(t,x)| \leq C\,(1+|x|).$$

$$|b(t,x)| \leq C\,(1+|x|).$$

4. a und b genügen den folgenden Lipschitzbedingungen:

$$|a(t,x) - a(t,y)| \leq C\,|x-y|.$$

$$|b(t,x) - b(t,y)| \leq C\,|x-y|.$$

Modellierung

Wir postulieren für die instantane Zinsrate (Shortrate) r die folgende stochastische Differentialgleichung bzgl. Q:

$$r_t = r_0 + \int_0^t a(s, r_s)\,\mathrm{d}s + \int_0^t b(s, r_s)\,\mathrm{d}W_s.$$

Nach Theorem 8.17 existiert genau eine Lösung $r \in \mathfrak{C}(Q)$.

Feynman–Kac Formel für Zerobonds

Sei $\bar{t} \in I$, und sei $u[\bar{t}]$ die Lösung des folgenden Cauchyschen Problems:

$$-\frac{\partial u[\bar{t}]}{\partial t}(t,x) = \frac{1}{2}|b(t,x)|^2\,\frac{\partial^2 u[\bar{t}]}{\partial x^2}(t,x) + a(t,x)\,\frac{\partial u[\bar{t}]}{\partial x}(t,x) - x\,u[\bar{t}](t,x).$$

$$u[\bar{t}](\bar{t},x) = 1.$$

Die Formale Anwendung der Feynman–Kac Formel aus Abschnitt 8.8 liefert folgende Darstellung für die fairen Preise von Zerobonds:

$$(\mathrm{ZB}[\bar{t}])_0 = E_Q\Big[\exp\Big(-\int_0^{\bar{t}} r_t\,\mathrm{d}t\Big)\Big] = u[\bar{t}](0, r_0).$$

Die Anwendung der Feynman–Kac Formel aus Abschnitt 8.8 ist tatsächlich nur formal, da die Funktion $\lambda(t,x) = x$ unbeschränkt ist.

Lineare Shortrate Modelle

Wir nehmen an, dass die konstitutiven Gesetze für a und b folgende Struktur besitzen:

$$a(t,x) = f(t) + \varphi(t)\,x.$$

$$b(t,x) = g(t) + \psi(t)\,x.$$

Dabei bezeichnen f, g, φ und ψ stetige Funktionen. Nach Abschnitt 8.7 besitzt r folgende Darstellung:

$$r_t = \Phi_t\Big(r_0 + \int_0^t \frac{1}{\Phi_s}\Big(f(s) - g(s)\,\psi(s)\Big)\,\mathrm{d}s + \int_0^t \frac{g(s)}{\Phi_s}\,\mathrm{d}W_s\Big).$$

$$\Phi_t = \exp\Big(\int_0^t \Big(\phi(s) - \frac{1}{2}|\psi(s)|^2\Big)\,\mathrm{d}s + \int_0^t \psi(s)\,\mathrm{d}W_s\Big).$$

Affine Shortrate Modelle

Wir nehmen an, dass die konstitutiven Gesetze für a und b folgende Struktur besitzen:

$$a(t,x) = f(t) + \varphi(t)\,x.$$

$$b(t,x) = \sqrt{g(t) + \psi(t)\,x}.$$

Dabei bezeichnen f, g, φ und ψ stetige Funktionen. Für die Lösung des Cauchyschen Problems für die fairen Preise von Zerobonds machen wir folgenden Ansatz:

$$u[\bar{t}](t,x) = \exp(A[\bar{t}](t) + B[\bar{t}](t)\,x).$$

Nach Konstruktion gilt:

$$\frac{\partial u[\bar{t}]}{\partial t}(t,x) = \Big(\frac{\mathrm{d}A[\bar{t}]}{\mathrm{d}t}(t) + \frac{\mathrm{d}B[\bar{t}]}{\mathrm{d}t}(t)\,x\Big)\,u[\bar{t}](t,x)$$

$$\frac{\partial u[\bar{t}]}{\partial x}(t,x) = B[\bar{t}](t)\,u[\bar{t}](t,x).$$

$$\frac{\partial^2 u[\bar{t}]}{\partial x^2}(t,x) = (B[\bar{t}](t))^2\,u[\bar{t}](t,x).$$

Einsetzen in das Cauchysche Problem und Koeffizientenvergleich bzgl. x liefert das folgende gewöhnliche Endwertproblem:

$$\frac{\mathrm{d}A[\bar{t}]}{\mathrm{d}t}(t) = -\frac{1}{2}\,g(t)\,(B[\bar{t}](t))^2 - f(t)\,B[\bar{t}](t); \qquad A[\bar{t}](\bar{t}) = 0.$$

$$\frac{\mathrm{d}B[\bar{t}]}{\mathrm{d}t}(t) = -\frac{1}{2}\,\psi(t)\,(B[\bar{t}](t))^2 - \varphi(t)\,B[\bar{t}](t) + 1; \qquad B[\bar{t}](\bar{t}) = 0.$$

Die Differentialgleichung für $B[\bar{t}]$ ist vom Riccatischen Typ und kann explizit gelöst werden. Die Differentialgleichung für $A[\bar{t}]$ kann durch einfache Integration gelöst werden.

Beispiel 10.3

Wir betrachten verschiedene Shortrate Modelle.

- **Vasicek Modell**

  Seien $\overline{a}, \overline{b}, \overline{r} \in \mathbb{R}$. Wir postulieren für r die folgende stochastische Differentialgleichung bzgl. Q:

  $$r_t = r_0 + \int_0^t \overline{a}\,(\overline{r} - r_s)\,\mathrm{d}s + \int_0^t \overline{b}\,\mathrm{d}W_s.$$

  Das Vasicek Modell ist ein lineares Shortrate Modell mit konstanten Koeffizienten.

- **Cox–Ingerson–Ross Modell**

  Seien $\overline{a}, \overline{b}, \overline{r} \in \mathbb{R}$. Wir postulieren für r die folgende stochastische Differentialgleichung bzgl. Q:

  $$r_t = r_0 + \int_0^t \overline{a}\,(\overline{r} - r_s)\,\mathrm{d}s + \int_0^t \overline{b}\,\sqrt{r_s}\,\mathrm{d}W_s.$$

  Das Cox–Ingerson–Ross Modell ist ein affines Shortrate Modell mit konstanten Koeffizienten.

- **Dothan Modell**

  Seien $\overline{a}, \overline{b} \in \mathbb{R}$. Wir postulieren für r die folgende stochastische Differentialgleichung bzgl. Q:

  $$r_t = r_0 + \int_0^t \overline{a}\,r_s\,\mathrm{d}s + \int_0^t \overline{b}\,r_s\,\mathrm{d}W_s.$$

  Das Dothan Modell ist ein lineares Shortrate Modell mit konstanten Koeffizienten.

- **Exponentielles Vasicek Modell**

  Seien $\overline{a}, \overline{b}, \overline{c} \in \mathbb{R}$. Wir machen folgenden Ansatz für r:

  $$r_t = \exp(X_t)\,r_0.$$

  Wir postulieren für X die folgende stochastische Differentialgleichung bzgl. Q:

  $$X_t = \int_0^t \left(\overline{a}\,(1 - \overline{c}\,X_s) - \frac{1}{2}\,\overline{b}^2\right)\mathrm{d}s + \int_0^t \overline{b}\,\mathrm{d}W_s.$$

Dies ist eine lineare stochastische Differentialgleichung mit konstanten Koeffizienten. Mit Hilfe der Itoschen Formel erhalten wir für r folgende stochastische Differentialgleichung bzgl. Q:

$$r_t = r_0 + \int_0^t \overline{a}\left(1 - \overline{c}\,\ln\left(\frac{r_s}{r_0}\right)\right) r_s\,\mathrm{d}s + \int_0^t \overline{b}\,r_s\,\mathrm{d}W_s.$$

- **Hull–White Modell**

  Seien $\overline{a}, \overline{b} \in \mathbb{R}$, und sei $\rho : I \longrightarrow \mathbb{R}$ stetig. Wir postulieren für r die folgende stochastische Differentialgleichung bzgl. Q:

$$r_t = r_0 + \int_0^t \overline{a}\,(\rho(s) - r_s)\,\mathrm{d}s + \int_0^t \overline{b}\,\mathrm{d}W_s.$$

  Das Hull–White Modell ist ein lineares Shortrate Modell mit variablen Koeffizienten.

- **Black–Karasinski Modell**

  Seien $\overline{a}, \overline{b}, \overline{c} \in \mathbb{R}$, und sei $\zeta : I \longrightarrow \mathbb{R}$ stetig. Wir machen folgenden Ansatz für r:

$$r_t = \exp(X_t)\,r_0.$$

  Wir postulieren für X die folgende stochastische Differentialgleichung bzgl. Q:

$$X_t = \int_0^t \left(\overline{a}\,(\zeta(s) - \overline{c}\,X_s) - \frac{1}{2}\,\overline{b}^2\right)\mathrm{d}s + \int_0^t \overline{b}\,\mathrm{d}W_s.$$

  Dies ist eine lineare stochastische Differentialgleichung mit variablen Koeffizienten. Mit Hilfe der Itoschen Formel erhalten wir für r folgende stochastische Differentialgleichung bzgl. Q:

$$r_t = r_0 + \int_0^t \overline{a}\left(\zeta(s) - \overline{c}\,\ln\left(\frac{r_s}{r_0}\right)\right) r_s\,\mathrm{d}s + \int_0^t \overline{b}\,r_s\,\mathrm{d}W_s.$$

Bemerkung

Wir betrachten die obigen Shortrate Modelle.

(a) In der Praxis gelten negative Zinsraten als unrealistisch. Sei dazu $r_0 > 0$. Mit Hilfe der Darstellungsformel für r für lineare Shortrate Modelle erhalten wir das folgende Ergebnis.

1. Für das Dothan Modell, das exponentielle Vasicek Modell und das Black–Karasinski Modell gilt:

$$r_t > 0.$$

2. Für das Vasicek Modell und das Hull–White Modell gilt:

$$Q(\{r_t < 0\}) > 0.$$

Eine Untersuchung des Cox–Ingerson–Ross Modells geht über den Rahmen dieses Lehrbuches hinaus.

(b) In der Praxis müssen die mit Hilfe von r berechneten fairen Preise für Zerobonds $(\mathrm{ZB}[\bar{t}])_0$ für alle Laufzeiten $\bar{t} \in I$ mit den beobachteten Marktpreisen $(\mathrm{ZB}[\bar{t}])_0^M$ übereinstimmen. Dazu müssen die Parameter des stochastischen Modells entsprechend *kalibriert* werden. Mit Ausnahme des Black–Karasinski Modells ist eine solche Kalibrierung für die obigen Modelle i.d.R. nicht möglich. Deshalb betrachten wir die folgende Erweiterung unseres allgemeinen Modells.

1. Wir machen folgenden Ansatz:

$$r_t = \overline{R}(t) + R_t.$$

2. Wir postulieren für R die ursprüngliche stochastische Differentialgleichung:

$$R_t = r_0 + \int_0^t a(s, R_s)\,\mathrm{d}s + \int_0^t b(s, R_s)\,\mathrm{d}W_s.$$

3. Wir wählen $\overline{R}$ derart, dass die fairen Preise für Zerobonds für alle Laufzeiten $\bar{t} \in I$ mit den beobachteten Marktpreisen übereinstimmen:

$$(\mathrm{ZB}[\bar{t}])_0 = \exp\Big(-\int_0^{\bar{t}} \overline{R}(t)\,\mathrm{d}t\Big)\, E_Q\Big[\exp\Big(-\int_0^{\bar{t}} R_t\,\mathrm{d}t\Big)\Big] = (\mathrm{ZB}[\bar{t}])_0^M.$$

Daraus folgt:

$$\overline{R}(\bar{t}) = \frac{\mathrm{d}}{\mathrm{d}\bar{t}}\left(\ln\left(\frac{E_Q\Big[\exp\Big(-\int_0^{\bar{t}} R_t\,\mathrm{d}t\Big)\Big]}{(\mathrm{ZB}[\bar{t}])_0^M}\right)\right).$$

(c) Wir haben die stochastische Differentialgleichung für r bzgl. des äquivalenten Martingalmaßes Q postuliert. Um ein Shortrate Model mit historischen Daten zu testen, muss die stochastische Differentialgleichung für r dagegen bzgl. des realen Wahrscheinlichkeitsmaßes P formuliert sein. Nach Konstruktion gilt:

$$W_t = \int_0^t \rho_s\,\mathrm{d}s + \mathcal{W}_t.$$

Dabei gilt:

1. ρ ist der *Marktpreis des Risikos* im zugrunde liegenden Aktienmarktmodell. Insbesondere ist $\rho \in \mathfrak{C}$ beschränkt.

2. $\mathcal{W}$ ist eine Brownsche Bewegung bzgl. P.

Also ist r die Lösung der folgenden stochastischen Differentialgleichung bzgl. P:

$$r_t = r_0 + \int_0^t (a(s, r_s) + \rho_s)\,\mathrm{d}s + \int_0^t b(s, r_s)\,\mathrm{d}\mathcal{W}_s.$$

Da die in der Praxis verwendeten Shortrate Modelle i.d.R. keinen direkten Bezug zu einem Aktienmarktmodell haben, wird ρ postuliert. Typischerweise wird ρ sogar konstant gewählt.

10.5.3 Heath–Jarrow–Morton Modelle

In diesem Abschnitt untersuchen wir die Klasse der Heath–Jarrow–Morton Modelle. Bei diesen Zinsstrukturmodellen wird die instantane Forwardrate bzgl. des ursprünglichen Martingalmaßes stochastisch modelliert. Insbesondere verwenden wir den Geldkontoprozess als Numeraire. Dabei muss die in Theorem 10.8 formulierte *Driftbedingung* bei der stochastischen Modellierung der instantanen Forwardrate berücksichtigt werden.

Voraussetzungen

Sei $J = \{(s,t) \in I \times I \mid s \geq t\}$. Wir betrachten die folgenden Abbildungen:

$$a : J \times \Omega \longrightarrow \mathbb{R} : (s,t,\omega) \longmapsto (a[s])_t(\omega).$$

$$b : J \times \Omega \longrightarrow \mathbb{R} : (s,t,\omega) \longmapsto (b[s])_t(\omega).$$

Seien folgende Voraussetzungen gegeben.

1. Beschränktheit:

   1.1 a ist beschränkt.

   1.2 b ist beschränkt.

2. Messbarkeit:

   2.1 $a : J \times \Omega \longrightarrow \mathbb{R}$ ist $(\mathcal{B} \times \mathcal{B} \times \mathcal{F})/\mathcal{B}$–messbar.

   2.2 $b : J \times \Omega \longrightarrow \mathbb{R}$ ist $(\mathcal{B} \times \mathcal{B} \times \mathcal{F})/\mathcal{B}$–messbar.

3. Progressive Messbarkeit:
   $\forall\, \vartheta \in I$:

   3.1 $a : [\vartheta, T] \times [0, \vartheta] \times \Omega \longrightarrow \mathbb{R}$ ist $(\mathcal{B} \times \mathcal{B} \times \mathcal{F}_\vartheta)/\mathcal{B}$–messbar.

   3.2 $b : [\vartheta, T] \times [0, \vartheta] \times \Omega \longrightarrow \mathbb{R}$ ist $(\mathcal{B} \times \mathcal{B} \times \mathcal{F}_\vartheta)/\mathcal{B}$–messbar.

4. Stetigkeit:
   $\forall\, \omega \in \Omega$:

   4.1 $a(\omega) : J \longrightarrow \mathbb{R} : (s,t) \longmapsto (a[s])_t(\omega)$ ist stetig.

   4.2 $b(\omega) : J \longrightarrow \mathbb{R} : (s,t) \longmapsto (b[s])_t(\omega)$ ist stetig.

Modellierung

Wir postulieren für die instantane Forwardrate $f[\overline{t}]$ die folgende Darstellung bzgl. Q:

$$(f[\overline{t}])_t = (f[\overline{t}])_0 + \int_0^t (a[\overline{t}])_s \,\mathrm{d}s + \int_0^t (b[\overline{t}])_s \,\mathrm{d}W_s.$$

Nach der Itoschen Isometrie ist $f[\overline{t}] \in \mathfrak{C}(Q)$.

Bemerkung

Nach Abschnitt 10.3 gelten folgende Aussagen.

(a) r besitzt folgende Darstellung:

$$r_t = (f[t])_t.$$

(b) $\mathrm{ZB}[\bar{t}]$ besitzt folgende Darstellung:

$$(\mathrm{ZB}[\bar{t}])_t = \exp\Big(- \int_t^{\bar{t}} (f[s])_t \,\mathrm{d}s \Big).$$

Theorem 10.8 (Driftbedingung von Heath–Jarrow–Morton)
Folgende Aussagen sind äquivalent:

(a) $(\mathrm{ZB}[\bar{t}])^*$ *ist ein Martingal bzgl.* Q.

(b) *Es gilt die folgende Driftbedingung von Heath–Jarrow–Morton:*

$$(a[\bar{t}])_t = (b[\bar{t}])_t \int_t^{\bar{t}} (b[s])_t \,\mathrm{d}s.$$

Literaturhinweis

- Siehe [7], Theorem 8.3.2, S. 345.

Beweis

1. Nach Konstruktion gilt:

$$(\mathrm{ZB}[\bar{t}])_t^* = \exp\Big(- \int_0^t r_s \,\mathrm{d}s \Big) (\mathrm{ZB}[\bar{t}])_t = \exp\Big(- \int_0^t (f[s])_s \,\mathrm{d}s - \int_t^{\bar{t}} (f[s])_t \,\mathrm{d}s \Big).$$

Nach der Darstellungsformel für $f[\bar{t}]$ gilt:

$$\begin{aligned}
&\int_0^t (f[s])_s \,\mathrm{d}s + \int_t^{\bar{t}} (f[s])_t \,\mathrm{d}s \\
&= \int_0^t \Big((f[s])_0 + \int_0^s (a[s])_r \,\mathrm{d}r + \int_0^s (b[s])_r \,\mathrm{d}W_r \Big) \mathrm{d}s \\
&\quad + \int_t^{\bar{t}} \Big((f[s])_0 + \int_0^t (a[s])_r \,\mathrm{d}r + \int_0^t (b[s])_r \,\mathrm{d}W_r \Big) \mathrm{d}s \\
&= \int_0^{\bar{t}} (f[s])_0 \,\mathrm{d}s + \int_0^t \int_0^s (a[s])_r \,\mathrm{d}r \,\mathrm{d}s + \int_t^{\bar{t}} \int_0^t (a[s])_r \,\mathrm{d}r \,\mathrm{d}s \\
&\quad + \int_0^t \int_0^s (b[s])_r \,\mathrm{d}W_r \,\mathrm{d}s + \int_t^{\bar{t}} \int_0^t (b[s])_r \,\mathrm{d}W_r \,\mathrm{d}s.
\end{aligned}$$

Nach dem Satz von Fubini gilt:

$$\int_0^t \int_0^s (a[s])_r \,\mathrm{d}r \,\mathrm{d}s + \int_t^{\bar{t}} \int_0^t (a[s])_r \,\mathrm{d}r \,\mathrm{d}s$$

$$= \int_0^t \int_r^t (a[s])_r \,\mathrm{d}s\,\mathrm{d}r + \int_0^t \int_t^{\bar{t}} (a[s])_r \,\mathrm{d}s\,\mathrm{d}r$$

$$= \int_0^t \int_r^{\bar{t}} (a[s])_r \,\mathrm{d}s\,\mathrm{d}r.$$

Nach dem Satz von Lebesgue über dominierende Konvergenz gilt:

$$\int_0^t \int_0^s (b[s])_r \,\mathrm{d}W_r \,\mathrm{d}s + \int_t^{\bar{t}} \int_0^t (b[s])_r \,\mathrm{d}W_r \,\mathrm{d}s$$

$$= \int_0^t \int_r^t (b[s])_r \,\mathrm{d}s\,\mathrm{d}W_r + \int_0^t \int_t^{\bar{t}} (b[s])_r \,\mathrm{d}s\,\mathrm{d}W_r$$

$$= \int_0^t \int_r^{\bar{t}} (b[s])_r \,\mathrm{d}s\,\mathrm{d}W_r.$$

Daraus folgt insgesamt:

$$(\mathrm{ZB}[\bar{t}])_t^*$$

$$= \exp\Big(-\int_0^{\bar{t}} (f[s])_0 \,\mathrm{d}s\Big) \exp\Big(-\int_0^t \int_r^{\bar{t}} (a[s])_r \,\mathrm{d}s\,\mathrm{d}r - \int_0^t \int_r^{\bar{t}} (b[s])_r \,\mathrm{d}s\,\mathrm{d}W_r\Big).$$

2. Wir verwenden folgende Notation:

$$(A[\bar{t}])_r := \int_r^{\bar{t}} (a[s])_r \,\mathrm{d}s.$$

$$(B[\bar{t}])_r := \int_r^{\bar{t}} (b[s])_r \,\mathrm{d}s.$$

$$(\Phi[\bar{t}])_t := \exp\Big(-\int_0^t (A[\bar{t}])_r \,\mathrm{d}r - \int_0^t (B[\bar{t}])_r \,\mathrm{d}W_r\Big).$$

Nach Punkt 1 gilt:

$$(\mathrm{ZB}[\bar{t}])_t^* = (\mathrm{ZB}[\bar{t}])_0 \,(\Phi[\bar{t}])_t.$$

Also ist (a) äquivalent zu folgender Aussage:

(c) $\Phi[\bar{t}]$ ist ein Martingal bzgl. Q.

3. Nach der Itoschen Formel gilt:

$$(\Phi[\bar{t}])_t = 1 + \int_0^t \Big(\frac{1}{2}((B[\bar{t}])_r)^2 - (A[\bar{t}])_r\Big) (\Phi[\bar{t}])_r \,\mathrm{d}r - \int_0^t (B[\bar{t}])_r \,(\Phi[\bar{t}])_r \,\mathrm{d}W_r.$$

Nach dem Darstellungssatz für Brownsche Martingale und der Eindeutigkeit der Itoschen Zerlegung ist (c) äquivalent zu folgender Aussage:

(d) Es gilt folgende Bedingung:

$$A[\bar{t}] = \frac{1}{2}(B[\bar{t}])^2.$$

4. Nach Konstruktion gilt:

$$(A[r])_r = 0 = \frac{1}{2}((B[r])_r)^2.$$

Also ist (d) äquivalent zu folgender Aussage:

(e) Es gilt folgende Bedingung:

$$\frac{\mathrm{d}}{\mathrm{d}\bar{t}} A[\bar{t}] = \frac{\mathrm{d}}{\mathrm{d}\bar{t}}\Big(\frac{1}{2}(B[\bar{t}])^2\Big).$$

Nach Konstruktion gilt:

$$\frac{\mathrm{d}}{\mathrm{d}\bar{t}} A[\bar{t}] = a[\bar{t}].$$

$$\frac{\mathrm{d}}{\mathrm{d}\bar{t}}\Big(\frac{1}{2}(B[\bar{t}])^2\Big) = b[\bar{t}]\,B[\bar{t}].$$

Also ist (e) genau die Driftbedingung von Heath–Jarrow–Morton.

□

Bemerkung

(a) Im Rahmen unserer allgemeinen Theorie haben wir stets angenommen, dass die diskontierten Preise von Zerobonds $(\mathrm{ZB}[\bar{t}])^*$ Martingale bzgl. Q sind. Nach Theorem 10.8 muss deshalb für jedes Heath–Jarrow–Morton Modell die Driftbedingung gelten.

(b) Nach Abschnitt 10.3 und der Driftbedingung von Heath–Jarrow–Morton besitzt r folgende Darstellung bzgl. Q:

$$r_{\bar{t}} = (f[\bar{t}])_{\bar{t}} = (f[\bar{t}])_0 + \int_0^{\bar{t}} (b[\bar{t}])_t \int_t^{\bar{t}} (b[s])_t \,\mathrm{d}s\,\mathrm{d}t + \int_0^{\bar{t}} (b[\bar{t}])_t \,\mathrm{d}W_t.$$

Beispiel 10.4 (Ritchken–Sankanasubramanian Modell)

Sei ξ ein stochastischer Prozess, und seien $\phi, \psi : I \longrightarrow \mathbb{R}$ mit folgenden Eigenschaften:

1. $\xi \in \mathfrak{L}^2(Q)$.

2. ϕ ist stetig differenzierbar.

3. ψ ist stetig differenzierbar.

4. ψ genügt der folgenden Beschränktheitsbedingung:

$$\psi(\bar{t}) \geq K > 0.$$

Wir postulieren die folgenden konstitutiven Gesetze:

$$(f[\bar{t}])_0 = \phi(\bar{t}).$$

$$(b[\bar{t}])_t(\omega) = \xi_t(\omega)\,\psi(\bar{t}).$$

Nach Konstruktion gilt:

$$r_{\bar{t}} = \phi(\bar{t}) + \psi(\bar{t}) \int_0^{\bar{t}} (\xi_t)^2 \int_t^{\bar{t}} \psi(s)\,\mathrm{d}s\,\mathrm{d}t + \psi(\bar{t}) \int_0^{\bar{t}} \xi_t\,\mathrm{d}W_t.$$

Nach der Itoschen Formel gilt:

$$\psi(\bar{t}) \int_0^{\bar{t}} \xi_t\,\mathrm{d}W_t = \int_0^{\bar{t}} \psi'(t) \int_0^t \xi_s\,\mathrm{d}W_s\,\mathrm{d}t + \int_0^{\bar{t}} \psi(t)\,\xi_t\,\mathrm{d}W_t.$$

Wir verwenden folgende Notation:

$$r_0 := \phi(0).$$

$$\rho_{\bar{t}} := \phi(\bar{t}) + \psi(\bar{t}) \int_0^{\bar{t}} (\xi_t)^2 \int_t^{\bar{t}} \psi(s)\,\mathrm{d}s\,\mathrm{d}t.$$

$$\hat{a}(t) := \frac{\psi'(t)}{\psi(t)}.$$

$$\hat{b}_t := \frac{\partial \rho_t}{\partial t} - \hat{a}(t)\,\rho_t = \phi'(t) - \hat{a}(t)\,\phi(t) + (\psi(t))^2 \int_0^t (\xi_s)^2\,\mathrm{d}s.$$

$$\hat{c}_t := \psi(t)\,\xi_t.$$

Damit gilt insgesamt:

$$r_{\bar{t}} = \rho_{\bar{t}} + \int_0^{\bar{t}} \hat{a}(t)\,(r_t - \rho_t)\,\mathrm{d}t + \int_0^{\bar{t}} \hat{c}_t\,\mathrm{d}W_t = r_0 + \int_0^{\bar{t}} (\hat{a}(t)\,r_t + \hat{b}_t)\,\mathrm{d}t + \int_0^{\bar{t}} \hat{c}_t\,\mathrm{d}W_t.$$

Falls zusätzlich ξ eine deterministische Funktion in t ist, dann sind auch $\hat{b}$ und $\hat{c}$ deterministische Funktionen in t. In diesem Fall entspricht das Heath–Jarrow–Morton Modell vom Ritchken–Sankanasubramanian Typ einem Shortrate Modell vom Hull–White Typ.

Bemerkung

Nach Abschnitt 10.3 besitzt $(\mathrm{ZB}[\bar{t}])_0$ folgende Darstellung:

$$(\mathrm{ZB}[\bar{t}])_0 = \exp\Big(-\int_0^{\bar{t}} (f[s])_0\,\mathrm{d}s\Big).$$

In der Praxis müssen die mit Hilfe von $f[\bar{t}]$ berechneten fairen Preise für Zerobonds $(\mathrm{ZB}[\bar{t}])_0$ für alle Laufzeiten $\bar{t} \in I$ mit den beobachteten Marktpreisen $(\mathrm{ZB}[\bar{t}])_0^M$ übereinstimmen. Dazu genügt es, dass die Anfangsdaten $(f[\bar{t}])_0$ für die Evolution der instantanen Forwardraten für alle Laufzeiten $\bar{t} \in I$ mit den am Markt beobachteten instantanen Forwardraten $(f[\bar{t}])_0^M$ übereinstimmen. Insbesondere ist für Heath–Jarrow–Morton Modelle im Gegensatz zu Shortrate Modellen keine weitere *Kalibrierung* notwendig.

10.5.4 Das LIBOR Forwardrate Modell (Brace–Garatek–Musiela Modell)

In diesem Abschnitt untersuchen wir das LIBOR Forwardrate Modell. Dabei werden die Forwardraten jeweils bzgl. des zugehörigen Forward Measures stochastisch modelliert. Nach Abschnitt 10.4 sind die Forwardraten Martingale bzgl. dieser Wahrscheinlichkeitsmaße, so dass für die Forwardraten zunächst keine Drift modelliert werden muss. Um nun Derivate, deren Auszahlungen von mehreren Forwardraten abhängen, im LIBOR Forwardrate Modell bewerten zu können, müssen die stochastischen Differentialgleichungen für die Forwardraten bzgl. desselben Wahrscheinlichkeitsmaßes formuliert sein. Der Wechsel des Wahrscheinlichkeitsmaßes liefert schließlich doch Driftterme für die Forwardraten, welche aus den gegebenen Modellgrößen berechnet werden.

Voraussetzungen

Seien folgende Voraussetzungen gegeben.

1. $\bar{t}_0, \ldots, \bar{t}_n \in I$ mit $\bar{t}_{i-1} < \bar{t}_i$.
2. $F_0^{(1)}, \ldots, F_0^{(n)} \in (0, \infty)$.
3. $b^{(1,1)}, \ldots, b^{(n,p)} : I \longrightarrow \mathbb{R}$ sind stetig.
4. $\forall\, i = 1, \ldots, n$:
   - $W^{(i,1)}, \ldots, W^{(i,p)}$ sind unabhängige Brownsche Bewegungen bzgl. $Q_{\mathrm{ZB}[\bar{t}_i]}$.

Bemerkung

Nach Abschnitt 10.4 ist die Forwardrate $F[\bar{t}_{i-1}, \bar{t}_i]$ ein Martingal bzgl. des Forward Measures $Q_{\mathrm{ZB}[\bar{t}_i]}$. Nach dem Darstellungssatz für Brownsche Martingale und der Eindeutigkeit der Itoschen Zerlegung folgt daraus, dass eine Darstellung von $F[\bar{t}_{i-1}, \bar{t}_i]$ als Itoscher Prozess kein Zeitintegral enthält. Diese Bedingung muss bei der Modellierung berücksichtigt werden.

Modellierung

Wir postulieren für die Forwardrate $F[\bar{t}_{i-1}, \bar{t}_i]$ die folgende stochastische Differentialgleichung bzgl. $Q_{\mathrm{ZB}[\bar{t}_i]}$:

$$(F[\bar{t}_{i-1}, \bar{t}_i])_t = F_0^{(i)} + \sum_{j=1}^{p} \int_0^t b^{(i,j)}(s)\, (F[\bar{t}_{i-1}, \bar{t}_i])_s \, \mathrm{d}W_s^{(i,j)}.$$

Nach Theorem 8.17 und der Itoschen Isometrie existiert genau eine Lösung $F[\bar{t}_{i-1}, \bar{t}_i] \in \mathfrak{M}(Q_{\mathrm{ZB}[\bar{t}_i]})$. Insbesondere ist $F[\bar{t}_{i-1}, \bar{t}_i]$ ein Martingal bzgl. $Q_{\mathrm{ZB}[\bar{t}_i]}$. Nach der Itoschen Formel besitzt $F[\bar{t}_{i-1}, \bar{t}_i]$ folgende Darstellung:

$$(F[\bar{t}_{i-1}, \bar{t}_i])_t = \exp\Big(-\frac{1}{2} \sum_{j=1}^{p} \int_0^t (b^{(i,j)}(s))^2 \mathrm{d}s + \sum_{j=1}^{p} \int_0^t b^{(i,j)}(s)\, \mathrm{d}W_s^{(i,j)} \Big)\, F_0^{(i)}.$$

Wechsel des Numeraires

Nach Konstruktion sind die verschiedenen Forwardraten $F[\bar{t}_0, \bar{t}_1], \ldots, F[\bar{t}_{n-1}, \bar{t}_n]$ bzgl. verschiedener Wahrscheinlichkeitsmaße $Q_{\mathrm{ZB}[\bar{t}_1]}, \ldots, Q_{\mathrm{ZB}[\bar{t}_n]}$ definiert. Mit Hilfe des Satzes von Girsanov erhalten wir gemeinsame Darstellungen bzgl. $Q_{\mathrm{ZB}[\bar{t}_1]}$ und $Q_{\mathrm{ZB}[\bar{t}_n]}$.

1. Sei $A \in \mathcal{F}_{\overline{t}_{i-1}}$. Nach Abschnitt 10.4 gilt:

$$Q_{\mathrm{ZB}[\overline{t}_{i-1}]}(A) = E_{Q_{\mathrm{ZB}[\overline{t}_i]}}\Big[1_A \, \frac{1 + (\overline{t}_i - \overline{t}_{i-1})\,(F[\overline{t}_{i-1}, \overline{t}_i])_{\overline{t}_{i-1}}}{1 + (\overline{t}_i - \overline{t}_{i-1})\,(F[\overline{t}_{i-1}, \overline{t}_i])_0}\Big].$$

Nach der Itoschen Formel gilt:

$$\begin{aligned}
&\log\Big(\frac{1 + (\overline{t}_i - \overline{t}_{i-1})\,(F[\overline{t}_{i-1}, \overline{t}_i])_t}{1 + (\overline{t}_i - \overline{t}_{i-1})\,(F[\overline{t}_{i-1}, \overline{t}_i])_0}\Big) \\
&= -\frac{1}{2}\sum_{j=1}^{p}\int_0^t \left|\frac{b^{(i,j)}(s)\,(\overline{t}_i - \overline{t}_{i-1})\,(F[\overline{t}_{i-1}, \overline{t}_i])_s}{1 + (\overline{t}_i - \overline{t}_{i-1})\,(F[\overline{t}_{i-1}, \overline{t}_i])_s}\right|^2 \mathrm{d}s \\
&\quad + \sum_{j=1}^{p}\int_0^t \frac{b^{(i,j)}(s)\,(\overline{t}_i - \overline{t}_{i-1})\,(F[\overline{t}_{i-1}, \overline{t}_i])_s}{1 + (\overline{t}_i - \overline{t}_{i-1})\,(F[\overline{t}_{i-1}, \overline{t}_i])_s}\,\mathrm{d}W_s^{(i,j)}.
\end{aligned}$$

Daraus folgt:

$$Q_{\mathrm{ZB}[\overline{t}_{i-1}]}(A) = E_{Q_{\mathrm{ZB}[\overline{t}_i]}}[1_A\, \Phi^{(i)}_{\overline{t}_{i-1}}].$$

$$\Phi_t^{(i)} = \exp\Big(-\frac{1}{2}\sum_{j=1}^{p}\int_0^t \left|B_s^{(i,j)}\right|^2 \mathrm{d}s + \sum_{j=1}^{p}\int_0^t B_s^{(i,j)}\,\mathrm{d}W_s^{(i,j)}\Big).$$

$$B_t^{(i,j)} = \frac{b^{(i,j)}(t)\,(\overline{t}_i - \overline{t}_{i-1})\,(F[\overline{t}_{i-1}, \overline{t}_i])_t}{1 + (\overline{t}_i - \overline{t}_{i-1})\,(F[\overline{t}_{i-1}, \overline{t}_i])_t}.$$

Wir wenden nun den Satz von Girsanov an.

2. Wir nehmen an, dass die $W^{(i-1,1)}, \ldots, W^{(i-1,p)}$ folgende Darstellung besitzen:

$$W_t^{(i-1,j)} = -\int_0^t B_s^{(i,j)}\,\mathrm{d}s + W_t^{(i,j)}.$$

Nach dem Satz von Girsanov gilt:

- $W^{(i-1,1)}, \ldots, W^{(i-1,p)}$ sind unabhängige Brownsche Bewegungen bzgl. $Q_{\mathrm{ZB}[\overline{t}_{i-1}]}$.

3. Nach dem Satz von Girsanov gilt:

3.1 $F[\overline{t}_{i-1}, \overline{t}_i]$ besitzt folgende Darstellung bzgl. $Q_{\mathrm{ZB}[\overline{t}_{i-1}]}$:

$$\begin{aligned}
(F[\overline{t}_{i-1}, \overline{t}_i])_t = F_0^{(i)} &+ \sum_{j=1}^{p}\int_0^t b^{(i,j)}(s)\,B_s^{(i,j)}\,(F[\overline{t}_{i-1}, \overline{t}_i])_s\,\mathrm{d}s \\
&+ \sum_{j=1}^{p}\int_0^t b^{(i,j)}(s)\,(F[\overline{t}_{i-1}, \overline{t}_i])_s\,\mathrm{d}W_s^{(i-1,j)}.
\end{aligned}$$

Mit Induktion erhalten wir folgende Darstellung von bzgl. $Q_{\mathrm{ZB}[\bar{t}_1]}$:

$$(F[\bar{t}_{i-1}, \bar{t}_i])_t = F_0^{(i)} + \sum_{k=2}^{i} \sum_{j=1}^{p} \int_0^t b^{(i,j)}(s)\, B_s^{(k,j)}\, (F[\bar{t}_{i-1}, \bar{t}_i])_s\, \mathrm{d}s$$

$$+ \sum_{j=1}^{p} \int_0^t b^{(i,j)}(s)\, (F[\bar{t}_{i-1}, \bar{t}_i])_s\, \mathrm{d}W_s^{(1,j)}.$$

Diese Gleichungen bilden insgesamt ein nichtlineares System von stochastischen Differentialgleichungen zur Bestimmung der Forwardraten $F[\bar{t}_{i-1}, \bar{t}_i]$. Theorem 8.17 garantiert die Existenz und Eindeutigkeit von Lösungen. Die einzelnen stochastischen Differentialgleichungen können sukzessive für $i = 1, \ldots, n$ separat gelöst werden. Nach Definition der $B^{(i,j)}$ muss dabei in jedem Schritt eine einzelne nichtlineare stochastische Differentialgleichung gelöst werden.

3.2 $F[\bar{t}_{i-1}, \bar{t}_i]$ besitzt folgende Darstellung bzgl. $Q_{\mathrm{ZB}[\bar{t}_{i+1}]}$:

$$(F[\bar{t}_{i-1}, \bar{t}_i])_t = F_0^{(i)} - \sum_{j=1}^{p} \int_0^t b^{(i,j)}(s)\, B_s^{(i+1,j)}\, (F[\bar{t}_{i-1}, \bar{t}_i])_s\, \mathrm{d}s$$

$$+ \sum_{j=1}^{p} \int_0^t b^{(i,j)}(s)\, (F[\bar{t}_{i-1}, \bar{t}_i])_s\, \mathrm{d}W_s^{(i+1,j)}.$$

Mit Induktion erhalten wir folgende Darstellung von bzgl. $Q_{\mathrm{ZB}[\bar{t}_n]}$:

$$(F[\bar{t}_{i-1}, \bar{t}_i])_t = F_0^{(i)} - \sum_{k=i+1}^{n} \sum_{j=1}^{p} \int_0^t b^{(i,j)}(s)\, B_s^{(k,j)}\, (F[\bar{t}_{i-1}, \bar{t}_i])_s\, \mathrm{d}s$$

$$+ \sum_{j=1}^{p} \int_0^t b^{(i,j)}(s)\, (F[\bar{t}_{i-1}, \bar{t}_i])_s\, \mathrm{d}W_s^{(n,j)}.$$

Diese Gleichungen bilden insgesamt ein nichtlineares System von stochastischen Differentialgleichungen zur Bestimmung der Forwardraten $F[\bar{t}_{i-1}, \bar{t}_i]$. Theorem 8.17 garantiert die Existenz und Eindeutigkeit von Lösungen. Die einzelnen stochastischen Differentialgleichungen können sukzessive für $i = n, \ldots, 1$ separat gelöst werden. Nach Definition der $B^{(i,j)}$ muss dabei in jedem Schritt eine einzelne stochastische Differentialgleichung gelöst werden. Im Gegensatz zu Punkt 3.1 ist diese linear. Deshalb wird in der Praxis typischerweise die hier betrachtete Darstellung verwendet.

Bemerkung

In der Praxis werden liquide gehandelte Zinsderivate als *Benchmark–Instrumente* zur *Kalibrierung* des LIBOR Forwardrate Modells verwendet, d.h. die Funktionen $b^{(i,j)}$ werden so gewählt, dass die Marktpreise der Benchmark–Instrumente genau mit den im Rahmen des Modells berechneten theoretischen Preisen übereinstimmen. Dazu ist folgendes Vorgehen üblich:

1. Zur Bestimmung der Funktionen $b^{(i,j)}$ werden Benchmark–Instrumente gewählt, deren Auszahlung nur von jeweils einer einzigen Forwardrate $F[\bar{t}_{i-1}, \bar{t}_i]$ abhängen. Zur Berechnung der theoretischen Preise wird das zugehörige Forward Measure $Q_{\text{ZB}[\bar{t}_i]}$ verwendet. Insbesondere wird für $F[\bar{t}_{i-1}, \bar{t}_i]$ die ursprünglich postulierte stochastische Differentialgleichung bzgl. $Q_{\text{ZB}[\bar{t}_i]}$ verwendet.
2. Zur Berechnung von theoretischen Preisen für Derivate, deren Auszahlungen von mehreren Forwardraten abhängen, wird das Forward Measure $Q_{\text{ZB}[\bar{t}_n]}$ verwendet. Insbesondere wird für $F[\bar{t}_{i-1}, \bar{t}_i]$ die eben entwickelte stochastische Differentialgleichung bzgl. $Q_{\text{ZB}[\bar{t}_n]}$ verwendet. Dabei werden die Funktionen $b^{(i,j)}$ gemäß Punkt 1 als gegeben betrachtet.

Beispiel 10.5 (Caps und Floors)

Wir betrachten Caps und Floors im LIBOR Forwardrate Modell, welche als Benchmark–Instrumente zur Kalibrierung des Modells verwendet werden können. Nach Abschnitt 10.3 gilt für die Auszahlungen von Caplets und Floorlets zur Zeit $t = \bar{t}_i$:

$$\begin{aligned}(Z_{\text{Caplet}}[\bar{t}_{i-1}, \bar{t}_i])_{\bar{t}_i} &= \max\{(\bar{t}_i - \bar{t}_{i-1})\,((L[\bar{t}_i])_{\bar{t}_{i-1}} - \overline{L}), 0\} \\ &= \max\{(\bar{t}_i - \bar{t}_{i-1})\,((F[\bar{t}_{i-1}, \bar{t}_i])_{\bar{t}_{i-1}} - \overline{L}), 0\}.\end{aligned}$$

$$\begin{aligned}(Z_{\text{Floorlet}}[\bar{t}_{i-1}, \bar{t}_i])_{\bar{t}_i} &= \max\{(\bar{t}_i - \bar{t}_{i-1})\,(\overline{L} - (L[\bar{t}_i])_{\bar{t}_{i-1}}), 0\} \\ &= \max\{(\bar{t}_i - \bar{t}_{i-1})\,(\overline{L} - (F[\bar{t}_{i-1}, \bar{t}_i])_{\bar{t}_{i-1}}), 0\}.\end{aligned}$$

Nach dem Prinzip der risikoneutralen Bewertung gilt:

$$(\text{Caplet}[\bar{t}_{i-1}, \bar{t}_i])_0 = (\text{ZB}[\bar{t}_i])_0\, E_{Q_{\text{ZB}[\bar{t}_i]}}[(Z_{\text{Caplet}}[\bar{t}_{i-1}, \bar{t}_i])_{\bar{t}_i}].$$

$$(\text{Floorlet}[\bar{t}_{i-1}, \bar{t}_i])_0 = (\text{ZB}[\bar{t}_i])_0\, E_{Q_{\text{ZB}[\bar{t}_i]}}[(Z_{\text{Floorlet}}[\bar{t}_{i-1}, \bar{t}_i])_{\bar{t}_i}].$$

Die fairen Preise für Caps und Floors ergeben sich durch Summation der fairen Preise der zugehörigen Caplets bzw. Floorlets. Falls zusätzlich $i = 1$ und die $b^{(1,1)}, \ldots, b^{(1,p)}$ konstant sind, dann stimmen die fairen Preise für Caps und Floors im LIBOR Forwardrate Modell genau mit den fairen Preisen für Caps und Floors im Black '76 Modell überein.

10.5.5 Das LIBOR Swaprate Modell

In diesem Abschnitt untersuchen wir das LIBOR Swaprate Modell. Dabei werden die Swapraten jeweils bzgl. des zugehörigen Swap Measures stochastisch modelliert. Nach Abschnitt 10.4 sind die Swapraten Martingale bzgl. dieser Wahrscheinlichkeitsmaße, so dass für die Swapraten zunächst keine Drift modelliert werden muss. Um nun Derivate, deren Auszahlungen von mehreren Swapraten abhängen, im LIBOR Swaprate Modell bewerten zu können, müssen die stochastischen Differentialgleichungen für die Swapraten bzgl. desselben Wahrscheinlichkeitsmaßes formuliert sein. Der Wechsel des Wahrscheinlichkeitsmaßes liefert schließlich doch Driftterme für die Swapraten, welche aus den gegebenen Modellgrößen berechnet werden.

Voraussetzungen

Seien folgende Voraussetzungen gegeben.

1. $\bar{t}_0, \dots, \bar{t}_n \in I$ mit $\bar{t}_{i-1} < \bar{t}_i$.

2. $S_0^{(1)}, \dots, S_0^{(n)} \in (0, \infty)$.

3. $b^{(1,1)}, \dots, b^{(n,p)} : I \longrightarrow \mathbb{R}$ sind stetig.

4. $\forall\, k = 1, \dots, n$:
$W^{(k,1)}, \dots, W^{(k,p)}$ sind unabhängige Brownsche Bewegungen bzgl. $Q_{\mathrm{ZB}[\bar{t}_{k-1},\dots,\bar{t}_n]}$.

Bemerkung

Nach Abschnitt 10.4 ist die Swaprate $S[\bar{t}_{k-1}, \dots, \bar{t}_n]$ ein Martingal bzgl. des Swap Measures $Q_{\mathrm{ZB}[\bar{t}_{k-1},\dots,\bar{t}_n]}$. Nach dem Darstellungssatz für Brownsche Martingale und der Eindeutigkeit der Itoschen Zerlegung folgt daraus, dass eine Darstellung von $S[\bar{t}_{k-1}, \dots, \bar{t}_n]$ als Itoscher Prozess kein Zeitintegral enthält. Diese Bedingung muss bei der Modellierung berücksichtigt werden.

Modellierung

Wir postulieren für die Swaprate $S[\bar{t}_{k-1}, \dots, \bar{t}_n]$ die folgende stochastische Differentialgleichung bzgl. $Q_{\mathrm{ZB}[\bar{t}_{k-1},\dots,\bar{t}_n]}$:

$$(S[\bar{t}_{k-1}, \dots, \bar{t}_n])_t = S_0^{(k)} + \sum_{\nu=1}^{p} \int_0^t b^{(k,\nu)}(s)\, (S[\bar{t}_{k-1}, \dots, \bar{t}_n])_s \,\mathrm{d}W_s^{(k,\nu)}.$$

Nach Theorem 8.17 existiert genau eine Lösung $S[\bar{t}_{k-1}, \dots, \bar{t}_n] \in \mathfrak{M}(Q_{\mathrm{ZB}[\bar{t}_{k-1},\dots,\bar{t}_n]})$. Insbesondere ist $S[\bar{t}_{k-1}, \dots, \bar{t}_n]$ ein Martingal bzgl. $Q_{\mathrm{ZB}[\bar{t}_{k-1},\dots,\bar{t}_n]}$. Nach der Itoschen Formel besitzt $S[\bar{t}_{k-1}, \dots, \bar{t}_n]]$ folgende Darstellung:

$$(S[\bar{t}_{k-1}, \dots, \bar{t}_n]])_t = \exp\Big(-\frac{1}{2} \sum_{\nu=1}^{p} \int_0^t (b^{(i,\nu)}(s))^2 \mathrm{d}s + \sum_{\nu=1}^{p} \int_0^t b^{(i,\nu)}(s)\, \mathrm{d}W_s^{(i,\nu)} \Big)\, S_0^{(k)}.$$

Wechsel des Numeraires

Nach Konstruktion sind die verschiedenen Swapraten $S[\bar{t}_0, \dots, \bar{t}_n]$, ..., $S[\bar{t}_{n-1}, \bar{t}_n]$ bzgl. verschiedener Wahrscheinlichkeitsmaße $Q_{\mathrm{ZB}[\bar{t}_0,\dots,\bar{t}_n]}, \dots, Q_{\mathrm{ZB}[\bar{t}_{n-1},\bar{t}_n]}$ definiert. Mit Hilfe des Satzes von Girsanov erhalten wir eine gemeinsame Darstellung bzgl. $Q_{\mathrm{ZB}[\bar{t}_{n-1},\bar{t}_n]}$.

1. Sei $A \in \mathcal{F}_{\bar{t}_0}$. Nach Abschnitt 10.4 gilt:

$$Q_{\mathrm{ZB}[\bar{t}_{k-1},\dots,\bar{t}_n]}(A) = E_{Q_{\mathrm{ZB}[\bar{t}_{n-1},\bar{t}_n]}}\Big[1_A\, \frac{\Psi_{\bar{t}_0}^{(k)}}{\Psi_0^{(k)}}\Big].$$

$$\Psi_t^{(k)} = \sum_{i=k+1}^{n} (\bar{t}_n - \bar{t}_{i-1}) \Big(\prod_{j=i}^{n} (1 - \delta_{ij} + (\bar{t}_{j-1} - \bar{t}_{j-2})\, (S[\bar{t}_{j-1}, \dots, \bar{t}_n])_t) \Big) + \bar{t}_n - \bar{t}_{k-1}.$$

Dabei bezeichnet δ_{ij} das Kronecker–Symbol.

2. Seien $\psi^{(k,1)}, \ldots, \psi^{(k,n)} \in \mathfrak{L}^2$ beschränkt. Wir nehmen an, dass $\Psi^{(k)}$ folgende Darstellung besitzt:

$$\Psi_t^{(k)} = \exp\Big(-\frac{1}{2} \sum_{\nu=1}^{p} \int_0^t \left| \psi_s^{(k,\nu)} \right|^2 \mathrm{d}s + \sum_{\nu=1}^{p} \int_0^t \psi_s^{(k,\nu)} \, \mathrm{d}W_s^{(n,\nu)} \Big) \, \Psi_0^{(k)}.$$

3. Wir nehmen an, dass die $W^{(k,1)}, \ldots, W^{(k,p)}$ folgende Darstellung besitzen:

$$W_t^{(k,j)} = -\int_0^t \psi_s^{(n,j)} \, \mathrm{d}s + W_t^{(n,j)}.$$

Nach Punkt 2 und dem Satz von Girsanov gilt:

- $W^{(k,1)}, \ldots, W^{(k,p)}$ sind unabhängige Brownsche Bewegungen bzgl. $Q_{\mathrm{ZB}[\bar{t}_{n-1}, \bar{t}_n]}$.

4. Wir bestimmen $\psi^{(k,1)}, \ldots, \psi^{(k,n)}$ gemäß Punkt 1, Punkt 2 und Punkt 3.

4.1 Nach Punkt 1 gilt:

$$\Psi_t^{(n)} = \bar{t}_n - \bar{t}_{n-1}.$$

Nach Punkt 2 folgt daraus:

$$\psi_t^{(n,\nu)} = 0.$$

4.2 Sei nun $k < n$. Nach Abschnitt 10.4 ist $\Psi^{(k)}$ ein Martingal bzgl. $Q_{\mathrm{ZB}[\bar{t}_{n-1}, \bar{t}_n]}$. Nach dem Darstellungssatz für Brownsche Martingale besitzt $\Psi^{(k)}$ eine Darstellung als Itosches Integral. Nach der Eindeutigkeit der Itoschen Zerlegung verschwindet also das Zeitintegral in der Itoschen Darstellung von $\Psi^{(k)}$. Nach Punkt 1, Punkt 3 sowie der Itoschen Formel folgt daraus:

$$\begin{aligned}\Psi_t^{(k)} = \Psi_0^{(k)} & \\ & + \sum_{\nu=1}^{p} \sum_{i=k+1}^{n} \sum_{l=i}^{n} (\bar{t}_n - \bar{t}_{i-1}) \\ & \times \int_0^t \Big(\prod_{\substack{j=i \\ j \neq l}}^{n} (1 - \delta_{ij} + (\bar{t}_{j-1} - \bar{t}_{j-2}) \, (S[\bar{t}_{j-1}, \ldots, \bar{t}_n])_s) \Big) \\ & \times (\bar{t}_{l-1} - \bar{t}_{l-2}) \, b^{(l,\nu)}(s) \, (S[\bar{t}_{l-1}, \ldots, \bar{t}_n])_s \, \mathrm{d}W_s^{(n,\nu)}.\end{aligned}$$

Dabei bezeichnet δ_{ij} das Kronecker–Symbol. Nach Punkt 2, Punkt 3 sowie der Itoschen Formel gilt ferner:

$$\Psi_t^{(k)} = \Psi_0^{(k)} + \sum_{\nu=1}^{p} \int_0^t \psi_s^{(k,\nu)} \Psi_s^{(k)} \mathrm{d}W_s^{(n,\nu)}.$$

Nach der Eindeutigkeit der Itoschen Zerlegung folgt daraus insgesamt:

$$\psi_t^{(k,\nu)} = \frac{1}{\Psi_t^{(k)}} \sum_{i=k+1}^{n} \sum_{l=i}^{n} (\bar{t}_n - \bar{t}_{i-1})$$

$$\times \Big(\prod_{\substack{j=i \\ j \neq l}}^{n} (1 - \delta_{ij} + (\bar{t}_{j-1} - \bar{t}_{j-2}) \, (S[\bar{t}_{j-1}, \dots, \bar{t}_n])_s) \Big)$$

$$\times \, (\bar{t}_{l-1} - \bar{t}_{l-2}) \, b^{(l,\nu)}(t) \, (S[\bar{t}_{l-1}, \dots, \bar{t}_n])_t.$$

Dabei bezeichnet δ_{ij} das Kronecker–Symbol.

5. Nach Punkt 3. besitzt $S[\bar{t}_{k-1}, \dots, \bar{t}_n]$ folgende Darstellung bzgl. $Q_{\mathrm{ZB}[\bar{t}_{n-1},\bar{t}_n]}$:

$$(S[\bar{t}_{k-1}, \dots, \bar{t}_n])_t = S_0^{(k)} + \sum_{\nu=1}^{p} \int_0^t \psi_s^{(k,\nu)} \, b^{(k,\nu)}(s) \, (S[\bar{t}_{k-1}, \dots, \bar{t}_n])_s \, \mathrm{d}s$$

$$+ \sum_{\nu=1}^{p} \int_0^t b^{(k,\nu)}(s) \, (S[\bar{t}_{k-1}, \dots, \bar{t}_n])_s \, \mathrm{d}W_s^{(n,\nu)}.$$

Diese Gleichungen bilden insgesamt ein nichtlineares System von stochastischen Differentialgleichungen zur Bestimmung der Swapraten $S[\bar{t}_{k-1}, \dots, \bar{t}_n]$. Theorem 8.17 garantiert die Existenz und Eindeutigkeit von Lösungen. Die einzelnen stochastischen Differentialgleichungen können sukzessive für $k = n, \dots, 1$ separat gelöst werden. Nach Definition der $\psi^{(k,\nu)}$ muss dabei in jedem Schritt eine einzelne lineare stochastische Differentialgleichung gelöst werden.

Bemerkung

(a) Nach Konstruktion gilt:

$$Q_{\mathrm{ZB}[\bar{t}_{n-1},\bar{t}_n]} = Q_{\mathrm{ZB}[\bar{t}_n]}.$$

Insbesondere lassen sich sowohl die im LIBOR Forwardrate Modell definierten Forwardraten als auch die im LIBOR Swaprate Modell definierten Swapraten bzgl. des Forward Measures $Q_{\mathrm{ZB}[\bar{t}_n]}$ darstellen. Diese Darstellungen sind jedoch i.d.R. inkompatibel, d.h. die folgende allgemeine Beziehung aus Abschnitt 10.3 ist i.d.R. nicht erfüllt:

$$(S[\bar{t}_{k-1}, \dots, \bar{t}_n])_t = \frac{1 - \prod_{i=k}^{n} \frac{1}{1+(F[\bar{t}_{i-1},\bar{t}_i])_t \, (t_i - t_{i-1})}}{\sum_{i=k}^{n} (\bar{t}_i - \bar{t}_{i-1}) \prod_{j=1}^{i} \frac{1}{1+(F[\bar{t}_{j-1},\bar{t}_j])_t \, (t_j - t_{j-1})}}.$$

(b) In der Praxis werden liquide gehandelte Zinsderivate als *Benchmark–Instrumente* zur *Kalibrierung* des LIBOR Swaprate Modells verwendet, d.h. die Funktionen $b^{(k,\nu)}$ werden so gewählt, dass die Marktpreise der Benchmark–Instrumente genau mit den im Rahmen des Modells berechneten theoretischen Preisen übereinstimmen. Dazu ist folgendes Vorgehen üblich:

1. Zur Bestimmung der Funktionen $b^{(k,\nu)}$ werden Benchmark–Instrumente gewählt, deren Auszahlung nur von jeweils einer einzigen Swaprate abhängen. Zur Berechnung der theoretischen Preise wird das jeweilige Swap Measure verwendet. Insbesondere wird für $S[\bar{t}_{k-1}, \dots, \bar{t}_n]$ die ursprünglich postulierte stochastische Differentialgleichung bzgl. $Q_{\mathrm{ZB}[\bar{t}_{k-1},\dots,\bar{t}_n]}$ verwendet.

2. Zur Berechnung von theoretischen Preisen für Derivate, deren Auszahlungen von mehreren Swapraten abhängen, wird das Forward Measure verwendet. Insbesondere wird für $S[\bar{t}_{k-1},\ldots,\bar{t}_n]$ die eben entwickelte stochastische Differentialgleichung bzgl. $Q_{\mathrm{ZB}[\bar{t}_{n-1},\bar{t}_n]}$ verwendet. Dabei werden die Funktionen $b^{(k,\nu)}$ gemäß Punkt 1 als gegeben betrachtet.

Beispiel 10.6 (Zinsswaptions)

Wir betrachten Zinsswaptions im LIBOR Swaprate Modell, welche als Benchmark–Instrumente zur Kalibrierung des Modells verwendet werden können. Sei dazu $\bar{t} \in I$ mit $\bar{t} \leq \bar{t}_0$. Nach Abschnitt 10.3 gilt für die Auszahlungen von Payer– und Receiver–Swaptions zur Zeit $t = \bar{t}$:

$$(Z_{\mathrm{PSO}}[\bar{t},\bar{t}_0,\ldots,\bar{t}_n])_{\bar{t}} = \max\{(S[\bar{t}_0,\ldots,\bar{t}_n])_{\bar{t}} - \overline{L}, 0\} \sum_{i=1}^{n} (\bar{t}_i - \bar{t}_{i-1})\,(\mathrm{ZB}[\bar{t}_i])_{\bar{t}}.$$

$$(Z_{\mathrm{RSO}}[\bar{t},\bar{t}_0,\ldots,\bar{t}_n])_{\bar{t}} = \max\{\overline{L} - (S[\bar{t}_0,\ldots,\bar{t}_n])_{\bar{t}}, 0\} \sum_{i=1}^{n} (\bar{t}_i - \bar{t}_{i-1})\,(\mathrm{ZB}[\bar{t}_i])_{\bar{t}}.$$

Nach dem Prinzip der risikoneutralen Bewertung gilt:

$$\begin{aligned}
&(\mathrm{PSO}[\bar{t},\bar{t}_0,\ldots,\bar{t}_n])_0 \\
&= E_{Q_{\mathrm{ZB}[\bar{t}_0,\ldots,\bar{t}_n]}}\Big[\frac{\sum_{i=1}^{n} (\bar{t}_i - \bar{t}_{i-1})\,(\mathrm{ZB}[\bar{t}_i])_0}{\sum_{i=1}^{n} (\bar{t}_i - \bar{t}_{i-1})\,(\mathrm{ZB}[\bar{t}_i])_{\bar{t}}}\,(Z_{\mathrm{PSO}}[\bar{t},\bar{t}_0,\ldots,\bar{t}_n])_{\bar{t}}\Big] \\
&= \Big(\sum_{i=1}^{n} (\bar{t}_i - \bar{t}_{i-1})\,(\mathrm{ZB}[\bar{t}_i])_0\Big)\, E_{Q_{\mathrm{ZB}[\bar{t}_0,\ldots,\bar{t}_n]}}[\max\{(S[\bar{t}_0,\ldots,\bar{t}_n])_{\bar{t}} - \overline{L}, 0\}].
\end{aligned}$$

$$\begin{aligned}
&(\mathrm{RSO}[\bar{t},\bar{t}_0,\ldots,\bar{t}_n])_0 \\
&= E_{Q_{\mathrm{ZB}[\bar{t}_0,\ldots,\bar{t}_n]}}\Big[\frac{\sum_{i=1}^{n} (\bar{t}_i - \bar{t}_{i-1})\,(\mathrm{ZB}[\bar{t}_i])_0}{\sum_{i=1}^{n} (\bar{t}_i - \bar{t}_{i-1})\,(\mathrm{ZB}[\bar{t}_i])_{\bar{t}}}\,(Z_{\mathrm{RSO}}[\bar{t},\bar{t}_0,\ldots,\bar{t}_n])_{\bar{t}}\Big] \\
&= \Big(\sum_{i=1}^{n} (\bar{t}_i - \bar{t}_{i-1})\,(\mathrm{ZB}[\bar{t}_i])_0\Big)\, E_{Q_{\mathrm{ZB}[\bar{t}_0,\ldots,\bar{t}_n]}}[\max\{\overline{L} - (S[\bar{t}_0,\ldots,\bar{t}_n])_{\bar{t}}, 0\}].
\end{aligned}$$

Falls zusätzlich $i = 1$ und die $b^{(1,1)},\ldots,b^{(1,p)}$ konstant sind, dann stimmen die fairen Preise für Zinsswaptions im LIBOR Swaprate Modell genau mit den fairen Preisen für Zinsswaptions im Black '76 Modell überein.

10.5.6 Markov–Funktional Modelle

In diesem Abschnitt untersuchen wir die Klasse der Markov–Funktional Modelle. Dabei wird der Preisprozess des Zerobonds mit der längsten Laufzeit bzgl. des zugehörigen Forward Measures stochastisch modelliert. Die Preisprozesse der restlichen Zerobonds sind dadurch eindeutig bestimmt.

Voraussetzungen

Seien folgende Voraussetzungen gegeben.

1. $\bar{t}_0, \ldots, \bar{t}_n \in I$ mit $\bar{t}_{i-1} < \bar{t}_i$.
2. $X_0 \in \mathbb{R}$.
3. $b : [0, \bar{t}_n] \longrightarrow \mathbb{R}$ besitzt folgende Eigenschaften:
   3.1 b ist stetig.
   3.2 $0 < K \le b(t)$.
4. $W_{\mathrm{ZB}[\bar{t}_n]}$ ist eine Brownsche Bewegungen bzgl. des Forward Measures $Q_{\mathrm{ZB}[\bar{t}_n]}$.
5. $f : [0, \bar{t}_n] \times (0, \infty) \longrightarrow \mathbb{R}$ besitzt folgende Eigenschaften:
   5.1 f ist stetig.
   5.2 $f(\bar{t}_n, x) = 1$.
   5.3 $0 < \underline{K} \le f(t, x) \le \overline{K}$.

Modellierung

1. Wir definieren einen stochastischen Prozess X durch:
$$X_t = X_0 + \int_0^t b(s)\,\mathrm{d}(W_{\mathrm{ZB}[\bar{t}_n]})_s.$$
2. Wir postulieren für $\mathrm{ZB}[\bar{t}_n]$ folgende Darstellung:
$$(\mathrm{ZB}[\bar{t}_n])_t = f(t, X_t).$$

Bemerkung

Die Beschränktheitsbedingung für f (siehe Voraussetzung 5.3) entspricht unseren allgemeinen Voraussetzungen an den Numeraireprozess. Die in der Praxis verwendeten stochastischen Modelle erfüllen diese Voraussetzung i.d.R. jedoch nicht.

Theorem 10.9

Sei $D = \big\{(t_1, x_1, t_0, x_0)\,(I \times \mathbb{R})^2 \longrightarrow \mathbb{R} \,\big|\, t_0 < t_1\big\}$. *Wir definieren* $\phi : D \longrightarrow \mathbb{R}$ *durch:*

$$\phi(t_1, x_1, t_0, x_0) = \frac{1}{\sqrt{2\,\pi\,\tau(t_1, t_0)}} \exp\Big(- \frac{(x_1 - x_0)^2}{2\,\tau(t_1, t_0)}\Big).$$

$$\tau(t_1, t_0) = \int_{t_0}^{t_1} (b(s))^2\,\mathrm{d}s.$$

Damit gilt:

$$\frac{(\mathrm{ZB}[\bar{t}_i])_t}{f(t, X_t)} = \int_{\mathbb{R}} \phi(\bar{t}_i, y, t, X_t)\,\frac{1}{f(\bar{t}_i, y)}\,\mathrm{d}y.$$

Insbesondere sind die Preisprozesse der Zerobonds $(\mathrm{ZB}[\overline{t}_0])_t, \ldots, (\mathrm{ZB}[\overline{t}_n])_t$ *zur Zeit* t *durch* X_t *eindeutig bestimmt.*

Literaturhinweis

- Siehe [24], Abschnitt 9.1, S. 110 f.

Beweis

1. Nach dem Prinzip der risikoneutralen Bewertung gilt:

$$\frac{(\mathrm{ZB}[\overline{t}_i])_t}{(\mathrm{ZB}[\overline{t}_n])_t} = E_{Q_{\mathrm{ZB}[\overline{t}_n]}}\left[\frac{(\mathrm{ZB}[\overline{t}_i])_{\overline{t}_i}}{(\mathrm{ZB}[\overline{t}_n])_{\overline{t}_i}}\middle|\mathcal{F}_t\right] = E_{Q_{\mathrm{ZB}[\overline{t}_n]}}\left[\frac{1}{(\mathrm{ZB}[\overline{t}_n])_{\overline{t}_i}}\middle|\mathcal{F}_t\right].$$

Einsetzen der Darstellung für $\mathrm{ZB}[\overline{t}_n]$ liefert:

$$\frac{(\mathrm{ZB}[\overline{t}_i])_t}{f(t, X_t)} = E_{Q_{\mathrm{ZB}[\overline{t}_n]}}\left[\frac{1}{f(\overline{t}_i, X_{\overline{t}_i})}\middle|\mathcal{F}_t\right].$$

2. Wir definieren $u : [0, \overline{t}_i] \times \mathbb{R} \longrightarrow \mathbb{R}$ durch:

$$u(t, x) = \int_{\mathbb{R}} \phi(\overline{t}_i, y, t, x)\, \frac{1}{f(\overline{t}_i, y)}\, \mathrm{d}y.$$

Nach Konstruktion ist u eine Lösung des folgenden Cauchyschen Problems:

$$-\frac{\partial u}{\partial t}(t, x) = \frac{1}{2}\,(b(t))^2\, \frac{\partial^2 u}{\partial x^2}(t, x).$$

$$u(\overline{t}_i, x) = \frac{1}{f(\overline{t}_i, x)}.$$

Wir definieren einen stochastischen Prozess U durch:

$$U_t = u(t, X_t).$$

Nach dem Beweis der Feynman–Kac Formeln ist $U \in \mathfrak{M}(Q_{\mathrm{ZB}[\overline{t}_n]})$. Insbesondere ist U ein Martingal.

3. Nach Punkt 1 und Punkt 2 gilt:

$$\begin{aligned}
\frac{(\mathrm{ZB}[\overline{t}_i])_t}{f(t, X_t)} &= E_{Q_{\mathrm{ZB}[\overline{t}_n]}}\left[\frac{1}{f(\overline{t}_i, X_{\overline{t}_i})}\middle|\mathcal{F}_t\right] \\
&= E_{Q_{\mathrm{ZB}[\overline{t}_n]}}[U_{\overline{t}_i}|\mathcal{F}_t] \\
&= U_t \\
&= \int_{\mathbb{R}} \phi(\overline{t}_i, y, t, X_t)\, \frac{1}{f(\overline{t}_i, y)}\, \mathrm{d}y.
\end{aligned}$$

Damit ist das Theorem bewiesen.

□

Bemerkung

In der Praxis werden liquide gehandelte Zinsderivate als *Benchmark–Instrumente* zur *Kalibrierung* des Markov–Funktional Modells verwendet, d.h. die Funktionen b und f werden so gewählt, dass die Marktpreise der Benchmark–Instrumente genau mit den im Rahmen des Modells berechneten theoretischen Preisen übereinstimmen. Insgesamt sind zur Kalibrierung eines Markov–Funktional Modells folgende Schritte notwendig.

1. Die Funktion b wird postuliert, d.h. als vorgegeben betrachtet.

2. Die Funktion f wird für die Zeitpunkte $t = \bar{t}_n, \ldots, \bar{t}_0$ mit Hilfe von Theorem 10.9 iterativ so bestimmt, dass die Marktpreise der Benchmark–Instrumente genau mit den im Rahmen des Modells berechneten theoretischen Preisen übereinstimmen. Dazu sind folgende Schritte notwendig.

   2.1 Nach Voraussetzung gilt:

   $$f(\bar{t}_n, x) = 1.$$

   2.2 Sei f für die Zeitpunkte $t = \bar{t}_n, \ldots, \bar{t}_{i+1}$ bereits bestimmt. Sei ferner Λ eine Menge, und sei $\hat{Z}_{\bar{t}_i} : \Lambda \times (0, \infty)^{n-i} \longrightarrow \mathbb{R}$. Wir betrachten folgende Derivate:

   $$(Z[\lambda])_{\bar{t}_i} = \hat{Z}_{\bar{t}_i}(\lambda, (\mathrm{ZB}[\bar{t}_{i+1}])_{\bar{t}_i}, \ldots, (\mathrm{ZB}[\bar{t}_n])_{\bar{t}_i}).$$

   Nach dem Prinzip der risikoneutralen Bewertung gilt:

   $$(Z[\lambda])_0 = E_{Q_{\mathrm{ZB}[\bar{t}_n]}}\left[\frac{(\mathrm{ZB}[\bar{t}_n])_0}{(\mathrm{ZB}[\bar{t}_n])_{\bar{t}_i}}\,(Z[\lambda])_{\bar{t}_i}\right].$$

   Nach Theorem 10.9 gilt:

   $$(\mathrm{ZB}[\bar{t}_j])_{\bar{t}_i} = f(\bar{t}_i, X_{\bar{t}_i})\,\Phi^{(i,j)}_{\bar{t}_i}.$$

   $$\Phi^{(i,j)}_{\bar{t}_i} = \int_{\mathbb{R}} \phi(\bar{t}_j, y, \bar{t}_i, X_{\bar{t}_i})\,\frac{1}{f(\bar{t}_j, y)}\,\mathrm{d}y.$$

   Daraus folgt insgesamt:

   $$(Z[\lambda])_0$$

   $$= E_{Q_{\mathrm{ZB}[\bar{t}_n]}}\left[\frac{(\mathrm{ZB}[\bar{t}_n])_0}{f(\bar{t}_i, X_{\bar{t}_i})\,\Phi^{(i,n)}_{\bar{t}_i}}\,\hat{Z}_{\bar{t}_i}\Big(\lambda, f(\bar{t}_i, X_{\bar{t}_i})\,\Phi^{(i,i+1)}_{\bar{t}_i}, \ldots, f(\bar{t}_i, X_{\bar{t}_i})\,\Phi^{(i,n)}_{\bar{t}_i}\Big)\right].$$

   Dies ist eine implizite nichtlineare Integralgleichung zur Bestimmung von $f(\bar{t}_i, x)$.

3. Die Funktion f wird für beliebige Zeitpunkte $t \in I$ mit Hilfe von Punkt 2 und Interpolation bestimmt.

Beispiel 10.7

Wir betrachten verschiedene Markov–Funktional Modelle.

- **LIBOR Forwardrate Markov–Funktional Modell**

1. Sei $\overline{\alpha} > 0$, und sei $\overline{b} > 0$. Wir definieren b durch:

$$b(t) := \exp(\overline{\alpha}\, t)\, \overline{b}.$$

2. Wir bestimmen f für die Zeitpunkte $t = \overline{t}_0, \ldots, \overline{t}_n$.

2.1 Wir definieren $f(\overline{t}_n, x)$ durch:

$$f(\overline{t}_n, x) := 1.$$

2.2 Sei f für die Zeitpunkte $t = \overline{t}_n, \ldots, \overline{t}_{i+1}$ bereits bestimmt. Wir verwenden digitale Caplets als Benchmark–Instrumente, d.h. wir betrachten die folgenden Zinsderivate:

$$(Z[\lambda])_{\overline{t}_i} = 1_{\{(L[\overline{t}_{i+1}])_{\overline{t}_i} > \lambda\}}.$$

Nach Konstruktion gilt:

$$(\mathrm{ZB}[\overline{t}_i])_{\overline{t}_{i-1}} = \frac{1}{1 + (\overline{t}_i - \overline{t}_{i-1})\, (L[\overline{t}_i])_{\overline{t}_{i-1}}}.$$

Daraus folgt:

$$\hat{Z}_{\overline{t}_i}(\lambda, z_{i+1}, \ldots, z_n) = 1_{\left\{z_{i+1} < \frac{1}{1+(\overline{t}_{i+1}-\overline{t}_i)\,\lambda}\right\}}.$$

3. Sei f für die Zeitpunkte $t = \overline{t}_0, \ldots, \overline{t}_n$ bereits bestimmt. Wir definieren f für $t \in I$ mit Hilfe von linearer Interpolation:

$$f(t, x) := \frac{(t - \overline{t}_{i-1})\, f(\overline{t}_i, x) + (\overline{t}_i - t)\, f(\overline{t}_{i-1}, x)}{\overline{t}_i - \overline{t}_{i-1}}.$$

- **LIBOR Swaprate Markov–Funktional Modell**

1. Sei $\overline{\alpha} > 0$, und sei $\overline{b} > 0$. Wir definieren b durch:

$$b(t) := \exp(\overline{\alpha}\, t)\, \overline{b}.$$

2. Wir bestimmen f für die Zeitpunkte $t = \overline{t}_0, \ldots, \overline{t}_n$.

2.1 Wir definieren $f(\overline{t}_n, x)$ durch:

$$f(\overline{t}_n, x) := 1.$$

2.2 Sei f für die Zeitpunkte $t = \overline{t}_n, \ldots, \overline{t}_{i+1}$ bereits bestimmt. Wir verwenden digitale Swaptions als Benchmark–Instrumente, d.h. wir betrachten die folgenden Zinsderivate:

$$(Z[\lambda])_{\overline{t}_i} = 1_{\{(S[\overline{t}_i, \ldots, \overline{t}_n])_{\overline{t}_i} > \lambda\}}.$$

Nach Konstruktion gilt:

$$(S[\overline{t}_i, \ldots, \overline{t}_n])_{\overline{t}_i} = \frac{1 - (\mathrm{ZB}[\overline{t}_n])_{\overline{t}_i}}{\sum_{j=i+1}^{n} (\overline{t}_j - \overline{t}_{j-1})\, (\mathrm{ZB}[\overline{t}_j])_{\overline{t}_i}}.$$

Daraus folgt:

$$\hat{Z}_{\overline{t}_i}(\lambda, z_{i+1}, \ldots, z_n) = 1_{\left\{\frac{1 - z_n}{\sum_{j=i+1}^{n} (\overline{t}_j - \overline{t}_{j-1})\, z_j} > \lambda\right\}}.$$

3. Sei f für die Zeitpunkte $t = \bar{t}_0, \ldots, \bar{t}_n$ bereits bestimmt. Wir definieren f für $t \in I$ mit Hilfe von linearer Interpolation:

$$f(t,x) := \frac{(t - \bar{t}_{i-1})\, f(\bar{t}_i, x) + (\bar{t}_i - t)\, f(\bar{t}_{i-1}, x)}{\bar{t}_i - \bar{t}_{i-1}}.$$

11 Wechselkursrisiko und Inflationsrisiko

In diesem Abschnitt führen wir mit dem Wechselkurs zwischen zwei Währungen sowie dem Inflationsindex zwei neue Risikofaktoren ein. Es zeigt sich überaschenderweise, dass die mathematische Modellierung für beide Risikofaktoren analog ist, so dass die gemeinsame Behandlung in diesem Abschnitt gerechtfertigt ist. Dazu formulieren wir zunächst eine allgemeine Rahmentheorie, welche den Übergang zwischen zwei Systemen, dem *Basissystem* und dem *Fremdsystem*, mit Hilfe einer *X–Rate (Exchange Rate)* beschreibt. Für die beiden Systeme sowie die X–Rate lassen wir zwei Interpretationen zu:

- Die X–Rate bezeichnet den *Wechselkurs* zwischen der Basiswährung und einer Fremdwährung. In diesem Fall bezeichnen die beiden Systeme reale Volkswirtschaften mit verschiedenen Währungen, wie z.B. den Euroraum und den US–Dollarraum.
- Die X–Rate bezeichnet den *Inflationsindex (Consumer Price Index)* des Basissystems. In diesem Fall bezeichnet das Basissystem eine reale Volkswirtschaft, wie z.B. den Euroraum. Dagegen bezeichnet das Fremdsystem eine fiktive Volkswirtschaft, welche durch Inflationsbereinigung aus dem Basissystem hervorgeht. Insbesondere gehen alle auf das Fremdsystem bezogenen Größen rechnerisch aus den entsprechenden auf das Basissystem bezogenen Größen sowie der X–Rate hervor.

Ausgestattet mit der allgemeinen Rahmentheorie betrachten wir zunächst die wichtigsten Wechselkurs- und Inflationsderivate sowie die zugehörigen Raten. Dabei unterscheiden wir zwischen *klassischen Derivaten im Fremdsystem* und *echten Wechselkurs- und Inflationsderivaten*. Bei den klassischen Derivaten im Fremdsystem handelt es sich um die bereits behandelten Aktien- und Zinsderivate im Fremdsystem aus Sicht des Basissystems. Bei den echten Wechselkurs- und Inflationsderivaten handelt es sich dagegen um solche Derivate, die explizit Bezug auf die X–Rate nehmen. Schließlich untersuchen wir mit den *Volatilitätsmodellen* und den *Driftmodellen* spezielle Modelle für die X–Rate.

11.1 Modellierung von Wechselkursen und Inflationsindizes

In diesem Abschnitt entwickeln wir unsere allgemeine Rahmentheorie. Dabei gehen wir zunächst von unabhängigen Finanzmarktmodellen für das Basissystem und das Fremdsystem aus. Mit Hilfe der X–Rate formulieren wir den Übergang zwischen Fremdsystem und Basissystem, insbesondere den Wechsel des Wahrscheinlichkeitsmaßes. Danach beweisen wir die Driftbedingung für die X–Rate, welche als einschränkende Bedingung bei der Modellierung beachtet werden muss. Wie in Abschnitt 10 betrachten wir die äquivalenten Martingalmaße für unsere Finanzmarktmodelle als gegeben und verwenden das Prinzip der risikoneutralen Bewertung zur Definition des fairen Preises eines Derivates.[31] Schließlich betrachten wir die Kopplung unseres X–Rate Modells an Aktienmodelle und verschiedene Zinsstrukturmodelle.

Zeit

Wir betrachten das folgende Zeitintervall:

$$I := [0, T].$$

Dabei bezeichnet $t = 0$ die Gegenwart, und $t > 0$ bezeichnet zukünftige Zeitpunkte.

[31] Siehe auch die Anmerkungen hierzu in der Einleitung in Abschnitt 10.

Ereignisräume

(a) Wir betrachten den folgenden Ereignisraum mit Wahrscheinlichkeitsstruktur für das Basissystem:

1. Sei Ω eine beliebige Menge.
2. Sei $\mathcal{F}$ eine σ–Algebra über Ω.
3. Sei $Q : \mathcal{F} \longrightarrow [0,1]$ ein Wahrscheinlichkeitsmaß.
4. Sei $(\mathcal{F}_t)_{t \in I}$ eine Filtration mit $\mathcal{F}_t \subset \mathcal{F}$.

(b) Wir betrachten den folgenden Ereignisraum mit Wahrscheinlichkeitsstruktur für das Fremdsystem:

1. Seien Ω und $\mathcal{F}$ gemäß (a).
2. Sei $\hat{Q} : \mathcal{F} \longrightarrow [0,1]$ ein Wahrscheinlichkeitsmaß.
3. Sei $(\hat{\mathcal{F}}_t)_{t \in I}$ eine Filtration mit $\hat{\mathcal{F}}_t \subset \mathcal{F}$.

Brownsche Bewegungen

(a) Wir betrachten die folgenden Brownschen Bewegungen für das Basissystem:

1. Seien $W^{(1)}, \ldots, W^{(p)}$ unabhängige Brownsche Bewegungen bzgl. Q.
2. Sei $(\mathcal{F}_t)_{t \in I}$ die von $W^{(1)}, \ldots, W^{(p)}$ erzeugte Brownsche Filtration.

(b) Wir betrachten die folgenden Brownschen Bewegungen für das Fremdsystem:

1. Seien $\hat{W}^{(1)}, \ldots, \hat{W}^{(p)}$ unabhängige Brownsche Bewegungen bzgl. $\hat{Q}$.
2. Sei $(\hat{\mathcal{F}}_t)_{t \in I}$ die von $\hat{W}^{(1)}, \ldots, \hat{W}^{(p)}$ erzeugte Brownsche Filtration.

Geldkontoprozesse

(a) Wir betrachten einen positiven Geldkontoprozess B für das Basissystem. B beschreibt die Wertentwicklung einer Geldeinheit, welche zur Zeit $t = 0$ in ein Geldkonto im Basissystem investiert wird. Sei dazu folgende Voraussetzung gegeben:

- $r \in \mathfrak{C}(Q)$ ist beschränkt.

Wir nehmen an, dass B folgende Darstellung besitzt:

$$B_t = 1 + \int_0^t r_s \, B_s \, \mathrm{d}s.$$

Dabei bezeichnet r die *instantane Zinsrate* (*Shortrate*) für das Basissystem. Nach der Itoschen Formel gilt:

$$B_t = \exp\Big(\int_0^t r_s \, \mathrm{d}s \Big).$$

Insbesondere gilt:

- $B \in \mathfrak{C}(Q)$ ist beschränkt.

(b) Wir betrachten einen positiven Geldkontoprozess $\hat{B}$ für das Fremdsystem. $\hat{B}$ beschreibt die Wertentwicklung einer Geldeinheit, welche zur Zeit $t = 0$ in ein Geldkonto im Fremdsystem investiert wird. Sei dazu folgende Voraussetzung gegeben:

- $\hat{r} \in \mathfrak{C}(\hat{Q})$ ist beschränkt.

Wir nehmen an, dass $\hat{B}$ folgende Darstellung besitzt:

$$\hat{B}_t = 1 + \int_0^t \hat{r}_s \, \hat{B}_s \, \mathrm{d}s.$$

Dabei bezeichnet $\hat{r}$ die *instantane Zinsrate* (*Shortrate*) für das Fremdsystem. Nach der Itoschen Formel gilt:

$$\hat{B}_t = \exp\Big(\int_0^t \hat{r}_s \, \mathrm{d}s\Big).$$

Insbesondere gilt:

- $\hat{B} \in \mathfrak{C}(\hat{Q})$ ist beschränkt.

Diskontierte Prozesse

(a) Sei X ein stochastischer Prozess für das Basissystem. Wir definieren den zugehörigen diskontierten Prozess für das Basissystem durch:

$$X_t^B := \frac{X_t}{B_t} = \exp\Big(-\int_0^t r_s \, \mathrm{d}s\Big)\, X_t.$$

M.a.W. wir verwenden den Geldkontoprozess für das Basissystem als *Numeraire* für das Basissystem.

(b) Sei $\hat{X}$ ein stochastischer Prozess für das Fremdsystem. Wir definieren den zugehörigen diskontierten Prozess für das Fremdsystem durch:

$$\hat{X}_t^{\hat{B}} := \frac{\hat{X}_t}{\hat{B}_t} = \exp\Big(-\int_0^t \hat{r}_s \, \mathrm{d}s\Big)\, \hat{X}_t.$$

M.a.W. wir verwenden den Geldkontoprozess für das Fremdsystem als *Numeraire* für das Fremdsystem.

Derivate mit europäischem Ausübungsrecht

Sei $\bar{t} \in I$ mit $\bar{t} > 0$.

(a) Wir betrachten ein Derivat $Z_{\bar{t}}$ mit europäischem Ausübungsrecht für das Basissystem. $Z_{\bar{t}}$ beschreibt eine Zahlung zur Zeit $t = \bar{t}$ im Basissystem, welche durch einen Kontrakt festgelegt wird. Wir nehmen an, dass $Z_{\bar{t}}$ folgende Regularität besitzt:

$$Z_{\bar{t}}^B \in L^2(\Omega, \mathcal{F}_{\bar{t}}, Q).$$

(b) Wir betrachten ein Derivat $\hat{Z}_{\bar{t}}$ mit europäischem Ausübungsrecht für das Fremdsystem. $\hat{Z}_{\bar{t}}$ beschreibt eine Zahlung zur Zeit $t = \bar{t}$ im Fremdsystem, welche durch einen Kontrakt festgelegt wird. Wir nehmen an, dass $\hat{Z}_{\bar{t}}$ folgende Regularität besitzt:

$$\hat{Z}_{\bar{t}}^{\hat{B}} \in L^2(\Omega, \hat{\mathcal{F}}_{\bar{t}}, \hat{Q}).$$

Prinzip der risikoneutralen Bewertung

(a) Sei $Z_{\bar{t}}$ ein Derivat mit europäischem Ausübungsrecht für das Basissystem.

1. Wir definieren den *Wertprozess* U des Derivates $Z_{\bar{t}}$ für das Basissystem durch:

$$U_t^B := E_Q[Z_{\bar{t}}^B | \mathcal{F}_t] = E_Q\Big[\exp\Big(-\int_0^{\bar{t}} r_s \, \mathrm{d}s\Big) Z_{\bar{t}} \Big| \mathcal{F}_t\Big].$$

Insbesondere gilt:

$$U_t = E_Q\Big[\exp\Big(-\int_t^{\bar{t}} r_s \, \mathrm{d}s\Big) Z_{\bar{t}} \Big| \mathcal{F}_t\Big].$$

2. Wir definieren den *fairen Preis* Z_0 des Derivates $Z_{\bar{t}}$ zur Zeit $t = 0$ für das Basissystem durch:

$$Z_0 := E_Q[Z_{\bar{t}}^B] = E_Q\Big[\exp\Big(-\int_0^{\bar{t}} r_t \, \mathrm{d}t\Big) Z_{\bar{t}}\Big].$$

(b) Sei $\hat{Z}_{\bar{t}}$ ein Derivat mit europäischem Ausübungsrecht für das Fremdsystem.

1. Wir definieren den *Wertprozess* $\hat{U}$ des Derivates $\hat{Z}_{\bar{t}}$ für das Fremdsystem durch:

$$\hat{U}_t^{\hat{B}} := E_{\hat{Q}}[\hat{Z}_{\bar{t}}^{\hat{B}} | \hat{\mathcal{F}}_t] = E_{\hat{Q}}\Big[\exp\Big(-\int_0^{\bar{t}} \hat{r}_s \, \mathrm{d}s\Big) \hat{Z}_{\bar{t}} \Big| \hat{\mathcal{F}}_t\Big].$$

Insbesondere gilt:

$$\hat{U}_t = E_{\hat{Q}}\Big[\exp\Big(-\int_t^{\bar{t}} \hat{r}_s \, \mathrm{d}s\Big) \hat{Z}_{\bar{t}} \Big| \hat{\mathcal{F}}_t\Big].$$

2. Wir definieren den *fairen Preis* $\hat{Z}_0$ des Derivates $\hat{Z}_{\bar{t}}$ zur Zeit $t = 0$ für das Fremdsystem durch:

$$\hat{Z}_0 := E_{\hat{Q}}[\hat{Z}_{\bar{t}}^{\hat{B}}] = E_{\hat{Q}}\Big[\exp\Big(-\int_0^{\bar{t}} \hat{r}_t \, \mathrm{d}t\Big) \hat{Z}_{\bar{t}}\Big].$$

X–Rate (Exchange Rate)

Wir betrachten eine X–Rate R. Seien dazu folgende Voraussetzungen gegeben:

1. $a \in \mathfrak{C}(Q)$ ist beschränkt.

2. $b^{(1)}, \dots, b^{(p)} \in \mathfrak{C}(Q)$ sind beschränkt.

Wir postulieren für R die folgende Darstellung bzgl. Q:

$$R_t = 1 + \int_0^t a_s\, R_s\, \mathrm{d}s + \sum_{j=1}^{p} \int_0^t b_s^{(j)}\, R_s\, \mathrm{d}W_s^{(j)}.$$

Nach der Itoschen Formel gilt:

$$R_t = \exp\Big(\int_0^t a_s\, \mathrm{d}s - \frac{1}{2} \sum_{j=1}^{p} \int_0^t |b_s^{(j)}|^2\, \mathrm{d}s + \sum_{j=1}^{p} \int_0^t b_s^{(j)}\, \mathrm{d}W_s^{(j)} \Big).$$

R beschreibt den Übergang zwischen dem Basissystem und dem Fremdsystem. Wir betrachten die folgenden beiden Fälle:

- R bezeichnet den *Wechselkurs* zwischen der Basiswährung und einer Fremdwährung.
- R bezeichnet den *Inflationsindex (*Consumer Price Index*)* des Basissystems.

Wechsel des Referenzsystems

Bisher waren das Basissystem und das Fremdsystem unabhängig von einander definiert. Mit Hilfe der X–Rate postulieren wir nun den Zusammenhang zwischen den beiden Systemen. Insbesondere betrachten wie den Übergang zwischen den äquivalenten Martingalmaßen für die beiden Systeme.

1. Wir definieren einen stochastischen Prozess $\Phi \in \mathfrak{M}(Q)$ durch:

$$\Phi_t := \exp\Big(- \frac{1}{2} \sum_{j=1}^{p} \int_0^t |b_s^{(j)}|^2\, \mathrm{d}s + \sum_{j=1}^{p} \int_0^t b_s^{(j)}\, \mathrm{d}W_s^{(j)} \Big).$$

2. Wir nehmen an, dass das äquivalente Martingalmaß für das Fremdsystem folgende Darstellung besitzt:

$$\hat{Q}(A) = E_Q[1_A\, \Phi_T].$$

3. Wir nehmen an, dass die Brownschen Bewegungen für das Fremdsystem folgende Darstellung besitzen:

$$\hat{W}_t^{(j)} = - \int_0^t b_s^{(j)}\, \mathrm{d}s + W_t^{(j)}.$$

Mit Hilfe des Satzes von Girsanov erhalten wir:

3.1 $\hat{W}^{(1)}, \dots, \hat{W}^{(p)}$ sind unabhängige Brownsche Bewegungen bzgl. $\hat{Q}$.

3.2 $\hat{W}^{(1)}, \dots, \hat{W}^{(p)}$ und $W^{(1)}, \dots, W^{(p)}$ erzeugen dieselbe Filtration, d.h. es gilt:

$$\hat{\mathcal{F}}_t = \mathcal{F}_t.$$

4. Sei X ein Itoscher Prozess bzgl. Q mit folgender Darstellung:

$$X_t = X_0 + \int_0^t A_s \, \mathrm{d}s - \sum_{j=1}^{p} \int_0^t b_s^{(j)} \, B_s^{(j)} \, \mathrm{d}s + \sum_{j=1}^{p} \int_0^t B_s^{(j)} \, \mathrm{d}W_s^{(j)}.$$

Nach dem Satz von Girsanov ist X Itoscher Prozess bzgl. $\hat{Q}$ mit folgender Darstellung:

$$X_t = X_0 + \int_0^t A_s \, \mathrm{d}s + \sum_{j=1}^{p} \int_0^t B_s^{(j)} \, \mathrm{d}\hat{W}_s^{(j)}.$$

Transformierte Prozesse

Sei $\hat{X}$ ein stochastischer Prozess, welcher die Wertentwicklung einer Investition im Fremdsystem beschreibt. Wir definieren den zugehörigen transformierten Prozess für das Basissystem durch:

$$\tilde{X}_t := R_t \, \hat{X}_t.$$

$\tilde{X}$ beschreibt die Wertentwicklung der Investition aus Sicht des Basissystems.

Bemerkung

Sei $\hat{S}$ der Preisprozess eines Assets im Fremdsystem, und sei S der zugehörige Preisprozess desselben Assets im Basissystem. Wir postulieren folgende Beziehung zwischen den beiden Preisprozessen:

$$\tilde{S}_t = R_t \, \hat{S}_t = S_t.$$

(a) Je nach Interpretation von R besitzt die oben postulierte Beziehung zwischen S und $\hat{S}$ unterschiedliche Bedeutungen.

1. Sei R der Wechselkurs zwischen der Basiswährung und einer Fremdwährung. Wir betrachten ein Asset, welches in Basissystem und Fremdsystem in verschiedenen Währungen gehandelt wird. Sei dazu S der Preisprozess des Assets in Basiswährung, und sei $\hat{S}$ der Preisprozess des Assets in Fremdwährung.

1.2 Wir betrachten den folgenden Handelsprozess:
- Kauf des Assets im Basissystem zum Preis S
- Verkauf des Assets im Fremdsystem zum Preis $\hat{S}$
- Tausch der Fremdwährung in Basiswährung mit Wechselkurs R

Der Handelsprozess lässt genau dann keine Arbitrage (d.h. keine risikolose Gewinnmöglichkeit) zu, wenn folgende Bedingung erfüllt ist:

$$S_t \geq R_t \, \hat{S}_t.$$

1.2 Wir betrachten den folgenden Handelsprozess:
- Tausch der Basiswährung in Fremdwährung mit Wechselkurs R
- Kauf des Assets im Fremdsystem zum Preis $\hat{S}$
- Verkauf des Assets im Basissystem zum Preis S

Der Handelsprozess lässt genau dann keine Arbitrage zu, wenn folgende Bedingung erfüllt ist:

$$S_t \leq R_t \, \hat{S}_t.$$

M.a.W. die oben postulierte Beziehung zwischen S und $\hat{S}$ entspricht genau der Annahme, dass das Gesamtsystem (bestehend aus Basissystem und Fremdsystem) keine Arbitragemöglichkeiten zulässt.

2. Sei R der Inflationsindex des Basissystems, und sei S der Preisprozess des Assets im Basissystem. Dann ist der Preisprozess $\hat{S}$ des Assets im Fremdsystem durch die oben postulierte Beziehung zwischen S und $\hat{S}$ definiert.

(b) Die oben postulierte Beziehung zwischen S und $\hat{S}$ gilt nur dann, wenn sich S und $\hat{S}$ tatsächlich auf dasselbe Asset beziehen. Für die Geldkontoprozesse ist dies nicht der Fall. Insbesondere gilt:

$$\tilde{B}_t = R_t \, \hat{B}_t \neq B_t.$$

Theorem 11.1 (Driftbedingung)
Folgende Aussagen sind äquivalent:

(a) *$\tilde{B}$ besitzt folgende Regularität:*

$$(\tilde{B})^B \in \mathfrak{M}(Q).$$

Insbesondere ist $(\tilde{B})^B$ ein Martingal bzgl. Q.

(b) *Es gilt die folgende Driftbedingung:*

$$a_t = r_t - \hat{r}_t.$$

Beweis

Nach Konstruktion gilt:

$$(\tilde{B})^B_t = \frac{R_t \, \hat{B}_t}{B_t}.$$

Nach der Itoschen Formel besitzt $(\tilde{B})^B$ folgende Darstellung bzgl. Q:

$$(\tilde{B})^B_t = 1 + \int_0^t (a_s + \hat{r}_s - r_s)\, (\tilde{B})^B_s \, \mathrm{d}s + \sum_{j=1}^p \int_0^t b_s^{(j)} \, (\tilde{B})^B_s \, \mathrm{d}W_s^{(j)}.$$

Nach der Itoschen Formel gilt:

$$(\tilde{B})^B_t = \exp\Big(\int_0^t (a_s + \hat{r}_s - r_s)\, \mathrm{d}s - \frac{1}{2} \sum_{j=1}^p \int_0^t |b_s^{(j)}|^2 \, \mathrm{d}s + \sum_{j=1}^p \int_0^t b_s^{(j)} \, \mathrm{d}W_s^{(j)} \Big).$$

Nach dem Darstellungssatz für Brownsche Martingale und der Eindeutigkeit der Itoschen Zerlegung sind folgende Aussagen äquivalent:

$$(\tilde{B})^B \in \mathfrak{M}(Q).$$

$$a_t + \hat{r}_t - r_t = 0.$$

Daraus folgt die Behauptung.

□

Bemerkung

(a) $\tilde{B}$ beschreibt die Wertentwicklung einer Geldeinheit, welche zur Zeit $t = 0$ in ein Geldkonto im Fremdsystem investiert wird, aus Sicht des Basissystems. Insbesondere ist $\tilde{B}$ ein Preisprozess für das Basissystem. Im Rahmen unserer allgemeinen Theorie haben wir stets angenommen, dass die diskontierten Preisprozesse für das Basissystem Martingale bzgl. Q sind. Deshalb muss für jedes X–Rate Modell die Driftbedingung gelten.

(b) Nach (a) besitzt R folgende Darstellungen:

$$R_t = 1 + \int_0^t (r_s - \hat{r}_s)\, R_s \,\mathrm{d}s + \sum_{j=1}^{p} \int_0^t b_s^{(j)}\, R_s \,\mathrm{d}W_s^{(j)}.$$

$$R_t = \exp\Big(\int_0^t (r_s - \hat{r}_s)\,\mathrm{d}s - \frac{1}{2} \sum_{j=1}^{p} \int_0^t |b_s^{(j)}|^2 \,\mathrm{d}s + \sum_{j=1}^{p} \int_0^t b_s^{(j)} \,\mathrm{d}W_s^{(j)} \Big).$$

Theorem 11.2 (Prinzip der risikoneutralen Bewertung bei Wechsel des Referenzsystems)

Sei $\hat{Z}_{\bar{t}}$ ein Derivat mit europäischem Ausübungsrecht für das Fremdsystem.

(a) *Der transformierte Wertprozess $\tilde{U}$ des Derivates $\hat{Z}_{\bar{t}}$ für das Basissystem besitzt folgende Darstellung:*

$$\tilde{U}_t^B = E_Q[\tilde{Z}_{\bar{t}}^B | \mathcal{F}_t] = E_Q\Big[\exp\Big(-\int_0^{\bar{t}} r_s \,\mathrm{d}s\Big)\, \tilde{Z}_{\bar{t}} \Big| \mathcal{F}_t\Big].$$

Insbesondere gilt:

$$\tilde{U}_t = E_Q\Big[\exp\Big(-\int_t^{\bar{t}} r_s \,\mathrm{d}s\Big)\, \tilde{Z}_{\bar{t}} \Big| \mathcal{F}_t\Big].$$

(b) *Der transformierte faire Preis $\hat{Z}_0$ des Derivates $\hat{Z}_{\bar{t}}$ zur Zeit $t = 0$ für das Basissystem besitzt folgende Darstellung:*

$$\tilde{Z}_0 = E_Q[\tilde{Z}_{\bar{t}}^B] = E_Q\Big[\exp\Big(-\int_0^{\bar{t}} r_t \,\mathrm{d}t\Big)\, \tilde{Z}_{\bar{t}}\Big].$$

Beweis

(a) Der Beweis der Aussage in (a) erfordert eine Vorüberlegung zur Regularität von $\tilde{Z}$.

1. Sei $n \in \mathbb{N}$. Nach Konstruktion gilt:

$$|\Phi_t|^n = \exp\Big(\frac{n^2-n}{2}\sum_{j=1}^{p}\int_0^t |b_s^{(j)}|^2\,\mathrm{d}s\Big)\,\Phi_t^{(n)}.$$

$$\Phi_t^{(n)} := \exp\Big(-\frac{1}{2}\sum_{j=1}^{p}\int_0^t |n\,b_s^{(j)}|^2\,\mathrm{d}s + \sum_{j=1}^{p}\int_0^t n\,b_s^{(j)}\,\mathrm{d}W_s^{(j)}\Big).$$

Daraus folgt:

$$|\Phi_t|^n \in \mathfrak{C}(Q).$$

Nach Konstruktion gilt ferner:

$$R_t = \exp\Big(\int_0^t (r_s - \hat{r}_s)\,\mathrm{d}s\Big)\,\Phi_t.$$

Daraus folgt:

$$|R_t|^n \in \mathfrak{C}(Q).$$

Nach Konstruktion gilt schließlich:

$$\hat{Z}_{\overline{t}} \in L^2(\Omega, \mathcal{F}_{\overline{t}}, \hat{Q}).$$

Mit Hilfe der Minkowskischen Ungleichung erhalten wir insgesamt:

$$\begin{aligned}
E_{\hat{Q}}[|R_t\,\hat{Z}_{\overline{t}}|] &\leq (E_{\hat{Q}}[|R_t|^2])^{\frac{1}{2}}\,(E_{\hat{Q}}[|\hat{Z}_{\overline{t}}|^2])^{\frac{1}{2}}\\
&= (E_Q[|R_t|^2\,\Phi_T])^{\frac{1}{2}}\,(E_{\hat{Q}}[|\hat{Z}_{\overline{t}}|^2])^{\frac{1}{2}}\\
&\leq (E_Q[|R_t|^4])^{\frac{1}{4}}\,(E_Q[|\Phi_T|^2])^{\frac{1}{4}}\,(E_{\hat{Q}}[|\hat{Z}_{\overline{t}}|^2])^{\frac{1}{2}}\\
&< \infty.
\end{aligned}$$

Daraus folgt:

$$R_t\,\hat{Z}_{\overline{t}} \in L^1(\Omega, \mathcal{F}_{\overline{t}}, \hat{Q}).$$

2. Sei $Z \in L^1(\Omega, \mathcal{F}_{\overline{t}}, \hat{Q})$ eine Zufallsvariable, und sei $A \in \hat{\mathcal{F}}_t = \mathcal{F}_t$. Nach Konstruktion gilt:

$$\Phi \in \mathfrak{M}(Q).$$

Insbesondere ist Φ ein Martingal bzgl. Q. Daraus folgt:

$$E_{\hat{Q}}[1_A\,Z] = E_Q[1_A\,Z\,\Phi_T]$$

$$
\begin{aligned}
&= E_Q[1_A\, Z\, \Phi_{\bar{t}}] \\
&= E_Q\Big[1_A\, Z\, \frac{\Phi_{\bar{t}}}{\Phi_t}\Phi_t\Big] \\
&= E_Q\Big[1_A\, E_Q\Big[Z\, \frac{\Phi_{\bar{t}}}{\Phi_t}\Big|\mathcal{F}_t\Big]\, \Phi_t\Big] \\
&= E_Q\Big[1_A\, E_Q\Big[Z\, \frac{\Phi_{\bar{t}}}{\Phi_t}\Big|\mathcal{F}_t\Big]\, \Phi_T\Big] \\
&= E_{\hat{Q}}\Big[1_A\, E_Q\Big[Z\, \frac{\Phi_{\bar{t}}}{\Phi_t}\Big|\mathcal{F}_t\Big]\Big].
\end{aligned}
$$

Dabei war $A \in \hat{\mathcal{F}}_t = \mathcal{F}_t$ beliebig. Daraus folgt:

$$
E_{\hat{Q}}[Z|\mathcal{F}_t] = E_Q\Big[Z\, \frac{\Phi_{\bar{t}}}{\Phi_t}\Big|\mathcal{F}_t\Big].
$$

3. Wir beweisen nun die Aussage in (a). Mit Hilfe von Punkt 1 und Punkt 2 erhalten wir:

$$
\begin{aligned}
\tilde{U}_t^B &= \frac{R_t\, \hat{U}_t}{B_t} \\
&= E_{\hat{Q}}\Big[\exp\Big(-\int_0^t r_s\,\mathrm{d}s\Big)\, \exp\Big(-\int_t^{\bar{t}} \hat{r}_s\,\mathrm{d}s\Big)\, R_t\, \hat{Z}_{\bar{t}}\Big|\mathcal{F}_t\Big] \\
&= E_Q\Big[\exp\Big(-\int_0^t r_s\,\mathrm{d}s\Big)\, \exp\Big(-\int_t^{\bar{t}} \hat{r}_s\,\mathrm{d}s\Big)\, R_t\, \hat{Z}_{\bar{t}}\, \frac{\Phi_{\bar{t}}}{\Phi_t}\Big|\mathcal{F}_t\Big] \\
&= E_Q\Big[\exp\Big(-\int_0^{\bar{t}} r_s\,\mathrm{d}s\Big)\, R_{\bar{t}}\, \hat{Z}_{\bar{t}}\Big|\mathcal{F}_t\Big] \\
&= E_Q\Big[\exp\Big(-\int_0^{\bar{t}} r_s\,\mathrm{d}s\Big)\, \tilde{Z}_{\bar{t}}\Big|\mathcal{F}_t\Big] \\
&= E_Q[\tilde{Z}_{\bar{t}}^B|\mathcal{F}_t].
\end{aligned}
$$

(b) Nach (a) gilt:

$$
\tilde{Z}_0 = \tilde{U}_0 = \tilde{U}_0^B = E_Q[\tilde{Z}_{\bar{t}}^B] = E_Q\Big[\exp\Big(-\int_0^{\bar{t}} r_t\,\mathrm{d}t\Big)\, \tilde{Z}_{\bar{t}}\Big].
$$

□

Beispiel 11.1

Wir betrachten die Kopplung unseres X–Rate Modells an verschiedene Finanzmarktmodelle.

- **Aktienmarktmodelle**

  Wir betrachten die Preisprozesse der Assets $\hat{S}^{(1)}, \ldots, \hat{S}^{(p)}$ für das Fremdsystem. Sei dazu folgende Voraussetzung gegeben:

- Die Volatilitäten $\hat{\sigma}^{(1,1)}, \ldots, \hat{\sigma}^{(p,p)} \in \mathfrak{C}$ sind beschränkt.

Wir untersuchen die Transformation vom Fremdsystem ins Basissystem.

1. Wir nehmen an, dass $\hat{S}^{(i)}$ die folgende Darstellung bzgl. $\hat{Q}$ besitzt:

$$\hat{S}_t^{(i)} = 1 + \int_0^t \hat{r}_s\, \hat{S}_s^{(i)}\, \mathrm{d}s + \sum_{j=1}^p \int_0^t \hat{\sigma}_s^{(i,j)}\, \hat{S}_s^{(i)}\, \mathrm{d}\hat{W}_s^{(j)}.$$

Nach der Itoschen Formel gilt:

$$\hat{S}_t^{(i)} = \exp\Big(\int_0^t \hat{r}_s\, \mathrm{d}s - \frac{1}{2} \sum_{j=1}^p \int_0^t |\hat{\sigma}_s^{(i,j)}|^2\, \mathrm{d}s + \sum_{j=1}^p \int_0^t \hat{\sigma}_s^{(i,j)}\, \mathrm{d}\hat{W}_s^{(j)} \Big).$$

2. Nach dem Satz von Girsanov besitzt $\hat{S}^{(i)}$ folgende Darstellung bzgl. Q:

$$\hat{S}_t^{(i)} = 1 + \int_0^t \hat{r}_s\, \hat{S}_s^{(i)}\, \mathrm{d}s - \sum_{j=1}^p \int_0^t b^{(j)}\, \hat{\sigma}_s^{(i,j)}\, \hat{S}_s^{(i)}\, \mathrm{d}s + \sum_{j=1}^p \int_0^t \hat{\sigma}_s^{(i,j)}\, \hat{S}_s^{(i)}\, \mathrm{d}W_s^{(j)}.$$

$$(\hat{S}^{(i)})_t^B = 1 + \int_0^t (\hat{r}_s - r_s)\, (\hat{S}^{(i)})_s^B\, \mathrm{d}s - \sum_{j=1}^p \int_0^t b^{(j)}\, \hat{\sigma}_s^{(i,j)}\, (\hat{S}^{(i)})_s^B\, \mathrm{d}s$$
$$+ \sum_{j=1}^p \int_0^t \hat{\sigma}_s^{(i,j)}\, (\hat{S}^{(i)})_s^B\, \mathrm{d}W_s^{(j)}.$$

Nach der Itoschen Formel gilt:

$$\hat{S}_t^{(i)} = \exp\Big(\int_0^t \hat{r}_s\, \mathrm{d}s - \sum_{j=1}^p \int_0^t b_s^{(j)}\, \hat{\sigma}_s^{(i,j)}\, \mathrm{d}s - \frac{1}{2} \sum_{j=1}^p \int_0^t |\hat{\sigma}_s^{(i,j)}|^2\, \mathrm{d}s$$
$$+ \sum_{j=1}^p \int_0^t \hat{\sigma}_s^{(i,j)}\, \mathrm{d}W_s^{(j)} \Big).$$

$$(\hat{S}^{(i)})_t^B = \exp\Big(\int_0^t (\hat{r}_s - r_s)\, \mathrm{d}s - \sum_{j=1}^p \int_0^t b_s^{(j)}\, \hat{\sigma}_s^{(i,j)}\, \mathrm{d}s - \frac{1}{2} \sum_{j=1}^p \int_0^t |\hat{\sigma}_s^{(i,j)}|^2\, \mathrm{d}s$$
$$+ \sum_{j=1}^p \int_0^t \hat{\sigma}_s^{(i,j)}\, \mathrm{d}W_s^{(j)} \Big).$$

Insbesondere ist der diskontierte *Quanto-Preisprozess* $(\hat{S}^{(i)})^B$ des Assets für das Basissystem i.d.R. kein Martingal bzgl. Q.

3. Nach der Itoschen Formel besitzt der transformierte Preisprozess $\tilde{S}^{(i)}$ des Assets für das Basissystem folgende Darstellung bzgl. Q:

$$\tilde{S}_t^{(i)} = 1 + \int_0^t r_s\, \tilde{S}_s^{(i)}\, \mathrm{d}s + \sum_{j=1}^p \int_0^t (b_s^{(j)} + \hat{\sigma}_s^{(i,j)})\, \tilde{S}_s^{(i)}\, \mathrm{d}W_s^{(j)}.$$

$$(\tilde{S}^{(i)})^B_t = 1 + \sum_{j=1}^{p} \int_0^t (b_s^{(j)} + \hat{\sigma}_s^{(i,j)}) \, (\tilde{S}^{(i)})^B_s \, \mathrm{d}W_s^{(j)}.$$

Nach der Itoschen Formel gilt:

$$\tilde{S}_t^{(i)} = \exp\Big(\int_0^t r_s \, \mathrm{d}s - \frac{1}{2} \sum_{j=1}^{p} \int_0^t |b_s^{(j)} + \hat{\sigma}_s^{(i,j)}|^2 \, \mathrm{d}s + \sum_{j=1}^{p} \int_0^t (b_s^{(j)} + \hat{\sigma}_s^{(i,j)}) \, \mathrm{d}W_s^{(j)} \Big).$$

$$(\tilde{S}^{(i)})^B_t = \exp\Big(- \frac{1}{2} \sum_{j=1}^{p} \int_0^t |b_s^{(j)} + \hat{\sigma}_s^{(i,j)}|^2 \, \mathrm{d}s + \sum_{j=1}^{p} \int_0^t (b_s^{(j)} + \hat{\sigma}_s^{(i,j)}) \, \mathrm{d}W_s^{(j)} \Big).$$

Insbesondere ist der diskontierte transformierte Preisprozess $(\tilde{S}^{(i)})^B$ des Assets für das Basissystem ein Martingal bzgl. Q.

- **Shortrate Modelle für Bondmärkte**

  Wir betrachten die instantane Zinsrate (Shortrate) $\hat{r}$ für das Fremdsystem. Seien dazu folgende Voraussetzungen gegeben:

  1. $\hat{\alpha} \in \mathfrak{C}$ ist beschränkt.
  2. $\hat{\beta}^{(1)}, \ldots, \hat{\beta}^{(p)} \in \mathfrak{C}$ sind beschränkt.

  Wir nehmen an, dass $\hat{r}$ die folgende Darstellung bzgl. $\hat{Q}$ besitzt:

$$\hat{r}_t = \hat{r}_0 + \int_0^t \hat{\alpha}_s \, \mathrm{d}s + \sum_{j=1}^{p} \int_0^t \hat{\beta}_s^{(j)} \, \mathrm{d}\hat{W}_s^{(j)}.$$

  Nach dem Satz von Girsanov besitzt $\hat{r}$ die folgende Darstellung bzgl. Q:

$$\hat{r}_t = \hat{r}_0 + \int_0^t \hat{\alpha}_s \, \mathrm{d}s - \sum_{j=1}^{p} \int_0^t b_s^{(j)} \, \hat{\beta}_s^{(j)} \, \mathrm{d}s + \sum_{j=1}^{p} \int_0^t \hat{\beta}_s^{(j)} \, \mathrm{d}W_s^{(j)}.$$

- **Heath–Jarrow–Morton Modelle für Bondmärkte**

  Wir betrachten die instantane Forwardrate $\hat{f}[\overline{t}]$ für das Fremdsystem. Seien dazu folgende Voraussetzungen gegeben:

  1. $J = \{(s,t) \in I \times I \mid s \geq t\}$.
  2. $\hat{\beta}^{(1)}, \ldots, \hat{\beta}^{(p)} : J \times \Omega \longrightarrow \mathbb{R}$.
  3. $\hat{\beta}^{(1)}, \ldots, \hat{\beta}^{(p)}$ sind beschränkt.
  4. $\hat{\beta}^{(1)}, \ldots, \hat{\beta}^{(p)}$ sind $(\mathcal{B} \times \mathcal{B} \times \mathcal{F})/\mathcal{B}$–messbar.
  5. $\hat{\beta}^{(1)}, \ldots, \hat{\beta}^{(p)}$ sind progressiv messbar.
  6. $\hat{\beta}^{(1)}, \ldots, \hat{\beta}^{(p)}$ sind stetig in der Zeit.

  Wir nehmen an, dass $\hat{f}[\overline{t}]$ folgende Darstellung bzgl. $\hat{Q}$ besitzt:

$$(\hat{f}[\overline{t}])_t = (\hat{f}[\overline{t}])_0 + \int_0^t (\hat{\alpha}[\overline{t}])_s \, \mathrm{d}s + \sum_{j=1}^{p} \int_0^t (\hat{\beta}^{(j)}[\overline{t}])_s \, \mathrm{d}\hat{W}_s^{(j)}.$$

$$(\hat{\alpha}[\bar{t}])_t = \sum_{j=1}^{p} (\hat{\beta}^{(j)}[\bar{t}])_t \int_t^{\bar{t}} (\hat{\beta}^{(j)}[s])_t \, \mathrm{d}s.$$

Nach dem Satz von Girsanov besitzt $\hat{f}[\bar{t}]$ die folgende Darstellung bzgl. Q:

$$(\hat{f}[\bar{t}])_t = (\hat{f}[\bar{t}])_0 + \int_0^t (\hat{a}[\bar{t}])_s \, \mathrm{d}s + \sum_{j=1}^{p} \int_0^t (\hat{\beta}^{(j)}[\bar{t}])_s \, \mathrm{d}W_s^{(j)}.$$

$$(\hat{a}[\bar{t}])_t = \sum_{j=1}^{p} (\hat{\beta}^{(j)}[\bar{t}])_t \Big(\int_t^{\bar{t}} (\hat{\beta}^{(j)}[s])_t \, \mathrm{d}s - b_t^{(j)} \Big).$$

Insbesondere genügt $\hat{f}[\bar{t}]$ nicht der Driftbedingung von Heath–Jarrow–Morton für das Basissystem.

Bemerkung

Trotz der formalen mathematischen Analogie zwischen Wechselkursen und Inflationsindizes unterscheidet sich das praktische Vorgehen bei der Modellierung dieser Größen.

(a) Sei R der Wechselkurs zwischen der Basiswährung und einer Fremdwährung. In diesem Fall sind sowohl das Basissystem als auch das Fremdsystem reale Volkswirtschaften. Insbesondere sind die Zinsraten für die beiden Systeme beobachtbare Marktparameter. Deshalb betrachten wir die instantanen Zeroraten r und $\hat{r}$ als gegeben und berücksichtigen die Driftbedingung bei der Modellierung von R, d.h. wir definieren die Drift von R durch:

$$a_t := r_t - \hat{r}_t.$$

Da sowohl das Basissystem als auch das Fremdsystem reale Volkswirtschaften sind, besitzen r und $\hat{r}$ typischerweise dieselbe Struktur.

(b) Sei R der Inflationsindex des Basissystems. In diesem Fall ist das Basissystem eine reale Volkswirtschaft. Dagegen ist das Fremdsystem eine fiktive Volkswirtschaft, welche durch Inflationsbereinigung aus dem Basissystem hervorgeht. Insbesondere sind die Zinsrate für das Basissystem sowie der Inflationsindex des Basissystems beobachtbare Marktparameter. Deshalb betrachten wir die instantane Zerorate r für das Basissystem sowie den Inflationsindex R (insbesondere die Drift a) als gegeben und definieren die instantane Zerorate $\hat{r}$ für das Fremdsystem mit Hilfe der Driftbedingung:

$$\hat{r}_t := r_t - a_t.$$

Bei der Modellierung von r werden typischerweise keine *saisonalen* Effekte berücksichtigt. Im Gegensatz dazu werden typischerweise folgende saisonalen Effekte bei der Modellierung von R berücksichtigt:

- Gesetzesänderungen w.z.B. Steuererhöhungen treten häufig zu Jahresbeginn in Kraft. Deshalb beobachtet man zu Jahresbeginn i.d.R. einen sprunghaften Anstieg der Inflation.

- Schlussverkäufe finden häufig zu bestimmten Zeiten im Jahr statt, z.B. nach Feiertagen (Weihnachten, Ostern) oder nach einer Saison (Frühjahr/Sommer, Herbst/Winter). Deshalb beobachtet man zu diesen Zeiten i.d.R. einen Abfall der Inflation (Deflation).

Aufgrund dieser saisonalen Effekte besitzen r und $\hat{r}$ typischerweise unterschiedliche Strukturen. In der Praxis spielen saisonale Effekte bei der Bewertung von Inflations–Derivaten vor allen Dingen dann eine wichtige Rolle, wenn die Laufzeit des entsprechenden Derivats kein Vielfaches eines Jahres ist.

11.2 Wechselkurs- und Inflationsderivate

In diesem Abschnitt betrachten wir die wichtigsten Wechselkurs- und Inflationsderivate sowie die zugehörigen Raten. Dabei unterscheiden wir zwischen *klassischen Derivaten im Fremdsystem* und *echten Wechselkurs- und Inflationsderivaten*. Bei den klassischen Derivaten im Fremdsystem handelt es sich um die bereits behandelten Aktien- und Zinsderivate im Fremdsystem aus Sicht des Basissystems. Bei den echten Wechselkurs- und Inflationsderivaten handelt es sich dagegen um solche Derivate, die explizit Bezug auf die X–Rate nehmen. Insbesondere beweisen wir die *Fisher Gleichung*, welche speziell für Inflationsderivate von Bedeutung ist, da sie eine Beziehung zwischen den Zinsforwardraten des Basissystems und des Fremdsystems sowie der Inflationsforwardrate herstellt.

11.2.1 Klassische Derivate im Fremdsystem

Zerobond

Ein Zerobond für das Fremdsystem garantiert seinem Halter die Zahlung einer Geldeinheit zum Laufzeitende im Fremdsystem.

Sei dazu $\bar{t} \in I$ mit $\bar{t} > 0$. Wir definieren den Zerobond für das Fremdsystem durch folgende Zahlung zur Zeit $t = \bar{t}$ im Fremdsystem:

$$(\hat{Z}_{\mathrm{ZB}}[\bar{t}])_{\bar{t}} = 1.$$

Wir verwenden folgende Notation:

- Sei R der Wechselkurs zwischen der Basiswährung und einer Fremdwährung. Dann bezeichnen wir den Zerobond für das Fremdsystem auch als *FX–Zerobond.*
- Sei R der Inflationsindex des Basissystems. Dann bezeichnen wir den Zerobond für das Fremdsystem auch als *Index Linked Zerobond.*

Nach dem Prinzip der risikoneutralen Bewertung besitzt der transformierte Wertprozess $\widetilde{U} = \widetilde{\mathrm{ZB}}[\bar{t}]$ des Zerobonds für das Basissystem folgende Darstellung:

$$\begin{aligned}(\widetilde{\mathrm{ZB}}[\bar{t}])_t &= E_Q\Big[\exp\Big(-\int_t^{\bar{t}} r_s\,\mathrm{d}s\Big)\,R_{\bar{t}}\,(\hat{Z}_{\mathrm{ZB}}[\bar{t}])_{\bar{t}}\Big|\mathcal{F}_t\Big]\\ &= E_Q\Big[\exp\Big(-\int_t^{\bar{t}} r_s\,\mathrm{d}s\Big)\,R_{\bar{t}}\Big|\mathcal{F}_t\Big].\end{aligned}$$

Insbesondere besitzt der transformierte faire Preis $\tilde{Z}_0 = (\widetilde{\mathrm{ZB}}[\bar{t}])_0$ des Zerobonds zur Zeit $t = 0$ für das Basissystem folgende Darstellung:

$$(\widetilde{\mathrm{ZB}}[\bar{t}])_0 = E_Q\Big[\exp\Big(-\int_0^{\bar{t}} r_t\,\mathrm{d}t\Big)\,R_{\bar{t}}\Big].$$

Zerorate (LIBOR Rate)

Wir definieren die zu $\widehat{\mathrm{ZB}}[\bar{t}]$ gehörige Zinsrate $\hat{L}[\bar{t}]$ (einfache Verzinsung) für das Fremdsystem implizit durch:

$$(\widehat{\mathrm{ZB}}[\bar{t}])_t = \frac{1}{1 + (\bar{t} - t)\,(\hat{L}[\bar{t}])_t}.$$

Daraus folgt:

$$(\hat{L}[\bar{t}])_t = \frac{1 - (\widehat{\mathrm{ZB}}[\bar{t}])_t}{(\bar{t} - t)\,(\widehat{\mathrm{ZB}}[\bar{t}])_t}.$$

Zinsforwardkontrakt (Forward Rate Agreement)

Ein Zinsforwardkontrakt für das Fremdsystem legt den Tausch einer festen Zinszahlung gegen eine variable Zinszahlung für eine Geldeinheit für eine Zinsperiode im Fremdsystem fest. Dabei wird die variable Zinsrate zu Beginn der Zinsperiode fixiert.

Sei dazu $\overline{L} > 0$, und seien $\bar{t}_0, \bar{t}_1 \in I$ mit $\bar{t}_0 < \bar{t}_1$. Wir definieren den Zinsforwardkontrakt für das Fremdsystem durch folgende Zahlung zur Zeit $t = \bar{t}_1$ im Fremdsystem:

$$(\hat{Z}_{\mathrm{FRA}}[\bar{t}_0, \bar{t}_1])_{\bar{t}_1} = (\bar{t}_1 - \bar{t}_0)\,((\hat{L}[\bar{t}_1])_{\bar{t}_0} - \overline{L}).$$

Die beiden Seiten des Zinsforwardkontraktes für das Fremdsystem werden folgendermaßen bezeichnet:

(a) Der *Payer* erhält den Betrag $(\hat{Z}_{\mathrm{FRA}}[\bar{t}_0, \bar{t}_1])_{\bar{t}_1}$.

(b) Der *Receiver* erhält den Betrag $-(\hat{Z}_{\mathrm{FRA}}[\bar{t}_0, \bar{t}_1])_{\bar{t}_1}$.

Nach Abschnitt 10.3 besitzen der Wertprozess $\hat{U} = \widehat{\mathrm{FRA}}[\bar{t}_0, \bar{t}_1]$ sowie der faire Preis $\hat{Z}_0 = (\widehat{\mathrm{FRA}}[\bar{t}_0, \bar{t}_1])_0$ des Forwardkontraktes für das Fremdsystem folgende Darstellungen:

$$(\widehat{\mathrm{FRA}}[\bar{t}_0, \bar{t}_1])_t = (\widehat{\mathrm{ZB}}[\bar{t}_0])_t - (1 + (\bar{t}_1 - \bar{t}_0)\,\overline{L})\,(\widehat{\mathrm{ZB}}[\bar{t}_1])_t.$$

$$(\widehat{\mathrm{FRA}}[\bar{t}_0, \bar{t}_1])_0 = (\widehat{\mathrm{ZB}}[\bar{t}_0])_0 - (1 + (\bar{t}_1 - \bar{t}_0)\,\overline{L})\,(\widehat{\mathrm{ZB}}[\bar{t}_1])_0.$$

Also besitzen der transformierte Wertprozess $\tilde{U} = \widetilde{\mathrm{FRA}}[\bar{t}_0, \bar{t}_1]$ sowie der transformierte faire Preis $\tilde{Z}_0 = (\widetilde{\mathrm{FRA}}[\bar{t}_0, \bar{t}_1])_0$ des Forwardkontraktes für das Basissystem folgende Darstellungen:

$$(\widetilde{\mathrm{FRA}}[\bar{t}_0, \bar{t}_1])_t = (\widetilde{\mathrm{ZB}}[\bar{t}_0])_t - (1 + (\bar{t}_1 - \bar{t}_0)\,\overline{L})\,(\widetilde{\mathrm{ZB}}[\bar{t}_1])_t.$$

$$(\widetilde{\widehat{\mathrm{FRA}}}[\bar{t}_0, \bar{t}_1])_0 = (\widetilde{\mathrm{ZB}}[\bar{t}_0])_0 - (1 + (\bar{t}_1 - \bar{t}_0)\,\overline{L})\,(\widetilde{\mathrm{ZB}}[\bar{t}_1])_0.$$

Forwardrate (LIBOR Forwardrate)

Wir definieren die zu $\widehat{\mathrm{FRA}}[\bar{t}_0, \bar{t}_1]$ gehörige Zinsrate $\hat{F}[\bar{t}_0, \bar{t}_1]$ für das Fremdsystem implizit als Lösung $\overline{L}$ der folgenden Gleichung:

$$(\widehat{\mathrm{FRA}}[\bar{t}_0, \bar{t}_1])_t = 0.$$

Daraus folgt:

$$(\hat{F}[\bar{t}_0, \bar{t}_1])_t = \frac{(\widehat{\mathrm{ZB}}[\bar{t}_0])_t - (\widehat{\mathrm{ZB}}[\bar{t}_1])_t}{(\bar{t}_1 - \bar{t}_0)\,(\widehat{\mathrm{ZB}}[\bar{t}_1])_t}.$$

11.2.2 Echte Wechselkurs- und Inflationsderivate

X–Forwardkontrakt

Ein X–Forwardkontrakt für das Basissystem legt den Tausch einer festen X–Rate gegen eine variable X–Rate für eine Geldeinheit fest.

Sei dazu $\overline{R} > 0$, und sei $\bar{t} \in I$ mit $\bar{t} > 0$. Wir definieren den X–Forwardkontrakt für das Basissystem durch folgende Zahlung zur Zeit $t = \bar{t}$ im Basissystem:

$$(Z_{\mathrm{XFRA}})_{\bar{t}} = R_{\bar{t}} - \overline{R}.$$

Die beiden Seiten des X–Forwardkontraktes werden folgendermaßen bezeichnet:

(a) Der *Payer* erhält den Betrag $(Z_{\mathrm{XFRA}})_{\bar{t}}$.

(b) Der *Receiver* erhält den Betrag $-(Z_{\mathrm{XFRA}})_{\bar{t}}$.

Nach dem Prinzip der risikoneutralen Bewertung besitzt der Wertprozess $U = \mathrm{XFRA}[\bar{t}]$ des X–Forwardkontraktes für das Basissystem folgende Darstellung:

$$(\mathrm{XFRA}[\bar{t}])_t = E_Q\Big[\exp\Big(-\int_t^{\bar{t}_1} r_s\,\mathrm{d}s\Big)\,(R_{\bar{t}} - \overline{R})\Big|\mathcal{F}_t\Big] = (\widetilde{\mathrm{ZB}}[\bar{t}])_t - \overline{R}\,(\mathrm{ZB}[\bar{t}])_t.$$

Insbesondere besitzt der faire Preis $Z_0 = (\mathrm{XFRA}[\bar{t}])_0$ des X–Forwardkontraktes zur Zeit $t = 0$ für das Basissystem folgende Darstellung:

$$(\mathrm{XFRA}[\bar{t}])_0 = (\widetilde{\mathrm{ZB}}[\bar{t}])_0 - \overline{R}\,(\mathrm{ZB}[\bar{t}])_0.$$

X–Forwardrate

Wir definieren die zu $\mathrm{XFRA}[\bar{t}]$ gehörige Forwardrate $R[\bar{t}]$ für das Basissystem implizit als Lösung $\overline{R}$ der folgenden Gleichung:

$$(\mathrm{XFRA}[\bar{t}])_t = 0.$$

Daraus folgt:

$$(R[\bar{t}])_t = \frac{(\widetilde{\mathrm{ZB}}[\bar{t}])_t}{(\mathrm{ZB}[\bar{t}])_t}.$$

Theorem 11.3 (Fisher Gleichung)

Seien $\bar{t}_0, \bar{t}_1 \in I$ mit $\bar{t}_0 < \bar{t}_1$. Dann gilt für die Forwardraten für das Basissystem und das Fremdsystem sowie für die X–Forwardraten folgende Beziehung:

$$\frac{(R[\bar{t}_0])_t}{(R[\bar{t}_1])_t} = \frac{1 + (\bar{t}_1 - \bar{t}_0)\,(\hat{F}[\bar{t}_0, \bar{t}_1])_t}{1 + (\bar{t}_1 - \bar{t}_0)\,(F[\bar{t}_0, \bar{t}_1])_t}.$$

Beweis

Nach Konstruktion gilt:

$$\frac{(R[\bar{t}_0])_t}{(R[\bar{t}_1])_t} = \frac{(\widetilde{\mathrm{ZB}}[\bar{t}_0])_t}{(\widetilde{\mathrm{ZB}}[\bar{t}_1])_t}\,\frac{(\mathrm{ZB}[\bar{t}_1])_t}{(\mathrm{ZB}[\bar{t}_0])_t} = \frac{(\widehat{\mathrm{ZB}}[\bar{t}_0])_t}{(\widehat{\mathrm{ZB}}[\bar{t}_1])_t}\,\frac{(\mathrm{ZB}[\bar{t}_1])_t}{(\mathrm{ZB}[\bar{t}_0])_t}.$$

Nach Abschnitt 10.3 gilt:

$$\frac{(\mathrm{ZB}[\bar{t}_0])_t}{(\mathrm{ZB}[\bar{t}_1])_t} = 1 + (\bar{t}_1 - \bar{t}_0)\,(F[\bar{t}_0, \bar{t}_1])_t.$$

$$\frac{(\widehat{\mathrm{ZB}}[\bar{t}_0])_t}{(\widehat{\mathrm{ZB}}[\bar{t}_1])_t} = 1 + (\bar{t}_1 - \bar{t}_0)\,(\hat{F}[\bar{t}_0, \bar{t}_1])_t.$$

Daraus folgt die Behauptung.

□

Bemerkung

Sei R der Inflationsindex des Basissystems. In diesem Fall wird für die Fisher Gleichung in der Literatur typischerweise eine andere als die in Theorem 11.3 angegebene Notation verwendet. Sei dazu $\Psi[\bar{t}_0, \bar{t}_1]$ implizit definiert durch:

$$\frac{(R[\bar{t}_0])_t}{(R[\bar{t}_1])_t} = \frac{1}{1 + (\bar{t}_1 - \bar{t}_0)\,(\Psi[\bar{t}_0, \bar{t}_1])_t}.$$

Damit lässt sich die Fisher Gleichung folgendermaßen äquivalent formulieren:

$$1 + (\bar{t}_1 - \bar{t}_0)\,(F[\bar{t}_0, \bar{t}_1])_t = (1 + (\bar{t}_1 - \bar{t}_0)\,(\Psi[\bar{t}_0, \bar{t}_1])_t)\,(1 + (\bar{t}_1 - \bar{t}_0)\,(\hat{F}[\bar{t}_0, \bar{t}_1])_t).$$

$\Psi[\bar{t}_0, \bar{t}_1]$ heißt *Inflations–Forwardrate.*

X–Option

(a) *Eine X–Calloption für das Basissystem erlaubt ihrem Halter den Tausch einer festen X–Rate gegen eine variable X–Rate für eine Geldeinheit.*

Sei dazu $\overline{R} > 0$, und sei $\overline{t} \in I$ mit $\overline{t} > 0$. Wir definieren die X–Calloption für das Basissystem durch folgende Zahlung zur Zeit $t = \overline{t}$ im Basissystem:

$$(Z_{\text{XCall}})_{\overline{t}} = \max\{R_{\overline{t}} - \overline{R}, 0\}.$$

Nach dem Prinzip der risikoneutralen Bewertung besitzt der Wertprozess $U = \text{XCall}[\overline{t}]$ der X–Calloption für das Basissystem folgende Darstellung:

$$(\text{XCall}[\overline{t}])_t = E_Q\Big[\exp\Big(-\int_0^{\overline{t}} r_s \,\mathrm{d}s\Big) \max\{R_{\overline{t}} - \overline{R}, 0\}\Big|\mathcal{F}_t\Big].$$

Insbesondere besitzt der faire Preis $Z_0 = (\text{XCall}[\overline{t}])_0$ der X–Calloption zur Zeit $t = 0$ für das Basissystem folgende Darstellung:

$$(\text{XCall}[\overline{t}])_0 = E_Q\Big[\exp\Big(-\int_0^{\overline{t}} r_s \,\mathrm{d}s\Big) \max\{R_{\overline{t}} - \overline{R}, 0\}\Big].$$

(b) *Eine X–Putoption für das Basissystem erlaubt ihrem Halter den Tausch einer variablen X–Rate gegen eine feste X–Rate für eine Geldeinheit.*

Sei dazu $\overline{R} > 0$, und sei $\overline{t} \in I$ mit $\overline{t} > 0$. Wir definieren die X–Putoption für das Basissystem durch folgende Zahlung zur Zeit $t = \overline{t}$ im Basissystem:

$$(Z_{\text{XPut}})_{\overline{t}} = \max\{\overline{R} - R_{\overline{t}}, 0\}.$$

Nach dem Prinzip der risikoneutralen Bewertung besitzt der Wertprozess $U = \text{XPut}[\overline{t}]$ der X–Putoption für das Basissystem folgende Darstellung:

$$(\text{XPut}[\overline{t}])_t = E_Q\Big[\exp\Big(-\int_0^{\overline{t}} r_s \,\mathrm{d}s\Big) \max\{\overline{R} - R_{\overline{t}}, 0\}\Big|\mathcal{F}_t\Big].$$

Insbesondere besitzt der faire Preis $Z_0 = (\text{XPut}[\overline{t}])_0$ der X–Putoption zur Zeit $t = 0$ für das Basissystem folgende Darstellung:

$$(\text{XPut}[\overline{t}])_0 = E_Q\Big[\exp\Big(-\int_0^{\overline{t}} r_s \,\mathrm{d}s\Big) \max\{\overline{R} - R_{\overline{t}}, 0\}\Big].$$

Put–Call–Parität für X–Optionen

Für die Auszahlungen von X–Forwardkontrakt sowie X–Call- und X–Putoption gilt nach Definition folgende Beziehung:

$$\begin{aligned}(Z_{\text{XCall}})_{\overline{t}} - (Z_{\text{XPut}})_{\overline{t}} &= \max\{R_{\overline{t}} - \overline{R}, 0\} - \max\{\overline{R} - R_{\overline{t}}, 0\} \\ &= \max\{R_{\overline{t}} - \overline{R}, 0\} + \min\{R_{\overline{t}} - \overline{R}, 0\} \\ &= R_{\overline{t}} - \overline{R} \\ &= (Z_{\text{XFRA}})_{\overline{t}}.\end{aligned}$$

Daraus folgt für die zugehörigen fairen Preise:

$$(\text{XCall}[\overline{t}])_0 - (\text{XPut}[\overline{t}])_0 = (\text{XFRA}[\overline{t}])_0.$$

Quantooption

Sei $\hat{X} \in \mathfrak{C}(\hat{Q})$ ein Preisprozess im Fremdsystem. Typische Preisprozesse sind die Folgenden:

$$\hat{X}_t = \hat{S}_t \qquad \text{(Asset)}.$$

$$\hat{X}_t = (\widehat{\mathrm{ZB}}[T])_t \qquad \text{(Zerobond)}.$$

(a) *Eine Quantocalloption erlaubt ihrem Halter, das Basisgut $\hat{X}$ zum Zeitpunkt $t = \bar{t}$ zu einem bei Vertragsabschluss vereinbarten Strikepreis im Fremdsystem zu kaufen. Dabei wird die Auszahlung mit einer zu Vertragsabschluss vereinbarten X–Rate transformiert.*

Sei dazu $\overline{R} > 0$, sei $\overline{X} > 0$, und sei $\bar{t} \in I$ mit $\bar{t} > 0$. Wir definieren die Quantocalloption für das Basissystem durch folgende Zahlung zur Zeit $t = \bar{t}$ im Basissystem:

$$(Z_{\mathrm{QCall}})_{\bar{t}} = \overline{R} \max\{\hat{X}_{\bar{t}} - \overline{X}, 0\}.$$

Nach dem Prinzip der risikoneutralen Bewertung besitzt der Wertprozess $U = \mathrm{QCall}[\bar{t}]$ der Quantocalloption für das Basissystem folgende Darstellung:

$$(\mathrm{QCall}[\bar{t}])_t = E_Q\Big[\exp\Big(-\int_0^{\bar{t}} r_s \,\mathrm{d}s\Big)\, \overline{R} \max\{\hat{X}_{\bar{t}} - \overline{X}, 0\}\Big|\mathcal{F}_t\Big].$$

Insbesondere besitzt der faire Preis $Z_0 = (\mathrm{QCall}[\bar{t}])_0$ der Quantocalloption zur Zeit $t = 0$ für das Basissystem folgende Darstellung:

$$(\mathrm{QCall}[\bar{t}])_0 = E_Q\Big[\exp\Big(-\int_0^{\bar{t}} r_s \,\mathrm{d}s\Big)\, \overline{R} \max\{\hat{X}_{\bar{t}} - \overline{X}, 0\}\Big].$$

Falls $\hat{X}$ einen Zerobond bezeichnet, dann bezeichnen wir die Quantocalloption auch als *Quantocaplet.* Die Zusammenfassung verschiedener Quantocaplets in einem Kontrakt bezeichnen wir auch als *Quantocap.*

(b) *Eine Quantoputoption erlaubt ihrem Halter, das Basisgut $\hat{X}$ zum Zeitpunkt $t = \bar{t}$ zu einem bei Vertragsabschluss vereinbarten Strikepreis im Fremdsystem zu verkaufen. Dabei wird die Auszahlung mit einer zu Vertragsabschluss vereinbarten X–Rate transformiert.*

Sei dazu $\overline{R} > 0$, sei $\overline{X} > 0$, und sei $\bar{t} \in I$ mit $\bar{t} > 0$. Wir definieren die Quantoputoption für das Basissystem durch folgende Zahlung zur Zeit $t = \bar{t}$ im Basissystem:

$$(Z_{\mathrm{QPut}})_{\bar{t}} = \overline{R} \max\{\overline{X} - \hat{X}_{\bar{t}}, 0\}.$$

Nach dem Prinzip der risikoneutralen Bewertung besitzt der Wertprozess $U = \mathrm{QPut}[\bar{t}]$ der Quantocalloption für das Basissystem folgende Darstellung:

$$(\mathrm{QPut}[\bar{t}])_t = E_Q\Big[\exp\Big(-\int_0^{\bar{t}} r_s \,\mathrm{d}s\Big)\, \overline{R} \max\{\overline{X} - \hat{X}_{\bar{t}}, 0\}\Big|\mathcal{F}_t\Big].$$

Insbesondere besitzt der faire Preis $Z_0 = (\mathrm{QPut}[\bar{t}])_0$ der Quantoputoption zur Zeit $t = 0$ für das Basissystem folgende Darstellung:

$$(\mathrm{QPut}[\bar{t}])_0 = E_Q\Big[\exp\Big(-\int_0^{\bar{t}} r_s \,\mathrm{d}s\Big)\, \overline{R} \max\{\overline{X} - \hat{X}_{\bar{t}}, 0\}\Big].$$

Falls $\hat{X}$ einen Zerobond bezeichnet, dann bezeichnen wir die Quantoputoption auch als *Quantofloorlet*. Die Zusammenfassung verschiedener Quantofloorlets in einem Kontrakt bezeichnen wir auch als *Quantofloor*.

11.3 Volatilitätsmodelle für Wechselkurse und Inflationsindizes

In diesem und dem folgenden Abschnitt wenden wir uns der konkreten Modellierung von Wechselkursen und Inflationsindizes zu, d.h. wir beschäftigen uns mit *konstitutiven Gesetzen* für die X–Rate. Dabei verstehen wir unter einem konstitutiven Gesetz die Vorgabe der Drift sowie der Volatilität der X–Rate. In diesem Anschnitt nehmen wir zur Vereinfachung an, dass die instantanen Zinsraten für das Basissystem und das Fremdsystem und damit die Drift der X–Rate konstant sind, und beschränken uns auf die Modellierung der Volatilität der X–Rate.[32] Wir stellen fest, dass die für die X–Rate postulierte stochastische Differentialgleichung formal mit den in Abschnitt 9 für die Assetpreisprozesse postulierten stochastischen Differentialgleichungen übereinstimmt. Deshalb sind die in diesem Abschnitt betrachteten Volatilitätsmodelle ebenfalls analog zu den in Abschnitt 9.5 betrachteten Aktienmodellen. Wir beginnen mit dem Fall konstanter Volatilitäten, dem bekannten *Garman–Kohlhagen Modell*. Danach untersuchen wir die zwei wichtigsten Klassen von Modellen, nämlich Modelle mit *lokaler Volatilität* und Modelle mit *stochastischer Volatilität*. Die in diesem Abschnitt betrachteten Volatilitätsmodelle werden in der Praxis typischerweise zur Modellierung von Wechselkursen verwendet. Zur Modellierung von Inflationsindizes werden in der Praxis dagegen typischerweise die im folgenden Abschnitt behandelten Driftmodelle verwendet. In diesem Sinne ist die Modellierung von Wechselkursen eher durch die Volatilität dominiert, während die Modellierung von Inflationsindizes eher durch die Drift dominiert ist.

X–Rate (Exchange Rate)

Seien $\overline{r}, \hat{\overline{r}} \in \mathbb{R}$. Wir nehmen an, dass die instantanen Zinsraten für das Basissystem und das Fremdsystem konstant sind:

$$r_t = \overline{r}.$$

$$\hat{r}_t = \hat{\overline{r}}.$$

Nach Konstruktion besitzt R folgende Darstellung:

$$R_t = 1 + \int_0^t (\overline{r} - \hat{\overline{r}})\, R_s \,\mathrm{d}s + \sum_{j=1}^{p} \int_0^t b_s^{(j)}\, R_s \,\mathrm{d}W_s^{(j)}.$$

Nach der Itoschen Formel gilt:

$$R_t = \exp\Big((\overline{r} - \hat{\overline{r}})\, t - \frac{1}{2} \sum_{j=1}^{p} \int_0^t |b_s^{(j)}|^2 \,\mathrm{d}s + \sum_{j=1}^{p} \int_0^t b_s^{(j)} \,\mathrm{d}W_s^{(j)} \Big).$$

[32] Im folgenden Abschnitt beschäftigen wir uns mit der Modellierung der Drift der X–Rate.

11.3.1 Das Garman–Kohlhagen Modell

Das Garman–Kohlhagen Modell ist das bekannteste und in der Praxis am häufigsten verwendete Modell für Wechselkurse.

Konstitutives Gesetz

Seien $\overline{b}^{(1)}, \ldots, \overline{b}^{(p)} \in \mathbb{R}$. Wir nehmen an, dass die Volatilitäten konstant sind:

$$b_t^{(j)} = \overline{b}^{(j)}.$$

X–Rate (Exchange Rate)

Nach Konstruktion besitzt die X–Rate folgende Darstellung:

$$R_t = 1 + \int_0^t (\overline{r} - \hat{\overline{r}})\, R_s \,\mathrm{d}s + \sum_{j=1}^{p} \int_0^t \overline{b}^{(j)}\, R_s \,\mathrm{d}W_s^{(j)}.$$

Nach der Itoschen Formel gilt:

$$R_t = \exp\Big((\overline{r} - \hat{\overline{r}})\, t - \frac{1}{2}\sum_{j=1}^{p} |\overline{b}^{(j)}|^2\, t + \sum_{j=1}^{p} \overline{b}^{(j)}\, W_t^{(j)}\Big).$$

Notation

Sei im Folgenden $p = 1$. Zur Vereinfachung der Notation lassen wir die Indizierungen bzgl. p weg, d.h. wir schreiben X an Stelle von $X^{(1)}$ bzw. $X^{(1,1)}$.

Implizite Volatilität

Wir betrachten X–Calloptionen im Garman–Kohlhagen Modell. Sei dazu $\overline{r}$ der Marktzins zur Zeit $t = 0$ für das Basissystem, sei $\hat{\overline{r}}$ der Marktzins zur Zeit $t = 0$ für das Fremdsystem, und sei $(\mathrm{XCall}[\overline{t}, \overline{R}])_0^M$ der Marktpreis der X–Calloption mit Laufzeit $\overline{t}$ und Strikepreis $\overline{R}$ zur Zeit $t = 0$. Nach dem Prinzip der risikoneutralen Bewertung gilt für den fairen Preis $(\mathrm{XCall}[\overline{t}, \overline{R}, \overline{b}])_0$ der X–Calloption im Garman–Kohlhagen Modell bei gegebener Volatilität $\overline{b}$ zur Zeit $t = 0$:

$$\begin{aligned}(\mathrm{XCall}[\overline{t}, \overline{R}, \overline{b}])_0 &= E_Q[\exp(-\overline{r}\,\overline{t})\, \max\{R_{\overline{t}} - \overline{R}, 0\}] \\ &= E_Q\Big[\max\Big\{\exp\Big(-\hat{\overline{r}}\, t - \frac{1}{2}|\overline{b}|^2\, \overline{t} + \overline{b}\, W_{\overline{t}}\Big) - \exp(-\overline{r}\,\overline{t})\, \overline{R}, 0\Big\}\Big].\end{aligned}$$

Wir definieren die *implizite Volatilität* $\overline{b}[\overline{t}, \overline{R}]$ implizit als Lösung $\overline{b}$ der folgenden Gleichung:

$$(\mathrm{XCall}[\overline{t}, \overline{R}, \overline{b}])_0 = (\mathrm{XCall}[\overline{t}, \overline{R}])_0^M.$$

M.a.W. die implizite Volatilität $\overline{b}[\overline{t}, \overline{R}]$ ist genau diejenige Volatilität $\overline{b}$, für welche der im Garman–Kohlhagen Modell berechnete faire Preis der X–Calloption mit dem Marktpreis übereinstimmt. Die Abbildung $(\overline{t}, \overline{R}) \longmapsto \overline{b}[\overline{t}, \overline{R}]$ heißt *implizite Volatilitätsfläche.*

11.3.2 Modelle mit lokaler Volatilität

In diesem Abschnitt untersuchen wir die Klasse der Modelle mit lokaler Volatilität. Dabei nehmen wir an, dass die Volatilität eine gegebene Funktion der Zeit und der X–Rate ist. Das in der Praxis am häufigsten verwendete Modell mit lokaler Volatilität ist das *Dupire Modell*, bei welchem die Volatilitätsfunktion mit Hilfe der gegebenen Marktpreise für X–Calloptionen bestimmt wird.

Konstitutives Gesetz

Seien folgende Voraussetzungen gegeben:

1. $B^{(1)}, \ldots, B^{(p)} : I \times \mathbb{R} \longrightarrow \mathbb{R}$ sind stetig und beschränkt.

2. $B^{(j)}$ genügt der folgenden Lipschitzbedingung:

$$\left| B^{(j)}(t,x) - B^{(j)}(t,y) \right| \leq C\,|x-y|.$$

Wir postulieren für die Volatilitäten $b^{(1)}, \ldots, b^{(p)}$ folgende Darstellungen:

$$b_t^{(j)} = B^{(j)}(t, R_t).$$

X–Rate (Exchange Rate)

Nach Konstruktion besitzt R folgende Darstellung:

$$R_t = 1 + \int_0^t (\overline{r} - \hat{\overline{r}})\, R_s \, \mathrm{d}s + \sum_{j=1}^{p} \int_0^t B^{(j)}(s, R_s)\, R_s \, \mathrm{d}W_s^{(j)}.$$

In diesem Fall erhalten wir R als Lösung einer stochastischen Differentialgleichung. Dabei wird die Existenz und Eindeutigkeit der Lösung durch Theorem 8.17 garantiert.

Notation

Sei im Folgenden $p = 1$. Zur Vereinfachung der Notation lassen wir die Indizierungen bzgl. p weg, d.h. wir schreiben X an Stelle von $X^{(1)}$.

Theorem 11.4 (Dupire Gleichung)
Wir definieren $u : I \times \mathbb{R} \longrightarrow \mathbb{R}$ durch:

$$u(t,x) = E_Q[\exp(-\overline{r}\,t)\,\max\{R_t - x, 0\}].$$

Dann ist u eine Lösung des folgenden Cauchyschen Problems:

$$\frac{\partial u}{\partial t}(t,x) = \frac{1}{2}\,|B(t,x)|^2\, x^2\, \frac{\partial^2 u}{\partial x^2}(t,x) - (\overline{r} - \hat{\overline{r}})\, x\, \frac{\partial u}{\partial x}(t,x) - \hat{\overline{r}}\, u(x,t).$$

$$u(0,x) = \max\{1 - x, 0\}.$$

Nach dem Prinzip der risikoneutralen Bewertung ist $u(\overline{t}, \overline{R})$ der faire Preis der X–Calloption mit Laufzeit $\overline{t}$ und Strikepreis $\overline{R}$ zur Zeit $t = 0$.

Beweis

Nach Konstruktion gilt:

$$u(t,x) = \exp(-\hat{\overline{r}}\,t)\,v(t,x).$$

$$v(t,x) = E_Q[\exp(-(\overline{r}-\hat{\overline{r}})\,t)\,\max\{R_t - x, 0\}].$$

Nach Theorem 9.9 ist v eine Lösung des folgenden Cauchyschen Problems:

$$\frac{\partial v}{\partial t}(t,x) = \frac{1}{2}\,|B(t,x)|^2\,x^2\,\frac{\partial^2 v}{\partial x^2}(t,x) - (\overline{r}-\hat{\overline{r}})\,x\,\frac{\partial v}{\partial x}(t,x).$$

$$v(0,x) = \max\{1-x, 0\}.$$

Daraus folgt die Behauptung.

□

Beispiel 11.2

Wir betrachten konstitutive Gesetze für die Volatilität B.

- **Dupire Modell**

  Wir verwenden die Differentialgleichung in Theorem 11.4 zur Bestimmung der Volatilität. Sei dazu $u^M(\overline{t},\overline{R})$ der Marktpreis der X–Calloption mit Laufzeit $\overline{t}$ und Strikepreis $\overline{R}$ zur Zeit $t = 0$. Wir definieren:

  $$B^M(t,x) := \sqrt{\frac{2\,(\frac{\partial u^M}{\partial t}(t,x) + (\overline{r}-\hat{\overline{r}})\,x\,\frac{\partial u^M}{\partial x}(t,x)) + \hat{\overline{r}}\,u(x,t)}{x^2\,\frac{\partial^2 u^M}{\partial x^2}(t,x)}}.$$

  Wir postulieren für die Volatilität b folgende Darstellung:

  $$b_t = B^M(t, R_t).$$

  Das Dupire Modell setzt voraus, dass die Marktpreise $u^M(\overline{t},\overline{S})$ der X–Calloptionen für alle Laufzeiten $\overline{t}$ und alle Strikepreise $\overline{S}$ bekannt sind. In der Praxis sind Marktpreise von X–Calloptionen natürlich nur für endlich viele Laufzeiten und Strikepreise verfügbar. Deshalb werden typischerweise die zugehörigen impliziten Volatilitäten des Garman–Kohlhagen Modells interpoliert und die fehlenden Preise von X–Calloptionen mit Hilfe der interpolierten impliziten Volatilitäten im Garman–Kohlhagen Modell berechnet. Das so *kalibrierte* Dupire Modell wird dann zur theoretischen Bewertung anderer Derivate verwendet.

- **Dumas–Flemming–Whaley Modell**

  Sei $\overline{t} \in I$ mit $\overline{t} > 0$, sei $\overline{R} > 0$, und seien $\alpha, \beta_1, \beta_2, \gamma_1, \gamma_2 \in \mathbb{R}$. Wir definieren:

  $$B[\overline{t}, y](t,x) := \alpha + \beta_1\,\frac{x}{y} + \beta_2\left(\frac{x}{y}\right)^2 + \gamma_1\,(\overline{t}-t) + \gamma_2\,(\overline{t}-t)\,\frac{x}{y}.$$

  Wir postulieren für die Volatilität b folgende Darstellung:

  $$b_t = B[\overline{t},\overline{R}](t, R_t).$$

In der Praxis werden die Koeffizienten α, β_1, β_2, γ_1, γ_2 an den Marktpreisen der X–Calloptionen *kalibriert*, d.h. die Koeffizienten α, β_1, β_2, γ_1, γ_2 werden so bestimmt, dass die im Dumas–Flemming–Whaley Modell berechneten fairen Preise von X–Calloptionen für geeignete Laufzeiten $\overline{t}$ und geeignete Strikepreise $\overline{R}$ mit den Marktpreisen übereinstimmen. Wir stellen fest, dass die Funktion $B[\overline{t}, y](t, x)$ unbeschränkt bzgl. x ist. Insbesondere sind die Voraussetzungen von Theorem 8.17 nicht erfüllt. Eine strenge mathematische Analyse des Dumas–Flemming–Whaley Modells geht über den Rahmen dieses Lehrbuches hinaus.

11.3.3 Modelle mit stochastischer Volatilität

In diesem Abschnitt untersuchen wir die Klasse der Modelle mit stochastischer Volatilität. Dabei formulieren wir für die Volatilität eine separate stochastische Differentialgleichung.

Konstitutives Gesetz

Sei folgende Voraussetzung gegeben:

1. $b_0^{(1)}, \ldots, b_0^{(p)} \in \mathbb{R}$.
2. $\alpha^{(1)}, \ldots, \alpha^{(p)} : I \times \mathbb{R} \times \mathbb{R}^p \longrightarrow \mathbb{R}$ sind stetig.
3. $\beta^{(1,1)}, \ldots, \beta^{(p,p)} : I \times \mathbb{R} \times \mathbb{R}^p \longrightarrow \mathbb{R}$ sind stetig.

Wir postulieren für die Volatilitäten $b^{(1)}, \ldots, b^{(p)}$ folgende Darstellungen:

$$b_t^{(j)} = b_0^{(j)} + \int_0^t \alpha^{(j)}(s, R_s, b_s^{(1)}, \ldots, b_s^{(p)})\, \mathrm{d}s + \sum_{k=1}^{p} \int_0^t \beta^{(j,k)}(s, R_s, b_s^{(1)}, \ldots, b_s^{(p)})\, \mathrm{d}W_s^{(k)}.$$

X–Rate (Exchange Rate)

Nach Konstruktion besitzt die R folgende Darstellung:

$$R_t = 1 + \int_0^t (\overline{r} - \hat{\overline{r}})\, R_s\, \mathrm{d}s + \sum_{j=1}^{p} \int_0^t b_s^{(j)}\, R_s\, \mathrm{d}W_s^{(j)}.$$

In diesem Fall erhalten wir R sowie $b^{(1)}, \ldots, b^{(p)}$ als Lösungen entsprechender stochastischer Differentialgleichungen. Wir stellen fest, dass die Darstellung für R das Produkt $b^{(j)}\, R$ enthält. Insbesondere sind die Voraussetzungen von Theorem 8.17 nicht erfüllt. Eine strenge mathematische Analyse der Modelle mit stochastischer Volatilität geht über den Rahmen dieses Lehrbuches hinaus.

Beispiel 11.3

Wir betrachten den Fall $p = 1$ des X–Rate Modells in Verbindung mit dem Fall $p = 2$ des konstitutiven Gesetzes. Zur Vereinfachung der Notation schreiben wir b an Stelle von $b^{(1)}$ sowie α, $\beta^{(1)}$, $\beta^{(2)}$ an Stelle von $\alpha^{(1)}$, $\beta^{(1,1)}$, $\beta^{(1,2)}$. Nach Konstruktion gilt:

$$R_t = 1 + \int_0^t (\overline{r} - \hat{\overline{r}})\, R_s\, \mathrm{d}s + \int_0^t b_s\, R_s\, \mathrm{d}W_s^{(1)}.$$

$$b_t = b_0 + \int_0^t \alpha(s, R_s, b_s)\,\mathrm{d}s + \int_0^t \beta^{(1)}(s, R_s, b_s)\,\mathrm{d}W_s^{(1)} + \int_0^t \beta^{(2)}(s, R_s, b_s)\,\mathrm{d}W_s^{(2)}.$$

Wir betrachten konstitutive Gesetze für die Volatilität b.

- **Hull–White Modell**

  Seien $\overline{\alpha}, \overline{\beta}^{(1)}, \overline{\beta}^{(2)} \in \mathbb{R}$. Wir postulieren für b folgende Darstellung:

  $$b_t = b_0 + \int_0^t \overline{\alpha}\, b_s\,\mathrm{d}s + \int_0^t \overline{\beta}^{(1)}\, b_s\,\mathrm{d}W_s^{(1)} + \int_0^t \overline{\beta}^{(2)}\, b_s\,\mathrm{d}W_s^{(2)}.$$

  Dies ist eine lineare stochastische Differentialgleichung zur Bestimmung von b. Nach Abschnitt 8.7 besitzt b folgende Darstellung:

  $$b_t = \exp\left(\left(\overline{\alpha} - \frac{|\overline{\beta}^{(1)}|^2}{2} - \frac{|\overline{\beta}^{(2)}|^2}{2}\right)t + \overline{\beta}^{(1)}\, W_t^{(1)} + \overline{\beta}^{(2)}\, W_t^{(2)}\right) b_0.$$

- **Heston Modell**

  Seien $\overline{X}, \overline{\alpha}, \overline{\beta}^{(1)}, \overline{\beta}^{(2)} \in \mathbb{R}$. Wir postulieren für b folgende Darstellung:

  $$b_t = \sqrt{|X_t|}.$$

  $$X_t = |b_0|^2 + \int_0^t \overline{\alpha}\,(\overline{X} - X_s)\,\mathrm{d}s + \int_0^t \overline{\beta}^{(1)}\,\sqrt{|X_s|}\,\mathrm{d}W_s^{(1)} + \int_0^t \overline{\beta}^{(2)}\,\sqrt{|X_s|}\,\mathrm{d}W_s^{(2)}.$$

  Dies ist eine nichtlineare stochastische Differentialgleichung zur Bestimmung von X und b. Wir stellen fest, dass die Darstellung für X den Term $\sqrt{|X|}$ enthält. Insbesondere sind die Voraussetzungen von Theorem 8.17 nicht erfüllt. Eine strenge mathematische Analyse des Heston Modells geht über den Rahmen dieses Lehrbuches hinaus.

11.4 Driftmodelle für Wechselkurse und Inflationsindizes

In diesem Abschnitt setzen wir die Modellierung von Wechselkursen und Inflationsindizes fort, d.h. wir beschäftigen uns wiederum mit *konstitutiven Gesetzen* für die X–Rate. In diesem Anschnitt nehmen wir zur Vereinfachung an, dass die Volatilität der X–Rate konstant ist, und beschränken uns auf die Modellierung der Drift der X–Rate. Insbesondere zerlegen wir die Drift der X–Rate in die *mittlere Drift* sowie die *Saisonalität.* Die in diesem Abschnitt betrachteten Driftmodelle werden in der Praxis typischerweise zur Modellierung von Inflationsindizes verwendet.

Voraussetzungen

Seien folgende Voraussetzungen gegeben.

1. Sei $a : [0, \infty) \longrightarrow \mathbb{R}$ stetig.

2. Sei $\theta > 0$, und sei a θ–periodisch, d.h. es gelte:

$$a(t+\theta) = a(t).$$

3. Seien $\overline{b}^{(1)}, \ldots, \overline{b}^{(p)} \in \mathbb{R}$.

X–Rate (Exchange Rate)

Wir postulieren für die X–Rate R folgende Darstellung:

$$R_t = 1 + \int_0^t a(s)\, R_s \,\mathrm{d}s + \sum_{j=1}^{p} \overline{b}^{(j)} \int_0^t R_s \,\mathrm{d}W_s^{(j)}.$$

Nach der Itoschen Formel gilt:

$$R_t = \exp\Big(\int_0^t a(s)\,\mathrm{d}s - \frac{1}{2}\sum_{j=1}^{p} |\overline{b}^{(j)}|^2\, t + \sum_{j=1}^{p} \overline{b}^{(j)}\, W_t^{(j)} \Big).$$

Saisonalität

1. Wir definieren die *mittlere Drift* $\overline{a}$ sowie die *Saisonalität* ϕ von R durch:

$$\overline{a} := \frac{1}{\theta}\int_0^\theta a(s)\,\mathrm{d}s.$$

$$\phi(t) := a(t) - \overline{a}.$$

   Nach Konstruktion gilt:

$$\int_0^\theta \phi(s)\,\mathrm{d}s = 0.$$

2. Nach Punkt 1 besitzt R folgende Darstellungen:

$$R_t = 1 + \overline{a}\int_0^t R_s\,\mathrm{d}s + \int_0^t \phi(s)\, R_s\,\mathrm{d}s + \sum_{j=1}^{p} \overline{b}^{(j)} \int_0^t R_s\,\mathrm{d}W_s^{(j)}.$$

$$R_t = \exp\Big(\overline{a}\, t + \int_0^t \phi(s)\,\mathrm{d}s - \frac{1}{2}\sum_{j=1}^{p} |\overline{b}^{(j)}|^2\, t + \sum_{j=1}^{p} \overline{b}^{(j)}\, W_t^{(j)} \Big).$$

3. Nach Punkt 1 und Punkt 2 gilt:

$$R_\theta = \exp\Big(\overline{a}\,\theta - \frac{1}{2}\sum_{j=1}^{p} |\overline{b}^{(j)}|^2\, \theta + \sum_{j=1}^{p} \overline{b}^{(j)}\, W_\theta^{(j)} \Big).$$

   Insbesondere hängt R_θ nicht von der Saisonalität ϕ ab. Analog hängt $R_{n\theta}$ ($n \in \mathbb{N}$) nicht von ϕ ab.

Bemerkung

(a) Sei R der Inflationsindex des Basissystems. In diesem Fall ist Periode θ natürlicherweise ein Jahr.

(b) Wir betrachten einen Zerobond im Fremdsystem. Nach Abschnitt 11.2 besitzt der faire Preis des Zerobonds zur Zeit $t = 0$ im Basissystem folgende Darstellung:

$$(\widetilde{\mathrm{ZB}}[\bar{t}])_0 = E_Q\Big[\exp\Big(-\int_0^{\bar{t}} r_t \, \mathrm{d}t\Big) R_{\bar{t}}\Big].$$

Daraus folgt:

- Falls die Laufzeit $\bar{t}$ des Zerobonds ein Vielfaches der Periode θ der X–Rate beträgt, dann hängt der faire Preis des Zerobonds im Basissystem nicht von der Saisonalität ϕ ab. Insbesondere kann bei der Modellierung von R direkt die mittlere Drift $\overline{a}$ an Stelle der zeitabhängigen Drift $a(t)$ verwendet werden.
- Falls die Laufzeit $\bar{t}$ des Zerobonds kein Vielfaches der Periode θ der X–Rate beträgt, dann hängt der faire Preis des Zerobonds im Basissystem explizit von der Saisonalität ϕ ab. Insbesondere muss bei der Modellierung von R eine zeitabhängigen Drift $a(t)$ verwendet werden. Speziell für den Fall, dass R den Inflationsindex des Basissystems beschreibt, also bei der Bewertung von Inflation Linked Zerobonds, kann die Saisonalität von R i.d.R. nicht vernachlässigt werden.

12 Kreditrisiko

In diesem Abschnitt führen wir mit dem Kreditrisiko, d.h. dem möglichen Ausfall vertraglich vereinbarter Zahlungen, einen neuen Risikofaktor ein. Dazu formulieren wir zunächst eine allgemeine Rahmentheorie für die Modellierung solcher *Kreditereignisse*. Wesentlicher Bestandteil dieser erweiterten Rahmentheorie ist die Erweiterung der durch die Filtration beschriebene Informationsstruktur um solche Ereignisse, die nicht durch die Beobachtung des Finanzmarktes vorhersehbar sind, w.z.B. plötzliche Insolvenzen von Unternehmen, die nicht durch kontinuierliche Veränderung von Assetpreisen sondern z.B. durch plötzlich aufgedeckte Bilanzfälschungen oder plötzlich entstandene Schadensersatzansprüche Dritter an das Unternehmen zustande kommen. Ausgestattet mit der allgemeinen Rahmentheorie betrachten wir zunächst die wichtigsten Kreditderivate. Dabei unterscheiden wir zwischen *klassischen Derivaten mit Defaultmöglichkeit* und *echten Kreditderivaten*. Bei den klassischen Derivaten mit Defaultmöglichkeit handelt es sich um die bereits behandelten Aktien- und Zinsderivate, wobei wir nun den Fall berücksichtigen, dass einer der direkt an dem Finanzkontrakt beteiligten Kontrahenten seine Zahlungsverpflichtung nicht erfüllt. Bei den echten Kreditderivaten handelt es sich dagegen um solche Derivate, die explizit Bezug auf den Ausfall (*Default*) einer dritten Partei nehmen. Schließlich untersuchen wir mit den *strukturellen Kreditrisikomodellen* und den *formreduzierten Kreditrisikomodellen* spezielle Kreditrisikomodelle.

12.1 Modellierung von Kreditereignissen

In diesem Abschnitt entwickeln wir unsere allgemeine Rahmentheorie. Dabei gehen wir von einem gegebenen Finanzmarktmodell aus und erweitern die durch die Filtration beschriebene Informationsstruktur, indem wir das Produkt mit einer weiteren Filtration bilden, welche sich auf zu der ursprünglichen Filtration unabhängige Ereignisse bezieht. Wie in Abschnitt 10 betrachten wir das äquivalente Martingalmaß für unser Finanzmarktmodell als gegeben und verwenden das Prinzip der risikoneutralen Bewertung zur Definition des fairen Preises eines Derivates.[33] Schließlich definieren wir die Begriffe *Kreditereignis* und *Defaultzeit* und betrachten allgemein die bei Kreditderivaten vorkommenden Zahlungen.

Zeit

Wir betrachten das folgende Zeitintervall:

$$I := [0, T].$$

Dabei bezeichnet $t = 0$ die Gegenwart, und $t > 0$ bezeichnet zukünftige Zeitpunkte.

Ereignisräume

(a) Wir betrachten zwei Ereignisräume mit Wahrscheinlichkeitsstruktur ($i = 1, 2$):

1. Sei $\Omega^{(i)}$ eine beliebige Menge.
2. Sei $\mathcal{F}^{(i)}$ eine σ–Algebra über $\Omega^{(i)}$.
3. Sei $Q^{(i)} : \mathcal{F} \longrightarrow [0, 1]$ ein Wahrscheinlichkeitsmaß.
4. Sei $\{\mathcal{F}_t^{(i)}\}_{t \in I}$ eine Filtration mit $\mathcal{F}_t^{(i)} \subset \mathcal{F}^{(i)}$.

[33] Siehe auch die Anmerkungen hierzu in der Einleitung zu Abschnitt 10.

(b) Wir gehen zu einem erweiterten Ereignisraum mit Wahrscheinlichkeitsstruktur über.

1. Wir definieren eine Menge Ω durch:

$$\Omega := \Omega^{(1)} \times \Omega^{(2)}.$$

Ω ist das *karthesische Produkt* der Mengen $\Omega^{(1)}$ und $\Omega^{(2)}$.

2. Wir definieren eine σ–Algebra $\mathcal{F}$ über Ω durch:

$$\mathcal{F} := \mathcal{F}^{(1)} \otimes \mathcal{F}^{(2)}.$$

$\mathcal{F}$ ist die kleinste σ–Algebra über Ω mit folgender Eigenschaft:
$\forall\, A^{(1)} \in \mathcal{F}^{(1)}\ \forall\, A^{(2)} \in \mathcal{F}^{(2)}$:

$$A^{(1)} \times A^{(2)} \in \mathcal{F}.$$

$\mathcal{F}$ heißt *Produkt–σ–Algebra* von $\mathcal{F}^{(1)}$ und $\mathcal{F}^{(2)}$.

3. Wir definieren ein Wahrscheinlichkeitsmaß Q auf $(\Omega, \mathcal{F})$ durch:

$$Q := Q^{(1)} \otimes Q^{(2)}.$$

Q ist das eindeutig bestimmte Wahrscheinlichkeitsmaß auf $(\Omega, \mathcal{F})$ mit folgender Eigenschaft:
$\forall\, A^{(1)} \in \mathcal{F}^{(1)}\ \forall\, A^{(2)} \in \mathcal{F}^{(2)}$:

$$Q(A^{(1)} \times A^{(2)}) = Q^{(1)}(A^{(1)})\, Q^{(2)}(A^{(2)}).$$

Q heißt *Produktwahrscheinlichkeitsmaß* von $Q^{(1)}$ und $Q^{(2)}$.

4. Wir definieren eine Filtration $\{\mathcal{F}_t\}_{t \in I}$ auf $(\Omega, \mathcal{F})$ durch:

$$\mathcal{F}_t := \mathcal{F}_t^{(1)} \otimes \mathcal{F}_t^{(2)}.$$

$\{\mathcal{F}_t\}_{t \in I}$ heißt *Produktfiltration* von $\{\mathcal{F}^{(1)}\}_{t \in I}$ und $\{\mathcal{F}^{(2)}\}_{t \in I}$.

Kanonische Einbettung

Wir betten $(\Omega^{(i)}, \mathcal{F}^{(i)}, Q^{(i)}, \{\mathcal{F}_t^{(i)}\}_{t \in I})$ in $(\Omega, \mathcal{F}, Q, \{\mathcal{F}_t\}_{t \in I})$ ein.

(a) Sei $A^{(i)} \subset \Omega^{(1)}$. Wir definieren $\hat{A}^{(i)} \subset \Omega$ durch:

$$\hat{A}^{(1)} := A^{(1)} \times \Omega^{(2)}.$$

$$\hat{A}^{(2)} := \Omega^{(1)} \times A^{(2)}.$$

(b) Wir definieren σ–Algebren $\hat{\mathcal{F}}^{(i)}$ über Ω durch:

$$\hat{\mathcal{F}}^{(i)} := \left\{ \hat{A}^{(i)} \,\middle|\, A^{(i)} \in \mathcal{F}^{(i)} \right\}.$$

(c) Wir definieren Wahrscheinlichkeitsmaße $\hat{Q}^{(i)}$ auf $(\Omega, \hat{\mathcal{F}}^{(i)})$ durch:

$$\hat{Q}^{(i)}(\hat{A}^{(i)}) := Q^{(i)}(A^{(i)}).$$

(d) Wir definieren Filtrationen $\{\hat{\mathcal{F}}_t^{(i)}\}_{t\in I}$ auf Ω durch:

$$\hat{\mathcal{F}}_t^{(i)} := \left\{ \hat{A}^{(i)} \,\middle|\, A^{(i)} \in \mathcal{F}_t^{(i)} \right\}.$$

Bemerkung

(a) $(\Omega, \hat{\mathcal{F}}^{(1)}, \hat{Q}^{(1)}, \{\hat{\mathcal{F}}_t^{(1)}\}_{t\in I})$ beschreibt solche Ereignisse, deren Eintreten durch Beobachtung des Finanzmarktes für einen infinitesimalen Zeitraum vorhersehbar ist. Da wir die Assetpreisprozesse in Abschnitt 9 sowie die Zinsraten in Abschnitt 10 durch stochastische Prozesse mit stetigen Pfaden modelliert haben, ist beispielsweise der Aufenthalt eines Assetpreises bzw. einer Zinsrate in einem Intervall im Rahmen unserer bisherigen Finanzmarktmodelle ein für einen infinitesimalen Zeitraum vorhersehbares Ereignis. Dabei bezeichnet $\hat{Q}^{(1)}$ das äquivalente Martingalmaß für den Finanzmarkt. Insbesondere stimmt die risikoneutrale Wahrscheinlichkeit $\hat{Q}^{(1)}(\hat{A}^{(1)})$ eines solchen Ereignisses $\hat{A}^{(1)}$ i.d.R. nicht mit der realen Wahrscheinlichkeit $P(\hat{A}^{(1)})$ überein.

(b) $(\Omega, \hat{\mathcal{F}}^{(2)}, \hat{Q}^{(2)}, \{\hat{\mathcal{F}}_t^{(2)}\}_{t\in I})$ beschreibt solche Ereignisse, deren Eintreten durch Beobachtung des Finanzmarktes nicht vorhersehbar ist. Dazu gehören beispielsweise plötzliche Insolvenzen von Unternehmen, die nicht durch kontinuierliche Veränderung von Assetpreisen sondern z.B. durch plötzlich aufgedeckte Bilanzfälschungen oder plötzlich entstandene Schadensersatzansprüche Dritter an das Unternehmen zustande kommen. Solche Ereignisse hatten wir bisher in unseren Finanzmarktmodellen der vorhergehenden Abschnitte nicht berücksichtigt. Dabei bezeichnet $\hat{Q}^{(2)} = P$ das reale Wahrscheinlichkeitsmaß, d.h. $\hat{Q}^{(2)}(\hat{A}^{(2)})$ bezeichnet die reale Wahrscheinlichkeit $P(\hat{A}^{(2)})$ eines solchen Ereignisses $\hat{A}^{(2)}$.

(c) $(\Omega, \mathcal{F}, Q, \{\mathcal{F}_t\}_{t\in I})$ beschreibt die Gesamtheit aller möglichen Ereignisse.

(d) Seien $\hat{A}^{(i)} \in \hat{\mathcal{F}}^{(i)}$. Nach Konstruktion gilt:

$$\begin{aligned} Q(\hat{A}^{(1)} \cap \hat{A}^{(2)}) &= Q((A^{(1)} \times \Omega^{(2)}) \cap (\Omega^{(1)} \times A^{(2)})) \\ &= Q(A^{(1)} \times A^{(2)}) \\ &= Q^{(1)}(A^{(1)})\, Q^{(2)}(A^{(2)}) \\ &= Q(\hat{A}^{(1)})\, Q(\hat{A}^{(2)}). \end{aligned}$$

D.h. die Ereignisse $\hat{A}^{(1)}$ und $\hat{A}^{(2)}$ sind unabhängig bzgl. Q.

Brownsche Bewegungen

Wir betrachten die folgenden Brownschen Bewegungen:

1. Seien $W^{(1)}, \ldots, W^{(p)}$ unabhängige Brownsche Bewegungen bzgl. $\hat{Q}^{(1)}$.

2. Sei $(\hat{\mathcal{F}}_t^{(1)})_{t\in I}$ die von $W^{(1)}, \ldots, W^{(p)}$ erzeugte Brownsche Filtration.

Geldkontoprozess

Wir betrachten einen positiven Geldkontoprozess B. B beschreibt die Wertentwicklung einer Geldeinheit, welche zur Zeit $t = 0$ in ein Geldkonto investiert wird. Sei dazu folgende Voraussetzung gegeben:

- $r \in \mathfrak{C}(\hat{Q}^{(1)})$ ist beschränkt.

Wir nehmen an, dass B folgende Darstellung besitzt:

$$B_t = 1 + \int_0^t r_s \, B_s \, \mathrm{d}s.$$

Dabei bezeichnet r die *instantane Zinsrate* (*Shortrate*). Nach der Itoschen Formel gilt:

$$B_t = \exp\Big(\int_0^t r_s \, \mathrm{d}s\Big).$$

Insbesondere gilt:

- $B \in \mathfrak{C}(\hat{Q}^{(1)})$ ist beschränkt.

Diskontierte Prozesse

Sei X ein stochastischer Prozess auf Ω. Wir definieren den zugehörigen diskontierten Prozess durch:

$$X_t^* := \frac{X_t}{B_t} = \exp\Big(-\int_0^t r_s \, \mathrm{d}s\Big) \, X_t.$$

M.a.W. wir verwenden den Geldkontoprozess als *Numeraire*.

Derivate mit europäischem Ausübungsrecht

Sei $\bar{t} \in I$ mit $\bar{t} > 0$. Wir betrachten ein Derivat $Z_{\bar{t}}$ mit europäischem Ausübungsrecht. $Z_{\bar{t}}$ beschreibt eine Zahlung zur Zeit $t = \bar{t}$, welche durch einen Kontrakt festgelegt wird. Wir nehmen an, dass $Z_{\bar{t}}$ folgende Regularität besitzt:

$$Z_{\bar{t}}^* \in L^2(\Omega, \mathcal{F}_{\bar{t}}, Q).$$

Prinzip der risikoneutralen Bewertung

Sei $Z_{\bar{t}}$ ein Derivat mit europäischem Ausübungsrecht.

(a) Wir definieren den *Wertprozess* U des Derivates $Z_{\bar{t}}$ durch:

$$U_t^* := E_Q[Z_{\bar{t}}^* | \mathcal{F}_t] = E_Q\Big[\exp\Big(-\int_0^{\bar{t}} r_s \, \mathrm{d}s\Big) \, Z_{\bar{t}} \Big| \mathcal{F}_t\Big].$$

Insbesondere gilt:

$$U_t = E_Q\Big[\exp\Big(-\int_t^{\bar{t}} r_s \, \mathrm{d}s\Big) \, Z_{\bar{t}} \Big| \mathcal{F}_t\Big].$$

(b) Wir definieren den *fairen Preis* Z_0 des Derivates $Z_{\bar{t}}$ zur Zeit $t = 0$ durch:

$$Z_0 := E_Q[Z^*_{\bar{t}}] = E_Q\Big[\exp\Big(-\int_0^{\bar{t}} r_t \,\mathrm{d}t\Big)\, Z_{\bar{t}}\Big].$$

Bemerkung

Wir betrachten zwei Grenzfälle des Prinzips der risikoneutralen Bewertung.

(a) Sei $Z^{(1)}_{\bar{t}}$ ein Derivat mit europäischem Ausübungsrecht, dessen Auszahlung nur von solchen Ereignissen abhängt, deren Eintreten durch Beobachtung des Finanzmarktes für einen infinitesimalen Zeitraum vorhersehbar ist. Nach Voraussetzung gilt:

$$(Z^{(1)})^*_{\bar{t}} \in L^2(\Omega, \hat{\mathcal{F}}^{(1)}_{\bar{t}}, \hat{Q}^{(1)}).$$

Nach dem Prinzip der risikoneutralen Bewertung gilt für den fairen Preis $Z^{(1)}_0$ des Derivates zur Zeit $t = 0$:

$$\begin{aligned} Z^{(1)}_0 &= E_Q[(Z^{(1)})^*_{\bar{t}}] \\ &= E_Q\Big[\exp\Big(-\int_0^{\bar{t}} r_t \,\mathrm{d}t\Big)\, Z^{(1)}_{\bar{t}}\Big] \\ &= E_{\hat{Q}^{(1)}}\Big[\exp\Big(-\int_0^{\bar{t}} r_t \,\mathrm{d}t\Big)\, Z^{(1)}_{\bar{t}}\Big]. \end{aligned}$$

In diesem Fall wird zur Berechnung des fairen Preises das äquivalente Martingalmaß für den Finanzmarkt verwendet. Insbesondere stimmt das in diesem Abschnitt formulierte Prinzip der risikoneutralen Bewertung mit den in den vorhergehenden Abschnitten formulierten Versionen überein.

(b) Sei $Z^{(2)}_{\bar{t}}$ ein Derivat mit europäischem Ausübungsrecht, dessen Auszahlung nur von solchen Ereignissen abhängt, deren Eintreten nicht durch Beobachtung des Finanzmarktes für einen infinitesimalen Zeitraum vorhersehbar ist. Nach Voraussetzung gilt:

$$(Z^{(2)})^*_{\bar{t}} \in L^2(\Omega, \hat{\mathcal{F}}^{(2)}_{\bar{t}}, \hat{Q}^{(2)}).$$

Nach dem Prinzip der risikoneutralen Bewertung gilt für den fairen Preis $Z^{(2)}_0$ des Derivates zur Zeit $t = 0$:

$$\begin{aligned} Z^{(2)}_0 &= E_Q[(Z^{(2)})^*_{\bar{t}}] \\ &= E_Q\Big[\exp\Big(-\int_0^{\bar{t}} r_t \,\mathrm{d}t\Big)\, Z^{(2)}_{\bar{t}}\Big] \\ &= E_{\hat{Q}^{(1)}}\Big[\exp\Big(-\int_0^{\bar{t}} r_t \,\mathrm{d}t\Big)\Big]\, E_{\hat{Q}^{(2)}}[Z^{(2)}_{\bar{t}}]. \end{aligned}$$

In diesem Fall wird zur Berechnung des fairen Preises das reale Wahrscheinlichkeitsmaß verwendet. Insbesondere entspricht das in diesem Abschnitt formulierte Prinzip der risikoneutralen Bewertung einem *spieletheoretischen Bewertungsansatz*, wie er bereits in der Einleitung zu Abschnitt 1.1 formuliert wurde.

(c) Die Zerlegung des Wahrscheinlichkeitsmaßes Q in ein Produkt aus einem äquivalenten Martingalmaß $\hat{Q}^{(1)}$ und einem realen Wahrscheinlichkeitsmaß $\hat{Q}^{(2)}$ basiert auf der Annahme, dass im Grenzfall (a) eine replizierende Handelsstrategie für das Derivat $Z_{\bar{t}}^{(1)}$ existiert, während im Grenzfall (b) keinerlei Replikation des Derivates $Z_{\bar{t}}^{(2)}$ möglich ist. Diese Annahme ist in der Literatur nicht unumstritten. Viele Autoren postulieren, dass es sich bei Q insgesamt um ein äquivalentes Martingalmaß für den Finanzmarkt handelt. In der Praxis ist das Vorgehen derart, dass zunächst ein stochastisches Finanzmarktmodell postuliert wird und dann die Modellparameter so *kalibriert* werden, dass die mit Hilfe des Modells berechneten fairen Preise für liquide am Markt gehandelte Derivate mit den Marktpreisen übereinstimmen. Das so kalibrierte Finanzmarktmodell wird dann zur Berechnung von fairen Preisen für weitere Derivate verwendet. Für dieses Vorgehen ist die Unterscheidung zwischen äquivalentem Martingalmaß und realem Wahrscheinlichkeitsmaß nicht relevant.

Kreditereignisse und Defaultzeiten

(a) Den Ausfall einer vertraglich festgelegten Zahlung bezeichnen wir als *Kreditereignis* oder *Default*.

(b) Wir betrachten ein Kreditereignis. Seien dazu $\bar{t} \in I$ mit $\bar{t} > 0$, und sei τ eine Stoppzeit bzgl. $\{\mathcal{F}_t\}_{t \in I}$ mit folgender Eigenschaft:

$$\tau \in (0, \bar{t}] \cup \{\infty\}.$$

τ beschreibt den Zeitpunkt des Eintretens des Kreditereignisses. τ heißt *Defaultzeit*.

Bemerkung

Wir unterscheiden die folgenden Kreditereignisse.

- Einer der an einem Finanzkontrakt direkt beteiligten Kontrahenten kommt seiner aus dem Kontrakt entstehenden Zahlungsverpflichtung nicht nach. Diesen Fall bezeichnen wir als *Default des Kontrahenten*.

- Ein Finanzkontrakt zwischen zwei Kontrahenten sieht Zahlungen vor, falls eine dritte Partei ihre Zahlungsverpflichtungen aus anderen Finanzkontrakten nicht erfüllt. Diesen Fall bezeichnen wir als *Default der Referenzadresse*.

Das mit dem Default des Kontrahenten verbundene Kreditrisiko ist typisch für die in Abschnitt 12.2.1 behandelten *klassischen Derivate*. Das mit dem Default der Referenzadresse verbundene Kreditrisiko ist dagegen typisch für die in Abschnitt 12.2.1 behandelten *echten Kreditderivate*. In der Praxis werden echte Kreditderivate oftmals dazu verwendet, das mit dem Default des Kontrahenten verbundene Kreditrisiko aus einem klassischen Derivat an den Kontrahenten des echten Kreditderivates weiterzugeben. In diesem Fall wirkt das echte Kreditderivat als Kreditversicherung für das klassische Derivat.

Kreditderivate

Kreditderivate sind Derivate, deren Auszahlungen von einem oder mehreren Kreditereignissen abhängen. Wir betrachten die folgenden Auszahlungen von Kreditderivaten.

- **Payoff zum Laufzeitende**

  Sei $Z_{\bar{t}}$ ein Derivat mit europäischem Ausübungsrecht. Ein Payoff zum Laufzeitende legt die Zahlung $Z_{\bar{t}}$ zur Zeit $t = \bar{t}$ fest, falls das Kreditereignis bis zum Zeitpunkt $\bar{t}$ nicht eingetreten ist.

  Zur Zeit $t = \bar{t}$ findet also folgende Zahlung statt:

  $$\tilde{Z}_{\bar{t}} := 1_{\{\tau=\infty\}}\, Z_{\bar{t}}.$$

  Nach dem Prinzip der risikoneutralen Bewertung gilt für den fairen Preis $\tilde{Z}_0$ dieser Zahlung zur Zeit $t = 0$:

  $$\begin{aligned}\tilde{Z}_0 &= E_Q[\tilde{Z}^*_{\bar{t}}]\\ &= E_Q[1_{\{\tau=\infty\}}\, Z^*_{\bar{t}}]\\ &= E_Q\Big[1_{\{\tau=\infty\}}\, \exp\Big(-\int_0^{\bar{t}} r_t\,\mathrm{d}t\Big)\, Z_{\bar{t}}\Big].\end{aligned}$$

- **Rebate zum Laufzeitende**

  Sei $X_{\bar{t}}$ ein Derivat mit europäischem Ausübungsrecht. Eine Rebate zum Laufzeitende legt die Zahlung $X_{\bar{t}}$ zur Zeit $t = \bar{t}$ fest, falls das Kreditereignis bis zum Zeitpunkt $\bar{t}$ eingetreten ist.

  Zur Zeit $t = \bar{t}$ findet also folgende Zahlung statt:

  $$\tilde{X}_{\bar{t}} := 1_{\{\tau\le\bar{t}\}}\, X_{\bar{t}}.$$

  Nach dem Prinzip der risikoneutralen Bewertung gilt für den fairen Preis $\tilde{X}_0$ dieser Zahlung zur Zeit $t = 0$:

  $$\begin{aligned}\tilde{X}_0 &= E_Q[\tilde{X}^*_{\bar{t}}]\\ &= E_Q[1_{\{\tau\le\bar{t}\}}\, X^*_{\bar{t}}]\\ &= E_Q\Big[1_{\{\tau\le\bar{t}\}}\, \exp\Big(-\int_0^{\bar{t}} r_t\,\mathrm{d}t\Big)\, X_{\bar{t}}\Big].\end{aligned}$$

- **Rebate bei Default**

  Sei $Y^* \in \mathfrak{C}(Q)$. Eine Rebate bei Default legt die Zahlung Y_t zur Zeit $t = \tau$ fest, falls das Kreditereignis zur Zeit $t = \tau$ eintritt.

  Wir betrachten zwei Ausprägungen der Rebate bei Default.

  - **Diskrete Auszahlung**

    Sei $n \in \mathbb{N}$. Wir definieren Stoppzeiten $\tau^{(n)}$ durch:

    $$\tau^{(n)}(\omega) := \begin{cases}\sum_{k=1}^{2^n} t_k^{(n)}\, 1_{A_k^{(n)}}(\omega) & \text{falls } \tau(\omega) \le \bar{t},\\ \infty & \text{sonst.}\end{cases}$$

$$t_k^{(n)} := \frac{k\,\overline{t}}{2^n}.$$

$$A_k^{(n)} := \left\{\omega \in \Omega \,\middle|\, t_{k-1}^{(n)} < \tau(\omega) \le t_k^{(n)}\right\}.$$

Nach Konstruktion besitzt $\tau^{(n)}$ folgenden reellen Wertebereich:

$$I^{(n)} := \left\{t_k^{(n)} \,\middle|\, k = 1, \ldots, 2^n\right\}.$$

Der Halter des Kreditderivates erhält zu den Zeitpunkten $t \in I^{(n)}$ folgende Zahlungen:

$$\tilde{Y}_t^{(n)} := 1_{\{\tau^{(n)}=t\}}\, Y_t.$$

Nach dem Prinzip der risikoneutralen Bewertung gilt für den fairen Preis $\tilde{Y}_0^{(n)}$ dieser Zahlungen zur Zeit $t = 0$:

$$\begin{aligned}\tilde{Y}_0^{(n)} &= \sum_{k=1}^{2^n} E_Q[(Y^{(n)})^*_{t_k^{(n)}}] \\ &= E_Q[1_{\{\tau\le\overline{t}\}}\,(Y^*)^{\tau^{(n)}}] \\ &= E_Q\Big[1_{\{\tau\le\overline{t}\}}\,\exp\Big(-\int_0^{\tau^{(n)}} r_t\,\mathrm{d}t\Big)\,Y^{\tau^{(n)}}\Big].\end{aligned}$$

- **Kontinuierliche Auszahlung**

  Der Halter des Kreditderivates erhält zu den Zeitpunkten $t \in [0, \overline{t}]$ folgende Zahlungen:

  $$\tilde{Y}_t := 1_{\{\tau=t\}}\, Y_t.$$

  Nach dem Satz von Lebesgue über dominierende Konvergenz gilt:

  $$\tau^{(n)} \xrightarrow[\text{punktweise}]{n\to\infty} \tau.$$

  $$\tilde{Y}_0^{(n)} \xrightarrow{n\to\infty} E_Q[1_{\{\tau\le\overline{t}\}}\,(Y^*)^{\tau}].$$

  Deshalb definieren wir den fairen Preis $\tilde{Y}_0$ dieser Zahlungen zur Zeit $t = 0$ durch:

  $$\tilde{Y}_0 := E_Q[1_{\{\tau\le\overline{t}\}}\,(Y^*)^{\tau}] = E_Q\Big[1_{\{\tau\le\overline{t}\}}\,\exp\Big(-\int_0^{\tau} r_t\,\mathrm{d}t\Big)\,Y^{\tau}\Big].$$

12.2 Kreditderivate

In diesem Abschnitt betrachten wir die wichtigsten Kreditderivate. Dabei unterscheiden wir zwischen *klassischen Derivaten mit Defaultmöglichkeit* und *echten Kreditderivaten.* Bei den klassischen Derivaten mit Defaultmöglichkeit handelt es sich um die bereits behandelten Aktien- und Zinsderivate, wobei wir nun den Fall berücksichtigen, dass einer der direkt an dem Finanzkontrakt beteiligten Kontrahenten seine Zahlungsverpflichtung nicht erfüllt. Bei den echten Kreditderivaten handelt es sich dagegen um solche Derivate, die explizit Bezug auf den Ausfall (Default) einer dritten Partei nehmen.

12.2.1 Klassische Derivate mit Defaultmöglichkeiten

Klassische Derivate mit Defaultmöglichkeiten

Bei einem klassischen Derivat mit Defaultmöglichkeit berücksichtigen wir im Gegensatz zum klassischen Derivat ohne Defaultmöglichkeit den Fall, dass ein Kontrahent seine aus dem Finanzkontrakt entstehende Zahlungsverpflichtung nicht erfüllt, d.h. wir berücksichtigen den Default des Kontrahenten als mögliches Kreditereignis.

Sei dazu $\bar{t} \in I$ mit $\bar{t} > 0$, und seien folgende Voraussetzungen gegeben:

1. $Z^*_{\bar{t}} \in L^2(\Omega, \hat{\mathcal{F}}^{(1)}_{\bar{t}}, \hat{Q}^{(1)})$:
2. $\tau^{(1)}, \tau^{(2)}$ sind Stoppzeiten mit $\tau^{(1)}, \tau^{(2)} \in (0, \bar{t}] \cup \{\infty\}$.
3. $\alpha^{(1)}, \alpha^{(2)}, \beta^{(1)}, \beta^{(2)} \in [0, 1]$ mit $\alpha^{(i)} + \beta^{(i)} \leq 1$.

Nach Konstruktion ist $Z_{\bar{t}}$ ein Derivat mit europäischem Ausübungsrecht, dessen Auszahlung nur von solchen Ereignissen abhängt, deren Eintreten durch Beobachtung des Finanzmarktes für einen infinitesimalen Zeitraum vorhersehbar ist. $Z_{\bar{t}}$ beschreibt die durch den Finanzkontrakt festgelegten Zahlungen. Ferner bezeichnet $\tau^{(i)}$ die Defaultzeit für den Ausfall des mit i indizierten Kontrahenten. $\alpha^{(i)}$ und $\beta^{(i)}$ heißen *Recoveryraten* für den mit i indizierten Kontrahenten. Wir postulieren nun die Zahlungen des klassischen Derivates mit Defaultmöglichkeit.

- **Payoff zum Laufzeitende**

  Wir nehmen an, dass der mit i indizierte Kontrahent jeweils seine Zahlungsverpflichtung zur Zeit $t = \bar{t}$ erfüllt, falls das mit i indizierte Kreditereignis bis zum Zeitpunkt $\bar{t}$ nicht eingetreten ist. Zur Zeit $t = \bar{t}$ findet also folgende Zahlung statt:

  $$\tilde{Z}_{\bar{t}} := \max\{1_{\{\tau^{(1)}=\infty\}}\, Z_{\bar{t}}, 0\} + \min\{1_{\{\tau^{(2)}=\infty\}}\, Z_{\bar{t}}, 0\}.$$

  Nach dem Prinzip der risikoneutralen Bewertung gilt für den fairen Preis $\tilde{Z}_0$ dieser Zahlung zur Zeit $t = 0$:

  $$\begin{aligned} \tilde{Z}_0 &= E_Q[\tilde{Z}^*_{\bar{t}}] \\ &= E_Q[\max\{1_{\{\tau^{(1)}=\infty\}}\, Z^*_{\bar{t}}, 0\}] + E_Q[\min\{1_{\{\tau^{(2)}=\infty\}}\, Z^*_{\bar{t}}, 0\}] \\ &= E_Q\Big[\max\Big\{1_{\{\tau^{(1)}=\infty\}} \exp\Big(-\int_0^{\bar{t}} r_t\, \mathrm{d}t\Big) Z_{\bar{t}}, 0\Big\}\Big] \\ &\quad + E_Q\Big[\min\Big\{1_{\{\tau^{(2)}=\infty\}} \exp\Big(-\int_0^{\bar{t}} r_t\, \mathrm{d}t\Big) Z_{\bar{t}}, 0\Big\}\Big]. \end{aligned}$$

- **Rebate zum Laufzeitende**

  Wir nehmen an, dass der mit i indizierte Kontrahent jeweils seine Zahlungsverpflichtung zur Zeit $t = \bar{t}$ nur in einem um die Recoveryrate $\alpha^{(i)}$ reduzierten Umfang erfüllt, falls das mit i indizierte Kreditereignis bis zum Zeitpunkt $\bar{t}$ eingetreten ist. Zur Zeit $t = \bar{t}$ findet also folgende Zahlung statt:

  $$\tilde{X}_{\bar{t}} := \alpha^{(1)} \max\{1_{\{\tau^{(1)}\leq\bar{t}\}}\, Z_{\bar{t}}, 0\} + \alpha^{(2)} \min\{1_{\{\tau^{(2)}\leq\bar{t}\}}\, Z_{\bar{t}}, 0\}.$$

Nach dem Prinzip der risikoneutralen Bewertung gilt für den fairen Preis $\tilde{X}_0$ dieser Zahlung zur Zeit $t = 0$:

$$\begin{aligned}
\tilde{X}_0 &= E_Q[\tilde{X}^*_{\bar{t}}] \\
&= \alpha^{(1)} E_Q[\max\{1_{\{\tau^{(1)} \leq \bar{t}\}} Z^*_{\bar{t}}, 0\}] + \alpha^{(2)} E_Q[\min\{1_{\{\tau^{(2)} \leq \bar{t}\}} Z^*_{\bar{t}}, 0\}] \\
&= \alpha^{(1)} E_Q\Big[\max\Big\{1_{\{\tau^{(1)} \leq \bar{t}\}} \exp\Big(-\int_0^{\bar{t}} r_t \, \mathrm{d}t\Big) Z_{\bar{t}}, 0\Big\}\Big] \\
&\quad + \alpha^{(2)} E_Q\Big[\min\Big\{1_{\{\tau^{(2)} \leq \bar{t}\}} \exp\Big(-\int_0^{\bar{t}} r_t \, \mathrm{d}t\Big) Z_{\bar{t}}, 0\Big\}\Big].
\end{aligned}$$

- **Rebate mit kontinuierlicher Auszahlung bei Default**

  Wir nehmen an, dass der mit i indizierte Kontrahent jeweils seine Zahlungsverpflichtung zur Zeit $t = \tau^{(i)}$ vorschüssig in einem um die Recoveryrate $\beta^{(i)}$ reduzierten Umfang erfüllt, falls das mit i indizierte Kreditereignis zur Zeit $t = \tau^{(i)}$ eintritt. Zu den Zeiten $t = \tau^{(i)}$ finden also folgende Zahlungen statt:

$$\tilde{Y}^{(1)}_t := \beta^{(1)} \max\{1_{\{\tau^{(1)} = t\}} U_t, 0\}.$$

$$\tilde{Y}^{(2)}_t := \beta^{(2)} \min\{1_{\{\tau^{(2)} = t\}} U_t, 0\}.$$

  Dabei bezeichnet U den Wertprozess von $Z_{\bar{t}}$:

$$U_t = E_Q\Big[\exp\Big(-\int_t^{\bar{t}} r_s \, \mathrm{d}s\Big) Z_{\bar{t}} \Big| \mathcal{F}_t\Big].$$

$$U^*_t = E_Q[Z^*_{\bar{t}} | \mathcal{F}_t] = E_Q\Big[\exp\Big(-\int_0^{\bar{t}} r_s \, \mathrm{d}s\Big) Z_{\bar{t}} \Big| \mathcal{F}_t\Big].$$

  Nach dem Prinzip der risikoneutralen Bewertung gilt für den fairen Preis $\tilde{Y}_0$ dieser Zahlungen zur Zeit $t = 0$:

$$\begin{aligned}
\tilde{Y}_0 &= \beta^{(1)} E_Q[\max\{1_{\{\tau^{(1)} \leq \bar{t}\}} (U^*)^{\tau^{(1)}}, 0\}] + \beta^{(2)} E_Q[\min\{1_{\{\tau^{(2)} \leq \bar{t}\}} (U^*)^{\tau^{(2)}}, 0\}] \\
&= \beta^{(1)} E_Q[\max\{1_{\{\tau^{(1)} \leq \bar{t}\}} E_Q[Z^*_{\bar{t}} | \mathcal{F}^{\tau^{(1)}}], 0\}] \\
&\quad + \beta^{(2)} E_Q[\min\{1_{\{\tau^{(2)} \leq \bar{t}\}} E_Q[Z^*_{\bar{t}} | \mathcal{F}^{\tau^{(2)}}], 0\}] \\
&= \beta^{(1)} E_Q[\max\{E_Q[1_{\{\tau^{(1)} \leq \bar{t}\}} Z^*_{\bar{t}} | \mathcal{F}^{\tau^{(1)}}], 0\}] \\
&\quad + \beta^{(2)} E_Q[\min\{E_Q[1_{\{\tau^{(2)} \leq \bar{t}\}} Z^*_{\bar{t}} | \mathcal{F}^{\tau^{(2)}}], 0\}] \\
&= \beta^{(1)} E_Q\Big[\max\Big\{E_Q\Big[1_{\{\tau^{(1)} \leq \bar{t}\}} \exp\Big(-\int_0^{\bar{t}} r_t \, \mathrm{d}t\Big) Z_{\bar{t}} \Big| \mathcal{F}^{\tau^{(1)}}\Big], 0\Big\}\Big] \\
&\quad + \beta^{(2)} E_Q\Big[\min\Big\{E_Q\Big[1_{\{\tau^{(2)} \leq \bar{t}\}} \exp\Big(-\int_0^{\bar{t}} r_t \, \mathrm{d}t\Big) Z_{\bar{t}} \Big| \mathcal{F}^{\tau^{(2)}}\Big], 0\Big\}\Big].
\end{aligned}$$

Dabei haben wir im zweiten Schritt den Satz von Doob über Optional Sampling verwendet.

Nach dem Prinzip der risikoneutralen Bewertung gilt insgesamt für den fairen Preis Z_0 des klassischen Derivates mit Defaultmöglichkeit zur Zeit $t = 0$:

$$Z_0 = \tilde{Z}_0 + \tilde{X}_0 + \tilde{Y}_0.$$

Bemerkung

Sei $Z_{\bar{t}}$ ein klassisches Derivat ohne Defaultmöglichkeit, und sei $Z_{\bar{t}} \geq 0$. Wir betrachten das zugehörige klassische Derivat mit Defaultmöglichkeit. Nach Voraussetzung ist in diesem Fall nur ein Kontrahent zu Zahlungen verpflichtet. Deshalb lassen wir die Indizierungen weg, d.h. wir schreiben x an Stelle von $x^{(1)}$. Nach Konstruktion gilt:

$$\tilde{Z}_0 = E_Q[1_{\{\tau=\infty\}}\, Z^*_{\bar{t}}] = E_Q\Big[1_{\{\tau=\infty\}} \exp\Big(-\int_0^{\bar{t}} r_t \,\mathrm{d}t\Big)\, Z_{\bar{t}}\Big].$$

$$\tilde{X}_0 = \alpha\, E_Q[1_{\{\tau\leq\bar{t}\}}\, Z^*_{\bar{t}}] = \alpha\, E_Q\Big[1_{\{\tau\leq\bar{t}\}} \exp\Big(-\int_0^{\bar{t}} r_t \,\mathrm{d}t\Big)\, Z_{\bar{t}}\Big].$$

$$\tilde{Y}_0 = \beta\, E_Q[1_{\{\tau\leq\bar{t}\}}\, Z^*_{\bar{t}}] = \beta\, E_Q\Big[1_{\{\tau\leq\bar{t}\}} \exp\Big(-\int_0^{\bar{t}} r_t \,\mathrm{d}t\Big)\, Z_{\bar{t}}\Big].$$

Nach Konstruktion gilt ferner:

$$1_{\{\tau=\infty\}} + 1_{\{\tau\leq\bar{t}\}} = 1.$$

Daraus folgt insgesamt für den fairen Preis Z_0 des klassischen Derivates mit Defaultmöglichkeit zur Zeit $t = 0$:

$$\begin{aligned} Z_0 &= E_Q[Z^*_{\bar{t}}] - (1-\alpha-\beta)\, E_Q[1_{\{\tau\leq\bar{t}\}}\, Z^*_{\bar{t}}] \\ &= E_Q\Big[\exp\Big(-\int_0^{\bar{t}} r_t \,\mathrm{d}t\Big)\, Z_{\bar{t}}\Big] - (1-\alpha-\beta)\, E_Q\Big[1_{\{\tau\leq\bar{t}\}} \exp\Big(-\int_0^{\bar{t}} r_t \,\mathrm{d}t\Big)\, Z_{\bar{t}}\Big]. \end{aligned}$$

Der erste Term ist genau der faire Preis des klassischen Derivates ohne Defaultmöglichkeit zur Zeit $t = 0$. Der zweite Term beschreibt die Reduktion des fairen Preises durch das zusätzliche Kreditrisiko.

Zerobond

Ein Zerobond ohne Defaultmöglichkeit garantiert seinem Halter die Zahlung einer Geldeinheit zum Laufzeitende.

Sei dazu $\mathrm{ZB}[\bar{t}]$ ein Zerobond ohne Defaultmöglichkeit, und sei $\widetilde{\mathrm{ZB}}[\bar{t}]$ der zugehörige Zerobond mit Defaultmöglichkeit. Nach Konstruktion gilt für die vertraglich festgelegte Zahlung zur Zeit $t = \bar{t}$:

$$(Z_{\mathrm{ZB}[\bar{t}]})_{\bar{t}} = 1.$$

Insbesondere ist $(Z_{\mathrm{ZB}[\bar{t}]})_{\bar{t}} \geq 0$. Nach dem Prinzip der risikoneutralen Bewertung gilt für den fairen Preis $(\widetilde{\mathrm{ZB}}[\bar{t}])_0$ des Zerobonds mit Defaultmöglichkeit zur Zeit $t = 0$:

$$(\widetilde{\mathrm{ZB}}[\bar{t}])_0 = (\mathrm{ZB}[\bar{t}])_0 - (1-\alpha-\beta)\, E_Q\Big[1_{\{\tau \leq \bar{t}\}} \exp\Big(-\int_0^{\bar{t}} r_t \,\mathrm{d}t\Big)\Big].$$

Bemerkung

(a) Wir betrachten Zerobonds mit und ohne Defaultmöglichkeit. Sei dazu folgende Voraussetzung gegeben:

- r und τ sind unabhängig.

Dann gilt:

$$\begin{aligned}(\widetilde{\mathrm{ZB}}[\bar{t}])_0 &= (\mathrm{ZB}[\bar{t}])_0 - (1-\alpha-\beta)\, E_Q\Big[1_{\{\tau \leq \bar{t}\}} \exp\Big(-\int_0^{\bar{t}} r_t \,\mathrm{d}t\Big)\Big] \\ &= (\mathrm{ZB}[\bar{t}])_0 - (1-\alpha-\beta)\, E_Q[1_{\{\tau \leq \bar{t}\}}]\, E_Q\Big[\exp\Big(-\int_0^{\bar{t}} r_t \,\mathrm{d}t\Big)\Big] \\ &= (\mathrm{ZB}[\bar{t}])_0 - (1-\alpha-\beta)\, Q(\{\tau \leq \bar{t}\})\, (\mathrm{ZB}[\bar{t}])_0.\end{aligned}$$

Daraus folgt:

$$Q(\{\tau \leq \bar{t}\}) = \frac{(\mathrm{ZB}[\bar{t}])_0 - (\widetilde{\mathrm{ZB}}[\bar{t}])_0}{(1-\alpha-\beta)\,(\mathrm{ZB}[\bar{t}])_0}.$$

Insbesondere ist die risikoneutrale Verteilung der Defaultzeit τ durch die Zerobondpreise sowie die Recoveryraten eindeutig bestimmt. In der Praxis wird die obige Gleichung verwendet, um die risikoneutrale Verteilung der Defaultzeiten für solche Unternehmen zu schätzen, die als Emittenten von Zerobonds auftreten. Dazu wird für $(\widetilde{\mathrm{ZB}}[\bar{t}])_0$ der Marktpreis der jeweiligen Unternehmensanleihe und für $(\mathrm{ZB}[\bar{t}])_0$ der Marktpreis der zugehörigen Staatsanleihe verwendet. Die Recoveryraten größerer Unternehmen werden von kommerziellen Ratingagenturen bereitgestellt. Für kleinere Unternehmen werden typischerweise Recoveryraten von Null angenommen.

(b) Sei mindestens eine der folgenden Voraussetzungen gegeben:

- r ist ein deterministischer Prozess.
- $\tau^{(2)}$ ist eine Stoppzeit bzgl. $\{\hat{\mathcal{F}}_t^{(2)}\}_{t\in[0,\bar{t}]}$.

Dann ist die Voraussetzung in Punkt (a) erfüllt, d.h. es gilt:

- r und τ sind unabhängig.

12.2.2 Echte Kreditderivate

Echte Kreditderivate

Bei einem echten Kreditderivat hängt die vertraglich vereinbarte Zahlung davon ab, ob eine dritte Partei ihre Zahlungsverpflichtungen aus anderen Finanzkontrakten erfüllt oder nicht, d.h. wir betrachten den Default der Referenzadresse als mögliches Kreditereignis.

Sei dazu $\bar{t} \in I$ mit $\bar{t} > 0$, und sei folgende Voraussetzung gegeben:

- τ ist eine Stoppzeit mit $\tau \in (0, \bar{t}] \cup \{\infty\}$.

τ bezeichnet die Defaultzeit für den Ausfall der Referenzadresse.

Credit Default Option

Eine Credit Default Option garantiert ihrem Halter die Zahlung einer Geldeinheit zum Laufzeitende, falls das Kreditereignis während der Laufzeit eintritt.

- **Rebate zum Laufzeitende**

  Die Credit Default Option legt folgende Zahlung zur Zeit $t = \bar{t}$ fest:

  $$(\tilde{X}_{\text{CDOption}}[\bar{t}])_{\bar{t}} = 1_{\{\tau \leq \bar{t}\}}.$$

Nach dem Prinzip der risikoneutralen Bewertung gilt für den fairen Preis $(\text{CDOption}[\bar{t}])_0$ der Credit Default Option zur Zeit $t = 0$:

$$(\text{CDOption}[\bar{t}])_0 = E_Q\Big[1_{\{\tau \leq \bar{t}\}} \exp\Big(-\int_0^{\bar{t}} r_t \, \mathrm{d}t\Big)\Big].$$

Credit Default Swap

Ein Credit Default Swap legt folgende Punkte fest:

1. *Der* Protection Buyer *leistet während der Laufzeit feste Zinszahlungen bis zum Eintritt des Kreditereignisses.*

2. *Der* Protection Seller *zahlt eine Geldeinheit zum Laufzeitende, falls das Kreditereignis während der Laufzeit eintritt.*

Sei dazu $\overline{L} > 0$, und seien $\bar{t}_0, \ldots, \bar{t}_n \in I$ mit $\bar{t}_0 < \ldots < \bar{t}_n \leq \bar{t}$.

- **Payoff zum Ende der Zinsperiode**

  Der Credit Default Swap legt folgende Zahlungen zu den Zeitpunkten $t = \bar{t}_1, \ldots, \bar{t}_n$ fest:

  $$(\tilde{Z}_{\text{CDS}}[\bar{t}_0, \ldots, \bar{t}_n, \bar{t}])_{\bar{t}_i} = -1_{\{\tau > \bar{t}_i\}} \, (\bar{t}_i - \bar{t}_{i-1}) \, \overline{L}.$$

- **Rebate zum Laufzeitende**

  Der Credit Default Swap legt folgende Zahlung zur Zeit $t = \bar{t}$ fest:

  $$(\tilde{X}_{\text{CDS}}[\bar{t}_0, \ldots, \bar{t}_n, \bar{t}])_{\bar{t}} = 1_{\{\tau \leq \bar{t}\}}.$$

Nach dem Prinzip der risikoneutralen Bewertung gilt für den fairen Preis $(\mathrm{CDS}[\bar{t}_0,\ldots,\bar{t}_n,\bar{t}])_0$ des Credit Default Swaps zur Zeit $t=0$:

$$
\begin{aligned}
&(\mathrm{CDS}[\bar{t}_0,\ldots,\bar{t}_n,\bar{t}])_0 \\
&= E_Q\Big[1_{\{\tau\leq\bar{t}\}}\exp\Big(-\int_0^{\bar{t}} r_t\,\mathrm{d}t\Big)\Big] - \sum_{i=1}^n(\bar{t}_i-\bar{t}_{i-1})\,\overline{L}\,E_Q\Big[1_{\{\tau>\bar{t}_i\}}\exp\Big(-\int_0^{\bar{t}_i} r_t\,\mathrm{d}t\Big)\Big].
\end{aligned}
$$

Faire CDS–Rate

In der Praxis werden Credit Default Swaps häufig so abgeschlossen, dass der faire Preis $(\mathrm{CDS}[\bar{t}_0,\ldots,\bar{t}_n,\bar{t}])_0$ zur Zeit $t=0$ gerade Null ist. Auflösen der obigen Gleichung liefert:

$$
(\mathrm{CDS}[\bar{t}_0,\ldots,\bar{t}_n,\bar{t}])_0 = 0 \iff \overline{L} = \frac{E_Q\Big[1_{\{\tau\leq\bar{t}\}}\exp\Big(-\int_0^{\bar{t}} r_t\,\mathrm{d}t\Big)\Big]}{\sum_{i=1}^n(\bar{t}_i-\bar{t}_{i-1})\,E_Q\Big[1_{\{\tau>\bar{t}_i\}}\exp\Big(-\int_0^{\bar{t}_i} r_t\,\mathrm{d}t\Big)\Big]}.
$$

In diesem Fall ist $\overline{L}$ die *faire CDS–Rate.*

Bemerkung

Wir betrachten Zerobonds, Credit Default Options sowie Credit Default Swaps, welche sich auf dasselbe Kreditereignis beziehen, d.h. wir nehmen an, dass der für die Credit Default Option bzw. den Credit Default Swap spezifizierte Default der Referenzadresse genau dem für den entsprechenden Zerobond spezifizierten Default des Kontrahenten entspricht.

(a) Nach Konstruktion gilt für den fairen Preis der Credit Default Option zur Zeit $t=0$:

$$
(\mathrm{CDOption}[\bar{t}])_0 = \frac{(\mathrm{ZB}[\bar{t}])_0 - (\widetilde{\mathrm{ZB}}[\bar{t}])_0}{(1-\alpha-\beta)}.
$$

(b) Nach Konstruktion gilt:

$$
1_{\{\tau>\bar{t}_i\}} + 1_{\{\tau\leq\bar{t}_i\}} = 1.
$$

Daraus folgt für den fairen Preis des Credit Default Swaps zur Zeit $t=0$:

$$
\begin{aligned}
&(\mathrm{CDS}[\bar{t}_0,\ldots,\bar{t}_n,\bar{t}])_0 \\
&= (\mathrm{CDOption}[\bar{t}])_0 - \sum_{i=1}^n(\bar{t}_i-\bar{t}_{i-1})\,\overline{L}\,((\mathrm{ZB}[\bar{t}_i])_0 - (\mathrm{CDOption}[\bar{t}_i])_0).
\end{aligned}
$$

Insbesondere gilt für die faire CDS–Rate:

$$
\overline{L} = \frac{(\mathrm{CDOption}[\bar{t}])_0}{\sum_{i=1}^n(\bar{t}_i-\bar{t}_{i-1})\,((\mathrm{ZB}[\bar{t}_i])_0 - (\mathrm{CDOption}[\bar{t}_i])_0)}.
$$

(c) Sei zusätzlich folgende Voraussetzung gegeben:

- $\alpha=\beta=0$.

D.h. wir nehmen an, dass die Recoveryraten für die Zerobonds verschwinden. Nach Punkt (a) und Punkt (b) gilt:

$$(\text{CDOption}[\overline{t}])_0 = (\text{ZB}[\overline{t}])_0 - (\widetilde{\text{ZB}}[\overline{t}])_0.$$

$$(\text{CDS}[\overline{t}_0, \ldots, \overline{t}_n, \overline{t}])_0 = (\text{ZB}[\overline{t}])_0 - (\widetilde{\text{ZB}}[\overline{t}])_0 - \sum_{i=1}^{n} (\overline{t}_i - \overline{t}_{i-1})\, \overline{L}\, (\widetilde{\text{ZB}}[\overline{t}_i])_0.$$

$$\overline{L} = \frac{(\text{ZB}[\overline{t}])_0 - (\widetilde{\text{ZB}}[\overline{t}])_0}{\sum_{i=1}^{n} (\overline{t}_i - \overline{t}_{i-1})\, (\widetilde{\text{ZB}}[\overline{t}_i])_0}.$$

12.3 Kreditrisikomodelle

In diesem Abschnitt wenden wir uns der konkreten Modellierung von Kreditereignissen und Defaultzeiten zu. Wir untersuchen die zwei wichtigsten Klassen von Modellen, nämlich *strukturelle Kreditrisikomodelle* und *formreduzierte Kreditrisikomodelle*. Im Rahmen der strukturellen Kreditrisikomodelle nehmen wir an, dass ein Unternehmen zahlungsunfähig wird, sobald der durch den *Firm Value Prozess* modellierte Unternehmenswert einen Schwellenwert unterschreitet. Als Beispiele für strukturelle Kreditrisikomodelle betrachten wir das *Merton Modell* und das *Black–Cox Modell*. Im Rahmen der formreduzierten Kreditrisikomodelle nehmen wir an, dass Kreditereignisse plötzlich eintreten und nicht durch Beobachtung des Finanzmarktes vorhersehbar sind. Dementsprechend ist die in der Einleitung zu diesem Kapitel erwähnte Erweiterung der Filtration ein wesentlicher Bestandteil der formreduzierten Kreditrisikomodelle, wogegen bei strukturellen Kreditrisikomodellen typischerweise auf diese Erweiterung verzichtet werden kann.

12.3.1 Strukturelle Kreditrisikomodelle

Firm Value Prozess

Wir betrachten den Preisprozess V. V beschreibt die Wertentwicklung einer Geldeinheit, welche zur Zeit $t = 0$ in ein Unternehmen investiert wird. Sei dazu folgende Voraussetzung gegeben:

- Die Volatilitäten $\sigma^{(1)}, \ldots, \sigma^{(p)} \in \mathfrak{C}(\hat{Q}^{(1)})$ sind beschränkt.

Wir nehmen an, dass V folgende Darstellung besitzt:

$$V_t = 1 + \int_0^t r_s\, V_s\, \mathrm{d}s + \sum_{j=1}^{p} \int_0^t \sigma_s^{(j)}\, V_s\, \mathrm{d}W_s^{(j)}.$$

$$V_t^* = 1 + \sum_{j=1}^{p} \int_0^t \sigma_s^{(j)}\, V_s^*\, \mathrm{d}W_s^{(j)}.$$

Nach der Itoschen Formel gilt:

$$V_t = \exp\Big(\int_0^t r_s\,\mathrm{d}s - \frac{1}{2}\sum_{j=1}^{p}\int_0^t |\sigma_s^{(j)}|^2\,\mathrm{d}s + \sum_{j=1}^{p}\int_0^t \sigma_s^{(j)}\,\mathrm{d}W_s^{(j)}\Big).$$

$$V_t^* = \exp\Big(-\frac{1}{2}\sum_{j=1}^{p}\int_0^t |\sigma_s^{(j)}|^2\,\mathrm{d}s + \sum_{j=1}^{p}\int_0^t \sigma_s^{(j)}\,\mathrm{d}W_s^{(j)}\Big).$$

Nach dem Satz von Girsanov gilt:

$$V \in \mathfrak{C}(\hat{Q}^{(1)}).$$

$$V^* \in \mathfrak{M}(\hat{Q}^{(1)}).$$

Bemerkung

Wir haben die instantane Zinsrate (Shortrate) r als Drift für V postuliert. Dieser Ansatz entspricht der Annahme, dass es sich bei V tatsächlich um einen Preisprozess handelt, d.h. dass Beteiligungen an dem durch V repräsentierten Unternehmen tatsächlich handelbare Assets sind. In der Praxis wird V typischerweise mit dem Aktienpreisprozess des Unternehmens identifiziert.

Kreditereignisse und Defaultzeiten

Sei $\overline{t} \in I$ mit $\overline{t} > 0$, und seien folgende Voraussetzungen gegeben:

1. $v : [0, \overline{t}] \longrightarrow [0, \infty)$ ist stetig.
2. $v(0) < 1$.
3. $\overline{v} \in \mathbb{R}$ mit $\overline{v} \geq v(\overline{t})$.

Wir betrachten die folgenden Kreditereignisse und Defaultzeiten.

(a) Wir nehmen an, dass das durch V repräsentierte Unternehmen kontinuierlich Zahlungsverpflichtungen zu erfüllen hat. Wir nehmen ferner an, dass das Unternehmen zahlungsunfähig wird, wenn V zur Zeit $t \in [0, \overline{t}]$ den Schwellenwert $v(t)$ unterschreitet. Sei $\tau^{(1)}$ die Defaultzeit für dieses Kreditereignis. Wir postulieren folgende Darstellung für $\tau^{(1)}$:

$$\tau^{(1)}(\omega) := \inf\left\{t \in [0, \overline{t}] \mid V_t(\omega) < v(t)\right\}.$$

Dabei verwenden wir folgende Konvention:

$$\inf \emptyset := \infty.$$

Mit Hilfe von Theorem 8.2 erhalten wir:

- $\tau^{(1)}$ ist eine Stoppzeit bzgl. $\{\hat{\mathcal{F}}_t^{(1)}\}_{t\in[0,\overline{t}]}$.

(b) Wir nehmen an, dass das Unternehmen durch die Emission von Zerobonds Zahlungsverpflichtungen eingegangen ist, welche zur Zeit $t = \bar{t}$ fällig werden. Wir nehmen ferner an, dass das Unternehmen zahlungsunfähig wird, falls V zur Zeit $t = \bar{t}$ den Schwellenwert $\bar{v}$ unterschreitet. Sei $\tau^{(2)}$ die Defaultzeit für dieses Kreditereignis. Wir postulieren folgende Darstellung für $\tau^{(2)}$:

$$\tau^{(2)}(\omega) := \begin{cases} \bar{t} & \text{falls } V_{\bar{t}} < \bar{v}; \\ \infty & \text{falls } V_{\bar{t}} \geq \bar{v}. \end{cases}$$

Mit Hilfe von Theorem 8.2 erhalten wir:

- $\tau^{(2)}$ ist eine Stoppzeit bzgl. $\{\hat{\mathcal{F}}_t^{(1)}\}_{t\in[0,\bar{t}]}$.

Wir definieren die Defaultzeit τ durch:

$$\tau(\omega) := \tau^{(1)}(\omega) \wedge \tau^{(2)}(\omega).$$

Nach Theorem 8.2 gilt:

- τ ist eine Stoppzeit bzgl. $\{\hat{\mathcal{F}}_t^{(1)}\}_{t\in[0,\bar{t}]}$.

τ beschreibt den Zeitpunkt, an dem das durch V repräsentierte Unternehmen zahlungsunfähig wird.

Zerobond

Wir betrachten einen Zerobond, welcher von dem durch V repräsentierten Unternehmen emittiert wurde. Im Gegensatz zu der in Abschnitt 12.2.1 entwickelten allgemeinen Theorie für klassische Derivate mit Defaultmöglichkeit nehmen wir an, dass die Rebate bei Default proportional zu V ist. Sei dazu $\beta > 0$. Wir postulieren die folgenden Zahlungen für den Zerobond mit Defaultmöglichkeit:

- **Payoff zum Laufzeitende**

  Wir nehmen an, dass das Unternehmen seine Zahlungsverpflichtung zur Zeit $t = \bar{t}$ erfüllt, falls das Kreditereignis bis zum Zeitpunkt $\bar{t}$ nicht eingetreten ist. Zur Zeit $t = \bar{t}$ findet also folgende Zahlung statt:

  $$(\tilde{Z}_{\text{ZB}}[\bar{t}])_{\bar{t}} := 1_{\{\tau=\infty\}}.$$

  Nach dem Prinzip der risikoneutralen Bewertung gilt für den fairen Preis $\tilde{Z}_0$ dieser Zahlung zur Zeit $t = 0$:

  $$(\tilde{Z}_{\text{ZB}}[\bar{t}])_0 = E_Q[\tilde{Z}_{\bar{t}}^*] = E_Q\Big[1_{\{\tau=\infty\}} \exp\Big(-\int_0^{\bar{t}} r_t \,\mathrm{d}t\Big)\Big].$$

- **Rebate mit kontinuierlicher Auszahlung bei Default**

  Wir nehmen an, dass das Unternehmen seine Zahlungsverpflichtung zur Zeit $t = \tau$ vorschüssig in einem zu V_t proportionalen Umfang erfüllt, falls das Kreditereignis zur Zeit $t = \tau$ eintritt. Zur Zeit $t = \tau$ findet also folgende Zahlung statt:

  $$(\tilde{Y}_{\text{ZB}}[\bar{t}])_t := \beta\, 1_{\{\tau=t\}}\, V_t.$$

Nach dem Prinzip der risikoneutralen Bewertung gilt für den fairen Preis $\tilde{Y}_0$ dieser Zahlungen zur Zeit $t = 0$:

$$\begin{aligned}
(\tilde{Y}_{\mathrm{ZB}}[\bar{t}])_0 &= \beta\, E_Q[1_{\{\tau \leq \bar{t}\}}\, (V^*)^{\tau}] \\
&= \beta\, E_Q[1_{\{\tau \leq \bar{t}\}}\, E_Q[V^*_{\bar{t}} | \mathcal{F}^{\tau}]] \\
&= \beta\, E_Q[1_{\{\tau \leq \bar{t}\}} V^*_{\bar{t}}] \\
&= \beta\, E_Q\Big[1_{\{\tau \leq \bar{t}\}}\, \exp\Big(-\int_0^{\bar{t}} r_t\, \mathrm{d}t\Big)\, V_{\bar{t}}\Big].
\end{aligned}$$

Dabei haben wir im zweiten Schritt den Satz von Doob über Optional Sampling verwendet.

Nach dem Prinzip der risikoneutralen Bewertung gilt insgesamt für den fairen Preis $(\widetilde{\mathrm{ZB}}[\bar{t}])_0$ des Zerobonds mit Defaultmöglichkeit zur Zeit $t = 0$:

$$(\widetilde{\mathrm{ZB}}[\bar{t}])_0 = (\tilde{Z}_{\mathrm{ZB}}[\bar{t}])_0 + (\tilde{Y}_{\mathrm{ZB}}[\bar{t}])_0.$$

Beispiel 12.1

Wir betrachten zwei Grenzfälle struktureller Kreditrisikomodelle.

- **Merton Modell**

  Wir nehmen an, dass die kontinuierlichen Zahlungsverpflichtungen des durch V repräsentierten Unternehmens vernachlässigbar gegenüber den Zahlungsverpflichtungen aus der Emission der Zerobonds sind. Wir nehmen ferner an, dass das Unternehmen die Zahlungsverpflichtungen aus der Emission der Zerobonds zur Zeit $t = \bar{t}$ gerade noch erfüllt, wenn $V_{\bar{t}}$ den Schwellenwert $\overline{v}$ exakt trifft. Seien dazu folgende Voraussetzungen gegeben:

  1. $v(t)$ besitzt folgende Darstellung:

     $$v(t) = 0.$$

     Insbesondere gilt:

     $$\tau = \tau^{(2)}.$$

  2. β und $\overline{v}$ genügen der folgenden Bedingung:

     $$\beta\, \overline{v} = 1.$$

  Nach Punkt 1 und Punkt 2 gilt für den fairen Preis des Zerobonds mit Defaultmöglichkeit:

  $$\begin{aligned}
  (\widetilde{\mathrm{ZB}}[\bar{t}])_0 = &\, E_Q\Big[1_{\{\tau^{(2)} = \infty\}}\, \exp\Big(-\int_0^{\bar{t}} r_t\, \mathrm{d}t\Big)\Big] \\
  &+ \beta\, E_Q\Big[1_{\{\tau^{(2)} = \bar{t}\}}\, \exp\Big(-\int_0^{\bar{t}} r_t\, \mathrm{d}t\Big)\, V_{\bar{t}}\Big]
  \end{aligned}$$

$$
\begin{aligned}
&= \beta\, E_Q\Big[1_{\{V_{\bar t}\geq \bar v\}}\, \exp\Big(-\int_0^{\bar t} r_t\,\mathrm{d}t\Big)\bar v\Big] \\
&\qquad + \beta\, E_Q\Big[1_{\{V_{\bar t}< \bar v\}}\, \exp\Big(-\int_0^{\bar t} r_t\,\mathrm{d}t\Big)\, V_{\bar t}\Big] \\
&= \beta\, E_Q\Big[\exp\Big(-\int_0^{\bar t} r_t\,\mathrm{d}t\Big)\min\{V_{\bar t}, \bar v\}\Big] \\
&= \beta\, E_Q\Big[\exp\Big(-\int_0^{\bar t} r_t\,\mathrm{d}t\Big)\,\bar v\Big] + \beta\, E_Q\Big[\exp\Big(-\int_0^{\bar t} r_t\,\mathrm{d}t\Big)\min\{V_{\bar t}-\bar v, 0\}\Big] \\
&= E_Q\Big[\exp\Big(-\int_0^{\bar t} r_t\,\mathrm{d}t\Big)\Big] - \beta\, E_Q\Big[\exp\Big(-\int_0^{\bar t} r_t\,\mathrm{d}t\Big)\max\{\bar v - V_{\bar t}, 0\}\Big] \\
&= (\mathrm{ZB}[\bar t])_0 - \beta\, E_Q\Big[\exp\Big(-\int_0^{\bar t} r_t\,\mathrm{d}t\Big)\max\{\bar v - V_{\bar t}, 0\}\Big].
\end{aligned}
$$

Der Erwartungswert in der letzten Zeile ist genau der faire Preis einer Putoption auf das Asset V mit Laufzeit $\bar t$ und Strikepreis $\bar v$.

- **Black–Cox Modell**

  Wir nehmen an, dass die Zahlungsverpflichtungen aus der Emission der Zerobonds des durch V repräsentierten Unternehmens vernachlässigbar gegenüber den kontinuierlichen Zahlungsverpflichtungen sind. Seien dazu folgende Voraussetzungen gegeben:

  1. $r : [0, \bar t] \longrightarrow \mathbb{R}$ ist ein stetiger deterministischer Prozess.
  2. $v(t)$ besitzt folgende Darstellung:

     $$v(t) = \exp\Big(-\int_t^{\bar t} r(s)\,\mathrm{d}s\Big)\,\bar v.$$

     Insbesondere gilt:

     $$\tau = \tau^{(1)}.$$

  Nach Konstruktion gilt:

  $$1_{\{\tau^{(1)}=\infty\}} + 1_{\{\tau^{(1)}\leq \bar t\}} = 1.$$

  Nach Punkt 1 und Punkt 2 gilt für den fairen Preis des Zerobonds mit Defaultmöglichkeit:

$$
\begin{aligned}
(\widetilde{\mathrm{ZB}}[\bar t])_0 &= E_Q\Big[1_{\{\tau^{(1)}=\infty\}}\, \exp\Big(-\int_0^{\bar t} r(s)\,\mathrm{d}s\Big)\Big] + \beta\, E_Q[1_{\{\tau^{(1)}\leq \bar t\}}\, (V^*)^{\tau^{(1)}}] \\
&= E_Q[1_{\{\tau^{(1)}=\infty\}}]\, \exp\Big(-\int_0^{\bar t} r(s)\,\mathrm{d}s\Big) + \beta\, E_Q[1_{\{\tau^{(1)}\leq \bar t\}}\, v^*(\tau^{(1)})] \\
&= E_Q[1_{\{\tau^{(1)}=\infty\}}]\, \exp\Big(-\int_0^{\bar t} r(s)\,\mathrm{d}s\Big)
\end{aligned}
$$

$$
\begin{aligned}
&+ \beta\,\overline{v}\,E_Q[1_{\{\tau^{(1)}\le\overline{t}\}}]\,\exp\Big(-\int_0^{\overline{t}} r(s)\,\mathrm{d}s\Big)\\
&= Q(\{\tau^{(1)}=\infty\})\,(\mathrm{ZB}[\overline{t}])_0 + \beta\,\overline{v}\,Q(\{\tau^{(1)}\le\overline{t}\})\,(\mathrm{ZB}[\overline{t}])_0\\
&= (\mathrm{ZB}[\overline{t}])_0 - (1-\beta\,\overline{v})\,Q(\{\tau^{(1)}\le\overline{t}\})\,(\mathrm{ZB}[\overline{t}])_0.
\end{aligned}
$$

Daraus folgt:

$$
Q(\{\tau^{(1)}\le\overline{t}\}) = \frac{(\mathrm{ZB}[\overline{t}])_0 - (\widetilde{\mathrm{ZB}}[\overline{t}])_0}{(1-\beta\,\overline{v})\,(\mathrm{ZB}[\overline{t}])_0}.
$$

Bemerkung

In der Praxis werden das Merton Modell und das Black–Cox Modell häufig kombiniert. Sei dazu $\underline{v} > 0$. Das kombinierte Modell entspricht den folgenden Voraussetzungen:

1. $r : [0,\overline{t}] \longrightarrow \mathbb{R}$ ist ein stetiger deterministischer Prozess.
2. $v(t)$ besitzt folgende Darstellung:

$$
v(t) = \exp\Big(\int_0^t r(s)\,\mathrm{d}s\Big)\,\underline{v}.
$$

3. $\underline{v}$ und $\overline{v}$ genügen der folgenden Bedingung:

$$
v(\overline{t}) = \exp\Big(\int_0^{\overline{t}} r(s)\,\mathrm{d}s\Big)\,\underline{v} < \overline{v}.
$$

4. β und $\overline{v}$ genügen der folgenden Bedingung:

$$
\beta\,\overline{v} = 1.
$$

Das kombinierte Modell wird ebenfalls als *Black–Cox Modell* bezeichnet.

12.3.2 Formreduzierte Kreditrisikomodelle (Hazardrate Modelle)

Kreditereignisse und Defaultzeiten

Wir betrachten ein Kreditereignis, dessen Eintreten durch Beobachtung des Finanzmarktes nicht vorhersehbar ist. Seien dazu folgende Voraussetzungen gegeben:

1. τ ist eine Stoppzeit bzgl. $\{\hat{\mathcal{F}}_t^{(2)}\}_{t\in I}$.
2. $\lambda : [0,\overline{t}] \longrightarrow [0,\infty)$ ist stetig.
3. τ ist λ–poissonverteilt.

τ bezeichnet die Defaultzeit für das Kreditereignis. λ heißt *Hazardrate* oder *Intensität.*

Bemerkung

Nach Konstruktion gelten folgende Aussagen.

(a) r und τ sind unabhängig.

(b) τ besitzt folgende Verteilung:

$$Q(\{\tau \leq \bar{t}\}) = 1 - \exp\Big(-\int_0^{\bar{t}} \lambda(t)\,\mathrm{d}t\Big)$$

Zerobond

Wir betrachten Zerobonds gemäß Abschnitt 12.2.1 als klassische Derivate mit Defaultmöglichkeiten. Nach Konstruktion gilt:

$$(\widetilde{\mathrm{ZB}}[\bar{t}])_0 = (\mathrm{ZB}[\bar{t}])_0 - (1-\alpha-\beta)\,Q(\{\tau \leq \bar{t}\})\,(\mathrm{ZB}[\bar{t}])_0.$$

Daraus folgt:

$$\exp\Big(-\int_0^{\bar{t}} \lambda(t)\,\mathrm{d}t\Big) = \frac{(\widetilde{\mathrm{ZB}}[\bar{t}])_0 - (\alpha+\beta)\,(\mathrm{ZB}[\bar{t}])_0}{(1-\alpha-\beta)\,(\mathrm{ZB}[\bar{t}])_0}.$$

Insbesondere ist die Hazardrate λ durch die Zerobondpreise sowie die Recoveryraten eindeutig bestimmt.

EXKURS ÜBER PHYSIK

13 Pfadintegrale in der Quantenmechanik

Wir beenden dieses Lehrbuch mit einem kurzen Exkurs über Physik. Der Grund, einen solchen Exkurs in ein Lehrbuch über Finanzmathematik einzufügen, liegt darin, dass es methodisch gesehen eine interessante Querverbindung zwischen diesen ansonsten inhaltlich völlig disjunkten Disziplinen gibt. Diese Querverbindung besteht in der in Abschnitt 8 behandelten Feynman–Kac Formel. Die Quantenphysik beschreibt nun Elementarteilchen mit Hilfe von Wellenfunktionen[34], welche der Schrödingerschen Differentialgleichung genügen. Die Anwendung der Feynman–Kac Formel auf die Schrödingersche Differentialgleichung liefert einen Zusammenhang zwischen klassischer Physik und Quantenphysik, welcher als Pfadintegralquantisierung bezeichnet wird. Die Pfadintegralquantisierung erlaubt schließlich die Interpretation der klassischen Physik als Grenzfall der Quantenphysik. Die in diesem Exkurs über Physik skizzierten Sachverhalte stehen natürlich nicht im Zentrum unseres Interesses, sondern dienen Vielmehr der Unterhaltung des Lesers. Im Rahmen des Vorlesungszyklus über Finanzmathematik, den ich regelmäßig an der Technischen Universität Darmstadt anbiete, fällt dieser Exkurs typischerweise auf die letzte Vorlesung vor Weihnachten.

13.1 Klassische Mechanik

Die klassische Mechanik beschäftigt sich mit der Bewegung von *Massepunkten* unter dem Einfluss äußerer *Kräfte*. Das Naturgesetz, welches eine solche Bewegung im Rahmen der klassischen Mechanik beschreibt, ist das *Newtonsche Gesetz*. In diesem Exkurs verwenden wir auch die *Euler–Lagrange Gleichung* sowie das *Hamiltonsche Extremalprinzip* als äquivalente Formulierungen des Newtonschen Gesetzes.

Notation

Für Vektoren in $\mathbb{R}^3$ verwenden wir die folgende in der Physik übliche Notation:

$$\vec{x} := (x^1, x^2, x^3).$$

Massepunkte

Wir betrachten einen Massepunkt, d.h. ein als punktförmig gedachtes Teilchen, welches Ansatzpunkt für äußere Kräfte bietet.

(a) Sei $m > 0$.

- m beschreibt die *Masse* des Teilchens.

Die Masse ist ein Maß für die Trägheit des Teilchens unter dem Einfluss äußerer Kräfte und kommt als Parameter im Newtonschen Gesetz vor.

(b) Sei $\vec{r} : \mathbb{R} \longrightarrow \mathbb{R}^3$ eine zweimal stetig differenzierbare Funktion.

- $\vec{r}(t)$ beschreibt den *Ort* des Teilchens zur *Zeit* t.
- $\dfrac{\mathrm{d}\vec{r}}{\mathrm{d}t}(t)$ beschreibt die *Geschwindigkeit* des Teilchens zur *Zeit* t.
- $\dfrac{\mathrm{d}^2\vec{r}}{\mathrm{d}t^2}(t)$ beschreibt die *Beschleunigung* des Teilchens zur *Zeit* t.

[34] Dieser Zusammenhang wird in der Physik als *Welle–Teilchen–Dualismus* bezeichnet.

(c) Sei $V : \mathbb{R}^3 \longrightarrow \mathbb{R}$ eine stetig differenzierbare Funktion.

- $V(\vec{x})$ beschreibt das *Potential* der äußeren Kräfte am Ort $\vec{x}$.
- $-\nabla_{\vec{x}} V(\vec{x})$ beschreibt die am Ort $\vec{x}$ wirkende *Kraft* auf das Teilchen.[35]

Die Existenz eines zeitunabhängigen Potentials V ist eine spezielle Voraussetzung an die Art der äußeren Kräfte, die wir in diesem Exkurs als gegeben annehmen.

Lagrange–Funktion

Sei $L : \mathbb{R}^3 \times \mathbb{R}^3 \longrightarrow \mathbb{R}$ definiert durch:

$$L(\vec{x}, \vec{v}) := \frac{m}{2} \, |\vec{v}|^2 - V(\vec{x}).$$

Durch Einsetzen von $\vec{x} = \vec{r}(t)$ und $\vec{v} = \frac{\mathrm{d}\vec{r}}{\mathrm{d}t}(t)$ in L erhalten wir folgende Größen:

- $\frac{m}{2} \left| \frac{\mathrm{d}\vec{r}}{\mathrm{d}t}(t) \right|^2$ beschreibt die *kinetische Energie* des Massepunktes.
- $V(\vec{r}(t))$ beschreibt die *potentielle Energie* des Massepunktes.
- $\int_{t_1}^{t_2} L\Big(\vec{r}(t), \frac{\mathrm{d}\vec{r}}{\mathrm{d}t}(t)\Big) \, \mathrm{d}t$ beschreibt die *Wirkung* zwischen den Zeitpunkten t_1 und t_2.

Bewegungsgleichungen der klassischen Mechanik

Wir betrachten die Bewegung eines Massepunktes. Seien dazu $t_1, t_2 \in \mathbb{R}$ mit $t_1 < t_2$, seien $\vec{x}_1, \vec{x}_2 \in \mathbb{R}^3$, und sei folgende Voraussetzung gegeben:

$$\vec{r}(t_i) = \vec{x}_i.$$

Das Naturgesetz, welches die Bewegung des Massenpunktes im Rahmen der klassischen Mechanik beschreibt, lässt sich folgendermaßen äquivalent formulieren.

- **Newtonsches Gesetz**

  Die auf den Massepunkt wirkende Kraft ist der Beschleunigung des Massepunktes über die Masse proportional.

$$m \, \frac{\mathrm{d}^2\vec{r}}{\mathrm{d}t^2}(t) = -\nabla_{\vec{x}} V(\vec{r}(t)).$$

- **Euler–Lagrange–Gleichung**

  Die Trajektorie $\vec{r}$ des Massepunktes genügt der Euler–Lagrange–Gleichung zu L.

$$\frac{\mathrm{d}}{\mathrm{d}t}\Big(\nabla_{\vec{v}} L\Big(\vec{r}(t), \frac{\mathrm{d}\vec{r}}{\mathrm{d}t}(t)\Big)\Big) = \nabla_{\vec{x}} L\Big(\vec{r}(t), \frac{\mathrm{d}\vec{r}}{\mathrm{d}t}(t)\Big).$$

[35] Dabei bezeichnet $\nabla_{\vec{x}} := \Big(\frac{\partial}{\partial x^1}, \frac{\partial}{\partial x^2}, \frac{\partial}{\partial x^3}\Big)$ den *Nablaoperator*, d.h. den Vektor aller partiellen Ableitungen bzgl. $\vec{x}$.

- **Hamiltonsches Extremalprinzip**

  Die Trajektorie $\vec{r}$ des Massepunktes macht Wirkung zwischen den Zeitpunkten t_1 und t_2 extremal.

$$\int_{t_1}^{t_2} L\Big(\vec{r}(t), \frac{\mathrm{d}\vec{r}}{\mathrm{d}t}(t)\Big)\,\mathrm{d}t \longrightarrow \text{extremal.}$$

13.2 Quantenmechanik

Physikalische Experimente zeigen, dass Elementarteilchen wellenartige Eigenschaften besitzen. Deshalb beschreibt die Physik solche Elementarteilchen nicht als Massepunkte sondern mit Hilfe von *Wellenfunktionen*. Die Quantenmechanik beschäftigt sich mit der zeitlichen Veränderung von Wellenfunktionen unter dem Einfluss äußerer *Kräfte*. Das Naturgesetz, welches eine solche zeitliche Veränderung im Rahmen der Quantenmechanik beschreibt, ist die *Schrödingersche Differentialgleichung*. Wir wenden die Feynman–Kac Formel für das Cauchysche Problem auf die Schrödingersche Differentialgleichung an und charakterisieren die klassische Mechanik als Grenzfall der Quantenmechanik im Limes eines verschwindenden *Planckschen Wirkungsquantums*.

Wellenfunktionen

Wir betrachten die Wellenfunktion eines Elementarteilchens. Dabei nehmen wir für die Masse m sowie das Potential $V(\vec{x})$ die Voraussetzungen aus Abschnitt 13.1 als gegeben an.

(a) Sei $\psi : [0,T] \times \mathbb{R}^3 \longrightarrow \mathbb{C}$ eine komplex differenzierbare Funktion, und sei $A \subset \mathbb{R}^3$.

- $\displaystyle\int_A |\psi(t,\vec{x})|^2\,\mathrm{d}^3x$ beschreibt die Aufenthaltswahrscheinlichkeit des Elementarteilchens in der Menge A zur Zeit t.

(b) Sei $u : [0,T] \times \mathbb{R}^3 \longrightarrow \mathbb{C}$ definiert durch:

$$u(t,\vec{x}) := \psi(-i\,(T-t), \vec{x}).$$

u ist die analytische Fortsetzung von ψ bzgl. t.

Plancksches Wirkungsquantum

Sei $\hbar > 0$.

- $\hbar$ bezeichnet das Plancksche Wirkungsquantum.

Das Plancksche Wirkungsquantum ist eine Naturkonstante, welche in den uns gebräuchlichen makroskopischen physikalischen Einheiten einen sehr kleinen Betrag besitzt. Im Folgenden betrachten wir in einem Gedankenexperiment den Limes $\hbar \longrightarrow 0$.

Bewegungsgleichungen der Quantenmechanik

Wir betrachten die zeitliche Entwicklung einer Wellenfunktion. Das Naturgesetz, welches diese zeitliche Entwicklung der Wellenfunktion im Rahmen der Quantenmechanik beschreibt, lässt sich folgendermaßen äquivalent formulieren.

- **Schrödinger Gleichung**

  ψ genügt der Schrödingerschen Differentialgleichung.[36]

$$i\hbar\frac{\partial\psi}{\partial t}(t,\vec{x}) = -\frac{\hbar^2}{2m}\,\Delta_{\vec{x}}\,\psi(t,\vec{x}) + V(\vec{x})\,\psi(t,\vec{x}).$$

- **Fokker–Planck Gleichung**

  u genügt der Fokker–Planck Gleichung.

$$-\frac{\partial u}{\partial t}(t,\vec{x}) = \frac{\hbar}{2m}\,\Delta_{\vec{x}}\,u(t,\vec{x}) - \frac{1}{\hbar}\,V(\vec{x})\,u(t,\vec{x}).$$

Feynman–Kac Formel

Sei folgende Voraussetzung gegeben:

- $W^{(1)}, W^{(2)}, W^{(3)}$ sind unabhängige Brownsche Bewegungen bzgl. P

Wir wenden nun die Feynman–Kac Formel für das Cauchysche Problem auf u und ψ an.

(a) Nach der Feynman–Kac Formel besitzt u folgende Darstellung:

$$u(0,\vec{x}) = E_P\Big[\exp\Big(-\frac{1}{\hbar}\int_0^T V(\vec{Y}_t)\,\mathrm{d}t\Big)\,u(T,\vec{Y}_T)\Big].$$

$$\vec{Y}_t := \vec{x} + \sqrt{\frac{\hbar}{m}}\,\vec{W}_t.$$

Dabei ist $\vec{Y}$ eine skalierte Brownsche Bewegung mit Startpunkt $\vec{Y}_0 = \vec{x}$.

(b) Nach Punkt (a) besitzt ψ folgende Darstellung:

$$\psi(-i\,T,\vec{x}) = E_P\Big[\exp\Big(-\frac{1}{\hbar}\int_0^T V(\vec{X}_t)\,\mathrm{d}t\Big)\,\psi(0,\vec{X}_0)\Big].$$

$$\vec{X}_t := \vec{Y}_{T-t}.$$

Dabei ist $\vec{X}$ eine zeitinvertierte skalierte Brownsche Bewegung mit Endpunkt $\vec{X}_T = \vec{x}$.

Darstellung der Wellenfunktion als Pfadintegral

(a) Mit Hilfe der obigen Feynman–Kac Formel erhalten wir folgende Darstellung für u:

$$\begin{aligned} u(0,\vec{x}) &= E_P\Big[\exp\Big(-\frac{1}{\hbar}\int_0^T V(\vec{Y}_t)\,\mathrm{d}t\Big)\,u(T,\vec{Y}_T)\Big] \\ &= \lim_{n\to\infty} E_P\Big[\exp\Big(-\frac{1}{\hbar}\sum_{k=1}^{n}\int_{\frac{(k-1)T}{n}}^{\frac{kT}{n}} V(\vec{Y}_t)\,\mathrm{d}t\Big)\,u(T,\vec{Y}_T)\Big] \end{aligned}$$

[36] Dabei bezeichnet $\Delta_{\vec{x}} := \Big(\frac{\partial}{\partial x^1}\Big)^2 + \Big(\frac{\partial}{\partial x^2}\Big)^2 + \Big(\frac{\partial}{\partial x^3}\Big)^2$ den *Laplaceoperator*, d.h. Diagonalsumme aller zweiten partiellen Ableitungen bzgl. $\vec{x}$.

$$= \lim_{n\to\infty} E_P\Big[\exp\Big(-\frac{T}{n\,\hbar}\sum_{k=1}^{n} V(\vec{Y}_{\frac{kT}{n}})\Big)\,u(T,\vec{Y}_T)\Big]$$

$$= \lim_{n\to\infty} E_P\Big[\exp\Big(-\frac{T}{n\,\hbar}\sum_{k=1}^{n} V\Big(\vec{x}+\sqrt{\frac{\hbar}{m}}\sum_{l=1}^{k}(\vec{W}_{\frac{lT}{n}}-\vec{W}_{\frac{(l-1)T}{n}})\Big)\Big)$$

$$\times\, u\Big(T,\vec{x}+\sqrt{\frac{\hbar}{m}}\sum_{k=1}^{n}(\vec{W}_{\frac{kT}{n}}-\vec{W}_{\frac{(k-1)T}{n}})\Big)\Big]$$

$$= \lim_{n\to\infty}\Big(\frac{1}{2\,\pi\,T/n}\Big)^{\frac{3\,n}{2}}\int_{\mathbb{R}^3}\cdots\int_{\mathbb{R}^3}\exp\Big(-\frac{|\vec{\xi}_1|^2}{2\,T/n}\Big)\ldots\exp\Big(-\frac{|\vec{\xi}_n|^2}{2\,T/n}\Big)$$

$$\times\exp\Big(-\frac{T}{n\,\hbar}\sum_{k=1}^{n} V\Big(\vec{x}+\sqrt{\frac{\hbar}{m}}\sum_{l=1}^{k}\vec{\xi}_l\Big)\Big)$$

$$\times\, u\Big(T,\vec{x}+\sqrt{\frac{\hbar}{m}}\sum_{k=1}^{n}\vec{\xi}_k\Big)\,\mathrm{d}\vec{\xi}_1\ldots\mathrm{d}\vec{\xi}_n$$

$$= \lim_{n\to\infty}\Big(\frac{m}{2\,\pi\,\hbar\,T/n}\Big)^{\frac{3\,n}{2}}\int_{\mathbb{R}^3}\cdots\int_{\mathbb{R}^3}$$

$$\exp\Big(-\frac{T}{n\,\hbar}\sum_{k=1}^{n}\Big(\frac{m\,|\vec{x}_k|^2}{2\,(T/n)^2}+V\Big(\vec{x}+\sum_{l=1}^{k}\vec{x}_l\Big)\Big)\Big)$$

$$\times\, u\Big(T,\vec{x}+\sum_{k=1}^{n}\vec{x}_k\Big)\,\mathrm{d}\vec{x}_1\ldots\mathrm{d}\vec{x}_n.$$

(b) Nach Punkt (a) besitzt ψ folgende Darstellung:

$$\psi(-i\,T,\vec{x}) = \lim_{n\to\infty}\Big(\frac{m}{2\,\pi\,\hbar\,T/n}\Big)^{\frac{3\,n}{2}}\int_{\mathbb{R}^3}\cdots\int_{\mathbb{R}^3}$$

$$\exp\Big(-\frac{1}{\hbar}\,\frac{T}{n}\sum_{k=1}^{n}\Big(\frac{m}{2}\,\frac{|\vec{x}_k|^2}{(T/n)^2}+V\Big(\vec{x}+\sum_{l=1}^{k}\vec{x}_l\Big)\Big)\Big)$$

$$\times\,\psi\Big(0,\vec{x}+\sum_{k=1}^{n}\vec{x}_k\Big)\,\mathrm{d}\vec{x}_1\ldots\mathrm{d}\vec{x}_n.$$

Daraus folgt:

$$\psi(T,\vec{x}) = \lim_{n\to\infty}\Big(\frac{m}{2\,\pi\,i\,\hbar\,T/n}\Big)^{\frac{3\,n}{2}}\int_{\mathbb{R}^3}\cdots\int_{\mathbb{R}^3}$$

$$\exp\Big(\frac{i}{\hbar}\,\frac{T}{n}\sum_{k=1}^{n}\Big(\frac{m}{2}\,\frac{|\vec{x}_k|^2}{(T/n)^2}-V\Big(\vec{x}+\sum_{l=1}^{k}\vec{x}_l\Big)\Big)\Big)$$

$$\times\,\psi\Big(0,\vec{x}+\sum_{k=1}^{n}\vec{x}_k\Big)\,\mathrm{d}\vec{x}_1\ldots\mathrm{d}\vec{x}_n.$$

(c) Wir interpretieren nun die Darstellung von ψ gemäß Punkt (b) als Pfadintegral. Sei dazu $\vec{r}_n[\vec{x}, \vec{x}_1, \ldots, \vec{x}_n]$ definiert durch:

$$\vec{r}_n[\vec{x}, \vec{x}_1, \ldots, \vec{x}_n](T-t) = \vec{x} + \frac{1}{T/n} \int_0^t \Big(\sum_{k=1}^n 1_{[\frac{(k-1)T}{n}, \frac{kT}{n}]}(s)\, \vec{x}_k \Big)\, \mathrm{d}s.$$

$\vec{r}_n[\vec{x}, \vec{x}_1, \ldots, \vec{x}_n]$ beschreibt die Trajektorie eines Massepunktes im Sinne der klassischen Mechanik, welcher sich stückweise geradlinig und gleichförmig bewegt und zur Zeit $t = T$ in $\vec{x}$ endet. Nach Punkt (b) besitzt ψ folgende Darstellung:

$$\begin{aligned}\psi(T, \vec{x}) = \lim_{n \to \infty} \Big(\frac{m}{2\,\pi\, i\, \hbar\, T/n} \Big)^{\frac{3n}{2}} \int_{\mathbb{R}^3} \cdots \int_{\mathbb{R}^3} \\ \exp\Big(\frac{i}{\hbar} \int_0^T L\Big(\vec{r}_n[\vec{x}, \vec{x}_1, \ldots, \vec{x}_n](t), \frac{\mathrm{d}\vec{r}_n[\vec{x}, \vec{x}_1, \ldots, \vec{x}_n]}{\mathrm{d}t}(t) \Big)\, \mathrm{d}t \Big) \\ \times \psi\Big(0, \vec{r}_n[\vec{x}, \vec{x}_1, \ldots, \vec{x}_n](0)\Big)\, \mathrm{d}\vec{x}_1 \ldots \mathrm{d}\vec{x}_n.\end{aligned}$$

Dabei ist L die Lagrange–Funktion des Massepunktes im Sinne der klassischen Mechanik. Diese Darstellung bezeichnen wir als Pfadintegral.

- *Die Wellenfunktion des Elementarteilchens im Sinne der Quantenmechanik zur Zeit $t = T$ am Ort $\vec{x}$ entspricht genau dem Pfadintegral der Wirkung des zugehörigen Massepunktes im Sinne der klassischen Mechanik. Dabei werden alle Pfade betrachtet, welche zur Zeit $t = T$ in $\vec{x}$ enden.*

Die klassische Mechanik als Grenzfall der Quantenmechanik

(a) Wir betrachten die Wirkung eines Massepunktes im Sinne der klassischen Mechanik:

$$J[\vec{r}] := \int_0^T L\Big(\vec{r}(t), \frac{\mathrm{d}\vec{r}}{\mathrm{d}t}(t) \Big)\, \mathrm{d}t.$$

Nach dem Hamiltonschen Extremalprinzip macht die Trajektorie $\vec{r}$ des Massepunktes die Wirkung extremal:

$$J[\vec{r}] \longrightarrow \text{extremal}.$$

(b) Nach Konstruktion besitzt die Wellenfunktion eines Elementarteilchens folgende Darstellung als Pfadintegral:

$$\begin{aligned}\psi(T, \vec{x}) = \lim_{n \to \infty} \Big(\frac{m}{2\,\pi\, i\, \hbar\, T/n} \Big)^{\frac{3n}{2}} \int_{\mathbb{R}^3} \cdots \int_{\mathbb{R}^3} \exp\Big(\frac{i}{\hbar}\, J[\vec{r}_n[\vec{x}, \vec{x}_1, \ldots, \vec{x}_n]] \Big) \\ \times \psi\Big(0, \vec{r}_n[\vec{x}, \vec{x}_1, \ldots, \vec{x}_n](0)\Big)\, \mathrm{d}\vec{x}_1 \ldots \mathrm{d}\vec{x}_n.\end{aligned}$$

Im Limes $\hbar \longrightarrow 0$ leistet eine Trajektorie $\vec{r}_n[\vec{x}, \vec{x}_1, \ldots, \vec{x}_n]$ nur dann einen Beitrag zu dem Pfadintegral, wenn folgende Bedingung erfüllt ist:

$$\nabla_{(\vec{x}_1, \ldots, \vec{x}_n)} \big(J[\vec{r}_n[\vec{x}, \vec{x}_1, \ldots, \vec{x}_n]] \big) = 0.$$

Oder äquivalent:

$$J[\vec{r}_n[\vec{x}, \vec{x}_1, \ldots, \vec{x}_n]] \longrightarrow \text{extremal}.$$

(c) Nach Punkt (a) und Punkt (b) gilt:

- *Die klassische Mechanik entspricht dem Limes $\hbar \longrightarrow 0$ der Quantenmechanik.*

Literaturverzeichnis

[1] M. Ammann. *Credit Risk Valuation: Methods, Models and Applications.* Springer, Berlin, 2001.

[2] L. Arnold. *Stochastische Differentialgleichungen.* Oldenbourg, München, 1973.

[3] H. Bauer. *Maß– und Integrationstheorie.* De Gruyter, Berlin, 1992.

[4] H. Bauer. *Wahrscheinlichkeitstheorie.* De Gruyter, Berlin, 2002.

[5] M. Baxter; A. Rennie. *Financial Calculus.* Cambridge University Press, Cambridge, 1997.

[6] T.R. Bilecki; M. Rutkowski. *Credit Risk: Modeling, Valuation and Hedging.* Springer, Berlin, 2002.

[7] N. Bingham; R. Kiesel. *Risk–Neutral Valuation: Pricing and Hedging of Financial Derivatives.* Springer, London, 2000.

[8] D. Brigo; F. Mercurio. *Interest Rate Models: Theory and Practice.* Springer Finance. Springer, Heidelberg, 2001.

[9] H.P. Deutsch. *Derivate und interne Modelle.* Schäffer Poeschel, Stuttgart, 2001.

[10] J. Dewynne; S. Howison; P. Wilmott. *The Mathematics of Financial Derivatives.* Cambridge University Press, Cambridge, 1995.

[11] H. Föllmer; A. Schied. *Stochastic Finance.* De Gruyter, Berlin, 2002.

[12] K. Glashoff; S.A. Gustafson. *Einführung in die lineare Optimierung.* Wissenschaftliche Verlagsgesellschaft, Darmstadt, 1978.

[13] H. Heuser. *Funktionalanalysis.* Teubner, Stuttgart, 1992.

[14] J.C. Hull. *Options, Futures and Other Derivatives.* Prentice–Hall, Upper Saddle River NJ, 2000.

[15] P.J. Hunt; J.E. Kennedy. *Financial Derivatives in Theory and Prayis.* Wiley, Chichester, 2004.

[16] A. Irle. *Finanzmathematik.* Teubner, Stuttgart, 1998.

[17] I. Karatzas; S.E. Shreve. *Brownian Motion and Stochastic Calculus.* Springer, New York, 1991.

[18] I. Karatzas; S.E. Shreve. *Methods of Mathematical Finance.* Springer, New York, 1991.

[19] E. Korn; R. Korn. *Option Pricing and Portfolio Optimization.* AMS, Providence RI, 2000.

[20] D. Lamberton; B. Lapeyre. *Introduction to Stochastic Calculus Applied to Finance.* Chapman–Hall, London, 1997.

[21] M. Meyer. *Continuous stochastic Calculus with Applications to Finance.* Chapman–Hall, Boca Raton, 2001.

[22] M. Musiela; M. Rutkowski. *Martingale Methods in Financial Modelling.* Springer, Heidelberg, 1997.

[23] B. Øksendal. *Stochastic Differential Equations.* Springer, Berlin, 1998.

[24] A. Pelsser. *Efficient Methods for Valuing Interest Rate Derivatives.* Springer, London, 2005.

[25] S. Pliska. *Introduction to Mathematical Finance.* Blackwell, Oxford, 1997.

[26] W. Rudin. *Real and Complex Analysis.* McGraw–Hill International Editions. McGraw–Hill, Singapore, third edition, 1987.

[27] P.J. Schönbucher. *Credit Derivatives Pricing Models: Models, Pricing and Implementation.* Wiley, Chichester, 2003.

[28] J.M. Steele. *Stochastic Calculuc and Financial Applications.* Springer, New York, 2001.

[29] M.E. Taylor. *Partial Differential Equations II.* Springer, New York, 1996.

[30] D. Williams. *Probability with Martingales.* Cambridge University Press, Cambridge, 1991.

[31] J. Yeh. *Stochastic Processes and the Wiener Integral.* Marcel Dekker, New York, 1973.

[32] J. Yeh. *Martingales and Stochastic Analysis.* World Scientific, Singapore, 1995.

Index